中国社会科学院文库
经济研究系列
The Selected Works of CASS
Economics

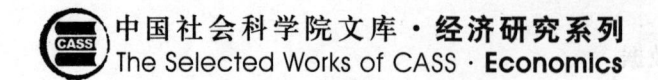

中国社会科学院文库·经济研究系列
The Selected Works of CASS · Economics

科技全球化与中国科技发展的战略选择

FACING GLOBALIZATION OF SCIENCE
AND TECHNOLOGY: CHINA'S ROAD TO THE FUTURE

王春法 著

中国社会科学出版社

图书在版编目（CIP）数据

科技全球化与中国科技发展的战略选择/王春法著．—北京：中国社会科学出版社，2008.4

ISBN 978-7-5004-6704-5

Ⅰ．科… Ⅱ．王… Ⅲ．科学研究事业—发展—研究—中国 Ⅳ．G322

中国版本图书馆 CIP 数据核字（2007）第 177506 号

责任编辑	罗　莉
责任校对	修广平
封面设计	孙元明
技术编辑	李　建

出版发行	中国社会科学出版社			
社　　址	北京鼓楼西大街甲 158 号	邮　编	100720	
电　　话	010—84029450（邮购）			
网　　址	http://www.csspw.cn			
经　　销	新华书店			
印刷装订	北京一二零一印刷厂			
版　　次	2008 年 4 月第 1 版	印　次	2008 年 4 月第 1 次印刷	
开　　本	710×980　1/16			
印　　张	34	插　页	2	
字　　数	569 千字			
定　　价	55.00 元			

凡购买中国社会科学出版社图书，如有质量问题请与本社发行部联系调换

版权所有　侵权必究

《中国社会科学院文库》出版说明

《中国社会科学院文库》（全称为《中国社会科学院重点研究课题成果文库》）是中国社会科学院组织出版的系列学术丛书。组织出版《中国社会科学院文库》，是我院进一步加强课题成果管理和学术成果出版的规范化、制度化建设的重要举措。

建院以来，我院广大科研人员坚持以马克思主义为指导，在中国特色社会主义理论和实践的双重探索中做出了重要贡献，在推进马克思主义理论创新、为建设中国特色社会主义提供智力支持和各学科基础建设方面，推出了大量的研究成果，其中每年完成的专著类成果就有三四百种之多。从现在起，我们经过一定的鉴定、结项、评审程序，逐年从中选出一批通过各类别课题研究工作而完成的具有较高学术水平和一定代表性的著作，编入《中国社会科学院文库》集中出版。我们希望这能够从一个侧面展示我院整体科研状况和学术成就，同时为优秀学术成果的面世创造更好的条件。

《中国社会科学院文库》分设马克思主义研究、文学语言研究、历史考古研究、哲学宗教研究、经济研究、法学社会学研究、国际问题研究七个系列，选收范围包括专著、研究报告集、学术资料、古籍整理、译著、工具书等。

中国社会科学院科研局
2006 年 11 月

目 录

序 ……………………………………………………………………… (1)

引言 ……………………………………………………………………… (1)
  一 对生产力概念的重新认识 ……………………………………… (1)
  二 国际竞争形式的新变化 ………………………………………… (4)
  三 关于科技全球化 ………………………………………………… (6)
  四 关于本书 ………………………………………………………… (15)

第一章 科技全球化：研究概述 ……………………………………… (18)
  一 科技全球化问题的研究史 ……………………………………… (18)
    (一)科技全球化的历史发展 …………………………………… (18)
    (二)关于科技全球化研究的三个共识 ………………………… (20)
    (三)关于科技全球化的研究视角 ……………………………… (24)
  二 科技全球化研究的主要问题 …………………………………… (29)
    (一)科技全球化的规模 ………………………………………… (30)
    (二)科技全球化的类型与特点 ………………………………… (39)
    (三)科技全球化的动力机制 …………………………………… (41)
    (四)关于海外研究开发区位的选择 …………………………… (47)
    (五)关于外国参与研究开发对国家安全的影响 ……………… (54)
  三 小结 ……………………………………………………………… (63)

第二章 全球化背景下的国家创新体系：一个新的分析框架 ……… (68)
  一 国家创新体系的界定及其内涵 ………………………………… (68)
    (一)什么是国家创新体系 ……………………………………… (68)

（二）国家创新体系的内涵 …………………………………（75）
　　（三）关于国家创新体系的研究 ………………………………（88）
　二　经济全球化与国家创新体系的新发展 …………………………（92）
　　（一）经济全球化的一般意义 …………………………………（93）
　　（二）经济全球化的新发展 ……………………………………（103）
　　（三）全球化背景下国家创新体系的新变化 …………………（110）
　三　走向全球创新体系 ………………………………………………（122）
　　（一）国家创新体系的理论缺陷及其修补 ……………………（123）
　　（二）跨国创新体系——跨国公司视角 ………………………（133）
　　（三）走向全球创新体系——国家视角 ………………………（141）

第三章　科技全球化的基本形式之一：研究开发国际化 …………（155）
　一　经济全球化浪潮中的产业研究开发全球化 ……………………（157）
　　（一）关于研究开发国际化的三个基本问题 …………………（157）
　　（二）大规模的产业研究开发全球化是经济全球化深入的标志 ……（162）
　　（三）发达国家产业研究开发全球化仍然居主导地位 ………（165）
　　（四）发展中国家或地区产业研究开发全球化的重要影响因素 ……（176）
　二　中国产业研究开发国际化的现状 ………………………………（179）
　　（一）专利申请情况 ……………………………………………（181）
　　（二）跨国公司对中国研究开发投资的情况 …………………（183）
　　（三）国内企业在国外的研究开发 ……………………………（186）
　　（四）国际技术联盟 ……………………………………………（187）
　　（五）技术贸易规模和结构 ……………………………………（188）
　三　产业研究开发全球化对中国产业研究开发的影响 ……………（189）
　　（一）研究开发资金和技术的获取 ……………………………（190）
　　（二）本地技术开发及溢出效应 ………………………………（191）
　　（三）人才的培养和流失 ………………………………………（191）
　　（四）有关产业研究开发的组织管理的学习效应 ……………（191）
　四　中国应对产业研究全球化的政策建议 …………………………（192）
　　（一）应对产业研发全球化的政策分析框架 …………………（193）
　　（二）准确把握现阶段经济发展的产业技术特征 ……………（195）
　　（三）充分理解转型中的国家创新体系 ………………………（197）

（四）应对产业研发全球化的政策取向 …………………………（199）

第四章　科技全球化的基本形式之二：企业战略技术联盟 ………（205）
　一　企业间策略性技术联盟的定义及其分类 ………………………（206）
　　（一）何谓战略联盟 ……………………………………………（206）
　　（二）战略联盟的种类 …………………………………………（209）
　　（三）技术联盟与相关概念的联系与区别 ……………………（214）
　二　企业间策略性技术联盟的背景、趋势与特点 …………………（218）
　　（一）企业间策略性技术联盟形成与发展的背景 ……………（218）
　　（二）策略性技术联盟的发展趋势 ……………………………（221）
　　（三）建立企业间策略性技术联盟的动机 ……………………（224）
　三　企业间策略性技术联盟的国别与部门差异 ……………………（235）
　　（一）世界范围内策略性技术联盟发展的基本特点 …………（235）
　　（二）企业技术联盟的国别差异 ………………………………（238）
　　（三）企业技术联盟的产业差异 ………………………………（246）
　四　小结 …………………………………………………………（251）

第五章　科技全球化的基本形式之三：全球科技合作 ……………（259）
　一　国际科技合作：定义及其基本形式 ……………………………（259）
　二　迅猛发展的区域科技合作 ………………………………………（261）
　　（一）欧盟研究开发框架计划（FP） …………………………（262）
　　（二）"尤里卡"计划 ……………………………………………（280）
　　（三）欧洲研究区 ………………………………………………（287）
　　（四）亚太地区的区域科技合作 ………………………………（291）
　三　大科学项目与全球科技合作 ……………………………………（295）
　　（一）大科学项目的形成及发展 ………………………………（297）
　　（二）主要大科学项目 …………………………………………（298）
　　（三）大科学项目合作的基本趋势及其面临的挑战 …………（303）
　四　结论及其对中国的含义 …………………………………………（304）

第六章　科技全球化背景下的知识产权保护 ………………………（309）
　一　国家创新体系中的知识产权制度 ………………………………（313）

二　知识产权与技术创新的关系 …………………………………… (317)
　　三　经济发展水平与知识产权保护水平 …………………………… (322)
　　四　科技全球化背景下的知识产权保护 …………………………… (327)
　　五　结论及其对中国的含义 ………………………………………… (331)

第七章　FDI与内生技术能力培育 …………………………………… (335)
　　一　关于FDI与内生技术能力培育的文献回顾 ………………… (336)
　　二　关于FDI与内生技术能力培育的三个视角 ………………… (343)
　　三　FDI与内生技术能力培育：问卷分析 ……………………… (349)
　　四　中国台湾微电子产业的案例分析 ……………………………… (358)
　　五　结论及其政策含义 ……………………………………………… (361)

第八章　科技人力资源的全球流动 …………………………………… (372)
　　一　关于科技人力资源 ……………………………………………… (373)
　　二　科技人力资源全球流动的规模、特点与原因 ………………… (375)
　　　　(一)科技人力资源的全球分布及其流动的总体规模 ………… (375)
　　　　(二)科技人力资源全球流动的特点 …………………………… (382)
　　　　(三)科技人力资源全球流动的原因分析 ……………………… (385)
　　三　典型国家吸引科技人力资源的政策措施比较 ………………… (390)
　　　　(一)美国 ………………………………………………………… (390)
　　　　(二)欧盟 ………………………………………………………… (409)
　　　　(三)韩国 ………………………………………………………… (420)
　　四　几点结论 ………………………………………………………… (435)

第九章　科技全球化与科学技术的全球治理 ………………………… (440)
　　一　全球化背景下的科技治理 ……………………………………… (441)
　　　　(一)全球治理的理论内涵 ……………………………………… (441)
　　　　(二)科学技术的全球治理 ……………………………………… (444)
　　　　(三)科学技术全球治理中的国际科技组织 …………………… (448)
　　二　科技发展与产业规制——以转基因技术为例 ………………… (451)
　　　　(一)美国 ………………………………………………………… (452)
　　　　(二)欧盟 ………………………………………………………… (453)

（三）日本 …………………………………………………………（454）
　三　标准之争与科学技术的全球治理 …………………………………（457）
　　（一）全美亚洲研究所的报告 …………………………………（457）
　　（二）互联网实验室的反驳 ……………………………………（459）
　　（三）争论的实质是什么 ………………………………………（464）
　四　科学技术的全球治理：平衡技术全球主义与技术民族主义 ……（468）
　　（一）技术全球主义 ……………………………………………（469）
　　（二）技术民族主义 ……………………………………………（474）
　　（三）科学技术的全球治理：在技术全球主义与技术民族主义
　　　　　之间寻求平衡 ……………………………………………（476）
　五　几点结论 ……………………………………………………………（481）

第十章　科技全球化背景下的中国科技发展战略选择 ………………（488）
　一　科技全球化对中国意味着什么 ……………………………………（488）
　　（一）中国有可能得自科技全球化的收益 ……………………（490）
　　（二）中国科技发展面临的挑战 ………………………………（497）
　二　科技全球化背景下的中国科技发展战略选择 ……………………（503）
　　（一）中国和平崛起的科技含义 ………………………………（504）
　　（二）科技全球化背景下的科技发展战略目标 ………………（508）
　　（三）中国科技发展的路径选择 ………………………………（509）
　　（四）中国科技发展的战略措施 ………………………………（514）
　三　关于培育自主创新能力的几点思考 ………………………………（517）
　　（一）技术创新本质上是科技知识与市场需求相结合的过程 …（517）
　　（二）自主创新重在自主 ………………………………………（518）
　　（三）自主创新能力主要是一种制度能力 ……………………（520）
　　（四）小结 ………………………………………………………（523）
　四　结论及其政策含义 …………………………………………………（524）

跋 …………………………………………………………………………（528）

序

以科技全球化为切入点，通过对国际环境的深入研究和详尽分析，具体探讨中国科技发展的总体方向以及基本路径，并由此对中国科技发展的战略选择有所启示，这是本项研究的主要目的。从这个意义上来说，本项研究所确立的研究目标是野心勃勃的，也有着极为重要的理论意义和现实意义，因为它要研究的问题既包括了国际环境影响一国战略选择的内在机制和基本形式，同时又是当今中国面临的一个极为紧迫的现实问题和根本问题，即在知识经济条件下中国应该如何发展的问题。随着中国改革开放的不断深化，对这样一些问题进行深入研究的紧迫性和必要性越来越明显了。

然而，研究何种问题是一回事，如何开展研究又是另一回事，其中的关键就在于以何种理论方法为基础来指导研究工作。在科技全球化的研究过程中，这是一个困扰我们甚久的一个问题，因为现有的大多数研究，不论是国内学者的研究，还是国外学者的研究，大多数是就事论事，精于描述而拙于分析，有方法而无理论。比如说，部分国外学者往往会通过问卷调查，获取一定数量企业对于研究开发全球化问题的基本认识，再通过问卷分析得出一些基本结论。这种研究方法有其适用的一面，同样也有其局限性，因为它先验地认为科技全球化的主体是企业，进而忽略了对产业乃至国家层面许多问题的深入研究和分析。也有一些学者用向心力—离心力模型来解释科技全球化问题，比较向心力因素和离心力因素的大小主次，虽然有所启发，但在理论上还是不那么具有说服力。

用国家创新体系理论来解释世界经济发展问题的首次尝试是在《国家创新体系与东亚经济增长前景》中完成的，结论是在东亚地区存在着一个超国家的区域创新体系，而这一区域创新体系又是三个分别由美国、日本、韩国主导的国际生产网络构成的，其内在机制就是通过对外直接投资促成技术知识的扩散与交流。这是东亚经济得以兴起和发展繁荣起来的关键所在。但

是，在这项研究中，一个重大的缺陷就是对国家创新体系理论的适用范围没有严格界定，因而忽略了这样一个重要问题，即国家创新体系理论的核心是强调国家边界对于一国的创新实绩是有影响的，而区域经济一体化或者全球化的一个主要功能就是要打破国家边界的藩篱，促进资本、人员等生产要素的流动。在这种情况下，用缺乏国际视角的国家创新体系理论来解释区域经济增长不可避免地会存在着这样那样的不足或者说缺陷。在《主要发达国家国家创新体系的历史演变与发展趋势》中，我尝试着提出经济全球化与国家创新体系之间的矛盾和冲突是导致科技全球化深入发展的重要动力，并提出国家创新体系将向全球创新体系演进，但是理论分析上没有恰当地解释两者之间矛盾冲突的内在机制以及科技全球化深入发展的主要形式。从这个角度来说，本项研究实际上是上述两项研究的延续或者说补充，因此，系统性或者说完整性是本项研究的突出特点。这主要体现在以下五个方面：

其一，比较系统地对有关科技全球化问题的国内外研究成果进行了梳理，对科技全球化兴起的背景、相关的研究共识以及争论的核心问题进行了较为详细的分析，并提出了一个修正的，或者说具有全球化背景的国家创新体系视角，以此对科技全球化相关问题展开分析，尽管这一分析还是粗浅的、初步的，但它至少给未来的研究指出了一个可能的方向。

其二，对科技全球化的三种基本形式进行了较为系统深入的分析。在我看来，无论我们如何定义科技全球化，其基本形式主要有三种：一是研究开发国际化，二是企业间的策略性技术联盟，三是区域甚至国家层次上的科学技术合作，而且这三种形式正在呈现日益广泛、日益深化的趋势，势必对未来的世界经济乃至国别科学技术发展产生举足轻重的影响。

其三，对科技全球化进程中的主要问题进行了深入的解剖。在科技全球化进程中，处于不同发展阶段、不同科学技术水平的国家所面临的问题是不同的。就中国这样的发展中国家而言，足以对决策产生重大影响的问题主要有三个：一是知识产权问题，二是内生技术能力培育问题，三是科技人力资源的全球流动问题。在现有的国际科技秩序框架之下，这三个问题所引发的矛盾越来越尖锐，而且越来越受到人们的普遍关注。

其四，较为深入地分析了科技全球化与全球科技治理之间的关系。解决科技全球化中的问题，除了在国家层次上需要采取一个具体可操作的战略举措外，更重要的是要有一个相对稳定、可预期的国际科技发展环境，而且这一环境对于一国科技发展的影响应该是积极的。从这个意义上来说，科技全

球化对全球科技治理提出了新的、更加迫切的要求，而现行的国际科技秩序框架显然不能解决这个问题，因而需要真正从治理的角度，对国际科技秩序进行根本性改革。所谓技术全球主义、技术民族主义抑或新技术民族主义之争，其核心也就在于此。

其五，全面分析了科技全球化对中国科技政策制定的政策含义。科技全球化是一个客观趋势，不可遏制，尽管对其规模和未来发展方向还有诸多争议。它对于不同国家的科技政策制定者来说，具有不同的政策含义。比如说，美国的科技政策制定者希望能够更长时间地将科学技术知识保留在本国手中，而印度的科技政策制定者则希望更多地从科技全球化浪潮中获得技术溢出。对于中国的科技政策制定者来说，必须接受这个事实，顺应这个趋势，并尽可能地通过培育自身科技能力来获取更多的科技全球化收益。从这个意义上来说，所谓自主创新，也可以称之为开放创新，而开放创新的一个潜台词就是：创新能力不仅仅是一种技术能力，更主要的是一种制度能力，是一种以我为主、综合集成的能力。

幸运的是，在进行这项研究的过程中，我应邀参加了国家中长期科学和技术发展规划（2006—2020）领导小组办公室工作，被借调担任战略研究专家小组成员和规划纲要起草小组成员，并参与了中国科技发展战略总体组的全部研究工作。借此机会，我结识了一大批在科技政策研究和科技管理领域非常活跃的青年才俊，并在与他们朝夕相处中，就中国科技发展的一些重大问题进行了深入系统的研究探讨。在这个过程中，我们时而有面红耳赤的激烈争论，时而又有和风细雨的说理讨论。正是在这样一些如切如磋、如琢如磨的研讨争论中，我对中国科技发展的整体战略思路以及政策选择有了更为深刻的理解和把握。

客观地说，现在呈现给读者的研究成果，距离我们最初的设想，还是有着相当大的差距的。这其中的一个重要原因，就是课题主持人的工作环境屡屡发生重要变化。2002年年底，当课题刚刚开始起步时，我从社科院世界经济与政治研究所调到院政策研究室工作；2004年，还在课题正在进行之中时，我又被调到全国人大办公厅研究室工作。全新的工作性质和工作环境，使我不得不暂时放下科技全球化相关问题的研究工作，全力以赴地投入到与立法相关问题的研究之中，直到2005年年底调到中国科学技术协会工作之后，我才有了重新开始科技全球化问题研究的机会。然而，由于筹备2006年5月召开的中国科协第七次全国代表大会，这项工作的进展实际上是非常

缓慢的，只是在中国科协七大结束之后，我才有可能进一步加快进度，形成最终研究报告。在这里，我要特别向课题的资助方以及主管方致歉。

本项研究凝聚了太多学者的心血。作为课题负责人，我设计了课题研究大纲甚至详细的二级标题，并独立撰写了前言、第一章、第二章、第四章、第六章、第七章、第十章等六章初稿；高世楫研究员、万岩博士联合完成了第三章初稿；魏蔚博士完成了第五章初稿；姜江博士以及潘铁、孔薇薇硕士作为我的研究生，在我的指导下联合完成了第八章初稿；李志军研究员、姜念云博士、郭世杰博士合作完成了第九章初稿。此外，赵俊杰副研究员参加了第五章的研究，冷民副研究员、高世楫研究员还参加了第七章的研究讨论，魏蔚博士则在图表处理方面给我以莫大帮助，并且多次不厌其烦地对图表进行校对修改。在初稿基础上，我用了一年半的时间进行统稿，其中有些章节只是进行简单的文字梳理，有些章节需要增加新的内容，有些章节则需要全部改写，其劳心费力的程度难以言表。放弃？放弃！这一想法多次涌上心头，但又一再被强烈的责任意识给压了回去。在这里，我要特别感谢中国社会科学院科研局副局长王延中研究员，当我调离社科院并向他提起课题如何处理的问题时，他真切地对我说了一句话：慢慢做，把它做好。回想起来，前半句话我做到了，后半句话则要留给学界同仁来评判了。

王春法

2006年9月于北京

引　言

当代世界经济正在经历一个堪与工业革命相媲美的技术—经济范式变迁时期。无论我们把这样一种新的技术—经济范式称为新经济还是知识经济，其核心内容都是如何理解和把握科学技术在当代世界经济中的核心地位[1]。从这个意义上来说，要准确把握当代世界经济的本质特征及其基本趋势，必须从理解和把握科学技术活动的本质特征和基本趋势开始。

一　对生产力概念的重新认识

在过去的几十年里，我们对生产力的理解一直没有超出马克思主义经典作家的标准论述，即"所谓生产力就是人们征服自然、改造自然以获得物质生活资料的能力，是人们改造自然的物质力量，它表示的是生产中人对自然界的关系"，"构成生产力的基本要素是：以生产工具为主的劳动资料，引入生产过程的劳动对象，具有一定生产经验与劳动技能的劳动者"[2]。应该承认，这样一种理解有其合理之处，在一定时期和一定条件下对于促进经济社会发展起到了巨大的推动作用。但是，随着我们对于经济社会发展的认识不断深化，仅仅从人与自然的关系出发，将生产力理解为人类征服自然和改造自然的能力，已经远远不够了。这是因为：

首先，随着人类对大自然认识的深化，人类自身与自然界之间的关系也发生了巨大的变化。无数铁的事实一再证明，人类是大自然之中的人类，而不是与自然处于对立关系上的人类；人与自然的关系应该是和谐相处、共存共生的关系，而不是一方征服另一方、非此即彼的对立关系。在这种情况

---

[1] 王春法：《新经济：一种新的技术—经济范式?》，载《世界经济与政治》2001年第3期。
[2] 高光等：《历史唯物主义》，中共中央党校出版社1990年版，第26页。

下，将生产力定义为人类征服自然、改造自然并从自然界索取物质生活资料的能力，显然是不妥当的。

其次，人类的财富生产方式发生了巨大的变化。如果说，在18—19世纪还确实存在着"劳动是财富之父，土地是财富之母"这样一种关系的话，那么，在今天，这种关系由于科学技术的进步而发生了巨大的变化。人们只需要消耗非常少量的资源即可产生出巨大的财富，自然资源作为财富之母的地位被大大动摇了。马克思很早就已经指出，"生产力中也包括科学"[①]。在他看来，"一切生产力即物质生产力和精神生产力"[②]，"社会生产力已经在多大程度上，不仅以知识的形式，而且作为社会实践的直接器官、作为实际生产过程的直接器官被生产出来"[③]。

再次，人类生产财富的来源已经发生了巨大的变化。科学技术的发展使人类更多地通过开发自身来创造财富，特别是通过开发人类自身的智力资源来创造财富。人力资源成为最可宝贵的资源。在这种情况下，更多的自然资源并不意味着更多的可支配财富，而较多的人力资源才意味着更多的财富。这也就是发展中国家开发的自然资源越来越多，但它们与发达国家之间的收入差距却越来越大的根本原因。马克思已经看到了知识形式生产力和物质生产力的内在联系，明确指出物质生产力是改造自然的"直接器官"，它是由知识形式生产力转化而来的，是"物化的知识力量"。

最后，在传统的技术条件下，自然资源的占有本身就意味着财富的占有，而征服自然和改造自然本身就意味着财富的创造。在这种情况下，生产力基本上等同于自然资源的开发力，也就等同于财富的创造力。而在知识经济条件下，这一必然关系被打破了。科学技术知识已经成为一种至关重要的战略资源，开发和占有更多的科学技术知识资源成为各国最重要的经济活动，也成为获取物质财富的重要途径。

由此可见，在新的形势下，我们必须还生产力以本来面目，从一个全新的、更高的视角来理解和把握生产力的本质内涵。只有这样，我们才能够对生产力的发展及其构成有更为深入的认识，对其本质有更为深刻的理解。基于以上考虑，我们认为，适应经济社会发展形势的变化，将生产力

---

① 《马克思恩格斯全集》第46卷下册，人民出版社1980年版，第211页。

② 《马克思恩格斯全集》第47卷，人民出版社1979年版，第570页。

③ 《马克思恩格斯全集》第46卷下册，人民出版社1980年版，第219—220页。

理解为"创造社会财富的能力"可能更为可取一些。这样一种理解，不仅避免了生产力三要素的争论或者说困扰，而且在政策设计上可能更具可操作性。这里有三点需要说明：第一，我们说的是创造社会财富的能力，而不是既有社会财富的再分配能力。有些因素可能在瓜分更多的社会财富方面能力较强，但它们并不创造新的社会财富。比如说，有人称知名度就是生产力，这显然是一种错误的理解，因为知名度并不能创造新的财富，而只是促成了社会财富的二次分配。第二，我们这里所说的是社会财富，是财富的社会总量，而不是被私人占有和支配的私人财富。私人财富当然是社会财富的一个组成部分，但私人财富并不是社会财富的全部。第三，在这种情况下，凡是能够促进社会财富创造的因素，不论是科学技术的，还是管理和制度方面的，都是社会财富的创造主体，因而都可以参与分配。

对生产力概念的重新理解，意味着资源范围已经从自然资源扩大到社会资源，经济竞争的核心也从对自然资源的争夺转移到对科学技术知识等社会资源的争夺，从对自然资源的开发利用前移到对人类自身资源的开发利用。科学技术知识等社会资源与水力、石油、矿石等自然资源最大的不同之处在于：它是人类开发自身智力的产物，从长远来看是取之不尽、用之不竭的，而且其使用不具有排他性。科学技术知识资源来源于人类对于自然法则的认识，而利用这种自然法则造福于人类，则是科学技术从潜在生产力向现实生产力转化的重要过程。从这个意义上说，科学技术知识来源于人类自身，人是科学技术知识最重要的载体。开发人类自身，而不是大规模开发自然资源，正在成为当代科学技术发展的一个重要方向。这首先包括对人类自身的投资，特别是对于科技训练的投资，对人类创造性的鼓励和资金支持，对人类智力创造物使用的保护和激励，等等，其结果就是使用更少的自然资源生产出更多的物质产品和服务。这个过程，就是用知识替代自然资源的过程，知识经济的本义也正在于此。从这个角度来看，从开发自然资源转向开发人类自身的智力资源，意味着人类的生产方式正在经历从资本替代劳动向知识替代资源的转变。这显然是人类生产方式的一个根本性转变，而其核心，就是科学技术的发展，就是向人类认识能力的极限挑战。邓小平同志提出科学技术是第一生产力，其原因也就在于此。

二　国际竞争形式的新变化

既然科学技术知识已经成为最重要的战略资源，成为综合国力竞争的焦点，为了在激烈的国际竞争中占据优势地位，各国政府和企业普遍大幅度增加研究开发支出，更多地投资于科学技术知识的生产与扩散。美国提出要确保在所有科学技术领域的全面领先地位，日本明确提出要在50年之内使本国的诺贝尔奖获奖人数达到30名，欧盟要求其成员国在2010年使其研究开发支出占GDP的份额达到3％的较高水平，其目的都是为了最大限度地创造、获取、争夺和利用科学技术知识。从这个意义上来说，科学技术正在成为国际竞争的一只圣杯，科学技术知识已经成为可以与煤炭、石油相当的最具战略意义的重要经济资源：哪个国家拥有了它，哪个国家就能够在激烈的国际技术经济竞争中处于优先地位，从而利用"赢者通吃"的法则获得最大的经济利益。

科学技术知识在当代世界经济中的核心地位，使国际竞争空前激烈，国际竞争形式也发生了根本性变化，其核心就是从对自然资源和市场的争夺扩大到对科学技术知识资源和人力资源的争夺，国际竞争的焦点不断前移，科学技术知识成为一种重要的战略性资源，国家之间的差距更多地表现为知识和创新能力的差距。大致说来，这种国际竞争战线的前移主要表现在三个方面。

其一，从市场竞争前移到科学技术知识的竞争。科学技术知识的产生不再是上帝赐予的结果，而是政府和企业有意识大量投资的产物，因而首先是一种经济产品。对于企业来说，科技发展已经成为一种市场行为，在研究开发上的投资行为与在其他方面的投资行为并无本质不同，其目的都是为了获得超额垄断利润。对于政府来说，科技发展成为一种战略行为，是一种战略性投资，有着明显的战略目标。与此相适应，一系列独特的制度安排促进了科学技术知识的国际流动，比如专利的信息披露制度要求，世界范围内知识产权保护的强化，跨国公司的全球投资，等等。电子媒体的出现使科学技术知识的编码化取得了极大的进展，使这种科学技术知识的国际流动速度成千上万倍地提高；作为科学技术知识基本载体的人是高度国际流动的，科学家的跨国界流动和庞大的留学生规模已经充分说明了这一点。在这种情况下，国际竞争的核心从自然资源前移到了科学技术知识：谁能够拥有并最先采用

先进的科学技术成果，谁就能够在国际竞争中处于优势地位。

其二，从产品竞争提前到研究开发方向的竞争。市场竞争的焦点已经不仅仅是最终产品的竞争，而是研究开发方向选择与速度的竞争，是研究开发实力的竞争。传统的竞争格局是：谁能够生产出质量最好、工艺最精的产品，谁就能够在市场竞争中占有优势，企业竞争的焦点是生产环节。目前的竞争模式则是：谁能够在市场上最先推出新产品，谁就能够在市场竞争中占有优势，竞争的焦点是研发环节，所谓快鱼吃慢鱼，道理就在于此。从某种意义上说，企业在市场竞争中的成败，事实上在选择研究开发方向时就决定了。错误的研究开发方向一定不会导致成功的市场开发，而正确的研究开发方向又是成功的市场开发的必要前提。正因为如此，1998年世界500强企业总共投资2570亿美元用于研究开发活动，平均每家企业每年的研究开发支出为5.14亿美元。在生物技术产业，企业平均将其销售收入的47%以上投入到研究开发活动之中[1]。就国家而言，发达国家又远远走在发展中国家的前面。有资料表明，仅美国就占了世界科学活动总量的32.9%，欧盟15国占了37.8%，日本占了10%，而其他国家合计所占份额还不足20%[2]。

其三，从发达国家之间的竞争前移到发展中国家。世界经济中的竞争归根到底是市场的竞争，而当代世界经济中市场成长最快的地区是发展中国家。因此，自20世纪80年代中期以后，世界经济中的一个突出现象就是发达国家制造业的转移和全球布局，而其转移的主要目的地就是亚太地区、中国、印度等新兴市场经济国家。由此而来的一个必然趋势就是，国际竞争的焦点也从发达国家前移到了发展中国家。这种争夺既包括对发展中国家廉价自然资源和日益扩张的市场的争夺，更包括对发展中国家人才和科技知识资源的争夺。比如说，由于当代科学技术的发展，基因资源成为一种重要的科技资源，发达国家往往以与发展中国家合作的名义从发展中国家掠夺基因资源以及其他种质资源；发达国家在发展中国家设立的研究开发机构，一方面是为了使其产品更多地适应本地市场的需求，另一方面也是为了利用当地的专业化服务。比如说，

---

[1] B. Bowonder, S. Yadav and B. Sunil Kumar: R&D Spending Patterns of Global Firms, in *Research Technology Management*, Vol. 43, No. 5 (2000).

[2] European Commision [2000]: Toward a European Research Area: Science, Technology and Innovation Key Figures 2000, 2000.

许多大型制药企业在中国设立研发机构的一个重要动机就是利用中国丰富的临床资源，因为在国外，临床研究成本往往要占到医药成本的70%左右，而中国的研发成本只有国外的20%—30%！

从上面的分析中可以看出，国际竞争战线前移意味着科学技术已经成为一种战略性资源，成为各国争夺的对象。在这种情况下，国际竞争战线的前移加快了科学技术知识的跨国界流动，而科学技术知识国际流动的加速，既是经济全球化深入发展的结果，同时也推动了当代世界科技发展的一个重要特点：科技全球化。

三 关于科技全球化

全球化是现代科技活动的主要组织特征之一，对于一个国家的科技体制、发展战略、科技政策乃至科技管理等都发挥着举足轻重的影响。根据薛澜、王建民的观点，日本通产省最早于1990年提出了"科技全球化"的概念，开放许多政府资助的研发项目，鼓励外国公司参加，并提出一系列国际合作项目，希望能够站在这一发展趋势的前列。[①] 但是，关于科技全球化的定义，迄今为止并没有一个明确的说法。

国际管理发展研究院技术管理学教授乔治斯·阿乌尔认为，技术全球化的基本内容主要表现在以下几个方面：其一，不论在世界哪个地方，得到技术产品变得越来越容易了；其二，自从现代科学和技术作为促进经济增长的关键因素出现以来，技术知识和技术创新的扩散、转移和利用速度以及强度一直在以加速度扩大；其三，技术本身，尤其是电子媒体促进了技术在全球的流动速度和流量。[②]

马西莫·保利和西蒙尼·圭尔奇尼（Massimo Paoli & Simone Guercini）[1997] 认为，企业技术活动的全球化不仅仅是在国外设立有组织的研究机构，而且也包括其他方面：一是诀窍、专利和许可的国际交换；二是协议、合资、参与协会、联合体、研究开发合作组织、与其他实体或组织在竞争前与竞争中研究领域合作进行科研项目等；三是在国外中心培训研究

[①] 薛澜、王建民：《知识经济与R&D全球化：中国面对的机遇和挑战》，载《国际经济评论》1999年第3/4期。

[②] 载《金融时报》1998年2月13日。

人员；四是从全球劳工市场上招募和雇用科学家与工程师。因此，国际化较之跨国化的范围要大。商业活动在国际方向上的演进并不必然意味着必须在国外有一个实验室，国际化也不仅仅意味着分散或者地理上的非集中化。在这样一种环境下，出现了一种"不停顿的国际化"趋势，许多研发机构深深地卷入了国际化之中。①

乔恩·西格森和阿尔福雷德·李平程（Jon Sigurdson and Alfred Li-Ping Cheng）[2001] 认为，主要有三个因素促进了研究开发的全球化：一是技术的全球利用。这可以理解为消化吸收隐含在产品和服务中的技术知识，其典型形态如爱立信公司向澳大利亚和意大利销售电讯交换机，在那里建立研究开发性设计中心，对产品进行重大修改以满足该国电讯公司及其客户的要求。二是全球技术合作。这在大制药公司中非常流行，因为它们缺乏微生物方面的研究能力。比如说，瑞典的 Astra 与英国的 Zeneca 在 90 年代中期合并以后，在北美建立了大量的微生物研究联盟，并建立了公司自己的实验室。三是全球技术生产，一般通过在诸如硅谷或北卡研究三角这样公认的研究开发环境中建立较小的研究开发机构来实现，它们对于母公司有着巨大的意义。②

达尼埃莱·阿尔基布吉（Daniele Archibugi）[2000] 提出，技术全球化的含义包括三个方面：其一，国产技术的国际利用，包括创新者在国外市场上利用其技术能力以获得经济优势。这实际上是国际化而不是全球化，因为由此引入的创新保留了其民族身份，甚至当其在一个以上的国家扩散和销售时也是如此。其二，创新的全球生产，包括单个产权人在全球进行的创新活动。这类创新一般由来自同一跨国公司的不同研究中心和技术中心共同完成。只有跨国公司进行的创新才符合这一类型，对于小企业来说，要在全球进行创新是很困难的。其三，全球技术合作，它介于前两种类型之间，以企业间协议的形式出现，这些企业往往位于两个或更多的国家，共同进行一种技术发明活动。大企业在这种知识传递中都很活跃，小企业也可以利用这种

---

① Massimo Paoli, Simone Guercini [1997]: R&D Internationalisation in the Strategic Behaviour of the Firm, *STEEP Discussion Paper* No. 39.

② Jon Sigurson and Alfred Li-Ping Cheng [2001]: New Technological Links between National Innovation Systems and Corporations, in *International Journal of Technology Management*, Vol. 22, Nos. 5/6, 2001.

形式作为替代创新源。事实上，企业，特别是大企业一般都会遵循所有上述三种方法来进行创新。①

表引—1　　　　　　　　　创新全球化的分类

分　类	行动者	形　式
国别创新的国际利用	追求利润的企业和个人	出口创新产品 转让许可证和专利 国外生产创新产品 内部设计和发展
创新的全球产生	跨国公司	在国内外进行的 R&D 以及创新活动 获得东道国既有实验室或 R&D 绿地投资
全球科技合作	大学和公共研究中心	联合科学项目 周期性的科学交流 国际学生流动
	国家和跨国公司	创新项目的联合研究 交换技术信息或设备的生产性协议

资料来源：Daniele Archibugi [2000]：The Globalisation of Technology and the European Innovation System, Prepared as part of the project "Innovation Policy in a Knowledge-Based Economy" commissioned by the European Commission Paris, 16—17 September 1999, Revised Version-15 May.

约翰·坎特威尔、格拉齐亚·圣安杰洛（John Cantwell, Grazia D. Santangelo）[1999] 提出，在过去的十年里，技术的创造、传递和扩散已经越来越国际化了。"技术全球主义"的兴起促使公司战略建立在技术开发国际集成方法的基础之上。这一过程的演进是以跨国公司研究开发机构根据内生技术专业化而进行的地理分散为特征的。新一代海外子公司更多地与它们自己在当地的技术创造与应用相互作用。在这个意义

---

① Daniele Archibugi [2000]：The Globalisation of Technology and the European Innovation System, Prepared as part of the project "Innovation Policy in a Knowledge-Based Economy" commissioned by the European Commission Paris, 16—17 September 1999, Revised Version-15 May 2000.

上，我们把全球化称为通过协调地理上分散的研究开发活动建立和发展国际集成的技术网络，包括企业内部和企业间的技术网络。①

中国科技发展战略研究小组在《中国科技发展研究报告》(2000)中指出：科技全球化是指在全球化的趋势下，各国(地区)科技共同协调与融合的发展过程，表现为科技问题的全球化、科技活动全球化、科技体制的全球化以及科技影响的全球化。科技全球化从人类科技活动的初期就开始萌芽，在20世纪下半期得到较快发展。尤其是80年代以来，随着信息技术的发展和冷战的结束，科技全球化更像是一股不可抗拒的潮流迅猛发展，席卷全球。科技全球化主要表现为：科技人员全球科技活动日趋活跃；跨国公司全球科技活动加速发展；国家间全球科技活动不断深入。②

薛澜、王建民认为，R&D全球化主要表现在个人、政府及企业三个层次上。在单个研究者的层次上，跨国合作是主要发展趋势，表现为越来越多的研究成果、发明和论文由不同国家的科学家合作完成，合作发表论文和合作申请专利的快速增长清楚地说明了这一点。在政府层次上，国际合作与国际竞争并存。国际合作主要以双边或多边的形式出现。双边合作既有关于某一具体技术的合作，也有范围更广的形式。与前两个层次相比，各国企业，尤其是跨国公司在推进R&D全球化的进程中最具活力。在各个高科技领域中，跨国公司在R&D全球化方面采取的形式多种多样，最突出的有建立国际策略联盟及在海外分公司设立研发机构等，竞争之激烈，联盟之复杂，令人叹为观止。③

连燕华指出，科学研究全球化的特点包括：学术论文的国际合作明显增

---

① John Cantwell, Grazia D. Santangelo [1999]: The Frontier of International Technology Networks: Sourcing abroad the Most Highly Tacit Capabilities, *Information Economics and Policy* 11 (1999), 101—123.

② 参见中国科技发展战略研究组：《中国科技发展研究报告》[2000]，社会科学文献出版社。应该说，这一定义并不科学。科技问题的全球化与科技影响的全球化在某种意义上是同一的：科技问题的全球化无非是说科技问题越来越成为全人类面临的共同问题，而科技影响的全球化则是说任何科技突破所带来的影响都不会仅仅局限于某一国家或地区，而会扩展到全球范围之内。事实上，真正有意义的是科技活动的全球化和科技制度安排的全球化，而后者又是建立在科技活动全球化的基础之上的。换言之，所谓科技全球化，其核心就是科技活动的全球化。

③ 薛澜、王建民：《知识经济与R&D全球化：中国面对的机遇和挑战》，载《国际经济评论》1999年第3/4期。

加；大科学的国际合作将进一步加强；人才仍将是未来科学研究全球化的关键因素，没有与优秀人才的交流也不可能做出高水平的研究成果，保持科学人才的国际开放和流动是任何研究组织、地区和国家赢得国际科学竞争和获取科学研究所产生的高水平成果的基本保证，这对研究水平相对落后的国家来说更为重要；科学研究资源的全球化成为科学研究全球化的重要内容；科学研究的全球化要求科研管理方式必须进行必要的调整，科学研究活动从资源获取、资源配置、研究项目、研究机制、成果应用、产权分享等各个管理环节都出现了全球化的趋势。就其基本形式而言，科学研究全球化主要表现在以下几个方面：其一，科学研究内容的全球化即选题的全球化；其二，科学研究信息交流手段的全球化；其三，科学研究组织和设施的全球化，分布式的大科学研究和工程式的大科学研究相结合；其四，科学研究资源的全球化，特别是科学人才和研究资金的全球化；其五，科学承认与评估的全球化，包括立项、成果以及机构等。[①]

王春法认为，科技全球化与经济全球化之间是一种相辅相成的关系，技术发展既受到全球化的驱动，又是全球化的关键推动器。一方面，科技全球化本身就是经济全球化发展到一定阶段的产物，是经济全球化的一个重要组成部分。另一方面，科技全球化对经济全球化起着推动和深化的作用。这是因为，不论一国在科学技术方面具有怎么样的实力，它都必须参与到科技全球化的浪潮中，以便准确地把握其发展的方向与基本趋势，而这又进一步加强了各国之间的技术联系与经济联系，从而促进了经济全球化的深入发展。从性质上说，由于科技全球化的直接动因是以跨国公司生产和经营国际化为主要推动力的经济全球化浪潮，它直接服务于跨国公司的全球经营，服务于跨国公司的全球利益。因此，科技全球化主要是由西方发达国家及其跨国公司所主导和操纵的，由科技全球化所引起的国际科技结构变化也主要有利于西方发达国家而不利于发展中国家。[②]

在《主要发达国家国家创新体系的历史演变与发展趋势》一书中，王春法又进一步提出，就其本质而言，科技全球化实际上就是国家创新体系对于经济全球化所做的一种应激反应。在这里，国家创新体系就是一国之内有关科学技术知识的生产、流动与应用的制度安排，它的一个基本假定就是国家

[①] 连燕华：《科学研究全球化发展评价》，载《科研管理》2000年第4期。

[②] 参见《中国科技论坛》2001年第3期。

边界对于一国的经济实绩是有影响的，而经济全球化则是人类经济活动日益突破民族国家的藩篱并在世界层次上融合在一起的进程，主要包括制造业全球化、金融全球化，等等。经济全球化迅猛发展与对国家创新体系的加强与完善之间存在着明显的矛盾：一方面，经济全球化使国家边界的意义逐步弱化；另一方面，国家创新体系的发展和完善又使国家边界的意义得到强化，因为我们所采取的各种促进创新的措施实际上就是在强化这种制度空间或政策空间的功能。这种矛盾冲突的结果就是国家创新体系的建设和完善不得不接受经济全球化深入发展这样一种历史大背景，从而导致了科技全球化的深入发展。[①]

江小涓［2004］认为，自20世纪90年代以来，技术的跨国界转移具有了一些突出的新特点，包括科技要素在全球范围内优化配置，外部技术来源的重要性增加；科技系统中有愈来愈多的部分跨越国界成为全球性的系统；跨国转移的技术中有大量的先进技术；一些产业中研发、设计与制造相分离，分工更加专业化，等等。有了这些新特点，长期存在的技术跨国转移被赋予了新的内容，才能够被称之为"科技全球化"。因此，科技全球化是技术和技术创新能力大规模地跨国界转移，科技发展的相关要素在全球范围内进行优化配置，科技能力中愈来愈多的部分跨越国界成为全球化的系统。[②]

从上面的分析中可以看出，尽管学者们在科技全球化的定义上存在着或大或小的差异，但其基本内涵则是大同小异的。综合而言，所谓科技全球化，主要是指科技活动的全球化——20世纪80年代以来科学技术知识跨国界流动的规模和强度迅速扩大的趋势，其核心内容主要包括三个方面：一是研究开发资源的全球配置，即按照比较优势原则在世界范围内配置研究开发资源，包括人才的国际流动和R&D的国际化，以求得研究开发产出的最大化；二是科学技术活动的全球管理，即不仅研究开发的组织形式是向全球开放的，而且各国均须在统一的制度框架和标准下，按照共同的国际规则进行科技成果的交易，并为科技成果的持有者提供知识产权保护，比如研究方法

---

① 参见王春法《主要发达国家国家创新体系的历史演变与发展趋势》，经济科学出版社2003年版。

② 江小涓等：《全球化中的科技资源重组与中国产业技术竞争力提升》，中国社会科学出版社2004年版，第20页。

的规范统一、知识产权保护制度等;三是研究开发成果的全球共享,即在一定的规则和条件下,科技研究成果的应用是全球性的,知识产权交易规模的迅速增长充分说明了这一点,科学技术知识的溢出和扩散成为世界经济中的一个重要现象。这三个方面相辅相成,互相促进,共同构成了科技全球化浪潮的主旋律。其中,研究开发资源的全球配置又具有根本性的重要意义,直接影响到科学技术活动的全球管理和研究开发成果的全球共享的规模和程度。

其一,研究开发资源的全球配置。根据美国商务部1999年9月发表的一份研究报告,从1987年到1997年,在美国的外国跨国公司投放的研究开发支出增加三倍以上,从65亿美元增加到197亿美元,占到美国全部公司研究开发支出的15%左右,在高技术部门这一比率甚至高达1/4以上。到1998年年底,375家外国跨国公司在美国设立了715家研究开发机构,雇用了115700名美国研究开发人员。[①] 其中,仅日本、德国、英国、法国、荷兰、瑞士以及韩国等七个国家的365家母公司即在美国拥有700家研究开发机构,占全部外国在美研究开发机构总数的98%。在其他发达国家,研究开发国际化的现象也比较突出。值得注意的是,日本近年来投放在国外的研究开发支出增长非常迅速,仅在1993年到1997年,日本投放在美国的研究开发支出就从18.01亿美元增加到38.95亿美元,翻了一番还多。此外,包括科学家的国际迁移、海外培训等在内的科技人力资源的全球流动规模甚至更大。近年来区域科技合作,特别是以欧里卡计划和六个研究开发框架计划为主要内容的欧盟科技合作迅速发展,进一步强化了这种研究开发资源的全球配置趋势。

其二,科学技术活动的全球管理。科技研究方向的选择、研究规范的确立、跨国科技合作、国际学术会议的召开等都是在按一定的国际规则进行的。根据美国NSF报告,SCI收录的论文中科学家跨国合作发表的论文数持续增长,从1981年的5.6%增加到1995年的14.5%。以专利国际化为主要内容的研究成果全球管理也越来越具有重要意义。1996年,美国总共发放了11万件专利,其中6.1万件授予了美国发明家,占总量的55%左右;其余5万件为外国发明家所获得,占总量的45%左右。1997年,在美国授予的

---

① 外国在美的研究开发机构被定义为,其50%以上的股份被其外国母公司持有,且主要从事研究开发活动的独立研究开发机构。

11.2万项专利中，美国公民得到55%，外国发明家得到45%。居民与国外专利活动之间的数量关系也反映了一国对外国开发之技术的开放程度或者说需求程度。日本是授予外国专利最少的国家，1995年授予外国发明家的专利只占全部专利授权的13%，意大利和墨西哥对外国专利有更高的偏好，授予非居民发明家的专利分别占专利授权总量的98%和96%。1995年，韩国将48%的专利授予了外国人。1995年，美国占日本授予外国人专利的50%，在印度占43%，在巴西占42%，在德国占28%，在法英意占25%左右。[①]即使是发展中国家所获得的美国专利也在迅速增加，特别是来自东亚地区的专利申请增长速度更快。这种情况表明，研究开发资源配置的全球化不仅要求对于科学技术活动管理全球化，而且要求对这些活动成果的管理也实现全球化。

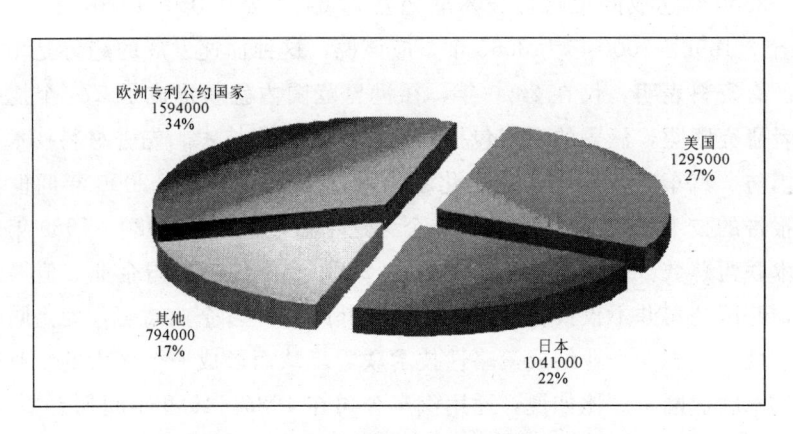

图引—1　2000年世界范围内有效的专利

资料来源：European Patent Office（EPO），the Japan Patent Office（JPO）and the United States Patent and Trademark Office（USPTO）：Trilateral Statistical Report 2001.

其三，研究开发成果的全球共享。经济合作与发展组织成员国的一项研究表明，自20世纪80年代初以来，包括技术许可、专利和商标出售、技术专家和智力服务在内的技术交易额增长了大约三倍以上，而且通过设备进口

---

① Lawrence M. Rausch：U.S. Inventors Patent Technologies around the World, National Science Foundation, Directorate for Social, Behavioral and Economic Sciences, NSF 99－329 February 24, 1999.

而获得技术知识的重要性也呈不断增强趋势。1986年,德国、日本和美国通过出售专利、版权和技术许可而接受的技术转移收入只有99.35亿美元,而到1996年已增加到388.7亿美元。有学者推算,1995年全球技术流动总金额约为680亿美元,其中欧美日三者之间的技术交易总额即达660亿美元,占总额的97%以上。其中,欧洲跨国公司的年技术贸易额为340亿美元,美国为270亿美元,日本为50亿美元,而其余国家参与的国际技术交易额只有30亿美元。进入90年代以后,跨国公司之间建立策略性技术联盟的趋势进一步加快。为了最大限度地控制科学技术的生产和应用,跨国公司自80年代中期以来建立了大量的策略性技术联盟。根据MERIT/UNCTAD的数据资料,1980—1989年,世界各国跨国公司间达成的策略性技术联盟协议数为4092个,其中1980—1985年为1560个,1986—1989年为2632个;但是1990—2000年达成的策略性技术联盟数达6477个,其中1990—1995年为3412个,1996—2000年为3065个。应该说,这种加速发展的趋势是相当明显的。有资料表明,仅在2000年,在世界范围内就新形成了574个技术联盟或者研究联盟,涵盖的领域包括信息技术、生物技术、先进材料技术、宇航与国防、汽车以及非生物技术化学领域,从而使1990—2000年间世界范围内报告的技术联盟总数达到6477个(这个数字几乎是1980—1989年间世界技术联盟总数3826个的两倍),其中2658个不包括美国企业。值得注意的是,跨国公司并不仅仅在某一个领域与其跨国经营企业结盟,而是同时在多个领域中与不同企业结成策略性技术联盟,从而形成一个庞大的企业间策略性技术联盟网络。比如说,通用汽车公司在1985—1989年间拥有29个汽车制造方面的策略性技术联盟,三菱公司拥有27个汽车制造方面的技术联盟,57个化学方面的技术联盟,ABB公司拥有11个化学方面的策略性技术联盟,51个重型电器设备制造方面的策略性技术联盟。由此可见,对于大多数公司来说,现在国际竞争的基础已经转变为公司集团与公司集团之间的竞争。

应该说,企业层次上的R&D国际化与策略性技术联盟同以政府为主导的国际科技合作以及国际技术贸易相互补充,共同促进,从而使科学技术活动从其目标、组织、实施到科学技术成果的管理与消费全部全球化了,并在此基础上孕育出国际科学技术格局和结构变动的两个重要趋势:其一,网络化趋势,即跨国公司通过策略性技术联盟与R&D国际化所形成的全球技术网;其二,集团化趋势,即不同国家通过区域科

技合作面形成一个一个的区域性科技集团，通过国家的力量强化对全球科技资源的争夺。在这种情况下，由于一家跨国公司往往同数家企业建立策略性技术联盟，从而形成一个庞大的企业间策略性技术联盟网络，而以发达国家为主导的国际科技合作又使跨国公司在监控和获得公共知识供应方面处于优势地位，科技全球化已经大大强化了发达国家及其跨国公司在全球科技生产和消费方面的强势地位，使它们得以通过这样一张复杂的技术网络将全球技术资源牢牢地控制在自己手中，从而确保自身能够拥有广阔的技术基础，在激烈的市场竞争中长期立于不败之地。由此可见，在这种新的国际背景之下，我们必须在全球高度上来考虑一国的科技发展问题。

四 关于本书

本书拟以国家创新体系理论为基础，对科技全球化这一现象进行全面而系统的描述和分析。在本章提出科技全球化的缘起以及研究这一问题的重要性之后，第二章将在对国家创新体系理论进行系统综述与分析的基础上，针对经济全球化背景下的国家创新体系这一主题展开分析，重点是经济全球化对国家创新体系产生了何种影响、经济全球化与国家创新体系之间的互动关系，以及这样一种互动对于科技全球化现象的深入发展又产生了何种影响。在这里，我们实际上是把科技全球化当作国家创新体系对经济全球化所做出的应激反应展开分析和研究的。它说明，随着经济全球化的深入发展，国家创新体系面临着内部张力和外在压力两方面的影响，因而不得不打破国家边界对于国家创新体系的约束，既接受来自外部的科学技术知识流动，也促成边界内部的科学技术知识的跨国界流动，从而构成了声势浩大的科技全球化浪潮。不理解经济全球化，就无法理解科技全球化；不理解国家创新体系理论，同样也无法理解科技全球化。第三章到第五章分别探讨了科学技术全球化的不同形式，包括研究开发国际化、企业间策略性技术联盟、国际科技合作等，并对这些科技全球化形式产生的深层次原因及其政策内涵进行了深入分析。第六章到第八章则研究了科技全球化中的一些重要问题，比如科技全球化背景下的知识产权问题、科技人力资源的跨国流动问题、FDI 与内生技术能力培育问题等，并对这些问题的政策含义进行了较为详细的分析。第九章则探讨了科学技术全球化背景下的科技全球治理问题，分析了技术全球主

义和技术民族主义两种政策思潮，提出了建立国际科技新秩序的过程在本质上就是在技术全球主义与技术民族主义之间寻求平衡的过程。第十章是最后一章，在上述分析的基础上，探讨了科技全球化背景下中国的科技发展战略问题，对自主创新以及自主创新能力问题提出了自己的看法。

主要参考文献

1. 《马克思恩格斯全集》第46—47卷下册，人民出版社1980年版。
2. 高光等：《历史唯物主义》，中共中央党校出版社1990年版。
3. 江小涓等：《全球化中的科技资源重组与中国产业技术竞争力提升》，中国社会科学出版社2004年版。
4. 连燕华：《科学研究全球化发展评价》，载《科研管理》2000年第4期。
5. 王春法：《新经济：一种新的技术—经济范式？》，载《世界经济与政治》2001年第3期。
6. 王春法：《主要发达国家国家创新体系的历史演变与发展趋势》，经济科学出版社2003年版。
7. 薛澜、王建民：《知识经济与R&D全球化：中国面对的机遇和挑战》，载《国际经济评论》1999年第3/4期。
8. 中国科技发展战略研究组：《中国科技发展研究报告》（2000），社会科学文献出版社，2000年。
9. B. Bowonder, S. Yadav and B. Sunil Kumar [2000]: R&D Spending Patterns of Global Firms, in *Research Technology Management*, Vol. 43 No. 5 (2000).
10. Daniele Archibugi [2000]: The Globalisation of Technology and the European Innovation System, Prepared as part of the project "Innovation Policy in a Knowledge-Based Economy" commissioned by the European Commission Paris, 16—17 September 1999, Revised Version-15 May 2000.
11. European Commision [2000]: Toward a European Research Area: Science, Technology and *Innovation* Key Figures 2000.
12. Jon Sigurson and Alfred Li-Ping Cheng [2001]: New Technological Links between National Innovation Systems and Corporations, in *International Journal of Technology Management*, Vol. 22, Nos. 5/6, 2001.
13. John Cantwell, Grazia D. Santangelo [1999]: The Frontier of International Technology Networks: Sourcing abroad the Most Highly Tacit Capabilities, Information Economics and Policy 11 (1999), 101—123.
14. Lawrence M. Rausch: U. S. Inventors Patent Technologies around the World, Na-

tional Science Foundation, Directorate for Social, Behavioral and Economic Sciences, NSF 99—329 February 24, 1999.

15. Massimo Paoli, Simone Guercini [1997]: R&D Internationalisation in the Strategic Behaviour of the Firm, *STEEP Discussion Paper* No. 39.

第一章

科技全球化：研究概述

既然科技全球化的核心就是科学技术知识在全球范围内的跨国界流动，那么，随着科技全球化的深入发展，无论是在研究者层次、企业层次还是在国家层次上，科学技术知识全球流动的速度都将不断加快，其规模也在不断扩大，而由此所导致的跨国科技合作也将日趋活跃。国际经济界和科技界学者普遍认为，经济和社会的全球化发展是与科学技术的进步与全球化分不开的，经济全球化是科学技术全球化的基础和动力。科学技术全球化，为各国带来的是不同的经济与社会效应，既是机遇，更是挑战，因而引起了各国政府的普遍关注。

一 科技全球化问题的研究史

科学技术知识的跨国界流动早在现代科学技术产生的初期就开始出现了，工业革命以来，特别是在19世纪以来得到较快发展。进入20世纪80年代特别是冷战结束以后，随着信息技术、网络技术和运输技术的快速发展和科学技术知识全球流动的步伐不断加快，科学技术全球化更像是一股不可抗拒的潮流迅猛发展，席卷全球。与此相适应，科技全球化问题的研究也迅速发展起来。

（一）科技全球化的历史发展

从历史发展来看，科技全球化并不是一个新现象。早在19世纪80年代，瑞典企业家阿尔福雷德·诺贝尔（Alfred Nobel）就以Nobel-Dynamite信托基金的名义在欧洲建立了世界上第一个真正意义的跨国研究开发组织。第二次世界大战以前，诸如飞利浦这样的老牌跨国公司已经在海外子公司建立了一批支持其生产和销售活动的研究开发机构。第二

次世界大战以后的五六十年代,大企业开始倾向于利用规模经济特别是通过母国出口来使其技术能力多样化。在这个时期,跨国公司关心的首要事项是建立生产能力并满足各国战后需求导致的繁荣,国际化主要是为了更多地在国外市场上利用其在国内已经培育起来的技术能力,研究开发活动的国际化程度是非常有限的。[①]

从20世纪60年代和70年代起,跨国公司进入了全球扩张的早期阶段,在国外建立生产和销售机构成为一种时尚。到70年代中期,由于战后需求繁荣支撑的大规模生产机会已经耗尽,企业开始投资扩大现有生产线和产品线,跨国协调问题成为许多跨国公司关心的重要战略问题。在70年代末期80年代初,跨国公司转向用辅助设计和开发能力来支持外国分支企业,有些跨国公司开始利用多中心的本地对全球方法(local for global)从事跨国研究开发活动。这种方法不同于由中央实验室承担公司全部研究开发功能、向子公司转移技术并从子公司获得反馈、子公司只负责本地对本地(local for local)研发的单一模式,而且至少部分地替代了传统的本地为本地研发以及中央为全球(central for global)的研发模式。[②]

美国作为科技全球化的主要策源地之一,不仅仅是研究开发活动的主要输出国,而且也是跨国公司国外研究开发活动的首选东道国。到20世纪80年代初期,外国企业在美国的研究开发支出已经超过了美国跨国公司在其他国家的支出,而且两者之间的缺口不断扩大。到1989年,外国企业在美国支出的研究开发经费已经达到92亿美元,而美国企业的国外子公司在研究开发上只花了65亿美元。[③] 在美国的带动下,日本跨国公司在80年代也开始在国外设立研究开发机构,对外研究开发合作与情报工作变得越来越重要了。与西欧国家相比,日本跨国公司有更加集中化的研究开发和技术管理机构,产品更加多样化,而且这种产品多样化更多的是与技术相关的,主要通过国际开发而不是兼并取得的。发达国家国家创新体系的形成以及OECD国家的成熟市场导致了多中心学习环境的产生,跨国公司逐步在全球扩大其研

---

① Ove Granstrand [1999]: Internationalization of Corporate R&D: a study of Japanese and Swedish Corporations, *Research Policy* 28 (1999), 275—302.

② Ibid.

③ John H. Dunning and Rajneesh Narula: The R&D Activities of Foreign Firms in the United States.

究开发布局。结果，自 80 年代中期以来，世界经济中出现了一种清楚的可确认趋势，即强化国外区位的研究开发活动，研究开发国际化的范围大幅度增长，位于外国的研究开发活动越来越多地介入科学探索和先进开发活动，而不仅仅是利用中央实验室开发的基础技术并使之本地化。①

1985—1994 年是跨国 R&D 国际化的加速发展时期，许多跨国公司在世界不同区位建立了 R&D 实验室或新产品开发中心。② 特别是进入 90 年代以后，由于技术变化的速度加快，企业开始越来越多地依靠国际网络来利用国外技术中心的研究能力。跨国公司一改以往以母国为技术研究与开发中心的传统布局，根据不同东道国在人才、科技实力以及科研基础设施上的比较优势，在全球范围内有组织地安排科研机构，从事新技术、新产品的研究与开发工作，促使跨国公司的研究开发活动日益朝着国际化、全球化的方向发展。技术研究与开发的国际化趋势在一定程度上推动了世界各国在高技术领域的交流与合作，对世界经济发展和科学技术进步产生了极其重大而又深远的影响。③ 到 90 年代下半期，跨国公司为了实现创新活动的全球最佳组合，努力提高 R&D 的全球性效率，R&D 国际化不断深化，同时伴随着不断集中的趋势。结果，跨国公司不再满足于追随技术竞争的步伐，而是在世界范围内寻求并选择一个最具潜质的区位，建立自己的主要研究开发机构。

（二）关于科技全球化研究的三个共识

尽管科技全球化的萌芽由来已久，研究开发国际化也有着比较长的历史，但关于科技全球化问题的研究却是相对晚近的事情。迄今为止，学术界关于科技全球化问题的研究本身主要体现出以下三方面的共同特点，或者说形成了三个共识。

其一，科技全球化研究是从 80 年代初期开始的。大多数学者都认为，关于科技全球化的研究始于 20 世纪 80 年代上半期对于研究开发国际化的研

---

① Alexander Gerybadze, Guido Reger [1999]: Globalization of R&D: Recent Changes in the Management of Innovation in Transnational Corporations, *Research Policy* 28 (1999), 251—274.

② 冼国明、葛顺奇：《跨国公司 R&D 的国际化战略》，载《世界经济》2000 年第 10 期。

③ 林进成、柴忠东：《试析跨国公司技术研究与开发国际化的主要特征、形式及其影响》，载《世界经济研究》1998 年第 5 期。

究，而比较全面系统的研究则发端于 90 年代初期。[①] 马西莫·保利、西蒙尼·圭尔奇尼（Massimo Paoli, Simone Guercini）[1997] 认为，尽管对于有关方面的思考和评价早就存在，但商业技术与技能利用的全球化在很长时期内被管理学界所忽略，只是从 70 年代末期起，商业性实验室国际化才成为各种研究和出版物的焦点。过去几年来，学术界关于研究开发国际化的兴趣日益高涨，有关这个问题的文献数量的不断增长充分说明了这一点。[②] 唐纳德·H. 道尔顿、小曼纽尔·G. 塞拉皮奥和菲丽丝·根特·吉田（Donald H. Dalton, Manuel G. Serapio Jr. and Phyllis Genther Yoshida）[1999] 也指出，只是到最近时期，关于外国在美国的研究开发活动的研究成果才开始发表出来。[③] 罗曼·布特里尔、奥利弗·格拉斯曼、马克西米利安·范·泽特维茨（Roman Boutellier, Oliver Gassmann and Maximilian Von Zedtwitz）[2000] 认为："尽管全球化的主题不完全是新鲜东西，但由于研究开发国际化在 1980 年以前实际上不存在，因此这方面的经验几乎是个空白。"[④]

其二，研究开发国际化是几乎所有科技全球化相关问题研究的核心。纳基什·库马尔（Nagesh Kumar）研究了跨国公司研究开发国际的基本趋势以及海外研究开发活动区位的决定因素，指出跨国企业 R&D 活动的国际化在 20 世纪 70 年代初期最先受到人们的关注，而且自那时以后出现了许多研究文献。罗曼·布特里尔、奥利弗·格拉斯曼、马克西米利安·范·泽特维茨（Roman Boutellier, Oliver Gassmann, Maximilian Von Zedtwitz）[2000] 等认为，关于企业研究开发国际化的问题在最近十年来越来越受到有关研究开发管理文献的关注。许多研究表明，研究开发活动国际化包括在国外成立、经营与管理商业性研发实验室（跨国研究开发）；大幅度增加国外研究

---

① Nagesh Kumar: Intellectual Property Protection, Market Orientation and Location of Overseas R&D Activities by Multinational Enterprises, March 1995, #9501.

② Massimo Paoli, Simone Guercini [1997]: R&D Internationalisation in the Strategic Behaviour of the Firm, *STEEP Discussion Paper* No. 39.

③ Donald H. Dalton and Manuel G. Serapio, Jr., Phyllis Genther Yoshida [1999]: Globalizing Industrial Research and Development, USDC, September 1999.

④ Roman Boutellier, Oliver Gassmann, Maximilian Von Zedtwitz [2000]:《未来竞争的优势——全球研发管理案例研究与分析》，曾忠禄、周建安、朱甫道主译，广东经济出版社 2002 年版。

开发投入是一个较新的现象，但它越来越成为跨国公司战略行为的一个重要组成部分；国际化战略是有意实施的，许多跨国公司在评估不同决定因素之后将其研究开发活动分散到国外。[①] 经济合作与发展组织提出，关于研究开发国际化的范围和影响，人们的关注点主要集中在以下几个方面：研究国际化是一种普遍现象吗？民族企业将其研究开发活动转移到外国是损害了还是有利于母国的技术潜力与产业竞争力？如何鼓励外国企业设立研究开发实验室并使其收益最大化？外国企业兼并已有的研究开发实验室对于东道国经济有负面影响吗？[②] 罗伯特·D. 皮尔斯和塞特温德·辛格（Robert D. Pearce & Satwinder Singh）合著的《研究开发全球化》[1992] 从母公司研究开发实验室地位和作用的变化入手，依次分析了母公司实验室与研究开发全球化的关系、企业层次上研究开发国际化趋势及其决定因素、海外子公司研究开发实验室的特点与作用、影响开发的因素与跨国公司海外子公司研究开发机构的作用、海外子公司研究开发实验室与东道国的关系等问题，从而比较全面地分析了90年代以前研究开发全球化的背景、状况、影响因素以及东道国态度等；[③] 斯蒂芬·P. 布拉德利（Stephen P. Bradley）[1993] 等主编的《全球化、技术与竞争》具体研究了经济全球化与技术发展之间的相互作用与促进机制。90年代中期以后，理查德·佛罗里达（Richard Florida）[1995] 和阿兰·托纳尔森（Alan Tonelson）[1995] 等也都对技术全球主义所带来的风险以及机遇进行了具体分析。总起来看，国外学者的研究主要侧重于研究开发国际化和策略性技术联盟问题，英文刊物《研究政策》（Research Policy）甚至在1999年出版专刊探讨研究开发国际化及其政策含义。

其三，目前的科技全球化研究还是远远不够的。尽管人们使用了各种不同的研究方法和分析工具，得出的结论也并不总是一致的，对于研究开发国际化的范围以及特点的认识也不尽一致。有学者认为，研究开发国际化在文献中并没有得到足够的研究，有关研究也没有对这一问题给出任何结论性的

---

① Massimo Paoli, Simone Guercini [1997]: R&D Internationalisation in the Strategic Behaviour of the Firm, *STEEP Discussion Paper* No. 39.

② Organisation For Economic Co-operation and Development [1998]: Internationalisation of Industrial R&D: Patterns and Trends, OECD 1998.

③ Robert D. Pearce and Satwinder Singh [1992]: Globalizing Research and Development, St. Martin's Press.

回答，因此，对于企业研究活动全球化中可能出现的战略和组织过程应该进行更多的研究。① 还有学者认为，现有研究主要存在以下缺陷：一是，大多数研究是对研究开发国际化的宏观经济学或者部门的考察，而更具针对性、对于管理者具有明确含义的商业相关性调查研究严重不足。与此相对应，经济学家和政治学家进行的研究开发国际化的相关研究很多，而从商业和管理科学角度开展的研究很少。二是，现有的研究开发国际化研究文献高度集中于对美国、日本跨国公司的研究，而欧洲跨国公司在某种意义上被忽略了。相比之下，对斯堪的纳维亚和英国企业研究开发国际化过程的研究较之对欧洲大陆其他企业相关活动的研究更多一些，也更为深入一些。三是，许多关于这个问题的考察是以相当传统的跨国公司管理与控制范式来进行的，它没有充分考虑到有活力的灵活的新组织与制度安排，也没有明确研究有关研究开发活动的具体问题。四是，现有研究大多把研究开发实验室作为一个分析单位，但是，跨国公司内部的创新管理在过去的十余年里发生了巨大的变化，这导致了新的组织形式以及交叉创新项目的出现。研究者需要使其分析单位适应这种变化以便更好地理解跨国公司创新过程的新动力机制。② 事实上，即使在宏观领域，目前的研究对于区域科技合作、科技资源的全球配置失衡、技术全球主义和民族主义及其对一国科技政策的影响、科学技术的全球治理、国际科技新秩序、促进科技知识从发达国家向发展中国家的稳定流动等问题的探讨也还是比较少的。

　　国内学者对科技全球化问题的研究始于 20 世纪 90 年代中期，早期主要侧重于介绍外国学者的相关观点，独立完整的研究成果还非常少。熊性美和李耀［1993］对跨国公司策略性技术联盟的分析、皮·杜阿尔和郑秉文［1995］对全球创新体系的分析等是国内较早探讨科技全球化问题的论著。1996 年和 1997 年，《全球科技经济瞭望》连续刊登文章介绍美日欧企业的研究开发国际化趋势，探讨美欧日跨国公司技术创新国际化的趋势与发展模式，从而使国内学者开始逐步认识到研究开发国际化这个概念。1999 年，科技部体改司资助成立科技全球化课题组，着重研究科技全球化对中国的挑

---

① Massimo Paoli, Simone Guercini［1997］：R&D Internationalisation in the Strategic Behaviour of the Firm, *STEEP Discussion Paper* No. 39.

② Alexander Gerybadze, Guido Reger［1999］：Globalization of R&D：Recent Changes in the Management of Innovation in Transnational Corporations, *Research Policy* 28 (1999), 251—274.

战，其成果已作为《中国科技发展报告》（2000）的主题报告发表。这是中国学者第一次比较全面系统地对这个问题进行分析。1999年12月中美技术创新高层论坛在北京召开，会议主题就是科技全球化及其对中国的影响。此外，范黎波、宋志红的《跨国公司研发活动全球化的成因、策略与组织形式选择分析》[1]、连燕华等也都对这个问题进行了较为深入的研究。近年来，国内又陆续出现了一些分析科技全球化个别现象的论著，比如曾忠禄等［1999］对公司战略联盟运作实务的介绍、金荣学等［2000］对企业间策略性技术联盟的研究、董俊英和安毅关于研究开发投资全球化、戴志敏关于跨国公司在我国实施研究与开发战略的思考等。[2] 这样一些研究，不仅进一步拓展并丰富了中国学者关于科技全球化问题的研究领域，而且深化了对于科技全球化相关问题的研究层次，进一步开阔了决策者的研究视野。

（三）关于科技全球化的研究视角

由于科技全球化问题越来越引起学术界和各国决策部门的广泛兴趣，人们提出了各种各样的理论，试图将研究开发国际化与生产全球化联系起来，更准确地把握其潜在特点与发展趋势。最近几年，学术界的研究焦点又集中到影响跨国公司研究开发集中化和分散化的诸多因素上来。伯纳德·富兰克和罗伯特·欧文（Bernard Franck and Robert Owen）［2003］认为，在有关企业研究开发活动与其国际产业实绩之间相互关系的研究中，一个突出的空白是对于理解导致研究开发全球化的诸多因素缺乏合适的分析视角，大多数有关研究开发国际化的研究是政策与经验研究，严重依赖于案例分析、问卷调查以及国别数据来源，缺乏深刻准确的理论把握。而且，相比之下，研究开发本地化向全球化演进的程度仍然是一个相对较少得到关注的问题，学术界在这方面很少有正式的建模。[3] 从笔者接触的文献来看，在关于科技全球

---

[1] 范黎波、宋志红：《跨国公司研发活动全球化的成因、策略与组织形式选择分析》，载《国际贸易问题》2004年第5期。

[2] 董俊英、安毅：《关于研究开发投资全球化的几点思考》，载《经济管理》2000年第7期；戴志敏：《跨国公司在我国实施研究与开发战略的思考》，载《中国软科学》2001年第1期。

[3] Bernard Franck and Robert Owen [2003]: Fundamental R&D Spillovers And The Internationalization of A Firm's Research Activities, *Cowles Foundation Discussion Paper* No. 1425, Yale University.

化的研究中,国内外学者在研究视角、基本假设、分析工具等方面存在着很大的分歧。

1. 工业生产全球化视角

经济合作与发展组织[1998]指出,迄今为止,人们主要采用两种不同的方法分析研究开发国际化与工业生产全球化的联系。一种方法是将研究开发国际化与工业生产全球化联系起来。根据这种方法,跨国公司通过对外直接投资寻求扩大其对市场的垄断控制,而维持和扩大这种垄断控制的重要因素之一就是技术,而这又取决于研究开发活动。因此,跨国企业通过建立实验室进行产品创新、产品改进和研究开发活动来支持产品差异化,以使产品适应当地的市场环境。屈默勒(Kuemmerle)将跨国公司海外R&D直接投资分为两类:以母国为基础的技术开发(HBE)和以母国为基础的技术增长(HBA)。前者主要是为了充分利用跨国公司母国创造的技术知识以及由此所享有的技术优势,进一步开拓国际市场,因此,影响跨国公司对外R&D直接投资的主要因素是东道国市场规模和成长潜力;后者是为了保证跨国公司的稳定和长期增长,旨在从海外为母国获得新的技术与知识信息,增加母公司的技术存量,从而提高跨国公司的国际竞争力。东道国公共部门和私有机构的R&D投资量,国内人力资源质量,有关科技领域取得的卓越成就等,是影响跨国公司选择海外区位、建立R&D分支机构的关键因素。A. 科恩斯和F. 鲁安(A. Kearns&F. Ruaner)[2001]认为,对跨国公司企业在工厂层次上的技术活动及其对东道国经济贡献的研究综合了两种研究传统,一是有关研究开发国际化的研究传统,遵循这种传统的许多学者围绕这种国际化的真实程度以及这种趋势对东道国的影响争论不休;二是有关东道国对FDI的吸引力。[①] 萨拉皮奥则认为,由于跨国公司的海外经营和生产转移活动,往往需要对公司产品进行适应性开发,有些产品甚至要重新设计并进行工艺改造,而且跨国公司的关键技术资产可能分布于国外多个研究机构,先进技术创新需在国外多个研究区位同时进行,跨国公司为了能从辅助技术的研究开发中

---

① A. Kearns, F. Ruaner [2001]: The Tangible Contribution of R & D-spending Foreign-owned Plants to a Host Region: a Plant Level Study of the Irish Manufacturing Sector 1980—1996, *Research Policy* 30 (2001), 227—244.

获得最大收益，往往倾向于在国外技术先进地区设立R&D分支机构，并将其纳入R&D全球化网络，以便支持海外生产和经营活动，同时保护公司关键技术资产。因此，跨国公司海外R&D直接投资主要是为了提供辅助性资产，它们对于跨国公司的海外生产和经营活动取得成功至关重要。由此可见，研究开发国际化是工业生产全球化的伴生品。

2. 产品生命周期视角

有些经济学家认为，产品生命周期模型提供了能够将生产和技术的供应与需求方面融为一体的独特分析框架。它将产品增长的不同阶段与它在国内外市场上的创新结合了起来，同时把国际贸易和直接投资两个重要因素纳入其中。根据产品生命周期理论，在创新的最初阶段，有必要密切协调科学、工程、金融和销售活动，并使这些活动保留在便于母公司密切控制的空间范围之内。在产品生命周期的后期阶段，伴随生产性分支机构的向外迁移，跨国公司开始依据企业总体战略进行海外R&D投资，其主要职能是转移技术，帮助区位子公司的生产经营。跨国企业越是将其业务扩展到不同国家，它就越是鼓励创新活动，以便通过利用当地研究开发设施来对当地市场做出回应。产品生命周期模型与技术全球化观点不相吻合之处在于它赋予母国区位以特别重要的地位，并且认为单一创新中心区位扮演着主导角色。而且，产品生命周期模型只能解释为什么跨国公司努力将其研究开发基地保留在国内，而不愿意将其转移到国外，也没有解释为什么民族企业的外国子公司有时代替母公司从事相当规模的研究开发活动。[①] 修正后的产品周期模型认为，跨国公司海外R&D的主要职能是协调不同国家的研究分支机构，在全球范围内获取技术资源的重要性，但它较少强调海外R&D分支机构对国外生产性企业的技术支持功能。

3. 集中力—分散力视角

这是一种新的理论分析视角，着重分析国外研究开发中心的空间分布、研究开发类型以及促进研究开发活动集中化或者分散化的因素，通过界定集中化和非集中化因素来解释跨国公司研究开发国际化的演进历程。皮尔斯（Pearce）[1989] 将影响跨国公司建立海外R&D分支机构的因素分为离心力即促使R&D机构分散化因素和向心力即促使R&D机构集中化的因素。

---

① Organisation For Economic Co-operation And Development [1998]：Internationalisation of Industrial R&D：Patterns and Trends，OECD 1998.

格兰斯特兰德（Granstrand）将影响跨国公司对外直接R&D投资的因素分为驱动因素与阻止因素，其中，驱动因素是推动企业R&D机构分散化的离心力，包括支持本地化生产、满足本地消费者的生产需求、获得国外先进科学技术、降低R&D人力成本、东道国政府政策影响及重要的国外收购行为等；阻止因素是吸引跨国公司的研究机构趋于集中与聚合的向心力，包括严格控制与监督R&D活动、降低技术信息泄露风险、接近国内市场、R&D具有规模经济、降低协调及通信成本、母国政策影响等。根据"向心力与离心力"模型，跨国公司在国外设立研究开发实验室的战略是在促进集中化的向心力因素（比如规模经济、内部功能沟通、安全与保密等）与促进非集中化的离力心因素（如获取重要投入、功能之间的沟通、政治因素等）之间寻求平衡的结果。这一模型虽然没有真正解释研究开发活动国际化的根本原因，但它解释了研究开发的非集中化趋势。商业性实验室配置于国外可以使企业取得本国以外的研究开发资源，在获得最大程度的集中化的同时也获得全部的外国研究成果。[①]

4. 国家创新体系视角

这一视角主张从科学技术知识的生产、循环流转及其应用的角度来考察科技全球化问题，并且将不同行为主体的相互作用置于核心位置。普罗科特·P. 雷德和阿兰·斯科雷希姆（Proctor P. Reid and Alan Schriesheim）[1996]认为，应该在两个重要的国际经济趋势中考察外国企业参与美国研究开发增长的最新发展。一是世界主要国家的创新体系通过跨国公司以及单个科学家与工程师的活动而更加深入地融为一体。二是工业化国家产业与技术能力的日益趋同。事实上，美国跨国公司是许多外国国家创新体系的重要参与者，但在美国国内的研究开发活动中，外国企业的参与却相对较少。几十年来，外国公司、科学家、工程师一直源源不断地流入美国，但只是在最近几年才有越来越多的外国企业获得了参与美国研究系统所必需的技术经济能力。一个国家得自特定研究开发投资的经济社会收益，取决于它的创新体系能否促进研究开发成果的普遍扩散与有效利用，而这又受到一国劳动力的质量、国内市场的规模、富裕以及技术成熟程度的影响，受到国内企业进入

[①] Massimo Paoli, Simone Guercini [1997]：R&D Internationalisation in the Strategic Behaviour of the Firm, *STEEP Discussion Paper* No. 39.

国外市场与获得国外技术的能力的影响。[①] 根据国家创新体系模型，国家规模对于研究开发的国际化水平有着直接而重要的影响：来自小国的大企业倾向于更高程度的技术开发战略国际化，而来自大国的跨国公司则倾向于较低程度的研究开发国际化。从历史上看，技术国际化是随生产国际化而来的，而生产国际化又是受对市场或资源的追求而启动的，在需要使产品适应当地差别市场或适应当地自然资源的生产条件的情况下，国外研究开发活动所占份额将会达到最大，而且在研究开发密集型产业中，更高比例的研究开发活动是针对全新产品和工艺开发的，而不仅仅是简单的适应。相比之下，按国外研究所占份额计算，研发强度较低的产业较之研发强度较高的产业技术活动国际化程度更高。[②]

5. 研究开发视角

这一视角将研究开发国际化视为与组织研究开发的规模与复杂性相联系的现象。在这里，在国外进行研究开发活动的主要目的不是支持当地生产，而是在世界范围内招募科学技术人才，而且这种招募活动由于可以在国外创立或者兼并实验室而加快。在最极端的情况下，科学家被视为世界知识储备的一部分，而跨国企业则是更广泛的新型国际劳动分工过程的反映。这种方法可以解释企业在国外设立的与生产单位之间并不存在密切联系的研究开发机构迅速增长的趋势。[③] 亚历山大·格里巴兹和圭多·雷格（Alexander Gerybadze & Guido Reger）[1999] 提出从三个不同的视角来分析全球化过程：其一，关于研究开发功能全球化以及企业内部研究实验室的传统观点；其二，交叉功能业务过程的全球化，比如产品生产过程、新企业的管理等；其三，科技中心的全球化，以通用技术界定，比如生物技术或产品集团等。对于每一个基本分析单位，全球化战略和国际化模式应该分别考虑。建立在研究开发基础上的全球化战略不同于交叉功能商业过程的全球化战略，而后者又不同于科技中

---

① Proctor P. Reid and Alan Schriesheim [1996]: Foreign Participation in U. S. Research and Development: Asset or Liability? National Academy Press, Washington, D. C. 1996.

② John Cantwell and Elena Kosmopoulou [2001]: Determinants of Internationalisation of Corporate Technology, *DRUID Working Paper* No. 01-08.

③ Organisation For Economic Co-operation And Development [1998]: Internationalisation of Industrial R&D: Patterns and Trends, OECD 1998.

心的全球化战略。①

就分析方法而言，分析公司研究开发国际化的大多数研究是建立在以下两套指标序列之一上的：一是研究开发支出与雇员规模，二是专利统计数据系列。② 其中，关于国外研究开发活动的绝对规模以及其所占比例的全部资料主要建立在过去几年借助各种不同方法进行的经验观察、对公司和政府数据进行分析的基础之上的。在这方面，最为广泛使用的方法是对样本公司进行访谈，只是数量、活动部门以及来源国有所不同。第二种方法是对许多参与研究开发活动国际化的特定公司进行深入的案例研究，主要描述和分析与公司组织行为相联系的过程。第三种方法使用美国专利数据库，它提供了有关公司技术活动的丰富资料。③ 比如说，伊沃·桑德尔（Ivo Zander）[1999]关于瑞典跨国公司研究开发国际化情况的研究就是以24家瑞典主要跨国公司在1946—1990年间获得的美国专利情况为基础的。④ 综合起来看，这样一些研究提出的有关商业性研究开发全球化的范围、扩散与特点存在着巨大的差异，有时甚至还是彼此矛盾的。

二 科技全球化研究的主要问题

关于科技全球化问题，奥维·格兰斯特兰德（Ove Granstrand）[1999]提出了三个相互联系的问题：其一，除了诸如荷兰、瑞典、瑞士等一些欧洲小国之外，研究开发国际化的水平和速度是不是被夸大成为一种全球现象？其二，是不是存在一种供应引导（supply-led）的研究开发国际化？有些案例表明确实如此，但没有更多的数据来支持。其三，获取外部技术而非内部

---

① Alexander Gerybadze, Guido Reger [1999]: Globalization of R&D: Recent Changes in the Management of Innovation in Transnational Corporations, *Research Policy* 28 (1999), 251—274.

② Pari Patel and Keith Pavitt [1998]: National Systems Of Innovation Under Strain: The Internationalisation of Corporate R&D, in R. Barrel, G. Mason and M. Mahony (eds.), *Productivity, Innovation and Economic Performance*, Cambridge University Press.

③ Massimo Paoli, Simone Guercini [1997]: R&D Internationalisation in the Strategic Behaviour of the Firm, *STEEP Discussion Paper* No. 39.

④ Ivo Zander [1999]: How do you mean "global"? An Empirical Investigation of Innovation Networks in the Multinational Corporation, *Research Policy* 28 (1999), 195—213.

研究开发的重要性是否进一步提高而且促进了国际化？有证据表明在技术许可和研究开发方面确实如此，但在产业—大学合作方面却并非如此。[①] 应该说，这是科技全球化研究的三个核心问题。从20世纪90年代初期以来，国内外学术界围绕着这三个方面，就科技全球化的起因、规模、趋势、国别差异、对企业发展战略的影响等进行了全面深入的研究。

（一）科技全球化的规模

尽管进行了多方面的研究，但是，关于科技全球化的具体规模，国内外学者在这些问题上仍然存在着很多争议。大多数研究者认为，研究开发国际化是一个非常重要的趋势。约翰·坎特威尔和埃丽娜·科斯莫普卢（John Cantwell and Elena Kosmopoulou）[2001] 认为，最近十年来，创新越来越国际化了。在企业层次上，技术活动的国际化通过与当地特有资源相结合并与本土企业进行有效交流而促进了创新的创造和扩散。近年来，世界上最大的企业已经从使用国际研究开发作为更好地利用已有技术能力的手段，转向创立差异化但具有资源互补性的本地研发中心。研究活动的地理分散促进了企业的多技术开发，而且与公司技术多样化积极联系起来。[②] 事实上，由于技术多样化以及新兴技术市场的条件，研究开发国际化将越来越成为供应导向的，而且随着产业—大学合作的国际化，竞争性美国大学将变得越来越重要，而且它本身也会越来越国际化，有些大学将成为真正意义上的跨国大学。马西莫·保利、西莫尼·圭尔奇尼（Massimo Paoli, Simone Guercini）[1997] 指出，尽管与其他商业功能相比，研究开发全球化是相当晚近的事情，但跨国公司研究开发活动的发展在大型跨国公司集团的战略行为已经变得越来越重要了。[③] 经济合作与发展组织认为，科学技术活动的国际化是世界经济全球化进程的一部分，在过去的15年里已经发展起来并且具有了某种重要性，在20世纪90年代上半期出现了两个重要趋势：一是由

---

① Ove Granstrand [1999]: Internationalization of Corporate R&D: a Study of Japanese and Swedish Corporations, *Research Policy* 28 (1999), 275—302.

② John Cantwell and Elena Kosmopoulou [2001]: Determinants of Internationalisation of Corporate Technology, *DRUID Working Paper* No. 01—08.

③ Massimo Paoli, Simone Guercini [1997]: R&D Internationalisation in the Strategic Behaviour of the Firm, *STEEP Discussion Paper* No. 39.

于在国外配置的研究开发实验室数量不断增加，研究开发活动越来越国际化了；二是企业之间、企业与政府或大学研究开发机构之间达成的合作协议或者联盟的数量不断增长。① 纳格什·库马尔（Nagesh Kumar）[1999]认为，跨国公司研究开发活动的国际化自80年代中期以来持续上升。美国跨国公司在研究开发方面的开支在1994年有将近12%用于国外，而在1982年仅有6.4%。日本跨国公司研究开发的国际化虽然是一种新现象，而且仍然处于较低水平，但在这一时期它的海外研究开发活动所占比例也呈现出上升趋势，从1.4%增长到2.3%。② 经济合作与发展组织认为，在OECD国家，有令人信服的证据表明，产业研究开发组织正处于转型之中，研究开发过程全球化的主要指标包括内向和外向FDI的重要性不断增长、国际战略联盟出现的爆炸性增长、外国企业在国外的专利活动越来越活跃、技术密集型产品贸易不断增加等。③ 马格努斯·古尔布兰德森（Magnus Gulbrandsen）[2003]认为，国际化的各种指标表明，大多数国家和产业中的企业正在跨越国界进行研究开发活动，尽管存在明显的产业和国别差异。④ 帕里·帕特尔和基思·帕维特（Pari Patel & Keith Pavitt）[1998]分析研究了220家在国外专利活动方面最为活跃的跨国公司，发现超过75%的公司将其在国内很强的核心领域中的技术配置在国外，在跨国公司国内活动与东道国相关活动之间能够实现技术互补的技术领域中，在国外进行技术活动所占的份额大幅度提高。⑤ 联合国贸易与发

---

① Organisation For Economic Co-operation And Development [1998]: Internationalisation Of Industrial R&D: Patterns And Trends, OECD 1998.

② Nagesh Kumar [1999]: Determinants of Location of Overseas R&D Activity of Multinational Enterprises: the Case of US and Japanese Corporations, *Research Policy* 28 (1999).

③ Organisation For Economic Co-operation And Development: [1998]: Globalisation of Industrial R&D: Policy Issues, OECD 1999.

④ Magnus Gulbrandsen [2003]: Companies' Purchase of Foreign R&D: New Evidence from Norway—Is the Internationalisation of Norwegian Industrial R&D a Result of Mismatch between the Private Sector and the Public R&D Infrastructure? Paper prepared for the conference "What Do We Know about Innovation? A Conference in Honour of Keith Pavitt" at SPRU, Brighton, 13−15 November, 2003.

⑤ Pari Patel and Keith Pavitt [1998]: National Systems Of Innovation Under Strain: The Internationalisation of Corporate R&D, published in R. Barrel, G. Mason and M. Mahony (eds.) Productivity, Innovation and Economic Performance, Cambridge University Press.

展会议在 2004—2005 年进行的研究也表明，跨国公司研究开发国际化的速度正在加速，所调查企业在 2003 年平均将其研究开发支出的 28% 投放在国外，包括外国子公司在母国的研究开发支出以及跨国公司通过合同研究的方式委托外国研究机构或企业进行研究开发活动的支出。在企业的研究开发雇员分布方面，也大致呈现出相似的格局。尽管日本和韩国企业的研究开发国际化程度较低，分别只有 15% 和 2%，而欧洲跨国公司研究开发国际化的程度却平均高达 41%，法国、荷兰、瑞典、英国跨国公司的研究开发国际化程度甚至更高。[①] 由此可见，无论我们如何估价科技全球化的规模及其影响，产业研究开发国际化确实是近二十年来最受学术界和产业界关注的重要领域之一。

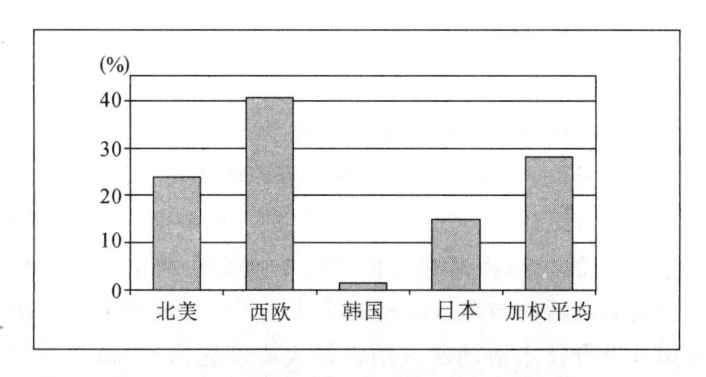

图 1—1　UNCTAD 2004—2005 年调查企业的研究开发国际化程度（按母国或地区划分）

资料来源：United Nations Conference on Trade and Development [2005]：World Investment Report，United Nations，New York and Geneva，2005，p. 125.

有的学者甚至认为，目前的数据低估了科技全球化的程度。根据有关资料，1994 年，15 个 OECD 成员国跨国公司的国外子公司代表其工业研究开发支出总额的 12% 以上，这些国家又占全部经济合作与发展组织（OECD）成员国工业研究开发支出的 95%。事实上，这一比例低估了研究开发国际化的重要性，因为它没有考虑到 OECD 成员国以外企业的研究开发活动。其

[①] United Nations Conference on Trade and Development [2005]：World Investment Report，United Nations，New York and Geneva，2005，p. 123.

一，各国国外子公司占全部工业研究开发支出的份额并不总是代表生产或者营业额的相同比例。当国内研究开发相对较弱而且国外经营规模较大时，这一比例会比较高，而当国外子公司选择从母国转移技术而不是建立当地研究开发机构时这个比例会比较低。其二，外国子公司自己支付大部分研究开发经费，但母公司往往与其子公司达成协议以承担特定的研究，反之亦然。外国子公司在东道国获得的公共研究开发资助是很少的，而且从未超过子公司全部研究开发支出的4%。其三，在大多数国家，国外子公司的研究开发集中于少数工业部门，如计算机、制药、电子、化学以及小汽车工业之中。其四，相当一部分研究开发分散化是因为在国外兼并了进行研究开发活动的外国企业。[①]

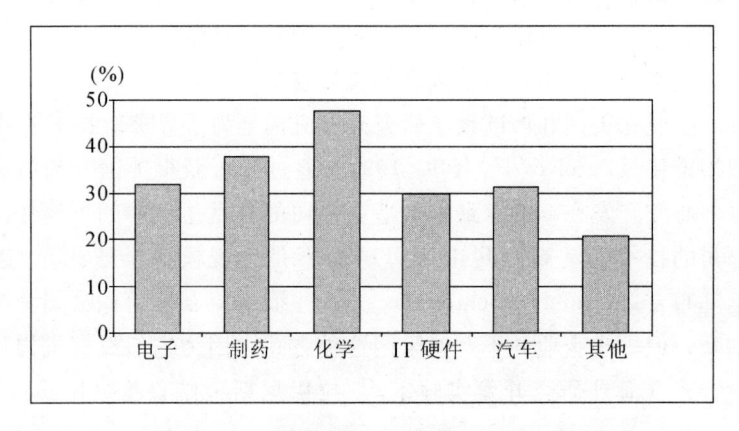

图1—2 UNCTAD 2004—2005年调查企业的研究
开发国际化程度（按产业划分）

资料来源：United Nations Conference on Trade and Development [2005]：World Investment Report, United Nations, New York and Geneva, 2005, p.125.

但是，也有一些学者认为研究开发国际化的趋势和规模被夸大了。奥维·格兰斯特兰德（Ove Granstrand）[1999]认为，尽管国际化水平不断提高，企业仍然倾向于将其研究开发活动集中于母国，许多公司严重依赖国

---

① Organisation For Economic Co-operation and Development [1998]：Internationalisation of Industrial R&D: Patterns and Trends, OECD 1998.

内研究开发和教育基础设施。① 帕特尔（Patel）承认海外企业从事的研究开发活动所占比例提高了，但并"没有系统的证据表明在1980年代出现了普遍的技术生产全球化。569家美国企业的专利活动表明它们的大多数技术活动都配置在靠近母国的基地"，"国际化的大幅度增长主要是因为合并兼并而不是通过有机的增长而实现的"。② 纳格什·库马尔（Nagesh Kumar）[1999]认为，尽管海外研究开发活动占公司研究开发活动总额的比例在过去一段时间里有所增长，但它仍然是跨国公司价值增值活动中国际化程度最低的一个领域，甚至在国际化程度最高的产业部门也是如此。美国商务部和技术评估办公室进行的调查证明，公司核心技术领域的尖端研究开发活动仍然是在母国进行的，尽管面向专用化和支持国外生产的研究开发活动随着子公司逐步融入当地市场而可能在当地进行。同样，日本科学技术厅进行的一项关于私营企业研究开发活动的调研表明，国外进行的大部分研究开发活动都是为了满足东道国的本地需求或者是提升现有生产设备水平。然而，40%以上的日本企业在美国和西欧设立研究开发机构是为了寻求新技术的种子。③ 帕特尔和帕维特（Patel & Pavitt）[1991]通过分析获得美国专利的来源地研究了海外研究开发在686家最大制造业公司的技术生产中的重要性。他们发现大公司的技术活动高度集中于母国而不是大规模地全球化。④ 达尼埃莱·阿尔基布吉（Daniele Archibugi）[2000]认为，虽然跨国公司企业在全球进行创新，但中小企业并不普遍采用这种方式，因为它们没有机构和金融资源来投资建立海外研究开发实验室。⑤ 拉伊尼斯·纳鲁拉（Rajneesh Na-

---

① Ove Granstrand [1999]: Internationalization of Corporate R&D: a Study of Japanese and Swedish Corporations, *Research Policy* 28 (1999), 275—302.

② Bo Carlsson [2003]: Internationalization of Innovation Systems: A Survey of the Literature, Paper for the Conference in Honor of Keith Pavitt: What Do We Know about Innovation? *SPRU-Science and Technology Policy Research*, University of Sussex, Brighton, U. K. 13—15 November, 2003.

③ Nagesh Kumar [1999]: Determinants of Location of Overseas R&D Activity of Multinational Enterprises: the Case of US and Japanese Corporations, *Research Policy* 28 (1999).

④ Nagesh Kumar: Intellectual Property Protection, Market Orientation and Location of Overseas R&D Activities by Multinational Enterprises, March 1995, #9509.

⑤ Daniele Archibugi [2000]: The Globalisation of Technology and the European Innovation System, Prepared as part of the project "Innovation Policy in a Knowledge-Based Economy" commissioned by the European Commission Paris, 16—17 September, 1999, Revised Version-15, May 2000.

rula)[1999]的研究表明，研究开发联盟作为价值增值活动的一个方面，一直是高度集中的而且是内部化的，甚至是一种国内活动。尽管生产活动逐步国际化了，研究开发活动的国际化规模仍然相对较小。① 经济学家情报研究所（The Economist Intelligence Unit）[2004]认为，虽然有迹象表明公司正在将其产品创新活动在全球网络中进行重新配置，在有些情况下甚至也对基础研究和应用研究进行重新配置，但直到最近，跨国企业的大部分脑力工作还是集中在母国，研究开发活动尤其如此，这部分活动与新产品和创新思想的创造是密不可分的。②

有些学者则认为目前的科技全球化是有限的，从某种意义上来说是"三驾马车化"，存在着明显的国别差异和产业差异。约翰·H.邓宁和拉伊尼斯·纳鲁拉（John H. Dunning & Rajneesh Narula）认为，甚至在研究开发高度密集的产业部门如制药部门，世界最大企业的外国研究开发活动所获专利占的比例在1985—1990年间也只有16.7%，其中只有1.7%是在"三驾马车"之外的国家获得的。即使在国际生产最为集中的"三驾马车"内部，研究开发活动也没有出现明确的非集中化。皮尔斯和辛格（Pearce and Singh）[1992]关于世界最大工业企业研究开发活动的研究表明，44%的母公司报告它们没有海外研究开发支出，另有13%的母公司报告其海外研究仅占其研究开发支出总额的5%以上。这样一些数字表明，在资产开发方面的技术全球主义并未发生。③ 帕里·帕特尔和基思·帕维特（Pari Patel and Keith Pavitt）[1998]对20世纪90年代技术活跃的359家世界大公司进行的系统研究表明，企业仍然将很大比例的创新活动放在国内进行。从80年代初期到90年代中期，大企业平均在国外进行的创新活动所占比例提高了2.4%。其中，欧洲企业最大，而日本企业则出现下降。这些企业国外创新活动中只有不到1%位于"三驾马车"国家之外，表明技术活动国际化的过

---

① Rajneesh Narula [1999]: In-house R&D, Outsourcing or Alliances? Some Strategic and Economic Considerations.

② The Economist Intelligence Unit [2004]: Scattering the Seeds of Invention—The Globalisation of Research and Development, A White Paper Written by the Economist Intelligence Unit, Sponsored by Scottish Development International, September 2004.

③ John H. Dunning and Rajneesh Narula: The R&D Activities of Foreign Firms in the United States.

程最好描述为"三驾马车化"而不是全球化。① 经济合作与发展组织认为,全球研究开发投资仍然主要是一个先进工业化国家的现象,而且即使在这些国家中的不平衡也是极为明显的。因此,研究开发全球化很可能对发达国家和发展中国家意味着完全不同的事情,而且对于 OECD 的大国和小国也是如此。即使在同一个国家之内,不同产业很可能对适应研究开发全球化趋势而实施的政策做出不同的反应。在德国,国际化程度最高的产业是化学、电动机械与汽车;在日本,则是基础化学、非电动机器、非金属矿产品。数据表明,外国研究开发投资趋向于遵循国外生产移动:配置在国外的生产越多,研究开发就越有可能也是如此。事实上,绝大多数跨国公司还是会把它们的核心技术或战略项目保留在母国,而在国外进行设计开发以使其产品适应本地市场的要求。② 中国学者也认为,跨国公司 R&D 的国际化,并不意味着技术创新活动的全球性广泛分配,大多数的 R&D 集中在发达国家。跨国公司越来越多的知识生产活动趋在国外进行,但大都集中于"三极"区域内的高技术中心。1994 年美国跨国公司子公司 90％的研究在发达国家进行。③

从上面的介绍中可以看出,尽管学术界普遍承认自 20 世纪 80 年代中期以来研究开发国际化的进程大大加快,但对于这种趋势的规模及其意义的评价还存在着非常大甚至是截然相反的观点,争论的焦点集中在这样几个问题上:其一,这是一种全球趋势还是区域性趋势?其二,这是一种企业趋势还是一种国家趋势?其三,这是一种内生趋势还是一种外生趋势?其四,这是一种临时趋势还是一种长期趋势?其五,如何理解这种趋势的产业差异和国别差异?应该说,在这些问题中,有些会随着时间的推移而不证自明,还有一些则会形成一种仁者见仁、智者见智的局面,长期争论下去。

---

① Pari Patel and Keith Pavitt [1998]: National Systems Of Innovation Under Strain: The Internationalisation of Corporate R&D, published in R. Barrel, G. Mason and M. Mahony (eds.) Productivity, Innovation and Economic Performance, Cambridge University Press.

② Organisation For Economic Co-Operation and Development [1998]: Globalisation of Industrial R&D: Policy Issues, OECD 1999.

③ 冼国明、葛顺奇:《跨国公司 R&D 的国际化战略》,载《世界经济》2000 年第 10 期。

表1—1　美国公司国外研究开发支出的区域分布：1994—2002

地区/经济体	年份									所占份额（%）	
	1994	1995	1996	1997	1998	1999	2000	2001	2002	1994	2002
总计	11877	12582	14039	14593	14664	18144	20457	19702	21151	100.0	100.0
发达经济体	10975	11891	13152	13510	13545	16113	17791	16720	17844	92.4	84.4
加拿大	836	1068	1563	1823	1750	1681	2332	2131	2345	7.0	11.1
欧盟	8271	8862	0386	0601	10058	11900	12472	11578		60.6	68.8
瑞士	191	242	190	230	223	231	286	392	405	1.6	1.9
以色列	96	97	169	208	141	389	630	726	889	0.8	4.2
日本	1130	1286	1333	1089	962	1523	1630	1507	1433	9.5	6.8
澳大利亚	230	287	400	369	200	294	349	286	320	1.9	1.6
新西兰	7	9	16	18	15	9	8	10	6	0.1	—
发展中经济体	902	691	886	1082	1119	2031	2637	2982	2855	7.6	13.5
亚洲发展中国家和地区	408	283	318	393	336	1400	1949	2391	2113	3.4	10.0
中国	7	13	25	35	52	319	506		646	0.1	3.1
中国香港	51	55	38	82	66	214		289		0.4	—
印度	5	5	9	22	23	20			80	—	0.4
印度尼西亚	5	9	6	5	4	1	2	3	3	—	—
韩国	17	29	34	41	29	101	143	157	167	0.1	0.8

续表

地区/经济体	年份									所占份额（%）	
	1994	1995	1996	1997	1998	1999	2000	2001	2002	1994	2002
马来西亚	27	21	23	32	30	161	218	48	50	0.2	0.2
菲律宾	14	23	14	12	10	31	40	755	589	0.1	2.8
新加坡	167	63	88	73	62	426	551	139	70	1.4	0.3
中国台湾	110	61	75	84	55	122	143	18	22	0.9	0.1
泰国	3	5	5	5	4	7	13			—	—
拉丁美洲和加勒比地区	477	389	546	663	748	613	66.3	562		4.0	3.2
阿根廷	21	22	42	43	56	26	38	43	24	0.2	0.1
巴西	238	243	346	437	446	288	253	199	308	2.0	1.4
智利	2	15	6	7	6	4	11	8	6	—	—
哥伦比亚	0	9	9	12	11	0	10	11	10	0.1	0.1
哥斯达黎加	2	2	2	4	6	2		4	7	—	—
墨西哥	183	58	121	126	101	238	303	248	284	1.5	1.3
委内瑞拉	17	25	9	11	14	40	22	24	42	0.1	0.2
西亚和北非	15	19	21	26	35	18	25	29		0.1	
非洲次撒哈拉地区	15	19	21	26	35	18	25	29		0.1	0.1
南非	14	17	18	22	30	14	21	24		0.1	0.1
转轨经济体	5	18	36	48	79	54	83	38	68	—	0.3

资料来源：United Nations Conference on Trade and Development [2005]: World Investment Report, United Nations, New York and Geneva, 2005, p.129.

(二) 科技全球化的类型与特点

在大多数情况下，国外研究开发活动主要集中于设计和开发方面，目的是使其产品适应当地市场的需要。一般来说，由于不熟悉当地的需求，这种研究难以在母国进行。在这种情况下，跨国公司在国外研究开发设施投资也相应地形成了不同的类型。

约翰·H. 邓宁和拉伊尼斯·纳鲁拉（John H. Dunning & Rajneesh Narula）把研究开发活动划分为四种类型：一是生产、材料或工艺适应或改进型，旨在使其产品或工艺适应当地的供求状况。这种类型的海外研究开发设施起着母公司相关活动的支持实验室的作用，充当技术转移单元。与此相联系的生产和工艺适应性研究开发活动并不导向开发新的技术资产。二是基础材料或产品研究型，这是资源寻求型或市场寻求型对外直接投资（FDI）在价值链本地化最后阶段开始的研究开发活动，在针对当地市场进行重大产品改进时较之类型一更加具有研究密集性质。三是研究开发合理化，合理化的对象可以是产品或者工艺，旨在获得与不可移动之投入相联系的规模经济和范围经济，其研究成果可能为母公司在全球使用，而不仅仅是在当地使用，因而会导致更多的企业内部技术交易。四是战略资产寻求型研究开发，旨在监控或获得竞争优势——特别是在技术和信息密集部门尤其如此。这种研究开发活动不仅仅是为了获得国外不可移动的技术资产，而且也是为了获得创新群集所产生的同行企业技术溢出。尽管跨国公司的海外研究开发活动绝大多数是前三种类型的，而且倾向于使低附加值活动国际化，但第四种类型在 80 年代以来增长最快。[1]

克里斯琴·勒·巴斯和帕里·帕特尔（Christian Le Bas & Pari Patel）[2005] 也把跨国公司在国外利用其技术优势的活动分为四种类型的战略：一是研究开发领域的技术寻求型外国直接投资，通过选择一个在特定技术领域具有强大实力的东道国进行投资来抵消母国在既定技术领域中的缺陷。二是研究开发领域的母国利用型 FDI（Home-Base-Exploiting FDI），这种投资的主要目标是在外国利用既有的企业专有能力。三是研究开发领域的母国扩张型 FDI（Home-Base-Augmenting FDI），主要是指投资企业在母国具有相

---

[1] John H. Dunning and Rajneesh Narula: The R&D Activities of Foreign Firms in the United States.

对优势而且东道国也相对较强的技术。四是研究开发领域中的市场寻求型FDI（Market-Seeking FDI in R&D），即对外投资企业进入它在国内相对较弱而且东道国也相对较弱的技术领域，其动机显然不是技术取向的。[1]

范黎波、宋志红认为，按照地理导向和研发目的，跨国公司的研发活动可以分为以下三种类型：为区域市场开发产品的区域型技术单元（Regional Technology Unit，RTU）、为全球市场开发产品和工艺的全球技术单元（Global Technology Unit，GTU）以及服务于公司长期利益的基础研究（Corporate Technology Unit，CTU）。跨国公司在发展中国家的研发活动不仅仅是为了满足当地市场的需求（CTU 的比重为 11.9%），而且是从更高的战略角度去实现其全球化的目标（GTU 的比重为 77.2%）。[2]

关于研究开发国际化的特点，学术界也有着不同的理解。达尼埃莱·阿尔基布吉（Daniele Archibugi）[2000] 认为，在全球技术合作的情况下，内向流动与外向流动之间的区别消失了，因为参与合作的各个国家同时接受并提供了某些专门才能，参与的成员可以设法增加它们的专门才能以及与此相关的外部性。然而，这并不意味着优势与劣势在参与者之间是平等分布的，拥有较多知识的伙伴将有更多的东西去教，同时它也能够很快从另一方学到东西。[3] 约翰·坎特威尔和埃丽娜·科斯莫普卢（John Cantwell & Elena Kosmopoulou）[2001] 认为，从总体上看，公司技术活动国际化的偏好在来自小国的企业以及不那么研究密集型的产业中比较高。然而，关于世界最大企业专利活动的证据表明，实际情况要复杂得多。首先，在国外开展研究开发活动（通过外向投资）所占份额取决于特定产业部门中国内企业集团的技术实力，技术开发国际化程度反过来又取决于本地化用户—生产者在产业创新或国家创新体系中相互作用的强度。其次，大企业越来越多地利用国际

---

[1] Christian Le Bas and Pari Patel [2005]: Does Internationalisation of Technology Determine Technological Diversification in Large Firms? The Freeman Centre, University of Sussex, Paper No. 128.

[2] 范黎波、宋志红：《跨国公司研发活动全球化的成因、策略与组织形式选择分析》，载《国际贸易问题》2004 年第 5 期。

[3] Daniele Archibugi [2000]: The Globalisation of Technology and the European Innovation System, Prepared as part of the project "Innovation Policy in a Knowledge-Based Economy" commissioned by the European Commission Paris, 16—17 September 1999, Revised Version-15, May 2000.

研究网络作为公司技术多样化的手段。因此，当技术领先集团投资于国外创新活动时，它们倾向于在国外开发公司主营领域之外的辅助性和支持性技术。再次，技术力量受到母国创新方面产业间联系约束（或者说国家创新体系）的企业集团在使其技术基础国际化方面面临着更大的困难。[①] 约翰·H. 邓宁和拉伊尼斯·纳鲁拉（John H. Dunning & Rajneesh Narula）发现，先进工业化国家近年来在外国进行研究开发活动的一个突出特点是，它越来越多地通过兼并现有的创新资产而不是建立新的研究开发机构即绿地投资来达成这一目标。而且，这种兼并并不是由跨国公司利用既有技术优势的愿望来推动的，而是由保护这种优势或兼并新技术资产的需要来驱动的。在这个意义上，这种FDI是一种战略资产寻求型FDI。[②] 赵曙明认为，跨国公司根据各自的历史现实条件以及发展战略，形成了各具特色的研究与开发网络，包括技术监测网、技术应用网、技术开发网和综合网。跨国公司大多倾向于在科研政策宽松、服务设施完善、创新技术产品的市场销售潜力巨大的东道国进行技术开发，特别是东道国的科研环境和配套设施是跨国公司关注的焦点。[③]

从上面的分析中可以看出，关于研究开发全球化过程特点与重要性，还有许多问题有待回答，比如，是不是会有更大比例的产业研究开发支出将配置到国外而且所有产业都将受到同等的影响吗？外国子公司或本国企业在外国的投资是弥补了还是替代了国内的研究开发努力？换言之，全球化将导致产业研究开发支出的净减少吗？正在进行工业化的国家最终也将变成重要的研究开发场所吗？[④] 对于这些问题的研究，将构成在未来相当长时期内有关科技全球化问题研究的主要内容之一。

（三）科技全球化的动力机制

公司创新活动的国际化是二战以来汇率自由化、各国经济发展速度不均

[①] John Cantwell and Elena Kosmopoulou [2001]: Determinants of Internationalisation of Corporate technology, *DRUID Working Paper* No. 01-08.

[②] John H. Dunning and Rajneesh Narula: The R&D Activities of Foreign Firms in the United States.

[③] 赵曙明:《跨国公司全球化技术开发战略及启示》，载《国际经济合作》2000年第1期。

[④] Organisation For Economic Co-operation and Development [1998]: Globalisation of Industrial R&D: Policy Issues, OECD 1999.

衡、竞争压力日益增大、具有潜在商业价值的技术知识领域不断扩大等四种趋势共同影响的结果，它们把以国家为基础的公共科学基础与本地公司经营之间的联系置于日益增大的压力之下。① 根据经济合作与发展组织的研究，促进研究开发集中化的因素主要包括这样几个方面：一是母公司内部存在无法在国外复制的规模经济（在企业内部以及与外部客户和分包商之间在生产、制造、销售、金融和研究开发部门等方面的协调）；二是最大限度地保护研究开发成果的必要性，比如担心成果泄露给外国竞争者；三是在国外建立研究开发实验室的条件不足；四是技术转移成本昂贵；五是几乎不存在产品本地化的需求；六是在国外的横向兼并（涉及研究开发复制问题）以及降低协调成本与控制研究开发的必要性；七是在某些专门化领域中雇用高度熟练人员存在困难，国内科学技术人员的技能优于东道国；八是缺乏培训机构教授研究人员外语（特别是英语）；九是母公司在组织和控制世界级的研究开发时遇到了问题。与此同时，也存在着大量促进研究开发国际化的因素，包括：一是子公司有很高的生产水平能够使产品适应当地市场的持续需要；二是在国内无法获得高度熟练的科技人员；三是接近声誉卓著的外国大学和实验室，以及有吸引力的当地科学基础设施；四是国外投资历史悠久，特别是在那些全面暴露在国际竞争之下的产业部门；五是在子公司经营的产业部门（高技术产业），不论在国内还是在国外都有很高的研究开发强度；六是大型母公司和大型子公司并存，特别是当大型子公司在许多国家开展活动时（国际化程度很高）；七是竞争者建立了研究中心以从事针对当地市场的研究活动；八是与外国企业建立共享实验室（合资）；九是更加突出产品差异性以及更为激烈的质量竞争；十是国内研究成本极高（降低或分享成本的必要性），技术扩散的成本要求接近国外生产地；十一是当地规制（如制药工业）和技术政策支持创新和人力资本培训，比如东道国适当的知识产权保护；十二是在东道国易于获得资本，比如东道国提供的金融或财政刺激。② 应该说，这两方面的共同作用，构成科技全球化的重要动力机制。

---

① Pari Patel and Keith Pavitt [1998]: National Systems Of Innovation Under Strain: The Internationalisation of Corporate R&D, in R. Barrel, G. Mason and M. Mahony (eds.) Productivity, Innovation and Economic Performance, Cambridge University Press.

② Organisation For Economic Co-operation and Development [1998]: Internationalisation of Industrial R&D: Patterns and Trends, OECD 1998.

1. 经济动力说

这种观点的核心是强调经济因素对于研究开发国际化起着决定性的作用，比如降低成本、接近市场、促进产品本地化等等。纳格什·库马尔（Nagesh Kumar）[1995] 指出，有些学者认为，海外研究开发与产业的跨国范围存在着重要的正相关关系。在许多研究开发密集型产业中，将研究开发活动配置在国外主要是出于节约成本的原因。把针对外国市场的生产集中于少数几个海外区位也有利于海外研究开发活动。生产耐用品的产业更多地在海外进行研究开发活动，因为需要使其产品适应当地的消费习惯。此外，子公司向母公司的出口也对海外研究开发有积极影响。[①]

纳格什·库马尔（Nagesh Kumar）[1999] 进一步认为，企业研究开发国际化可能会受到以下因素的激励：首先通过适应本地需要支持国外生产，比如使消费品适应当地的文化环境。其次是根据成本考虑进行合理化。在东道国以较低成本获得丰富的合格研究开发人员或开展技术活动需要的其他资源促使跨国公司将其一部分研究开发活动转移到这些区位，以降低其全球研究开发成本。最后是获取本地知识溢出的收益或者跟踪竞争者的活动。欧洲和日本企业在美国的生物技术与微电子领域的研究开发企业或高技术小企业中进行的投资，美国企业在德国进行的研究开发投资，欧洲和美国企业在日本半导体开发领域的投资等均属此类。[②]

经济学家情报研究所（The Economist Intelligence Unit）[2004] 提出，驱动公司重新配置研究开发资源的重要力量是一些研究开发活动追随公司进入新市场的努力。在技术创新对于企业生存至关重要的产业部门，哪里能够得到高水平的研究开发人才，公司就会到哪里去。调查表明，70%的企业认为开发利用熟练劳动者的能力是研究开发全球化非常重要或关键的收益，它是一个比成本控制或加快创新周期的愿望更为重要的驱动力。[③]

---

① Nagesh Kumar [1995]: Intellectual Property Protection, Market Orientation and Location of Overseas R&D Activities by Multinational Enterprises, March 1995, #9501.

② Nagesh Kumar [1999]: Determinants of Location of Overseas R&D Activity of Multinational Enterprises: the Case of US and Japanese Corporations, *Research Policy* 28 (1999).

③ The Economist Intelligence Unit [2004]: Scattering the Seeds of Invention—The Globalisation of Research and Development, A white paper written by the Economist Intelligence Unit, sponsored by Scottish Development International, September 2004.

2. 科技动力说

这种观点认为，跨国公司进行研究开发国际化的主要动机是跟踪并获得外国先进技术。比如说，普罗科特·P.雷德和阿兰·斯科雷希姆（Proctor P. Reid & Alan Schriesheim）[1996]就认为，外国人参与美国私人资助的研究开发活动，主要有两个原因：一是更好地服务于这个国家的客户，二是更好地获得美国的科学技术专长。大多数重要的外国研究开发设施位于美国主要研究开发活动中心附近，而且大多数在美研发子公司是为了满足美国生产设施的迫切技术需求而设立的。关于美国和外国跨国公司的比较研究表明，在外国市场上从事研究开发活动的动机与研究开发活动的类型因产业不同而不同，但并不受公司国籍的影响。[①]

亚历山大·盖里巴滋和G.雷格（Alexander Gerybadze & Guido Reger）[1999]指出，跨国公司的"传统范式"是以单项技术转移为特点的：产品概念和技术知识基础是在一个主要母国基地创造的，而后再在其他外围区位进行复制，这一过程可以解释为外向学习（outward learning），或者叫知识利用，主要是技术信息从中心向外围的流动。与这种传统观点截然不同的是，新的跨国创新范式是以这样一些特征为特点的：市场和技术之间强有力的相互作用；在许多地理区位建立多个知识中心；沿着价值链集成许多功能和部分的交叉学习；内向和外向学习的组合。这种跨国创新范式是建立在全球规模上技术活动的多样性和分散性的基础之上的。驱动研究开发和创新活动国际化的关键因素包括：一是知识创造作为公司增加值的构成部分越来越重要，较之制造和组装活动所贡献的增加值占有更大比例。二是先进科学技术知识基础的分布，这种引力中心和关键资产往往高度集中于唯一的区位。三是客户相关的知识储备和向高级用户学习的国家专有条件的全球分布。这一因素可以用客户要求的差异化程度、产品差异化和客户要求的变化范围来测度。四是研究开发和创新的国际化范围受到分解不同区位知识创造活动的机会和约束因素的强烈影响。在每个重要的领域，在"三驾马车"国家都会形成两三个技术中心，而且这些中心之间进行着激烈的技术与产业竞争，其排序可能会迅速发生变化。因此，从事研究开发活动的主要企业需要建立多个研究开发与创新中心，在主要科学技术中心形成稳定可靠的组织结构以提

[①] Proctor P. Reid and Alan Schriesheim [1996]: Foreign Participation in U.S. Research and Development: Asset or Liability? National Academy Press, Washington, D.C. 1996.

高吸收能力，并能尽可能快地对区位优势变化做出反应。[①]

岩浅智子（Tomoko Iwasa）[2003] 认为，关于影响建立海外实验室的决定因素的经验研究是有限的，尽管以前的研究发现购买科技知识是海外研究开发的一个重要动机，在美国和欧洲尤其如此。因此，除了传统研究的企业特点以外，我们在分析海外实验室的决定因素时，也可以考虑与研究开发和知识管理密切相关的诸多因素。[②]

薛澜、王建民 [1999] 认为，跨国公司在国外设立研究开发机构的目的主要有以下几种：其一，获取先进的技术。其二，寻找短缺的研发资源。其三，寻求良好的研发环境。其四，占领海外市场。其五，形成全球研发网络。其六，实现跨国公司系统化投资的战略部署。其七，实现跨国公司全球化经营的战略部署。在这种情况下，科技全球化的成因有三点：一是全球高效通信网络为科技全球化提供了技术支持，二是跨国公司和科学共同体是科技全球化的重要动力，三是当代科技活动自身特点需要科技全球化。[③]

连燕华 [2000] 认为，科学研究全球化的动因包括，其一，科学研究的目的是获得对自然现象规律性的新认识，研究的思路、手段和方法必须跟上世界科学前沿的发展，同时在科学共同体中得到承认；其二，研究项目的复杂化，需要不同国家拥有不同知识结构的科学家进行智力优势互补；其三，研究手段的技术化，特别是大科学研究所需要的昂贵仪器设备，使科研成本不断增加，需要不同国家分担成本和风险；其四，有些研究项目的研究对象超越了国家界限，必须由不同国家的科学家互相交流、协作完成。[④]

冼国明、葛顺奇 [2000] 认为：一方面，由于许多与知识经济相关的资源是跨国界存在的，跨国公司要获得新知识，同时能够从国外大学或竞争者手中得到先进的研究成果，必须在接近新知识源的大学及竞争者所在区位建

---

① Alexander Gerybadze, Guido Reger [1999]: Globalization of R&D: Recent Changes in the Management of Innovation in Transnational Corporations, *Research Policy* 28 (1999), 251—274.

② Tomoko Iwasa [2003]: Determinants of Overseas Laboratory Ownership by Japanese Multinationals, National Institute of Science and Technology Policy, Tokyo, October 2003.

③ 薛澜、王建民：《知识经济与 R&D 全球化：中国面对的机遇和挑战》，载《国际经济评论》1999 年第 3/4 期。

④ 连燕华：《科学研究全球化发展评价》，载《科研管理》2000 年第 4 期。

立研究开发机构;另一方面,国际范围内的市场竞争促使跨国公司加快从新产品开发到进入市场的速度。结果,跨国公司若要保持竞争力,必须在国际范围内建立研究与开发网络。①

3. 综合动力说

这种观点认为,跨国公司的研究开发国际化动机是极为复杂的,不能确切地说是哪一种原因起决定性作用,在一些国家或某些产业部门可能主要是经济因素起作用,而在另一些国家或其他一些产业部门可能是科技因素起重要作用。因此,推动科技全球化的动机机制不是单一的,而是各种因素综合作用的结果。唐纳德·H.道尔顿、小曼纽尔·G.塞拉皮奥和菲丽丝·根特·吉田(Donald H. Dalton, Manuel G. Serapio, Jr. and Phyllis Genther Yoshida)[1999]指出,在母国之外从事研究开发活动有着多方面的原因。维农将国外研究开发与外国直接投资联系起来,认为有些国外研究开发活动对于使国外生产的产品适应当地市场条件是必要的。曼斯菲尔德、蒂斯和罗密欧(Mansfield, Teece & Romeo)则认为,国外技术活动的主要目的之一就是支持国外生产并服务于当地市场。更新的分析表明,其他因素,比如监控新技术发展的需要以及在国外创造全新技术与产品的能力等,也是非常重要的因素。另一个原因是有些外国政府要求在当地建立研究开发中心,以此作为外国直接投资的条件。有些欧洲公司官员也提到他们能够在美国从事某些在其母国由于各种法律规章而受到严格限制的生物技术研究。这些观点都得到了本项研究报告的支持。它表明,外国和美国公司正在继续扩大它们收获外国科学技术发现成果的活动;利用人力资源;使其研究开发适应东道国客户的需要。②

约翰·坎特维尔和奥迪勒·珍妮(John Cantwell & Odile Janne)[1999]着重研究了两个彼此相关的命题:一是源自所在产业最重要区位的跨国公司更多执行将其国外创新活动差异化的技术战略,二是源于同一产业较弱中心的跨国公司倾向于实施一种将其母国专业化模式复制到国外技术开发之中的战略。研究表明,利用欧洲最大企业在欧洲区位获得的美国专利数据进行的聚类分析和多元线性回归结果表明,这两个

---

① 冼国明、葛顺奇:《跨国公司 R&D 的国际化战略》,载《世界经济》2000 年第 10 期。

② Donald H. Dalton and Manuel G. Serapio, Jr., Phyllis Genther Yoshida [1999]: Globalizing Industrial Research and Development, USDC, September 1999.

命题是成立的。[1]

赵曙明［2000］认为，总体来看，跨国公司技术发展全球化战略形成的动因是多方面的，既有外部环境的影响，即外在动因，也有跨国公司自身发展的需要，即内在动因。外在动因包括跨国公司所面临的外部环境因素发生的诸多变化，包括经济全球化发展趋势、信息时代的到来以及国际竞争的不断加剧，迫使跨国公司转变传统的技术发展战略，从全球化战略角度出发，实现技术发展的全球化。内在动因是促使跨国公司进行全球技术研究与开发的诸多因素，包括跨国公司弥补"战略缺口"的需要、规避风险的需要以及在全球范围内利用有效资源的需要。[2]

(四) 关于海外研究开发区位的选择

关于海外研究开发的分析大多集中于决定产业或企业海外研究开发强度的诸多因素上，近来有些研究也开始分析海外研究开发活动区位的决定因素，并强调了不同因素对于研究开发区位选择的影响。

1. 市场规模

几乎所有研究都肯定了市场规模对于海外研究开发区位选择的决定性意义。纳格什·库马尔（Nagesh Kumar）[1999] 分析了美国和日本跨国公司海外研究开发活动区位的决定因素后发现，拥有庞大的国内市场、缺乏低成本研究开发人员以及国家技术活动规模有助于使一国成为海外研究开发的首选区位。[3] 约翰·H. 邓宁和拉伊尼斯·纳鲁拉（John H. Dunning & Rajneesh Narula）使用三个因素来解释外国跨国公司在美国研究开发活动的增长，一是美国市场的特点，二是主要发达工业化国家生产率和经济结构的趋同，三是这些国家企业生产的持续国际化。[4] 乔·罗格尼斯（Jon Rognes）

---

[1] John Cantwell, Odile Janne [1999]: Technological Globalisation and Innovative Centres: the Role of Corporate Technological Leadership and Locational Hierarchy, *Research Policy* 28 (1999), 119—144.

[2] 赵曙明：《跨国公司全球化技术开发战略及启示》，载《国际经济合作》2000年第1期。

[3] Nagesh Kumar [1999]: Determinants of Location of Overseas R&D Activity of Multinational Enterprises: the Case of US and Japanese Corporations, *Research Policy* 28 (1999).

[4] John H. Dunning and Rajneesh Narula: The R&D Activities of Foreign Firms in the United States.

[2002]认为历史因素、当地竞争、与客户的距离以及成本考虑都对研发区位产生重要影响。在他的调研中,大多数受访者认为历史性因素对研发区位有巨大影响。研发活动本地化并参与当地竞争、与生产商和顾客关系密切的研发活动本地化以及研究开发成本等都是影响海外研究开发区位的重要因素。[1] 经济学家情报研究所[2004]认为,直到最近,在中国进行研究开发的焦点一直是进行产品研究和工艺研究,以使其产品适合当地市场。跨国公司不愿意把原始性研究配置到知识产权难以得到保护的国家。然而,随着中国政府开始在这个问题上采取一些重要措施,中国开始沿着研究开发的价值链向上攀升。而且,尽管知识产权是大家关注的一个重要问题,但中国的市场太大了以至不容忽视。毫无疑问,中国和印度将垄断今后三年里海外研究开发投资的增长。美国、英国和德国是三个最大的对外研究开发投资国。其中,美国占OECD全部研究开发支出的44%,欧洲占28%,日本占17%。[2]

范黎波、宋志红认为,有三个基础因素影响着研发活动的全球化,同时也为海外研发机构的区位选择提供了参考原则。一是市场驱动(或称需求驱动)因素,即鼓励跨国公司在海外建立研发机构,以接近最终消费者、对当地需求做出迅速反应、支持当地生产和营销运作并避免来自保护主义的压力。这些因素主要是响应当地需求并挖掘市场潜力,而供给驱动因素则主要关注于寻求进行研发活动的资源。二是地理导向。这种地理导向的一个极端是完全本地化,另一个极端是完全全球化,介于二者之间的则是不同程度的本地化与全球化的结合。跨国公司的本地化导向仅仅关注东道国所在地的市场需求,其各种活动都局限在这一范围之内(如满足本地市场需求、利用当地技术资源)。全球化导向的跨国公司则有更广阔的视野,但也因此使其管理更为复杂(如可能需要组合处于不同区域的投入要素,通过一种特定的技术获得产出),即满足单个或多个地区对标准化产品的

---

[1] Jon Rognes [2002]: Organising R&D in a Global Environment, Increasing Dispersed Co-operation Versus Continuos Centralisation. SSE/EFI Working Paper Series in Business Administration No. 2002: 3.

[2] The Economist Intelligence Unit [2004]: Scattering the Seeds of Invention—The Globalisation of Research and Development, A white paper written by the Economist Intelligence Unit, sponsored by *Scottish Development International*, September 2004.

需求。跨国公司的区域导向则介于二者之间。三是研发活动的类型。[①]

2. 技术能力

有一些学者强调企业以及东道国的技术能力对于跨国公司海外研究开发活动的区位选择有着举足轻重的作用，这在日本企业中尤为明显。帕特尔和维加（Patel & Vega）[1997] 利用美国专利与勒巴斯和谢拉（Le Bas & Sierra）[2002] 利用欧洲专利进行的研究表明，大部分情况下（将近70%）跨国公司将其国外研究开发活动配置于它们在母国也很强的技术领域。日本企业与欧洲和美国的跨国公司很不相同，在欧洲主要寻求能够弥补其自身实力的海外研究开发区位。[②] 奥维·格兰斯特兰德（Ove Granstrand）[1999] 通过问卷调查获取了4家日本企业和23家瑞典企业数据，结果发现，与美国大学合作的极端重视是日本跨国公司的独有特点，也是日本跨国公司获取外部技术的一项至关重要的战略。这种研究开发国际化的日本模式在某种意义上是独一无二的。[③] 岩浅智子（Tomoko Iwasa）[2003] 以526家日本制造业跨国公司为样本研究了拥有海外实验室的情况，结果发现企业在海外拥有实验室的决策在很大程度上受到公司利用外部研究资源能力以及科学导向工业、研究开发强度、全球销售额、企业的海外经验等的影响。[④] 经济合作与发展组织（OECD）[1998] 也认为，看起来日本子公司决定在美国和欧洲进行研究开发活动的主要原因是获得先进的科学技术知识或者获得高质量的科学技术人员。相反，在亚洲从事研究活动则是为了支持当地生产，而且所使用的大部分技术是从日本转移来的。[⑤] 中国学者范黎波、宋志红认为，一般来说，跨国公司是根据其在各个东道国子公司的创新能力来确定公司的研

[①] 范黎波、宋志红：《跨国公司研发活动全球化的成因、策略与组织形式选择分析》，载《国际贸易问题》2004年第5期。

[②] Christian Le Bas and Pari Patel [2005]: Does Internationalisation of Technology Determine Technological Diversification in Large Firms? The Freeman Centre, University of Sussex, Paper No. 128.

[③] Ove Granstrand [1999]: Internationalization of Corporate R&D: a Study of Japanese and Swedish Corporations, *Research Policy* 28 (1999), 275—302.

[④] Tomoko Iwasa [2003]: Determinants of Overseas Laboratory Ownership by Japanese Multinationals, National Institute of Science and Technology Policy, Tokyo, October 2003.

[⑤] Organisation For Economic Co-operation and Development [1998]: Internationalisation of Industrial R&D: Patterns and Trends, OECD 1998.

发机构设置与活动领域。由于发展中国家企业的创新能力至今仍十分有限，所以许多跨国公司往往将研发活动集中在母国和其他少数几个发达工业化国家进行，并以此加强基础研究和技术开发之间的联系。国外子公司的研发活动通常被限定在一个很小的领域，而且这些研发活动大部分仅与生产（技术支持）有关。[①] 林进成、柴忠东［1998］也认为，发达工业国的跨国公司在选择对外科研投资的目标国时，首先考虑的是东道国的科技人才资源、科研开发水平以及从事高新技术创新的能力。尽管东道国的人工成本有时相对较高，但这并不妨碍跨国公司的科研投资计划。此外，发达工业国也同样重视目标国在某些传统和高新技术领域内的比较优势，在进行科研投资时特别强调项目研究的专业化方向。例如，美国跨国公司在德国主要从事汽车制造、精密机械、化工、生物工程研究和开发，而在日本则集中于电子元件、计算机和通信技术领域内。同样，德国公司在美国也主要致力于微电子、计算机、制药、航空航天等高新技术的研究开发。这种情况表明，技术研究与开发的国际化实质上是不同国家之间的一种双向科技交流与合作。[②]

3. 人力资源

还有一些学者突出强调科技人力资源在决定海外研究开发区位中的突出作用，认为由于在发展中国家获得某些类型科技人员的成本较低，跨国公司在这些国家进行某些类型研究开发的成本可以大大低于发达国家，因此，跨国公司应该有意识地将适应东道国禀赋和子公司竞争实力的某些研究开发环节设在这些国家。经济学家情报研究所（The Economist Intelligence Unit）［2004］的调查表明，71％的公司官员认为研究开发全球化的关键收益在于利用熟练劳动力的能力。虽然现在研究开发成本在高技术产业比如制药产业中逐步升高，半数以上接受调研的公司认为降低成本是研究开发全球化的重要收益，但是，综合起来看，成本考虑较之寻求研究开发专才和迅速扩张的市场仍然不是最重要的因素。除了知识产权以外，超过半数的被调查者认为吸引高水平的研究人才对于研究开发全球化是非常重要乃至至关重要的挑战。此外，对于拥有国际研究开发网络的公司来说，除非能够有效地促进国

---

① 范黎波、宋志红：《跨国公司研发活动全球化的成因、策略与组织形式选择分析》，载《国际贸易问题》2004年第5期。

② 林进成、柴忠东：《试析跨国公司技术研究与开发国际化的主要特征、形式及其影响》，载《世界经济研究》1998年第5期。

际团队之间的合作，否则全球研究开发战略注定要失败。[1]

4. 知识产权保护

也有一些学者认为，研究开发全球化为加强和加快创新周期提供了巨大的机会，但也面临着严峻的挑战，其中最重要的就是如何有效地保护知识产权。经济学家情报研究所（The Economist Intelligence Unit）[2004] 的调查表明，38%的被调查者认为，有效的知识产权保护在它们有关研究开发全球化的决策中扮演着至关重要的角色。[2] 纳格什·库马尔（Nagesh Kumar）[1995] 认为，跨国公司研究开发活动的国际分布是不均衡的，这主要取决于东道国接受的外国直接投资的规模与特点，以及从事技术活动的国家所拥有的资源与环境。同时，对于保护知识产权的态度，也是一国吸引跨国公司研究开发投资的重要影响因素之一。[3]

5. 综合因素

绝大多数学者认为，决定跨国公司海外研究开发区位的因素并不是单一的，而是多方面的，是综合性的。纳格什·库马尔（Nagesh Kumar）[1999] 指出，关于研究开发区位的决定因素是极为复杂的，比如说，泽金（Zejan）[1990] 发现瑞典跨国公司子公司的研究开发强度与母公司研究开发强度呈正相关，东道国市场规模、人均收入以及可得科技资源都对跨国公司的研究开发活动具有正面的重要影响。哈坎森（Hakanson）[1992] 分析了20家瑞典公司在21个国家进行国外研究开发活动分布的决定因素，发现样本公司国外研究开发活动的相对水平与企业的国外雇用规模和国际兼并正相关，瑞典企业在一国的研究开发情况与市场规模呈正相关，一国研究开发强度与旨在利用外国研发资源的研发活动呈正相关。库马尔（Kumar）[1996] 根据1977年、1982年和1989年的数据系列研究了美国跨国公司海外研究开发活动区位的决定因素，发现东道国市场规模、技术资源和能力是影响美国子公司研究开发活动的重要因素。子公司的本地市场取向以及贸易

---

[1] The Economist Intelligence Unit [2004]：Scattering the Seeds of Invention—The Globalisation of Research and Development，A White Paper Written by the Economist Intelligence Unit，Sponsored by Scottish Development International，September 2004.

[2] Ibid.

[3] Nagesh Kumar [1995]：Intellectual Property Protection，Market Orientation and Location of Overseas R&D Activities by Multinational Enterprises，March 1995，#9501.

障碍的存在有助于跨国公司的子公司在发展中国家的研究开发活动,这表明进行针对当地市场的适应性开发是很重要的。奥达基里和安田(Odagiri & Yasuda)[1996]分析了日本公司海外研究开发及其区域和部门分布的决定因素,认为日本公司在海外进行研究开发活动的可能性随着公司规模、海外销售额或海外生产以及其技术强度的增长而增长。研究开发密集型产业中的日本企业倾向于在美国建立更多的研究开发分支机构。分支机构在特定地区和部门的销售额对于投放在该区域的研究开发支出具有特别有利的影响。[1]

经济学家情报研究所(The Economist Intelligence Unit)[2004]的研究发现,影响海外研究开发区位的主要因素有五个:其一,专门技能是研究开发全球化的最大吸引力。79%的受调查公司承认吸引最佳研究开发人才是重要的乃至最重要的挑战,解决方法就是网罗世界各地最优秀的人才来到自己的公司,或者逐步融入在世界各地兴起的科技人才中心。其二,市场规模是公司决定在哪里配置研究开发活动的重要因素。哪里有庞大的市场,研究开发就趋向哪里。在向外国所有者开放制造业部门的国家与吸引大量追随型研究开发投资的国家之间存在着高度的相关性。其三,开始沿着研究开发价值链向上攀升的新兴市场是吸引海外研究开发投资的重要目的地。60%接受调查的公司官员认为产品研究是最优先的研究开发领域,这意味着新兴市场国家有足够的空间获得较大的研究开发支出份额。其四,知识产权风险仍然是一个主要的负面影响因素,这是因为,当公司在产权保护不很完善的市场上设立研究开发机构时,保护产权性创新就会变得更加困难。38%的接受调查的公司官员认为知识产权保护是一个至关重要的挑战,这个比例高于其他任何问题。其五,全球创新成功要求有新的研究开发组织战略,在国际研究开发团队之间进行卓有成效的合作、在多元化的文化环境中管理员工、根据企业战略配置全球研发活动是研究开发全球化引发的三个关键性组织挑战。[2]

---

[1] Nagesh Kumar [1999]: Determinants of Location of Overseas R&D Activity of Multinational Enterprises: the Case of US and Japanese Corporations, *Research Policy* 28 (1999).

[2] The Economist Intelligence Unit [2004]: Scattering the Seeds of Invention—The Globalisation of Research and Development, A white paper written by the Economist Intelligence Unit, sponsored by Scottish Development International, September 2004.

表 1—2　　　　　　　　影响企业研究开发全球化的因素

相关因素	鼓励企业对 R&D 进行集中管理	鼓励 R&D 全球化和分散管理
要素供给	国内的研究人员的素质比海外高； 难以为研究提供必要的外语训练； 在某些领域难以在海外企业所在地找到合格的人员； 母公司内的规模经济难以在国外复制（公司内部以及与公司的客户和承包商在生产、营销、融资和 R&D 活动间的协调效应）	海外企业的生产水平较高，同时必须不断进行产品的本地化； 国内缺乏高素质的专业人才； 与国外著名的大学和研究机构接近，且本地的科技基础设施完备； 容易获得所在国的资本； 提供纵向兼并获得了与母公司研究能力互补的海外研究机构； 与国外公司建立 R&D 合资公司
市场需求	最大限度地保护 R&D 的成果不被国外的竞争者获得； 技术和产品本地化的要求不高； 依赖母公司的技术能力可以在国外新建研究机构	在公司所在的业务领域（高技术领域），母国和所在国的 R&D 强度都较高； 由于技术转移成本高，研究与开发必须与生产地接近； 在国外的投资面临激烈的国际竞争； 竞争对手在国外建立了研究中心，必须进行跟进； 公司的国际化程度高，母公司规模大，同时在世界其他地方的投资业较大
政府政策		所在国对知识产权保护比较完善； 所在国提供金融和财政上的激励
成本控制	国外的 R&D 活动难以达到必须的临界规模； 技术转移的成本高昂； 横向扩张造成 R&D 能力的重复，同时需要降低协调和控制海外 R&D 活动的成本	产品多样化程度高，对质量要求高； 国内研究成本高
管理能力	企业缺乏在全球范围内协调和控制 R&D 活动的能力	公司具有管理所属的有多层次复杂结构的研究机构网络的能力
管制条件		规避管制壁垒，所在地的技术政策有利于获得支持创新活动所要求的人力资源

资料来源：根据 OECD [1998] 第 22、23 页内容整理。

瑞士学者罗曼·布特里尔、奥利弗·格拉斯曼、马克西米利安·范·泽特维茨（Roman Boutellier, Oliver Gassmann, Maximilian Von Zedtwitz）[2000] 主编的 "*Managing Global Innovation*" Springer‐Verlag, 2000 是一本完全从管理学角度探讨研究开发全球化的著作，它详细论述了企业层面上技术创新全球化的基本趋势、新兴模式、典型案例，并从管理实务的角度提出了有关组织全球性研究开发活动的几点启示。①

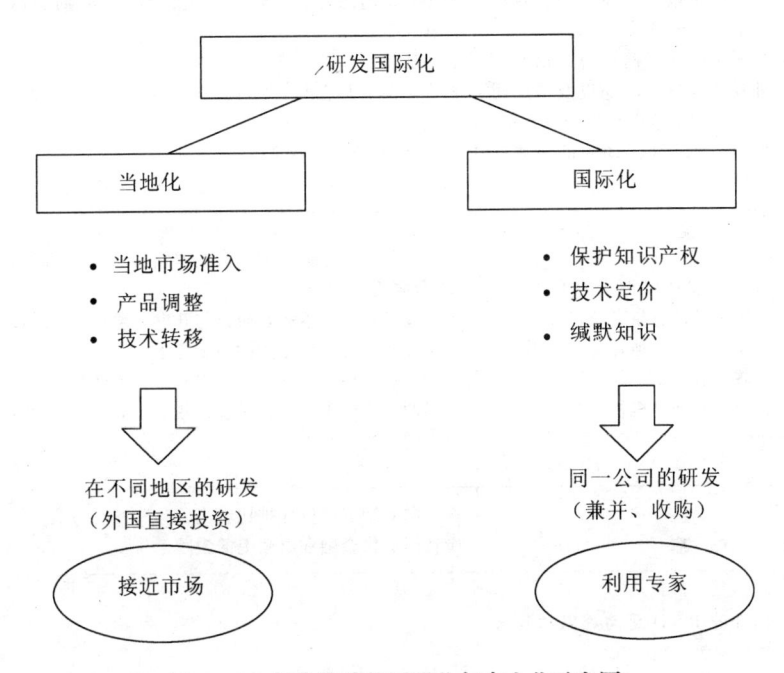

```
                    研发国际化
                   /          \
              当地化            国际化

        • 当地市场准入        • 保护知识产权
        • 产品调整            • 技术定价
        • 技术转移            • 缄默知识
              ↓                  ↓
        在不同地区的研发      同一公司的研发
        （外国直接投资）      （兼并、收购）
           接近市场            利用专家
```

图 1—3　研发活动的国际化与本土化示意图

资料来源：Roman Boutellier, Oliver Gassmann, Maximilian Von Zedtwitz [2000]：《未来竞争的优势——全球研发管理案例研究与分析》，曾忠禄、周建安、朱甫道主译，广东经济出版社 2002 年版，第 35 页。

（五）关于外国参与研究开发对国家安全的影响

科技全球化的深入发展，使任何一个卷入其中的国家都会面临着两方面

---

① 中文版为 Roman Boutellier, Oliver Gassmann, Maximilian Von Zedtwitz [2000]：《未来竞争的优势——全球研发管理案例研究与分析》，曾忠禄、周建安、朱甫道主译，广东经济出版社 2002 年版。

的问题：其一，转移到国外的技术是否会削弱本国产业的国际竞争力乃至影响到国家安全的科学技术基础？其二，外国企业在本国设立的研究开发机构是否会使本国的优势技术甚至独特技术泄露出去？是否会强化乃至固化跨国公司在本地市场的绝对支配地位？事实上，这样一些问题从研究开发国际化之初就困扰着各国的决策部门，而学术界迄今也未能达成一致意见。

1. 关于跨国企业国别归属的争论

关于外国人参与东道国研究开发计划的讨论，其核心就是如何认识外资企业的国别属性：它们是外国企业还是本国企业？如果说它们是外国企业，可是它们在东道国注册、雇用工人、进行生产并且向当地政府纳税；如果说它们是本国企业，可是这些企业的所有权控制在外国人手中，重大决策也是由远在千里之外的跨国公司总部所决定的，它们在技术知识、资金流动、人员交流方面有着非常封闭的系统。事实上，这个问题最早是由美国经济学家罗伯特·赖克（Robert Reich）率先提出来的。早在1990年，他就在《哈佛商业评论》上发表了一篇著名的论文，题为"谁是我们"（Who is us？）；第二年，他又在同一刊物上发表了另一篇论文，题为"谁是他们"（Who is them？）。[1] 这两篇论文在美国学术界和政府部门激起了热烈的讨论，劳拉·泰森（Laura Tyson）的一篇"他们不是美国"（They Are Not US）更把这一讨论推向了高潮[2]，由此引申出的一个重大政策问题就是，长期以来已经确立起来的美国政策是否以及应该如何改变，以反映美国在全球化的世界经济中的立场？对于研究开发项目是否最有利于美国的利益之类问题，诸如创造生产岗位以及美国本土企业拥有排他性参与权等老办法，已经不再能够提供任何可靠的答案。现在，我们需要进一步探索这样一些研究开发活动能够创造出何种经济活动和工作岗位？它们集中在哪个行业、哪些经济部门、对美国经济创造技术进步的能力具有何种影响？这样一些考虑，使有关外国参与美国政府资助的研究开发活动的争论无论在学术上还是在法律上都变得更加复杂了。当我们考虑哪些外国企业应该参与其中时，没有一套完整的标准是有用的。只有在一般性地评估特定框架之中的企业行为时，我们才能有把

---

[1] 两文分别参见 Robert Reich, "Who is us?" *Havard Business Review*, Vol. 90, No. 1, 1990, pp. 53—64; Robert Reich, "Who is them?" *Havard Business Review*, Vol. 91, No. 2, 1991, pp. 77—88.

[2] Laura Tyson, "They Are Not US", The American Prospect (Winter, 1991).

握地说外国参与是否最符合美国的利益。因此，一个灵活的、可以自由调整的方法——不仅可用于一般性地评估对美国经济的即期和长期影响，而且包括对企业参与条件即提供一定互惠收益的判断标准——似乎是唯一可行的方法。①

经济合作与发展组织承认，在全球化的时代，要在国内企业与外国企业之间做出区分是很难的。它们将企业的国民待遇划分为四类：一是纯粹的本国企业——限于本国国民拥有的企业；二是所有国内企业——限于在国内成立的企业，包括外国人拥有的企业；三是世界范围的企业——不管企业在哪里成立，也不论其所有制如何；四是未特别指定的企业。在考虑外国参与时，应该在两种类型的外国企业之间做出区分：定居的外国公司（Domiciled Foreign Companies）是在该国拥有研究开发以及生产设施的企业；非定居的外国公司（Non-Domiciled Foreign Companies）是在该国没有研究开发以及生产设施的企业。在这一前提之下，它们将外国参与划分为三个方面，即参与、资助和开发利用。外国企业参与政府资助的研究开发和技术计划在 OECD 国家不断增长，尽管规模不大。一般来说，参与往往是由定居的外国企业承担的，而非定居外国企业的参与相对较少。至于外国企业参与政府资助技术计划的资格，没有一个明确的国家、区域或国际性规则，具体情况因国家和计划而异。在政府资助的技术计划上实行国内国外企业的差别对待，会对参与企业的技术合作构成潜在障碍：一是互惠要求，在有些情况下，这些要求会把技术获得扩大到外国投资条件和保护知识产权。二是利用，即技术获得的条件可能包含于经济实绩或其利用之中，是技术计划的知识产权或资助条款的组成部分。三是透明性，即外国参与一国技术计划可能会受到个别国家的指令、协议和要求的规制。外国企业的参与可能会因为相关信息缺乏和透明度不足而受到遏制。②

2. 对本土研究开发的影响

有关研究开发领域的外国直接投资对本土研究开发的影响，国内外学者之间存在着完全不同的看法。唐纳德·H. 道尔顿、小曼纽尔·G. 塞拉皮奥

---

① Michael Borrus [1998]: Foreign Participation in US-Funded R&D: the EUV Project as a New Model for a New Reality, BRIE, University of California, Berkeley.

② Organisation For Economic Co-operation and Development: Foreign Access to Technology Programmes, Paris, 60493, Unclassified OCDE/GD (97) 209.

和菲丽丝·根特·吉田（Donald H. Dalton，Manuel G. Serapio, Jr. and Phyllis Genther Yoshida）[1999]认为，美国在20世纪90年代的经验确实表明这种影响总体上是积极的，外国在美国的研究开发活动确实有经济收益，外国在美国花费的研究开发支出增加了美国科学家和工程师的就业机会。大学研究人员欢迎外国资助学术研究和设备购置。外国在新产品和工艺方面的投资对本地的研究开发溢出对于同行业美国公司以及衍生公司具有积极影响。屈默勒（Kuemmerle）[1996]进行的调研表明，认为外国企业投资于本地研究开发是搭便车的观点是不成立的。外国企业也对本地环境产生了溢出，因为研究开发设施为本地研究人员提供了就业和学习的机会。[1] 几乎没有证据表明越来越多的外国参与美国产业研究开发——通过直接投资和联盟——对美国公司获取对于制造具有国际竞争力的产品所必需的关键技术、部件以及系统的能力具有重大的负面影响。[2]

大多数研究开发领域外国直接投资输出国认为，国内企业将研究开发活动转移到国外会削弱该国在相关领域的技术潜力和竞争力，本该由母国获得的研究开发收益也会被转移到国外。达尼埃莱·阿尔基布吉（Daniele Archibugi）[2000]认为，尽管外国子公司的研究开发强度一般低于国内公司，但外国公司的研究开发区位并不必然会对国内企业的研究开发投资造成损害。没有证据表明外国企业投资于该国的研究开发挤出了国内企业的投资。国内企业的高研究开发活动可能会诱导外国企业配置到这里，反之亦然。事实上，外国企业的研究开发强度在那些国内企业研究开发强度也很高的国家比较高。欧洲大企业在创新活动的范围方面较其美国和日本竞争对手更为国际化。国内技术能力的国际利用往往会在政府与企业中间产生强烈的冲突。一旦研究开发投资被东道国所接受，可以采取一系列公共政策来获得收益和外国企业的忠诚。[3]

---

[1] Donald H. Dalton and Manuel G. Serapio, Jr. , Phyllis Genther Yoshida [1999]: Globalizing Industrial Research and Development, USDC, September 1999.

[2] Proctor P. Reid and Alan Schriesheim [1996]: Foreign Participation in U. S. Research and Development: Asset or Liability? National Academy Press, Washington, D. C. 1996.

[3] Daniele Archibugi [2000]: The Globalisation of Technology and the European Innovation System, Prepared as part of the project "Innovation Policy in a Knowledge-Based Economy" commissioned by the European Commission Paris, 16—17 September 1999, Revised Version-15 May 2000.

但是，经济合作与发展组织的研究却承认，在外部技术来源与本国内部研究开发之间存在着替代关系。母公司经常代表子公司承担研究工作，并将大多数技术转移给子公司。外国子公司所使用的外部技术——以专利、许可和know-how形式出现——在几乎所有情况下都来源于母公司。这种技术流动可能会对研究开发起一种补充作用，也可能只是替代在东道国的研究开发活动。资料表明，有些研究开发强度低的国家在进口专利与许可方面的支出远比自己从事研究开发多。这些国家半数以上的研究开发是由外国子公司承担的。这表明大量技术进口同国内研究开发之间存在着某种替代关系。相反，在一些研究开发强度很高的国家，进口技术只是本国企业生产技术的补充。显而易见，进口技术，即使主要是由外国子公司进口的，也可能对当地研究开发起补充和替代作用。然而，当大量工业发展与创新所需技术来源于进口，而且大部分这种进口是通过外国子公司进行时，有关国家的技术基础最终就会被削弱，除非更大部分的进口技术被国内企业的研究开发努力所替代。[①]

经济合作与发展组织在1999年发表的一份研究报告更进一步认为，许多政府关注研究开发全球化——不管它们是净接受者还是产业研究领域FDI的净来源国。在第一种情况下，母国担心随着国内公司将其更大份额的研究开发在国外进行，会出现研究基础的空心化。对这些国家来说，一方面，它们担心如果创新像生产一样移动，其产业实力与独立性会遭到侵蚀。另一方面，外国研究开发投资接受国怀疑外国子公司的实验室仅仅是一个监听站，它们不会对强化国内研究基础做出重大贡献。事实上，外国子公司的研究强度一般低于本国企业，只是在爱尔兰、澳大利亚和英国是例外。最后，所有国家都担心国际合并与兼并对研究开发的影响。在制药和电信部门，往往通过收购来获得国外的研究开发能力。对于研究开发全球化做出政策反应的特点取决于一个国家是把自己视为东道国还是母国，取决于其他企业的全球化水平，取决于经济的规模与动力。[②]

3. 对本国经济的影响

尽管大多数学者认为无论是作为输出国，还是作为接受国，研究开发国

---

① Organisation For Economic Co-operation and Development [1998]：Internationalisation of Industrial R&D：Patterns and Trends，OECD 1998.

② Organisation for Economic Co-operation and Development [1998]：Globalisation of Industrial R&D：Policy Issues，OECD 1999.

际化都会对本国产生积极的影响,但是,仍然有一些学者在这个问题上持有不同观点。麦克尔·博鲁斯(Michael Borrus)[1998]认为,我们现在是在一个新的世界里进行经营,在这个世界里,要开发出全球性产品标准,技术必须迅速跨越美国国界进行流动,同时,如果它们要保持竞争力的话,美国生产商与国内经济必须迅速有效地获得国外开发的互补性技术能力。美国独特的国际技术经济地位决定了它在这方面享有得天独厚的优势。[1] OECD [1998]也认为,由于多种原因,所有国家都希望吸引拥有大型研究开发机构的外国子公司。一是因为它们可以为合格员工提供高薪工作岗位,本地公司也可以通过技术转移、最新管理方式、刺激生产率和增长的外购活动等从中获益,而且外国子公司的研究开发可以补充国家的研究开发活动。跨国公司研究开发资源的新的空间分布所具有的潜力不能仅仅以在一国之内进行的研究开发活动为基础进行评估,而且也应该考虑到一国企业的国外分支机构承担的研究开发活动或者在国外合资进行的研究开发活动。[2] A. 科恩斯、F. 鲁安(A. Kearns, F. Ruaner)[2001]关于爱尔兰的研究表明,研究开发活跃型企业一般会对东道国经济提供更大的实际收益。一个企业的研究开发活动规模对于延长企业留在爱尔兰的时间以及改进就业质量是一个重要的决定因素。从事试验型研究开发的企业具有相对较高的生产水平以及更高的就业水平。事实上,研究开发活跃型企业较之非研究开发活跃型企业在从东道国撤资时面临着更高的成本。因此,仅就直接就业而言,政策应该向高技术部门的研究开发活跃型企业倾斜。[3]

普罗科托尔·P. 雷德和阿兰·斯科雷希姆(Proctor P. Reid and Alan Schriesheim)[1996]则认为,在过去的20年里,我们亲眼目睹了外国跨国公司参与美国研究开发的迅速增长。通过在美国建立或兼并研究开发型公司,外国公司已经占了美国私人资助的研究开发的很大一部分,外国的研究

---

[1] Michael Borrus [1998]: Foreign Participation in US-Funded R&D: the EUV Project as a New Model for a New Reality, BRIE, University of California, Berkeley.

[2] Organisation For Economic Co-operation and Development [1998]: Internationalisation of Industrial R&D: Patterns and Trends, OECD 1998.

[3] A. Kearns, F. Ruaner [2001]: The Tangible Contribution of R & D-spending Foreign-owned Plants to a Host Region: a Plant Level Study of the Irish Manufacturing Sector 1980-1996, *Research Policy* 30 (2001), 227-244.

人员以及学生已经越来越多地参与到美国研究型大学和联邦实验室的研究开发活动之中了。这些事件引发了美国决策者与美国公众的复杂反应。一方面，对于放松外国参与美国研究开发资产可能会削弱美国技术基础、增强美国对外国技术来源的依赖及削弱美国军事实力或者将工作岗位与利润移出美国的关注，使一些观察家号召公私决策者做出反应，阻滞或者逆转这种趋势。另一方面，还有一些人则赞美外国参与为增强美国经济以及军事实力所带来的好处，催促采取政策以促进或者至少不要妨碍公私资助的研究开发的国际化。因此，关于越来越多的外国参与美国研究开发的特点与后果的公开辩论呈现高度的两极分化，主要是由于捕风捉影的报道和有关贸易、投资和技术的自由国际流动的正反面影响的高度简单化辩论所驱动。对美国公民来说，越来越多的外国人参与美国的产业研究开发既有成本与风险，也有收益与机会，但要准确地说明外国公司参与美国的产业研究开发活动的贡献或损失，是不可能的。在大多数情况下，任何国家，包括美国，都应该欢迎在其边界内进行研究开发活动，而不管研究开发承担者的国别如何。[1]

表1—3　　　　　　　　创新全球化对国家经济的影响

类　别	影　响	
	内部流动	外部流动
国别创新的国际利用	国家制度能力较差； 消费品学习能力较低； 资本货物和设备学习中等	市场和影响地区的扩大； 保持国家技术优势
中小企业创新的全球产生	获得技术和管理能力； 增加对外国公司战略性选择的依赖性	错过国内市场的技术机会，加强国内公司的竞争地位
全球科技合作	加强技术流动及创新源； 对发达国家来讲，扩散他们的技术； 对发展中国家来讲，获得知识和学习的机会	

资料来源：Daniele Archibugi [2000]：The Globalisation of Technology and the European Innovation System, Prepared as part of the project "Innovation Policy in a Knowledge-Based Economy" commissioned by the European Commission Paris, 16—17 September 1999, Revised Version-15 May 2000.

---

[1]　Proctor P. Reid and Alan Schriesheim [1996]：Foreign Participation in U. S. Research and Development: Asset or Liability? National Academy Press, Washington, D. C. 1996.

4. 对国防安全的影响

关于科技全球化对国家安全的影响，争议最大，也最容易掀起政治论战的就是它对国防安全的影响，而在这方面往往又掺杂着许多意识形态的成分在内。西尔维亚·奥斯特里和理查德·R. 纳尔逊（Sylvia Ostry & Richard R. Nelson）合著的《技术全球主义与技术民族主义》一书从美国霸权的衰落和全球竞争的激化入手，以技术民族主义与技术全球主义的对立和冲突为主线，第一次将科技全球化问题提高到国家安全的高度加以审视，深入研究了国家创新体系、产业政策与技术民族主义兴起之间的关系，并对 20 世纪 80 年代世界范围内的高技术冲突进行了行业剖析，提出要以更深入的一体化和其他手段来应对国家层面上的制度冲突。[①] 1996 年，丹尼斯·福雷德·西芒（Denis Fred Simaon）出版了《全球化时代的技术安全》一书，分专题研究了国际技术市场上合作与冲突的新来源、日本的新技术民族主义——平衡全球竞争力与国家安全需求、在跨国公司中管理关键技术资产的战略、在全球化经济中管理研究开发、信息技术及全球化与技术的战略管理、战略联盟对全球竞争力的影响、国际战略联盟对公司及公共政策的含义、国际战略联盟的快速增长等问题，认为尽管美国产业界可能已经意识到世界经济事务中全球化的重要意义，现实则是美国政府以及欧盟和其他许多国家的政府对于在这样一个迅速创新和技术进步的时期控制和管理技术的态度仍然还是相当保守的，结果，关于跨国界科技合作与战略联盟问题，私营部门与政府部门的观点存在着巨大的差距，技术安全问题也就由此而产生。在这种情况下，国家政府对安全的认识开始从传统的国防安全向经济和技术安全转变，技术民族主义与技术全球主义两种意识形态应运而生，前者就是在全球经济竞争中使用技术作为国家力量的一种工具，或者是通过从其他国家获得技术知识，或者是使用技术知识作为一种经济武器，而技术全球主义则是愿意与其他国家免费分离技术知识，甚至在开发与新产品制造方面进行合作。隐藏在技术全球主义后面的驱动力有二，一是与全球共性相关的问题，二是联合研发或研发制造类企业间合作协议的大量产生。因此，提出全球化时代的技术安全这个问题，仅仅接触到了提供一个正确答案的边缘。从积极的方面来说，将

---

① Sylvia Ostry and Richard R. Nelson [1995]：Techno-Nationalism and Techno-globalism，The Brookings Institution.

会有更多的资本、更多的人以及更多的知识诀窍跨越国界进行流动。在这个意义上,技术全球主义是真实的,必须将其视为一种塑造市场、产业甚至教育过程的重要力量。从消极的方面来说,国家对技术缺陷的不安日益增长,以及冷战的结束看来使技术成为全球情报界的新目标——它们都在为了新的使命而在全世界搜索新技术。因此,在未来,关于技术安全的关注将很可能会继续增长,在全球市场上获得先进技术不会比以前更容易。①

普罗科托尔·P. 雷德和阿兰·斯科雷希姆(Proctor P. Reid and Alan Schriesheim)[1996]指出,目前的美国安全规则与程序似乎防止了大多数外国公司把敏感的美国军用技术非法转移到国外的活动。然而,它们在延缓或防止通过外国直接投资或者并购来转移军用关键技术的中长期风险方面似乎并不那么有效。联邦政府没有明确界定的、一致同意的标准来确定一个公司的技术能力是不是军用关键技术。而且,用以实施美国反托拉斯法的监控努力和方法不适于处理由于国防市场上的并购以及公司联盟活动而引起的垄断威胁,不管涉案的公司是外国公司还是美国公司。由于不存在对国家安全的清晰威胁,国会应该避免对外国参与私人资助的美国研究开发活动施加立法限制。外国参与美国政府资助的研究开发是由一系列混乱的——有时是相互矛盾的——双边政府间协议、联邦研究开发立法以及机构指令来管理的。联邦政府不应随意使用国家安全作为限制外国参与美国的产业研究开发活动的借口。与此同时,承担联邦政府支持的研究开发活动的机构应该承认,对于外国参与的关注不仅仅是一个公共关系问题,大学和其他公共资助研究的承担者理应对这些关注做出回应。②

马西莫·保利、西蒙尼·圭尔奇尼(Massimo Paoli, Simone Guercini)[1997]指出,对知识和信息安全与保密的需要是一种传统观点,它建立在这样的基础之上:研究开发对于维持公司竞争优势的技术来源是至关重要的而且是独一无二的;研究开发应该尽可能安全和保密;确保研究开发安全的最佳方法就是将研究开发集中于母公司的总部。有关安全因素是在母国政府的直接保护之外建立商业性实验室,因而将其暴露在东道国当局采取的任何行动的影响之下所带来的政治风险。然而,这种因素是否真正有助于公司技

---

① Denis Fred Simaon (Eds) [1996]: Techno-Security in an Age of Globalization, M. E. Sharpe.

② Proctor P. Reid and Alan Schriesheim [1996]: Foreign Participation in U. S. Research and Development: Asset or Liability? National Academy Press, Washington, D. C. 1996.

术活动的集中化是有争论的。首先,多个研究开发机构的存在使外部机构难以获得有关商业性研究过程及其成果的完整信息。因此,将研究开发活动分散在多个实验室可以降低安全和保密风险。其次,即使集中化有助于保密和安全,它也不能确保这种集中化必然发生于公司母国。[1]

经济合作与发展组织(OECD)[1997]认为,尽管许多OECD政府倾向于推动外国参与私人研究开发活动——通过降低投资和贸易壁垒——以此作为增加经济技术收益的途径,但它们在外国参与公共资助的研究开发计划方面较为谨慎,时而以国家安全为借口,时而以技术和经济竞争力为借口。事实上,外国参与公共研究开发计划的净成本和收益在很大程度上取决于管制这种参与的政府规则,特别是参与的程度。在大多数情况下,OECD政府并没有普遍的政策或规则来管理外国参与技术计划,大多数没有任何清晰明确的国家指南,或者明确定居外国企业和非定居外国企业参与这些计划的资格。相关规则以及参与的情况因计划而异,而且也可能是国家之间双边协商的结果,外国企业参与技术计划的规则和标准在各国之间不尽相同。[2]

三 小结

从前面的分析介绍中我们可以看出,一方面,随着经济全球化的深入发展,各国在经济和技术上的相互依赖越来越深,科技全球化已经成为一个无法逆转的重要趋势,由此而来的潜在政策影响将越来越明确具体地为学术界和决策部门所感受到,并在相当大的程度上影响甚至引导着相关经济技术政策的分析方向。另一方面,尽管科技全球化的萌芽状态很早就已经出现了,而且关于科技全球化问题的研究已经持续了将近二十年,但是,由于对于科技全球化内涵的认识有所不同,国内外学术赖以分析科技全球化趋势的理论视角乃至分析工具也存在着许多差别,围绕着科技全球化的规模、类型与特点、动力机制、海外研究开发区位的选择以及对国家安全的影响等重大问题进行的研究,也远未能得出比较一致或大体相近的结论来,更不要说形成一

---

[1] Massimo Paoli, Simone Guercini [1997]: R&D Internationalisation in the Strategic Behaviour of the Firm, *STEEP Discussion Paper* No. 39.

[2] Organisation For Economic Co-operation And Development [1997]: Foreign Access to Technology Programmes, Paris, 60493, Unclassified OCDE/GD (97) 209.

个有关科技全球化问题研究的具有广泛影响的学术流派了。从未来关于研究开发与创新全球化过程的理论与经验研究来看,亚历山大·盖里巴兹、G.雷格(Alexander Gerybadze,Guido Reger)[1999]提出应该加强这样几个方面的研究:

其一,我们是否正确地辨认出了跨国公司研究开发与创新管理的新阶段?跨国公司研究开发国际化的主要模式与驱动力是什么?强劲的合并浪潮、紧预算以及管理约束对于国际研究开发的管理与组织有何影响?

其二,应该进一步加强对跨国企业内部知识资源的所有与控制问题的研究。在哪里以及为什么企业将最有价值知识资源的所有与控制集中起来?这种知识产权的集中如何影响公司的回应能力?

其三,对于分析跨国公司内部国际管理与区位决策的以资源为基础的框架需要进一步实体化。这种模型对于指导管理决策有用吗?所建立的运算法则与经验发现一致吗?针对来自不同国家和不同产业的企业如何使用这种或相关的分析框架?

其四,我们应该强调扎实的经验研究及有效性,特别是更多的累积性、经验性为基础的研究,并进一步提炼出合适的研究方法。在分支企业以及科技中心层次上以及项目层次上还要进行更多的研究,因为目前的经验调查仍然是以公司层次上的概括为特点的。

其五,我们应该对管理跨国企业的科技中心或人才中心的成功范式进行更多的研究。在哪里以及何时这些企业建立了在母国以外的区位负有全球产品开发责任的重要中心?在何种条件下这些外国科技中心在执行重大创新和大型重要商业企业方面是实际有效的?[1]

除了这样一些问题以外,还有一些国家层面的问题尤其值得关注,因为它们对于决策者有着更为直接的参考与借鉴意义。比如说,研究开发国际化问题、企业间策略性技术联盟问题、区域乃至全球层面的科技合作问题、知识产权问题、科技人力资源的全球流动问题、FDI与内生技术能力的培育问题、科学技术的全球治理问题,等等。这样一些国家层面的问题与企业层面的问题相结合,共同构成了科技全球化研究的核心内容。深入研究并准确把握这些问题的内涵及其实质,首先就要求我们寻找一个恰当的分析视角,并

---

[1] Alexander Gerybadze, Guido Reger [1999]: Globalization of R&D: Recent Changes in the Management of Innovation in Transnational Corporations, *Research Policy* 28 (1999), 251—274.

在此基础上建立起自己的理论分析框架。这正是第二章的主要任务。

主要参考文献

1. 赵曙明：《跨国公司全球化技术开发战略及启示》，载《国际经济合作》2000年第1期。
2. 范黎波、宋志红：《跨国公司研发活动全球化的成因、策略与组织形式选择分析》，载《世界贸易问题》2004年第5期。
3. 董俊英、安毅：《关于研究开发投资全球化的几点思考》，载《经济管理》2000年第7期。
4. 戴志敏：《跨国公司在我国实施研究与开发战略的思考》，载《中国软科学》2001年第1期等。
5. 林进成、柴忠东：《试析跨国公司技术研究与开发国际化的主要特征、形式及其影响》，载《世界经济研究》1998年第5期。
6. 冼国明、葛顺奇：《跨国公司R&D的国际化战略》，载《世界经济》2000年第10期。
7. 薛澜、王建民：《知识经济与R&D全球化：中国面对的机遇和挑战》，载《国际经济评论》1999年第3/4期。
8. 连燕华：《科学研究全球化发展评价》，载《科研管理》2000年第4期。
9. Alexander Gerybadze, Guido Reger [1999]: Globalization of R&D: Recent Changes in the Management of Innovation in Transnational Corporations, *Research Policy* 28 (1999), 251—274.
10. A. Kearns, F. Ruaner [2001]: The Tangible Contribution of R&D-spending Foreign-owned Plants to a Host Region: a Plant Level Study of the Irish Manufacturing sector 1980—1996, *Research Policy* 30 (2001), 227—244.
11. Bernard Franck and Robert Owen [2003]: Fundamental R&D Spillovers And The Internationalization Of A Firm's Research Activities, Cowles Foundation Discussion Paper No. 1425, Yale University.
12. Bo Carlsson [2003]: Internationalization of Innovation Systems: A Survey of the Literature, Paper for the conference in honor of Keith Pavitt: What Do We Know about Innovation? SPRU-Science and Technology Policy Research, University of Sussex, Brighton, U. K. 13—15 November 2003.
13. Christian Le Bas and Pari Patel [2005]: Does Internationalisation of Technology Determine Technological Diversification in Large Firms? The Freeman Centre, University of Sussex, Paper No. 128.
14. Daniele Archibugi [2000]: The Globalisation of Technology and the European In-

novation System, Prepared as part of the project "Innovation Policy in a Knowledge-Based Economy" commissioned by the European Commission Paris, 16—17 September 1999, Revised Version-15 May 2000.

15. Denis Fred Simaon (Eds) [1996]: Techno-Security in an Age of Globalization, M. E. Sharpe.

16. Donald H. Dalton and Manuel G. Serapio, Jr. , Phyllis Genther Yoshida [1999]: Globalizing Industrial Research and Development, USDC, September 1999.

17. The Economist Intelligence Unit [2004]: Scattering the Seeds of Invention—The Globalisation of Research and Development, A white paper written by the Economist Intelligence Unit, sponsored by Scottish Development International, September 2004.

18. Ivo Zander [1999]: How do you mean "global"? An Empirical Investigation of Innovation Networks in the Multinational Corporation, *Research Policy* 28 (1999), 195—213.

19. John H. Dunning and Rajneesh Narula: The R&D Activities of Foreign Firms in the United States.

20. John Cantwell and Elena Kosmopoulou [2001]: Determinants of Internationalisation of Corporate Technology, *DRUID Working Paper* No. 01—08.

21. John Cantwell, Odile Janne [1999]: Technological Globalisation and Innovative Centres: the Role of Corporate Technological Leadership and Locational Hierarchy, *Research Policy* 28 (1999), 119—144.

22. John Cantwell and Elena Kosmopoulou [2001]: Determinants of Internationalisation of Corporate Technology, *DRUID Working Paper* No. 01—08.

23. Jon Rognes [2002]: Organising R&D in a Global Environment, Increasing Dispersed Co-operation versus Continuos Centralisation. SSE/EFI Working Paper Series in Business Administration No. 2002: 3.

24. Laura Tyson, "They Are Not US", *The American Prospect* (Winter, 1991) .

25. Magnus Gulbrandsen [2003]: Companies' Purchase of Foreign R&D: New Evidence from Norway—Is the Internationalisation of Norwegian Industrial R&D a Result of Mismatch between the Private Sector and the Public R&D Infrastructure? Paper prepared for the conference "What Do We Know about Innovation? A Conference in Honour of Keith Pavitt" at SPRU, Brighton, 13—15 November 2003.

26. Massimo Paoli, Simone Guercini [1997]: R&D Internationalisation in the Strategic Behaviour of the Firm, *STEEP Discussion Paper* No. 39.

27. Michael Borrus [1998]: Foreign Participation in US-Funded R&D: the EUV Project as a New Model for a New Reality, BRIE, University of California, Berkeley.

28. Nagesh Kumar [1995]: Intellectual Property Protection, Market Orientation and

Location of Overseas R&D Activities by Multinational Enterprises, March 1995, #9501.

29. Nagesh Kumar [1999]: Determinants of Location of Overseas R&D Activity of Multinational Enterprises: the Case of US and Japanese Corporations, *Research Policy* 28 (1999).

30. Organisation For Economic Co-operation and Development [1998]: Internationalisation of Industrial R&D: Patterns and Trends, OECD 1998.

31. Organisation for Economic Co-Operation and Development: [1998]: Globalisation of Industrial R&D: Policy Issues, OECD 1999.

32. Organisation For Economic Co-Operation and Development: Foreign Access to Technology Programmes, Paris, 60493, Unclassified OCDE/GD (97) 209.

33. Ove Granstrand [1999]: Internationalization of Corporate R&D: a Study of Japanese and Swedish Corporations, *Research Policy* 28 (1999), 275—302.

34. Pari Patel and Keith Pavitt [1998]: National Systems Of Innovation Under Strain: The Internationalisation Of Corporate R&D, in R. Barrel, G. Mason and M. Mahony (eds.), *Productivity, Innovation and Economic Performance*, Cambridge University Press.

35. Proctor P. Reid and Alan Schriesheim [1996]: Foreign Participation in U.S. Research and Development: Asset or Liability? National Academy Press, Washington, D.C. 1996.

36. Robert D. Pearce and Satwinder Singh [1992]: Globalizing Research and Development, St. Martin's Press.

37. Roman Boutellier, Oliver Gassmann, Maximilian Von Zedtwitz [2000]:《未来竞争的优势——全球研发管理案例研究与分析》,曾忠禄、周建安、朱甫道主译,广东经济出版社 2002 年版。

38. Sylvia Ostry and Richard R. Nelson [1995]: Techno-Nationalism and Techno-Globalism, The Brookings Institution.

39. Tomoko Iwasa [2003]: Determinants of Overseas Laboratory Ownership by Japanese Multinationals, National Institute of Science and Technology Policy, Tokyo, October 2003.

第二章

全球化背景下的国家创新体系：
一个新的分析框架

国家创新体系的存在由来已久是一个不争的事实：无论如何，每个国家都有它自己的国家创新体系，虽然国家创新体系的效率和实绩在各个国家是大不相同的。时至今日，国内还有许多学者或者决策人员仍然认为国家创新体系仅仅是一个政策口号，这实在是一个极大的误解。事实上，国家创新体系概念的提出，在很大程度上反映了人们对于其在经济社会发展中作用认识的深化，反映了人们对于技术创新认识的深化。从这个意义上来说，经济全球化的任何发展，都会对国家创新体系产生这样或那样的影响，而这两者之间互动的界面，就是科技全球化进程的起点。

一 国家创新体系的界定及其内涵

国家创新体系这个概念诞生于 20 世纪 80 年代中期。作为一个理论体系，国家创新体系既是前辈学者关于技术创新研究的集大成者，同时又为技术创新理论研究和政策探索开辟了巨大的空间。因此，准确把握国家创新体系的理论内涵及其方法论含义，对于我们深入研究全球化背景下的创新政策取向，有着极为重要的理论意义。

（一）什么是国家创新体系

从历史上看，人们对创新的理解经历了一个曲折复杂、不断深化的过程。在熊彼特以前，学术界几乎一致认为，把科学技术研究成果转化为能够在市场上实现其价值的商品，这主要是一种技术活动，而且科技人员在这个过程中起着决定性的作用。瓦特发明了改良蒸汽机以后，努力将它推向市场，

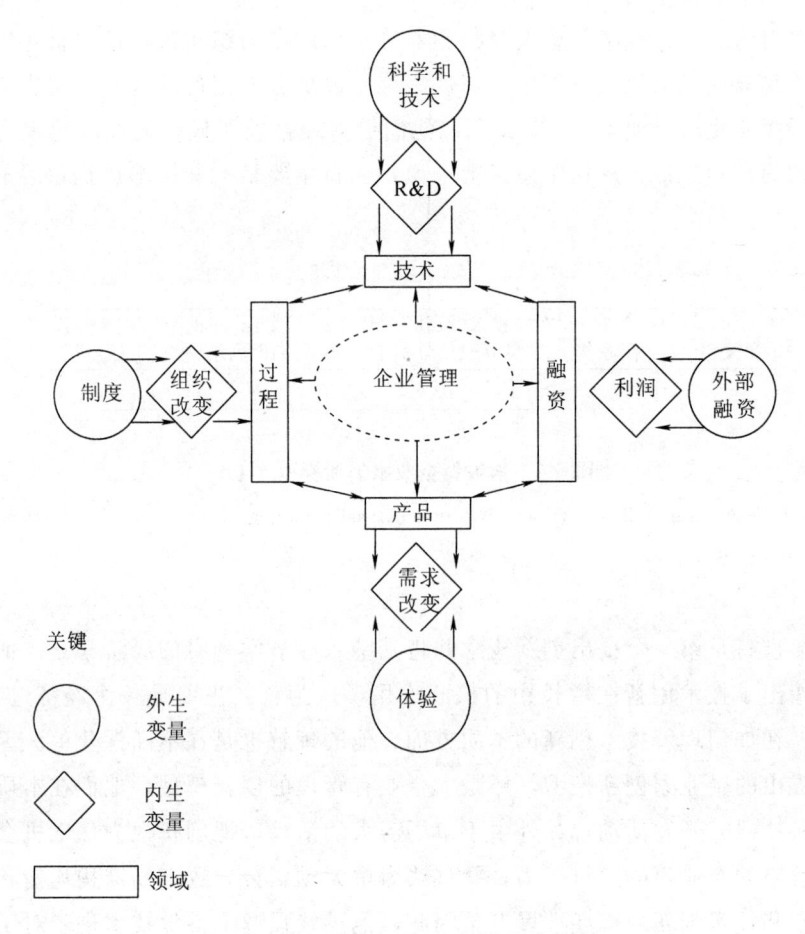

图 2—1 企业生产的微观水平分类

资料来源：Nick von Tunzelmann：Engineering and Innovation in the Industrial Revolutions, *STEEP Discussion Paper* No. 30，March 1996.

并成功地转型为一个企业家。发明大王爱迪生在自己实验室的基础上，创办了通用电气公司，并担任董事长，试图依靠自己的力量把发明转化为商品。有些学者甚至认为，始于英国的产业革命只是在足以打破制约工业产出增长的资源约束的成功技术发展起来以后才开始的，产业革命是从传统社会向技术社会的转变。极端的技术核心论者甚至将技术突破置于核心地位，认为正是科学的兴起及其与技术的联系构成了产业革命的最重要特征。这种观点的一个典型例证就是，在关于工业革命的所有记载中，人们大多只记住了那些发明天才的名字及其发明的产品，既包括哈格里夫斯的珍妮纺纱机、阿克莱

特的水力纺纱机、克隆普敦的骡机和卡特来特的动力织布机,也包括瓦特的单动式和复动式蒸汽、贡德尔比炼铁法等,很少有人记得把这些发明成功地进行了商业化的企业家。[①]事实上,他们更多地把发明成果的商品化视为科技活动的自然延伸,从这个意义上来说,创新主要是一种技术过程,而不是经济过程。

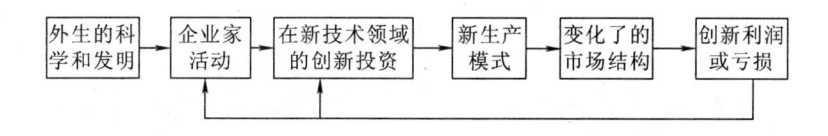

图2—2 熊彼特企业家创新模型(Ⅰ)

资料来源:Rothwell R,Zegveld W.:Reindustrialization and Technology [M]. Longman Group Ltd.,1985,p.62.

熊彼特是第一个提出创新概念并将其纳入经济学视野的经济学家。他正确地指出了技术创新在增长中的核心作用,认为创新主要是一个经济过程。但是,在如何理解技术创新的本质方面,他的理解也是在不断深化的。无论是他提出的企业家创新模型,还是大企业有管理的创新模型,他们在本质上都把科技研究开发活动视为外生于市场需求的活动,把创新视为认准机会并准备冒险的企业家的随机行为,并且认为重大创新会导致市场结构均衡状态的打破和技术创新的周期性爆发。因此,他虽然强调了科学技术进步对于经

---

① 以第一次产业革命时期的纺织业巨头理查德·阿克莱特为例,他原本是一个挨家兜售染发剂的理发师。1769年,他制造了一种使用水轮驱动的纺纱机机架,并取得了为期14年的专利(1785年英国最高法院裁定阿克莱特窃取了木匠海斯的发明)。作为一名"具有扎实的经商本领和企业家素质"的发明人,他先是找到有钱的酒店老板斯莫利做合伙人,后又找到银行寻求贷款并得到了几家小工厂主的赞助,1771年在诺丁汉附近的克罗姆福特创建了一个水力纺纱厂,所生产的纱线粗细均匀,以"水线"而闻名远近。与此同时,阿克莱特还从事水力纺纱机的制造和改进工作,并且向别的企业家出售专利权。到1779年,阿克莱特的工厂已经发展到三百个工人,纱锭数千枚。此后,虽然他在1783年的专利权诉讼中败诉并被撤销了专利权,但他毫不气馁,很快又建立了以瀑布做动力的新纺纱厂,并对旧纺纱厂更新、扩展。1785—1790年,阿克莱特又率先在自己的纺纱厂内安装了两台蒸汽机,从而开创了在纺织企业中用蒸汽机代替水轮机的先河。到1792年去世时,阿克莱特本人成为第一个大工厂主,被封为贵族,他的纺纱厂也已成为纺纱业中的领导企业。

济增长的核心作用,但在很大程度上是把创新视为一个技术—经济过程,其模型因而被称为技术推动模型:

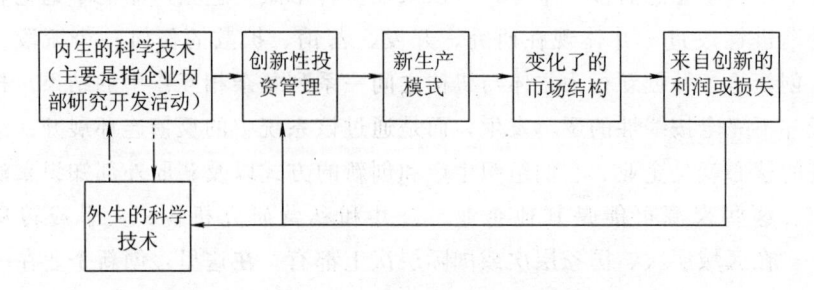

```
内生的科学技术      创新性投    新生产    变化了的    来自创新的
(主要是指企业内  →  资管理   →  模式   →  市场结构  →  利润或损失
部研究开发活动)
      ↑
  外生的科学
      技术
```

图 2—3　熊彼特大企业有管理的创新模型（Ⅱ）

资料来源：C. Freeman [1982]：Economics of Industrial Innovation, MIT Press, pp. 212—213.

施穆克勒于1966年发表《发明与经济增长》对1840—1950年间美国4个主要资本货物部门（铁路、石油冶炼、农业机械和造纸业）及部分消费品工业部门的专利数与投资额进行了统计分析,得出了市场成长和市场潜力是发明活动速度和方向的主要决定因素的结论,从而提出了创新的需求拉动说。这一模型从根本上改变了技术创新仅仅是一个技术—经济过程的认识,而是主要把技术创新视为一个经济—技术过程。这样一种认识,在很大程度上支配了人们有关技术创新问题的认识。事实上,在80年代末期以前,参与技术创新研究的许多学者都是把技术创新当做一个经济—技术过程来分析的,代表作就是纳尔逊和温特的《演进经济学理论》（商务印书馆1988年版）。

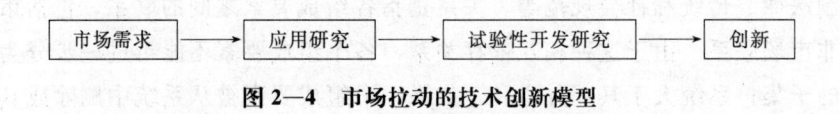

```
市场需求 → 应用研究 → 试验性开发研究 → 创新
```

图 2—4　市场拉动的技术创新模型

但是,随着时间的推移和形势的变化,特别是信息技术发展和扩散导致的知识经济的兴起,人们发现,仅仅把技术创新理解为一个经济—技术过程是不够的,除了投入、成本、效益分配等因素以外,制度、文化等因素也深深地渗入到技术创新过程之中,因而更多的是一个社会过程。OECD [1996] 指出,国家创新体系方法也反映了技术发展研究的系统方法相对于创新的线

性模型地位的上升。在线性模型中,知识流动的模型非常简单:创新的起点是科学,而且科学投入的增加会直接增加下游流出的新创新与技术的数量。实际上,创新思想有多个来源,可以采取多种形式,包括产品的本地化和工艺的渐进性改进,并体现在研究、开发、营销、扩散的任何一个阶段。因此,创新是各种创新行为主体与机构之间一系列复杂相互作用的结果。技术变迁并不完全按线性的逻辑发生,而是通过该系统中的反馈连环展开。这个系统的核心就是企业、它们组织生产和创新的方式以及获取外部知识来源的渠道。这些来源可能是其他企业、公共和私营研究机构、大学或转移机构——在区域层次、国家层次或国际层次上都有。在这里,创新企业在一个复杂的网络之中运行,同供应者与客户之间建立起一系列更为密切的联系。随着经济越来越成为知识密集型的,越来越多拥有不同类型专门化知识的机构参与到知识的生产与扩散之中。企业和国家经济成功的决定因素更多地取决于它们从这些机构中获取和应用知识的有效性,不管这些机构是位于私营部门还是公共部门或者是学术界。而且,各国都有其独特的制度画面,依企业的治理体制、大学的组织以及政府资助研究的水平与取向而定。不同机构在国家创新体系中的作用显著不同,这部分地解释了我们为什么把重点放在国家层面上。[①] 由此可见,技术创新不仅仅是一个经济过程,更是一个社会过程,国家创新体系理论就是在这种对于技术创新研究不断深入的背景下由西方学者,特别欧洲学者率先提出来的。

所谓系统,就是一整套相互关联的组成部分为了一个共同目标而进行的运作,由构成要素、相互关系及其属性组成。其中,构成要素是系统的运行主体,包括诸如个人、商业企业、银行、大学、研究机构和公共政策机构等,既可以是物质的或技术的,也可以是以法律实体形式出现的制度,比如管制法律、传统和社会规范等。关系是指各组成要素之间的联系,包括市场和非市场联系。由于这种相互依存关系,各个组成要素不能再进一步分为独立的子集;系统大于其部分之和。如果一个组成要素被从系统中删除或其特点被改变,则系统中的其他组成要素也将相应地改变其特性,而且它们之间的关系也会改变。反馈(相互作用)是使系统有活力的东西,没有这样一种反馈,则系统就是静态的。系统各组成要素之间的相互作用越大,它就越有

[①] Organisation for Economic Co-operation and Development [1997]: National Innovation Systems, Paris.

动力。属性（Attributes）是不同组成要素及其相互关系的性质，它们代表着系统的特点。系统的动态性质——有活力、灵活性、创造变化并且对环境的变化做出反应——是它最重要的属性。[①] 经济学文献中最早使用的系统概念之一是里昂惕夫于1941年提出的投入—产出分析，它主要关注某一特定时点上各部门之间的商品和服务流动情况。在这里，系统中的组成要素以及相互关系是在产业层次上考察的，各组成要素之间的联系基本上是单向的，系统总体上是静态的。

国家创新体系则是一种新的系统分析方法。在这里，分析的框架已经超出了投入产出系统。它不仅包括产业和企业，而且还包括其他行为主体和组织，主要是科学技术机构及其制定的科学技术政策等。一般来说，这种分析是在国家层面上进行的：研究开发活动以及大学、研究院所、政府机构、政府政策所发挥的作用都被视为单一国家系统的组成要素，它们之间的联系是在总和层次上进行考察分析的。由于系统的庞大规模及其复杂性，企业之间的竞争关系显然具有选择环境的作用。那么，究竟什么是国家创新体系呢？

所谓国家创新体系（National Innovation System，NIS）就是一种有关科学技术长入经济增长过程之中的制度安排，其核心内容就是科技知识的生产者、传播者、使用者以及政府机构之间的相互作用，并在此基础上形成科学技术知识在整个社会范围内循环流转和应用的良性机制。在实际生活中，国家创新体系具体表现为一国境内不同企业、大学和政府机构之间围绕着科学技术发展形成一种相互作用的网络机制，而且各个不同行为主体在这种相互作用网络机制之下为发展、保护、支持和调控那些新技术进行着各种各样技术的、商业的、法律的、社会的和财政的活动。最近几年来，国家创新体系这个概念在国内外的科技政策研究界都得到广泛的认同和应用。许多学术界人士采用这个概念来分析各国科技政策系统的效率并对其功能进行评估，一些国家的决策者甚至将其引入到政策制定领域。这种情况一方面反映了人们对于技术创新研究的深化，另一方面也说明人们已经走出了对于当代经济发展阶段的认识判断时期，并且开始对于构成其经济增长机制的深层因素进行分析了。

在创新体系中，最重要的关系类型之一是技术转移或获得，有些此类活

[①] Bo Carlsson, Staffan Jacobsson, Magnus Holm, Annika Rickne [1999], Innovation Systems: Analytical and Methodological Issues, STS4/DRUID 99. wpd, April 1999.

动是通过市场进行的，有些则是通过非市场的相互作用进行的。不同主体之间相互作用（反馈）的直接结果就是随时间演进而出现能力的变化和成长，由此带来系统结构的变化。一个创新体系的功能就是创造、扩散和应用技术。因此，创新体系的主要功能就是各主体创造、扩散和应用具有经济价值的技术（物质产品以及技术诀窍）的能力。这种能力是由确认和利用商业机会的能力所决定的，共包括四方面的能力。一是选择能力（或战略能力），即对市场、产品或技术以及组织结构做出创新性选择以从事企业活动的能力；以及选择关键人员并获得包括新能力在内的关键资源的能力。二是组织能力（集成或协调能力），即组织和协调组织内部的资源和经济活动以满足总体目标的能力，包括通过现有知识和技能的新组合来创造和改进技术。三是技术或功能能力，即在一个系统内部有效地执行各种功能以在市场上有效地利用这些技术的能力。四是学习能力，即从成功和失败中学习以确认和校正错误、学习和解释市场信号并采取恰当的行为、在整个系统中扩散技术的能力。在国家创新体系理论的基础上，理论界又派生出了多种关于技术创新的系统分析方法。一种是以地方工业系统理论为基础，代表作是安娜·李·萨克逊尼亚（Anna Lee Saxenian）对硅谷和麻省128号公路电子工业的研究[1994]。在这里，系统定义主要是地理范围的，焦点是导致两地区层级和集中程度、试验、合作、集体学习等方面表现不同的文化和竞争差异，而这些差异又导致了它们在针对不断变化的技术和市场环境进行调整的能力方面存在差异。另一种以技术系统理论为基础：各个国家存在着许多技术系统，它们随时间而演进，并随时间的变化而变化。国家边界并不必然是这种系统的边界。至少在原则上，将国家创新体系视为技术的、部门的和区域系统的总和是可能的。[1]

需要说明的是，尽管国家创新体系与科技体制之间的联系非常密切，两者有着很大程度的重叠与包容关系，因为两者都是与科技相关的制度安排。但是，两者之间的区域也是很明显的，这主要体现在三个方面：其一，科技体制是一个国家有关科学技术发展的制度安排，是近代以来科学技术发展的体制化的产物；而国家创新体系是一国有关科学技术知识的产生、循环流转和应用的制度安排，其最终目标是科学技术成果的产业化、商品化。从这个

---

[1] Bo Carlsson, Staffan Jacobsson, Magnus Holm, Annika Rickne [1999], Innovation Systems: Analytical and Methodological Issues, STS4/DRUID 99. wpd, April 1999.

意义上来说，国家创新体系的外延比科技体制要大一些。其二，科技体制协调的对象是科学家和工程技术人员，其目的是创造更多的科学技术知识；而国家创新体系协调的对象是科学技术知识，它更关心的是知识的流动以及影响流动的诸因素，而不问知识本身来自何处。其三，科技体制是一国政府有意识地建立起来的，而国家创新体系则是自发形成和发展起来的，因此，国家可以对科技体制进行改革，但对国家创新体系则不能进行改革，只能是改进和完善。

（二）国家创新体系的内涵

国家创新体系这个概念试图分析学习、知识创造与创新的制度决定因素。一个基本的假定是创新对于经济增长及福利至关重要，而且它是一个互动的而且是植根于社会之中的过程。第二个特点是分析的焦点放在国别经济上：一方面，经济结构与机构的独特特点为学习与创新提供相当不同的可能性，因而决定了一国的技术（或经济）实绩。经济结构决定专业化以及学习要求有更为广阔和浓厚的知识基础。另一方面，制度决定了工业重构的速度与更多的不确定性。根据拉卡托斯的观点，任何一种理论体系都应该有其理论硬核和保护带。其中，理论硬核是由一个或一组核心命题组成的，它既是该理论由此以进行理论推演的出发点，又是整个理论体系的指南。不仅如此，这种理论内核本身又是不可反驳的。一旦出现了对于这种理论内核的挑战，则意味着该理论体系需要进行重大修正，以适应解释社会经济发展的现实需要。与此相反，保护带是可以挑战并且不断进行修正的。在一般情况下，理论的发展和深化主要表现为对这种保护层的丰富和完善。[1] 那么，具体到国家创新体系理论而言，其理论硬核究竟是什么呢？我个人认为，国家创新体系的理论硬核主要包括以下八个基本假定。

其一，国家创新体系首先是一种有关科技知识流动和应用的制度安排。应该承认，所谓国家创新体系（National Innovation System, NIS）就是一种有关科学技术长入经济增长过程之中的制度安排，其核心内容就是科技知识的生产者、传播者、使用者以及政府机构之间的相互作用，并在此基础上形成科学技术知识在整个社会范围内循环流转和应用的良性机制。事实上，国家创新体系理论的提出在很大程度上就是基于这样一种认

---

[1] 拉卡托斯：《科学研究纲领方法论》，商务印书馆1992年版，第65—73页。

识，即在现代经济增长过程中，科学技术已经成为一种战略性资源，而如何更有效地使用这种战略资源对于一国的国际竞争地位有着至关重要的意义。

从理论上说，现代经济学在将科学技术从经济增长的外生变量转化为内生变量方面已经进行了大量的研究，并且取得了丰硕的研究成果。但是，在科学技术知识如何长入经济增长过程之中的问题上，学术界并没有一个成熟的理论。国家创新体系理论认为，现代经济增长中，除了以各种商品和产品形式体现出来的物流以及以资金形式体现出来的资金流以外，还存在着一种以各种各样的科学技术知识的形式体现出来的知识流。工业化社会以过多的精力关注着物流和资金流，而对知识流较少关注。但是，随着现代经济增长方式的转变，人们已经越来越多地认识到了知识流动在现代经济增长中的巨大作用，因而有必要设立一种有关知识流动的制度安排，使科学技术知识的流动能够最大限度地与物流和资金流融合起来，统一起来。一般说来，国家创新体系方法强调技术和信息在人们、企业以及机构之间的流动是创新过程的关键所在，创新和技术发展是该系统中的各个主体间一整套复杂关系的结果，这个系统包括企业、大学和政府研究机构。创新活动既涉及新思想的产生、产品设计等研究开发活动，也涉及新产品的试制、生产、营销和市场化等一系列生产营销活动，因而是一个极其复杂的相互作用过程。在这个过程中，企业、大学和科研机构、教育部门、创新支撑服务机构（中介）、政策制定部门（政府）、金融部门、法律、文化等都参与并影响着创新活动的进行。

一国国家创新体系的实绩主要取决于科学技术知识的循环流转及其应用状况：如果科学技术知识在一国现有的经济系统之内的循环流转非常通畅，科学技术知识的需求者能够很容易地获得它所需要的科学技术知识，而科学技术知识的供给者也不存在科技成果转化难的问题，那么，我们就能够肯定地说这个国家的国家创新体系是健康的；反之，我们则认为这个国家的国家创新体系存在着严重的问题，需要通过制度创新校正其缺陷。因此，促进科学技术知识的循环流转及其应用也是我们进行技术创新政策设计的一条基本原则。经济合作与发展组织的研究报告认为，"国家创新体系方法也反映出人们越来越关注知识的经济作用。……研究的主旨就是在国家一级评价和比较知识流动的主要渠道，确认知识流动的瓶颈，并且就改进其流动提出建议

和方法"①。

其二，科技知识的循环流转是通过国家创新体系各组成部分之间的相互作用而实现的。国家创新体系各组成部分、它们之间的相互关系以及各组成部分与相互关系的属性直接决定着一国的技术创新能力。这种相互作用发生在各种不同的层面上，因而表现为各种不同的形式。

在国际层面上，这种相互作用主要表现为不同国家创新体系之间的相互联系与相互影响，涉及国际范围内的知识流动，其实质就是科技全球化，包括研究开发国际化、企业间的策略性技术联盟以及区域和全球科技合作等②。根据美国学者的研究，发达国家在研究开发方面每投资 100 美元，发展中国家就可以从中获得 25% 左右的收益；美国每投资 100 美元的研究开发支出，中国就可以获得 4 美元的收益。③

在国家层面上，相互作用主要表现为科学技术知识的生产者、扩散者与使用者之间的相互作用。在这里，除了政府科研院所、大学以及企业以外，还涉及各种各样的社会中介机构，甚至历史文化传统作为一种国家专有因素也在这种相互作用中发挥着举足轻重的作用。美国的拓荒精神和日本不能容忍失败者的社会氛围对两国国家创新体系的实绩有着重要的影响。

在企业层面上，这种相互作用主要表现为生产者—用户之间的相互作用。作为技术创新主体的企业，除了内部的研究开发活动以外，更多的是通过与其供应商与创新产品用户之间的相互作用、相互启发来完成创新过程的。一个企业的创新实绩不仅取决于供应商所提供的技术装备情况，同样也取决于用户对企业产品所提出的技术性能要求，而这种要求实际上就代表未来企业的技术创新方向。④

在个人层面上，这种相互作用主要表现为作为拥有科学技术知识的个人在不同机构之间的流动以及同行之间的相互启迪与帮助。在一般情况下，企业或者科研机构的科研人员在遇到技术难题时，往往会向其他机构

---

① OECD [1997]: National Innovation System, Paries.

② 参见王春法《经济全球化背景下的科技竞争之路》，经济科学出版社 2000 年版；《中国科技发展研究报告》，社会科学文献出版社 2001 年版。

③ David·T. Coe, Elhanan Helpman and Alexander W. Hoffmaister: North-South R&D Spillovers, NBER Working Paper Series, *Working Paper* No. 5048, March 1995.

④ G. 多西等：《技术进步与经济理论》，中译本，经济科学出版社 1991 年版。

或企业的同行求助；此外，各式各样的专业研讨会也是这种面对面交流的最好方式。

应该指出，在所有这些层面的相互作用之中，最重要的相互作用发生在国家层面和企业层面上，因为企业是技术创新的主体，而国家的存在又规定了企业技术创新的制度空间，因而在很大程度上影响甚至决定着企业技术创新活动的成败。科学技术知识的生产者从使用者那里获得有关研究开发选题与技术方向的灵感，而科学技术知识的应用者又从科学技术知识的生产者那里获得解决现实问题所必需的科技知识，而扩散者则在科学技术知识的生产者与使用者之间架起了一座桥梁。就企业层面而言，生产者是从用户那里获得有关创新产品的最初灵感的，而且创新产品进一步改进的思路往往也是由用户提供的，而用户也依赖生产者的科技活动使自己的梦想一步一步变为现实。由此可见，没有这样一些相互作用，国家创新体系中的知识流动就不可能实现。

其三，国家创新体系中各组成部分的相互作用其实质是学习。根据郎德威尔教授的观点，在现实生活中，我们随时随地都可以观察到学习、搜索和探索的过程，其结果则是新产品、新技术、新型组织和新市场。因此，"导致知识储备增长的学习过程是现代经济动力的基础"，而"学习也可以理解为技术创新的源泉"。[①] 在他看来，学习是与生产、分配和消费过程中的例行活动联系在一起出现的，并且为创新过程生产出重要的知识投入，因此，创新过程实际上也就是一个学习过程，"工厂就是实验室"已经成为经济发展的一种新趋势。在这里，他区别出三种学习方式，即旨在提高生产作业效率的干中学（learning by doing, Arrow, 1962），旨在提高复杂系统的使用效率的用中学（learning by using, Rosenberg, 1982）和导致产品创新的用户—生产者相互作用型学习（learning by interacting, Lundvall, 1988）。需要说明的是，郎德威尔教授在这里所说的学习既包括个人行为，但更重要的是指一种有组织的行为，即组织学习行为。因此，这里所说的学习是一种相互作用的过程，而不是单方向的知识传递过程。强调学习是国家创新体系的核心，这是郎德威尔教授的突出贡献。

根据国家创新体系理论，所谓学习首先是在企业层面上进行的，它既包

---

① Bent-Ake Lundvall [1992]: National System of Innovation: Towards a Theory of Innovation and Interactive Learning, Pinter, p. 24.

括企业内部不同经营环节之间的相互作用型学习,也包括企业彼此之间以及企业向社会的学习。由于现代企业技术基础的多样性和复杂性,一个成功的企业必须首先是一个学习型的企业。从这个意义上来说,学习是企业积累知识、创新和成长的关键的动力机制,通过不同形式的学习过程,企业就会形成自己的核心能力。创新企业不是能够无止境地扩大生产能力的机构,而是一个能够抓住技术和市场机遇、创造性地扩展生产领域的有效的学习组织。成功的新技术型企业要求具有出众的管理和管理能力,这包括对产品技术、制造技术、市场研究、财务计划、会计学、法律条款、合同和网络及相关商务服务的支撑环境等的全面理解。随着科学技术的迅速发展及其在企业中的应用日益广泛,企业的竞争力越来越依赖于在产品和生产过程中应用新知识和新技术。但是,全球化与迅速发展的技术进步使新技术和创新思想的来源日益多样化并且大多处于企业的直接控制以外。一方面,企业不得不更加专业化并集中精力于其核心竞争力。另一方面,为了及时获得知识和技术诀窍的必要补充,它们越来越依靠同多种行为主体(设备和部件供应商、用户、竞争对手以及像大学和政府实验室那样的非市场机构)的相互合作[1],以便通过与这些行为主体的相互作用来学习它们的先进技术和最佳经营管理实践。

　　学习也可以在国家层面上进行。在郎德威尔所确认的三种学习形式之中,国家创新体系理论特别强调相互作用型学习,并且将其作为国家创新体系的基本学习形式。因此,作为一个整体的经济学习就是国民经济对不断变化的环境明智地做出反应——遵循特定的"学习"路径进行经济调整——并且随时间而改进的过程,其基本内涵是试验新的组织形式、采用有效的组织形式并放弃无效的组织形式,然后通过下一轮有控制的改变和选择来改进这些组织形式。因此,经济学习的结果必然是一整套与经济或工业调整相关的能力——发展新工业和维持老工业,创造一种有助于企业在新部门出现或者在现有部门中企业进行适应的环境,扩散技术和市场信息。一般来说,任何经济中都会有一种超组织(supra-organizational)的能力,或者说制度能力,它不属于某一单个组织但为许多机构所共享,隐含在涵盖公私部门的制度之中。所谓国家经济学习系统(National System of Economic Learning),事实上就是寻求将这些组成因素与操作系统一致起

---

[1] OECD:《管理国家创新系统》,学苑出版社2000年版,第36—38页。

来，以促进模仿性学习。[①]

在国际层面上同样也可以进行学习。这是因为，国家的制度特征会导致企业学习与知识形成的不同国家方法，而且这又会约束跨越国界的知识分享和组织间学习。这些约束是由于社会制度的差异引起的，特别是有关知识形成、劳动力市场以及职业系统的差异。[②] 由于人们越来越接受学习社会的原则，而且大多数政府现在努力于实施终生学习，在这种情况下，改进职业与技术培训在大多数国家是必要的，而且在职业/技术与传统学术研究之间的流动性日益增强，几乎所有国家都可以从强化企业与教育之间的联系而受益。[③] 在这里，关键问题不在于是否理解学习的重要性，而在于学习的效率，而这种学习效率又取决于不同子系统的契合程度。[④] 这就要求不仅仅将注意力集中于从事正式研究开发活动的部门和机构，而是从整个国家甚至是全球层面上来看待学习的方式与效率问题。郎德威尔等人在1994年进行的一项研究中明确提出，竞争模式的变化意味着相互作用型学习已经成为决定个人、企业、区域和国家竞争地位的最重要因素[⑤]，因而客观上要求企业和国家进行全方位的学习，而不是单方面的或者说是单边的学习。

学习与创新以及学习和创新之间的制度关系是 NIS 理论提出的分析焦

[①] John A. Mathews: National Systems of Economic Learning: The Case of Technology Diffusion Management in East Asia, in International Journal of Technology Management, Vol. 22, Nos. 5/6, 2001.

[②] Dieter Ernst: How Globalization Reshapes The Geography of Innovation Systems. Reflections on Global Production Networks in Information Industries (First Draft) Prepared for DRUID 1999 Summer Conference on Innovation Systems, June 9—12, 1999.

[③] Dr. Anthony Bartzokas and Keizer Karelplein: The Policy Relevance Of The National Systems Of Innovation Approach, Second Draft, 21 May, 2000.

[④] Dieter Ernst: How Globalization Reshapes The Geography Of Innovation Systems. Reflections on Global Production Networks in Information Industries (First Draft) Prepared for DRUID 1999 Summer Conference on Innovation Systems, June 9—12, 1999.

[⑤] Bent-Ake Lundvall and Jesper Lindgaard Christensen: Extending and Deepening the Analysis of Innovation Systems? with Empirical Illustrations from the DISKO-project, Paper for DRUID Conference on National Innovation Systems, Industrial Dynamics and Innovation Policy, Rebild, June 9—12, 1999.

点。尽管这种分析视角在先进国家受到了高度的重视，它为政策分析与政策制定提供了一个新的基础，但在穷国的研究和应用较少。这是不是一个适合于经济落后国家的分析框架？我们相信这种 NIS 方法在原则上对于分析穷国的经济发展更为重要。[①] 在考察 NIS 领域的开创性工作时，我们可以发现两个假定是极为重要的：第一个假定是关于知识与学习对现代经济的重要性。这一假定赋予知识以经济重要性，认为它是经济增长的最重要资源，而学习是知识开发、应用与转变为具有经济价值的最重要途径。第二个假定是关于学习的制度框架的。这意味着要在社会框架内部和之上来理解学习。影响着技术创新的方向和学习效率的经济主体之间的相互作用在第二个假定中是公认的，这在后面称之为相互作用性学习。这两个假定几乎就是过去几十年间创新研究所取得的分析焦点和发现的摘要。

其四，国家边界对于科技知识的流动是有影响的。国家创新体系中的知识流动主要是在一国疆界范围之内进行的，国家边界对于知识流动来说是有影响的。之所以如此，主要是因为，在国家创新体系理论看来，国家边界本身就意味着统一的世界市场是由一个个不同的制度空间组成的，而国家边界正是这种制度空间的分界线。它表明，不同国家有着不同的制度空间，因而它对于知识流动的影响方式及程度也是大不相同的。郎德威尔认为，反映用户需求与技术机会的用户—生产者相互作用的信息流动对于技术创新过程来说也是特别重要的。作为这种沟通需求的结果，用户和生产者在地理和文化方面的亲近对于成功的技术创新有着积极的影响。一般说来，国家边界对于国家创新体系实绩的重要性主要体现在三个方面：

（1）地理上的亲近有助于促进国家创新体系不同组成部分之间的相互作用与交流；

（2）文化上的亲近使这种交流更为便利，也更容易进行；

（3）制度上的亲近可以减少国家创新体系各组成部分之间相互作用时的摩擦和冲突。

由此可见，国家边界的突出作用在于减少或者是增加国家创新体系不同组成部分之间相互作用所必须付出的交易成本：如果这种相互作用是在一国边界之内进行的，这种交易成本会因为地理、文化和制度上的亲近而大幅度

---

① Shulin Gu [1999]：Concepts and Methods of NIS Approach in the Context of Less-Developed Economies，19 April 1999.

减少；如果这种相互作用是跨国界进行的，则这种交易成本会因为地理、文化和制度上的距离而增加。郎德威尔认为，在现实世界中，政府和公共部门深深地植根于民族国家之中，而且其影响的地理范围也局限于国家疆界之内，因此，将研究的重点放在国家体系上反映了这样一个事实，即民族经济不同于生产的系统结构和一般的制度结构。由此可见，郎德威尔教授对于国家创新体系理论的主要贡献不仅在于提出了用户—生产者之间的相互作用这样一个国家创新体系的分析角度或者说分析框架，而且在于建立了一种说明国家边界为什么对于技术创新如此重要的理论体系。用纳尔逊的话来说，国界的重要性看来是清楚的，但不清楚的是它多么重要和怎么重要，而郎德威尔恰恰在这方面做出了自己独到的贡献。

其五，国家专有因素直接影响到科学技术知识流动的方向和效率。国家专有因素（Country-Specific Factors）这个概念实际上是德国历史学派经济学家弗里德里希·李斯特首先提出来的。在他那本代表作《政治经济学的国民体系》一书中，李斯特具体阐述了国家专有因素的特点及其表现，并且认为正是国家专有因素的存在说明了为什么全球普适的世界主义的经济学原理并不存在。[①] OECD的学者认为，"赶超成功与否起码有赖于两个因素，即社会能力和技术的适应力（Abramovitz, 1990）。社会能力涉及一些要素：一个合适的体制框架的有效性；政府的作用，根本上是它经济的决策能力和国民的技术和技能水平。技术适应力是指高收入国家的技术用于这些国家的适宜性"[②]，而这些因素恰恰是受到国家专有因素的强烈影响并由它所决定的。有的学者甚至认为，"国家创新体系概念的核心是影响创新的国家专有因素。国家创新体系概念意味着在国家一级、在影响一国的企业和工业技术进步的速度、方向和特点的政策和制度方面存在着重大的差异"[③]。那么，什么是国家专有因素呢？

一般而言，所谓国家专有因素主要是指教育、政府创新补贴和技术计划

[①] 弗里德里希·李斯特：《政治经济学的国民体系》，商务印书馆1997年版，第152页。

[②] OECD：《管理国家创新系统》，学苑出版社2000年版，第17页。

[③] Barry Bozeman, Michael Crow and Chris Tucker: Federal Laboratories and Defense Policy in the U. S. National Innovation System, Paper prepared for the Danish Research Unit on Industrial Dynamics Summer Conference on National Innovation Systems, Rebild, Denmark, June 9－12, 1999.

等制度性因素以及文化、语言和职业习惯等历史性因素。[①] 这些因素与一国特定的社会文化和历史传统紧密联系在一起,并且很不容易从一国传递到其他国家,因而称之为国家专有因素(Country-Specific Factors)。它主要包括以下几个方面:

一是历史传统。国家创新体系是在市场选择的基础上经过长期的历史发展而逐步形成的,并且受到社会制度、传统文化以及民族习惯等因素的强烈影响。研究表明,每个国家都具有沿"技术轨迹"发展的倾向,而技术轨迹受这些国家各自的过去和现实知识积累和应用状况的影响。[②] 有学者认为,"好的经验是大量存在的,但是,这些经验往往难以置换,因为它们是与获得经济的特定条件紧密联系在一起的。然而,经验知识以及经验的传播仍然非常不足,而且在经验比较方面需要有一个快速的发展"[③]。这样一些历史经验的存在,很大程度上就决定了目前以及未来一国经济技术发展的基本路径,这就是路径依赖。因此,国家创新体系虽然不是一成不变的,而且将随着历史条件的变化而不断变化、发展和扩大,但其基本的方向和轨道很难发生根本性的变化。

二是法律制度。技术系统的制度基础设施可以理解为一整套制度安排(包括体制与组织机构),它直接或间接地支持、刺激和管理着技术的创新与扩散过程。这种制度安排可以分为两大类:第一,基本制度和政府的作用;第二,知识生产与分配的研究开发系统。[④] 美国著名经济学家、斯坦福大学教授保罗·罗默教授认为,一个完善的市场经济应该有三套制度,即市场制度包括企业制度与金融制度,稳定化制度包括财政制度与中央银行制度,科学制度包括知识产权保护等。在一个创新体系中,作为约束人们的日常政治和经济等行为的规则而存在的制度以及实施规则的组织,是制约或促进创新

---

① Daniele Archibugi and Jonathan Michie [1997]: Technological Globalization or National Systems of Innovation? *Futures*, Vol. 29, No. 2.

② OECD:《管理国家创新系统》,学苑出版社 2000 年版,第 11 页。

③ 曾国屏、李正风主编:《世界各国创新系统——知识的生产、扩散与利用》,山东教育出版社 1999 年版,第 75 页。

④ Jon Sigurdson and Alfred Li-Ping Cheng [2001]: New Technological Links between National Innovation Systems and Corporations, *International Journal of Technology Management*, Vol. 22, Nos. 5/6, 2001.

活动的重要因素。不断对制度进行评估并生产出更有效率的制度的制度创新,也由此成为创新体系中的重要内容之一。

三是社会文化。它对国家创新体系的影响是直接而明显的。弗里曼认为:"对工业革命最有影响的是科学文化的兴起。英国对待牛顿的态度与意大利对待伽利略的态度最清楚地说明了这一点。培根(1605)早在17世纪初就提出实施一种科学、探险、发明与技术的综合性政策。在英国,科学、文化和技术有一种非同寻常的契合,这使得它能够大规模地将科学,包括牛顿式机械学,应用于各种新工具、机器、发动机、运河、桥梁、水轮等等的发明与设计之中。"[①] 在他看来,科学、技术、文化和企业家这四个亚系统的积极相互作用构成了英国国家创新体系的特点,"这四个社会亚系统的契合也扩大到政治亚系统之中,而它又促进了这一切。根据许多学者的观点[比如,尼达姆(Needham),1954],中华帝国就是因为没有在这些亚系统之间保持契合才导致了中国在维持其世界技术领先地位方面的失败"。

四是思想观念。一个社会的思想观念或者说价值观对创新者的行为有着直接的影响。以美国为例,作为一个移民社会,美国既是一个文化大熔炉,也是各种思想观念时刻都在激烈碰撞的国度,而长期的西进移民更使美国孕育出了一种独特的拓荒精神。这种以开拓进取、鼓励冒险为核心的拓荒精神又成为美国技术创新和经济发展的重要精神基础。这是因为,创新在本质上是一个累积的过程,需要越来越多的合作伙伴参与其中。因此,对成功的创新企业来说,雇员的主动性和积极参与是极为重要的,而这种主动性和积极参与又会受到社会文化和价值观的强烈影响。

从某种意义上说,一国国家创新体系的特点在很大程度上就是由这种国家专有因素决定的。比如说,一国的社会文化是否鼓励人员的横向流动与垂直流动?一国的历史传统是否激励人们的冒险精神?这种社会文化与历史传统是否鼓励或者说包容外来文化?这些因素直接决定着一国国家创新体系的运行效率。一般来说,一个国家的历史经验、语言和文化方面的差异会在以下方面的国别特质上得到反映,即:企业的内部组织,企业之间的关系,公共部门的作用,金融部门的制度结构,研究开发强度和研究开发组织。这些方面的国际差异对于国家创新体系的运作将会产生重大影响,而它们之间的

[①] 参见 Chris Freeman [2002]: Continental, National and Sub-national Innovation Systems-complementarity and Economic Growth, in *Research Policy* 31 (2002), 191—211.

关系同样也是非常重要的。

其六，科技知识流动的效率与方向直接影响到一国的经济增长实绩。如前所述，国家创新体系理论的一个基本假定就是：一国经济发展与国际技术经济竞争的实绩就是该国国家创新体系的函数，它在很大程度上反映了该国国家创新体系的效率与能力。之所以如此，一个重要原因就在于：由于科学技术知识是现代经济增长的一种核心战略资源，那么，能否适时高效地应用这些科学技术知识显然就是决定一国经济增长实绩的关键因素，而科学技术知识流动的方向与效率可以直接影响到这些科学技术知识应用的效率，因为它可以直接减少技术创新过程中的诸多不确定性，并最大限度地缩短技术创新时滞，即科学技术成果从潜在生产力向现实生产力转移的时间间隔。在极端的情况下，如果科学技术知识能够即时从其生产者转移到使用者即企业的话，那就意味着更多的科学技术知识等同于更高的科技知识应用效率，等同于较高的经济效率和经济效益，等同于更好的经济增长实绩。在这种情况下，科学技术知识流动的效率与方向不仅决定着一国经济增长的实绩，而且会直接决定着一国的国际经济技术竞争地位。因此，国家创新体系的核心就是科学技术知识的循环流转及其应用，而这种流转和应用的效率对于一国经济的国际竞争力是至关重要的。

从历史上看，国家创新体系对于一国的技术创新能力与经济发展实绩有着决定性的重要意义。这是因为，现代世界经济中的主要产业都是建立在化学、物理、生物以及信息等领域中重大科学技术发明的基础之上的，而恰恰是这些产业构成了百余年来工业化发展浪潮的主旋律。英美崛起成为世纪性的经济大国、德日持续不懈的百年赶超，其核心就是国家创新体系之争：谁能够率先建立起能够最大限度地吸收和应用当代先进科技成果的国家创新体系，谁就能够崛起成为世界经济强国。苏联之所以在经济赶超方面成为一个失败者，一个主要原因就是它的国家创新体系存在着严重的内在缺陷，因而无法迅速吸收和应用当代最新科学技术成果。实际上，对于大多数发展中国家来说，不能够迅速有效地吸收和应用已有的科学技术成果是其经济落后的一个根本原因。世界银行发展报告即认为，穷国与富国以及穷人与富人之间的差别不仅在于穷国和穷人获得的资本较少，而且也在于他们获得的知识较少。不仅如此，比知识差距更大的差距是创建知识的能力上的差距。这在事实上也就是说发展中国家的国家创新体系存在着严重的问题，即系统失效或者说制度失效（system failure）。应该说，这是发展中国家存在的一个普遍

问题，而校正这种制度失效甚至比校正市场失效更为困难，尽管这是发展中国家要摆脱其经济落后局面的唯一选择。

其七，国家创新体系存在着制度失效的问题。我们承认国家专有因素对于技术创新的重要意义，事实上也就承认了不同国家的国家创新体系都有其历史合理性，但是，这绝不意味着各国的国家创新体系都是完美无缺的。经济发展实绩的国别差异表明，不同国家的国家创新体系在效率方面确实存在着重大差别，而造成这种差别的一个重要原因就是有些国家的国家创新体系存在着一种可以称之为系统失效或者说制度失效的现象。经济发展与国际技术经济竞争实绩的低下在很大程度上就反映了系统失效的存在。一个既不能从外部，也不能从内部有效地获得科学技术知识供给的国家创新体系注定是没有活力的，大部分发展中国家的情况就是如此。而一个有效地获得了科学技术知识供给但却不能使之在一国之内有效地扩散和应用的国家也不可能具有强大的国际竞争力，苏联的瓦解充分地说明了这一点。经济合作与发展组织的研究报告认为，国家创新体系这一概念把政策制定者的注意力引到了阻碍产业创新绩效的系统失效方面。根据他们的看法，系统内的行为者之间缺乏相互作用、公共部门的基础研究和工业应用性研究之间不相匹配、技术转移机构的机制失常以及企业的信息不足与吸收能力低下都可能导致一个国家的创新绩效低下。[①] 从某种意义上说，制度失效较之市场失效更难以校正。

系统失效现象的存在以及由此造成的国家创新体系效率低下对于一国的经济发展具有灾难性的后果，这种后果的严重性在世界技术—经济范式更迭时期表现得尤为突出。这是因为，技术—经济范式更迭时期同时也是大规模的科技成果产业化时期，技术更新速度很快，国家创新体系效率低下的国家往往不能充分利用这种范式更迭所提供的技术经济机会，因而被其他先进国家远远地抛在了后边。由此所产生的产业技术水平差距往往需要用几十年乃至上百年的时间来弥补。一般说来，国家创新体系中各角色之间缺乏相互作用、公共部门的基础研究与私营部门更多的应用研究不相匹配、企业的信息与吸收能力不足等都是制度失效现象的具体表现，因而都可能促使一国创新实绩的低下。佩特尔和帕维蒂认为，国家创新体系中存在的制度失效可以分为两种情况：（1）激励的失效，即不能对市场失效

---

① OECD [1997]: National Innovation System, Paris.

进行及时有效的干预和校正；（2）竞争能力的低效，包括不能获得技术进步的全部收益等等。[①]

系统失效现象的存在以及国际经济技术竞争的加剧，客观上要求各国政府在国家创新体系中发挥更为积极的作用，降低那些妨碍科学技术知识循环流转及其应用的制度壁垒，促进科学技术知识从国外向国内的流动以及在国家创新体系各行为主体之间的流动。从某种意义上讲，政府的技术创新政策本身就是国家创新体系的一个有机组成部分，它对于国家创新体系的效率有着重大的影响。经济合作与发展组织的研究报告也认为，新型政策应该强调制度失败，特别是针对技术创新网络化和改进企业技术吸收能力的政策更是如此。

其八，不存在一个国家创新体系的最优模式。国家创新体系是在市场选择的基础上经过长期的历史发展而逐步形成的，并且受到社会制度、传统文化以及民族习惯等因素的强烈影响。因此，国家创新体系不是一成不变的，它具有历史相对性，而且将随着历史条件的变化而不断变化、发展和扩大。相对而言，早期的国家创新体系确实是比较简单直观的，而且其民族性是显而易见的。但是，随着各国经济的进一步发展以及工业化水平的不断提高，国家创新体系也变得日益复杂起来，并在19世纪末期最终形成，其标志就是各国科技活动的制度化以及工业实验室的兴起。正由于国家创新体系是现代经济发展的产物，是在科学技术长入现代经济增长的过程中逐步形成的，一国的历史传统与社会文化等对于国家创新体系的形成与发展有着极为重要的影响。因此，虽然国家创新体系的某些特点可以很容易地从一国传递到另一国，但一些基本特点则很难传递。[②] 由此可以判断：国家不同，国家创新体系的结构与特点也各不相同，因而不存在国家创新体系的最优模式，各国现有的国家创新体系都是长期历史演进和选择的产物，因而具有其历史合理性。

[①] 冯之浚：《国家创新系统的理论与实践》，经济科学出版社1999年版，第52页。原文参见 P. Patel and K. Pavitti [1994], The Nature and Economic Importance of National Innovation System, OECD, STI, No. 14.

[②] Daniele Archibugi and Jonathan Michie [1997]: Technological Globalization or National Systems of Innovation? *Futures*, Vol. 29, No. 2.

正由于国家创新体系是在长期的历史发展过程中逐步形成的，国家创新体系的所有成分都是相互联系的，在任何一点上进行剧烈的干预都可能会在其他领域引发不可预料的后果，因此，它不但具有历史的相对性，而且还具有内在的稳定性，即在一定的历史时期内，国家创新体系不会发生剧烈的变化。不仅如此，由于科学技术国别专业化现象的存在，一国国家创新体系的发展还会显示出明显的路径依赖和自我强化趋势。国家创新体系在很大程度上是不可模仿的，因为国家专有因素的存在和作用决定了任何国家创新体系都有其独特之处。所以，我们可以学习和借鉴其他国家促进完善国家创新体系的某些政策措施，但不可模仿照搬，国家创新体系注定是一个科学技术进步与民族传统与文化相结合的产物。

由上可见，作为一种理论分析框架，国家创新体系理论方法论意义在于：它并不是简单地告诉我们技术创新是重要的，而是具体地向我们说明了技术创新是如何发挥其重要作用的，从而通过国家创新体系这个概念将一国的技术变迁与其经济发展问题紧密地结合在一起，其核心就是联系两者之间相互作用以促进知识流动的制度安排。换句话说，它不仅说明了技术创新在影响一国竞争力方面的决定性作用，而且还为我们分析两者之间联系的内在机制指明了方向。很显然，国家创新体系理论为我们探索科学技术长入经济增长之中的内在机制研究提供了一条新的研究思路。正是这样一些共同的学术规范的理论内核，构成了我们进一步研究的基础。

（三）关于国家创新体系的研究

尽管对于国家创新体系的含义有着多种多样的理解和争议，但几乎没有学者否认有关国家创新体系的研究是在20世纪80年代从英国苏塞克斯大学的SPRU开始的。一般认为，创新体系这个概念来源于李斯特的国家生产体系一词。根据郎德威尔的观点，弗里曼在一篇未发表的论文［1982］中最早使用了"国家创新体系"一词。随后，欧洲和美国的多位学者接受了这个概念，并与弗里曼和他在SPRU的同事结成网络，共同开展有关国家创新体系的研究。郎德威尔在1985年出版了一本书，书中使用了"创新体系"这个概念，但没有强调国家这个概念。使用"国家创新体系"这个概念的第一本出版物是弗里曼于1987年发表的关于日本经济奇迹的著作。在随后一年，多西、弗里曼、纳尔逊、西尔沃博格和索伊特（Dosi, Freeman Nelson, Silverberg and Soete）等几人联合主编的《技术变迁与经济理论》（*Technology*

and Economic Theory）[1988]① 一书中，弗里曼、郎德威尔、纳尔逊和帕立坎分别撰写了四篇有关国家创新体系的论文。弗里曼和郎德威尔（Freeman & Lundvall）同年联合发表的另一本著作[1988]也包括了有关国家创新体系的几章内容。大体说来，这些著作所使用的国家创新体系主要是指不同机构联合或者单独地促进新技术的开发和扩散的机制，它构成一个政府形成和实施政策以影响创新过程的框架。因此，这是一个相互联系的机构构成的系统，以创造、储存和扩散知识、技能等为其主要功能。现在，至少有四个有关国家创新体系的定义在文献中得到广泛应用：国家层面的、区域层面的、部门层面的和技术层面的。另外，还有一些文献开始探索创新体系的其他方面，从而使创新体系理论发展成为经济学及相关学科中一个内涵丰富的研究领域。有资料表明，到 2002 年年底，有关国家创新体系研究已经出版了 750 份出版物，其中有 250 份左右在题目、关键词或摘要中含有"全球的"、"国际的"等概念，但只有 36 份讨论技术或创新体系国际化或全球化过程，包括 22 份期刊文章以及专著或者专著中的某章。②

关于国家创新体系的研究方法，学术界也进行了多方面的尝试和探索。仅就国家创新体系概念的广狭而言，美国学者纳尔逊（Nelson）[1988]将国家创新体系概念与高技术工业联系了起来，并且将企业、大学系统与国家技术政策之间的相互作用置于分析的核心地位；英国学者弗里曼（Freeman）[1987]引入了一个更为广泛的视角，将国家专有因素纳入企业组织之中加以考虑，比如说强调日本企业越来越多地利用工厂作为实验室；丹麦学者郎德威尔（Lundvall）[1985]、安德尔森和郎德威尔（Andersen & Lundvall）[1988]所采用的奥尔伯格学派（Aalborg approach）受到法国结构主义学派有关国家生产体系分析的影响，它认为国家创新体系是植根于生产体系的，并且强调制度的作用，在这里，制度被定义为规范和规则或者具体化的组织形式。但从总体上来说，这样一些有关创新体系的重要著作均把焦点放在生产和创新体系之上，而较少关注人力资源开发问题。管制学派经济学家是第一批在进行国家系统的比较分析时引入人力资源维度的经济学家。在经济动

---

① 经济科学出版社于 1989 年出版了书名为《技术进步与经济理论》的中文译本。

② Bo Carlsson [2003]: Internationalization of Innovation Systems: A Survey of the Literature, Paper for the conference in honor of Keith Pavitt: What Do We Know about Innovation? SPRU-Science and Technology Policy Research, University of Sussex, Brighton, U. K. 13—15 November 2003.

力越来越依赖于知识创造、扩散和应用的时代,它更加强调这样一个事实,即教育体系和劳动力市场是在一国之内形成的,而且在创新能力形成和创新过程基础的形成中扮演着重要的作用。在他们关于国际差异的要素分析中,所使用的九个指标中有四个是与人力维度相关的。这样一来,我们至少可以确认出三种创新体系,即植根于研究开发体系的创新体系、植根于生产体系的创新体系以及植根于生产与人力资源开发体系的创新体系。[①]

表 2—1　　　　　　由创新体系的特点发展而来的用于
区分 12 个国家创新体系的指标

科学专业化
技术专业化
新生产模型的执行
技能水平
教育成就
资本成本
资本市场的成熟情况
宏观经济实绩

资料来源:Bent-Ake Lundvall and Jesper Lindgaard Christensen [1999]: Extending and Deepening the Analysis of Innovation Systems? with Empirical Illustrations from the DISKO-project, Paper for DRUID Conference on National Innovation Systems, Industrial Dynamics and Innovation Policy, Rebild, June 9—12, 1999.

帕里·帕特尔和基斯·帕维特(Pari Patel & Keith Pavitt)[1998]提出,广义的国家创新体系可以定义为有关新的和更好的产品、工艺和服务的产生、商业化和扩散的制度,以及在这些制度中隐含的影响这种变化的速度和方向的激励结构和能力。当代知识创造的一个核心部分就是它的专业化特点:一是在科学技术内部依学科展开的专业化;二是在企业内部通过建立研究开发实验室而依公司功能展开的专业化,以及在公司功能内部旨在产品和

[①] Bent-Ake Lundvall and Jesper Lindgaard Christensen [1999]: Extending and Deepening the Analysis of Innovation Systems? with Empirical Illustrations from the DISKO- project, Paper for DRUID Conference on National Innovation Systems, Industrial Dynamics and Innovation Policy, Rebild, June 9—12, 1999.

工艺开发的开发功能和旨在探索未来产品开发方向的研究功能之间的专业化;三是国家内部依机构展开的专业化,通过公司资助的研究开发实验室,或者是由政府直接资助或通过大学和类似组织资助的研究开发实验室。专业化意味着协调甚至整合,因此所有有效创新体系的基本特征就是它们的不同组成部分之间的联系:在学科之间、公司功能之间以及机构之间。在这里,我们主要关心的是制度联系——公司研究开发与公共资助的位于大学和类似机构的科学基础之间的联系。在商业经营者与学术研究之间的联系有着明显的国家特色。[1]

经济合作与发展组织(OECD)[1997]指出,国家创新体系方法强调技术与信息在人/企业和机构之间的流动是创新过程的关键。对于国家创新体系的测度和评估是围绕着四种类型的知识或信息流动展开的:一是企业中间的相互作用,特别是联合研究活动和其他技术合作;二是企业、大学与公共研究机构之间的相互作用,包括合作研究、联合申请专利、合作发表以及更多的非正式联系;三是知识和技术向企业的扩散,包括新技术的产业采用率以及通过机器设备进行的扩散;四是人员流动,重点是技术人员在公私部门内部以及之间的流动。把这些流动与企业实绩联系起来的努力表明,技术合作、技术扩散和人员流动有助于改进按产品、专利和生产率计算的企业创新能力。国家创新体系研究中经常使用的方法包括:第一,创新调研,着重收集有关研究开发支出和其他创新投入以及研究开发相关实绩和其他创新产出的资料,从企业角度提出有关创新体系中各主体之间相互作用的高质量信息来源,包括产业内部的活动,与公共部门的结盟以及人员流动等。迄今为止,有两项创新调研最为著名,一是 1991—1993 年间实施的社区创新调研(the Community Innovation Survey, CIS),以欧洲 4 万家制造企业的资料为基础;二是 1997 年开始的政策,专用性和欧洲企业的竞争力(Policies, Appropriability and Competitiveness for European Enterprises, PACE)项目。第二,集群相互作用。各国越来越多地使用集群分析方法来分析国家创新体系内的知识流动,以确认某些类型企业与产业之间密切的相互作用。这些相互作用会围绕着关键技术、共享知识或技能或生产者—供应商关系而演进。

---

[1] Pari Patel and Keith Pavitt [1998]: National Systems of Innovation under Strain: The Internationalisation of Corporate R&D, in R. Barrel, G. Mason and M. Mahony (eds.), *Productivity, Innovation and Economic Performance*, Cambridge University Press.

根据创新企业分类学，集群可以分为：(1) 以科学为基础的；(2) 规模集约的；(3) 供应商主导的；(4) 专业化供应商。每一种类型在知识流动的主导形式上都有自己的特点。在关于国家创新体系的研究中，各国使用不同的方法来确认产业集群，根据部门关联度来划分知识流动的不同类型：一是有形技术流动（包括从其他部门购买产品以及中间产品）以及生产者—用户相互作用；二是以专利活动结构、其他部门专利引用情况以及科学发表情况为表征的技术相互作用；三是部门内外的人员流动或者熟练工人的水平与流动。[①]

从上面的分析中可以看出，由于三方面的原因，国家创新体系方法在技术领域中具有了更加重要的分析意义，反映出人们越来越关注知识的经济作用：其一是知识的重要性得到确认；其二是系统方法得到越来越多的应用；其三是越来越多的机构参与到知识创造之中。在这里，重点放在描述知识流动作为测量知识投资的补充上。由于信息技术的发展，这种知识流动变得越来越容易察知了。国家创新体系方法的目标是评估和比较国家层面上知识流动的主要渠道，确认瓶颈并提出改进其流动性的政策与方法。这种分析最终可能导致测度国家创新体系的知识分配力的能力，而这恰恰是推动增长和增强竞争力的一个关键因素。

二 经济全球化与国家创新体系的新发展

全球化是一个高度复杂并且有争议的概念。这个概念在20世纪80年代和90年代非常流行，但缺乏一个普遍接受的定义，以及对于恰当经验指标的广泛共识。经验表明，全球化这个概念主要在描述性和标准化两种意义上使用。在描述意义上，全球化用于解释这样一种过程，即国家市场变得越来越相互联结在一起了，生产的相互依赖得到强化，决定商品和要素市场配置的机制越来越在全球层次上运行。在标准化意义上，全球化被视为一种开放国家经济的贸易和对外投资体制的过程。[②] 在过去的20年里，基于贸易和投资自由化的全球趋势，世界经济越来越演化成为一个高度一体化的体系，驱

---

① Organisation For Economic Co-operation and Development [1997]: National Innovation Systems, Paris.

② Mojmir Mrak [2000]: Globalization: Trends, Challenges and Opportunites for Countries in Transition, UNIDO, Vienna, 2000.

动全球经济一体化的发动机主要有三个：一是伴随着生产结构变化的生产国际化，二是在贸易与服务领域的国际贸易扩张，三是国际资本流动的扩大和深化。

(一) 经济全球化的一般意义

所谓经济全球化，就是在市场机制的作用下，各国生产、消费等经济活动越来越多地扩展到世界范围内并且向着在全球范围内配置资源这样一个方向发展的过程和趋势。经济全球化具有两个最本质的内涵：其一，经济全球化是建立在生产国际化的基础之上的。换句话来说，以国际分工不断深化与细密化为基础的跨国界经济的发展，以及由此而造成的各国经济相互依赖程度不断加深，是经济全球化的最基本内涵。在这里，生产的国际化既包括生产活动的国际化，也包括交换活动的国际化，而且这种商品的国际交换不再仅仅是互通有无，而是作为再生产过程中不可或缺的重要环节而存在的，是作为国际分工的产物而形成和发展起来的。在工业革命以前，这种意义的国际交换实际上并不存在。从这个意义上来说，经济国际化与经济全球化不是一种经济演进不同阶段之间的关系，而是一种包容关系，即经济国际化是经济全球化的一个重要方面。其二，经济全球化所依据的基本原则是市场经济原则，即不论是在国家层次上，还是在国际层次上，所有经济活动都是以市场机制的充分发挥作用为基础的。因此，从制度发展的角度来看，经济全球化同时也就是市场机制和市场原则的全球化，市场机制成为规范和制约各国经济发展以及彼此之间相互关系的一个普遍原则。换句话来说，经济全球化是市场经济发展的结果，是按照市场经济原则来发展的。需要说明的是，在这里，我们并不认为经济全球化等同于世界经济，也不认为经济全球化的含义仅仅局限于各国经济的相互依赖或者是相互融合，而是从经济实体和经济体制两个方面来界定其深刻内涵的。从根本上来说，所谓经济全球化，其核心内容就是经济和国际化与市场关系的全球化这样两个重要的基本趋势。没有经济的国际化，经济全球化也就失去了依据和基础；而没有世界经济的市场化，经济全球化同样也就失去了规矩和原则。因此，正是这样两个方面的相辅相成，共同构成了世界经济全球化的宏伟蓝图。在分析经济全球化时，我们既不能离开经济的国际化来谈经济的全球化，也不能离开经济的市场化来讨论经济的全球化。至于经济全球化的表现，我个人认为，从本质上说，世界经济的全球化主要从三个层次上表现出来：

其一,在微观层次上,经济全球化主要表现为企业在市场竞争日益全球化的情况下所采纳的一种全球竞争战略,包括市场的全球观,企业重新回归核心经济活动以加强其国际竞争力,企业在从事经营活动时优先发展国外业务以促进对外扩张,以及努力争取更多的大众消费者,等等;从企业之间关系来看,各种不同形式的企业间协议和联盟数量的迅速增加,企业经营越来越形成一个全球网络,企业内部的经营组织也因此而发生重要变化等。有学者认为,以企业内部分工国际化为特征的跨国公司的蓬勃发展,最能体现国际分工的新形式并且最能代表经济全球化的具体内容。在这种情况下,企业集合生产要素、组织生产的空间已经扩展到了全球。与跨国公司相互替代的已经不是国内市场,而是世界市场;企业的内部分工已经外化到全球范围内,从而形成企业内部分工全球化的趋势。有资料表明,从20世纪90年代早期到2000年,FDI占固定投资总额的比重从4%上升到20%,占世界国内投资(世界总固定资本形成)的比重一直保持在8%左右。目前全世界已经有6.1万余家跨国公司,它们在海外建立的子公司数量已经达到90万家以上,代表了7万余亿国外直接投资存量。① 大型跨国公司努力在国际层面上最优化其区位网络,依赖包括许多国家的生产链条开展生产经营活动,因为原材料和部件可以由两个不同的国家来供应,投入品可能会在第三国组装,而产品的销售和分配可能在另一个国家进行。这促使国际分工从传统的以自然资源为基础的分工逐步发展为以现代工艺、技术为基础的分工发展,水平型分工成为国际分工的主要形式,跨国公司在各区位使用的技术取决于当地吸收和使用知识的能力。结果,那些能力较低的区位接受最简单的诀窍,而那些具有较高能力的区位接受更先进的诀窍,甚至接受研究开发活动本身。新的灵活生产系统和它所引进的竞争力需要导致许多企业集中在它们的核心能力上,而非核心活动的外购导致了为小工业打开了新的商业机会。② 在这种情况下,世界经济成为一个以跨国公司为中心的世界性生产网络,各国经济都成为世界生产的一个组成部分,成为世界商品价值链中的一个环节。

---

① United Nations Conference on Trade and Development [2004]: World Investment Report, United Nations, New York and Geneva, 2004.

② Mojmir Mrak [2000]: Globalization: Trends, Challenges and Opportunites for Countries in Transition, UNIDO, Vienna, 2000.

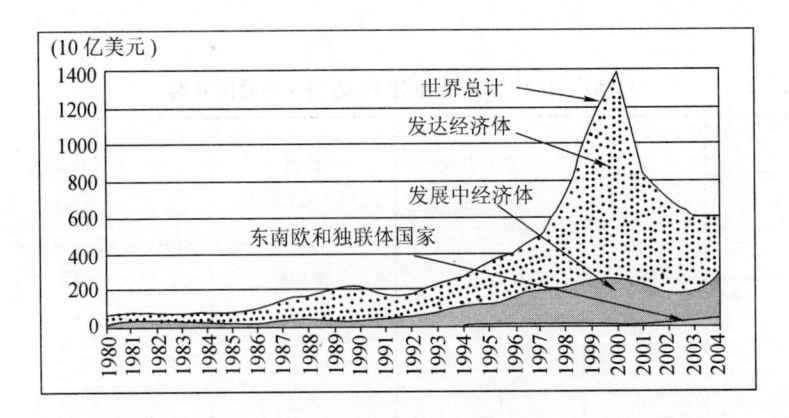

图 2—5　1980—2004 年全球和各种经济体的 FDI 流入情况

资料来源：United Nations Conference on Trade and Development［2005］：World Investment Report，United Nations，New York and Geneva，2005.

其二，在宏观层次上，经济全球化主要表现为各国国内市场与国际市场的高度一体化，来自所有国家的无数竞争对手在各个市场上同时展开竞争；各国的生产越来越国际化，零部件、产品、服务和资本等越来越从单一国家来源演变为多个国家来源，国际贸易越来越发生于各个产业内部或者产品类别的内部；国际贸易、国际直接投资、国际技术转移以及资本流动等促使各国经济越来越相互依赖，各国经济的相互渗透已经达到了相当高的程度，国际贸易已经不再是全球化的唯一载体，而各国的对外直接投资成为世界范围内产业结构调整和全球工业发展过程中的一个极为重要的因素；绝对优势再次成为贸易的一个重要因素，国家比较优势越来越与区位优势相一致，而这种区位优势又随公司战略而变化；金融部门与产业部门紧紧地联系在一起；适应全球化的发展，兴起了特定的区域和文化因素。有资料表明，目前世界各国的再生产过程对国外的依赖已经达到了很深的程度，各国国内总产值的大约三分之一直接参与国际交换。世界货物、劳动力、货币、资本、科技、信息以及劳务等在全球范围内的流动加速，其规模迅猛扩大，超过了过去任何历史时期。根据《2002 年世界投资报告》的有关数字，2001 年世界 GDP 总额为 31.9 万亿美元，但当年世界的贸易总额却达到 8.4 万多亿美元，占到世界 GDP 总额的四分之一以上。同年世界对外直接投资额为 7350 亿美元，对外直接投资存量达到 68460 亿美元，占到世界 GDP 总额的五分之一以上。2003 年，世界商品出口总值达 72740 亿美元，商业性服务出口总值

表 2—2　　　　　1987—2003 年价值超过 10 亿美元的跨国并购

年份	交易数量	占全部并购 %	价值（10 亿美元）	占总价值的 %
1987	14	1.6	30.0	40.3
1988	22	1.5	49.6	42.9
1989	26	1.2	59.5	42.4
1990	33	1.3	60.9	40.4
1991	7	0.2	20.4	25.2
1992	10	0.4	21.3	26.8
1993	14	0.5	23.5	28.3
1994	24	0.7	50.9	40.1
1995	36	0.8	80.4	43.1
1996	42	0.9	94.0	41.4
1997	64	1.3	129.2	42.4
1998	86	1.5	329.7	62.0
1999	114	1.6	522.0	68.1
2000	175	2.2	866.2	75.7
2001	113	1.9	378.1	63.7
2002	81	1.8	213.9	57.8
2003	56	1.2	141.1	47.5

资料来源：UNCTAD，cross-border M&A database.

17630亿美元。① 随着世界贸易的飞速发展，跨越国界的金融流动成为全球化的突出特点。自1990年以来，国际资本流动急剧增长，国际资本市场越来越一体化。在这个时期，世界各国流入的FDI几乎增长了三倍。来自世界各地的企业都在国际证券市场上以债务和股权的方式筹集资金。自1993年以来，在这些市场上发行的未偿国际公司债务总额增长了75%，在1998年年初达到35亿美元。与此同时，许多跨国公司在多个国家的股票交易所注册以便从不同国家的市场上筹集资金。伴随着国际贸易的增长的国际资本交易的数量和规模不断增长，使外汇交易市场上的日成交额在1998年达到1.5万亿美元以上。新的金融工具，诸如期货、期权以及交易越来越多地在国际资本市场上交易，这是国别市场一体化的又一个证据。在国际金融界也出现了新的玩家。通过缓和许多工业化国家对国际证券多样化的限制，刺激了机构投资者，比如互助基金、年金基金以及保险公司等开始将其一部分资产投产到国外。自1980年以来，这种资金的数量增长了10倍，投放在国外的投资数量增长了40倍。②

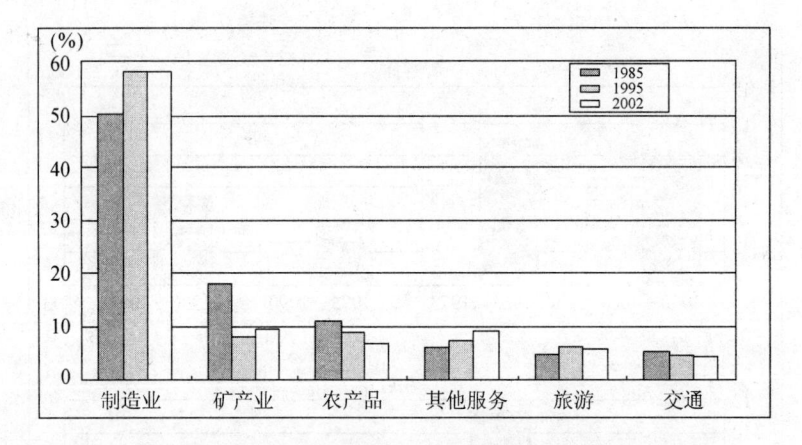

图2—6 1985—2002年世界出口中主要商品和服务种类的份额*

资料来源：WTO：International Trade Statistics 2003.

* 产品和商业服务合计。

---

① WTO [2004]：World Trade Report 2004, pp.4, 14.

② Mojmir Mrak [2000]：Globalization：Trends, Challenges and Opportunites for Countries in Transition, UNIDO, Vienna, 2000.

在生产国际化的基础上，各国间相互依赖的领域进一步扩大，某些国内经济政策的制定越来越离不开国际因素的制约。80年代中期开始的乌拉圭回合不仅包括了诸如服务业、知识产权以及投资措施等新问题，把规则扩大到农业领域，而且把WTO活动的范围扩大到诸如投资政策、竞争政策、劳工标准以及环境规制等领域。由于越来越开放，越来越多过去被认为是国内问题的政策现在成为具有贸易影响的政策，因而具有了国际性质。在这种情况下，各国在制定环保政策、人口政策以及某些货币政策时，都不能不把国际因素考虑进来。一些发达国家在调整本国的产业结构时，也不得不从全球角度来考虑资源配置问题。信息技术迅速发展，个人电脑、各种现代通信手段以及互联网络的迅速发展把各国各地区越来越密切地联系在一起。各国经济和社会生活互相依赖的关系大大加强，任何国家，不管其主观愿望如何，都被越来越深入地卷入经济全球化大潮之中，免不了要受到其他国家和地区所发生的事情的影响。科技革命的猛烈发展，把生产力推进到前所未有的新高度；国际分工不断深化，水平型分工不断发展；生产社会化进入了全球化的新阶段。

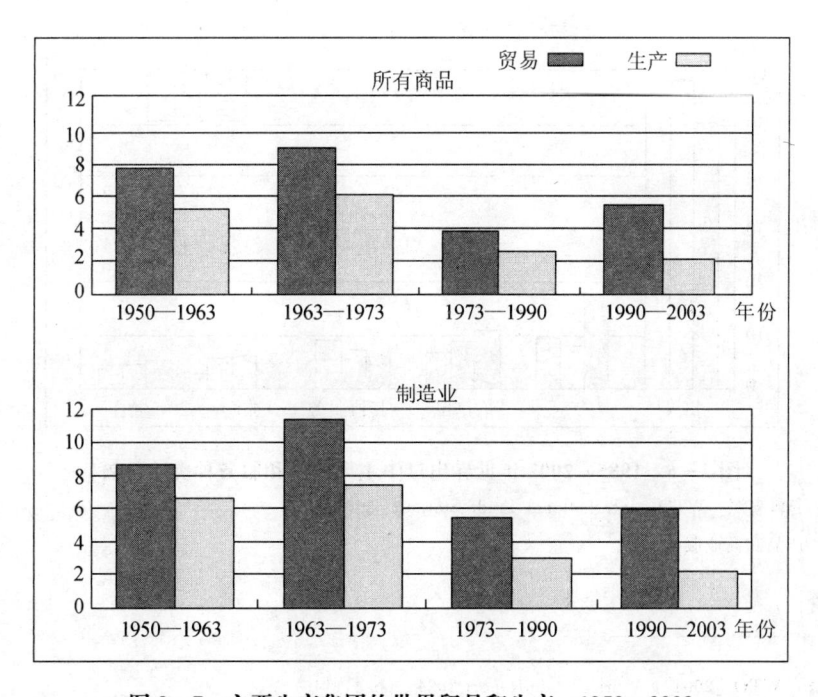

图2—7 主要生产集团的世界贸易和生产，1950—2003

资料来源：World Trade Organization: International Trade Statistics 2004.

表 2—3　主要区域贸易安排中的区域内贸易，1995，2000，2003

单位：10 亿美元，%

区域贸易安排	内部贸易 价值 2003	占世界出口的比重 1995	占世界出口的比重 2000	占世界出口的比重 2003	所占内部贸易的比例 出口 1995	出口 2000	出口 2003	进口 1995	进口 2000	进口 2003
欧盟 (15)	1795	26.6	23.1	24.6	64.0	62.4	61.9	65.2	60.3	61.7
北美自由贸易区 (3)	651	7.9	10.9	8.9	46.0	55.7	56.1	37.7	39.6	36.8
东盟自由贸易区 (10)	105	1.6	1.6	1.4	25.5	24.0	23.3	18.8	23.5	23.3
中欧自由贸易区 (7)	29	0.3	0.3	0.4	16.2	13.0	13.6	12.3	10.2	11.3
南美经济共同市场 (4)	13	0.3	0.3	0.2	20.5	21.0	11.9	18.1	19.8	19.0
安第斯集团 (5)	5	0.1	0.1	0.1	12.2	8.9	9.4	12.9	13.8	17.7
总计	2598	36.7	36.2	35.6	—	—	—	—	—	—

资料来源：World Trade Organization: International Trade Statistics 2004, p. 26.

其三,在制度层次上,经济全球化不仅表现为市场经济原则成为世界各国经济发展的基本原则,而且也表现在市场经济原则成为世界各国发展经济往来所依据的基本原则,成为各种国际经济组织赖以协调世界经济运行的基本指导原则。市场机制不再是一个意识形态的概念,而是一个经济发展的概念。20世纪70年代末80年代初以来原中央计划经济国家所进行的经济体制改革,广大发展中国家在80年代所进行的面向市场的自由化改革浪潮等,事实上都是适应这种市场经济原则向全球扩张的内在要求所做出的必然反应。有学者在总结"亚洲四小龙"的经济成功经验时明确指出,这些国家及地区经济成功的主要原因是"发展了市场经济,积极参与了经济全球化进程,并制定了参与这一进程的正确政策和策略"。80年代初期以来世界范围的私有化浪潮从某种意义上来说既是市场经济原则全球化的一个重要表现,也是经济全球化发展的一个必然要求,现在已经不再存在国内市场和国外市场、地方名牌和国家名牌以及国际名牌的区别了。国内市场同时也就是国际市场,因为即使一国企业不能够努力走出国门参与国际市场的竞争,国外企业也会找上门在本国市场上与本国企业展开激烈竞争。因此,实际上所有的企业都是在同一个国际市场上进行经营活动的。企业的产品只能在名牌和非名牌之间做出选择:要么是国际名牌,要么不是国际名牌,而不再存在所谓地方名牌、国家名牌或者国际名牌等在市场分割的情况下形成的不同产品档次类别了。在这种情况下,各国考察其经济活动实绩的标准也越来越趋于一致了:对于企业来讲,利润最大化已经成为一个全球通行的原则,即使是在特定历史条件下曾经担负过特殊历史使命的国有企业也不例外。如果一个企业不能获得足够的利润以维持其生存的话,则这个企业也就失去了其存在的价值,残酷的市场竞争自然而然地会将其清除出市场;而对于政府来说,在保持低通货膨胀率和低失业率的基础上使国内生产总值保持尽可能高的增长速度成为各国政府关注的首要目标,因为较高的增长速度同时也就意味着一国在相对稳定的国际市场上占有更大的份额。这种情况说明,市场经济原则不仅是一种经济运行的基本原则,而且也是考察经济效率的一个基本原则。"在不断变化的竞争模式的驱动之下,全球化使社会关系在时间与空间方面都大大压缩了。简言之,全球化是一个市场诱导的而不是政府引导的过程。"[1] 在人类历史上,除了第一次世界大战以前的短暂时期以外,市

---

[1] James H. Mittelman: Globalization: Critical Reflections, Lynne Rienner Publishers, 1996, p. 3.

场经济原则还是第一次如此普遍地为几乎所有国家所接受和实施,世界统一市场在经历了将近 70 年的分裂之后再次统一起来了。有资料表明,2003 年,世界各国有 244 项法律和规章进行了修改,其中 220 项是促进投资自由化的。同年,各国达成了 86 项双边投资条约(BITs)、60 项双边征税条约(DTTs),从而使其总数分别达到 2265 件和 2316 件。[①] 尽管商品、服务、思想、资金和技术的跨国界流动并不是一种新现象,但在过去的十年里这种流动出现了质的变化。由于技术变迁的速度不断加快、价格和贸易自由化以及超国家规则越来越重要,全球化使各国经济暴露在较之以往更加激烈的竞争之下。隐含在国际贸易和投资协议、采购与规范中的新的游戏规则强化了市场力量,并且使各国经济暴露在更大的国际竞争和全球化之下。它们进一步打开了国外市场,为私营企业提供了更强大、更可预期和透明的框架。与此同时,它们进一步降低了政府执行独立战略以通过干预贸易和投资流动来促

表 2—4 国家对 FDI 规则的改变,1991—2003

项目	1991	1992	1993	1994	1995	1996	1997	1998	1999	2000	2001	2002	2003
在投资制度中引入改变的国家数量	35	43	57	49	64	65	76	60	63	69	71	70	82
规制改变的数量,其中:	82	79	102	110	112	114	151	145	140	150	208	248	244
对 FDI 更加有利 a:	80	79	101	108	106	98	135	136	131	147	194	236	220
对 FDI 更加有利 b:	2	—	1	2	6	16	16	9	9	3	14	12	24

资料来源:UNCTAD, database on national laws and regulations.
注:a 包括自由化程度的改变或者目的是加强市场功能和增加激励的改变。
b 包括目的是增加控制和减少激励的改变。

[①] United Nations Conference on Trade and Development [2004]: World Investment Report, United Nations, New York and Geneva, 2004.

进国家发展的能力。[①] 有学者认为，一个累进性的自由化的放松对国际贸易与要素市场的管制，特别是有关金融的管理，起着全球化的强力触酶的作用。有四种主要的自由化：贸易自由化、资本流动自由化、FDI政策自由化以及私有化。[②] 经济政策自由化以及带来重要收益的技术进步加强了全球化，比如改进资源配置、强化竞争并给消费者更多的选择、利用国际资本市场的能力，以及接触新观念、技术与产品等。

由此可见，经济全球化有着两个相互矛盾的性质或者说是特点：其一，各国经济的相互依赖达到了空前的水平或者说高度。由于生产经营的国际化，进入产品制造过程之中的各种要素，包括资本、劳力、技术、原材料以及中间商品等都可以具有多个来源。国家和企业现在是如此的相互依赖，而且它们之间的关系是如此的复杂，以至于有时竟难以准确地确定各种要素是来自何方，其产品也难以确定究竟是哪个国家生产的。与此相适应，国际贸易增长的一个主要影响就是大大增强了产业内的专业化，而这种专业化本身就是在更大范围内的世界经济一体化的结果。不仅如此，各种不同层次的全球化也呈现出越来越相互依赖的趋势。比如说，国际直接投资流动导致了从进行这种投资的国家的出口的增加，这种出口又伴之以技术和专有知识的转移以及资本的流动。在除直接投资以外的其他领域中也可以发现类似的联系。事实上，随着经济全球化的发展，贸易不再是全球化的唯一载体了，因为直接投资现在也发挥着非常重要的作用，尽管其数量规模或许还比较小；不仅如此，国际交易中的无形商品如服务业在过去的几年中有了非常迅速的发展。其二，国际经济竞争空前激烈，从而出现了经济竞争的全球化趋势。由于解除管制和信息通信技术的发展，世界竞争空前加强，并且出现了"全球竞争力的概念"，而这又意味着企业必须能够同时动员多方面的技能以应付挑战。在这种新环境下，竞争力越来越取决于范围广泛的专业化工业、金融、技术和商业管理以及文化技能所形成的合力。不再是有形资本和无形资本从发达国家向发展中国家的单向流动，而是双方彼此之间的双向流动。与

---

① Mojmir Mrak [2000]: Globalization: Trends, Challenges and Opportunites for Countries in Transition, UNIDO, Vienna, 2000.

② Dieter Ernst: How Globalization Reshapes the Geography of Innovation Systems. Reflections on Global Production Networks in Information Industries (First Draft) Prepared for DRUID 1999 Summer Conference on Innovation Systems, June.

此同时，在一个工业部门中居于主导地位的企业不再仅仅属于某一个国家，而且每个企业现在都必须在本国市场上与其他国家的企业展开竞争。相互依赖和相互竞争同时并存，并且互相促进，共同发展，这已经成为90年代以来世界经济的一个突出特点，而经济全球化对于各国经济所带来的机遇和挑战也主要是由这样两种不同性质的矛盾所引起的。① 在一定的时间和条件下，不排除这样一对矛盾激烈并使经济全球化进程逆转的可能。如果我们回顾一下20世纪末期的经济全球化进程，那么，我们对于这种逆转的可能性就会有更为清楚的认识了。②

（二）经济全球化的新发展

近年来，经济全球化的发展又出现了不断深化的迹象，这主要表现在以下三个方面：

其一，技术—经济范式正在发生激烈变化。所谓技术—经济范式主要是指一定社会发展阶段的主导技术结构以及由此决定的经济生产的范围、规模和水平。随着科学技术的发展，主导技术群③会发生变化，世界经济发展的技术基础也会因之而改变，世界经济发展的方式、轨道和规模也随着发生变化，从而导致世界技术—经济增长范式的更迭。从某种意义上说，产业革命的形成及其扩散本身就是技术—经济增长范式更迭的直接表现，而其直接后果就是形成了一个或者几个在国民经济中起着决定作用的主导产业部门。罗

---

① 有学者认为："全球化包含着矛盾的趋势。一方面，诸如非法工人的跨边界流动以及现代通讯的瞬时速度这样一些难以解释的力量，确实部分地超越了政府的有效管理之外。在这种情况下，国家通过更充分地使国内经济融入世界经济之中来对这种全球化力量做出反应。另一方面，国家又利用各种政府干预来建立竞争优势来使其向相反的方向发展。所有后起的工业化国家都依靠大规模的政府干预来求得发展，这主要是直接参与到生产过程之中，建立社会经济基础设施，优惠的信贷条件以及对于从模仿到培育内生技术能力转变提供物质支持等。"参见 James H. Mittelman：Globalization：Critical Reflections，Lynne Rienner Publishers，1996，p. 16.

② 欧洲人将目前的经济全球化进程视为继20世纪末期的经济全球化以后而来的第二次经济全球化浪潮。但是，第一次经济全球化浪潮的结果是在半个世纪之间爆发了两次人类历史上空前的世界大战，数千万人死于战火之中，经济全球化进程也因而逆转，导致世界市场分裂。

③ 所谓主导产业技术或技术群则是一组沿着既定技术轨道演进的知识体系，它本身代表了人们对自然界和人类社会发展规律的认识水平，主要体现为各种各样的技术装备、生产工艺和人才储备。主导产业技术的萌发和发展壮大本身就是主导产业形成和发展的前提条件。

斯托认为,"一个与新技术相关联,并经历了高速增长的部门,其效果超出了这个部门本身"①,这个部门就是一个主导产业部门。自20世纪90年代初以来,在信息技术革命的推动之下,世界技术—经济范式出现了剧烈变化和快速更迭,关键要素、生产区位、产业组织、劳资关系、管理跨度等都发生了根本性变化:一是以信息技术产业和生物技术产业为核心的高技术制造业进一步扩大,高技术服务业规模急剧膨胀,高技术产业在国民经济中所占比例迅速提高,成为真正意义上的支柱产业。根据OECD《2002年科学技术与工业展望》的资料,四个高技术产业部门在1980年仅占全球制造业生产的7.6%,但到1998年上升到12.7%。1980年,高技术制造业占日本全部生产的8%左右,1998年为16.0%;同期美国从9.6%上升到16.6%;英国从9%上升到14.9%;中国台湾从12%上升到15.6%。② 在就业方面,欧盟15国1999年高技术和知识密集型部门占全部就业的7.6%,中技术部门占全部就业的4.8%,低技术部门为5.5%。与此相对照,服务业占到72.3%,其中知识密集型服务业所占比重为15.4%。不仅如此。信息技术的扩散也产生了广泛的社会影响。20年前平均每部汽车中电子部件的价值只占1%,目前则为8%—15%,预计未来10年汽车价格中的微电子含量要增加到25%左右。二是产业界的研究开发支出迅速增长。有资料表明,产业部门资助的研究开发在1990—2000年间按实际数字计算几乎增长了50%,而政府资助的研究开发支出同期只增长了8.3%。在大多数工业化国家及地区,宇航、汽车、电子设备和医药工业占了R&D的最大部分。1994—2000年间高技术制造业(包括ICTs和制药)以及服务业合计占了芬兰、美国和爱尔兰三国商业性研究开发支出总额的70%以上。③ 三是世界高技术产品出口增长迅速,而中低技术产品出口增幅减缓,世界产业结构高科技化趋势明显。1985年世界高技术产品出口总额为1793.80亿美元,1998年增加到9526.85亿美元;在中技术产品出口领域,1985年世界出口总额为4379.90亿美元,1998年为14449.87亿美元;在低技术产品出口领域,1985年世界出口总额为1973.76亿美元,1998年为6941.38亿美元(见图2—8)。从目前的趋势来

---

① W. W. 罗斯托编:《从起飞进入持续增长的经济学》,四川人民出版社1988年版。

② National Science Fundation: Science & Engineering Indicators-2002, U.S. Technology in the Marketplace.

③ OECD [2002]: Science, Technology and Industry Outlook, 2002, OECD.

看，世界高技术产品出口增长速度远快于中技术和低技术产品，因此，虽然目前中技术产品在世界商品出口市场上仍居主导地位，但高技术产品将很快取代中技术产品的这种主导地位，而这种转换将在今后的15—20年内完成。

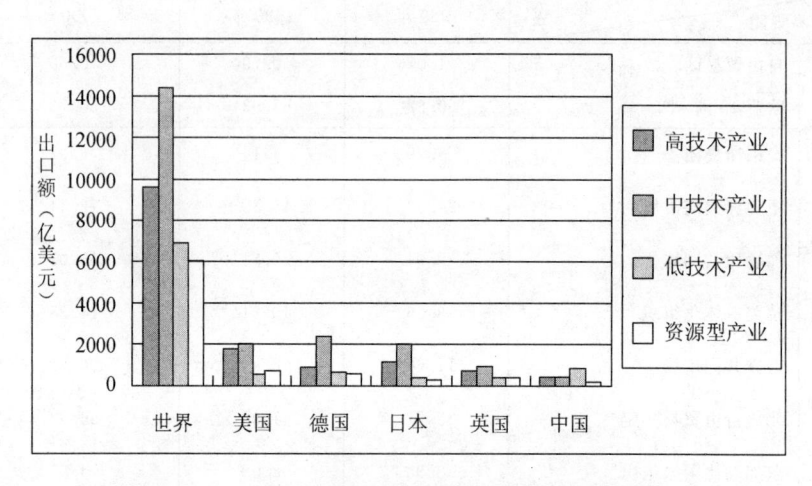

图 2—8　1998 年世界商品出口的技术结构底线下移

其二，区域化发展迅速。随着经济全球化的深入发展，世界经济的区域化趋势也日益突出起来，三极鼎立的格局进一步凸显。从目前的状况来看，区域经济整合的主要推动力量是跨国公司的对外直接投资，而其两个轮子就是贸易自由化和经济技术合作。一方面，经济全球化推动着世界范围内的经济交流和管制，使全球经济交流的规模和质量都在不断提高；但另一方面，区域层次上的多边贸易协定的数量却在迅速增加，从而构成一种明显的区域化趋势，而这种区域化所产生的贸易创造效应远远超过了贸易转移效应或贸易替代效应，从而使国与国之间的经济联系更加紧密。根据有关资料，1948—1994 年 GATT 总共只接受了 124 项区域贸易协定，而 1995—2000 年 WTO 总共接受了 90 项新的区域贸易协定，使总数达到 214 项。

世界经济的区域化又进一步推动了各国经济的对外开放，从而使经济全球化得到进一步深化和发展。以亚太国家和地区的外向型经济为例。2001 年贸易总额占 GNP 的比例，中国为 44.7%，韩国为 69%，中国台湾为 79%，马来西亚为 200%，中国香港为 250%，新加坡为 292% 以上。其中，2001 年亚洲国家及地区商品贸易的 48.2% 是在其内部进行的，25.1% 是与美国进行的，16.8% 是与西欧国家进行的；中国三分之二以上的 FDI 来自亚洲其他

国家和地区。

表 2—5　　贸易集团的内部贸易占各贸易集团总出口的百分比　　单位:%

贸易集团		1980 年	1990 年	2000 年
欧洲	自由贸易区	1.07	0.79	0.60
	欧盟 15 国	60.82	65.93	60.73
美洲	安第斯集团	3.79	4.14	8.97
	中美洲共同市场	24.39	15.35	12.14
	加勒比共同体	9.04	9.81	15.03
	拉美一体化组织	13.66	10.81	14.38
	南方共同市场	11.60	8.86	20.81
	北美自由贸易协定	33.62	41.39	54.93
	东加勒比国家组织	8.98	8.08	4.57
非洲	大湖国家经济共同体	0.15	0.46	0.75
	东非和南非共同市场	6.06	6.64	6.58
	中非国家经济共同体	1.40	2.05	1.48
	非洲国家经济共同体	10.08	7.81	10.17
	马诺河联盟	0.81	0.01	0.62
	南非发展共同体	0.36	3.09	8.74
	中非关税和经济联盟	1.61	2.27	1.29
	西非经济和货币联盟	9.91	11.99	13.22
	阿拉伯马格里布联盟	0.26	2.86	2.38
亚洲	东南亚国家联盟	17.35	18.95	22.69
	曼谷协定	2.21	1.69	2.19
	经济合作组织	6.32	3.23	6.60
	海湾合作理事会	2.96	8.01	5.58
	南亚区域合作组织	4.75	3.17	4.24
跨区域性	亚太经合组织	57.81	68.05	72.60

资料来源: UNCTAD Handbook of Statistics 2001.

表 2—6　　　　　　　APEC 对区域贸易的促进作用　　　　　单位：10 亿美元

	1991 年	1995 年	2000 年	2001 年
总出口	1426	2189	2930	2700
区内出口	972	1599	2135	1938
区外出口	455	590	796	762
总进口	1450	2281	3180	2969
区内进口	993	1637	2264	2076
区外进口	457	645	915	893

世界经济的区域化使世界经济格局进一步趋向稳定。在 20 世纪 70 年代，当人们讨论三极化时，更多的是谈论美国、欧共体和日本的三极化。但是，在进入新世纪以后，三极化的内涵已经从国家层面上升到了区域层面，演变成为欧盟、北美和东亚三足鼎立的格局。而且，随着东亚经济的迅速增长，这种三极化越来越名副其实了。1971 年，美国和加拿大占世界 GDP 的比重为 33.09%，日本和东亚为 17.52%，欧盟 15 国为 28.54%；随着东亚经济的迅速增长，这种三足鼎立形成了一个稳定的世界经济格局。到 2002 年，美国和加拿大为 33.37%，日本和东亚地区为 23.74%，欧盟 15 国为 23.27%；2001 年世界商品出口总额 61623.6 亿美元，其中北美地区为 9934.5 亿美元，占 16.12%；欧盟 15 国为 23059.1 亿美元，占 37.16%；中国＋日本＋"亚洲四小龙"为 12809.8 亿美元，占 20% 以上。在这三极之中，虽然目前东亚较弱，但随着中国的迅速发展，中国的主导地位会日渐突出。1971 年，中国占世界 GDP 的比重为 0.85%，1990 年提高到 1.88%，2002 年进一步提高到 4.07%。

其三，制造业的全球转移规模不断扩大。从目前的情况来看，经济全球化已经从制成品的全球化到生产要素的全球化，而其主要推动力量就是跨国公司及其所建立的国际生产网络。根据有关资料，目前世界上约有 6.5 万家跨国公司，子公司 85 万家以上。跨国公司国外子公司总资产为 249520 亿美元，销售额为 185170 亿美元，出口额为 2.6 万亿美元，雇用 5400 万员工。国外子公司的产值占世界国内总产值的十分之一以上，它们的出口占世界出口额的三分之一以上。美国总进口的 32% 来自国外子公司，24% 卖给了美国

在国外的子公司。这表明，当今国际产业布局已经远远超越了国家边界。跨国公司就像一个巨大的章鱼一样，把这个世界紧紧地抓在自己的手里，因而引发了一系列的政治经济问题。比如说，由于跨国公司的存在及其实力不断膨胀，国家利益的边界已经很模糊了，我们是谁？谁是我们？跨国公司究竟是属于母国还是属于东道国？跨国公司之间结成的上万个策略性技术联盟，在整个世界范围之内构成了一个巨大的技术监控网络，控制着世界范围内技术转移的进程及其规模和价格，掠取高额垄断利润。所谓三流企业卖产品、二流企业卖服务、一流技术卖技术、超一流企业卖标准，就是这种情况的真实写照。再比如，由于世界市场的一体化，国际竞争的形式发生了根本性的变化。现在的竞争已经不是最终产品的竞争，而是研究开发方向的选择和研究开发实力的竞争。选择了正确的研究开发方向，也就意味着在市场上成功了一半。因此，竞争战线已经大大前移了。由于发达国家控制了世界研究开发资源的85％、研究开发活动的90％、专利成果的95％，这使得发展中国家在科学技术供应上严重依附于发达国家，因而在国际竞争中处于极为不利的地位。又比如，由于发展中国家主要是科学技术知识的使用者而不是创造者，发达国家通过与贸易相关的知识产权保护协定（TRIPs）将知识产权保护与贸易挂起钩来，利用贸易制裁强制发展中国家加强知识产权保护。因此，在未来的国际经济技术活动中，发展中国家将面临严峻的知识产权约束，由于知识产权保护而产生的贸易争端会越来越多，中国的DVD企业与六C联盟之间的专利纠纷只不过是一个开端而已。

全球化是一个高度不均衡的进程，无数事实可以证明这一点。而且，由于全球化过程，国家之间似乎越来越不平衡。在1960年到1990年间，最富国与最穷国之间的人均收入差距从30∶1扩大到60∶1，在随后七年里又进一步提高到74∶1。在国家层面上，收入不平等程度的指标几乎在所有地方都在增长。在美国，1970年时首席执行官（CEO）的工资平均是制造业工人的41倍，到1997年这个比例扩大到326∶1。[1] 在全球化进程中有些国家是赢家有些国家是输家的事实表明，不同国家在有效应对全球化挑战的能力方面是存在着很大差异的。

---

[1] Mojmir Mrak [2000]：Globalization：Trends, Challenges and Opportunites for Countries in Transition, UNIDO, Vienna, 2000.

表2—7　FDI的相关指标和国际生产情况，1982—2004

单位：10亿美元，%

项　目	当前值（10亿美元）				年增长率（%）						
	1982年	1990年	2003年	2004年	1986—1990年	1991—1995年	1996—2000年	2001年	2002年	2003年	2004年
FDI流入	59	208	633	648	22.8	21.2	39.7	−40.9	−13.3	−11.7	2.5
FDI流出	27	239	617	730	25.4	16.4	36.3	−40.0	−12.3	−5.4	18.4
FDI内在存量	628	1769	7987	8902	16.9	9.5	17.3	7.1	8.2	19.1	11.5
FDI外在存量	601	1785	8731	9732	18.0	9.1	17.4	6.8	11.0	19.8	11.5
跨国并购	—	151	297	381	25.9	24.0	51.5	−48.1	−37.8	−19.6	28.2
国外分支机构销售量	2765	5727	16963	18677	15.9	10.6	8.7	−3.0	14.6	18.8	10.1
国外分支机构的产值	647	1476	3573	3911	17.4	5.3	7.7	−7.1	5.7	28.4	9.5
国外分支机构总资产	2113	5937	32186	36008	18.1	12.2	19.4	−5.7	41.1	3.0	11.9
国外分支机构出口量	730	1498	3073	3690	22.1	7.1	4.8	−3.3	4.9	16.1	20.1
国外分支机构雇佣人员数（千人）	19579	24471	53196	57394	5.4	2.3	9.4	−3.1	10.8	11.1	7.9
GDP（当前值）	11758	22610	36327	40671	10.1	5.2	1.3	−0.8	3.9	12.1	12.0
固定资产构成总额	2398	4905	7853	8869	12.6	5.6	1.6	−3.0	0.5	12.9	12.9
版税和许可证支出	9	30	93	98	21.2	14.3	8.0	−2.9	7.5	12.4	5.0
出口商品和非要素服务	2247	4261	9216	11069	12.7	8.7	3.6	−3.3	4.9	16.1	20.1

资料来源：United Nations Conference on Trade and Development [2005]：World Investment Report, United Nations, New York and Geneva, 2005.

（三）全球化背景下国家创新体系的新变化

经济增长和政策均衡两个因素既是经济全球化收益的直接体现，也会对一国科学技术知识生产和使用的方式产生重要影响。随着经济全球化的深入发展，国家创新体系的构成要素、要素之间的相互关系及其运作方式都不可避免地受到经济全球化的直接、间接影响，也会相应地发生或大或小的变化。在这种情况下，国家创新体系理论的一些基本假定面临着新的挑战，国家创新体系作为一种制度安排出现了许多新特点。

1. 科技知识的生产日益全球化

经济全球化迅猛发展的一个直接结果就是科学技术知识的生产和消费越来越成为全球性的了。有学者认为："全球化现象提高了国家之间知识流动的容易程度。另一方面，全球化也增加了国家之间的差异和技术专业化。……国家倾向于加强其技术专业化并更加集中于那些它具有历史性竞争优势的领域。在这种情况下，一个国家会成为在其专业化的部门中进行国外研究开发活动的有吸引力的区位。与此同时，作为转向全球战略的结果，主要企业倾向于在地理上分散其研究开发活动，以获得技术开发的补充路径。"[①] 这主要表现在：一是外国子公司的研究开发支出在许多OECD国家都出现了大幅度地增加。20世纪30年代，欧洲和美国最大企业约7％的R&D支出是在国外进行的。二战后这一数值稳步上升，70年代后期R&D国际化现象开始显现，80年代末引人注目，达到18％的高水平。到90年代中期时，"国际研究开发的重要性已从无足轻重的地位上升到十分重要、影响深远的地步"。[②] 根据美国商务部1999年9月发表的一份研究报告，从1987年到1997年，在美国的外国跨国公司投放的R&D支出增加三倍以上，从65亿美元增加到197亿美元，占到美国全部公司R&D支出的15％左右，在高技术部门这一比率甚至高达四分之一以上。到1998年年底，375家外国跨国公司在美国设立了715家R&D机构，雇用

[①] John Cantwell, Odile Janne: Technological Globalisation and Innovative Centres: the Role of Corporate Technological Leadership and Locational Hierarchy, *Research Policy* 28 (1999), 119－144.

[②] Roman Boutellier, Oliver Gassmann, Maximilian Von Zedtwitz [2000]: 《未来竞争的优势——全球研发管理案例研究与分析》，曾忠禄、周建安、朱甫道主译，广东经济出版社2002年版。

了 115700 名美国 R&D 人员。与此同时，美国公司 1997 年在国外建立了 186 家研究开发机构，其研究开发支出在 1997—1998 年从 170 亿美元增加到 220 亿美元；如果再加上美国母公司在国外的 150 亿美元研究开发支出的话，这个数字就更为可观了。据统计，2002 年美国跨国公司在国外的研究开发投资进一步增加到了 211.51 亿美元，占到全部研究开发支出的 13.3% 左右。日本跨国公司及其海外子公司在国外进行的研究开发活动支出也从 1986 年的不足 10 亿美元增加到 35 亿美元以上，在公司研究开发支出中所占比例也从 0.5% 多一点增加到 4% 以上。[1] 考虑到国内市场规模，一些欧洲国家跨国公司研究开发国际化的比例或许会更高一些。事实上，跨国公司现在普遍将其研究开发支出的 15% 左右投放到国外，其中西欧国家的这一比例可以高达三分之一左右。据此推算，则跨国公司的国外研究开发支出每年应该接近 1000 亿美元，占世界每年研究开发支出总额的五分之一以上（见表 2—8）。

人员及其所携带知识的流动是国家创新体系中的一个关键流动。个人之间的相互作用，不管是正式的还是非正式的，都是产业内部以及公私机构之间知识转移的重要渠道。关于技术扩散的大多数研究，都证明个人的技能和结网能力是实施并适应新技术的关键。[2] 如果说，尽管经济全球化飞速发展，劳动力作为一般生产要素，其全球流动的规模和速度还受到民族国家体制的强烈约束，但作为现代科学技术知识载体的科技人才却是高度全球流动的。根据美国国家科学基金会报告，从 1986 年到 1998 年，在美国获得博士学位的中国留学生达到 21600 人，在 1996—1998 年间中国留学生在美国获得博士学位者占美国博士学位授予总数的 7.5%。在自然科学和工程领域，这一比例更高。比如说，中国留学生占同期获得了美国大学授予物理学博士学位的 13%，数学博士学位的 15%，工程博士的 9%。[3]

---

[1] United Nations Conference on Trade and Development [2005]: World Investment Report, United Nations, New York and Geneva, 2005, pp. 122−123.

[2] Organisation for Economic Co-operation and Development [1997]: National Innovation Systems.

[3] Jean M. Johnson: Human Resource Contributions to U. S. Sciences and Engineer From China, Issue Brief, SRS/NSF, January 12, 2001.

表 2—8　世界一些著名公司的研发密集度与海外研发活动的份额

公 司	国 家	R&D密集程度（%）	海外研发份额（%）	行 业	全球化程度
Siemens	德国	9.2	28	电器工程	56
IBM	美国	7.1	25	计算机	54
Hitachi	日本	6.7	2	电器工程	99
Matsushita Electric	日本	5.7	12	消费类电子	83
ABB	瑞典	8.0	90	电器工程	2
NEC	日本	7.8	3	电讯	—
Philips	荷兰	6.2	55	电器工程	8
Hoechest	德国	6.2	42	化学/制药	16
Sony	日本	5.8	6	消费类电子	34
Ciba-Geigy	德国	10.6	54	化学/制药	—
Roche	瑞典	15.4	60	化学/制药	10
Mitsubishi Electric	日本	5.2	4	电器工程	—
BASF	德国	4.5	20	化学/制药	41
UTC	美国	5.4	5	先进工程/航空发动机	—
Sandoz		10.4	50	化学/制药	—
Sharp	日本	7.0	6	消费类电子	—
Kao	日本	4.6	13	化学/制药	—
Eisaj		13.2	50	化学/制药	—
Sulzer		3.4	27	先进工程	—

资料来源：Database on international R&D Investment Statistics（INTERIS）and ISI Database in International Research and Innovation Activities（ISI-DORIA）p. 253，转引自 Meyer—Krahmer, Reger, G. "New perspective on the innovation strategies of multinational enterprise: Lessons for technology policy in Europe," *Research Policy* 28（1999），751—776. p. 760.

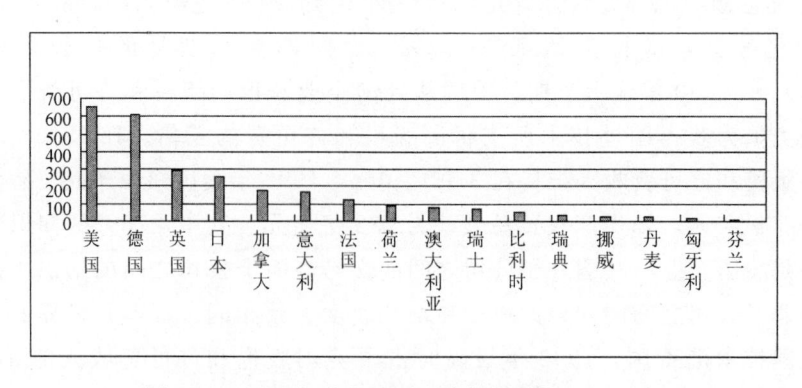

图 2—9　1998 年进入 OECD 国家移民数量（千人）

资料来源：Trends in immigration and economic consequences, Economics Department Working Papers No. 284, OECD, ECO/WKP (2001) 10.

2. 科技成果的全球共享

在国家创新体系中，体现为设备与机器的知识扩散是最传统的知识流动。一般说来，创新扩散是一个缓慢的过程，技术采用率在部门之间存在着巨大差异，创新实绩取决于相关配套技术的开发和采用。技术扩散对于自身不是研究开发活动的承担者或创新者的传统制造业部门和服务产业特别重要。由于这个原因，各国政府采取了一系列计划和措施来使技术扩散到产业，从制造业推广中心到示范项目再到技术经纪人，不一而足。随着经济全球化的深入发展，这种技术扩散的深度和广度都有了巨大的变化。

一是技术贸易大幅度增加。一般来说，当企业将产权性技术、商标以及娱乐产品授权给其他国家机构使用时，就是在进行知识产权贸易，而这种交易产生的净收益以版税和许可费的形式体现出来。在这方面，美国居于领先地位。20 世纪 50 年代，美国是世界上主要的技术出口国，其技术份额占世界 60%。60 年代，日本和西欧在引进和吸收美国技术的同时，开始向周边国家和新兴发展中国家出口技术，在国际技术市场上所占份额也逐年增加。从 70 年代中期开始，美国的地位有所削弱，日本和西欧经济技术实力增强，形成美、日、欧三足鼎立的局面。从 80 年代开始，亚洲和拉美一些科技发展水平较高的发展中国家开始步入技术输出国家的行列，改变了发展中国家基本上是纯技术输入国家的状况。1965 年，世界技

术贸易总额只有 30.5 亿美元，1989 年达到 1000 亿美元，1995 年达到 2500 亿美元，增长率达到 15.82%，而同期商品贸易的增长率只有 6.3%。[①] 在 90 年代上半期，美国从外国企业获得的版税和许可费平均起来是美国为获得国外技术所支付的版税和许可费的三倍。在 1996—1998 年，版税和许可费收入维持在 350 亿美元，1999 年美国知识产权贸易额将近 365 亿美元，知识产权贸易顺差为 232 亿美元。其中，75% 的知识产权交易是美国企业与其国外子公司之间的交易，而子公司之间的知识产权交易与非子公司之间的知识产权交易增长速度大致相同。日本是世界上最大的美国技术消费国，1993 年最高时占了美国版税和许可费收入的 51%，1999 年仍然保持在 30% 左右。韩国是第二大美国技术消费国，而 1988 年时仅为 5.5%，1990 年为 10.7%，1995 年为 17.3%，1999 年占美国版税和许可费收入的 14%。与此同时，美国企业也从不同国外来源购买技术诀窍，其中日本所占比重不断提高，1992 年以来日本一直是美国企业技术诀窍的最大国外供应者。1999 年美国支付的知识产权支出有三分之一左右为日本企业所获得。欧洲企业所占比例略高于 44%，其中英国和德国是最主要的欧洲供应商。[②]

二是科技知识扩散的范围迅速扩大。随着经济和科技全球化的深入发展，科学技术知识和资源的全球流动速度陡然加快，规模也越来越大，从而使发展中国家可以充分地接触和利用全球科学技术知识储备，加快国外科学技术知识向国内的流动。这是发展中国家得自全球化的最大收益。[③] 这种技术创新的扩散主要是通过 FDI、技术贸易和商品贸易等渠道实现的。全球产业结构调整以及世界制造业向东亚地区的转移，很大程度上就是技术创新扩散的过程。

[①] 徐全勇、肖文彬：《当代世界技术贸易的地理格局初探》，载《世界地理研究》1998 年第 1 期。

[②] Science & Engineering Indicators-2002 U.S. Technology in the Marketplace.

[③] David T. Coe and Elhanan Helpman and Alexander W. Hoffmaister: North-South R&D Spillovers, *NBER Working Paper* No. 5048, March 1995.

表 2—9　　　　　1990 年发展中国家和地区从发达国家研究
开发活动中获得的收益率　　　　　单位:%

	美国	日本	德国	法国	意大利	英国	加拿大	其他工业国	欧洲
巴西	0.77	0.23	0.30	0.11	0.10	0.08	0.10	0.04	0.14
喀麦隆	0.04	0.04	0.06	0.30	0.04	0.03	0.01	0.01	0.09
智利	0.24	0.09	0.08	0.04	0.02	0.04	0.02	0.01	0.04
中国	4.16	7.05	1.95	0.68	0.73	0.61	1.04	0.25	0.92
哥伦比亚	0.48	0.12	0.09	0.04	0.03	0.03	0.04	0.02	0.05
埃及	0.37	0.10	0.23	0.18	0.16	0.10	0.02	0.04	0.14
中国香港	1.03	2.20	0.29	0.15	0.18	0.35	0.06	0.10	0.23
印度	0.96	0.67	0.64	0.24	0.17	0.62	0.18	0.12	0.41
肯尼亚	0.07	0.11	0.10	0.04	0.04	0.20	0.01	0.04	0.10
韩国	1.85	2.28	0.31	0.13	0.09	0.17	0.17	0.06	0.17
墨西哥	1.49	0.12	0.12	0.06	0.04	0.04	0.04	0.02	0.06
新加坡	1.15	1.51	0.25	0.15	0.11	0.25	0.04	0.06	0.18
土耳其	0.77	0.33	1.14	0.39	0.55	0.40	0.08	0.14	0.57
乌干达	0.01	0.02	0.02	0.01	0.04	0.04	0.00	0.01	0.02
津巴布韦	0.04	0.03	0.05	0.02	0.02	0.07	0.01	0.01	0.04
77 个发展中国家合计	22.02	24.50	10.13	8.40	4.72	6.22	2.76	1.82	6.68

资料来源：David T. Coe and Elhanan Helpman and Alexander W. Hoffmaister：North-South R&D Spillovers, *NBER Working Paper* No. 5048, March 1995.

3. 研发活动的全球组织

从目前的发展趋势来看，研究开发活动的全球组织主要表现在三个方面：

一是科研组织模式已经跨越了国界。从科学技术研究的组织形式来看，许多当代科研项目既需要分散资源（数据和设备）的有效联合，又需要跨学

科专门知识的有效联合，而网络基础设施是实现这一切的关键。信息和通讯（ICT）技术的发展和普遍采用使科学技术知识的生产和应用成为一种更为集体性的活动，将工业界、学术界和政府的活动联系到了一起，而机构之间的正式和非正式合作对于获取科学技术进步的收益和促成新技术创新的产生至关重要。目前，网络化的科研组织大多使用协同实验室、联合实验室、网络群或网络、虚拟科学机构和E—科学机构等名字，比如美国国家卫生研究院的生物医学信息学研究网络、能源部的国家协同实验室计划、英国的E—科学计划和日本的地球模拟器等。这些网络的普遍特点是利用网络基础设施建设更普遍更全面的数字环境，使研究界在人员、数据、信息、工具和仪器等方面实现互动，完善职能，以空前水平的计算、存储和数据转移容量进行运作，而互联网、万维网和超级计算机为这种科学研究的新组织形式提供了重要的基础工具，全球研究村的形成与发展非常迅速，24小时全球不间断合作研究已经从梦想成为现实。

二是跨国技术联盟迅猛发展。根据 MERIT/UNCTAD 的数据资料，1980—1989 年，世界各国跨国公司间达成的策略性技术联盟协议数为 4092 个，其中 1980—1985 年为 1560 个，1986—1989 年为 2632 个；但是 1990—2000 年达成的策略性技术联盟数达 6477 个，其中 1990—1995 年为 3412 个，1996—2000 年为 3065 个。有资料表明，仅在 2000 年，在世界范围内就新形成了 574 个技术联盟或者研究联盟，涵盖的领域包括信息技术、生物技术、先进材料技术、宇航与国防、汽车以及非生物技术化学领域。由于生物技术和信息技术等新领域中的开发成本特别高，企业技术联盟的发展也特别迅速。企业联合起来以集中其技术资源，取得规模经济，从互补性人力与技术资产中获得协同。值得注意的是，跨国公司并不仅仅在某一个领域与其跨国经营企业结盟，而是同时在多个领域中与不同企业结成策略性技术联盟，从而形成一个庞大的企业间策略性技术联盟网络。比如说，在 1985—1989 年间，通用汽车公司拥有 29 个汽车制造方面的策略性技术联盟，三菱公司拥有 27 个汽车制造方面的技术联盟、57 个化学方面的技术联盟，ABB 公司拥有 11 个化学方面的策略性技术联盟、51 个重型电器设备制造方面的策略性技术联盟。对于大多数公司来说，现在国际竞争的基础已经转变为公司集团与公司集团之间的竞争。

三是区域科技合作不断深化。这方面以欧盟研究开发框架计划最为典型，也最为成功。根据有关资料，1984 年至今欧共总共实施了六个研究开

发框架计划,投入经费约 613.06 亿欧元。欧盟委员会在 2001 年 2 月公布的第六个框架计划,时间跨度从 2002 年到 2006 年,主要目的是"实现欧洲研究区,通过所有在国家、地区和欧洲层面上的努力来提高欧洲创新能力"。目前欧盟的区域科技合作已经形成了一种制度化的机制,如果没有大的变化,这样一种机制将会继续维持下去,其规模和影响会越来越大。在其他地区,亚太经合组织(APEC)地区的科技合作也在迅速发展。中国国家主席胡锦涛在 APEC 非正式领导人会议上表示,推动科技进步和创新,对实现经济的持续发展至关重要。为推动各成员在这一领域开展合作,中国提出科技创新倡议,希望就促进亚太地区科技创新制定指导原则作为启动项目。[1]

4. 科技知识的全球流动

不能精确掌握最新科学技术知识,就无法创造出前沿技术。科学技术的迅速进步不仅发生在国内,而且也在国外发生。因此,对于试图创造出前沿知识和技术的企业来说,跨越边界进行有效知识获取的重要性不断增加。跨国公司的海外实验室是完成这一任务的重要手段。产业的科学取向越强,就越可能拥有海外实验室,而知识创造型公司越来越多地在世界主要知识中心寻求潜在的利润点,并尽可能快地把这些知识转变为成功的新商业业务。[2]一般来说,企业所获得的与创新有关的信息大致有四个来源:一是企业内部的研究开发活动;二是市场来源,如供应商、客户以及顾问的科技知识反馈;三是公共研究来源如大学和政府实验室;四是普遍可得信息来源如专利、会议等。产业全球化和生产、研究以及其他活动的国际化意味着这种知识来源及其流动正在变成世界性的,从而使国家创新体系更加具有开放性。反映国际知识流动的指标包括:技术收支流动数据、专利的全球扩散、有形技术贸易以及联合研究开发组合等。关于有形技术流动的研究表明,在大多数国家,通过进口资本货物和中间产品获得的技术所占份额最大,表明蕴涵有新技术的机器、设备、部件在国家之间的流动是一种最为重要的国际知识流动形式。一般来说,大国所使用的技术来自国外的部分所占比例较之小国

---

[1] 胡锦涛在 APEC 领导人非正式会议上提出三点主张,http://www.sina.com.cn 2003 年 10 月 20 日 17:24 中国日报网站。

[2] Alexander Gerybadze, Guido Reger [1999]: Globalization of R&D: Recent Changes in the Management of Innovation in Transnational Corporations, *Research Policy* 28 (1999), 251—274.

为少，小国对进口技术所占比例的依赖度大多超过50%。然而，有些大国如加拿大和英国得自国外的技术也都超过了50%。高技术和以科学为基础的产业和集群通常更多地利用国外技术来源。[①] D. 厄恩斯特（D. Ernst）[1999]认为，特定知识的流动、创新活动的结构性特征与一国的国际技术专业化是相联系的，宏观部门中知识特征的差异、部门之间的知识联结、部门内部的知识联系、与熊彼特式竞争相关的技术层级的结构特征（比如创新活动中的集中与非对称以及新创新的出现等）以及从技术合作角度看的网络相关性等，都对国际技术专业化具有正面影响。国际技术专业化和商业专业化之间存在着正的统计上显著的关系，尽管这种关系也存在着部门差异。[②]

5. 科技发展的全球失衡

一是制造业的全球转移导致研究开发机构布局的全球化。制造业的全球转移既是跨国公司全球战略调整的产物，也是资源配置全球化的直接反映。随着经济全球化的深入，跨国公司已经将相当多的制造及其他环节转移至母国以外，从而在某些国家或地区比如中国形成了相对完整的制造配套企业的集群，当越来越多的环节向国外转移时，出于对技术交流成本、对市场敏感度等方面的考虑，跨国公司的研究开发全球布局也将进行相应的调整，一部分研究开发活动因而将会逐步转移到发展中国家。从目前的情况来看，跨国公司在中国建立的研究开发机构已经达到82家，在印度设立的研究开发机构也有将近80家，其他如巴西等发展中国家在吸引跨国公司的研究开发机构方面也在逐年增加。

二是部分发展中国家进一步边缘化。联合国教科文组织的数字表明，尽管不发达国家占世界人口的79%，但它们只拥有世界研究人员的27%。以对研究开发的支出计算，不发达国家占世界研究开发支出的19%，而它们拥有世界GDP的39%；按平均数计算，则各国平均将其GDP的1.8%投放到

---

① Organisation for Economic Co-operation and Development [1997]: National Innovation Systems.

② D. Ernst [1999]: Globalization and The Changing Geography of Innovation Systems. A Policy Perspective on Global Production Networks, Paper for International Workshop: The Political Economy of Technology in Developing Countries, Isle of Thorns Training Centre, Brighton, 8-9 October 1999.

研究开发支出上，其中，不发达国家的研究开发支出占 GDP 的比例只有 0.9%，而发达国家一般为 2.4%；在较为发达的国家，每百万居民拥有的研究人员 10 倍于不发达国家。在发达国家中，每千居民中有至少有 3 名研究人员；而在不发达国家中，每万居民中才只有 3 名研究人员。从研究开发活动的产出来看，根据对 SCI 数据库覆盖的 2500 种科学杂志所发表之科研论文的统计分析，以美国为首的北美国家占世界发表论文总数的 38% 以上，包括欧盟、欧洲自由贸易联盟在内的西欧国家占 35% 以上，两家合计占世界主要科学刊物所发表科研论文总数的近四分之三，而它们的研究开发支出只占世界研究开发支出总量的三分之二。如果再加上日本和新兴工业化国家以及大洋洲，以经济合作与发展组织成员国为主体的经济发达国家占世界科技成果总数的 85% 以上，而发展中国家在所发表的世界科研论文总数中所占的比重还不足 10%。这种情况说明，发展中国家在从事具有原创性的科学研究和探索方面的力量尤其薄弱。专利的世界分布情况同样也反映了发展中国家在科学技术创造方面的弱势地位。按美国的专利登记数计算，美国占世界专利总数的 48.7%，欧盟和日本分别占 18.6% 和 25%，其他经济发达国家与发展中国家合计还占不到美国登记专利总数的 8%。这种情况表明，在创造直接构成国民经济的技术基础的专利方面，发展中国家与发达国家的差距更大。从这些数据资料中我们可以看出，"除了亚洲新兴工业经济体以外，发展中国家在全球创新活动中只扮演着可以忽略不计的角色，而且看来已经大大落后了"[1]。

6. 科技活动的区位集聚

在知识经济时代，学习与合作比以往任何时候都显得更加重要了。简单地强调竞争已经成为企业战略中的下下策，学习和合作成为获取竞争力的最有效途径，学习与合作的范围已经从国内拓展到国外，跨国公司之间，跨国公司与大学、与政府实验室之间进行研发上的合作对其保持在技术领域的优势愈发重要。这就需要科学技术活动在地理上相应地集中于某些特定区位。公司要在全球规模上从多个学习中心获益，但它们趋向于将最关键资源的所有权和控制权只集中于一个国家，或者集中于少量的科技中心。有学者认为，小于 30 米的地理距离在专业交流中更具有影响力和

---

[1] Nagesh Kumar [1997]: Technology Generation and Technology Transfers in the World Economy, UNU/INTCH, Discussion Paper Series.

优势。[①] 由于全球化进一步增加了国家之间知识流动的容易程度，国家边界的作用逐步弱化，知识高度密集的特定区位具有了更为重要的意义。事实上，许多大型公司持续地进行合理化与精简行动，从而导致了各种活动集中于优秀的"点"，而这些"点"在公司内部形成各种活动所围绕的核心。一般来说，最成熟的商业过程、研究开发活动和科技领域，需要存在于尖端区位，倾向集中于一个杰出的中心。大型跨国公司在重构其生产经营活动结构的过程中，一般会投放巨资来扫描、评估和选择最成熟的科技中心，建立网络，协调任务，将最具战略性和优秀的项目集中于少数最先进的区位。特别是在 20 世纪 90 年代下半期，跨国企业普遍努力寻找独特的优秀中心（centers of excellence），建立全球学习中心，而不再满足于刚好使它们能够跟上技术竞赛步伐的区位。选择一流区位的关键标准包括：其一，什么区位在特定研究领域拥有世界上最先进的地位和最好的声誉，哪里具有持续研究的最好区位因素？其二，哪里的研究开发活动需要来自高度成熟市场和客户需求的强力诱导？其三，哪里可以利用价值创造的最大潜力，而且高度边际的客户群和制造单位会为尖端研究创造出现金流，同时又决定着研究的质量？其四，哪里可以通过参与研究联盟和标准化网络对管制体制与主导设计施加影响，从而在世界创新竞争中获得先行者优势？其五，在哪里最先进的创新型竞争者、竞争类型和强度能够激励持续的创新？[②]

7. 科技规制的全球协调

一是对科技活动的规制。各国在知识流动方式上各不相同，不同类型机构、主体以及联系对于各自生产系统的重要性也各不相同。许多与管制、税收、融资、竞争和知识产权相关的政策可以缓解或阻碍各种类型的相互知识流动。经验研究表明，各国的长期经济实绩之所以不同，主要是因为各国倾向于沿着特定的技术路线——或者说轨道——发展，而这些轨道是由过去和现在的知识积累模式决定的。一个国家选择何种道路很大程度上取决于制度因素，这种制度因素往往对一国是专有的，包括赋予国家创新体系以固有特点的各种相

[①] Jon Rognes [2002]: Organising R&D in a Global Environment, Increasing Dispersed Co-operation Versus Continuos Centralisation. SSE/EFI Working Paper Series in Business Administration No. 2002: 3.

[②] Alexander Gerybadze, Guido Reger [1999]: Globalization of R&D: Recent Changes in the Management of Innovation in Transnational Corporations, *Research Policy* 28 (1999), 251—274.

互作用。① 一般来说，国内条件有时会驱使研究开发移向国外或者使一个国家对于跨国公司的研究开发投资没有吸引力。在某个领域缺乏熟练劳动力、过于苛刻的规章、不确定的知识产权保护，都会对创新过程产生不利的影响。对于试图改进研究开发环境的政府来说，改进制度框架条件是第一选择，决定一国或地区产业创新环境是否有利的主要框架条件包括劳动力、教育和公共研究、财政与金融政策、管制与法律条件以及一个国家的市场动力等，事实上，劳动力、教育和公共研究基础对于促进以研究为基础的投资特别重要。② 二是对科技成果的规制。这主要表现在专利保护的国际化上。对三方专利的分析表明，在1999年存在的4.2万余个专利群中，美国占了大约34.3%，其次是欧洲联盟的31.7%和日本的26.7%。随着时间的推移，技术国际化水平不断提高，外国企业而不是本国企业拥有技术所占比例不断上升充分说明了这一点。20世纪90年代末期，OECD成员国平均有14%的发明是由外国居民拥有或者联合拥有，而这个比例在90年代早期只有10.7%。③

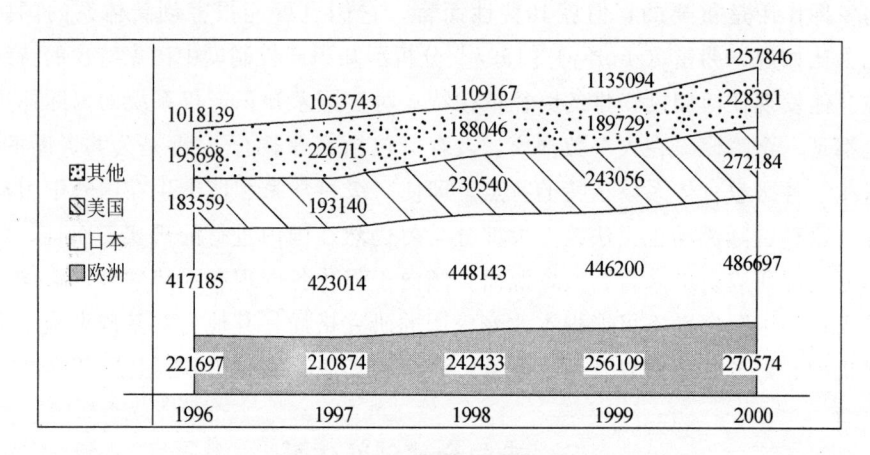

图 2—10 专利全球化情况

资料来源：European Patent Office（EPO），the Japan Patent Office（JPO）and the United States Patent and Trademark Office（USPTO）：Trilateral Statistical Report 2001.

---

① Organisation for Economic Co-operation and Development [1997]：National Innovation Systems，Paris.

② Organisation for Economic Co-operation and Development [1998]：Globalisation of Industrial R&D：Policy Issues，OECD 1999.

③ OECD [2004]：Science and Technology Statistical Compendium 2004，p.35.

8. 国家专有因素的影响越来越重要

有些学者认为，尽管国际联系越来越重要，但国家教育体系、产业关系、技术和科学制度、政府政策、文化传统以及许多其他国家制度对于促进技术创新来说仍然是至关重要的。在许多方面，正是这种制度使各个国家创新体系各具特色。它们代表着过去的遗产，变化非常缓慢，因而创造出强有力的路径依赖。正如帕维特（Pavitt）[1998] 所指出的，国家科学基础是一种社会建构：它受到国家的经济发展水平以及经济社会活动的构成的影响。纳尔逊（Nelson）[1992] 指出，各国在制度安排上既有相似性也有差异性，它们在时间演变中是持续稳固的，而且创新体系的独特国别特征因而很可能会保留下来。与创新体系相关的许多制度是国家层面的，尽管另外一些在区域甚至地方层面也很重要。它们的影响对于特定领域创新体系的演进来说可能是正面的，也可能是负面的。重要的是尽管制度对于特定创新体系的组成与发挥作用是重要的，但就其特性而言，它们也可能损害创新体系的国际化。比如说，弗雷（Foray）[1995] 分析了知识产权制度中国家特性的持续性。他发现任何制度安排的路径依赖特点对于国家知识产权系统的国际标准化都是一个障碍。在大多数国家，教育（包括高等教育）都是公共资助的，这赋予各国教育体系以独特的特点。即使高级科学家和博士生在国外学习研究，这种国际流动也无法改变大部分学习仍然在国内进行的现实。而且，大部分基础研究资助来自公共资源而且倾向于强化各国现有强势领域；跨国研究项目的国际资助不可能根本改变一国的研究格局。其他公共基础设施、金融机构、财务、货币以及贸易政策、法律和其他制度变迁事实上是很慢的。[①]

三　走向全球创新体系

从理论上说，正确地理解国家创新体系有助于我们确认扩大创新实绩与总体竞争力的均衡点。它可以帮助指出系统内部的不相匹配之处，包括机构之间和与政府政策的关系，这些不相匹配之处可能会妨碍技术发展与创新。

---

① Bo Carlsson [2003]: Internationalization of Innovation Systems: A Survey of the Literature, Paper for the conference in honor of Keith Pavitt: What Do We Know about Innovation? SPRU-Science and Technology Policy Research, University of Sussex, Brighton, U. K. 13－15 November 2003.

经济合作与发展组织的研究指出，关于国家创新体系的研究给政府技术政策提供了新的合理性与新的方法。大多数政府干预技术领域的活动是针对校正市场失败的，或者是由于企业无法全部获得投资收益而导致的私营部门在技术开发方面投资不足的趋势。为了使对普通公众的收益最大化，技术政策应该通过针对研究开发活动的税收优惠以及补贴等政策工具促进产业部门的研究开发支出，以最有效的方式扩大创新网络并设计知识流动、技术联系与战略伙伴关系。从国家创新体系的角度看，扩大企业的创新能力意味着改进企业接触适当网络、发现和确认相关技术和信息、使这种技术适合自身需要的能力，总体上提升企业的技术、管理与组织能力，更多地投资于研究开发、人员培训和信息技术等以改进企业自国内外获得信息和技术、持续地吸收这些技术的能力。技术政策不应该仅仅是把设备与技术扩散到企业，同时也要寻求提升它们发现并使技术适应自身需求的能力。技术政策不仅应该瞄准以技术为基础的企业，也应该瞄准技术能力较弱的企业，瞄向传统的和成熟的产业以及服务部门。而且，这些政策不应仅仅集中于提升个别企业的能力，也应该瞄向扩大企业与部门群集的结网与创新实绩。[①] 在经济全球化的背景下，这同时也就意味着国家创新体系的适当转型，从封闭走向开放。

（一）国家创新体系的理论缺陷及其修补

根据经济合作与发展组织的研究，当代知识创造的一个重要特点就是专业化，这表现在三个方面：一是科学技术内部的学科专业化；二是商业企业内部的公司功能专业化，包括设立专门的研究开发实验室、开发功能与研究功能的专业化分工等；三是国家内部的机构专业化，由公司和政府资助研究开发实验室进行知识创造活动。专业化意味着协调，所有有效"创新体系"的关键特征是不同组成部分之间的联系及其性质：学科之间、公司功能之间以及机构之间都是如此。[②] 在一个封闭的经济体系中，这种分析当然是有道理的，而且具有较强的说服力，但是在一个开放的甚至是全球化的背景下，

---

① Organisation for Economic Co-operation and Development [1997]: National Innovation Systems.

② Pari Patel and Keith Pavitt [1998]: National Systems of Innovation Under Strain: The Internationalisation of Corporate R & D, published in R. Barrel, G. Mason and M. Mahony (eds.) Productivity, Innovation and Economic Performance, Cambridge University Press.

国家创新体系的理论缺陷就非常明显了。

1. 国家创新体系的理论缺陷

国家创新体系理论的一个最大缺陷就是缺乏一个全球视角,忽略了全球化这样一个大背景,而把创新体系局限于一国之内,过多地强调了国家创新体系的封闭性,而没有强调它的开放性。事实上,当我们将全球视角纳入其中时,国家创新体系会发生很大的变化,有时甚至是根本性的变化。由此而来的一个问题是,国家创新体系的理论合理性还存在吗?经济合作与发展组织的研究一贯地认为,尽管国际知识与专门技术的投入对于国家创新体系有着越来越重要的意义,它们与国际或者说国家创新能力的关系仍然没有系统地建立起来,创新能力看来仍然主要是在国家层面决定的,而且子系统发挥着重要作用。① 而且,由于两个假定的存在,国家创新体系理论的正确性是毋庸置疑的:首先,全球化提高了对强大国家创新体系的需求;其次,相互作用型学习要求用户和生产者进行更为密切的相互作用,国家联系因而很可能较之国际联系更为有效。事实上,研究开发全球化并没有显著消除不同国家之间创新体系的差异。研究开发全球化本身是不平衡的。尽管各国的经历是多样化的,但我们事实上仍可以发现在OECD成员国的政策中存在着趋同的倾向。它们的政策都集中在以下目标上:其一,鼓励外国企业在国内经济中进行研究开发投资;其二,从外国研究开发投资中获得更大的本地收益;其三,深化国内与全球创新体系之间的联系,以从国外进行的研究开发活动中获得更大的收益。②

应该承认,一个强大且专业化的创新体系在一个全球化的世界上当然是至关重要的,多样性和专业化是维持增长的关键,从政策角度来看,从关注国家创新体系开始显然是有意义的。但是,这并不意味着人们可以忽略补充性国际联系所发挥的作用。关于全球化的研究可以清楚地确认,经济活动的重心已经转移出了国家经济的边界。跨国界联系不断增生扩散,没有一个国家能够长期孤立独存。制度的重大变化、技术与竞争已经重塑了企业行为的基本参数。不仅资源配置如此,对于学习和创新也是如此。两者现在都更加

---

① Organisation for Economic Co-operation and Development [1997]: National Innovation Systems.

② Organisation for Economic Co-Operation and Development [1998]: Globalisation of Industrial R&D: Policy Issues, OECD 1999.

暴露在全球视野之下。结果，创新体系的重心已经移出了国家经济的界限。不可能再像以前那样把国家创新体系处理为一个封闭体系了。在一个全球化的世界上，国内和国际知识联系的动态耦合对于经济增长具有极为重要的意义。在某些条件下，国际联系可以弥补国内联系的先天不足。全球化可能实际上促进了创新体系发展的反向顺序：它现在可能沿着从国际联系到本地化群集的反向顺序演进①。

很显然，经济全球化的一个基本趋势就是要冲破民族国家的藩篱，使各国经济更加密切地融合起来。这与国家创新体系理论显然是相矛盾的，因为国家创新体系理论的一个基本假定就是：国家边界对于一国的经济实绩是有影响的。根据丹麦经济学家郎德威尔的观点，国家之所以重要，一个根本原因就在于地理和文化差距是阻碍用户与生产者之间相互作用的一个重要因素，而国家又是作为这种相互作用的框架而存在并发挥作用的。这一点可以解释为什么不同的国家创新体系表现为不同的发展方式。② 在其1992年发表的著作中，郎德威尔教授进一步认为所谓国家创新体系就是"由新颖并且经济实用知识的生产、扩散和应用过程中相互作用的各种构成要素及其相互关系组成的创新体系，而且这种创新体系包括了位于或者植根于一国边界之内的各种构成要素及其相互关系"③。在他看来，在现实世界中，政府和公共部门深深地植根于民族国家之中，而且其影响的地理范围也仅限于国家疆界之内。特别是，一个国家的历史经验、语言和文化方面的差异会在企业的内部组织、企业之间的关系、公共部门的作用、金融部门的制度结构、研究开发强度和研究开发组织等国别特质上得到反映。而这些方面的国际差异对于国家创新体系的运作将会产生重大影响，而它们之间的关系同样也是非常重要的。由此可见，郎德威尔教授对

---

① D. Ernst [1999]: Globalization and The Changing Geography of Innovation Systems. A Policy Perspective on Global Production Networks, Paper for International Workshop: The Political Economy of Technology in Developing Countries, Isle of Thorns Training Centre, Brighton, 8—9 October 1999.

② Bent-Ake 伦德瓦尔：《创新是一个相互作用的过程：从用户与生产者的相互作用到国家创新体系》，载 G. 多西等《技术进步与经济理论》，经济科学出版社 1991 年版。

③ Bent-Ake Lundvall [1992]: National System of Innovation: Towards a Theory of Innovation and Interactive Learning, Pinter, p. 2.

于国家创新体系理论的主要贡献之一就在于他建立了一种说明国家边界为什么对于技术创新如此重要的理论体系。用纳尔逊的话来说，国界的重要看来是清楚的，但不清楚的是它多么重要和怎么重要，而郎德威尔恰恰在这方面做出了自己独特的贡献。从中可以看出，经济全球化迅猛发展与对国家创新体系的加强与完善之间存在着明显的矛盾：一方面，经济全球化使国家边界的意义逐步弱化；另一方面，国家创新体系的发展和完善又使国家边界的意义得到强化。

国家创新体系理论与产品生命周期理论之间也存在着直接而尖锐的冲突。一方面，由于知识是累积性的，技术专业化优势会自我强化并导致进一步的地理集中。用空间概念来说，这将意味着被"历史事件"或"机会"锁定在一种特定的技术专业化模式的地理区域的出现，并且促使活动领域不同的国家之间保持甚至扩大技术差距。同样，企业也可能被锁定在某些类型的生产与技术中。由于国际知识扩散并不容易，国际技术差距就会一直维持下去，进而导致经济实绩的国际差异。这意味着，由于集聚经济机制的存在，任何领域的主要国家或区域——或者研究与创新领域中的国际杰出中心——可能会一直保持其地位，不会因时间的流逝而变化。正是出于这样的考虑，以技术变迁和知识流动为主要研究内容的国家创新体系理论，把主要注意力放在以国家为基础的机构的重要作用上，包括那些参与创新与扩散过程的国家机构。但是，另一方面，根据生命周期理论，技术在一个区位创造出来，并从一个单一区位向外扩散，转移到另一个区位的企业或子公司。在现实生活中，我们确实观察到，跨国公司发展技术网络、协调不同区位活动的能力，已经成为国际商业研究的重要方向。海外研究开发成为促进在产品生命周期后期阶段盈利能力不那么强的、隐含了较多可接近且标准化技术有效利用的重要手段。当代技术相互依赖的复杂性，以及新技术越来越复杂的特点，促使企业不得不通过国际化战略来扩大其技术活动。[1] 显然，国家创新体系理论对国家边界作用的过分强调与产品生命周期理论是相互矛盾的，而经济全球化的深化发展似乎是在证实产品生命周期理论而不是国家创新体系理论。这既是国家创新体系理论的一大危机，也为国家创新体系理论的进一

---

[1] John Cantwell, Odile Janne [1999]: Technological Globalisation and Innovative Centres: the Role of Corporate Technological Leadership and Locational Hierarchy, *Research Policy* 28 (1999), 119—144.

步深化和发展提供了难得的契机。

2. 经济全球化与国家创新体系互动

从上面的分析中可以看出，不论采取何种方式，国家创新体系理论都必须对全球化背景下的科学技术发展的新特点做出解释，并将全球化视角纳入其中。要做到这一点，就必须正确理解经济全球化与国家创新体系之间的互动机制。

首先，我们必须明确，经济全球化对国家创新体系的挑战直接促成了科技全球化的发展和深化，两者之间因而是一种相辅相成的关系，"技术发展既受到全球化的驱动，又是全球化的关键推动器"。科技全球化导致的全球科技结构发展变化使各国的科学技术知识供应和消费也越来越成为国际性的了，迫使国家创新体系面临着内有"张力"外有"拉力"的双重影响。科学技术知识的跨国界流动使国家创新体系由国内扩大到国外，由封闭走向开放，大型跨国公司也都通过企业间策略性技术联盟建立起了自己的全球技术网络。从这个意义上来说，科技全球化本身就是经济全球化发展到一定阶段的产物，是经济全球化的一个重要组成部分。随着人类社会资源利用水平的提高，各国经济的发展越来越依赖于科学技术发展的速度、方向及其规模。在这种情况下，在20世纪上半叶还被视为经济增长外生变量的科学技术逐步演变成为经济增长过程的内生变量了，科学技术知识本身也成为直接参与生产过程中的一个可交易的重要生产要素了。为了避免在激烈的国际经济竞争中落后于竞争对手，不仅各国政府大幅度增加研究开发支出，而且企业在研究开发活动中也扮演着越来越重要的角色，当今世界上科学技术知识的任何进步都是各国政府或者民间有意识地进行研究开发投资活动的结果。人类社会经济增长方式的这一重大转变表明，科学技术知识作为一种决定一国企业乃至整个国家经济发展方向的战略资源越来越具有重要意义，一国经济的发展水平不仅仅取决于本国的科学技术知识供应状况，而且取决于整个世界范围内的科学技术知识供应状况，这在客观上就要求人们以全球眼光来看待和把握人类科学技术的发展趋势，在全球范围内寻求科学技术知识的供应并保护自身的科学技术收益不被侵犯。不论是跨国公司的海外研究开发活动，还是世界知识产权组织以及《与贸易有关的知识产权条约》等知识产权相关机构或规则的确立，都代表了人类社会在促进科学技术发展方面所做出的巨大努力。

其次，科技全球化对经济全球化起着推动和深化的作用。这是因为，不

论一国在科学技术发展方面具有怎样雄厚的实力,它都必须参与到科技全球化浪潮之中,以便准确地把握其发展的方向与基本趋势,而这又进一步加强了各国之间的技术联系与经济联系,从而促进了经济全球化的深入发展。"技术不仅使这些事件得以发生,而且它自身也是一种竞争工具,因为创新和成功地采用新技术是在国际市场上获得成功的关键。"关于经济合作与发展组织成员国的一项研究表明,自20世纪80年代初以来,包括技术许可、专利和商标出售、技术专家和智力服务在内的技术交易增长了大约三倍以上,而且通过设备进口而获得技术知识的重要性也呈不断增强趋势。[①] 不仅如此,科技全球化还促进了国际竞争的扩大和深化。由于企业之间乃至国家之间的竞争是建立在知识资源的基础之上的,而知识的无国界性和无限供应性以及非独占性这三个特点又决定了未来的知识经济必然是一种全球经济。在这种情况下,国际竞争的焦点不再是各种生产活动的最终产品,而是各种知识活动的成果,竞争的战线已经前移到产品的研究开发阶段乃至基础研究阶段,国家或者企业的竞争优势是建立在其研究开发能力以及技术创新能力的基础之上的。在许多情况下,市场竞争的结果甚至在研究开发阶段就已经决定了。这说明,国家之间、企业之间竞争的核心阵地已经不再仅仅是产品和服务领域了,而是已经前移到了科学技术研究阶段,在研究开发的主攻方向的选择阶段以及在对用以进行技术创新的科学技术成果的筛选阶段。在这种情况下,竞争成败与否并不仅仅取决于有形的产品和服务,而更多地取决于国家和企业选择研究开发的主攻方向、研究开发资源的有效配置等方面的能力。这样一种竞争势必是全球范围的全方位竞争,其激烈程度是难以想像的。

再次,科技全球化的深入发展促进了区域科技集团的形成。以研究开发的国际化、企业间技术网络的建立以及国际科技合作的发展为主要内容的科技全球化,推动着不同国家通过区域科学技术合作而形成一个一个的区域性科技集团,通过国家的力量强化对全球科学技术资源的争夺。由于区域科学技术合作一般是由政府倡导的,而企业又是各种技术创新活动的主体,因此,以策略性技术联盟为主要形式的企业跨国科技合作与以政府为主导的区域科学技术合作是一种互为补充、相互支持的关系。从世界范围来看,区域科技合作与区域经济合作基本上是相辅相成的,而且区域科技合作一般都是

---

① Candice Stevens: Mapping Innovation, in OECD: Observer, August—September, 1997.

作为区域经济合作的一个重要内容而确立和发展起来的,它反过来又进一步促进了区域经济合作的发展和深化,因为"技术发展既受到全球化的驱动,又是全球化的关键推动器"[①]。从某种意义上说,整个世界正在分化成为三个以区域科技合作为基础的相对独立的科技圈,即以美国为首的北美科技圈、以欧盟为主的欧洲科技圈和以日本为首的东亚科技圈。国际技术贸易的情况也反映出这种集中化趋势。关于经济合作与发展组织成员国的一项研究表明,自20世纪80年代初以来,包括技术许可、专利和商标出售、技术专家和智力服务在内的技术交易增长了大约三倍以上,而且通过设备进口而获得技术知识的重要性也呈不断增强趋势。由此所产生的一个必然结果就是,国际技术流动还高度集中到以欧盟、美国和日本为主的所谓"三驾马车"国家(Triad)。有学者推算1995年全球技术流动总金额约为680亿美元,其中欧美日三者之间的技术交易总额即达660亿美元,占总额的97%以上。在这个科学技术的国际三极结构中,美国与欧盟国家之间的科学技术联系远远强于美国与日本以及欧洲与日本之间的科学技术联系,而美国与日本之间的科技关系又强于欧洲与日本之间科技关系。在各集团内部,欧洲的集团化趋势最为强烈,52%的科学技术流动是在欧盟(包括欧洲自由贸易区)与其他欧洲国家之间进行的,占52%,而且这种流动是双向流动;日本的集团化趋势次之,其科学技术国际流动总额的47%是与亚洲新兴工业经济体进行的,而且这种流动主要是单向流动,即从日本向其他亚洲新兴工业经济体的流动;美国的科技集团化倾向最低,它与北美自由贸易区成员国之间的技术流动仅占其对外技术流动的6%。[②]

由于科技全球化的直接动因是以跨国公司生产和经营国际化为主要推动力的经济全球化浪潮,它直接服务于跨国公司的全球经营战略,服务于跨国公司的全球利益。因此,科技全球化主要是由西方发达国家及其跨国公司所主导和操纵的,由科技全球化所引起的国际科技结构变化也主要有利于西方发达国家而不利于发展中国家。从这个意义上来说,所谓科技全球化既是科

---

① Stephen P. Bradley, Jerry A. Hansman and Richard L. Nolan: *Globalization*, *Technology and Competition*, Harvard Business School Press, 1993, Chapter 1.

② Nagesh Kumar: "Technology Generation and Technology Transfers in the World Economy: recent Trends and Implications for Developing Countries", UNU/INTCH, *Discussion Paper Series*, September 1997.

技活动的全球化,更是科技争夺的全球化。对于发展中国家来说,至少在短时期内,科技全球化更多地表现为一种挑战而不是机遇。但是,这并不意味着我们必然要拒绝或者反对科技全球化浪潮,因为不仅研究开发的溢出效应使发展中国家能够分享一部分科技全球化收益,而且有一部分发展中国家也有可能通过积极参与科技全球化进程而缩小与发达国家之间的科学技术差距。在这里,问题的关键是根据本国经济发展的实际状况制定适当的科技全球化战略,简单地否定或者是肯定科技全球化都不是一种科学的态度。

3. 国家创新体系的国际化

一方面,科技全球化深入发展的过程,就是国家创新体系从封闭走向开放的过程,也就是国家创新体系国际化的过程。然而,对于创新体系国际化的具体内涵及其具体表现形式,我们所知甚少。在微观层次上,帕维特(Pavitt)的研究说明:其一,企业研究开发活动较之其他活动领域的国际化程度较低,在许多情况下甚至大公司也在其母国进行其研究开发活动。其二,公司的创新活动主要受到其母国的国家创新体系的影响,包括基础研究的质量、工人的技能、公司治理制度、竞争激烈程度、本地诱导机制等。其三,基础研究和相关活动提高了公司解决复杂问题的能力。这种贡献大多是隐含在个体与机构之中的隐性知识,而不是以信息为基础的可编码知识。其四,企业技术竞争力依赖于国家创新体系,而国家创新体系又不可避免地依赖于政府政策。企业资助研究开发活动的水平受到国家政策的影响,也受到国家机构运行的影响。[①]这样一些结论,特别是关于企业研究开发活动的结论,在许多方面与经济活动全球化越来越重要的通行观点相反,因而是颇具争议的,因为这实际上否认了国家创新体系国际化趋势的存在。

另一方面,波卡尔森(Bo Carlsson)[2003]却指出,事实上只有五项研究在国家创新体系层面对国际化问题进行了经验探讨[尼奥西和贝隆(Niosi & Bellon)1994;尼奥西和贝隆(Niosi & Bellon)1996;巴赛洛缪(Bartholomew)1997;弗兰斯曼(Fransman)1999;尼奥西、曼索和戈金(Niosi, Manseau & Godin)2000],其中以尼奥西(Niosi)和贝隆(Bellon)[1994 & 1996]的研究最具综合性。这些作者用跨国企业的研究开发、

---

① Bo Carlsson [2003]: Internationalization of Innovation Systems: A Survey of the Literature, Paper for the conference in honor of Keith Pavitt: What Do We Know about Innovation? SPRU-Science and Technology Policy Research, University of Sussex, Brighton, U. K. 13—15 November 2003.

国际技术联盟以及国际技术转移、资本货物的国际贸易、科学技术人员的国际流动等测度了美国、日本以及欧洲主要国家国家创新体系的开放程度，结论是：其一，国家创新体系全球化的速度与类型在不同国家之间存在着广泛的差异。一般来说，小国科学技术知识以及有形技术跨越国界的流动水平较高，而大国更多的是自我满足的（self-sufficient），较少受到国际技术与知识流动的影响。其二，所有知识流动类型都是非常显著的，大多介于占其国家储备的10%—30%之间，而且增长非常明显。从这个意义上来说，今天的国家创新体系较之20年前更少"国家"色彩了。其三，不同流动类型在强度上有差别，专利的国际化程度最高，研究者（流动的最好指标之一）的国际化程度最低。就知识类型而言，科学方面的国际合作与流动较之技术方面强度更高一些。其四，欧盟似乎是唯一一个正在兴起的超国家科学技术集团。日本的国际化程度较低（而且它的国际化主要瞄向美国），加拿大—美国的互动较之欧盟并不显著（尽管有 NAFTA）。其五，国家政策对于知识流动发挥着关键作用，有些国家对这些流动进行过滤（日本），而其他国家对于科学技术资源和产品的进出口更加开放（像美国和加拿大）。尼奥西（Niosi）和贝隆（Bellon）的最终结论是，通过模仿、技术扩散与转移，国家创新体系可能会趋同到某一点。弗兰斯曼（Fransman）[1999]着重研究了日本在20世纪七八十年代的国家创新体系及其国际化的程度，认为尽管日本在科学技术系统的国际化进程方面仍然远远落后于其他国家，但其程度在过去几十年里有了非常大的提高，其科学技术系统较之以前已经不那么"自我抑制"（self-contained），在这个过程中，日本政府特别是通商产业省在强化日本企业的科学技术基础方面发挥着极为重要的作用。由此可见，尽管有关创新体系国际化的经验研究所提供的证据并不广泛，但它们无一例外地指出各国创新体系的相互依赖有了大幅度的提高，国际化程度越来越高。我们所不清楚的是，这种相互依赖有多重要。

当然，必须承认，在创新活动中也隐含着国际化的障碍，具体形式是知识溢出的空间界限以及诸如知识产权的国家特性等等，它们使国家创新体系成为独一无二的制度安排。除制度因素以外，创新体系的国际化还有其他阻碍因素。比如说，生物技术、软件以及计算机等研究开发密集型产业趋向在空间上高度集中，因为这些产业使用的往往是隐性知识，难以传递。知识溢出在大多数情况下是地方性的，而不是国家性的，而且当然也不是国际性的。这是集聚经济形成的主要原因，而且研究型大学一般会在

这种聚集中发挥重要作用。外国人拥有的跨国公司往往会将技术活动配置在这样的环境中,以便利用技术溢出机会,克服知识特点的障碍。莫厄里和奥克斯雷(Mowery & Oxley)[1997]在研究了国家创新体系在国际技术转移中的作用后指出:其一,一国经济从外国来源获得技术的渠道组合与利用外国技术资源的总体努力同样重要。其二,国家创新体系对内向技术转移的贡献主要是通过培育有技能的生产与技术劳动力实现的。其三,国家创新体系对内向技术转移和竞争力的贡献受到总体经济与贸易政策的严重影响,当它们在一个相对稳定的宏观经济环境中对国内企业构成竞争压力时最为成功。[①]

作为对研究基础全球化的反应,许多国家政府开始尝试新的科学技术政策目标以及达到这些目标的新工具。一方面,许多经合组织国家急迫地促进公共部门开发出来的技术诀窍在商业性活动中的应用,经济、技术、产业和贸易政策之间日益复杂的联系使重塑国家创新政策、对研究开发全球化做出反应的任务更加困难了,进而促使经合组织国家实施不同类型的政策来帮助企业学习和结网。另一方面,各国政府都合乎情理地希望维持一个有吸引力的国内研究基地,不鼓励研究开发活动流向国外,同时着力提高在全球范围内吸引技术密集型投资的能力,寻求把外国企业的活动融入本地经济之中并使其国内溢出最大化的机制。由于先进技术市场越来越多地在海外涌现出来,各国政府都要求其私营部门更好地监控和参与这些外国研究中心的活动。但是,全球化过程并没有明显消除创新体系的差异,而是可能强化了不同区域企业的技术专业化趋势,这就要求OECD成员国政府主要是通过旨在改进其国内创新能力的政策对全球化压力做出反应,加强产业创新的基础框架条件,消除妨碍创新体系不同部分之间协调运转的系统失败(systemic failure),通过技术和信息并促进主体之间的合作来促进知识流动,推动集群发展,等等。[②]

---

① Bo Carlsson [2003]: Internationalization of Innovation Systems: A Survey of the Literature, Paper for the conference in honor of Keith Pavitt: What Do We Know about Innovation? SPRU-Science and Technology Policy Research, University of Sussex, Brighton, U. K. 13—15 November 2003.

② Organisation for Economic Co-operation and Development [1998]: Globalisation of Industrial R&D: Policy Issues, OECD 1999.

（二）跨国创新体系——跨国公司视角

国家创新体系从封闭走向开放是一个过程，而且这个过程基本上是自下而上展开的，跨国公司研究开发活动全球化就是国家创新体系国际化的逻辑起点。从这个意义上来说，在经济全球化的大背景之下，科技全球化作为国家创新体系对经济全球化的反映，首先表现为跨国创新体系的形成与发展。

1. 多技术全球化公司的发展

随着现代科学技术发展与企业生产经营活动的结合越来越密切，产品的科学技术基础也越来越复杂，比如说，工业机器人由驱动、感应器和控制技术等许多技术构成。与此相适应，几乎所有企业都变成了多技术公司。在这种情况下，大企业需要掌握越来越多的技术领域，促使许多不同产品组的企业，比如汽车和机械类企业，越来越多地参与到材料领域以及诸如计算技术等高技术领域，这主要是因为这些产品越来越多地变成多技术产品了。坎特威尔和皮西泰洛（Cantwell & Piscitello）[2000] 认为，在两次世界大战之间时期和战后初期，多样化和国际化是公司成长的两种替代战略。国际化战略主要是由母国与外国市场的差异性所驱动的，技术多样化则建立于不同技术之间的相互交叉上。只是在进入 20 世纪 80 年代中期以后，我们才能够清晰地看出技术多样化、能力积累与创造和国际化之间的相互交叉融合。[①]

技术多样化的深入发展，使企业生产经营活动所必需的研究与开发活动已经大大地超越了单一企业的能力范围，迫使企业不得不寻求联合，实现资源共享。以汽车制造业为例，有的企业在发动机研发上居领先地位，有的企业在新材料研发上处于优势地位，还有的企业在新能源研发上具有优势，当享有不同优势的三个企业组成一个整体时，不仅同时在三个领域具有了技术优势，同时研发的成本也大大降低了。戴姆勒与克莱斯勒、福特与沃尔沃、英国石油与阿莫科的重组之所以得以实现，除了可以获得产品互补和市场互补之外，一个重要原因就是能够在研发环节上实现资源共享。[②] 从这个意义

[①] Christian Le Bas and Pari Patel [2005]: Does Internationalisation of Technology Determine Technological Diversification in Large Firms? The Freeman Centre, University of Sussex, Paper No. 128.

[②] 课题组：《全球技术进步的总体趋势、产业特征及各国政策走向》，《产业技术进步中的公共财政政策》课题分报告之一，载《中国工业经济》2001 年第 11 期。

上来说，跨国公司合并或者联合的主要原因是为了分摊巨额的研究开发支出，而技术多样化的深入发展又使这种合并不仅可能，而且极为必要。

与此同时，世界大企业也越来越多地在母国以外从事研究开发和创新性活动。由于企业的研发活动与其营销、生产、营运等其他环节一样，不断被细分，也不断将有些环节外包，如德国大众公司对其某些车型的开发和设计，在提出标准和要求之后，完全委托外部公司去做。这种做法，突破了传统的企业边界。这就导致了技术能力的国际复制和国际多样化的区分：国际复制是指地理上分散的单位在内一个或一组技术领域中维持技术能力；国际多样化是指地理上分散的单位各有其独特的技术领域。一般来说，技术能力的复制是由中央研究单位创造新技术，而许多不那么成熟的国外单位在当地市场上进行产品本地化活动，这些国外单位就是从事技术转移或技术支持的单位。与此相反，技术能力的国际多样化则是跨国公司网络中越来越重要的组成部分，其技术活动分为全球对全球、全球相关、国际创新过程（global-for-global, globally-linked, or international innovation process）等不同种类，最终目标是国外研究开发成果的全球利用。[①]

2. 全球化下的跨国企业研发战略

大型跨国公司是研究开发和技术创新活动国际化的直接驱动者。自20世纪80年代中期以来，出现了一种世界范围的建立跨国研究开发机构的强劲趋势，海外研究开发支出所占比例、海外研究开发雇用人员、研究开发机构数、国际专利申请量出现明显增长，研究、产品开发和创新的国际化程度出现较大幅度提升和增长。但是，近年来，跨国公司的研究开发战略和国际区位决策发生了很大变化。对21家欧洲、美国和日本大型跨国公司研究开发国际化的深入分析表明，自90年代中期以来，跨国公司越来越倾向于合并或使其组织形式合理化。研究开发活动和创新过程的全球分散导致企业管理架构极为复杂而且难以管理，从而诱使企业去寻找"学习者"（learner）和更为有效的管理国际化创新活动的类型。[②] 在这种情况下，跨国公司的经营战略开始从"自我完善型的运营系统"向"资源外

[①] Ivo Zander [1999]: How do you mean "global"? An Empirical Investigation of Innovation Networks in the Multinational Corporation, Research Policy 28 (1999), 195—213.

[②] Alexander Gerybadze, Guido Reger [1999]: Globalization of R&D: Recent Changes in the Management of Innovation in Transnational Corporations, Research Policy 28 (1999), 251—274.

取型的运营系统"转变,只将最关键的生产经营环节保留在公司内部,其余环节则在全球范围内进行配置,大型跨国公司越来越成为产业价值链的"链主"或是产业网络的"网主",从而使竞争主要表现为价值链与价值链之间的竞争或者价值网络与价值网络之间的竞争,而且竞争更加激烈。

跨国公司国外技术能力的成长取决于三方面的因素,一是国际经验积累,二是对国外市场越来越感兴趣,三是跨国公司在国外建立的技术单位越来越大。企业技术能力国际化的重要途径是通过企业兼并进入国外市场,并适应当地供应商、购买者以及相关企业的需求而引入成熟的技术资源。国外技术能力的演进取决于国外扩张关键时期的市场条件、未曾预期的合并机会,以及管理者对技术能力国际化、战略与分散的态度,国外经营规模、授予国外子公司的技术自由度等。在大多数情况下,先进的研究开发能力配置在母国,同时由国外子公司承担一些外围的、不那么成熟的技术活动。随着主要焦点转向在跨国公司网络内部进行持续知识交流的收益效应,国外分部在跨国公司网络中发挥着越来越突出的作用,因而常常获得授权开发全球产品并负责相关的技术能力。在跨国公司网络中间扩大知识交流改进了创新的质量。结果,跨国公司的创新活动正在从本地创新、本地使用(local-for-local)模式转向本地创新、全球使用(local-for-global)转变,而且进一步向着全球创新、全球使用(global-for-global)或者全球联结的创新过程(globally-linked)演进。①

技术能力的地理分散正在成为跨国公司国际化趋势的重要伴生物。事实证明,跨国公司已经逐步扩大了国外技术活动所占份额,在母国以外形成越来越先进的技术能力。技术能力分散为跨国网络技术活动的焦点转变提供了机会,而且在传统的创新路径之外出现了数量越来越多的全球集成创新项目。一是从事相似创新活动的不同机构之间出现了交叉融合;二是将不同技术能力集成和再融合成为重要的新产品或复杂系统。值得注意的是,尽管文献表明跨国公司的技术能力越来越国际化,但没有文献系统研究过国际创新网络类型之间的差异。为了反映国际技术能力成长的种类,伊沃·桑德尔(Ivo Zander)[1999]以先进技术能力的复制和多元化为基础研究了四种类

---

① Ivo Zander [1999]: How Do You Mean "Global"? An Empirical Investigation of Innovation Networks in the Multinational Corporation, *Research Policy* 28 (1999), 195—213.

型的国际创新网络（见图2—11）：

	技术能力的国际多样化	
	否	是
技术能力的国际复制　是	国际复制	扩散
否	国内中心	国际性的多样化

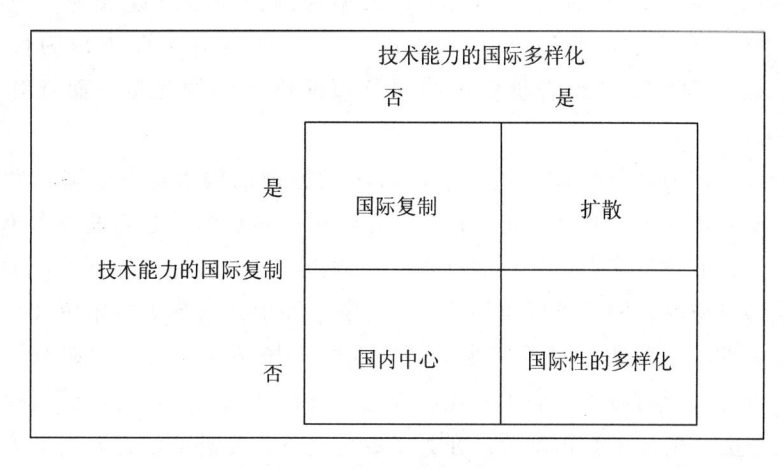

图2—11　国际创新网络分类

其一，母国中心型企业（home-centered）。这种企业把大部分技术保留在母国，但也可能会进行一些技术能力的国际复制活动，或者在外国建立一些专业化技术活动中心。总体而言，这些活动不会大到足以对母国的技术领导地位产生重大影响，也很难从接近新增长机会、灵活性或者研究开发活动的国际分散中获得重要优势。

其二，国际复制型企业（internationally-duplicated）。国外技术机构一般只参与与母公司相同领域的技术活动。这种技术能力的国际复制既可能来自于母公司对国外机构的技术转移，也可能来自大量的国外兼并活动。一般来说，国际复制型企业将获得在跨国网络内部改变创新活动焦点的灵活性，而且也培育了在从事类似领域技术活动的不同单位之间进行知识交流的能力。

其三，国际多样化企业（internationally-diversified）。随着时间的推移，有些企业的国外技术能力越来越重要，每一个外国区位都专业化于某一种专业能力和技术。国际多样化企业一般拥有接近新的增长机会、将不同技术集成和融合于一种产品或复杂系统的能力。

其四，分散化企业（dispersed-firms）。这些企业大都经历了先进技术能力从母国向国外的转移的重大事变。企业在不同区位的技术能力可能出现重要的复制或重叠，也可能会强化一系列技术，推动国外研究机构形成世界性

的产品设计能力。[1]

为了最有效地利用现有技术的商业潜力,跨国公司需要使其创新产品尽快进入世界重要市场的每个角落,并确信这些新产品能够对这些重要市场上的不同消费需求及时做出反应。通过研究性实验室构成的独立国际网络,跨国公司可以集中进行一些强大的、有凝聚力的互补性投入,全面深入地接触最有可能导致商业性技术创新的重大技术突破,逐步建立起自己的知识基础。从这个角度来说,跨国公司的海外研究开发实验室可以分为三种类型:一是支持型实验室,有限度地支持海外生产分支机构利用母公司现有标准化技术,包括帮助产品本地化,以满足当地人的口味并适应当地的生产条件。二是本地集成型实验室(Locally Integrated Laboratory,LIL),与当地生产设施结合在一起,目的是在新产品开发过程中发挥营销、工程、管理以及综合集成等作用。三是国际依赖型实验室(Internationally Interdependent Laboratories,IILs),主要从事竞争前研究,与在其他国家从事纯研究的实验室相互依赖,为跨国公司提供均衡的技术支持。[2]

跨国公司研究开发国际化视角的出现是对两种全球环境异质性特征的反映。一是,不同区域或国家之间存在的偏好差异意味着,要实现最优市场收益,在产品格式和外观方面必然存在重大差异。现在,子公司更可能通过开发全新产品来提升整个跨国公司集团的竞争能力,而不再仅仅是使母公司既有产品本地化。二是,不同国家的科学基础往往存在重大差异,给寻求在更多学科领域进行研究开发投资的企业打开了通过全球化计划,获取科技知识的潜在之门。一国独特的技术传统与现有科研团体的实力在吸引和激发跨国公司研究开发投资方面是一个关键因素。现在看来,两种不同类型的非集中化研究开发设施已经在跨国公司取得了明确的突出地位:一是作为生产型子公司业务不可分割的一部分,帮助它们开发适应全球市场不同需求的新产品,在这种情况下,海外研究开发主要是跨国公司现有知识存量的商业性应用。二是为竞争前研究提供基本的投入,这种实验室往往是完全独立于生产机构来运行的,主要关注对于新知识流动的贡

---

[1] Ivo Zander [1999]: How Do You Mean "Global"? An Empirical Investigation of Innovation Networks in the Multinational Corporation, *Research Policy* 28 (1999), 195—213.

[2] Robert Pearce and Marina Papanastassiou [1999]: Overseas R&D and the Strategic Evolution of MNEs: Evidence from Laboratories in the UK, *Research Policy* 28 (1999), 23—41.

献，为未来的产品演进奠定基础。[①]

3. **跨国创新体系——跨国公司与东道国的相互作用**

传统上，海外研究开发的主要功能是使母国产生的技术适应东道国本地的投入条件、规章以及口味，因此，一方面，它们的活动是面向本地支持的（local-support-oriented）。另一方面，旨在从本地研究开发资源中获益的研究型海外研究开发活动（research-oriented overseas R&D）越来越重要，海外实验室被认为是从事这种活动的代表机构。海外实验室主要从事研究活动，旨在利用本地研究资源，创造新的技术知识。在海外实验室与总部之间，实验室获得或创造的技术知识从外围流向核心，而在面向本地支持的研究开发活动的情况下，这一流向是相反的。拥有海外实验室使母公司能够占有大量的本地科学技术知识，使远方的研究机构内部化，更容易收集有关本地研究资源易得性的信息，准确评估这些信息，并且在必要时签署合同。[②]

为了有效地应对全球化的巨大压力，美国大企业从20世纪60年代就开始不断向海外投入研究开发费用，并且这种趋势进入90年代以后已经成为一种潮流。这种向海外投资搞研究开发主要是在海外设立研究开发机构，70年代后欧美国家在海外设立研究开发机构的速度不断加快，1976—1978年间欧美在日本设立了6所研究机构，1979—1981年间设立了11所，1982—1984年间设立了19所。从80年代开始，日本也逐步加快了在这方面的动作。据日本产业技术研究所1984年的调查，在134家调查对象公司中，仅有6家（占4.4%）企业在海外拥有研究开发据点。1986年日本开发银行又对434家企业进行调查，其中34家企业（占8%）在海外拥有研究开发据点。1988年，日本经济新闻报社对177家主要企业进行调查研究发现，有58家（占33%）已拥有海外研究开发据点。美国学者R. Ronstadt和日本学者根本孝分别对美国和日本企业在海外的研究开发机构进行的研究发现，海外研发机构的类型大致有以下几种：

一是产品改进中心，主要按照当地的市场需要对母公司产品进行适当改

[①] Robert Pearce and Marina Papanastassiou [1999]: Overseas R&D and the Strategic Evolution of MNEs: Evidence from Laboratories in the UK, Research Policy 28 (1999), 23—41.

[②] Tomoko Iwasa [2003]: Determinants of Overseas Laboratory Ownership by Japanese Multinationals, National Institute of Science and Technology Policy, Tokyo, October 2003.

进,再通过当地子公司进行生产。这种类型的海外研究开发机构一般规模较小,三菱公司在美国密执安的研究所即属此类。

二是产品研究开发中心,以根据当地市场需要开发产品为任务,这种类型海外研究所的企业大多为饮食、医药、香烟、化妆品等行业,日本的高砂香料公司的海外研究机构即为此类。

三是技术开发中心,与母公司在国内的研究开发任务基本相同,以世界市场为目标开发新产品、新工艺,这种研究开发机构大多设在发达国家,且具有一定规模。美国 IBM 公司设在日本东京的基础研究所(研究声音识别、图像处理等)和滋贺县的野洲研究所(进行半导体技术开发)即属此类。

四是基础技术研究中心,以公司长远发展为目标,从事与新技术开发有关的长期基础研究,在总公司的直接管理、指导下开展研究工作,具有相当大的规模。IBM 为了获得欧洲的优秀科学技术专家在瑞士设立的研究所即为此例。

五是综合性研究开发中心,是上述四种类型海外研究开发机构的综合形式,主要承担协调、分担公司在世界各地研究开发机构工作的任务。为了能够与公司内外各有关研究机构及时交换信息,它们建立了广泛的信息交换网,规模一般较大。IBM 设在日本神奈川县的大和研究所即属此类(从事多功能工作站的研究开发)。[①]

值得注意的是,跨国公司在全球设立研发中心的同时,仍然坚持实施一体化战略,并将在国外设立的研究开发、销售和制造企业置于公司总部的完全控制之下。一方面,许多大跨国公司通过研究开发合作项目和网络来扩大它们的技术吸收能力;另一方面,这些跨国经营企业又在不同机构与不同区域中心之间进行迅速灵活的结网活动,这些网络包括了在供应者、消费者以及大学和研究机构之间分散研究开发活动与能力的各种新形式。为了维持多个地理上分散的学习中心,解决全球分散的研究开发联盟的协调问题,各国科技决策者和跨国公司不得不努力培育连贯一致的协调能力。这样一来,虽然许多公司的活动和功能在地理上仍然是分散的,但研究开发和创新活动的

[①] 转引自 Peng S. Chan and Dorothy Heide. Strategic Alliances In Technology: Key Competitive Weapon, SAM Advanced Management Journal, Autumn 1993.

协调与控制越来越保留在企业总部的主要中心内部。①

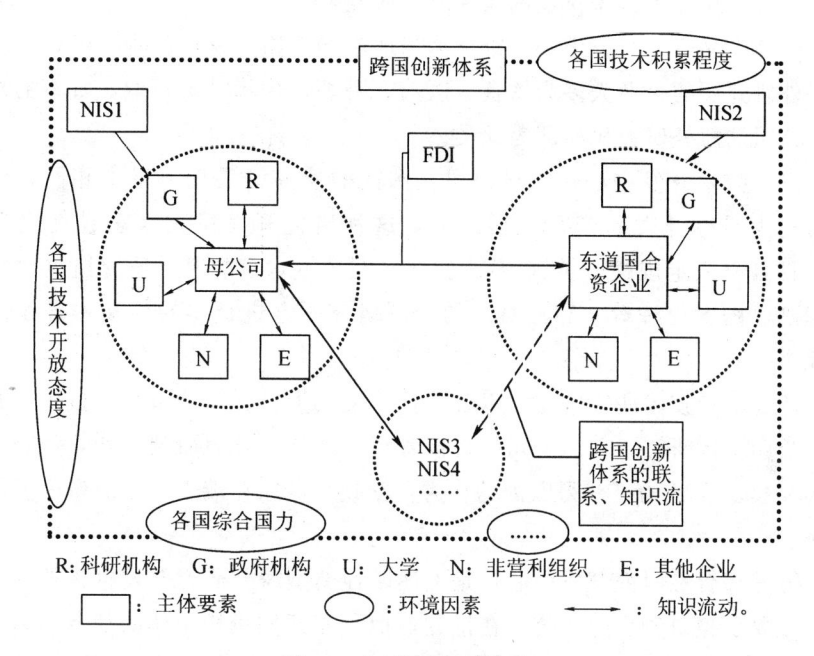

图 2—12 跨国创新体系

资料来源：姜江：《欧洲对华技术转移研究：基于汽车产业跨国创新体系理论的分析》，中国社会科学院研究生院博士论文，2006年。

研究开发国际化以及创新本身是渐进的，而且是路径依赖的。鉴于系统演进具有三个基本机制，即规则的保存与传递，新规则的创造以及不同规则之间的选择②，因此，研究开发国际化的深入发展以及创新的演进使国家创新体系处于日益严峻的压力之下，而且越来越难以在所有重要的领域中提供必要的技术人才和知识基础。国际企业不得不加强在其他国家的知识搜索活动，而非国际企业则将加强它们的国内合作，特别是与研究机构的合作，从

---

① Alexander Gerybadze, Guido Reger [1999]: Globalization of R&D: Recent Changes in the Management of Innovation in Transnational Corporations, *Research Policy* 28 (1999), 251—274.

② Esben S. Andersen and Morris Teubal [1999] The Transformation of Innovation Systems: Towards a Policy Perspective, Paper Prepared for the DRUID Conference on National Innovation Systems, Industrial Dynamics, and Innovation Policy, Rebild, Denmark, 9—12 June 1999.

而强化了研究开发合作的路径依赖特点。国际公司也与国内研究开发基础设施保持经常性联系，并且花费大量经费用于资助国内研究机构或大学/学院的研究活动。[1] 由此可见，公司需求与公共研究开发基础设施之间的联系构成跨国公司与东道国相互作用的核心内容，而跨国公司全球网络的迅速增长扩大了跨国公司子公司与本地国家或区域创新体系之间的相互作用。

（三）走向全球创新体系——国家视角

从上面的分析中可以看出，跨国公司与东道国之间的相互作用实际上是以海外实验室为核心的全球研究开发网络与国家创新体系之间的相互作用。在这种全球—地方相互作用中，子公司的角色远远不仅仅是满足当地市场的需求。国际集成方法使跨国公司能够利用当地隐含的优势，研究开发活动的国际分散又为跨国公司利用当地能力或隐含知识创造了必要的条件。一方面，跨国公司将其国际经营业务配置于可以弥补自身力量并利用东道国创新体系本地化溢出的特定区位；另一方面，本地创新体系的比较优势又会随着时间的推移而得到加强。在这样一个累积过程中，政府对科学技术活动的支持对于维持一个有活力的本地环境是至关重要的。通过支持教育、培训以及公共研究活动，政府间接地支持企业投资于研究开发活动，以便能够融入更为广泛的外部研究网络之中。[2] 随着 ICT 技术的广泛应用，跨越国界进行学习的潜在机会进一步扩大了，因为 ICT 专业化使企业将从前彼此分离的技术融合在一起而扩大了企业的技术灵活性，而跨国公司的投资也越来越集中于某些特定的地理区域。在这种情况下，国家创新体系具有了超越国家边界的内在动力。

不仅如此，全球化还涉及建立新的国际技术创造结构。由于技术带头者

---

[1] Magnus Gulbrandsen [2003]: Companies' Purchase of Foreign R&D: New Evidence from Norway—Is the Internationalisation of Norwegian Industrial R&D a Result of Mismatch between the Private Sector and the Public R&D Infrastructure? Paper Prepared for the Conference "What Do We Know about Innovation? A Conference in Honour of Keith Pavitt" at SPRU, Brighton, 13—15 November 2003.

[2] John Cantwell, Grazia D. Santangelo [1999]: The Frontier of International Technology Networks: Sourcing abroad the Most Highly Tacit Capabilities, *Information Economics and Policy* 11 (1999), 101—123.

将跨国公司的研究开发设施融入了区域或全球网络之中，国际技术创造的特点也发生了重要变化。在过去，国外技术活动是在国外利用国内技术力量，对当地的市场需求条件做出反应，其作用涵盖从使产品适应本地需求到通过建立新的本地产业来适应当地口味等各个方面。在国际层面开发技术的能力将源于企业在本国市场技术实力地位的创新扩散开来，而且导致在国外建立类型的技术开发路线。与此相反，对于位于主要中心的公司来说，外国技术活动现在越来越指向融入本地专长的技术领域，并为跨国公司提供更多的新技术来源。在这方面，主要跨国公司的创新现在更是真正意义上国际化了，或者说，已经变得"全球化"了。有关公司研究开发国际化的文献表明，在过去的几十年里，国外研究开发活动的特点发生了重大变化：这些国外研究开发活动主要是在公司网络内部进行的（比如说，是在国家间企业内进行的）；倾向于增加母国的技术能力而不是简单地在国外利用母国的技术能力；较之在母国的研究开发活动，国外研究开发活动一般不是以科学为基础的。

波·卡尔森（Bo Carlsson）[2003] 认为："技术竞争越来越变成全球范围的了，而且相关技术生命周期已经缩短了；企业通过实施反映竞争企业相互依赖新哲学的多层面创新战略对这种新秩序做出了正确的回应。创新速度越来越变成一种战略基准，竞争生存就是由此而决定的。因此，企业与其他企业、组织和机构结成伙伴以谋求生存，而且在独占性方面进行交易以争取先机。"①

以跨国公司海外研究开发实验室为核心的全球研究开发网络与国家创新体系之间的相互作用促使国家创新体系超越国家边界，而跨国公司在国外的研究开发活动又进一步推动国际技术创造结构的变化，这两种力量的交叉融合，促使各国政府在政策上对于科技活动的全球化做出反应。大致说来，OECD 各成员国对研究开发全球化的政策反应大体可以分为两类：一是强调国家创新体系存在的特定缺陷，它要么驱动着国内企业将研究开发活动移往国外，要么使国内经济无法吸引跨国公司的研究开发投资。二是强调妨碍国家创新体系的不同部分——对于产业创新所必需的机构——彼此之间协调运转的系统失败。主要从事学术研究的公共部门与私营部门之间、劳动力市场

---

① Bo Carlsson [2003]: Internationalization of Innovation Systems: A Survey of the Literature, Paper for the Conference in Honor of Keith Pavitt: What Do We Know about Innovation? SPRU-Science and Technology Policy Research, University of Sussex, Brighton, U. K. 13—15 November 2003.

与教育系统之间、不同企业之间的相互背离，阻碍了创新过程的进展。在私营部门研究开发投资越来越国际化的情况下，国家现在越来越担心现有政策是否适于维持未来经济繁荣所必需的创新型产业基础，从而开始寻求合适的政策工具组合以应对研究开发全球化的挑战。[①] 在这种情况下，国家创新体系开始逐步走向全球创新体系。

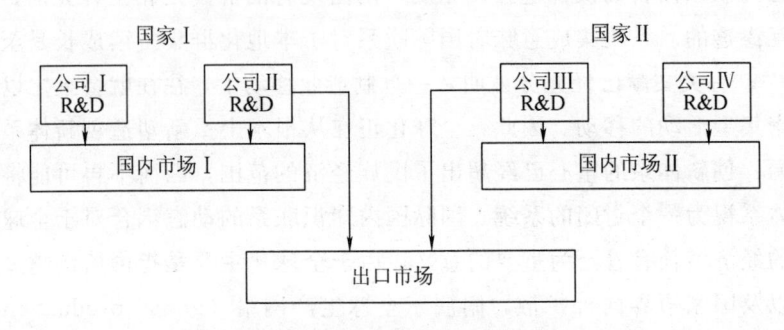

图 2—13 研究开发的国际转移

资料来源：Pari Patel and Keith Pavitt [1998]：National Systems Of Innovation Under Strain: The Internationalisation Of Corporate R&D, in R. Barrel, G. Mason and M. Mahony (eds.), *Productivity, Innovation and Economic Performance*, Cambridge University Press.

其一，全球科技网络的形成与迅速发展。从理论上说，国家创新体系理论的核心命题之一就是存在着一种动态聚集经济：相互作用型学习要求产业聚集，因而有一种对民族联系（natinoal linkage）的狂热偏好。一般认为，有三个因素可以称为全球化的驱动器，即技术、制度与竞争动力，正是它们以组织创新为归宿的相互作用导致了我们所说的全球生产网络。根据厄恩斯特（Ernst）的观点，典型的国际生产网络既包括主导企业、分支企业、子公司以及合资企业，也包括供应商与分包商、分销渠道与增值型再销商、研究开发联盟以及各种各样的合作协议，等等。其中，主导公司位于网络的核心，负责在战略和组织方面提供领导，其影响力来源于它对关键资源与能力的控制力以及它对不同网络节点交易的协调力，其战略直接影响到网络参与企业的竞争地位。一般来说，主导公司的关键能力包括拥有知识产权以及有

[①] Organisation For Economic Co-operation and Development [1998]: Globalisation of Industrial R&D: Policy Issues, OECD 1999.

关确立、维持和不断提高市场标准的知识。这就要求它在产品特点、功能、性能、成本与质量方面具有综合性改进能力，正是这种补充性资产导致企业越来越多地进行外部采购。有资料表明，典型的微机（PC）产业主导公司所需的部件、软件和服务中，外购成本占总成本的比重已经超过80%以上。"系统集成意味着任意两个国家A与B之间的联系不再是次要的，而是相对于其国内联系而言的次优选择。相反，两国现有的群集是相互补充的，而且是相互渗透的。系统集成意味着国际联系对于本地化群集持续成长是至关重要的。"[1] 有关文献已经充分证明，一旦制造业移动了，往往就会继之以各种知识密集型活动的移动。因此，全球化正在从根本上重新塑造创新体系的地理格局：创新体系的重心已经超出了民族经济的范围，因而不再可能将国家创新体系视为一个封闭的系统。国际国内知识联系的动态耦合对于全球化世界中的经济增长有着至为重要的意义。由于全球化主要是指价值链越过企业边界以及国家边界向外扩散，附属于全球生产网络（global production network）的全球科技网络也会迅速形成并发展起来。因此，在全球生产网络形成与发展的同时，全球科技网络也将随之形成和发展起来。

全球科技网络在东亚地区的经济增长发挥了重要的作用。从某种意义上说，亚洲的发展取决于后起工业化国家及地区以一种促进技术转移并刺激增值工业发展的方式加入到区域劳动分工之中的能力，而以区域为基础的国际生产网络（International Production Network，IPN）是20世纪80年代中期以来东亚地区经济发展的一个显著特点。这样一些国际生产网络是以跨国公司的对外直接投资为基础而建立起来的，但它又不是简单地由在亚洲不断扩大的外国直接投资数量所构成。东亚地区外国直接投资来源的多样性又决定了这些跨国生产网络的多层次性，即东亚地区存在着多个不同层次、组织奇特的国际生产网络，它们意味着一种无国界的、模糊的全球发展过程，削弱了母国（投资者）的产业结构与发展战略在确定后起工业化国家及地区的政策选择中的重要性。在这种国际生产网络中，进行直接投资的跨国公司以一种非常不同的方式组织起来并进行活动，而其母国的制度因素又通过这种国际生产网络对东道国及地区的发展道路选择发挥着非常重要的影响。在这

---

[1] Dieter Ernst [1999]：How Globalization Reshapes The Geography of Innovation Systems. Reflections on Global Production Networks in Information Industries（First Draft）Prepared for DRUID 1999 Summer Conference on Innovation Systems，June 9—12，1999.

里,"日本、美国、中国台湾、中国香港、韩国、欧洲和其他海外中国人跨国公司都在建立其多样化的、部分重叠、部分竞争的跨国网络"①。东亚地区至少存在着三个相互重叠的跨国国际生产网络,即美国的国际生产网络、日本的国际生产网络以及海外华人的国际生产网络。不同的网络依靠着截然不同的供应基地,拥有不同的产品组合,而且最重要的是它们构成了不同的劳动分工层次。大体说来,美国在东亚的国际生产网络侧重于计算机及相关产品的生产,日本在东亚的国际生产网络侧重于消费类电子产品与通信产品的生产,而海外华人的国际生产网络则侧重于接受美日厂商的订货进行委托生产。从其技术基础和市场销售上看,美国和日本在东亚地区的国际生产网络都拥有自己的技术开发实力和国际营销渠道,因而仅仅把东亚地区视为一个产品组装与出口平台;而海外华人的国际生产网络一般既没有自己独立的技术开发实力,又没有独立的国际营销渠道,因而它本身即是一个进行产品组装与出口平台,它所依靠的也主要是其低成本制造能力,所需要的制造技术和关键零部件也主要依靠美国和日本制造商提供。尽管如此,这三个国际生产网络的存在仍然为东亚地区提供了重要的技术学习渠道。从某种意义上说,无论是东亚地区电子工业的崛起,还是东亚地区经济的持续成长,它们的经济技术基础就是这样三个国际生产网络的存在。

其二,以国家边界为基础的国家创新体系处于巨大的压力之下。长期以来,在跨国公司的诸多业务经营领域中,研究开发一直是国际化程度较低的业务领域。即使是许多国际化经营水平较高并且倾向于在全球范围内配置其生产的跨国经营企业,其主要的研究开发力量也往往集中于母公司之中,而不是分散由各地的分支企业进行。然而,随着经济全球化的发展,企业研究开发的国际化水平与企业经营的国际化水平之间出现了明显的不相称,而激烈的国际竞争又使作为研究开发结果的知识资源成为企业经营的核心资源。在这种情况下,各国跨国经营企业不得不逐步加大在国外从事研究开发的力度,从而使跨国公司的研究开发国际化成世界经济中的一种重要趋势。有学者认为,"研究开发正在走向全球化。拥有先进技术的发达国家企业在全世

---

① Eileen Doherty and John Zysman: The Evolving Role of the State in Asian Industrialization, Working Paper 84, November 1995, The Berkeley Roundtable on the International Economy, Copyright 1998.

界建立研究开发设施"①。在这种情况下,"在任何令人满意的国家创新体系分析中,跨国公司的全球发展、全球电讯网络的戏剧性成本下降与质量改进以及世界经济领域其他迅速的相关变化必须考虑在内"②。这是因为,在全球化的背景之下,由于科学基础所能提供的东西与技术系统的需求之间日渐明显的不平衡,国家创新体系处于越来越大的压力之下。这些不平衡反映了如下因素的作用:(1)国际交流的自由化;(2)国家技术发展速度的不平衡;(3)日益增强的竞争压力;(4)潜在可用技术领域的不断扩大。源于小国的跨国企业很早就体会到了这种压力,德国、日本和英国也不同形式地经历了这种不平衡,英国的科学基础与民族企业之间的主导联系在电子工业中几乎已经完全消失了,代之以与外国企业之间更为复杂的联系。在未来时期,这种不平衡在所有国家都可能会出现。③

在这种情况下,国家创新体系由于全球化的影响而处于巨大的压力之下。自20世纪80年代中期以来,国际生产以比国际贸易更快的速度增长。到90年代,跨国公司国外分支机构的销售额已经远远超过了出口,成为向国外市场输送产品和服务的主要载体。为了应付日益增强的对分散进行协调的需要,公司被迫将以前位于个别东道国的独立业务整合为全球生产网络(GPN),导致从局部一体化向系统一体化的转变,全球生产网络(GPN)成为对全球化做出反应的重要组织创新。为了动员和加强外部能力,跨国公司被迫接受价值链的某种分散,将其价值链分散为多种非连续的功能并将它们配置在可以有效承担活动、改进资源与能力获得状况并有助于打入重要市场的区位,主要目的是尽快获得低成本的国外生产能力,并扩大向全球生产网络的个别节点转移技术的能力。在这种情况下,国家创新体系的核心理论假定之一,即国家边界在创新过程中发挥着重要作用的观点受到了严峻的挑战。这是因为,知识和人力资源的自由流动要求各国更加有效地加以利用,否则它们就将为其他国家所利用,从而削弱东道国的国际竞争力。另外,竞

---

① Pari Patel, Modesto Vega: Patterns of Internationalisation of Corporate Technology: Location VS. Home Country Advantages, *Research Policy* 28 (1999), 145—155.

② Chris Freeman and Soete [1996]: Economics of Industrial Innovation, Cambridge University Press, p. 314.

③ Pari Patel and Keith Pavitt: National Systems Of Innovation under Strain: The Internationalisation of Corporate R&D, SPRU, May 1998.

争的压力也迫使各国国家创新体系之间相互学习与借鉴，从而使它们不断地进行制度创新以提高自身的运作效率，即制度效率或者说是系统效率，具体表现为学习效率与创新能力。这就迫使国家创新体系处于经济全球化的巨大压力之下。有学者认为，国家创新体系理论的一个重大缺陷就是忽略了国际视野。国家创新体系理论用两个假定来为其集中于国内联系的做法辩护：其一，全球化增加了建立一个强大的国家创新体系的必要性；其二，相互作用型学习要求在聚集在一起的用户与生产者之间进行密切的相互作用。在一个全球化的世界上，一个强大而专业化的创新体系当然是至关重要的，多样化和专业化是维持增长的重要因素，它意味着应该集中于国家层面上的创新体系。但是，这决不意味着人们可以忽略互补性国际联系的重要作用。[1]

值得注意的是，虽然企业在外设立研究开发机构或组成联盟可以大大获利，但许多政府担心本国的研究能力会因此而"流失"，进而影响长远的创新能力。基于此，许多国家政府认为"应该制定一些政策，使国内外的研究开发投资和其他国际技术联盟创造效益，使双方在公认和可预见的游戏规则基础上获益"[2]。但是，即使对技术密集型产品的引进国来说，这种活动也是优劣并存的。一方面，位于一国的跨国公司投资于创新项目并帮助提高技术能力当然是一大优势。另一方面，跨国公司的技术活动也存在将民族企业挤出的危险。跨国公司进行研究开发活动强化了一国对外国企业战略选择的依赖，而这些外国企业宁可与其母国的政府保持着联系。外国企业在东道国市场上的研究开发投资既可以视为东道国的技术机会，也可能打开了技术赶超国的机会窗口，加强民族企业的竞争地位。[3] 由此看来，如何在促进知识的国际流动与保持本国企业的国际竞争力之间寻求平衡，在全球化越来越突破国家边界的情况下已经成为研究科技全球化的一个焦点问题了。

---

[1] Dieter Ernst: How Globalization Reshapes The Geography of Innovation Systems. Reflections on Global Production Networks in Information Industries (First Draft) Prepared for DRUID 1999 Summer Conference on Innovation Systems, June 9—12, 1999.

[2] OECD:《管理国家创新系统》，学苑出版社 2000 年版，第 52 页。

[3] Daniele Archibugi [2000]: The Globalisation of Technology and the European Innovation System, Prepared as part of the project "Innovation Policy in a Knowledge-Based Economy" commissioned by the European Commission Paris, 16—17 September 1999, Revised Version-15 May 2000.

其三，各国国家创新体系的相互依赖进一步加强。当代知识创造的一个突出特点就是专业化，包括科学技术内部的学科专业化、企业内部的公司功能专业化以及国家内部的机构专业化。由于科学技术发展的专业化首先意味着要在不同的学科、发展方向以及资源配置方面进行协调甚至是整合，意味着没有一个企业或者国家能够依靠自身的力量独自满足其科学技术需求，因此，有效的创新体系必须在其各个组成部分之间建立起密切的联系（网络），包括在学科之间、公司功能之间以及不同机构之间。随着经济全球化的发展，这种国家创新体系的内部联系已经突破了民族国家的边界，从而促成了全球层次上的国家创新体系之间的相互依赖。不仅一个企业不能仅仅依靠国内的科学技术机构来满足其对科学技术知识的需求，而且一个国家也不能完全依靠自己的力量来供应国内的科技需求。尽管有学者认为"全球化不会导致国家创新模式的单一化。由于起点、技术和产业专业化以及体制、政策和对变化所持态度的各异，国家之间仍然存在着巨大的差别"[1]，但是，相互依赖正在成为当代国家创新体系发展的一个突出特征却是一个不争的事实。

国家创新体系之间的相互依赖主要表现为各国对国际知识流动的依赖。产业的全球化和生产的国际化，合作研究以及其他的公司活动，都意味着知识流动越来越具有世界性。国家创新体系越来越开放，涉及许多形式的知识流，包括从海外获得资本和中间产品，购买外国的专利和特许权，不同国家的公司之间结成联盟，服务业如技术咨询等贸易，外国直接投资和国际合作发表物。对嵌入技术流动的研究表明，大多数国家从资本产品或中间产品输入中获得技术的份额是显著的。一般地说，较大的国家较少从海外获得技术，而较小国家半数以上的技术依赖进口。然而，经合组织中有一些大的国家，如加拿大和英国，获得的技术也有一半以上是从海外进口的。高技术和以科学为基础的产业簇群，通常更多地利用海外的获得技术。[2] 美国国家科学基金会的一项研究报告认为："亚洲国家（地区）现在依靠并将继续依靠美国的高等教育体系。没有国外、往往是在美国培养的毕业生，它们无法独自满足对高等教育的需求，也无法成立新的高等教育机构或者是扩大国内教

---

[1] OECD：《管理国家创新系统》，学苑出版社2000年版，第2页。
[2] 曾国屏、李正风：《世界各国创新系统——知识的生产、扩散与利用》，山东教育出版社1999年版，第23页。

育机构。"① 事实上，亚洲国家及地区的科技人力资源中有相当一部分是在美国接受其高等教育的，而且这些国家及地区的科技机构一直与美国科技界保持着千丝万缕的联系。有资料表明，按人均计算，新加坡是在美国拥有留学生最多的国家，而中国台湾与美国的科技联系也是众所周知的。改革开放以来，中国先后有数十万留学生赴国外学习，其中约有 17 万留学生目前仍然在美国学习或工作。从这个角度来看，美国对于东亚地区科技人力资源的形成有着非常重要的影响。技术贸易的迅速增长也反映了经济全球化正在使得国家间的创新体系更加相互依赖。

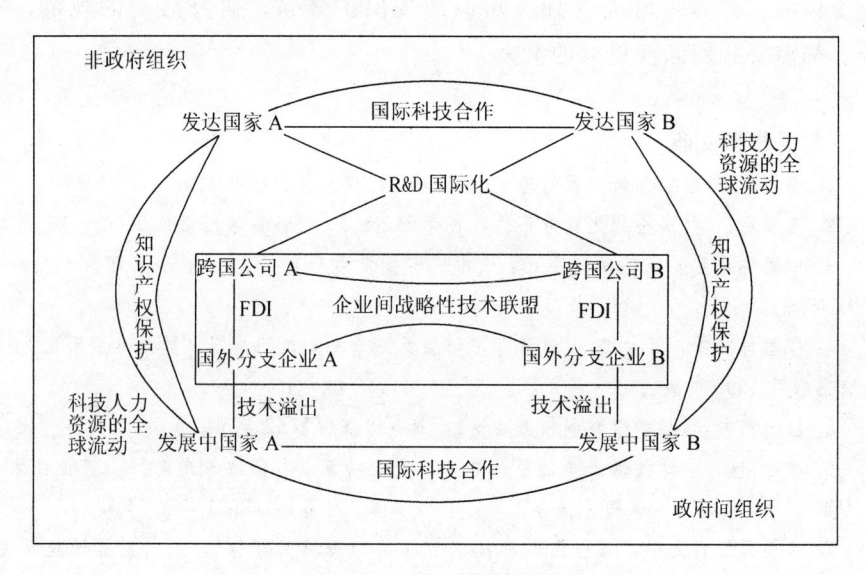

图 2—14 全球创新体系

从上面的分析中可以看出，科技全球化是国家创新体系在经济全球化迅速发展的压力之下对其做出反应的必然结果。它不是一种暂时的现象，而是一种长期的趋势。应该说，只要国家之间的经济联系逐步密切，经济全球化的发展不断深入，科技全球化也就会相应地持续和发展下去，其表现形式和渠道也会多种多样。从这个角度来说，科技全球化与经济全球化一样，也是世界经济发展的一个不可避免的大趋势。因此，虽然克里斯托

---

① National Science Foundation, Human Resources for Science and Technology: The Asian Region. NSF 93-303 (Washington, D.C. 1993).

夫·弗里曼和理查德·纳尔逊等学者在提出国家创新体系的概念时主要着眼于国家制度与社会历史文化等因素对于一国创新实绩的影响,因而在很大程度上是从技术民族主义的角度来观察与研究国家创新体系的,但是,随着经济全球化的迅速发展以及区域经济合作的崛起,国家创新体系的运转状况不再仅仅受到国家专有因素的影响,而且同时也受到国家间相互作用因素的影响。在这种情况下,国家创新体系越来越多地受到了全球化的冲击,从而走向全球创新体系。随着科技全球化的深入发展,科学技术的全球治理也将面临严峻的挑战,研究领域的选择与限制、国际技术转移的定价标准、转移领域的管理、知识产权保护体系、研究活动的规范,等等,都需要我们倾注更大的努力。

主要参考文献

1. 冯之浚:《国家创新体系的理论与实践》,经济科学出版社1999年版。
2. 王春法:《经济全球化背景下的科技竞争之路》,经济科学出版社2000年版。
3. 中国科技发展战略研究小组:《中国科技发展研究报告》,社会科学文献出版社2001年版。
4. 曾国屏、李正风主编:《世界各国创新系统——知识的生产、扩散与利用》,山东教育出版社1999年版。
5. 拉卡托斯:《科学研究纲领方法论》,商务印书馆1992年版。
6. 课题组:《全球技术进步的总体趋势、产业特征及各国政策走向》,《产业技术进步中的公共财政政策》课题分报告之一,载《中国工业经济》2001年第11期。
7. 徐全勇、肖文彬:《当代世界技术贸易的地理格局初探》,载《世界地理研究》1998年第1期。
8. 弗里德里希·李斯特:《政治经济学的国民体系》,商务印书馆1997年版。
9. G. 多西等:《技术进步与经济理论》,中译本,经济科学出版社1991年版。
10. OECD:《管理国家创新系统》,学苑出版社2000年版。
11. Roman Boutellier, Oliver Gassmann, Maximilian Von Zedtwitz [2000]:《未来竞争的优势——全球研发管理案例研究与分析》,曾忠禄、周建安、朱甫道主译,广东经济出版社2002年版。
12. W. W. 罗斯托编:《从起飞进入持续增长的经济学》,四川人民出版社1988年版。
13. Alexander Gerybadze, Guido Reger [1999]: Globalization of R&D: Recent Changes in the Management of Innovation in Transnational Corporations, *Research Policy* 28 (1999), 251—274.
14. Anthony Bartzokas and Keizer Karelplein: The Policy Relevance Of Thenational

Systems of Innovation Approach, Second Draft, 21 May 2000.

15. Barry Bozeman, Michael Crow and Chris Tucker: Federal Laboratories and Defense Policy in the U. S. National Innovation System, Paper prepared for the Danish Research Unit on Industrial Dynamics Summer Conference on National Innovation Systems, Rebild, Denmark, June 9—12, 1999.

16. Bent-Ake Lundvall [1992]: National System of Innovation: Towards a Theory of Innovation and Interactive Learning, Pinter.

17. Bent-Ake Lundvall and Jesper Lindgaard Christensen [1999]: Extending and Deepening the Analysis of Innovation Systems? with Empirical Illustrations from the DISKO-project, Paper for DRUID Conference on National Innovation Systems, Industrial Dynamics and Innovation Policy, Rebild, June 9—12, 1999.

18. Bo Carlsson, Staffan Jacobsson, Magnus Holm, Annika Rickne [1999], Innovation Systems: Analytical and Methodological Issues, STS4/DRUID99. wpd, April 1999.

19. Bo Carlsson [2003]: Internationalization of Innovation Systems: A Survey of the Literature, Paper for the conference in honor of Keith Pavitt: What Do We Know about Innovation? SPRU-Science and Technology Policy Research, University of Sussex, Brighton, U. K. 13—15 November 2003.

20. Candice Stevens [1997]: Mapping Innovation, in OECD: Observer, August—September, 1997.

21. Chris Freeman [2002]: Continental, National and Sub-national Innovation Systems-Complementarity and Economic Growth, in *Research Policy* 31 (2002), 191—211.

22. Chris Freeman and Soete [1996]: Economics of Industrial Innovation, Cambridge University Press.

23. Christian Le Bas and Pari Patel [2005]: Does Internationalisation of Technology Determine Technological Diversification in Large Firms? The Freeman Centre, University of Sussex, Paper No. 128.

24. David. T. Coe, Elhanan Helpman and Alexander W. Hoffmaister [1995]: North-South R&D Spillovers, NBER Working Paper Series, *Working Paper* No. 5048, March 1995.

25. Daniele Archibugi and Jonathan Michie [1997]: Technological Globalization or National Systems of Innovation? in Futures, Volume 29, No. 2.

26. Dieter Ernst: How Globalization Reshapes The Geography Of Innovation Systems. Reflections on Global Production Networks in Information Industries (First Draft) Prepared for DRUID 1999 Summer Conference on Innovation Systems, June 9—12, 1999.

27. D. Ernst [1999]: Globalization and The Changing Geography Of Innovation Sys-

tems. A Policy Perspective On Global Production Networks, paper for International Workshop: The Political Economy of Technology in Developing Countries, Isle of Thorns Training Centre, Brighton, 8—9 October 1999.

28. Daniele Archibugi [2000]: The Globalisation of Technology and the European Innovation System, Prepared as part of the project "Innovation Policy in a Knowledge-Based Economy" commissioned by the European Commission Paris, 16—17 September 1999, Revised Version-15 May 2000.

29. Esben S. Andersen and Morris Teubal [1999]: The Transformation of Innovation Systems: Towards a Policy Perspective, Paper prepared for the DRUID conference on National Innovation Systems, Industrial Dynamics, and Innovation Policy, Rebild, Denmark, 9—12 June 1999.

30. Eileen Doherty and John Zysman The Evolving Role of the State in Asian Industrialization, Working Paper 84, November 1995, The Berkeley Roundtable on the International Economy, Copyright 1998.

31. Ivo Zander [1999]: How do you mean "global"? An Empirical Investigation of Innovation Networks in the Multinational Corporation, *Research Policy* 28 (1999), 195—213.

32. James H. Mittelman: Globalization: Critical Reflections, Lynne Rienner Publishers, 1996, p. 3.

33. John Cantwell, Odile Janne: Technological Globalisation and Innovative Centres: the Role of Corporate Technological Leadership and Locational Hierarchy, *Research Policy* 28 1999, 119—144.

34. John A. Mathews: National Systems of Economic Learning: The Case of Technology Diffusion Management in East Asia, in International Journal of Technology management, Vol. 22, Nos. 5/6, 2001.

35. Jon Sigurdson and Alfred Li-Ping Cheng [2001]: New Technological Links between National Innovation Systems and Corporations, in *International Journal of Technology Management*, Vol. 22, Nos. 5/6, 2001.

36. Jean M. Johnson: Human Resource Contributions to U.S. Sciences and Engineer From China, Issue Brief, SRS/NSF, January 12, 2001.

37. Jon Rognes [2002]: Organising R&D in a Global Environment, Increasing Dispersed Co-operation Versus Continuos Centralisation. SSE/EFI Working Paper Series in Business Administration No. 2002: 3.

38. John Cantwell, Grazia D. Santangelo [1999]: The Frontier of International Technology Networks: Sourcing abroad the Most Highly Tacit capabilities, Information Economics and Policy 11 (1999), 101—123.

39. Magnus Gulbrandsen [2003]: Companies' Purchase of Foreign R&D: New Evidence from Norway—Is the Internationalisation of Norwegian Industrial R&D a Result of Mismatch between the Private Sector and the Public R&D Infrastructure? Paper prepared for the conference "What Do We Know about Innovation? A Conference in Honour of Keith Pavitt" at SPRU, Brighton, 13—15 November 2003.

40. Mojmir Mrak [2000]: Globalization: Trends, Challenges and Opportunites for Countries in Transition, UNIDO, Vienna, 2000.

41. Nagesh Kumar [1997]: Technology Generation and Technology Transfers in the World Economy, UNU/INTCH, Discussion Paper Series.

42. National Science Foundation, Human Resources for Science and Technology: The Asian Region. NSF 93—303 (Washington, D. C. 1993).

43. OECD [1997]: National Innovation System, Paries.

44. Organisation For Economic Co-operation And Development [1998]: Globalisation of Industrial R&D: Policy Issues, OECD 1999.

45. OECD: Science, Technology and Industry Outlook, OECD, 2002.

46. OECD [2004]: Science and technology statistical compendium 2004.

47. P. Patel and K. Pavitti [1994]: The Nature and Economic Importance of National Innovation System, OECD, STI, No. 14.

48. Pari Patel and Keith Pavitt [1998]: National Systems Of Innovation Under Strain: The Internationalisation Of Corporate R&D, in R. Barrel, G. Mason and M. Mahony (eds.) Productivity, Innovation and Economic Performance, Cambridge University Press.

49. Peng S. Chan and Dorothy Heide. Strategic Alliances In Technology: Key Competitive Weapon, SAM Advanced Management Journal, Autumn 1993.

50. Pari Patel, Modesto Vega: Patterns of Internationalisation of Corporate Technology: Location VS. Home Country Advantages, *Research Policy* 28 1999 145—155.

51. Robert Pearce and Marina Papanastassiou [1999]: Overseas R&D and the Strategic Evolution of MNEs: Evidence from Laboratories in the UK, *Research Policy* 28 1999, 23—41.

52. Shulin Gu [1999]: Concepts and Methods of NIS Approach in the Context of Less-developed Economies, 19 April 1999.

53. Stephen P. Bradley, Jerry A. Hansman and Richard L. Nolan: Globalization, Technology and Competition, Harvard Business School Press, 1993, Chapter 1.

54. Tomoko Iwasa [2003]: Determinants of Overseas Laboratory Ownership by Japanese Multinationals, National Institute of Science and Technology Policy, Tokyo, October 2003.

55. United Nations Conference on Trade and Development [2004]: World Investment Report, United Nations, New York and Geneva, 2004.

56. United Nations Conference on Trade and Development [2005]: World Investment Report, United Nations, New York and Geneva, 2005.

57. WTO [2004]: World Trade Report 2004, pp. 4, 14.

第三章

科技全球化的基本形式之一：
研究开发国际化[①]

  随着经济全球化进程的逐步深入，全球商品服务贸易和对外直接投资的规模和领域不断扩张。作为经济全球化主要推动力量的发达国家的跨国公司，开始从简单的产品输出、生产资源全球配置逐步扩张到产业研究开发（Industrial Research and Development）活动的全球化。这样，以发达国家跨国公司为主要载体的产业研究开发的全球化，同科学知识快捷地全球流动、科学研究全球合作等一起构成科学技术全球化的大趋势，这一趋势也成为跨国公司参与全球竞争必须面对的新环境。作为经济全球化主要载体的跨国公司，通过推动对外投资和对外贸易对于其母国和所在国的经济发展的直接影响，包括生产率的提高、技术水平的提升、就业人数增加、产业结构的改善，等等。而以跨国公司为主体的产业研究开发的全球化，通过知识的创造、传播和使用而对其母国和投资国的产业技术发展产生多方面的影响。

  本章的第一部分将介绍产业研究开发全球化的一些基本概念和主要特征，分析产业研究开发的演进历史和发展趋势。在过去10年中的一个重要变化就是产业研发国际化虽然仍然以欧、美、日三地企业在三大经济体间的流动为主，但发展中国家越来越成为发达国家产业研发活动的重要区域。本章的第二部分将简单描述我国产业研究开发国际化的概况。随着国内经济体制改革的不断深入和国内经济同全球经济的联系日益紧密，国内企业在激烈

[①] 本章作者为高世楫、万岩。在过去5年中，高世楫参加了"中国科技发展战略研究报告"系列的研究工作，曾就科技全球化问题同柳卸林研究员、沈群红博士、苏俊教授、王春法研究员、薛澜教授等进行过探讨和交流，这些积累对本文作者完成本项研究颇有帮助，在此表示感谢。文章作者对本文的观点负责，与课题资助方和作者所供职的单位无关。

的竞争中迅速学习并建立了一定的技术能力，产业研究开发的全球化，特别是跨国公司全球配置其研究开发资源为中国企业研究开发的组织、技术获取等提供了更多的机会，同时也提出了严峻的挑战。在第三部分，我们简单分析研究开发国际化对产业技术发展的影响，主要从资金、技术和人才方面阐述产业研发国际化所带来的机遇和挑战。最后一部分是关于产业研究开发国际化对公司战略和公共政策的影响，这主要建立在对我国现阶段经济发展和国家创新体系建设的判断基础上。[1]

需要强调的是，我们讨论科技全球化影响我国经济社会发展的逻辑框架的基础是科技进步对国民财富增长的推动作用。人们的基本共识是国民财富的持续增长和人民生活水平的不断提高，根本动力在于技术进步所导致的生产率增长。[2] 发达国家的经济发展历程表明，科学技术对经济发展的直接影响表现在以市场为导向、以商业化为目标的产业研究开发能够推动企业的产品和工艺创新，从而提高生产率。[3] 所以，在市场经济体制下的国家创新体系中企业是创新主体，以企业为主体的产业研发活动是直接与企业的竞争力和国家的经济增长联系在一起的。[4] 正是因为如此，产业研究开发的国际化

---

[1] 关于产业研发国际化的研究，中国科技发展战略研究组在《中国科技发展报告1999》的主题报告中第一次作了全面系统的分析，江小涓等在《全球化中的科技资源重组与中国产业技术竞争力提升》中也有相关的分析（特别是其中第四章的理论综述）。本书力图从不同的角度分析产业研究开发的特征及对中国的影响。

[2] 在现代经济学中关于技术进步与国民财富增长的讨论，可参考 Solow, R. 1957, "A Contribution to the Theory of Economic Growth", Quarterly Journal of Economics, 70, pp. 65—94; Rosenberg, et. al., 1992. Technology and the Wealth of Nation, Stanford University Press. National Research Council, 1997, Preparing for the 21st Century: Technology and the Nation's Future. 当然，现代经济学研究的重要结论之一是制度对经济增长具有非常重要的作用，特别是对发展中国家和转型国家而言（综合分析见 Rodrik, 2003）。对技术的狭义理解是嵌入机器等人工物的知识（"硬"技术），从广义上讲还包括产品设计、生产的流程等组织能力（Nelson, 2004）。本书所讨论的技术，主要是需要通过研究开发投资的那些"硬"技术的开发的全球化过程。

[3] 据估计，全要素生产率（TFP）对产业研究开发投资的弹性在7%到17%之间（Keller, 1997）。

[4] 当然，以企业为主体的产业研究开发是社会研究开发活动的重要组成部分，它主要关注科学和技术知识的应用，但却不能离开基础研究所建立的知识基础。而如何处理以公共支持为主的基础研究同企业为主导的应用研究是国家创新体系研究的重要内容，在此不作深入的讨论。

才成为我们研究国家创新体系和相关公共政策的重要领域。对于中国这一在经济规模和结构上具有独特特征的发展中大国而言,我们需要从政府政策和企业战略两个层面讨论产业研究开发全球化对中国产业的影响和对中国经济发展的影响。

一 经济全球化浪潮中的产业研究开发全球化

(一)关于研究开发国际化的三个基本问题

所谓研究开发的国际化,就是跨国公司的科学技术知识生产和供应活动越来越多地从跨国经营企业的母国转移到具有较高研究开发实力的其他国家或者地区,以利用当地雄厚的研究开发优势或者丰富的人力资本进行研究开发活动,从而满足跨国经营企业的科学技术知识需求。长期以来,在跨国公司的诸多业务经营领域中,研究开发一直是国际化程度较低的业务领域。即使许多国际化经营水平较高并且倾向于在全球范围内配置其生产的跨国经营企业,其主要的研究开发力量也往往集中于母公司之中,而不是分散地由各地的分支企业进行。实验室集中于母公司长期以来一直被认为是一条基本的原则,因为企业担心在国外建立研究开发设施或者是进行研究开发活动会导致企业技术秘密的外泄,从而无形之中加强了竞争对手的实力。然而,随着经济全球化的发展,企业研究开发的国际化水平与企业经营的国际化水平之间出现了明显的不相称,而激烈的国际竞争又使作为研究开发结果的知识资源成为企业经营的核心资源。在这种情况下,各国跨国经营企业不得不逐步加大在国外从事研究开发的力度,从而使跨国公司的研究开发国际化成为世界经济中的一种重要趋势。有学者认为,"研究开发正在走向全球化。拥有先进技术的发达国家企业在全世界建立研究开发设施"[①]。那么,研究开发国际化是一种新现象吗?研究开发国际化究竟达到了何种程度?目前的状况究竟是研究开发全球化还是"三驾马车"化?

首先,应该说,研究开发国际化并不是一种新现象。早在19世纪80年

[①] Pari Patel, Modesto Vega: Patterns of Internationalisation of Corporate Technology: Location VS. Home Country Advantages, *Research Policy* 28 (1999), 145—155.

代，瑞典著名科学家和企业家诺贝尔（Alfred Nobel）就通过其诺贝尔动力信托基金（Nobel-Dynamite Trust）在欧洲国家建立了第一个真正的跨国研究开发机构。[1] 第二次世界大战以前，诸如荷兰的飞利浦公司和瑞典的 SKF 等部分跨国公司也开始在其分支机构建立某种形式的研究开发组织，以便为当地的销售与生产活动提供支持。有研究表明，在 20 世纪 30 年代，欧洲和美国的最大公司已经有 7% 左右的研发活动是在海外完成的。[2] 第二次世界大战以后，一些国际化程度较高的跨国公司开始赋予这些开发中心以为欧洲大陆或全球开发产品的责任，从而开始了"本地为全球"（local for global）式开发模式替代传统的"本地为本地"（local for local）型技术开发和"中央试验室为全球"（central for local）型技术开发模式的进程。1965 年，在屈默勒（Kuemmerle）[1999] 所调查的 32 家电子和医药行业的世界著名公司中，6.2% 的研发活动是在海外进行的。到 80 年代以后，美国和日本企业普遍加快了产业研究开发国际化的步伐，国外资助、国外实施的研究开发活动迅速增长。它们将研究开发实验室迁移到国外并不仅仅是为了使母国公司的技术适应东道国的需求，而且也是为本地和世界市场孕育重大发明和创新。[3] OECD 于 1998 年第一次就产业 R&D 全球化问题进行了全面的调查研究，对不同国家 R&D 全球化的情况进行了详细的分析。结果表明，目前外资分公司在 OECD 国家中进行 R&D 投资占 OECD 产业 R&D 投资总量的比例高达 12%。根据美国商务部 1999 年 9 月发表的一份研究报告，从 1987 年到 1997 年，在美国的外国跨国公司投放的研究开发支出增加三倍以上，从 65 亿美元增加到 197 亿美元，占到美国全部公司研究开发支出的 15% 左右，在高技术部门这一比率甚至高达四分之一以上。到 1998 年年底，375 家外国跨国公司在美国设立了 715 家研究开发机构，雇用了 115700 名美国研究开发人员[4]（见表 3—1）。其中，仅日本、德国、英国、法国、荷兰、瑞士以及韩国等七

---

[1] Ove Granstrand: Internationalization of Corporate R&D: a Study of Japanese and Swedish Corporations, *Research Policy* 28 (1999), 275－302.

[2] Cantwell [1998].

[3] Jorge Niosi: The Internationalization of Industrial R&D From Technology Transfer to the Learning Organization, *Research Policy* 28 (1999), 107－117.

[4] 外国在美国的研究开发机构被定义为其 50% 以上的股份被其外国母公司持有，且主要从事研究开发活动的独立研究开发机构。

个国家的 365 家母公司即在美国拥有 700 家研究开发机构，占全部外国在美研究开发机构总数的 98%。

表 3—1　　　　1993—1997 年外国在美研究开发机构的
研究开发支出与雇员人数

国别	1993 年（百万美元）	1997 年（百万美元）	1996 年研究开发人员（千人）	人均研究开发支出（1997 年，美元）
瑞士	2423	3382	15.4	213116
德国	2209	3282	17.4	188621
日本	1801	3195	16.7	191317
英国	2211	3102	19.6	158265
法国	1235	1918	10.4	184423
加拿大	2159	1685	11.1	151802
荷兰	697	1002	7.5	133600
瑞典	200	418	—	—
所有国家总额	14199	19690	115.7	170182

资料来源：Dalton, D. And M. Serapio [1999]: *Globalizing Industrial Research and Development*, US Department of Commerce, Office of Technology Policy, Washington, D.C.

其次，研究开发国际化虽已达到相当水平，但并没有达到足以从根本上改变跨国公司研究开发战略布局的地步。正因为研究开发国际化水平较低，与企业国际化经营之间存在着明显的不相称，而激烈的国际竞争又使作为研究开发结果的知识资源成为企业经营的核心资源，因此，从 20 世纪 80 年代以来，企业在国外从事研究开发活动已经成为一种潮流。从某种意义上说，研究开发的国际化实际上就是跨国公司研究开发活动从集中化向分散化转变的过程。当然，企业技术基础形成和演变的国际化并不仅仅是指在国外拥有研究实验室，而且还包括其他因素，比如说技术诀窍、专利和技术许可的国际交流；有关技术合作的协议与合资企业、参与科学技术协会、技术集团、研究开发合作机制以及与其他研究实体共同进行科学技术研究项目等，甚至与竞争对手合作，在竞争前科学技术领域进行合作研究也属此类；在外国研究中心中培训研究人员；在全球劳工市场上雇用科学家和工程师等。根据许

多文献中提出的普遍趋势,跨国研究开发活动的发展已经成为大型跨国公司战略行为中一个非常重要的组成部分,这种趋势就是研究开发的全球化。由巨型跨国公司控制的国外实验室数量和研究开发支出相对上升。欧洲、北美和日本的大公司都表现出了这一重要趋势,在跨国公司的战略行为中表现得越来越普遍。尽管研究开发全球化相对于其他商业活动的国际化要晚得多,但是,人们并不认为研究开发国际化的重要性比其他商业活动要小多少。有些研究成果证明,研究开发的国际化现在已经成为许多技术公司的高级技术管理人员面临的主要技术管理问题。[①] 但是,研究开发国际化的发展并没有成为一个决定性的因素。事实上,除了少数部门和国家以外,大多数部门的研究开发国际化趋势并不那样显著,因为母公司坚持应用主导和塑造企业研究开发的发展方向。有数据表明,在几乎所有的工业化国家,注册专利数量以及大公司通过在母国的研究开发活动中所取得的技术生产数量都远远大于其通过其子公司在国外进行研究开发活动中所获得的技术成果数量。然而,小国可能是一个例外,因为在那些国家中外技术活动的规模甚至超过国内子公司的研究开发规模,在比利时和荷兰等国尤其如此。从总体上看,欧洲公司研究开发的国际化程度看来高于美国和日本跨国公司的研究开发国际化程度,但即使在欧洲,外国子公司注册的专利数量也只占欧洲公司注册专利注册总量的8.1%,而欧洲大公司44.1%的注册专利是利用其在母国的研究开发成果申请成功的。

最后,是研究开发全球化还是"三驾马车"化?研究开发国际化不是一个均衡的国际扩散趋势,而是在不同国家之间存在着重要的差异。麻省理工学院与PA联合进行的一项研究表明,90年代初期(1992年)欧洲企业具有最高的国外研究开发比例,约为30%左右,其次是美国和日本企业。[②] 从外国控制研究开发投资的情况来说,日本最低,外国只控制了其研究开发投资的1.3%(1991年);英国最高,为15.0%(1994年),其次是荷兰(14.8%,1995年)、德国(14.1%,1993年)、法国(13.0%,1992年)、美国(11.3%,1994年)以及瑞典(11.2%,1994年)。值得注意的是,日本近年来投放在国外的研究开发支出增长非常迅速,仅在1990—1993年间

[①] 有些学者研究了大公司拥有的美国专利情况后得出了完全相反的结论(Pavitt,1996)。

[②] Alexander Gerybadze, Guido Reger: Globalization of R&D: Recent Changes in the Management of Innovation in Transnational Corporations, *Research Policy* 28 (1999), 251—274.

就有 264 家日本公司在欧洲投资建立了研究开发机构,是原来的四倍。从 1993 年到 1997 年,日本投放在美国的研究开发支出也从 18.01 亿美元增加到 38.95 亿美元,翻了一番还多。美国的对外研究开发投资也高度集中于欧盟和日本等地区。从 1986 年到 1997 年,美国跨国公司的国外研究开发支出从 46 亿美元增加到 140 亿美元,10 年间增长三倍以上。与此相适应,国外研究开发支出占美国公司全部研究开发支出的比重从 1985 年的 6.4% 增长到 1990 年的 9.7% 和 1997 年的 10.5%。但是,从对外研究开发投资的接受国来看,美国企业在外国的研究开发支出中有三分之二以上是由美国企业设于德国、英国、加拿大、法国和日本的研究开发机构完成的。这五个国家在 1989 年时占美国对外研究开发支出总额的 64.58%;1993 年占 64.28%,1997 年占美国对外研究开发支出总额的 66.96%。如果再加上意大利、荷兰、瑞典和奥地利等四国,则这些经济发达国家占 1993 年美国对外研究开发支出总额的 73.23%,占 1997 年美国对外研究开发支出总额的 79.73%。从美国国外研究开发机构的分布来看,美国目前在国外的 186 家研究开发机构中,日本以 43 家居第一位,英国以 27 家居第二位,加拿大以 26 家居第三位,法国和德国分别以 16 家和 15 家居第四位和第五位。有学者认为:"总起来看,美国、德国和英国是最重要的国外研究开发集中地,占 220 家企业的全部国外研究开发活动的三分之二以上。在欧洲内部,德国是大多数机器与仪表领域中最有利的研究开发区位,英国是制药和某些电子技术、计算机、音像以及电讯领域中最有利的研究开发区位。日本在总体上是主要研究开发支出国中最不利于国外研究开发活动的国家。"[1] 有的学者甚至称这种跨国公司研究开发活动高度集中于美国、欧盟和日本的现象为"三极化"(Triadisation)。[2] 不仅如此,来自小国的跨国公司更倾向于将其中央研究开发能力的一部分或是全部转移到国外。[3] 由于科学技术知识已经成为未来国际经济竞争中的一种最为重要的战略性资源,因此,研究开发的国际化趋势

---

[1] Pari Patel, Modesto Vega: Patterns of Internationalisation of Corporate Technology: Location VS. Home Country Advantages, *Research Policy* 28 (1999), 145—155.

[2] Pari Patel and Keith Pavitt: "National Systems of Innovation Under Strain: The Internationalisation of Corporate R&D", SPRU, Electronic Working Papers Series, Paper No. 22, May, 1998.

[3] Jorge Niosi: The Internationalization of Industrial R&D From Technology Transfer to the Learning Organization, *Research Policy* 28 (1999), 107—117.

实际上正是在这样一种严峻的技术争夺背景下出现的。

(二) 大规模的产业研究开发全球化是经济全球化深入的标志

对全球经济发展有直接影响的研究开发全球化是与经济的全球化进程紧密联系的，而跨国公司是产业研究开发的实际载体，是推动产业研究开发全球化的主要力量。自20世纪初开始，特别在80年代以后，跨国公司的全球业务扩张经历了开拓国外的产品市场、产品的本地生产以降低运输费用和规避贸易壁垒、利用国外廉价劳动力以建立低成本的生产基地等阶段，目前正转向充分利用全球生产要素组合而优化配置生产资源，包括为充分利用海外研究开发资源而对其研究开发活动进行全球整合。从研究开发国际化的目的分析，大致可以将跨国公司海外研究开发活动分为三类[①]：

- 为产品的本地化进行的研究开发；
- 公司内部研究资源的全球配置；
- 跨国公司之间进行研究开发的合作。

产业科技全球化主要发生在传统产业领域，且主要是为传统产品的本地化进行一些改进性质的研究和开发（Patel et. al., 1998）。在商业业务全球发展的过程中，跨国公司一般为了配合其全球业务而在国外开展部分研究开发活动，其主要的目的是将在母国开发的技术和生产工艺实现本地化，以配合企业在国外市场拓展空间。这是研究开发活动全球化的早期形式，也是目前跨国公司在发展中国家进行研究开发投资的主要目的。

佩特尔（Patel）等在总结了跨国公司研究开发海外投资活动的演化过程后，提出研究开发国际化的主要领域和动机还是实现生产过程和产品的本地化（Patel etc., 1999）。为保持其核心竞争力中最重要部分——技术核心能力，跨国企业仍然在较大的程度上保持研究开发活动的相对集中，并主要在母国进行研究开发活动。比较西方主要发达国家外资企业在全部加工制造业营业额中所占比例，与其在制造业研究开发投资占所在国全部制造业研究开

---

① Archibugi et. al. [1999] 将此阶段的活动定义为"在全球市场上充分利用国内的创新成果"，最大限度地利用本国的创新在全球市场获取利润，包括出口商品（以及围绕产品本地化进行一定的研究开发活动）、出售专利技术、授权生产等。也有研究者认为跨国公司在海外建立研究开发机构的另一个目的是要了解他国的技术研究动向，但我们认为这仍然可以归结为是科技资源（包括信息资源）全球配置。

发投资的比例可以发现，跨国公司在国外的研究开发强度（表现为研究开发投资占行业收入的比例）低于母国企业的研究开发投资强度（见表3—2）。这也进一步证明 Patel 关于企业进行海外研究开发投入的主要动机在于对传统产业的产品工艺进行本地化，而并非利用国外的资源进行产品创新。

表3—2　主要发达国家中制造业的外国公司研究开发投资
强度和国内公司研究开发投资强度的比较
（研发投入占公司销售收入的百分比，1994）

国别	外国公司	国内公司
美国	2.49	2.96
加拿大	0.85	1.73
日本	1.23	2.58
澳大利亚	1.11	0.52
芬兰	2.61	2.51
法国	1.78	2.70
德国	3.17	6.31
荷兰	0.76	2.66
瑞典	2.39	3.82
英国	2.09	1.62

资料来源：OECD 1998b, p.94, Annex Table 4, 利用1989—1994年间数据。

20世纪末冷战结束后，随着经济全球化迅速深化，跨国公司从早期的单纯市场扩展逐步走向在全球范围内重新组合市场要素并配置资源，跨国公司在全球配置研究开发资源越来越成为研究开发全球化的重要动力。跨国企业在配置其研究开发资源时，充分考虑了母国和外国的市场规模、产品市场结构、整体科学技术水平、科研人员素质和研究开发成本等因素，产业研究开发全球化在发达国家之间、发达国家与发展中国家之间表现出不同的模式。发达国家间经济联系一直较紧密，经济技术发展水平接近，研究机构设置和资源配置方面较早实现了国际化，比如荷兰、瑞士、比利时等国很早就在国外（美国、英国等）建立了研究开发基地（统计数据，OECD 1999）。追赶

型国家如日本、韩国和其他发展中国家的企业，随着国内市场竞争的加剧和公司全球业务发展的的需要，也开始积极在发达国家建立研究开发机构，以跟踪所在国科技发展的新动向，并为开发出有国际竞争力的新产品寻找新的科技开发思路。最近10年，特别是过去5年间世界经济领域的一个重要变化就是，全球生产资源重组和ICT发展使发展中国家成为研发全球化的优先选择区位。

1995年和1999年，美国商务部连续出版了两份"工业研究开发全球化"的研究报告，对美国产业界的研究开发全球化状况进行了全面的分析。其中，唐纳德·H.道尔顿、小曼纽尔·G.赛拉皮奥、菲丽丝·根特·吉田（Donald H. Dalton, Manuel G. Serapio, Jr., Phyllis Genther Yoshida）[1999] 明确指出，美国公司在国外的研究开发支出在1986—1997年间增长了三倍以上，代表了将近15％的美国公司研究开发支出，而在10年前这一比例还只有5％。美国在外研究开发和外国在美研究开发的投资动机惊人的一致，包括母公司满足东道国客户的需求和监控技术发展，使企业可以在东道国利用其专业技能。关于美国在国外的研究开发活动，报告发现：其一，1987—1997年间，美国公司将其在国外的研究开发支出从52亿美元增加到141亿美元，占美国研究开发投资比例的将近11％。其中，有一半以上集中于德国、英国、加拿大、法国和日本等五个国家。其二，近年来，美国子公司在新兴工业化国家或发展中国家包括新加坡、巴西、中国、墨西哥的研究开发支出，都有所增加。其三，许多重要研究表明，尽管美国在国外的研究开发支出数量有所增长，但有关公司核心技术的尖端研究开发活动几乎无一例外地仍然是在美国国内进行的。美国公司将近90％的研究开发支出仍然花在它们设于美国的研究开发机构上。其四，1997年，美国在国外研究开发支出的大部分集中于药品、汽车、计算机和电子设备领域。其五，药品工业的研究开发全球化程度最高，占美国在外国研究开发的30％和外国公司在美国研究开发的49％。美国汽车工业在欧洲的研究开发投资中将近25％用于开发面向欧洲市场的新车和发动机设计，但外国在美国研究开发中的同一比例只有5％。其六，在国外的169家美国研究开发机构中，欧洲拥有88家，日本为45家，加拿大为26家。①

---

① Donald H. Dalton and Manuel G. Serapio, Jr., Phyllis Genther Yoshida [1999]: Globalizing Industrial Research And Development, USDC, September 1999.

随着科学技术进步速度加快、全球产业竞争范围和程度加深,许多企业开始联合进行研究开发,形成研究开发联盟,这也是研究开发国际化的一个重要形式。一般来说,研究开发战略联盟是由技术水平相当的一些企业构成的,发达国家的跨国公司仍然主导着产业技术联盟的基本结构与发展趋势,但近年来发展中国家企业也开始逐步加入到这种研究开发联盟中。[①]

(三) 发达国家产业研究开发全球化仍然居主导地位

产业研究开发全球化的演进历程是由发达国家的跨国公司开始和主导的,这是因为,无论是全球研究开发投资总额还是产业研究开发投资一直以来都是以发达国家为主导的。发展中国家作为后来者,主要向发达国家学习和获取技术,并随着经济发展的需要而逐步加大研究开发投入。全世界研究开发投入的96%以上是由世界上少数国家所贡献的,西方七国研究开发投入占全部OECD国家研究开发投入的85%以上,而在众多的发展中国家中,只有大约15个国家有一定的研究开发投入(OECD,1999、2004)。在过去10年间,发展中国家的研究开发投入有较大的增长,但其总量和占GDP比例都远远落后于发达国家。

外国子公司现在占OECD国家全部制造业研究开发投资总额的12%,而且在绝大多数国家,这种份额还会继续增长。然而,外国子公司所占份额差别很大,低的国家如日本只占5%,高的国家如爱尔兰占60%。制成品的世界贸易越来越成为技术密集型的了。自1980年以来,高技术进出口增长一直快于其他制造业部门。1980年,高技术贸易占制造业进出口的10%,而在1994年占了17%。高技术部门包括宇航、计算机和办公设备、电动机器、制药和科学设备。比较之下,中技术部门的贸易——该部门包括汽车、非铁金属等——所占份额稳定在45%左右。技术密集型商品贸易越来越多地表明国家之间技术转移的速度也在加速。有意思的是,1989—1994年间高技术贸易最具戏剧性的增长发生于发达国家与东南亚国家之间,以及较小程度上的与拉美国家之间,后两个集团在产业研究开发全球化中是另外两个边缘化的参与者。[②]

---

① 关于影响产业研究开发全球化的一般讨论,参见OECD 1998,1999;中国科技发展战略研究组 2000,*Research Policy* 1999年关于研究开发全球化的专辑,*Research Policy* 28 (1999), 107—336.

② Organisation for Economic Co-operation And Development [1998]: Globalisation Of Industrial R&D: Policy Issues, OECD 1999.

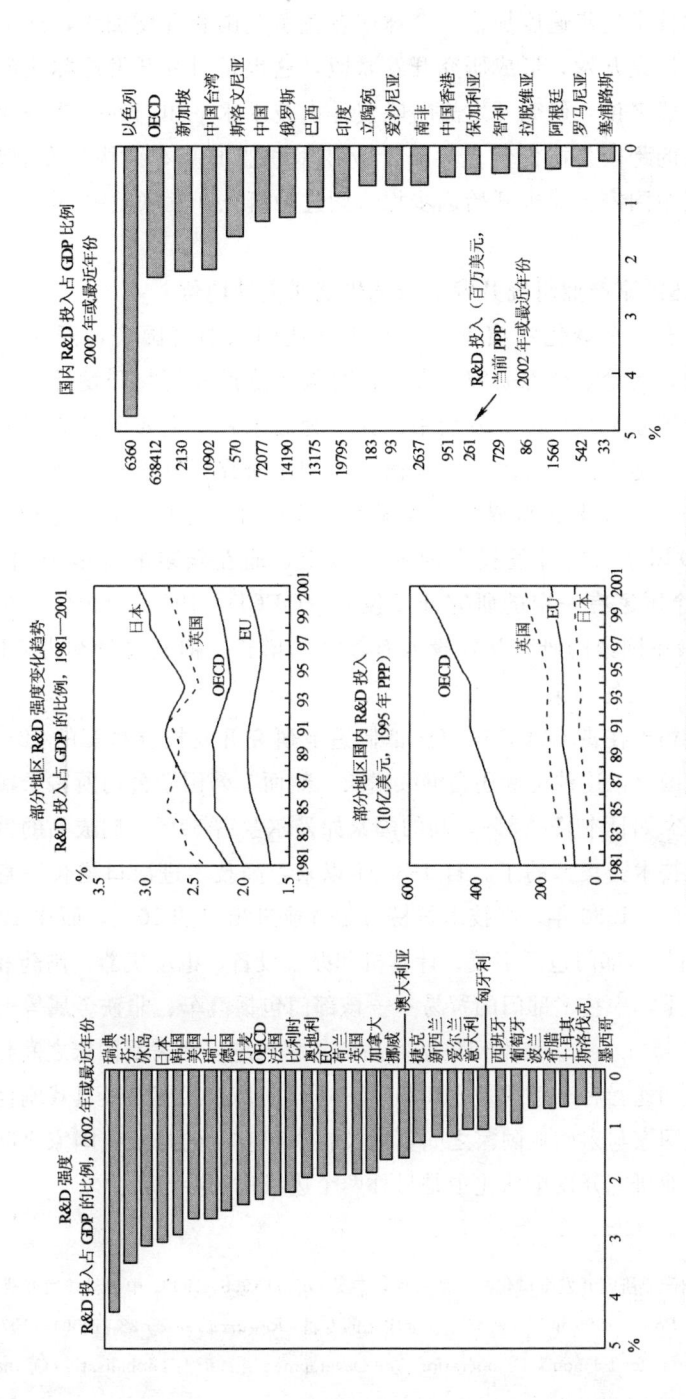

图 3—1 部分国家地区 R&D 投入情况

资料来源：OECD [2004]: Science and Technology Statistical Compedium 2004, pp. 9, 16.

表 3—3　　　　　　　　　　公司技术的国际化

国家或地区	占美国专利的%：1992—1996 国内	占美国专利的%：1992—1996 国外	国外研发支出所占%	1980—1984年以来国外所占美国专利的%变化
日本	97.4	2.6	2.1 (1993)	−0.7
美国	92.0	8.0	11.9 (1994)	2.2
欧洲	77.3	22.7*		3.3
比利时	33.2	66.8		4.9
芬兰	71.2	28.8	24.0 (1992)	6.0
法国	65.4	34.6		12.9
德国	78.2	21.8	18.0 (1995)	6.4
意大利	77.9	22.1		7.4
荷兰	40.1	59.9		6.6
瑞典	64.0	36.0	21.8 (1995)	−5.7
瑞士	42.0	58.0		8.2
英国	47.6	52.4		7.6
所有企业	87.4	12.6	11.0 (1997)	2.4

资料来源：Pari Patel and Keith Pavitt：National Systems of Innovation Under Strain：The Internationalisation of Corporate R&D，SPRU，May 1998.

*本表中所列的所有欧洲国家的活动在欧洲以外所占的比例。

从各国研究开发国际化的历史发展来看，美国公司研究开发活动的基本趋势是：海外研究开发支出在1966—1977年间上升很快，占美国公司研究开发支出的比例从6.57%上升到9.87%。然而，在1977—1982年间，美国企业对于在国外配置研究开发活动的热情有所下降。研究开发活动集中于母国导致海外子公司在研究开发活动中所占比例在1982年下降到6.4%。在80年代，海外研究开发在美国跨国公司的重要性再次上升，其比例在1989年重新上升到接近9%，当年美国跨国公司控制的国外子公司在其东道国花费了将近80亿美元从事研究开发活动。这些海外研究开发活动高度集中于工业化国家，发展中国家及地区作为一个整体只占美国国外子公司研究开发支出的5%左右。在工业化国家中，加拿大、德国和英国在1989年占了海外研究开发支出的将近56%。日本正在逐渐变成美国公司重要的海外研发区

位,其份额从 1966 年的 0.5% 上升到 1989 年的 12.62%。在发展中国家及地区中,巴西、墨西哥、以色列、中国台湾是美国跨国公司的主要海外研究开发区位。[①]

在 70 年代和 80 年代,日本企业的全球化战略跨越了出口阶段,逐步走向大规模投资在海外建立设有研究开发实验室的生产设施的阶段。在国外进行研究开发战略仍处于相对早期阶段,而且在这个领域日本远远落后于美国、英国、德国、荷兰和瑞士。根据 MITI 的调查,1990 年日本子公司在国外拥有 222 家研究开发实验室,其中 170 家位于制造部门。1993 年,日本国外子公司从事的制造业研究开发只占日本全部制造业企业研究开发支出的 2.1%,同年美国为 9.3%。日本国外子公司从事的研究开发活动将近 53% 位于美国,38% 位于欧洲,6% 位于亚洲。与此相似,40% 的研究人员在美国,23% 的在欧洲,26% 的在亚洲。根据日本对外贸易组织(Japanese External Trade Organisation, JETRO)的统计数字,1995 年在欧洲的日本子公司中,42% 有研究活动。将近 60% 的在德国的日本子公司将其研究开发活动融入生产活动之中,在英国这一比例是 50%,在法国和荷兰为 36%,在西班牙为 40%,在比利时为 38%。不仅如此,日本设立独立研究开发中心最多的欧洲国家是德国(17.1%),其次是英国(11.2%)和法国(11.0%)。日本子公司在国外的研究开发支出集中于少数几个部门。电子/电器、化工和运输(汽车)三大工业部门占了日本国外子公司全部制造业研究开发支出的 85%。日本子公司在亚洲进行的研究开发活动主要集中于中技术开发方面的制造业部门,比如非铁金属、石油与石化产品、纺织、农产品加工与科学仪器。日本子公司在国外进行的研究开发活动的将近 89% 集中于制造业,4.5% 集中于服务业,而且几乎所有服务业研究开发都是在美国进行的。外国子公司在日本进行的研究开发活动在 1991 年达到日本子公司在国外研究开发活动的四分之三,达到日本产业研究开发支出总额的 1.3%。1990 年,外国子公司占日本从国外获得的技术销售(licences, patents, know-how)收入的 90%,外国子公司所雇用的研究人员仅占日本产业研究开发人员总量的 2%。尽管如此,日本公司的国外研究开发增长特别快,年增长幅度从 1987 年的 11% 提高到 1991 年的 48%,从而使其外国研究开发

---

① Nagesh Kumar: Intellectual Property Protection, Market Orientation and Location of Overseas R&D Activities by Multinational Enterprises, March 1995, #9501.

所占份额从1.58%提高到5%。一般来说,日本公司偏好与美国大学合作,其重要性仅次于内部研究开发。[1]

德国企业历史上就大量在国外投资,而且自20世纪60年代以来开始在德国以外从事研究开发活动。与日本企业不同,德国企业宁愿通过兼并那些已经进行研究开发活动的现有企业维持企业成长。在1985—1994年间,德国企业兼并投资对绿地投资的比率达到2:1。根据德国母公司提供的数据,国外德资子公司的研究开发支出在1995年估计达到100亿德国马克左右,其中制造业企业占97%。德国企业在国外的研究开发支出占到德国全部研究开发支出的15%左右,主要集中在美国和欧洲,特别是化学工业(60%)和电子/电器工业(15%)。1995年,德国在国外的子公司支出的研究开发费用达到39亿美元,其中36亿美元集中于制造业部门,占德国企业全部国外研究开发支出的半数以上,占德国全部研究开发支出的9%。相比之下,德国汽车工业的研究开发活动趋向集中于发展中国家,尽管在英国和美国的德国子公司也开始从事研究开发活动。1995年,德国子公司在美国的研究开发支出将近70%投放在化学工业,其中20%投放在制药业,其他投放于电动机器、专业化商品以及汽车制造等研究开发密集型部门。在吸引外国研究开发投资方面,德国也一直是国际关注的焦点。1994年,在德国外国子公司的营业额约有半数来自化学/制药业(15%)、汽车制造业(13%)、非电动机器(8%)和电子/电器机械(11%)等四个部门。在德国的外国子公司在研究开发上支出了将近70亿德国马克,雇用了34600名研究开发人员。在制造业中,三分之二的研究开发人员集中于电动设备和汽车工业中。

就直接投资而言,英国有两个显著特点。第一,英国是唯一一个外国投资存量超过GDP四分之一的七国集团成员国。其二,英国是OECD成员国中仅次于美国的第二大东道国,而在欧洲居首位。1995年,英国子公司在美国的研究支出达到24亿美元,占英国公司研究开发支出总额的16.3%,占国内控股企业研究开发支出的26%。与此同时,在美国的英国子公司雇用的研究开发人员估计达到16500人,大致等于英国企业部门研究开发人员总额的11%。同时,英国也是唯一一个外国子公司占制造业研究开发的份额高于它们占生产份额的国家,这一事实表明外国子公司主要是在利用外部性所产

---

[1] Ove Granstrand [1999]: Internationalization of Corporate R&D: a Study of Japanese and Swedish Corporations, *Research Policy* 28 (1999), 275—302.

生的各种好处，这同时也意味着在英国的外国投资具有更高的技术含量。1995年，在英国投资于产业研究开发的主要国家是美国（40%）、德国（8%）、日本（8%）和法国（5%）。在英国的外国子公司三分之二的研究开发集中于五个部门：汽车（17%）、制药（16%）、计算机服务（13%）、研究开发咨询服务（8.5%）和基础化学（7%）。[①]

表3—4　　　外国大企业在国家技术构成中的重要性：1992—1996

占一国全部技术的%	外国控制的美国专利（1992—1996）	外国控制的R&D	外国控制的生产（1994）
日本	1.1	1.3 (1991)	2.8
美国	4.0	11.3 (1994)	15.5
欧洲	12.4*		
奥地利	12.5		25.7**
比利时	53.6		
芬兰	3.7	7.3 (1995)	7.6
法国	11.3	13.0 (1992)	21.0
德国	9.6	14.1 (1993)	28.1
意大利	10.0		
荷兰	13.2	14.8 (1995)	42.4
瑞典	13.6	11.2 (1994)	18.7
瑞士	5.8		
英国	20.3	15.0 (1994)	22.3

资料来源：OECD (1997) and Patel and Vega (1998).
* 这里的外国是指所有非欧洲公司的份额。
** 1991。

跨国企业是产业研究开发的投资主体，以OECD国家为代表的发达国家拥有全球跨国企业的绝大多数，从而主宰了产业研究开发国际化的活动。OECD于1998年第一次就产业研究开发全球化问题进行了全面的调查研究，对不同国家研究开发全球化的情况进行了详细的分析。调查的结果表明，目

[①] Organisation For Economic Co-operation and Development [1998]: Internationalisation of Industrial R&D: Patterns and Trends, Oec. 1998.

前外资的分公司在 OECD 国家中进行研究开发投资的比例占 OECD 产业研究开发投资总量的 12%，在过去 20 年中，OECD 国家外资对研究开发的投资增加，外资所进行的研究开发在本国产业研究开发总量的比例逐年增加。表 3—5 显示了 2003 年全球研究开发投资最大的 15 家跨国企业研究开发投资额。

表 3—5　　　　　2003 年全球研究开发投资最多的 15 家企业

公司	国家	R&D 2003（百万美元）	R&D 变化（%）	R&D 变化绝对量（百万美元）
福特汽车	美国	7500	−3%	(200)
辉瑞	美国	7131	38%	1955
戴姆勒克雷斯勒	德国	6689	−8%	(600)
丰田汽车	日本	6210	2%	97
西门子	德国	6084	−13%	(903)
通用汽车	美国	5700	−2%	(100)
松下电工	日本	5272	5%	257
IBM	美国	5068	7%	318
葛兰素史克	英国	4910	−4%	(192)
强生	美国	4684	18%	727
索尼	日本	4683	16%	649
微软	美国	4659	8%	352
诺基亚	芬兰	4514	23%	850
英特尔	美国	4360	8%	326
大众	德国	4233	22%	762

资料来源：MIT Technology Review, 2004 December.

这些投资并不是全部由跨国公司在母国的分支机构执行，而是由分散在全球的所有研究机构共同执行的。衡量产业研发国际化程度的一个重要指标就是跨国公司在国外建立研究开发机构数量和性质。在欧美各主要成员国

中，跨国公司或者在国外建立独立的研究开发机构，或者在其分公司中设立研究开发部门，或者通过兼并和收购获得国外的研究开发设施和人员。按照前面的分析，这些机构主要服务于为所在国市场提供本地化的产品，或者为国内的研究开发互补的技术支持。这些研发获得的资金，可以由海外机构自行解决，也可以由母公司提供。这类投资由于可能会为所在国提供知识的外溢效应，所以常常得到当地政府的欢迎。

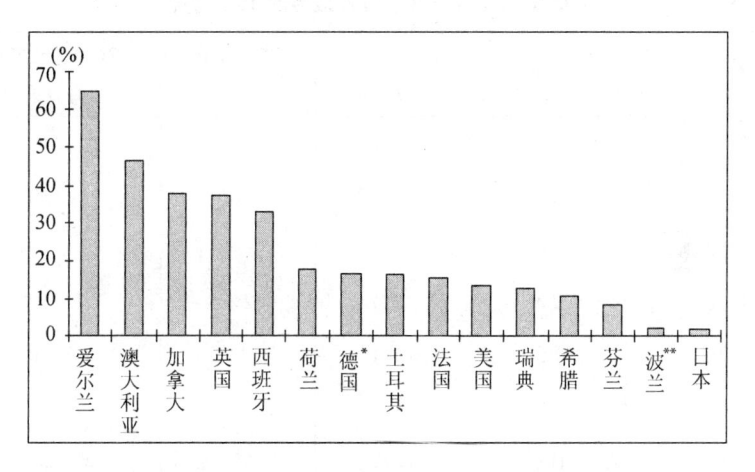

图 3—2 不同国家中外国企业分支机构在制造业中 R&D 支出占该领域 R&D 总支出的比例（1994）

资料来源：OECD, AFA and ANBERD databases.
* 500 个 R&D 强度最大的公司取样。
** 所有产业。

由于受各国国内产业研究开发的规模、国内企业研究开发投资的强度、国内企业跨国公司国际化程度以及国内技术水平和市场环境对外资的吸引力等方面的差异，欧美主要国家吸引外资进行研究开发投资的总量和比例也各不相同。到 1995 年，美国有 635 家由外国公司建立的独立的研究开发机构，其中一半是 1986 年以后建立的；日本在欧洲建立的研究开发机构超过 300 家，为 1989 年时的两倍。较为突出的是，日本在吸引国外研究开发投资方面在 OECD 国家中的比例最小，只有 5％左右，而大多数国家的比例都在 15％到 35％之间。

跨国公司在海外的研究开发投资，主要是在发达国家之间流动。按照库莫尔（Kumer）的估计，发达国家中外资的研究开发活动占全球全部海外研

究开发活动的90%以上，而发展中国家跨国公司的研究开发投资虽然在1989年占3.8%的基础上有较大的增长，但到1994年仍然只占不到9%。由于发展中国家的产业规模和技术能力较弱，所以一直难以成为研究开发国际化的主要载体。

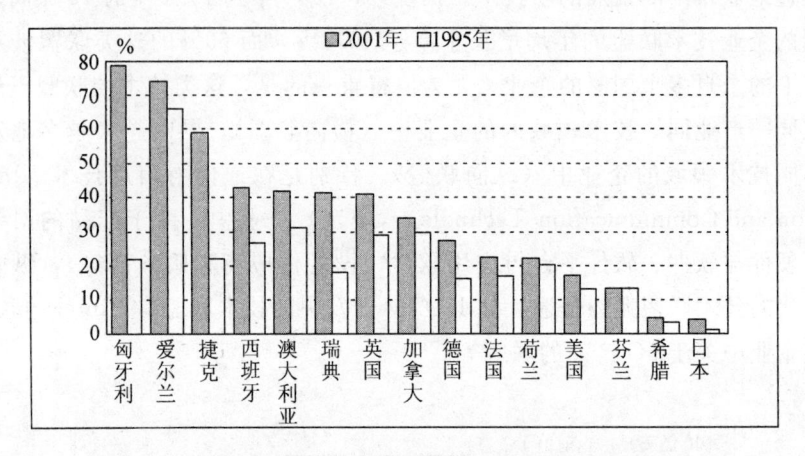

图3—3 外国子公司研发开支在企业研发开支中所占的百分比

资料来源：OECD STI Outlook 2004, Highights.

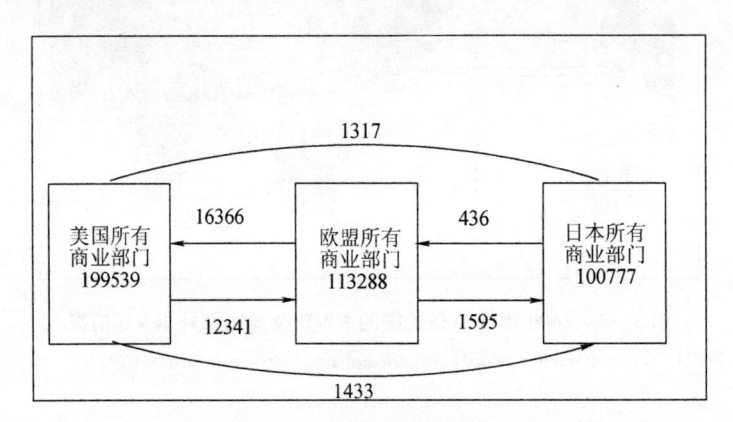

图3—4 欧盟、美国和日本间的R&D资金流动
(2000年，百万PPP美元)

资料来源：OECD: Activity of Foreign Affiliates database and Secretariat Estimates, 4 May 2004，转引自Johnson. 2004.

图3—5更加清楚地表明了跨国公司海外研发投资的流向和分布。

技术领域的跨国战略联盟是研究开发全球化的另外一个重要形式。由于

科学技术领域的竞争越来越激烈，技术进步加速，研究开发投入成本越来越大，所以自20世纪80年代以来，跨国公司除了在国外投资直接进行研究开发活动外，还越来越多地与外国企业形成技术战略联盟，特别是高技术企业间的技术联盟。通过这类战略联盟，企业可以降低技术开发的巨大风险，同时迅速地获得不断发展的新技术。据统计，1980年到1994年的10年间，国际间的企业技术联盟的年均增长率高达10.8%，而65%的这类联盟涉及两个以上的来自多个国家的企业。尤为值得重视的是，这类技术的联盟不但发生在同一产业同一技术领域内的企业中（横向联盟），同时越来越多地发生在不同技术领域的企业中（纵向联盟）。特别是在通信与信息技术（Information and Communication Technology，ICT）产业中，由于产品的网络特征（硬件与软件、软件平台与应用软件、设备供应商和服务商等），纵向和网络化的技术联盟尤为普遍，如HDTV开发中的技术联盟、Wintel的联盟、电信企业中关于3G产品的联盟等。①

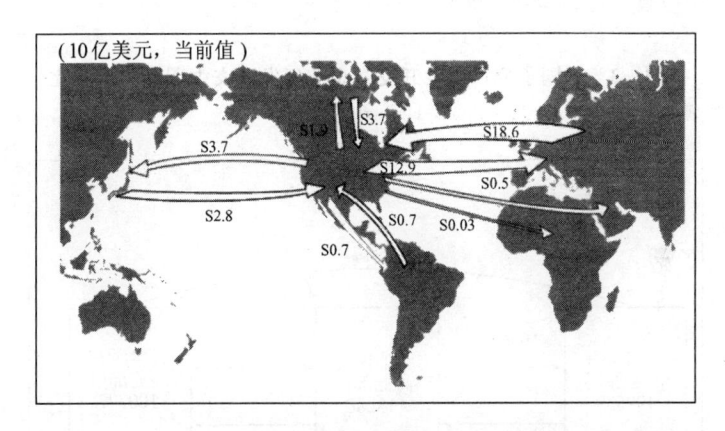

图3—5　2000年国外在美国的R&D及美国海外R&D情况

资料来源：National Science Board, *Science and Engineering Indicators 2004.*

衡量产业研究开发国际化的另外一个指标就是跨国专利申请。跨国公司在全球生产投资过程中对其成熟的产品技术申请专利保护，同时注重其海外研究开发机构的专利生产和保护。目前跨国公司海外专利的申请仍然主要集中在欧、美、日三地，但开始逐步向发展中国家申请保护。

---

① 高世楫、秦海、戴修殿：《系统标准、公司战略与公共政策》，载《产业论坛》2000年。

表 3—6　　　欧美主要国家主要企业在海外从事研究
开发申请美国专利的情况　　　　　单位:%

	1920—1939	1940—1968	1969—1990
美国	6.81	3.57	6.82
欧洲	12.03	26.65	27.13
英国	27.71	41.95	43.17
德国	4.03	8.68	13.72
意大利	29.03	24.76	14.24
法国	3.35	8.19	9.55
荷兰	15.57	29.51	52.97
比利时	95.00	53.90	60.60
瑞士	5.67	28.33	43.76
瑞典	31.04	13.18	25.51
小计	7.91	8.08	14.52

资料来源: Cantwell, 1995, p.160.

在跨国公司的研究开发资源全球配置、生产基地全球分布和产品市场全球规划的情况下,一方面跨国公司进行积极的专利布局,同时其所在国政府(OECD 所代表的发达国家)通过国际公约加强对专利技术的保护。WTO 关于与贸易相关的知识产权协议(TRIPs)就反映了目前发达国家主导下的知识产权保护理念和体系。

表 3—7　　　　　1996 年欧美各主要国家国内公司和
外资公司申请专利的情况　　　　　单位:%

	德国	法国	英国	荷兰	意大利	瑞典	芬兰	西班牙	瑞士
国内企业	81.6	75.5	61.2	72.7	60.7	65.1	93.3	30.0	81.3
外资分公司	18.3	24.5	38.8	27.3	39.2	34.8	6.7	70.0	18.6
其中:									
欧盟	6.9	14.7	11.1	11.3	26.9	8.4	4.7	49.0	9.6
德国	—	2.8	1.9	3.2	2.4	5.7	0.5	20.9	4.1

续表

	德国	法国	英国	荷兰	意大利	瑞典	芬兰	西班牙	瑞士
法国	2.3	—	1.8	1.9	4.4	0.5	0.0	20.0	1.5
英国	0.6	1.6	—	3.5	2.9	0.6	1.2	1.8	0.8
荷兰	2.3	5.1	5.2	—	12.5	0.6	0.0	1.8	2.2
意大利	0.1	4.5	0.2	0.0	—	0.0	0.0	2.7	0.2
美国	7.2	7.3	22.5	14.0	10.8	10.8	1.2	16.3	8.0
日本	0.3	0.3	2.1	0.9	0.4	0.1	0.0	0.0	0.3
瑞士	3.3	1.9	0.9	0.6	1.0	14.5	0.7	3.6	—
其他	0.5	0.2	1.9	0.2	0.0	1.0	0.0	0.9	0.6
总计	100	100	100	100	100	100	100	100	100

资料来源：OECD 1998，第 104 页。

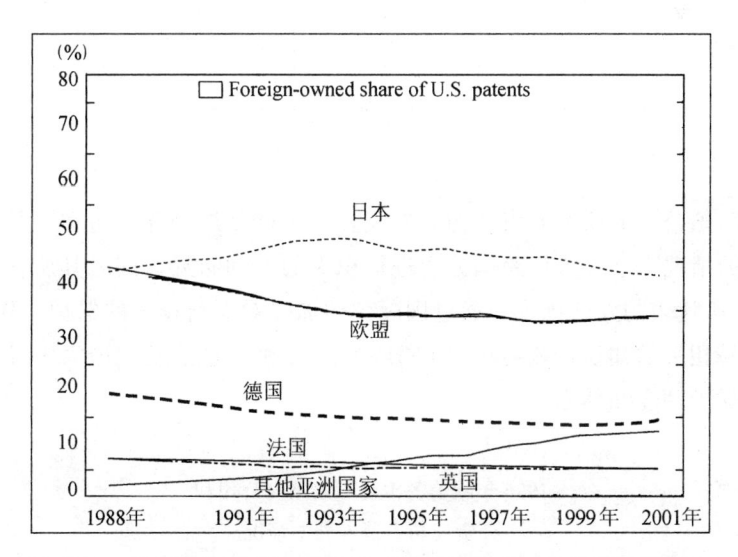

图 3—6　国外拥有的美国专利（部分国家和地区），1988—2001

资料来源：National Science Board, *Science and Engineering indicators 2004*.

（四）发展中国家或地区产业研究开发全球化的重要影响因素

由于受经济发展阶段、科学技术水平、人力资源状况等因素的影响，发展中国家或地区在产业研究开发的投入规模和产出水平上与发达国家都存在较大的差异，所以在产业研究开发全球化过程中处于较边缘的位置。在20世纪90年代以前的大部分时间，产业研究开发的全球化主要是在欧、美、

日三大集团之间展开,即"三国化而不是全球化"(Patel & Pavitt, 1998, p.10)。但是,有充分的数据证明,在过去的 10 年中,发展中国家越来越成为研究开发全球化的重要力量。

发展中国家对产业研发全球化进程的影响主要体现在两个方面。一是发展中国家日益成为跨国公司全球研发投资的重要目的地。首先是发展中国家越来越成为全球的生产基地,图 3—7 充分显示出发展中国家越来越成为跨国公司的生产基地。随着跨国公司将国内的生产基地向综合成本较低的国家转移,这就需要在本地提供研究开发服务。所以,就研究开发国际化的第一种形式(产品本地化)而言,一些市场规模较大的发展中国家相应地逐渐成为跨国公司海外投资的重点。最典型的例子就是中国,在过去 10 多年间,中国的经济增长使国内市场迅速扩张,跨国企业纷纷向中国出口商品或在中国建立生产基地,随之而来的是为产品本地化而从事的研究开发活动。如在信息通讯技术(ICT)领域,阿尔卡特(Alcatel)公司 20 世纪 80 年代末在中国建立了程控交换机的生产基地,其后建立研究开发中心对其交换机设备进行一定的适应性改进以更好地适应中国的情况。

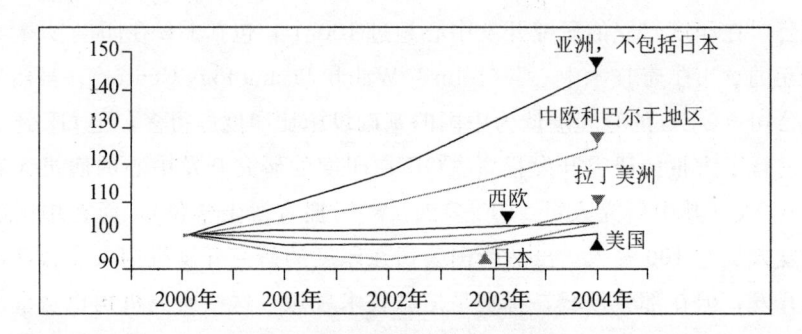

图 3—7 世界不同地区制造业生产情况(指数×2000=100)
资料来源:Council on Competitiveness, 2004, p.45.

其次,随着发展中国家科技基础设施的不断改进,跨国公司逐渐将其在发展中国家的研究开发活动纳入其全球的研究开发活动中,以充分利用发展中国家丰富、优质廉价的人才资源。以芯片设计工程师的年薪水平为例,发展中国家和发达国家研究开发投资中人力成本的差异对跨国公司全球研发投资具有强大的吸引力。

表 3—8　　　　　　　发展中国家或地区的研发成本优势：
芯片设计工程师的年薪比较*　　　　单位：美元，2002 年

地　点	年　薪
硅谷	300000
加拿大	150000
爱尔兰	75000
韩国	<65000
中国台湾	<60000
中国	28000（上海） 24000（苏州）
印度	30000

资料来源：Dieter Ernst (2003).

＊包括工资、收益、设备、办公室以及其他基础设施。

根据《亚洲时报》报道（Basu, 2003），在过去 5 年间，印度日益成为跨国公司在亚洲建立研究开发中心的首选地点。到 2003 年年底，世界著名跨国公司在印度建立的研究开发中心超过 100 个，包括 GE 在印度投资 8000 万美元的"韦尔奇技术中心"（John F Welch Technology Center）。虽然通用电器公司（GE）的管理层认为中国的基础设施比印度好得多，但 GE 还是在印度进行了大量的研究开发投资。GE 在印度的研究开发中心的雇员人数超过 1600 人（其中研究人员 1100 多人，30％拥有博士学位），而在中国的研究开发人员才 100 多人。虽然跨国公司在印度的研究开发机构大多数都从事产品开发，但在部分领域，特别是信息技术领域，这些研究机构也从事前沿性的研究开发活动。其中，GE 在印度班加洛尔（Bangalore）的研究开发中心是 GE 在海外的最大的研究中心，其研究项目涉及纳米技术等前沿技术。随着中东欧国家经济转型过程的完成，特别是部分中欧国家加入欧盟以后，中东欧国家将会成为跨国公司进行全球研究开发投资的重要目的地。

发达国家对发展中国家及地区的产业研究开发活动，可以从专利申请、研究开发活动、技术联盟、技术贸易等四个指标来描述。从总的流向上看，发展中国家在上述四个方面都处于被动的地位，即发达国家在发展中国家申请专利数多，而发展中国家在发达国家申请专利数少；发达国家在发展中国家的产业研究开发投资大于发展中国家在发达国家中的产业研究开发投资；

发展中国家被动地参与发达国家企业所形成的技术联盟；发达国家对发展中国家有较大的技术贸易顺差。

二是发展中国家或地区的企业开始学习利用全球研究开发的资源。发展中国家在技术和经济上都处于追赶发达国家的阶段，它们主要是技术的接受方，需要从发达国家获得技术，并向发达国家学习如何组织产业研究开发。部分发展中国家，特别是有一定技术基础和能力的发展中国家，除了被动地接受以发达国家跨国企业为主导的产业研究开发国际化外，还在发达国家设立研究开发研究机构以了解发达国家的技术发展动态。通过国际化的研究开发项目、高技术产品国际贸易和外资投资可以帮助在国内建立良好的研究开发环境和机制，同时获得国外研究开发的成果和经验。在这方面，韩国和中国台湾是发展中国家和地区成功利用产业研发全球化的先行者。正是充分利用了科技全球化所带来的资金、人才、知识流动优势，在开放的过程中获得了产业研究开发的经验，同时国内的产业研究开发与国内的产业和经济发展的现状紧密结合，推动了企业技术和国民经济发展，在产业研究开发的国际化的大潮中实现了经济赶超和技术追赶的目标。特别值得注意的是，近年来，中国、印度等发展中国家，以及一部分中、东欧转型国家的市场经济体系日益完善，以企业为主体、以市场为导向的产业研究开发正处于摸索中，来自这些国家的企业越来越积极地参与和利用研究开发国际化，而且有加速发展的态势，研究开发国际化的结构与特点正在发生一些令人关注的新变化。

二 中国产业研究开发国际化的现状[①]

在改革开放的 20 多年中，中国的高技术产业得到迅速发展。特别是在过去 10 年间，由于 FDI 的大量进入，发达国家和地区将其生产基地转移到中国，包括高技术产业领域的组装环节，导致我国高技术产业的迅速发展。1980 年我国高技术产业的产值在工业产值中的比例为 4%，2001 年上升到 13%。我国高技术产品在全球市场上的比重，由 1980 年的不足 2% 迅速上升

---

① 在过去几年中，国内展开了几项关于 FDI 对我国研究开发的影响研究，其中包括长城企业战略研究所、清华大学、社科院财贸所、国务院发展研究中心等，其中主要关注的是跨国公司在中国建立研究开发中心的问题。本报告在此将根据研究开发国际化的一般框架，综合介绍我国产业研发国际化的情况。另见《中国科技发展报告 1999》主报告。

到2001年的近9%，在美国、欧盟和日本之后列第四（见图3—9）。

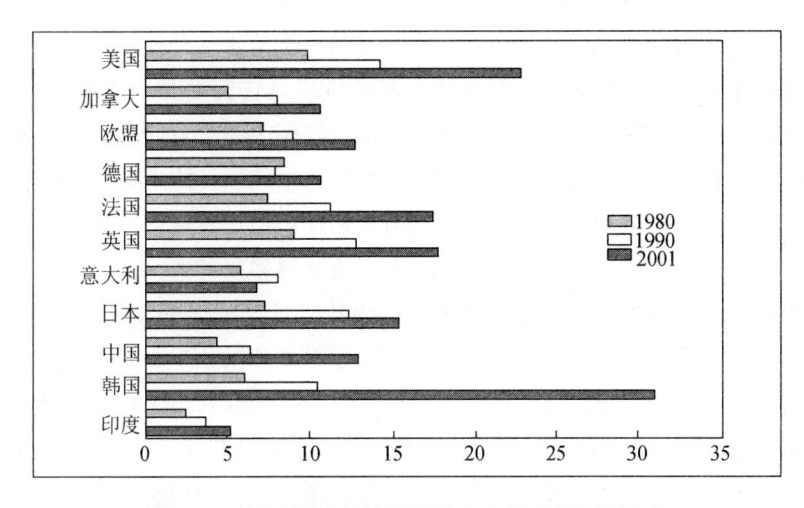

图3—8　部分国家和地区高技术产业占整个制造业产出的份额：1980，1990，2001

资料来源：National Science Board, *Science and Engineering Indicators 2004.*

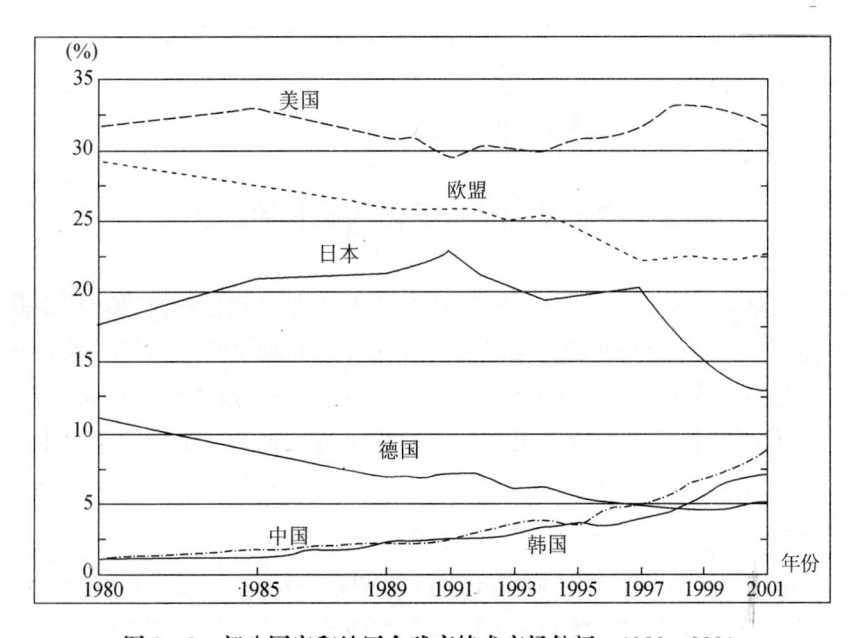

图3—9　部分国家和地区全球高技术市场份额：1980—2001

资料来源：National Science Board, *Science and Engineering Indicators 2004.*

但是，无论从技术的来源还是从高技术企业的所有制形式上看，我国的高技术产业目前主要还是由外资主导。由于我国是发展中国家，且处于向市场经济转轨的过程中，较低的总体科技水平和处于重构中的国家创新体系决定了我国的产业研究开发的现状和面临的选择具有独特的性质。一方面，中国绝大部分大型企业的国际化程度较低，同时进行自主研究开发活动的愿望不强，而且受到财力的限制，所以在研究开发国际化方面还处于探索阶段。另一方面，中国的产业研究开发必须以在较大程度上已经国际化了的中国国内市场为主要目标。所以，现阶段中国产业研究开发国际化主题是发达国家的跨国企业在中国的研究开发投资和专利申请、技术贸易等情况，同时越来越多的中国企业开始学习充分利用国际资源提高研究开发水平。

（一）专利申请情况

中国产业研究开发全球化的重要标志就是专利申请国际化的水平，它包括外国企业在中国申请专利的总量规模和结构，中国企业在海外申请专利的情况。

表 3—9　　　　　　　中国国家知识产权局专利申请受理量及授权量（2003，2004）

	2003 年			2004 年		
	合计	国内	国外	合计	国内	国外
申请量	308487	251238	57249	353807	278943	74864
发明	105318	56769	48549	130133	65786	64347
实用新型	109115	107842	1273	112825	111578	1247
外观设计	94054	86627	7427	110849	101579	9270
授权量	182226	149588	32638	190238	151328	38910
发明	37154	11404	25750	49360	18241	31119
实用新型	68906	68291	615	70623	70199	604
外观设计	76166	69893	6273	70255	63068	7187

从结构上看，中国本国人的专利申请以实用新型和外观设计为主。在 2004 年中国国家专利局批准的三种专利中，发明、实用新型、外观设计所占

比例分别为 25.95%、37.12%、36.93%，而外国人在中国申请的专利主要是发明专利，分别占上述三种专利授权量的 63.05%、0.86%、10.23%。特别重要的是，外国人在中国获得授权的发明专利，远远超过了中国人所获授权的发明专利数量，而且授权量占申请量比例的将近 50%，说明外国在中国申请发明专利的质量比较高。

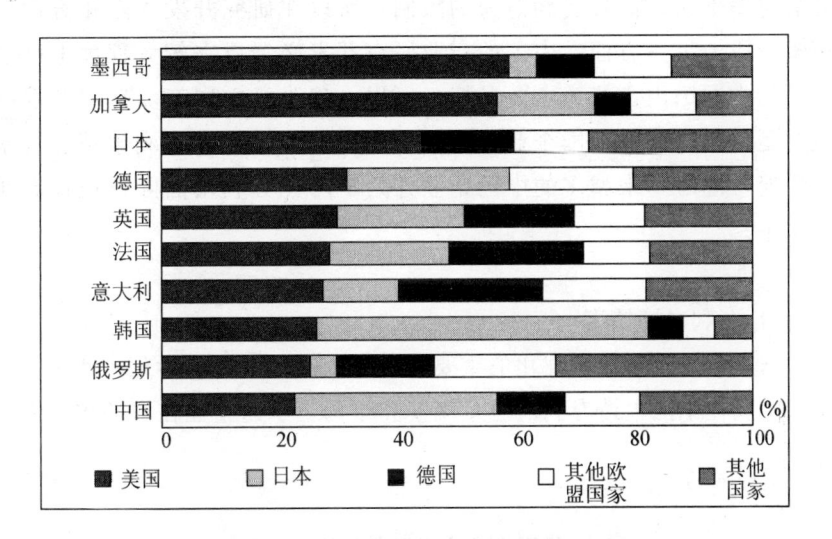

图 3—10　部分国家拥有的外国专利：2000

资料来源：National Science Board, *Science and Engineering Indicators 2004*.

中国企业在海外申请专利规模较小。在 1982 年到 1996 年的 15 年间，中国大陆在美国申请的专利数为 354 件，仅占美国同期专利批准量的 0.04%，少于巴西（615 件，占 0.05%）、中国香港（725 件，占 0.06%）、韩国（5899 件，占 0.46%）和中国台湾（10836 件，占 0.85%），更低于日本（257627，占 20%）和美国（694786 件，占 54%）。[①] 1999 年，美国共批准专利 169154 件，而中国只有 87 件，占总数的 0.05%。相对于外国人在中国申请专利的情况（占中国发明专利的 50% 以上），2003 年美国授予外国公司的专利数量，中国台湾超过法国，名列第 3 位，总数为 6676，为中国大陆获得的专利数 424 的 16 倍（详见表 3—10）。

[①] Dalton, D. H., Serapio, M. C. and Yoshida, P. G. (1999): Globalizing Industrial Research and Development, US. Department of Commerce, p. 48.

表3—10　美国授予的外国企业的专利数量（2002—2003）

国家和地区	2002年专利数	2003年专利数	2002—2003年专利总数	年增长率
日本	36340	37250	73590	2.50%
德国	11957	12140	24097	1.50%
中国台湾	6730	6676	13406	−0.80%
法国	4421	4127	8548	−6.70%
英国	4196	4031	8227	−3.90%
韩国	4009	4132	8141	3.10%
加拿大	3857	3893	7750	0.90%
意大利	1962	2022	3984	3.10%
瑞典	1824	1629	3453	−10.70%
瑞士	1532	1433	2965	−6.50%
以色列	1108	1260	2368	13.70%
中国香港	589	681	1270	15.60%
中国	**390**	**424**	**814**	**8.70%**
印度	267	355	622	33.00%
俄罗斯	203	202	405	−0.50%
爱尔兰	148	187	335	26.40%
巴西	112	180	292	60.70%
马来西亚	62	63	125	1.60%
阿根廷	58	70	128	20.70%
印度尼西亚	15	12	27	−20.00%
美国总计	97127	98598	195725	1.50%
国外总计	87300	88455	175755	1.30%
总计	184427	187053	371480	1.40%

资料来源：U.S. Patent and Trademark Office, http://www.uspto.gov/web/offices/ac/ido/oeip/taf/pat_tr03.htm.

（二）跨国公司对中国研究开发投资的情况

跨国公司开始对中国进行大规模的投资始于20世纪90年代初。从90年代中期以来，外国直接投资构成由早期的纯粹生产性投资逐步转向研究开

发投资。外国公司在中国的研究开发投资领域既包括化工等传统产业领域，也包括ICT、电子、生物等高技术领域；投资方式既有独资的研究开发机构，也有与中国科研院所的合资实验室；投资规模逐步增大；研究开发投资的目的既包括技术支持、产品和技术的本地化，也包括前沿性研究和基础研究。[①]

表3—11　　在ICT领域中外国企业在中国进行研究开发投资

公司名称	进入时间（年）	设立研究开发机构时间	2000年企业在华的销售规模（亿元人民币）	研究开发中心规模	备注
阿尔卡特	1984			6个研发中心	
西门子	1988		134		
北方电信	1988	1994		2个研发中心	与北京邮电大学合作
爱立信	1988				
朗讯	1990			8个研发中心，2个贝尔实验室分支机构	
IBM		1995			北京，独资
英特尔		1998		5000万美元	上海
微软	1998	微软中国研究开发中心，1994年微软中国研究院		100人，6年投资8000万美元	北京，独资。为微软在海外的第二家研究机构
诺基亚			150		
SUN					
摩托罗拉	1992		375		

资料来源：中国国际科技合作协会，1999年。

[①]《跨国公司抢滩中国研究开发机构》，《参考消息》1999年12月7、8、9日；吴贻康：《外国在中国兴办研究开发机构的调查研究》，《中国软科学》1999年12月，第64—66页；薛澜、王建民：《知识经济与研究开发全球化：中国面对的机遇和挑战》，《国际经济评论》1999年第3—4期，第24—28页。

跨国公司在中国建立研发中心的主要目的，在于实现产品和技术的本地化。中国巨大的市场潜力，在改革开放的环境中得到了巨大的释放。在许多领域，由于中国的市场已经高度国际化，一家企业在中国建立研究开发中心会引发同行业中其他企业的效法。与此同时，中国的一些企业开始进行高强度的研究开发投入（如电信设备制造企业中的巨龙、大唐、中兴和华为等），这也迫使外国企业在中国设立研究开发机构。例如，在 ICT 领域，中国的计算机产品、电信交换设备在 90 年代的巨大需求，使中国成为世界 ICT 产业最重要的市场之一。对摩托罗拉、爱立信、诺基亚而言，中国的移动电话设备市场是除美国以外最大的市场。为这一市场提供本地化的产品和必要的技术支持，促使跨国公司在中国建立依附于其生产设施的研究开发机构，并在其后建立独立的研究开发机构。①

在 ICT 领域，许多跨国企业的研究开发活动，是围绕产品和技术本地化以及为本地客户提供必要技术支持为主的。美国微软自 1999 年以来在中国联合许多国内企业进行的基于微软 WINCE 的产品开发，就是跨国企业技术本地化的最典型案例。

随着外资企业的增加、本土企业的成长，外资研究开发中心同时进行技术本地化和前沿技术开发工作。如在信息技术领域，一方面需要将大量信息产品汉化，同时，非键盘输入和语音识别同时又是基础和前沿性研究；另一方面，中国的软件人才素质高，劳动力成本相对便宜，如微软等著名 ICT 企业在中国开办研究开发中心，正是希望利用中国高素质和低成本的人力资本。微软于 1998 年在中国建立美国本土以外的第二个研究中心，其目的是要吸引中国在全球的学生和学者回到中国进行信息处理的前沿性研究，并迅速取得了重大进展。2000 年 3 月，微软中国研究院宣布在中文语音输入软件技术方面，比现在已商业化的 IBM 等更好。2004 年，反映全球技术动态的权威杂志 *MIT Technology Review* 以"全球最热的计算机实验室"（The World's Hottest Computer Lab）为封面，报道了微软中国研究院的研究成

---

① 日本 1994 年在国外进行研究开发的总开支为 2045 亿日元，在美国、欧盟、亚洲的东盟、亚洲其他国家以及中国所占的比例分别为 53.01％、37.56％、5.80％、2.58％和 0.10％；显然，以对一国的研究开发投资占其对该国的出口比例作为衡量标准，日本对中国的研究开发投资比例严重过低。OECD 1998b, pp. 41, 42 图 19。日本对华直接投资在中国接受的总 FDI 中占有较大比例，但日本研究开发投资所占外资对中国研究开发的比例较小。

果，宣称该实验室在非键盘输入、图像处理等领域已经成为全球领先的实验室，这些技术将应用于微软的最新产品中（Huang，2004）。

外国企业在中国的研究开发投资目前主要集中在科技基础设施较好、科研机构集中、人才资源充分的北京和上海两地。随着中国作为全球制造基地的确立，随着国内市场经济体制和科技基础设施的完善，跨国公司在中国的研究开发投资会不断增加。2004年下半年，由著名的研究公司（Economist Intelligence Unit，EIU）组织了一项研究开发国际化的调查研究。通过对100多家跨国企业高级管理人员的抽样调查，该项研究表明跨国公司将加大海外研究开发的力度，其中中国是跨国公司产业研究开发的第一理想投资地。当问及公司今后三年在全球的研发投资计划时，39％的公司回答要在中国进行投资，远远超过列第二位的美国（29％）和印度（28％）（EIU，2004，p.25）。

（三）国内企业在国外的研究开发

中国企业的国际化进程刚刚开始，率先进行研究开发国际化和全球化的是一些主要集中在消费电子和ICT领域、经营管理较好、有一定国际竞争力的大企业集团。为了充分利用国外研究开发资源开发出有国际竞争力的产品，中国一批著名的企业如海尔、四通、联想、华为、康佳、新科等在最近几年中开始在美国、欧洲等技术密集地区投资设立研究开发机构，作为了解国外科技动态、引进新技术和产品的窗口，同时作为获得国际运作经验的途径。[①]

在这方面，比较典型的成功案例是我国通信设备制造企业华为技术有限公司和中兴通讯有限公司。这两家企业成立都不到20年，它们通过在国内市场上与跨国公司的竞争中学习到的技术和管理经验，迅速获得了市场份额和相关的技术能力。同时，它们抓住了全球ICT产业发展的机会，在全球IT泡沫破灭后通过收购和建立新公司的机会，在ICT产业发达国家成立研究机构，在企业发展的总体战略下利用全球科技资源。如华为先后在美国、瑞典、俄罗斯和印度等地成立了研究所（美国硅谷研究所、美国达拉斯研究所、瑞典研究所、印度研究所、俄罗斯研究所），中兴公司在美国成立了分公司、在韩国建立了受其控股的合资公司等，从而迅速建立起全球化的研究

---

① 梁启华、刘冀生：《我国知名企业研究开发国际化的五大趋势》，第886—889页。

开发网络,增加了企业的技术能力。目前华为、中兴等已经成为中国少数几家能够在最前沿的技术领域同全球领先的跨国企业展开竞争的企业。[①]

由于我国企业进行产业性研究开发的时间较短,关于研究开发的组织、管理、成果的商业化等都处于积累经验和摸索中。但是,上述我国在国外进行研究开发投资的企业,已经积累了丰富的生产管理和市场营销的经验,已经能够迅速组织新产品的市场和销售。出于应对国内的激励竞争的需要,同时也是为了创造高增值的新产品打入国内市场,这些企业在美国等科技和知识密集的地方建立研发机构是企业发展战略的自然延伸。如果有新的产品,则利用国内强大的生产能力和低成本优势,使其新产品在世界市场上将具有较强的竞争能力。走出国门学习国外研究开发的组织管理经验,同时把握全球科技发展和技术创新的脉搏,这是中国企业增强竞争力并逐步走向世界的重要步骤。[②]

(四)国际技术联盟

由于中国企业在规模、技术、管理和产业经验等方面与跨国集团存在较大的差距,中国企业参与跨国公司间国际技术联盟的机会较少(成为国外厂商产品在中国"独家代理"型的联盟倒比比皆是),目前中国企业大多以项目委托、联合研究开发、建立联合研究中心等方式与跨国集团进行研究开发联盟。在 ICT 领域,中国企业在技术、市场等方面有一定的优势,有一定的机会参与跨国技术联盟。例如,微软为在中国推广其 WINCE 操作系统,联合国内 ICT 界知名企业进行共同的相关产品的研究、开发、生产和销售(更详细的分析见下一节)。在开发中国的数字视听产品中,关于 VCD、SVCD 的标准之争,主要是拥有核心专利技术的跨国企业为争夺中国市场而与中国企业联盟。[③] 在这种联盟中,中国企业在技术上一般处于从属地位。

---

① 2004 年,华为开发的第三代移动通信系统开始进入传统上一直受到欧洲领先电信设备企业主导的欧洲市场,其主要原因就是其开发的新技术比竞争对手领先(美国的 Business Week 以"华为:不只是本土英雄"为题报道了华为崛起的意义)。

② 但在美国商务部 1999 年 9 月的报告中,未列举中国企业在美国研究开发机构的资料,见 Dalton et. al.,1999。

③ 方向阳、王星、李鹏:《VCD 死亡档案》,载《三联生活周刊》1999 年 12 月 15 日,第 18—31 页。

在电信设备制造方面，中国的部分企业具备了参与国际竞争的较强实力，除了开始与大型跨国公司在生产领域进行联盟，而且开始共同进行新产品开发，如华为与英特尔进行的基于网络互换（Internet Exchange，IX）的网络设备开发、与日本 NEC 公司就第三代移动通信接收终端所进行的研究开发的合作。最为典型的研究开发联盟，应该算以大唐电信为首的中国企业同德国西门子为首的跨国企业在开发第三代移动通信（3G）系统的合作。

以原邮电部电信科技研究院为基础的大唐电信集团独立研究开发了第三代移动通信系统 TD-SCDMA，成为国家电信联盟推荐的三个第三代移动通信全球标准之一。与由美国高通公司主导的 CDMA2000、欧洲电信企业主导的 WCDMA 这两个 3G 系统相比，TD-SCDMA 开发的时间较短，在技术的成熟度上相对滞后。但由于 TD-SCDMA 在数据传输方面具有比其他两个系统更高的效率，所以仍然被产业界认为有发展前途，且各国为此技术预留了相应的频率。为了尽快推进该项技术的完善，在政府的支持下，国内外企业相继成立了 TD-SCDMA 的研究开发联盟，参加的公司既包括大唐、华为、中兴等国内领先的电信设备企业，也包括西门子、爱立信等跨国公司。这种技术联盟推进了 TD-SCDMA 系统的技术完善和商业准备。[1] 现有的趋势表明，随着中国企业参与国际运作经验的提高，自身技术实力的增强，中国企业参与跨国技术联盟的需求和机会将不断增加。

（五）技术贸易规模和结构

20 世纪 90 年代以来，中国对外技术贸易的规模以年均 37.9％的速度增加，1997 年中国技术进出口合同超过 214 亿美元。在技术进出口贸易中，技术进口一直大于技术出口，1990 年到 1997 年间，技术出口合同与进口合同的金额比例平均为 0.3∶1。1995 年到 1997 年，每年技术贸易的逆差都在 100 亿美元以上。

在技术贸易的结构上，成套设备和关键设备的引进占技术进口的主要部分，1996 年和 1997 年设备引进合同金额分别达到 124 亿美元和 137 亿美元，占当年技术引进合同的 81.5％和 85.9％。而技术转让、技术许可、技术服务和技术咨询等四类合同的总量只占当年进口合同金额的 17.1％和 13.7％。

---

[1] 详细情况可以参考 TD-SCDMA 论坛的网站。

这说明中国的技术贸易构成还处于以设备为主的初级阶段。①

相对中国产业研究开发的规模和增长速度,技术引进费用一直高于产业研究开发的支出。1995年到1997年间,技术引进的费用与产业研究开发的费用比一直高达7∶1,技术引进费用的年增长率达到57.1%和68.5%,而同期产业研究开发的经费支出年均增长率仅为17.0%。对引进技术的依赖程度不断增加和对产业研究开发忽略,将导致国内研究开发能力的下降和对研究开发能力的信心受到长期影响。②

三 产业研究开发全球化对中国产业研究开发的影响

科技全球化对中国经济发展的影响,受中国经济的规模特征和发展阶段的制约,产业研究开发的全球化在现阶段仍然以跨国公司向中国输出技术和在中国开展技术本地化研究开发为主要特征,而随着中国企业在技术进步和创新中的主体地位的逐步确立,中国企业开始通过在发达国家建立研究开发机构以获得先进的管理经验和技术信息。由于受中国经济发展的阶段和规模、整体科学技术水平以及国家创新体系的转型等因素的影响,产业研究开发全球化对中国经济发展的作用和影响与其他发展中国家相比有独特的性质。

科技全球化对中国经济发展的直接影响,在很大程度上体现为产业研究开发全球化对中国的研究开发机制、结构和规模的直接影响。从科技发展的角度,如何提高企业的技术水平和培养重视研究开发投资意识以增强企业在科技发展日新月异、新产品层出不穷的市场环境中的竞争力将是我们关注的焦点。国际经验表明,创造鼓励企业进行产业研究开发的外部环境,加大产业研究开发投入是增强企业竞争力的重要手段。基于我们对于中国目前的产业技术水平和科技发展阶段的判断,中国目前仍然处于完成工业化(经济发展)和完成市场化(体制转轨)的过程中。从面向市场的角度重构国家创新体系将是为中国经济发展提供科技支持的重要步骤。但是,市场意识的培养

---

① 参见科学技术部《中国科学技术指标1998》,第115—119页。
② 另见胡春力《产业结构调整:我国经济发展道路的反思与选择》,《战略与管理》1997年第1期。

和市场体制的建立是一个渐进的干中学（learning by doing）的过程，政府、企业和普通个人都必须在市场经济的具体实践中完成这一转变。科技全球化为中国建立面向市场经济体制、服务于经济发展的科技体制创造了一种良好的学习环境。产业研究开发全球化对于中国科技资源的配置和科技活动的组织的直接影响，主要表现在影响技术发展的资金、人力资源、管理经验等诸方面，同时也将促使政府和企业协同努力创造一个有利于在国内进行产业研究开发活动的环境。

（一）研究开发资金和技术的获取

对内和对外的研究开发投资将有助于为科技长远发展获得必要的资本支持和技术积累。技术贸易规模的扩大和水平的提高为中国经济发展提供了多种技术来源[①]，为技术追赶者充分利用学习者的后发优势提供了加快学习进程的有利条件。

从资金来源上，外国企业在中国的研究开发投资为中国经济的发展提供了满足市场需要的资金。跨国公司在中国的研究开发投资强度虽然低于其在母国的强度，且研究开发项目的规模和技术先进性都较母国差，但相对于国内的大部分企业，跨国公司研究开发投资规模和强度都较大，这增加了中国研究开发投入的总量。虽然微软宣布将为微软中国研究院 4 年投资 8000 万美元，这与 1998 年微软研究开发总费用 28 亿美元相比非常微小，但国内除华为等极少数企业外，很少有企业的研究开发投资能达到这一规模。从投资效率上看，跨国公司在中国的研究开发机构的产出水平较高，微软中国研究院被称为是全球最热门的计算机实验室（Technology Review，2004）。

在技术来源上，外国企业在中国进行研究开发投入，为中国的经济发展提供了技术来源。技术贸易为中国经济发展提供了多渠道的技术资源，同时中国企业走出国门，可以利用国外丰富的科技资源开发出适应国内市场和国

---

① 主要来自美国的 13 家从事研究开发的重要企业，包括 3M、波音、福特、飞利浦等发起成立了一个进行技术交易的网站 www.yet2.com，允许企业和个人在网上拍卖或购买研究开发的成果。这 13 家企业将为该网站以排他性的方式提供它们所开发出的技术，这些公司在研究开发上的投资占美国商业性研究开发总投资的 10% 左右。欧洲和亚洲的其他大企业也可能会加入，成为该网站的投资人和发起人。通常企业开发的技术中平均只有 20% 能够转变成为产品，其中大部分都是细分市场的产品。该网站的推出，旨在加快技术开发向产业化转移的步伐（Time，Feb.14，2000，p.12）。

际市场的产品。对国内企业而言，无论以哪种方式获得国外的先进技术，对企业发展最重要的措施是通过企业研究开发达到消化和改进引进技术的目的，提高企业的技术水平，积累研究开发运作管理的经验。

(二) 本地技术开发及溢出效应

科技开发的重要特征之一就是技术知识的外溢效应。跨国企业在中国进行研究开发活动、申请中国专利等，提高了中国的整体技术水平，其科技开发和创新的成果会带动上下游产品的开发，同时为产品和工艺的创新提供溢出效益，这将对中国整体产业技术水平的提高和产业结构的调整产生间接的影响。与此同时，外资在中国设立研究开发机构和进行研究开发活动，无论是针对中国的本地市场，还是利用中国的研究开发人员开发适应全球的产品，这种活动会引起其他在华企业和国内企业采取防御性跟进的策略，在相同或相关领域引起产业研究开发的竞争，扩大中国产业研究开发的规模，这有利于中国产业研究开发效率的提高。

(三) 人才的培养和流失

外国对中国的研究开发投资将雇用一大批研究开发人才，这将形成一个人才的竞争性市场。国内的许多科研单位和企业的一批人才将被外资研究开发机构所吸引，同时一批海外留学生也将归国加盟外资研究开发企业。从短期上看，这将是国有企业和国内科研机构人才的净流失。但从资源的有效使用上，外资在中国的研究开发机构为中国大批未能充分利用的科技人才创造了一个施展才华、为社会创造财富的机会，有效地动员了社会资源。同时，一个人才竞争市场的产生，为国内企业和科研机构创造出一种真正有效利用科技人才的压力，促使形成国内企业充分利用科技人才的环境。

从长远而言，在国内从事产业研究开发研究的外资和国内机构都是培养中国急需的产业研究开发人才的重要基地。随着中国企业体制的进一步改革和经济的发展，内外资机构的人才交流将会更加频繁，大量在外资机构获得工作经验的科技人才将会向国内企业和科研机构回流，有丰富经验的科技人才将为中国经济发展产生极大的促进作用。

(四) 有关产业研究开发的组织管理的学习效应

中国企业缺乏大规模地组织产业研究开发研究的经验，科技全球化特别

是产业研究开发全球化将有利于中国企业在竞争环境中学习研究开发组织管理经验。过去独立的科研院所体系导致科技开发与生产的脱节，如何使研究开发活动服务于企业的市场开拓和长远发展是企业面临的问题。政府一直积极鼓励"产、学、研"结合，但囿于体制和观念上的限制，这种结合并未能根本改变研究开发活动游离于企业发展主题的状况，企业未能学会如何整合知识、技术和人才资源以服务于企业的发展。产业研究开发全球化为中国企业在国内和国外近距离地学习外国企业的研究开发组织管理经验提供了极大的方便。同时，各国政府都积极创造条件鼓励在国内的研究开发活动（包括吸引外资机构参与研究开发活动），这也为中国政府制定相关政策提供了可资借鉴的案例，同时造成一定的争夺全球研究开发资源的竞争压力。

总之，科技全球化对产业研究开发从而对中国经济发展的影响具有间接性、多方面、长期性等特点，对其带来的挑战和机会，必须从中国经济发展所追求的长期目标来考虑。产业研究开发是以跨国公司为主导的经济全球化的一个新阶段，且对于像中国这样的发展中国家而言，跨国公司产业研究开发的国际化，相对于跨国公司生产和销售国际化具有更加积极的意义。如何面对科技全球化这一进程对中国经济发展提供的机会和带来的挑战，取决于政府政策和企业战略如何在复杂的环境中进行有效互动。从政策实践的角度来看，这种互动过程的复杂性是显而易见的。

四　中国应对产业研究全球化的政策建议

过去 20 年来，推动中国经济发展的两大直接动因是经济体制改革和对外开放。在市场经济体制的基本格局已经形成、中国加入 WTO 的背景下，深化体制改革，构建和完善市场经济体制的微观基础是迎接更加开放的国际竞争格局的前提条件，党的十六届三中、四中、五中全会做出了全面部署。在科技竞争日趋激烈、知识经济初现端倪、科技创新成为国民财富主要来源的时代，提高国家和企业的科技创新能力是全球经济竞争的重要任务。提高我国科技创新能力的制度条件是面向开放的市场环境重构国家的创新体系，真正建立以企业为主体的技术创新体系。

科技全球化是经济全球化大潮的一种重要形式，也是进一步推动经济全球化的力量。产业研究开发的全球化是科技全球化对中国经济发展产生影响的直接形式。跨国企业在我国进行产业研究开发投资是对华直接投资中质量

最高的投资，它为中国的产业研究开发的发展带来资金、技术、管理经验，为中国锻炼了高水平的研究开发人才，为中国市场提供了新的技术，同时在产品和工艺创新、中国企业学习产业研究开发的管理和运作等方面都带来了外溢效应。我们从中国的经济发展需求和科学技术水平的基本现实出发，合理地处理进口技术和自主开发，以及在国内与到海外进行产业研究开发投资等方面的关系，将特别有助于提高我国企业的技术水平和产业研究开发能力。

(一) 应对产业研发全球化的政策分析框架

产业研发的全球化影响企业在国际竞争中的地位，决定全球产业竞争格局，从而影响国家的福利。在经济全球化的大背景下，各个国家需要根据其具体的产业技术水平和企业竞争力状况制定相关的公共政策，以期充分利用产业研发全球化带来的机会，促进本国的产业技术进步和经济发展。

产业研究开发全球化的主要推动者是跨国公司，因而对于跨国公司的母国和跨国公司投资的接受国而言，公共政策的目标指向是不同的，其能够选择的政策工具也不相同。围绕产业研发资本、人才和技术的流动，政府制定相应的公共政策使本国企业在研究开发国际化过程中获得最大效益。表3—12提出了一个公共政策选择的分析框架。

表3—12　　研究开发全球化进程中不同国家的公共政策目标和工具

研究开发全球化的范畴		公共政策目标	公共政策工具
服务于公司的全球市场扩张	FDI流入国	降低对外资的依赖，缩小技术差距，增强学习能力，获得竞争性的供给价格	为国内幼稚产业发展提供激励；鼓励国内企业间的合作；有选择性地使用FDI 同不同国家的跨国公司谈判以获得渠道的供给
	FDI输出国	支持本国企业开拓海外市场以尽量获取创新收益。建立和保持在高技术产业的竞争优势	为企业的高技术产品提供激励；通过参与知识产权谈判而保护本国企业利益 为基础研究和知识传播提供公共支持；促进公平竞争；鼓励企业将利润投资于研究开发

续表

研究开发全球化的范畴		公共政策目标	公共政策工具
充分利用全球研究开发资源	FDI流入国	增强国内的技术能力，对外资保持控制	鼓励外国企业在国内研究开发机构从事研究开发活动；改进国内科学技术基础设施和制度监测跨国公司的技术战略和投资区位选择
	FDI输出国	加强国内企业的竞争地位	评估国内企业在国外进行研究开发投资和其他创新活动投资的需求
全球研究开发合作	科技领域	提升国家的科技实力	建立科技交流合作的计划；为国际科技合作项目提供激励；参与国际科技合作组织
	产业技术领域	使国家成为产业技术领域的信息中心，鼓励企业将新知识用于生产	建立有利于技术合作的基础设施（科学园、科技联合体等）；鼓励产业和大学间的合作；参加产业技术合作的国际组织

资料来源：根据 Archibugi et. al（1999）表7改写。

围绕这些相关领域，表3—13列举了OECD国家为应对产业研发全球化所做出的政策选择。

表3—13　部分OECD国家为应对科技全球化而做出的政策选择

相关条件	部分问题	政策选择举例
劳动力市场	缺乏科技人才	扩大高等教育；加强职业教育；扩大技术移民和技术输入
	科技人才流动性差	建立大学与企业的合作实验室
	人才流失	调查人才流失国外的原因
	缺乏企业家	鼓励自主创业；创造相关环境
研究开发基础	科技的公共设施落后	加大政府在基础研究中的投资；放松对公共领域的管制
	交叉学科研究存在障碍	鼓励多学科的交叉研究
	科技发展不能满足产业需要	在大学设立专门的项目满足工业界的需要

续表

相关条件	部分问题	政策选择举例
财政与金融政策	私人企业对研究开发投资不足	加速研究开发设施的折旧
	高风险的研究开发得不到资助	政府为创业企业提供资本；开辟第二板市场
监管与法律系统	创设新设高技术公司较少	简化企业成立手续；减免税费
	研究结构未能商业化	美国 Bayth-Dole 法允许政府投资的研究成果为社会享用
竞争	缺乏研究开发合作	政府设立多个研究项目以鼓励企业间的合作
	垄断	修改相应法律保护竞争

资料来源：OECD 1999 年，第 28、29 页。

（二）准确把握现阶段经济发展的产业技术特征

中国目前处在完成工业化和现代化，同时完成向市场经济过渡的关键时期，其公共政策的取向与发达国家是不同的。就中国社会—经济—技术发展的内在机制和所处的发展阶段而言，科学技术的进步具有两个与其他国家显著不同的特征。第一，中国仍然是一个发展中国家，仍然处于工业化进程中，科技发展在为迅速完成工业化服务的同时，积极探索国民经济信息化的道路。第二，中国仍然处于从计划经济向市场经济过渡的阶段，相应的，国家的科学技术体系正处于深刻的改革之中，科技发展仅仅依靠国家投入的格局，以及独立的研究院所体系与生产企业脱节的情况正逐步改善。与此同时，中国的市场发育程度和与世界经济的联系程度也发生了相当的变化。所以中国的科技发展将面临与发达国家和其他市场经济国家完全不同的制度背景、工业基础和国际环境，同时科技发展和技术进步的机制也与新中国成立以来的大多数时间不同。

一是我国的市场经济体制初步确立并在不断完善中，市场成为资源配置的主要手段；我国正逐步过渡到按照市场经济的原则界定政府政策和市场机制在推动科学、教育、技术进步方面的作用和地位。国家将根据其经济实力和社会经济长远发展的需要，确定对教育和基础研究的投入。国家的科技创新体系正在向与市场经济体制相匹配的机制转化。对于与直接创造财富紧密相关的研究与开发的投入，则企业将逐步成为主体，由企业在详细的成

本—效益分析基础上自主做出投资决策。

二是我国的科学技术水平除少数领域外与工业化国家有着相当大的整体性差距，高技术的产业化更处于探索阶段。国内高新技术的自主开发和产业化过程中所面临的技术风险和市场风险均将会远远大于同等技术水平下工业化国家所面临的技术风险和市场风险，而可能的盈利空间则远远小于工业化国家。

三是大规模工业生产技术和相应技术装备的制造技术是国民经济发展和提高国际竞争力所迫切需要的主流技术，在这一阶段，技术创新的方向应该是服务于产业结构调整，技术的适用性应该优先于其先进性。

四是对外开放的环境中，大规模的技术引进和外资的大规模进入使得中国的工业技术已在很大程度上依赖国外技术的持续引进。[1] 从推进经济增长和逐步缩小技术差距的要求看，在以企业为技术进步主体的新机制下，依赖国内迅速成长的市场空间，对国外成熟的适用技术的大量引进、迅速吸收和不断改进、从而实现开发创新的意义远远大于在所有领域都独立开发的选择。

五是随着中国经济的持续发展和外资的大规模进入，越来越多的跨国公司把持续扩大在中国国内市场中的份额作为公司战略的主要目标。利用现有优势建立持续的技术领先地位、限制国内可能的竞争对手和并购具有发展前景的开发项目将是跨国公司支持这种市场战略的合理选择。国内企业在所有具有重大发展前景和市场份额的技术和市场中都将面对来自实力远大于自己的国外企业的竞争压力。

六是国内原有的科研单位缺乏将独立开发的技术进行大规模的商品化的经验，同时国内大部分企业缺乏对组织技术开发和经营高技术企业的管理经验，这决定了中国的技术进步和高新技术的发展必须以循序渐进的方式迅速完成学习过程。这一学习过程的重点在于建立有效的激励和管理机制以鼓励科技人员紧密结合市场需求开发新的产品和工艺技术。

技术进步与经济发展是相互作用的。科技的发展和技术进步，应以支持和解决经济发展的需要为方向，并按经济发展对技术要求的紧迫程度确定技

---

[1] 胡春力：《产业结构调整：我国经济发展道路的反思与选择》，《战略与管理》1997年第1期，第7、8页，表7，图一、图二；史清琪、王昌林：《产业技术创新能力与国际竞争力评价》，《中国产业发展报告1999》，第16页。

术发展的顺序,应该从经济过程的主导技术出发确定国家的科技政策和企业的技术战略。中国经济正处于工业化和再工业化的复杂变动中,利用 ICT 改造落后的传统产业与发展 ICT 产业本身都具有同等重要的作用。随着对外开放进程的逐步深入和中国加入 WTO,中国的企业面临着越来越严重的国际竞争压力。充分利用多年来大规模技术引进的成果,在吸收和改进的基础上,尽快建立达到具有国际成熟技术水平和自主发展能力的工业技术体系是中国科技发展的基本任务和企业技术进步所面临的现实选择。

作为对历史经验的总结,如果我们能够投入足够的资金和热情,对初期引进的大化肥生产技术、乙烯生产技术、轿车生产技术、斯贝发动机技术等工业化时代的成熟技术充分地吸收和改进,一轮又一轮的反复引进将不会在这些产业中出现,也不会因高价引进技术装备导致生产成本高昂从而使得这些产业面对国际竞争压力而束手无策。在计划经济条件下,企业没有从事这类技术消化和改进的积极性。在市场经济条件下,应该说企业在成本控制的约束下具有降低获得技术成本的内在激励,这为引进技术的消化和改进提供了较大的市场空间。

中国科技全球化的进程,就是在这样一个大的经济、科技和体制背景下展开的。在这种背景下,中国的科技创新体系在适应市场经济体制过渡的进程中确定了中国产业研究开发从低层次起步、在学习和摸索中发展的特征。

(三) 充分理解转型中的国家创新体系

在过去 50 年的经济发展和经济建设中,中国建立了一套规模庞大的科学研究体系,具备了从各类基础科学研究到卫星制造、发射与回收等尖端科技技术的能力。这种科研体系是按照为计划经济服务的目标而建立的,随着中国经济向社会主义市场经济转型的完成和对外全面开放,中国的科研体系正面向市场经济转型。面向开放的市场经济体系重构中国的国家创新体系,中国的国家创新体系具有如下基本特征,这构成了现阶段中国产业研究开发全球化的现实背景和直接动因。

一是总量规模庞大、学科门类齐全、研究领域广泛的科技体系。中国的科研体系总量规模巨大,1997 年专业技术人员总数达到 2050 万人,直接从事科技活动的科学家和工程师为 167 万人。科学技术研究活动涵盖各门类的基础科学研究、应用基础研究和技术开发;能够独立完成运载火箭、超级计算机等尖端技术的研制和移动通信系统等复杂技术系统的开发。这样巨大的

科技发展总量规模和全面的多层次体系在发展中国家不多见。

二是计划经济体制下的科技体系向面向开放的市场经济体制下的国家创新体系转型。长期以来，中国的科技体系由独立的科研机构、高等学校、企业科研部门三大部分构成，科研机构的研究与市场需求脱节，企业未能成为科技创新的主体。自 20 世纪 90 年代以来，中国的科技体系开始改革，独立研究院所开始转向以企业为主体、多层次的研究体系，并正向建立以企业为技术创新主体、国家核心科研机构为创新源、高校为知识传播渠道和人才培养基地的新型国家创新体系发展。[①]

三是科技投入的总量规模较小，投入结构有待改善。代表科技投入规模的主要指标是研究开发的投入。1998 年，中国研究开发投资为 551 亿人民币，占 GDP 的 0.69%。中国的研究开发投入在绝对数量上远低于发达国家，1998 年的研究开发投入仅为美国同年研究开发投入 2279 亿美元的 2.9%，低于美国通用汽车公司一年的研究开发投入（79 亿美元）；中国研究开发投入占 GDP 的比例不但低于发达国家如美国（2.79%）、日本（2.92%，1997 年），而且低于新兴的工业化国家如韩国（2.89%，1997 年）、转型国家如俄罗斯（0.94%，1997 年）、发展中国家如印度（0.81%，1995 年）。研究开发的投入一直以政府投入为主，从 90 年代开始，企业研究开发投入开始有较大增长。到 1997 年，企业研究开发投入占全国研究开发投入的比例达到 40%，企业承担研究开发投入占全国研究开发总量的 43%，但均低于大多数发达国家的比例。[②]

四是科技产出效率相对低下。中国科技人员申请的专利数量、在国际刊物上发表的论文数量、论文被引用率等衡量科技产出和科研人员工作效率的主要指标在过去十年中都有一定的增长，但增长乏力，质量有所下降。以 SCI 收录论文和发明专利为例，中国被 SCI 收录的论文增长率低于巴西、韩国、新加坡等发展中国家和新兴工业化国家。1995 年中国共授予发明专利 3393 件，总量在全世界排第 23 位，其中中国本国人拥有 1546 件，为日本的

[①] 中国科技发展战略研究小组：《中国科技发展战略研究报告 1999》，社科文献出版社，第 9 章，第 161—167 页。

[②] 发达国家中企业研究开发支出占全国研究开发总支出的比例大多在 50% 以上，其中日本企业研究开发支出占 75% 以上；企业执行研究开发占总量的 70% 以上。Science and Engineering Indicators 1998, pp. 4—41, National Academy of Sciences.

1.63%，美国的 2.77%，韩国的 23.5%。① 高水平的技术创新比重下降，对国外技术的依赖性增强。

五是科技发展和科技创新仍然存在较大的制度障碍。企业未能成为真正的科技创新主体，未能完成从生产企业向创新型企业的转变。除了少数企业外，中国的企业大多缺乏按照市场经济组织实施技术创新活动的意识、经费、管理手段等。科技创新以人为本，中国在人才的使用上所存在的问题也阻碍了充分发挥中国人才的聪明才智。造成这种状况的因素较多，但企业的治理结构和产权关系上所存在的问题是重要原因。

应该看到，中国科学技术体系所具有的上述特征，决定了中国在科技创新上的巨大潜力。由于制度上的原因，限制了中国科技人才充分发挥其创造力。中国科技人力资源丰富，不但总量规模巨大，而且质量高（微软将研究院建立在中国就是一个例证），同时成本低廉。只要中国企业理顺了体制上的关系，坚实的科研基础和庞大的人才群体优势就可以充分转化为创新优势，在中国实现高质量低成本的技术创新。

（四）应对产业研发全球化的政策取向

对于处于经济发展和技术追赶阶段的中国，产业研究开发的国际化带给中国巨大的机遇，其中最为主要的就是产业研究开发必须面向产品市场。产业研究开发的目标是开发有竞争力、能被市场接受的新产品，这需要集成现有的技术和开发新的技术。从技术和产品的开发到产品的市场销售，必须经过研究开发、工业化生产、市场销售、售后服务等领域，涉及技术的先进性、可制造性、成本控制、销售策略等多个环节。所以，除在信息通信技术等少数领域外，我们所面对的市场需求比较清楚。我们当前的目标不应过分追求技术的原创性和领先性，而是追求技术的商业化，开发有竞争力的产品。比如日本在 20 世纪 80 年代所建立的产业竞争优势主要就是将美国的发明商业化而达到的（晶体管收音机、彩色电视机、录像机、数控机床、LCD 显示等就是例子），美国在 20 世纪初逐步形成的产业优势在相当程度上也是靠开发其他国家（主要是欧洲国家）的发明而形成的。

中国拥有巨大的市场规模、庞大的科研队伍、长时间存在的廉价的劳动力市场，只要我们能够对国家创新体系进行有效重构，真正让企业充当

---

① 《中国科学技术指标 1998》，第 107 页。

技术创新的主体，则我国的企业就能够同时在低成本生产方面、低成本创新方面具有较强的竞争能力，从而构建国家竞争力的基础。美国的竞争力委员会的一篇报告指出，美国在新世纪受到的挑战不会是低成本的生产商而是低成本的创新企业。[①] 为了应对这种挑战，美国企业必须学会能够迅速地对新的知识和技术进行集成以创造新产品，同时要学会充分利用不断增长的全球创新资源。中国的企业也应该充分意识到自己的优势，积极学习产业研究开发的组织管理经验，积累技术创新的经验，针对国内市场需求，利用全球研究开发资源进行技术创新和产品开发，并积极参与跨国公司的技术联盟，将中国企业在成本控制、技术获取、市场进入、人力资源等方面的优势进行整合。

根据中国经济发展的阶段和科学技术发展的水平现状和特点，以及产业运作经验形成的制约，我国的产业研究开发在大多数领域都是处于对引进技术的消化和改进阶段，除了极少数产业的个别领域，中国的高新技术产业尚不具有与西方发达国家进行全面抗衡的能力。我国科技发展和技术进步的战略选择应该是在基础科学研究和高技术领域保持必要的投资以培养队伍和保持学习与跟踪的能力，同时充分发挥企业在技术改造、技术创新和高技术产业化方面的主体作用和有效机制，以学习为主，以适用技术为主，通过对工业化国家成熟技术的引进、吸收和改进，逐步替代目前全面依赖引进技术和技术装备的方式，并根据国内经济发展的需求进行技术集成和组合创新。这既有较大的市场空间，同时也降低了技术创新本身的风险。所以，科技发展和技术进步的方向，应该向有巨大的产业空间和市场规模的技术倾斜。

第一，作为后进国家，我们对技术发展的路线已经了解，可少走弯路。特别是通过"反求工程"（reverse engineering），我们可以透彻地了解产品的技术构成并发现可以改进的路径，特别是对于集成性强的高技术产品（如程控交换机等），这将使我们节省大量的人力、物力。

第二，我国的高素质人才的工资，相对于发达国家同等人才，工资成本要低廉得多。

第三，我们有一定的高技术装备的研制基础，避免了所有的试验设备都

---

① Porter, M. E. and Stern, S. [1999]: The New Challenge to America's Prosperity: Findings from the Innovation Index, Council on Competitiveness, Washington, D. C.

由国外进口所带来的高成本。

事实证明，中国低成本创新的潜力是极其巨大的。例如，国外研制蜂窝移动电话系统的开发费用是8亿美元，而中国的开发费用为7000万元人民币（其中国家攻关费用为5000万元人民币），为国外开发费用的2%。电信企业中的巨龙公司开发04程控交换机的费用为1000万元人民币，为国外开发费用1亿美元的2%。中国的长征3号火箭的开发费用仅为国外的几十分之一。[①] 华为、中兴等中国的信息与通信企业在企业研究开发上的投入强度、管理机制、产出效率，有理由让我们充分相信，在不断改善的宏观环境和恰当的微观制度安排下，中国企业能够迅速获得产业研究开发的管理经验，很快完成从学习到创新的转变，依托国内庞大的市场规模和较大的市场深度，建立起以技术创新为主的核心竞争力。

在激烈的国际竞争中，我们也会面临一些不利的国际环境，使我们迅速提高产业研究开发能力的目标受阻。发达国家产业研发的投资力度、产业经验、组织能力和人才积累等都有较大的优势，而且以发达国家为主导的全球经济贸易规则有利于发达国家的跨国公司保持这种优势。WTO规则体系中与贸易有关的知识产权保护协定（TRIPs）就规定，发展中国家不应该要求外国公司必须向其转让技术，或者要求外国公司在其成立研究开发机构。为此，中国政府应该努力创造一种有利于跨国企业在中国投资进行研究开发活动的氛围，积极吸引跨国企业对中国产业研究开发的投资。除了积极的财税政策支持外，通过培养本土企业的竞争能力，完善国内竞争环境也是促进跨国公司转让先进技术和到中国进行研究开发投资的重要手段。1997年9月科技部颁布了《关于设立中外合资研究开发机构、中外合作研究开发机构的暂行办法》，以管理有关事宜。这个文件明确规定由国家科委负责全国合办研究开发机构的宏观管理和协调指导，并进行分级管理。该文件将合办研究开发机构分为两种情况：外方出资在25%以上的为合资研究开发机构，可以具备事业法人资格；外方出资在25%以下的为合作研究开发机构，不具备法人资格。此外，文件还对合办条件、审批办法、合同内容、权利与义务等作了具体规定，但没有解决合办研发机构中进口外方所供仪器设备和科研耗材免税优惠条件问题。"我们认为不论我国与国外、境外合办研发机构或是外国在华独办研究机构，从宏观和战略上看是'利大于弊'，我们的方针是'鼓

[①] 金覆忠：《中国轿车工业的出路是提高国际竞争力》，《产业论坛》2000年第3期，第6页。

励、引进、扶植、欢迎'，但必须注意到'趋利避害'，在政策上采取必要的措施，积极发挥我方优势，尽量缩小其负面影响，使这些合作方式朝着互利的方向健康发展。"①

参考文献

1. 《跨国公司抢滩中国研究开发机构》，《参考消息》1999年12月7、8、9日。

2. 江小涓等：《全球化中的科技资源重组与中国产业技术竞争力提升》，中国社会科学出版社2004年版。

3. 许纲、高世楫：《相对竞争力和市场方式创新——对生产方式和技术发展路线的分析》，国务院体改办研究所工作论文。

4. 中国科技发展战略研究小组：《中国科技发展研究报告（1999）：科技全球化及中国面临的挑战》，社会科学文献出版社1999年版。

5. Archibugi, Daniele and Simona Iammarino [1999]: "The policy implications of globalization of innovation", *Research Policy* 28 (1999), 317—336.

6. Baumol, William J. [2002] Free Market Innovation: Analyzing the Growth Miracle of Capitalism. Princeton: Princeton University Press. （中译本《资本主义的增长奇迹》，中信出版社2004年版）

7. Beausang, F. [2004]: "Outsourcing and the Internationalization of Innovation", AUP Working Paper No. 18.

8. Cantwell, L. [1995] The Globalisation of Technology: What Remains of the Product Cycle Model? *The Cambridge Journal of Economics*, Vol 19, No. 1, pp. 155—174.

9. Dalton, D. And M. Serapio [1999]: *Globalizing Industrial Research and Development*, US Department of Commerce, Office of Technology Policy, Washington, D. C. Department of Commerce.

10. Dertouzos, M. L et. al (eds) [1990]: *Made in America: regaining the productive edge*, New York: MIT Press. （中译本《美国制造：从渐次衰落到重整雄风》，惠永正等译，科学技术文献出版社）

11. Economist Intelligence Unit [2004]: *Scattering the Seeds of Innovation: The Globalization of Research and Development*, A White Paper by EIU for Scotish Development International.

12. Ernst, Dieter [2003]: "Internationalization of Innovation: Why is Chip Design

---

① 吴贻康：《外国在中国兴办研究开发机构的调查分析》，载《国家国际科技合作战略研讨会会议文集》(1)，中国国家国际科技合作战略研究组，1999年8月。

Moving to Asia?" Paper presented to conference in Honor of Keith Pavitt, "What Do We Know about Innovation?" Science and Technology Policy Research Unit, Freeman Centre, University of Sussex, Brighton, UK, 13—15 November 2003.

13. Huang, Gregory T. [2004]: "The World's Hottest Computer Lab", *The Technology Review*, June 2004.

14. Kumar, N. [2001]: "Developing country prospects for globalization of R&D", Center for International Development, Harvard University, Science Technology and Innovation Viewpoint—20jun.

15. Narula, R. and J. Hagedoorn [1997]: Globalisation, Organisational Modes, and the Growth of International Strategic Technology Alliances? *MERIT Research Memorandum*, No. 2/97—017, http://meritbbs.unimaas.nl/rmpdf/rmlist97.html.

16. National Research Council [1997]: Preparing for the 21st Century: Technology and the Nation's Future? www.nas.edu/21st/technology/technology.html.（中译本《技术与国家的未来》，科学技术文献出版社）

17. National Science Board [2004]: *Science and Engineering Indicators*, US Government Printing Office, Washington, D.C. (to be found at http://www.nas.edu)

18. Nelson, Richard R. [2004]: "The Changing Institutional Requirements for Technological and Economic Catch-up", paper presented at the DRUID Summer Conference 2004 on "*Industrial Dynamics, Innovation and Development*", Denmark 2004.

19. Rosenberg, N., Landau, R. and Mowery, D.C. [1992]: *Technology and the Wealth of Nation*. Stanford: Stanford University Press.

20. OECD [1997a]: *The OECD Report on Regulatory Reform*, OECD, Paris.

21. OECD [1997b]: *Technology Incubators: Nurturing Small Firms?* OCDE/GD (97) 202, OECD, Paris.

22. OECD [1998a]: *Science, Technology and Industry Outlook 1998*, OECD, Paris.

23. OECD [1998b]: *Internationalization of Industrial R&D: Patterns and Trends*, OECD, Paris.

24. OECD [1999]: *Globalization of industrial R&D: policy issues*, Paris: OECD.

25. Patel, P. & Pavitt, K. [1998]: National systems of innovation under strain: the internationalization of corporate R&D, *SPRU Electronic Working Papers Series No. 22*, Science Policy Unit, University of Sussex, U.K.

26. Patel, P. and Vega, M. [1999]: Patterns of internationalisation of corporate technology: location vs. Home country advantages, *Research Policy*, vol. 28, pp. 145—155.

27. Porter, M.E. [1990]: *The Competition Advantage of Nations*, Free Press, New York.

28. Porter, M. E. [1998]: *On Competition*, Harvard Business School Press, Boston.

29. Porter, M. E. and Stern, S. [1999]: *The New Challenge to America's Prosperity: Findings from the Innovation Index*, Council on Competitiveness, Washington, D. C.

30. Walsh, Kathleen [2003]: Foreign High-Tech R&D in China: risks, rewards, and implications for U. S.—China relations. The Henry L. Stimson Center, 2003.

第四章

科技全球化的基本形式之二：企业战略技术联盟

在过去的 20 余年里，世界经济中的一个突出现象就是企业间策略性技术联盟发展迅速。有资料说明，技术联盟最多的产业部门是媒体、娱乐、航空公司、金融服务、制药、生物技术以及高技术公司，像 Oracle 这样的公司甚至拥有 15000—16000 个商业联盟。著名咨询企业安达信咨询公司在 2000 年时估计，在今后的五年之内，建立策略性联盟的企业总价值将达到 25 万亿—40 万亿美元。因此，对于大多数公司来说，竞争的基础已经转变为公司集团与公司集团之间的竞争，著名跨国公司研究专家约翰·H. 邓宁（J. H. Dunning）甚至称现在出现了从老的层级资本主义（hierarchical capitalism）范式向"联盟资本主义"（alliance capitalism）的转变。① 与此相适应，有关企业间策略性技术联盟的研究也迅速发展起来。据日本学者菅原秀幸的研究，学术刊物上有关策略性联盟研究的论文数量从 1987 年 1 月到 1989 年 12 月总共发表了 135 篇，从 1990 年 1 月到 1993 年 6 月共发表了 478 篇。在美国第一次出现讨论企业间战略联盟的论文是在 1982 年，在日本则是在 1985 年。② 那么，究竟什么是企业间策略性技术联盟？它是在何种背景之下发展起来的？它有哪些基本类型？发达国家间策略性技术联盟的大发展对中国企业具有何种含义？对这样一些问题的回答就构成了本章的主要内容。

---

① Rajneesh Narula [1998]: Explaining the Growth of Strategic R&D Alliances by European Firms, university of Oslo and STEP, 1 November 1998.

② 蔡兵：《论企业技术联盟的类型与一般发展特征》，载《国际技术经济研究》第 2 卷第 3 期（1999 年 8 月号）。

一 企业间策略性技术联盟的定义及其分类

从总体上看,尽管学术界对于企业间策略性技术联盟进行的研究已经有20余年了,但是,由于研究的角度不同,所采用的方法不同,国内外学者对于企业间策略性技术联盟的理解及其分类也存在着明显的差异。大体上说,国外学者的研究大多是从管理学角度出发来展开的,侧重于描述企业间战略联盟的总体规模、基本状况、区位选择、国别分布等;而国内学者则大多是从经济学角度出发的,侧重于研究战略联盟产生的市场条件、博弈过程、最佳策略选择等,理论色彩较重一些。相比之下,无论是国外学者,还是国内学者,对于战略联盟的基本内涵及其表现形式的分类都没有给予更多的关注,而这恰恰是推动相关研究的核心所在。

(一) 何谓战略联盟

在学术研究和一般媒体上,人们往往将合作协议、战略联盟和网络视为同一种东西,但实际上它们具有不同的内涵。

一是技术协议。林进成认为:"所谓跨国战略联盟是指两个或两个以上国家中相互竞争的企业之间,为实现某一战略目标,在平等互利的基础上通过签订协议的方式建立的一种合作伙伴关系。"[1] 大体说来,合作协议包括所有企业间的联合活动,而策略性联盟和网络则代表着企业间合作的不同的形式,是其子类。[2] 格拉齐亚·D. 圣安杰洛(Grazia D. Santangelo)[2000] 认为,战略性技术协议是有关一个或多个领域的企业间长期合作关系,在这些领域中协作创新活动或技术交换是协议的起码组成部分,而且合同机制或多或少都会正式地指定出来。这种协议的战略特点是在于它改进了企业的未

---

[1] 林进成、柴忠东:《试析跨国公司技术研究与开发国际化的主要特征、形式及其影响》,载《世界经济研究》1998年第5期。

[2] 战略联盟与企业间网络的最大不同在于两者合作的动机存在着重大差异。客户—供应商网络的主要动机是节约成本,而策略性联盟的主要动机是通过扩大企业资产的价值来实现企业长期的利润最大化。参见 Rajneesh Narula [1998]: Explaining the Growth of Strategic R&D Alliances by European Firms, University of Oslo and STEP, 1 November 1998.

来价值，而不是简单地减少净成本。①

二是治理模式说。Rajneesh Narula & Bert M. Sadowski [1998] 代表 OECD 提交的研究报告认为，标准的战略联盟是指这样一种治理模式，它导致参与企业之间某些组织上的相互依赖，因而有一种战略利益流向参与的合作伙伴，作为共享资本、技术或其他资源的结果。换言之，有关策略性技术联盟的协议必须对至少一方合伙企业的产品—市场地位具有某种预期影响。②

三是合作关系说。持此论的学者最多。康南勋和肯塔罗·萨凯（Nam-Hoon Kang & Kentaro Sakai）[2000] 指出，战略联盟可以采取多种形式，从最初级的合作协议到成立一个合资业务都算，但其核心是企业间的合作关系。一般说来，战略联盟具有三个特点：一是联合起来以追求约定目标的两家或多家企业在结成联盟后仍然保持各自独立。二是合作伙伴共享联盟的收益并对给定任务的履行施加控制。三是伙伴企业在一个或多个关键战略领域做出贡献。战略联盟包括广泛的企业间联系，包括合资、少数股权投资、股权置换、联合研究开发、联合制造、联合销售、长期采购协议、共享分销/服务以及标准确定等，但并购、跨国公司的海外子公司、特许协议等并不是战略联盟。③ 中国学者曾忠禄认为："战略联盟是公司之间为了战略目的达成的长期合作安排。它既包括从事类似活动的公司之间的联合，也包括从事互补性活动的公司之间的合作，既包括强强联合也包括强弱联合。但这种合作或者联合必须涉及公司的战略考虑，是公司为了长远的发展而采取的重大步骤，而公司之间出于友好，在一些无足轻重的事情上的协作就不能算战略联盟。"④ 蔡兵 [1997] 也认为，所谓技术联盟，是指两个或两个以上企业（大多为集团化企业，同一国家的或不同国家的皆可），为实现某一技术创新战

---

① Grazia D. Santangelo [2000]: Corporate Strategic Technological Partnerships in the European Information and Communications Technology Industry, *Research Policy* 29 (2000), 1015—1031.

② Rajneesh Narula and Bert M. Sadowski [1998]: "Technological Catch-up and Strategic Technology Partnering in Developing Countries," see *International Journal of Technology Management*, Summer 1998.

③ Nam-Hoon Kang and Kentaro Sakai [2000]: International Strategic Alliances: Their Role in Industrial Globalisation, *STI Working Paper* 2000/5.

④ 曾忠禄等：《公司战略联盟组织与运作》，中国发展出版社 1999 年版。

略目标而建立的一种合作伙伴关系。①

四是合作关系与治理模式混合说。给翰·哈格多恩和伯特·萨多夫斯基（John Hagedoorn & Bert Sadowski）[1996]认为，企业间关系从合作到完全一体化存在着四种不同的模式。一是合同性协议，特别是公司通过联合研究开发协约和联合开发协议，利用共享资源进行创新性项目研究；二是合资企业是至少两个不同公司在一个"完全不同的"企业进行的经济利益组合，这种组合也从事研究开发或从事创新性项目研究；三是接管或兼并，在这种情况下，一家公司获得了另一家公司的大部分股份的所有权；四是合并，指两个完全独立的公司合并成为一家公司。其中，前两种模式是战略联盟，后两种模式是传统意义上的层级结构，是融合为一家公司的治理模式。战略技术联盟是指至少伙伴之一要评估所涉及技术的战略重要性。而且，特定技术对公司未来竞争力的战略重要性是为什么技术相关的联盟是更广义的合作协议的重要组成部分的一个重要原因。②

从上面的分析中可以看出，企业间联盟在理论上就是介于市场和一体化企业之间的某种交易方式和各种安排，而这种交易方式或各种安排至少会影响到一个合作伙伴的长期产品—市场地位。

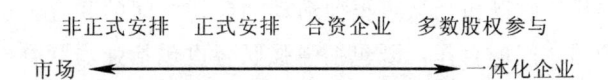

        非正式安排   正式安排   合资企业   多数股权参与
市场 ◄─────────────────────────────────────► 一体化企业

策略性技术联盟则是指那些其合作协议中至少有一部分内容包含有创新活动安排的企业间策略性联盟，是指两个或两个以上的企业互相联合致力于技术开发的行为。它是指契约规范下的共同研究和开发合作，具有充分独立性的两个或多个公司，共同开发新技术和共同研制某种新产品，共同提供、共同分享开发所需资源，共担风险、共享研制所产生的利益。一般说来，这种技术联盟大多是短期的，一旦特定的技术开发项目完成以后这种联盟可能就终止了。有学者估计，在全部公司间战略联盟中，约有10%—15%左右可

---

① 蔡兵：《试论企业技术联盟的特点和实质》，载《学术研究》1997年第9期。
② John Hagedoorn and Bert Sadowski [1996]：Exploring the Potential Transition from Strategic Technology Partnering to Mergers and Acquisitions，Papstpma. MS1，May 1996.

以称之为企业间策略性技术联盟。①

(二) 战略联盟的种类

从事研究开发联盟有许多动机，与此相适应，联盟的类型也是多种多样的，反映了企业间相互依赖的不同程度以及内部化的不同水平。从相对非忠诚型的短期项目合作到更为综合性的长期股权合作，战略联盟涵盖了从彻底内部化到自由市场交易之间的所有企业间合作形式。在一个极端，全资子公司代表了企业之间复杂的相互依赖和完全内部化。在另一个极端，则是完全的自由市场交易。在此基础上，学术界将企业间策略性技术联盟划分为不同的种类。

其一，根据有无股权交易进行划分。康南勋和肯塔罗·萨凯（Nam-Hoon Kang & Kentaro Sakai）[2000] 认为，企业间策略性技术联盟可以分为股权联盟和非股权联盟两大类。股权联盟（equity alliances）包括合资、少数股权投资以及股权置换，其中以合资较为常见，一般由两家或更多的合作伙伴共同出资创造一个法律上独立的商业实体，使之拥有自己的目标、雇员以及资源，合资企业的股票由合作伙伴分享，并按比例分红。非股权联盟（non-equity alliances）包括各种各样的企业间合作协议，有研究开发合作、合作生产协议、技术共享协议、供应安排、销售协议、勘探公会等。非股权联盟往往是成立一家合资企业的第一步，是一种最灵活且潜在忠诚度最低的联盟形式。如果联盟相关活动是合作伙伴的核心业务领域的话，非股权合作形式可能是最合适的；如果是非核心业务领域，则合资可能更为合适。根据有关资料，在 1980—1994 年成立的世界策略性技术联盟中，只有 32.96％的为股权协议，而其余 67.04％均为非股权协议。②在 1990—1999 年间，大约有 48％的战略联盟采用合资形式，非股权型联盟主要由合作生产和销售协议、联合研究开发协议、各种其他合作协议包

---

① Rajneesh Narula and John Hagedoorn: Innovating through Strategic Alliance: Moving towards International Partnerships and Contractual Agreements, 1999.

② Rajneesh Narula and Bert M. Sadowski [1998]: "Technological Catch-up and Strategic Technology Partnering in Developing Countries", see *International Journal of Technology Management*, Summer 1998.

括技术共享协议等构成。① 根据李新春［1998］的观点，从治理结构上来说，合约联盟显示出准市场交易特征，而合资在性质上则具有准等级制特征。②

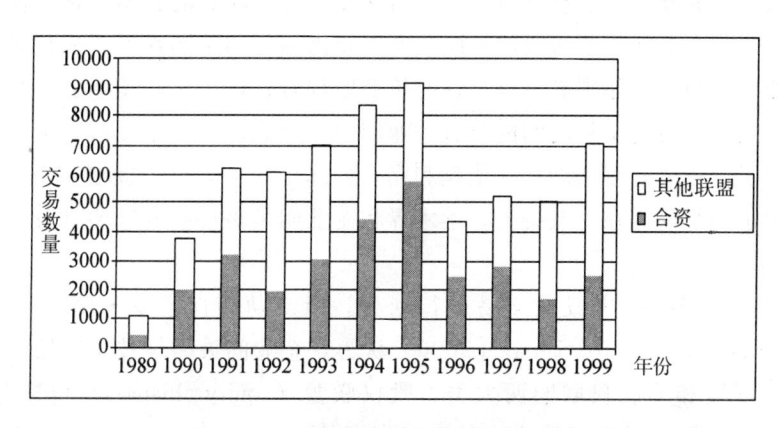

图4—1 战略联盟的种类：1989—1999

资料来源：Nam-Hoon Kang and Kentaro Sakai［2000］：International Strategic Alliances：Their Role In Industrial Globalisation，*STI Working Paper* 2000/5.

曾忠禄等认为，企业间策略性技术联盟可以分为四种类型：一是非股权项目型策略性技术联盟。母公司的投入较小，而且对联盟所创造的技术知识拥有所有权，而且这些投入的资源最终都将返还母公司。二是非股权伙伴关系型策略性技术联盟。母公司投入较大，同时又不涉及股权参与。联盟所创造的全部成果也都返还给母公司。两家公司为研究开发而结成的联盟大都属于此类。三是项目合资企业，即双方均有股权参与，而且联盟所创造的资源除红利或专利费等以外一般都不返还母公司。企业为进入某一国家的市场而在该国建立的策略性技术联盟一般都属于这种类型，为更快地扩散技术而同其他公司进行的股权式合作也属于此类。四是全面合资企业。在这种联盟中，双方都投入大量资源，并且联盟所创造的资源一般继续保持在联盟中。一般来说，两家公司为了创建一项全新的业务而进行的股权式长期合作就属

---

① Nam-Hoon Kang and Kentaro Sakai［2000］：International Strategic Alliances：Their Role in Industrial Globalisation，*STI Working Paper* 2000/5.

② 李新春：《产品联盟与技术联盟——我国中外合资、合作企业的技术学习行为分析》，《中山大学学报》（社会科学版）1998年第1期。

于这种类型。其特征是建立的联盟组织或多或少地具有一定程度的独立性，有自己的战略生命。①

其二，根据联盟的目的来划分。构成企业专有资产的知识可以分为两类：一是技术知识，由传统上定义为技术的东西组成，隐含在工厂和设备中（而且很大程度上是可以编码的），以及雇员专有的知识，它们在一定程度上是不可编码的。二是组织知识，由企业内部和企业之间有关交易的知识组成。② 对这些知识的利用程度以及利用方式不同，决定了策略性技术联盟的不同类型。日本学者首藤信彦根据企业间策略性技术联盟的功能将其分为五个具体类型：一是交叉型技术联盟，即不同行业的企业为了交换技术资源而结成的研究开发联盟；二是竞争战略型联盟，即在市场上处于竞争对手地位的企业在特定研究开发领域结成联盟；三是短期型联盟，即拥有先进技术的企业与拥有市场优势的企业围绕着某技术结成联盟；四是环境变化适应型联盟，即多个企业为适应市场环境变化并大规模合理调配技术资源而进行的联盟；五是开拓新领域联盟，即多个企业共同提供某种新技术资源，开发新产品领域。

其三，根据结盟对象来划分。美国学者彭世詹（Peng S Chan）根据企业在研究开发阶段选择的不同性质的联盟伙伴将技术联盟分为五种形式：一是客户联盟，是创新企业与创新产品用户组成的共同研究开发联盟；二是供应商联盟，指创新企业与零部件供应商组成的共同研究开发联盟；三是竞争对手联盟，指与竞争对手结成共同研究开发联盟，合作竞争关系；四是互补性联盟，指与同创新企业技术关联密切的企业共同组成研究开发联盟；五是促进型联盟，指与政府有关部门、学校等非企业组织组成共同研究开发联盟。美国全国研究理事会则根据技术创新阶段将技术联盟划分为四种类型：一是研究开发阶段的联盟，包括许可证协议、交换许可证合同、技术交换、技术人员交流计划、共同研究开发等，以获得技术为目的的投资；二是生产制造阶段的技术联盟，包括 OEM（委托定制）供给、辅助资源合同、零部件标准协议、产品的组装及检验协议；三是销售代理协议；四是全面性的技

---

① 曾忠禄等：《公司战略联盟组织与运作》，中国发展出版社 1999 年版，第 8—9 页。

② Rajneesh Narula [1999]: In-house R&D, Outsourcing or Alliances? Some Strategic and Economic Considerations.

术联盟,包括产品规格的调查、联盟风险等。[1]

其四,根据技术联盟的功能来划分。战略联盟是为了各种不同的目的而组建起来的,诸如市场进入和扩张,合作生产开发,生产合作伙伴或者所有这些的组合等。1990—1999年间组成的企业联盟中合作销售和营销联盟所占的比例最大,为29%,研究开发联盟占17%,而联合制造与生产活动只占25%。自90年代下半期以来,企业间战略联盟发展出现了一个重大变化,联合制造与生产活动的数量高于联合销售活动,而研究开发联盟仍然相对较少。[2]

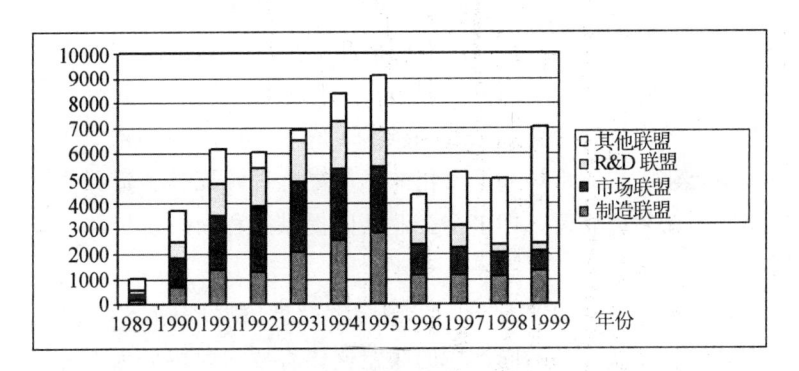

图 4—2　战略联盟的目的

资料来源:Nam-Hoon Kang and Kentaro Sakai [2000]：International Strategic Alliances：Their Role in Industrial Globalisation, *Sti Working Paper* 2000/5.

其五,综合多方面因素进行的联盟类型划分。钟书华认为,技术联盟的类型包括:一是前向联盟,即企业—消费者联盟;二是后向联盟,即企业—供应商联盟;三是同位联盟,即企业与配套生产商联盟和企业与竞争对手的联盟;四是企业—科研机构联盟,即通过课题组合作进行技术创新以及组建科技经济联合体;五是企业—大学联盟,包括企业与大学组建科研联合体、企业与大学共同承担国家科研课题、企业提供仪器设备在大学建立实验室、企业与大学联合培养技术人才、企业提供资助并适度参与大学的教学和科研

---

[1] National Research Council (1992) p.10 表1,转引自蔡兵的论文。

[2] Nam-Hoon Kang and Kentaro Sakai [2000]：International Strategic Alliances：Their Role in Industrial Globalisation, *STI Working Paper* 2000/5.

管理、大学向企业派兼职技术人员和管理人员以帮助企业的技术创新和生产管理、企业帮助学校进行基础设施建设、企业在大学设立各种奖励基金等。六是企业—政府部门联盟，即政府积极参与企业的技术创新活动或者与外国公司进行合作以引进国外先进的技术设备。

然而，上述分类并不能涵盖全部的策略性技术联盟类型。马斯特里赫特大学 MERIT 的著名策略性技术联盟研究学者约翰·哈格尔恩和拉伊尼斯·纳鲁拉（John Hadgedoorn & Rajneesh Narula）将策略性技术联盟定义为"企业间的合作，而一组创新活动或技术交换至少是这种合作协议的组成部分，并且这种协议本身又会影响到至少一个合作伙伴的产品—市场地位"。在他们看来，这种策略性技术联盟可以分为两种基本类型：一是复杂的组织间技术合作模式，这种技术合作涉及与治理模式相关的股权分享和直接投资，特别是合资企业以及联合拥有的研究公司；二是契约联盟，包括了相对较多的伙伴关系，比如联合开发协议、联合研究合约、交叉许可、第二来源协议（second sourcing agreements）、相互第二来源协议（mutual second sourcing）以及研究开发合同等。[①]

蔡兵［1999］也认为，企业在技术联盟活动中并不只是单独采用一种形式，而是多种形式并用。至于实际采用哪种形式，企业应当根据联盟企业的实际技术水平差距等因素来灵活确定。日本半导体企业在 70 年代大多采取许可证协约方式同美国半导体企业建立技术联盟，而现代日本半导体企业则更注重以共同研究开发、零部件标准协定、销售代理协约、联盟风险等形式同美国企业开展技术联盟。这主要是由于日美半导体企业技术水平差距缩小所决定的。[②]

中国学者曾忠禄认为，在实际实施过程中，企业间策略性技术联盟实际上存在着多种更为宽泛的形式：一是合资企业式联盟，这种联盟是一个自己独立商业地位和法律地位以及管理结构的实体组织，因而不可避免地会涉及相应的股权安排。这种股权安排可以有多数股权安排，也可以有少数股权安

[①] John Hadgedoorn and Rajneesh Narula [1994]: "Choosing Modes Of Governance For Strategic Technology Partnering: International and Sectoral Differences", FDI-ALL. 4, Paper for the EIBA Annual Conference, 11—13 December 1994, Warsaw, Poland.

[②] 蔡兵：《论企业技术联盟的类型与一般发展特征》，载《国际技术经济研究》第 2 卷第 3 期（1999 年 8 月号）。

排,但大多数合资企业喜欢50:50的股权安排。二是功能协议式联盟,即两个或两个以上的公司在一个或几个具体领域里进行合作,比如研究开发、生产、销售、技术共享、技术许可、分销等,但双方没有股权参与。这种联盟一般不创造新的实体,因而其合作范围是有限的。三是股权参与式联盟,即由结盟一方购买合作伙伴的一部分股权,但双方需要制定一些具体的协议,以利用双方在特定领域的互补性优势。这种股权参与并不保证合作一定能够成功,但它可以加强结盟双方的合作。四是宽框架协议式联盟,即在开始时只列出很粗泛的合作纲要,然后再在合作过程中不断补充产品、技术或某个具体领域的合同。比如,IBM与苹果计算机公司最初建立战略联盟的主要目的就是合作开发新一代计算机技术,但它们的联盟后来发展为双方在众多领域的复杂网络关系,合作领域拓展到软件、微处理器、多媒体等诸多领域。

(三) 技术联盟与相关概念的联系与区别

除了企业间策略性技术联盟以外,还有许多类似的企业间合作形式,它们与技术联盟既有区别,也有联系,共同构成了企业间关系的宽广谱系。把这样一些关系与企业间策略性联盟区别开来,是我们正确认识并理解技术联盟的准确性质和作用的第一步。

一是技术联盟与企业兼并。国际战略联盟与跨国并购都反映了企业的全球重构战略,因为所有的企业都面临着日益增长的全球化和技术变迁。一方面,企业积极参与并购,卖掉非核心业务的同时加强核心业务。另一方面,企业普遍倾向于使其经营活动"非内部化"(disinternalisation),进而专业化于那些它们拥有或能够获得潜在竞争优势的活动。由于技术进步的相互依赖,这种非内部化被企业间的合作安排或战略联盟所取代。从这个意义上来说,技术联盟完全可能是企业兼并的第一步,而技术联盟也完全可能是企业探索兼并的可能性之前的一种尝试。但是,企业兼并是两个法律上独立的企业完全合而为一,而技术联盟则是两个独立企业之间的合作关系,结盟企业仍然保持各自的独立性。两者之间,既有区别,也有联系。约翰·哈格尔恩和伯特·萨多夫斯基(John Hagedoorn & Bert Sadowski)[1996]关于MERIT-CATI科学技术联盟数据库和Securities Data合并兼并数据库的研究表明,在所研究的全部战略技术联盟中,只有2.6%与合并兼并联系在一起。如果这种从战略技术伙伴向合并兼并的转变的确发生了,这一过程平均

为 6.1 年。研究表明,战略技术伙伴在公司兼并方面没有发挥任何直接的作用。[1] 康南勋和肯塔罗·萨凯(Nam-Hoon Kang & Kentaro Sakai)[2000]认为,与并购相比,战略联盟有其优势,也有其劣势。首先,战略联盟可能在控制和执行方面会遇到更多的问题,比如难以化解某些风险、决策和控制过程更为麻烦、企业在联盟网络中难以保持平衡、利益分配不均衡、大企业可能会支配小的合伙企业,等等。在这种情况下,战略联盟可能较之完全合并需要更高的交易成本,而并购可以为合并企业提供更为集中的决策结构。其次,并购在实现即期效果方面可能是一种更好的战略,联盟的效果可能会来得晚一些,范围也可能更为有限。比如说,研究开发联盟可能需要许多年才会发明出新技术。企业在联盟和并购之间进行选择,主要是为了在长期和短期战略目标之间保持恰当的平衡。再次,并购并不总是可行的战略联盟替代物。如果说,跨国并购是因为竞争约束或者外国所有权管制的结果,那么,跨国战略联盟就是允许企业对日益增长的全球化的技术变迁做出回应的唯一可行选择。[2] 尽管战略联盟为企业提供了战略灵活性,使它们能够对不断变化的市场状况做出反应,它同并购和绿地投资一起构成企业经营中取得全球规模的又一条有效途径。隐藏在国际战略联盟背后的驱动因素包括生产和研究开发的成本节约、强化市场地位以及获得无形资产等。拉伊尼斯·纳鲁拉(Rajneesh Narula)认为,策略性技术联盟很可能成为合并兼并的前奏。[3]

二是战略联盟与战略贸易。卡尔·莫拉什(Karl Morasch)[2000]研究了战略联盟是否可以成为战略贸易政策的替代物。根据他们的分析,只要商品不是在国内消费的,而且一个国家中的所有企业都加入一个单一的联盟之中,这两种政策选择是完全相等的。由此出发,可以在更为一般化的分析框架中研究战略联盟相对于战略贸易政策的实绩。结果表明,战略联盟会导向与战略贸易政策相似的效果,如果合作企业能够获得相对于其

---

[1] John Hagedoorn and Bert Sadowski [1996]: Exploring the Potential Transition from Strategic Technology Partnering to Mergers and Acquisitions, Papstpma. MS1, May 1996.

[2] Nam-Hoon Kang and Kentaro Sakai [2000]: International Strategic Alliances: Their Role in Industrial Globalisation, *STI Working Paper* 2000/5.

[3] Rajneesh Narula: Explaining the Growth of Strategic R&D Alliances by European Firms, university of Oslo and STEP, 1 November 1998.

竞争者的战略优势的话。关于战略联盟的宽松竞争政策可以构成战略贸易政策的替代选择。这一政策的明显优势是，政府不需要有关企业成本结构或市场行为的信息，在提供补贴的情况下不会引发公共资金社会成本，而且由于竞争政策较之补贴不是那么公然的行为，它招致外国报复的风险较小。[1]

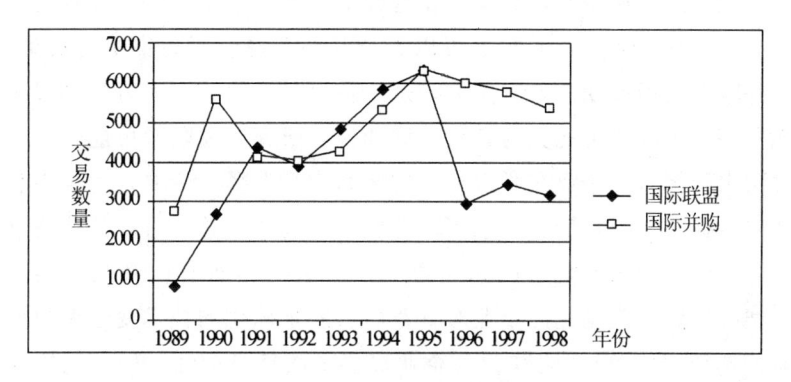

图4—3　国际联盟与并购

资料来源：Nam-Hoon Kang and Kentaro Sakai [2000]：International Strategic Alliances：Their Role In Industrial Globalisation，*STI Working Paper* 2000/5.

三是技术联盟与网络。拉伊尼斯·纳鲁拉和伯特·M.萨多夫斯基（Rajneesh Narula & Bert M. Sadowski）[1998]认为，把网络和战略联盟区别开来是非常重要的。事实上，许多学者把所有类型的联合活动，从企业之间的股权合资到财团和企业间关系的系列化都被认定是战略联盟。这显然是不妥当的。通过合作或兼并供应商实现垂直一体化既可能主要是出于节约成本的考虑，也可能有战略考虑在其中。Videoton与西门子就匈牙利电子工业所达成的分包协议主要是为了节约成本，因而可以定义为网络。而大宇与通用汽车围绕韩国汽车产业所达成的合资协议显然是为改进至少一个合伙企业（大宇）的未来价值，因而具有更多的战略动机而不是成本动机。在这种情况下，它们就是战略联盟而不是网络。由于大多数合作协议都是既有节约成本的动机，也有战略性的动机，公司并不公开它们隐藏在协议背后的所有动

---

[1] Karl Morasch [2000]：Strategic Alliances：a Substitute for Strategic Trade Policy? *Journal of International Economics* 52 (2000), 37—67.

机，因而难以区分，使这种分类过程极为困难。① 拉伊尼斯·纳鲁拉（Rajneesh Narula）［1999］进一步认为，必须在联合或合作协议、网络与战略联盟三个常常被当作同义词的概念中间做出明确区分。合作协议包括所有的企业间合作活动，而战略联盟与网络则代表了企业间关系的两个不同小类。一般来说，网络（或研究开发外购协议）的主要目的是为了节约成本，而且是典型的客户—供应商关系。②

四是技术联盟与技术协作。蔡兵［1997］对一般性技术协作、技术联合以及技术联盟三个概念做了区分。在他看来，企业技术合作的主要目的是在于解决单个企业独自不能解决的各种技术创新问题及一般技术问题，技术合作的发展过程可以分为企业一般性技术协作、企业技术联合以及现代企业技术联盟三个阶段，其中，技术联盟是企业技术合作发展的高级阶段，是数个企业围绕一定的技术创新战略目标而结成的。现在发达国家跨国公司之间盛行的技术联盟活动是一种最新的、最为引人注目的技术合作活动。技术联盟与技术协作主要有两点不同：（1）技术联盟所实现的是大规模研究开发及生产技术合作，技术协作所实现的是小规模研究开发及生产技术合作；（2）技术联盟的组织之间相互依存度高，合作具有一定的连续性，技术协作的组织之间相互依存度低、合作常常断断续续进行。技术联盟与技术联合主要有两点不同：（1）技术联盟是一种企业组织之间的自由合作，而技术联合是企业集团内部组织之间有限度的自由合作；（2）技术联盟能将数个大型企业集团的研究开发及生产技术资源集中起来，实现更大规模的技术合作，但其合作的紧密程度（或相互依存程度）却要低于企业集团内部的技术联合，技术联盟解体的可能性也远大于技术联合。由上可见，技术联盟的基本特点包括：（1）主要以大型（集团化）企业为活动主体的组织间合作；（2）它是一种大规模的、常常要涉及技术创新全过程的综合型合作；（3）它是企业为了获取竞争优势而进行的相互依存的战略性合作。③

---

① Rajneesh Narula and Bert M. Sadowski［1998］：Technological Catch-up and Strategic Technology Partnering in Developing Countries1, *International Journal of Technology Management*, Summer 1998.

② Rajneesh Narula［1999］：In-house R&D, Outsourcing or Alliances? Some Strategic and Economic Considerations.

③ 蔡兵：《试论企业技术联盟的特点和实质》，载《学术研究》1997年第9期。

五是技术联盟与合作外购。拉伊尼斯·纳鲁拉（Rajneesh Narula）[1999]认为，对于任何一个给定的研究开发项目，企业都面临着三条道路选择：内部研究开发、外购或者联盟。在何种情况下，企业会考虑研究开发联盟、内部研究开发或者外购？研究表明，联盟不是内部研究开发活动的替代物——外部获得技术要求相当数量的内部研究开发支出，外部研究开发的增长与内部研究开发支出的增长相伴而来。同时，合作外购与联盟也不是同一回事情，合作外购作为内部化的替代物确实有所增长，但这两种做法之间有着根本的不同，研究开发外购从根本上说是一种客户—供应商关系，主要是由节约成本的动机驱动的，而联盟则是由资源或战略动机驱动的。[1]

从上面的分析中可以看出，企业间策略性技术联盟有广狭两义：广义的技术联盟，是指除完全的自由市场交易与完全一体化之外的所有企业间关系形式，而狭义的技术联盟则仅指那些技术合作可能会对至少一家企业的市场竞争地位具有重要影响的合作形式，而且这种合作并不仅仅是出于成本动机，而更重要的是出于战略动机。在本文的研究中，我们更多的是使用后一种意义上的技术联盟概念。

二 企业间策略性技术联盟的背景、趋势与特点

企业间策略性技术联盟是在世界经济技术发展的新形势下出现的一种新现象。它既是世界市场发展不断深化的产物，也是科学技术发展日益迅速的产物。从这个意义上来说，市场经济全球化和科学技术的深入发展是企业间策略性技术联盟形成与发展的根本原因。

（一）企业间策略性技术联盟形成与发展的背景

随着经济全球化的深入发展，诸如汽车、计算机、通信器材等行业越来越多地变成全球性的行业，其产品与服务在世界范围内都是标准划一的，不需要或只需要很少的国别调适。技术变革速度日益加快导致技术和产品的生

---

[1] Rajneesh Narula [1999]: In-house R&D, Outsourcing or Alliances? Some Strategic and Economic Considerations.

命周期在迅速缩短，使销售这类产品及收回开发费用变得更加困难，迫切需要跨国公司之间在资金和技术上实现策略性联合，以分散风险，减少各自的研究开发费用。这是20世纪80年代以来跨国公司联盟集中在技术变化快、竞争激烈的半导体、商用电子产品、汽车、电信、医疗器械、生物等产业部门的重要原因。在这些行业里，企业竞争是高度全球化的，竞争实力在很大程度上取决于大规模集中研究开发和制造并向全球出口标准化产品的能力。激烈竞争的压力迫使处在前沿的大公司率先进行组织形式的变革，以提高创新能力和适应环境的能力。由于许多企业只在某些技术领域具有独到的优势，或者在某些市场上有独特的营销能力，因而有着与其他企业进行合作以充实技术优势、扩展营销市场的内在动力。企业间策略性技术联盟网络的兴起正是跨国公司改变传统的独自进行研发活动的方式，对市场全球化所作出反应的一种独特制度安排。有一位外国学者凯伊（Kay）[1997]认为："与某些企业建立网络关系之所以是必要的，这不是因为它们信任它们的伙伴，而是不得不相信它们的伙伴。"

经济全球化的深入发展为企业间策略性技术联盟的建立奠定了坚实的制度基础。一般说来，随着新技术的迅速发展，包括信息技术、计算机技术使跨越边界的通信、信息和组织成本大幅度减少，而随着经济自由化而来的各国规则和市场壁垒的同质化又使制度成本有了显著降低。超国家的区域性和世界性机构如北美自由贸易区（NAFTA）、欧盟（EU）以及世界贸易组织（WTO）、世界知识产权组织（WIPO）等的建立，进一步减少了在全球范围内组织经济活动所必须付出的组织成本和制度成本，与此相联系的监控成本和实施成本也有所降低。另外，全球化也导致各国之间法律和规则的趋同，这鼓励了企业的国际化经营。在这种情况下，联盟中的企业很可能比不参与联盟的企业学到更多的新技术知识。策略性伙伴关系看来是企业进行海外生产的补充，因为具有较大规模海外生产活动的企业与国外企业建立的伙伴关系协议也多。[①] 与交易成本不断降低相联系的契约或准内部化关系，再加上边际利润不断下降，导致了特定工业中某些迄今一直追求垂直一体化的企业在其寻求灵活性和低风险过程中进行非一体化（dis-integration）。此外，新技术的出现和部门间技术相关性的不断增

---

① Rajneesh Narula [1998]: Explaining the Growth of Strategic R&D Alliances by European Firms, University of Oslo and STEP, 1 November 1998.

强在促进企业间策略性技术联盟中也发挥了重要作用。技术领域的相互交叉意味着企业必须拥有范围更大的技术能力，这促使企业利用联盟来寻求补充性技术资产。有学者认为，在所寻求的技术只是企业总价值中的一小部分时，使用合并兼并（M&A）就不是一个可行的选择。在全新的领域中进行投资也不是一个可行的选择，因为在一个新领域中建立新的核心能力所需花费的时间和成本都可能是非常巨大的。此外，技术开发成本不断提高也是一个重要的考虑。"全球化影响了企业合作的要求，在这种情况下，企业现在寻求合作的机会而不是确认它们可以取得多数股权控制的局面。此外，日益提高的各国技术的相似性以及部门之间技术的相互促进，再加上与创新相联系的成本和风险不断增加，导致越来越多的企业使用策略性技术伙伴关系做为其最优选择。"[1]

系统的技术政治变革促成了全球化背景下市场资本主义新轨道的诞生。与以市场为基础、企业作为生产与交易的替代组织模式——层级资本主义——不同，在这种资本主义制度的新轨道中，合作被确认为新的组织模式。在这个意义上，公司结盟被理解为促进能力创造——它要求进行非市场的协调——的一种手段，而不仅仅是对市场失效的回应。由于企业技术相互依赖日益增强，进一步强化了对企业技术多样化以及与其他公司结成战略联盟以获取相关技术能力的需要。在与企业的自身能力无关的领域获取技术能力是极为昂贵和困难的，因为只有在企业拥有潜在的吸收能力的情况下，它才能够有效地使用并适应它们所获得的知识。因此，分别拥有某些互补能力的企业更可能达成技术联盟。跨国公司联盟使公司原有的技术、人才等资源得到充分利用，不仅加快了开发研制费用的回收，而且能通过合作研制在新技术、新工艺基础上的新产品去开拓新的市场，因而跨国公司之间结盟的方式逐渐为昔日在商战中争得你死我活的对手们所接受，他们在合作中所带来的丰厚回报的吸引下，化干戈为玉帛，携手共进。在这个意义上，联盟形成似乎强化了伙伴企业之间的现有联系。[2]

不仅如此。战略联盟现在被认为是将竞争和合作结合起来并在全球基础

---

[1] Rajnjjsh Narula and John Hagedoorn: Innovating through strategic alliances: moving towards international partnerships and contractual agreements, see Technovation, 1999, Vol. 19.

[2] Grazia D. Santangelo [2000]: Corporate strategic technological partnerships in the European-information and communications technology industry, *Research Policy* 29 2000, 1015—1031.

上进行产业重构的最强有力的机制之一。跨国联盟的形成是因为来自更为一体化的全球市场的压力日益增大。许多不同的产业和不同规模的企业之间都会发生国际联盟。企业可能会为了多重目的而达成联盟，比如在生产和研究方面节约成本、强化市场地位、获得其他企业的无形资产等。联盟可能会涉及企业之间的纵向或横向联系，而且可能会成为非核心商业活动外购、合理化以及重构的有效工具。比如说，在汽车部门，通用汽车的伙伴包括五十铃、铃木、富士、丰田和菲亚特（Isuzu, Suzuki, Fuji, Toyota and Fiat）等；福特与马自达结盟。其他部门也与此类似，包括半导体、计算机、信息技术、电信、航空运输以及生物技术等。[1]

（二）策略性技术联盟的发展趋势

就其历史发展而言，策略性技术联盟在20世纪70年代上半期还几乎不存在，但在70年代下半期扩展非常迅速。在信息技术、生物技术和新材料技术三大核心领域中，新设立策略性联盟的数量从1970年的大约10个增加到1980年的90个。在全球化、更快的技术变迁以及激烈竞争的驱动下，企业显示出越来越强的偏好，即与其他企业联合起来——时常是竞争者之间——以便在一个日益全球化的市场上获得生存。在80年代初期，与研究开发相关的策略性技术联盟迅速扩大到整个工业界，并且在80年代下半期出现了加速发展的势头，到1989年达到每年580个。在90年代初期，每年形成的新联盟迅速增加，到1995年达到800个。从那时以后，每年形成的联盟数量逐年减少，到1998年时只有564家。在整个1980—1998年间，美国、欧洲和日本企业达成的策略性技术联盟数量达到将近9000个。根据MERIT/UNCTAD的数据资料，1980—1996年，世界各国的企业之间总共订立了8254个技术协议。在2000年，世界范围内新形成技术联盟574个，从而使1990—2000年间世界范围内报告的技术联盟总数达到6477个，其中2658个不包括美国企业（见表4—1）。MERIT/CATI数据库记载了1960—1998年间3500余家跨国公司母公司结成的将近1万家战略性技术联盟，是相关领域最大的一个数据库。安达信咨询公司2000年时估计，在今后的五年之内，建立策略性联盟的企业总价值将达到25万亿—40万亿美元。因此，

---

[1] Nam-Hoon Kang and Kentaro Sakai [2000]: International Strategic Alliances: Their Role in Industrial Globalisation, *STI Working Paper* 2000/5.

对于大多数公司来说，竞争的基础已经转变为公司集团与公司集团之间的竞争。

据统计，在目前世界最大的 150 家跨国公司中，已有 90% 的公司与其他厂商结成各种形式的战略联盟，而这些跨国战略联盟涉及的领域大多是资本、技术和知识密集型产业，签订的合作协议中技术合作协议比重很大，从而形成各种各样的研究与开发战略联盟。如日本东丽公司与美国的基因技术公司共同研究与开发干扰素；美国波音公司与日本三菱重工结成联盟，共同开发波音 767 宽体民用喷气客机；AT&T 与日本 NEC 在 1990 年达成相互交换技术的协议，AT&T 向 NEC 提供计算机辅助设计技术，NEC 则向 AT&T 提供计算机芯片技术，等等。[1] 而且，高达 60% 的战略联盟在范围上是国际化的。[2] 根据 OECD 的一项研究，在北美地区，企业联盟中约有 23% 为研究开发联盟，在西欧这一比例为 14%，在亚洲这一比例为 12%；而且，北美地区是唯一的研究开发联盟多于制造业联盟的地区。

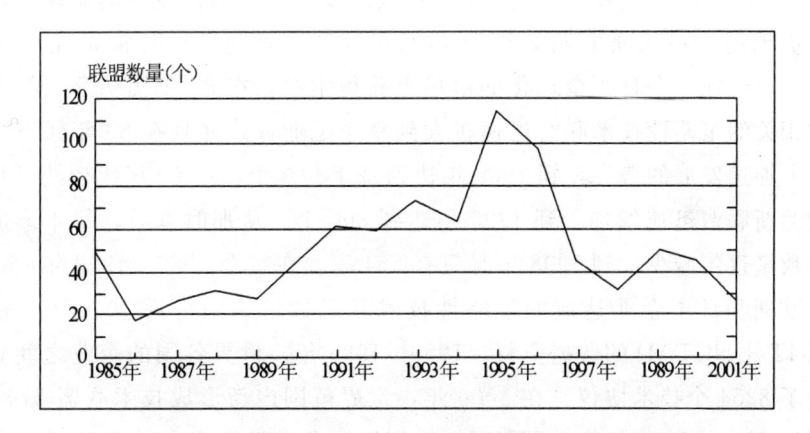

图 4—4　美国国内战略联盟的发展趋势：1985—2001

资料来源：National Science Fundation：*Science and Engineer Indicators* 2004，Volume I.

---

[1]　赵曙明：《跨国公司全球化技术开发战略及启示》，载《国际经济合作》2000 年第 1 期。

[2]　Daniele Archibugi [2000]：The Globalisation of Technology and the European Innovation System, Prepared as Part of the Project "Innovation Policy in a Knowledge-Based Economy" commissioned by the European Commission Paris, 16—17 September 1999, Revised Version-15 May 2000.

表4—1　　　　　　企业间技术协议增长情况：1980—1996

期　间	年均达成技术协议的数量（个）
1980—1983年	280
1984—1987年	493
1988—1991年	502
1992—1995年	626
1996年	660

资料来源：MERIT/UNTCAD数据库。

在最近的十年里，公司间战略联盟有了戏剧性增长，新战略联盟的数量（国内的和国际的）在1989—1999年间增长了6倍，从1989年的每年刚刚超过1000例（其中860例是跨国联盟）增加到1990年的将近4000例，1995年最高时的9000余例，1999年减少为7000例（其中4400例为跨国联盟）。有证据表明，最近几年的联盟数量，特别是合资的数量，在规模上和价值上都远远超过了早年的合作伙伴。1990—1999年间，国际战略联盟占了所有联盟的68%，总量达到6.2万例，表明了全球化是联盟的主要动机。[①]

从中可以看出，这种最新趋势在许多方面与过去的联盟有很多不同：一是它们作为参与企业的组织间结合形式对于提高企业的竞争力并创造创新拉动型增长起着越来越重要的作用，非股权联盟所占比例从1980—1990年间的61%上升到1991—2001年间的86%，所占比例大幅度上升。二是企业伙伴之间相互作用的范围、深度以及密切程度与前不同，非股权联盟意味着彼此之间的关系更为松散，也更为灵活。三是战略伙伴的范围现在更为广泛了，长期避免在其核心业务领域与其他企业合资或密切合作的企业越来越多地进入这种合作安排之中，这特别突出地表现在联盟主要发生于信息技术和生物技术等发展迅速的产业部门，表明探索性与分担风险成为一种重要的考虑。四是跨国联盟不仅仅在竞争企业之间建立，比如杜邦/索尼合伙开发光记忆存储产品，摩托罗拉/东芝结盟开发微处理器的制造工艺，通用汽车/日立合伙开发汽车用电子部件，

[①] Nam-Hoon Kang and Kentaro Sakai [2000]: International Strategic Alliances: Their Role In Industrial Globalisation, *STI Working Paper* 2000/5.

富士通/西门子合资进行计算机产品的制造与销售，而且在母公司与子公司之间建立战略联盟也越来越成为一种时尚。这些事例意味着战略联盟是一种工具，它将公司战略中的合作与竞争结合了起来。

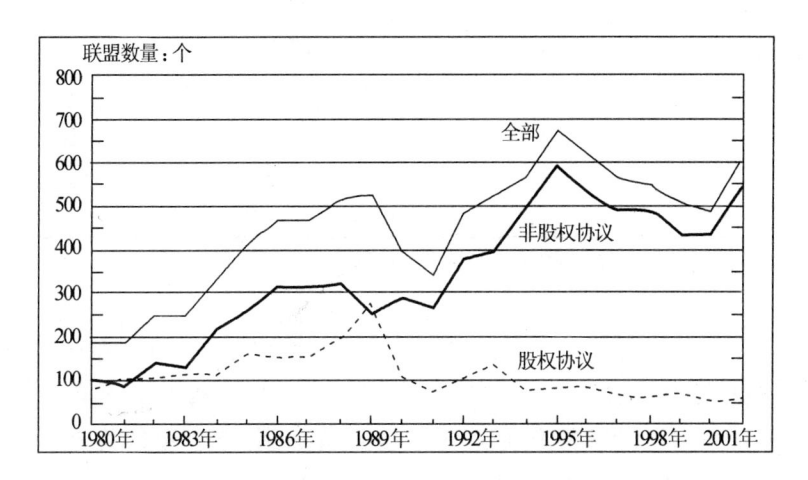

图 4—5　国际技术联盟发展趋势（按股权协议和非股权协议计算），1980—2001

资料来源：National Science Fundation：*Science and Engineer Indicators* 2004，Volume I.

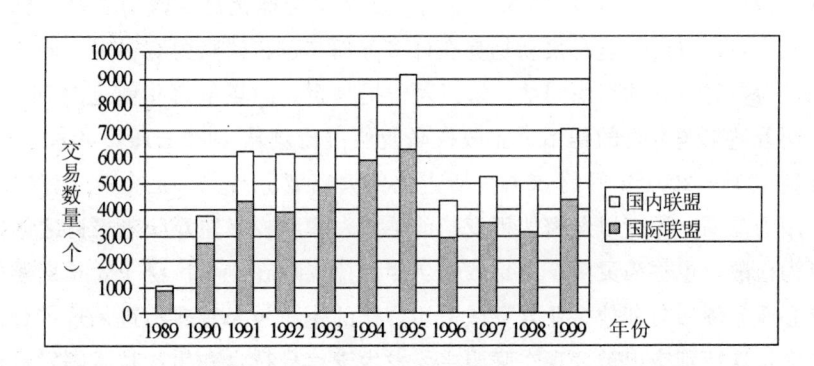

图 4—6　战略联盟的交易规模：1989—1999

资料来源：Nam-Hoon Kang and Kentaro Sakai ［2000］：International Strategic Alliances：Their Role in Industrial Globalisation，*STI Working Paper* 2000/5.

（三）建立企业间策略性技术联盟的动机

学术界关于企业间关系的研究分布极广，交易成本经济学家和能力理论学家、管理学家、经济地理学家以及新产业组织经济学家也都对这个问题表

示出了极大的兴趣,并且进行了深入的研究。当然,它们对企业间关系的研究所采用的方法是不同的,其目的也是千差万别的,所涵盖的范围也有着明显的区别。比如说,经济地理学家对企业间合作关系的研究很可能会较多地考虑空间维度。大体说来,关系企业间合作关系的研究主要存在着三种分析角度,即交易价值/生产与交易成本/交换维度、有限理性—完全理性维度和静态—动态维度。[1]

表 4—2　　　　　　　　关于企业间关系的经济学研究图示

关注焦点		理性程度	
		有限理性	完全理性
交易价值	生产（能力给定）	理查德森（Richardson, 1972）	NIO 关于生产、合资企业的研究
	关于生产的学习	朗格卢瓦（Langlois, 1992）,阿门多拉和伽法德（Amendola & Gaffard, 1994）,郎德威尔（Lundvall, 1992）,阿里诺和德·拉（Arino & de la）托雷（Torre, 1998）,努特布姆（Nooteboom, 1999）,扎雅克和奥尔森（Zajac and Olsen, 1993）	接近公司间关系的真正选择库加特（e.g., Kogut 1991）
交易成本	企业之间的结构交易	威廉姆森（Williamson, 1991）,蒂斯（Teece, 1986）	不完全契约工作
	关于交易结构的学习	努特布姆（Nooteboom, 1999）,朗格卢瓦（Langlois, 1992）, the IMP approach [e.g., 约翰松和马特森（Johansson and Mattson）1987]	巴拉克里斯南和科扎（Balakrishnan and Koza, 1993）

资料来源：Nicolai J. Foss [1999]: Capabilities, Confusion, and the Costs of Coordination: on Some Problems in Recent Research on Inter-Firm Relations, *DRUID Working Paper* No. 99—7.

---

[1] Nicolai J. Foss [1999]: Capabilities, Confusion, and the Costs of Coordination: on Some Problems in Recent Research on Inter-Firm Relations, Danish Research Unit for Industrial Dynamics, *DRUID Working Paper* No. 99—7.

表 4—3　　　　　　　关于企业间关系研究的理论观点

能力方法	组织经济学
生产取向	交换取向
交易价值	交易成本
知识建构与知识利用	结构刺激与配置产权
惯例或能力是分析单位	交易是分析单位
差别认识	认识协同
机会主义与其他激励冲突相对不那么重要	激励冲突是核心舞台
动态/演进的	比较静态的
在企业间关系中的应用：分析企业如何在企业间关系上发展起协同效应	在企业关系中的应用：分析企业间的交易结构

资料来源：Nicolai J. Foss [1999], Capabilities, Confusion, and the Costs of Coordination: on Some Problems in Recent Research on Inter-Firm Relations, *DRUID Working Paper* No. 99—7.

　　单就企业间策略性技术联盟而言，自从 J. 霍普兰和 R. 尼格尔（J. Hopland & R. Nigel）提出战略联盟的概念以来，战略缺口理论、价值链理论、网络理论、交易成本理论、战略管理理论等都从各种不同角度对技术联盟作出了理论上的诠释。[①] 大致说来，达成国际战略联盟的企业可能会受到多种动机的驱动，包括生产和研究成本的节约，强化市场存在，获得其他企业的无形资产如管理诀窍、有关市场和客户的知识等。联盟为企业提供了战略上的灵活性，使它们能够对不断变化的市场条件以及新竞争者的出现做出反应。尖端技术的创新和开发驱动着高技术部门的大多数联盟，而放松管制和市场自由化的进行，使国际层面上的竞争越来越激烈，也刺激了在企业之间出现新的和不同的联盟。根据哈奇道恩（Hadgedoorn）等的研究，以分享股权为特征的合资企业式策略性技术联盟的主要目标是中期市场和技术目

---

① 梁静、余丽伟：《网络效应与技术联盟》，载《科学学与科学技术管理》2000 年第 6 期。

标。目标的多样性表明这种股权协议并不仅仅是由技术分享所驱动的，或者完全以产生创新为目标。因此，这些策略性技术联盟的时间跨度一般都比较长。非股权安排或者说契约式策略性技术联盟则主要是研究开发驱动的或者说是创新驱动的，其焦点是一致的而且生命周期相对较短，尽管它们对参与企业可能会有长期的影响。[①] 由此可见，分析跨国公司建立企业间策略性技术联盟的动机，我们必须从技术和市场两个方面出发，因为企业是在技术和市场的双重约束下追求利润最大化的经济组织。从技术上看，建立企业间策略性技术联盟的原因主要有四：

1. 成本动机

根据交易成本理论，研究开发联盟代表着一种协议，它在性质上是准层级式的，其动机主要是节约交易成本。企业间策略性技术联盟迅速增长的一个重要原因就在于，在增值过程的可编码、非缄默投入中，改变了内部化相对于市场以及准层级结构选择的成本，使得重新定义企业边界（科斯意义上的）有了重要的意义，因为在企业以外进行这种活动越来越便宜了。这就意味着，对于准层级安排而不是内部化安排来说，交易成本出现了大幅度的下降，进而促使企业更多地利用外部技术来源，而未必一定要通过并购达成内部化来实现原有目标，企业间策略性技术联盟由此形成。[②] 由这种观点可以推出，技术风险过大以及技术开发成本高昂是企业间建立策略性技术联盟的推动力量，这是因为：

其一，由于现代生产技术，特别是新产品和新型零部件的生产技术非常复杂，而现代企业大多是多技术公司，单个公司难以解决所有的技术问题，而且即使有技术上的可能性，在经济上也是不可行的。比如说，仅仅生产加湿器就涉及材料技术、芯片技术等多方面的科学技术知识，生产汽车更涉及机器设计、材料、电子等多方面的技术。在这种情况下，寄希望于一家公司解决所有的问题或者说在所有这些方面都居于世界领先地位，这实际上是不可能的。

---

① John Hadgedoorn and Rajneesh Narula [1994]：“Choosing Modes of Governance for Straegic Technology Partnering：International and Sectoral Differences", FDI-ALL. 4, Paper for the EIBA Annual Conference, 11—13 December 1994, Warsaw, Poland.

② Rajneesh Narula [1999]：In-house R&D, Outsourcing or Alliances? Some Strategic and Economic Considerations.

其二，由于现代科学技术的发展是多方位的全面发展，可能出现技术突破的突破点很多，即使是技术最先进的企业都不能保证在激烈的技术竞争中自己始终能够保持领先地位。在这种情况下，企业之间也需要通过技术联合来沟通技术信息，从而在各自关心的技术领域内控制技术的发展方向、规模和速度，从而使自己始终处于有利的技术地位，使某一特定技术的市场优势能够得到最为充分的发挥。

其三，新型关键部件的研究开发耗资巨大，单个企业对于独自进行研究开发失去了兴趣。据报告，开发新一代记忆芯片至少需要 10 亿美元，建一家工厂生产芯片还需要 10 亿美元；研制一种新车型的费用通常高达 20 多亿美元。在航空工业中，研究开发一种新机型的成本是如此巨大，即使是波音公司也不敢独立承担。在这种情况下，寻找一个合适的研究开发伙伴来分担这一沉重的财政负担至少在经济上是可行的。

其四，为了对竞争激烈的全球化做出防御性反应，相当一部分国际战略联盟力图通过合并和/或获得生产设施和分销网络等有形资产，旨在通过扩大企业资产的价值实现长期利润的最大化，而不是在短期内削减成本。在汽车和钢铁等价格不断下降而且生产能力过剩的部门中，企业合作以节省成本并使风险分散。旨在使净成本最小化的协议一般都是客户—供应商协议或者是一个增值链中建立纵向关系，而且这种关系一般都是短期的。由于互联网、电子商务的新发展大幅度降低了将产品带入市场的交易成本，公司可以做它们最擅长的业务，而通过生成公司间联盟从外部采购其余业务，这是公司相互签署有关专门化产品与服务协议的主要原因。[①]

交易成本理论的一个变种形式是内部化理论。根据这一理论，技术的成熟度及其特点决定着企业创新过程内部化的程度，并且在内部研究开发、研究开发外购以及研究开发联盟之间进行选择。由于创新过程是路径依赖的，每个企业的每条技术轨道也都是独一无二的。如果企业 A 在一个给定的技术范式之下进行创新，它必须努力改进（或者至少考虑到）的不是它自己的最新（last-best）创新，而是已获专利的或在其他技术市场上可获得的最新创新，即使这种创新是由企业 B 所创立的。因此，企业 A 的路径依赖总是会受到最先进技术的调节，而这意味着在同

---

① Nam-Hoon Kang and Kentaro Sakai [2000]：International Strategic Alliances：Their Role in Industrial Globalisation，*STI Working Paper* 2000/5.

一个技术范式中,不同企业的技术轨道大体上说是相似的。由于技术在性质上是隐含的,市场交易并不是完全有效的,技术离市场越远,就越不可能通过市场而获得。换言之,在某些条件下难以创造和维持一个完全外部化的知识市场,从而为企业开辟一条通过准外部化(通过联盟或网络)来获得知识的道路。[①]

2. 技术动机

根据资产互补理论,几乎所有关于联盟动机的重要研究都会提及联盟增长的重要原因之一是寻求互补技术的需要。这是因为,现在许多产品都是复杂的多技术产品,而任何一家企业都不可能在所有技术领域居于世界前沿,因而不得不与其他企业进行合作,寻求技术支持。以宝马为例,这种世界名车不仅仅是一种机械工程产品,而且在诸如陶瓷、计算机、通信、塑料等多个领域中都具有相当高的技术水平。一般来说,在新研究领域的预期收益未知或者很小的情况下,企业不会大量投资于内部研究开发,而且由于产品的特点未知,也无法通过外购获得技术供应,因而往往倾向于通过合作降低技术风险。如果技术是外生的,企业宁愿进行兼并,而且只是在兼并不可能进行的情况下才考虑建立研究开发联盟。前向联盟类似于应用研究,目的是通过联盟实现创新,这种联合研究开发主要是需求驱动的,目标是扩大合作者在较长时期内的市场份额。后向联盟接近于基础研究,一般是竞争前的,而且要得到监管机构的同意。由于大多数多技术企业拥有多样化或者说分布式技术能力,在多个领域拥有高水平的内部技术专家,合作协议增长并不必然意味着对企业从事内部研究开发的需求的下降,但是在特定技术领域是从事内部化研究还是与其他企业进行技术合作取决于多方面因素,比如企业核心能力的特点以及特定技术相对于竞争力的核心性、到市场的距离、产业结构以及博弈的决定因素等等。诸如因特网、电子邮件以及电子数据交换等新通信工具的出现使跨国合作较之以前更容易、更实用,从根本上改变了许多部门从事业务的方式,使企业能够同时共享诀窍、信息、分销网络以及不同区位的其他资产,从而为合作伙伴提供了更有利的商业环境,激励了国际战略联盟以及跨国专利等现象的增长。

一般说来,企业间策略性技术联盟普遍预期在研究开发方面获得规模

---

① Rajneesh Narula [1999]: In-house R&D, Outsourcing or Alliances? Some Strategic and Economic Considerations.

经济和范围经济。除大跨国公司之间的研究合资以外，许多较小的公司还与实验室结盟，以维持其在特定领域中的技术优势，而这又进一步促进了大型、较富裕公司与拥有独特技能或技术的较小公司之间的联盟，这在生物技术部门中比较明显。由此而来的一个必然结果就是，研究开发联盟在与潜在竞争者合作开发全球产品与系统标准并监控技术变迁的路径方面非常有效。在高技术部门，比如电子和信息技术领域，研究表明联盟率具有周期性特点。在新技术系统的形成时期，没有主导设计与标准存在，这个时期是以高度的技术不确定性以及存在大量企业间战略联盟为特征的。在稍后时期当主流设计出现而且规模经济和标准化变得更为明显时，合作投资就消失了。创造一种新的全球产品标准并成为原创专利持有者之一扩大了高技术部门企业的长期繁荣。由于它们的全球品牌认知度与营销力量，企业都特别追求与主要跨国公司结盟。一旦一种突破性产品或系统被开发出来，联盟公司就可以利用它的合作伙伴的资产，包括销售与营销网络。这方面的一个典型事例就是索尼（日本）/飞利浦（荷兰）联盟，它们创造出了压缩光盘的全球标准。与产业带头企业结盟也有助于企业监控本领域技术发展与创新的方向。[①]

这样一种技术特性，决定了不论是国内的还是国际的研究开发联盟都高度集中于诸如信息与通信技术以及制药等知识密集型部门。在1980—1996年间，ICT部门达成的跨国技术相关联盟数量最多，占到全部联盟的37%。制药部门是第二大部门，占全部联盟的28%。制药公司利用联盟外购其大部分研究开发，以加快必要的产品突破。在较为传统的制造业部门，自90年代初期以来汽车工业更倾向于建立研究开发联盟。汽车制造商越来越需要有效率的车辆生产商提供机械专长，而且也需要新材料技术（生产更轻的车体和部件）、电信系统（用于更先进的车辆导航）以及诸如半导体等电子部件（用于控制喷油）。开发一种新的车辆是极为昂贵的，而且要利用公司的无形资产，包括尖端技术和特种类型的诀窍，这对于取得时间与成本的节约是至关重要的。

3. 战略动机

根据战略缺口理论，随着现代科学技术的飞速发展，高、精、尖技术产

---

① Nam-Hoon Kang and Kentaro Sakai [2000]: International Strategic Alliances: Their Role in Industrial Globalisation, *STI Working Paper* 2000/5.

品的研制过程也往往表现为一项庞大而复杂的系统工程,对科研资金、技术、人才以及组织管理等各个方面的要求越来越高。因此跨国公司经常会发现,在竞争环境客观要求它们取得的技术突破与它们依靠自身资源和动力能达到的目标之间存在一个缺口,这个缺口被称为"战略缺口"。为了弥补这种"战略缺口",跨国公司必须广泛开展国际科技交流与合作,联手开发新技术、新产品,实现优势互补。由于研究与开发战略联盟一般都局限于特定领域的特定项目上,一旦项目结束,战略联盟也就解散,可以有效地保持跨国公司的灵活性,避免组建合资企业所带来的控制权、技术产权保护等问题和摩擦,因而战略联盟越来越成为跨国公司解决高新技术发展的重要途径。最典型的例子是在家用录像机领域,松下在使其 VHS 制式战胜索尼的 Beta 制式时,就采用了多个企业技术联盟的形式。[1] 由此可见,从战略上讲,企业间策略性技术联盟至少可以为企业提供三方面的好处,一是产生新的价值,因为通过技术联合可以加强各个合作者的技术实力,从而使企业通过合作网络获得额外的竞争力;二是具有高度的灵活性,可以对变动迅速的市场很快做出反应;三是成本和风险很低,因为当合作者共同参与进行技术创新活动时,成本和风险实际上也就分摊到各参与企业身上了,从而使投入开发成本和市场失败的风险大大降低了。[2]

4. 政府动机

著名跨国公司研究专家邓宁(Dunning)教授认为,政府出于三方面的原因而促进研究开发活动:其一,研究开发投资水平。在当今世界上,低研究开发支出是不可能有竞争力的。在这种情况下,政府就有动力促进研究开发活动。没有政府的干预,企业由于其活动的有限理性(bounded rationality)和路径依赖特点,它们在研究开发方面很可能会出现投资不足。其二,由于独占性而产生的问题。当企业不能够肯定它们能否从其发明中获得足够的回报时,它们在研究开发方面的投资就会不足。这有三个原因:一是创新的价值在其进入市场以前并不是那么显著的;二是即使发明者了解其创新的价值,它也无法说服其他人同时不泄露其创新的细节;三是甚至在企业克服了这两重障碍以后,它也不可能从市场上获得这一创新的全部价值。在这种情况下,企业无法确定它是否能够收回投资成本,除

---

[1] 赵曙明:《跨国公司全球化技术开发战略及启示》,载《国际经济合作》2000 年第 1 期。
[2] 熊性美、李耀:《创新、策略性联合与竞争优势》,载《世界经济》1993 年第 5 期。

非政府在这个过程中能够充当中间人来促成这一过程。政府的传统路径是管理和发放专利,但对于保护知识产权来说这些工具是高度不完善的,也是无效的。其三,产业结构与集中。在资产创造和利用中防止垄断或/和垄断行为。市场需求是创新的触媒,而通过竞争获得生存则驱动着技术的产生和扩散。然而,最优竞争水平在何处仍然是不清楚的。达斯古普塔和斯蒂格和茨(Dasgupta & Stiglitz)[1980]通过研究发现,研究开发投资与创新水平之间存在正相关关系,但人们仍然不清楚什么是创新活动的恰当水平。有证据表明,当同一个产业部门中大量企业从事研究开发活动时,每个企业的平均研究开发投资水平就下降了,但该产业部门中总的研究开发投资额却增加了。[1]

大体说来,政府在促进研究开发联盟方面的作用可以分为三个方面:其一是直接干预。在这种情况下,政府面临着几种选择:一是作为参与者直接参与研究开发联盟作为合作伙伴。这在基础研究项目中尤其如此。在这种情况下,政府可以更好地控制资源利用。二是为战略联盟的产出提供一个有担保的市场,包括为企业联盟提供针对某一特定项目的合同以减少与研究开发相关的风险并改进创新收益的独占性,为创新产品创造市场来直接影响创新者的收益,确立特定技术标准并要求企业遵守以防止其他企业的重复投资、假冒或仿制。这可以通过交叉许可协议来做到这一点。三是提供市场准入以换得向国内企业转移技术,比如对最终产品本地含量的要求。四是使参与联盟作为获得政府合同的前提条件,通过指出研究方向并提供补贴来鼓励企业从事合作研究。其二是间接干预,包括提供信息来帮助确认协作、互补和机会,帮助扩散基础研究成果,因为在伙伴市场中存在着市场缺陷;鼓励和控制跨国界的研究开发联盟并减少与此相关的不确定性,改进创新收益的独占性,比如参加多边知识产权保护组织等。其三是政府干预无用的领域。一种情况是当技术联盟中的一个或几个伙伴不愿意继续实现伙伴关系的共同利益并撕毁协议时,就会出现所谓理性风险(rational risk),在这种情况下,政府根本无从进行干预;一种情况是当所有合作伙伴都进行了充分的合作但没有实现其预定目标并且出现了立场分歧时,政府的作用也是有限的,除非这一联盟接受了政府的补贴,这就是所谓实绩风险(performance risk)。因此,

---

[1] R. Narula and J. H. Dunning [2000]:Explaining International R&D Alliances and the Role of Governments.

对于政府来说，最好把战略性技术伙伴看做是国内研究开发的补充而不是替代。

除了上述动机以外，全球化和自由化也促进了公司治理制度的变化，从而促进了跨国联盟。① 由于全球化展示了各国经济的相互依赖与相互联系，拥有一家跨国企业已经成为一种正常状态。诸如电信等部门的放松管制导致出现了大量新进入者，并对既有企业构成了竞争压力，导致它们创造新的联盟网络以进行竞争。欧洲和北美等的区域市场一体化促使企业在更为广泛的地理基础上去扩大合作，导致出现新的销售和营销联盟。在许多部门中，加入一个正在取胜的网络或联盟对于企业生存变得至为关键。此外，政府管制也会影响到联盟的形成。比如，在国际航空领域，由于外国所有权是高度受限的，跨国并购很少，战略联盟成为市场进入的好模式。

但是，企业的市场地位不同，其参与企业间策略性技术联盟的动机也有很大差别。

其一，在企业居于领先地位而且有关业务在公司的总体战略中又处于核心地位时，企业参与策略性技术联盟的主要动机就是防御性的，其目的是获得市场和技术，同时又要确保资源供应。在这种情况下，优势企业与具有创新精神、崭露头角的小企业建立小型策略性技术联盟的主要目的就是跟踪新技术的发展和相关领域的最新研究成果。比如说，瑞士的制药企业奇巴—盖吉公司就参与了许多"项目型"策略性技术联盟，其主要目的就是在这些科学领域开发新产品。此外，企业为了获得市场或廉价原材料，也有可能与其他企业，特别是来自发展中国家的企业建立策略性技术联盟，以开发适应当地市场需求的产品。

其二，当某种业务虽然在公司的总体战略中居于核心地位但公司在世界市场上只处于追随者的地位时，企业参与策略性技术联盟的主要动机就是获得先进的技术供应，以追赶先进公司，通过建立策略性技术联盟来获得领先公司的先进技术或管理方法，或者得到新的销售渠道，以提高自己的竞争地位。在这种情况下，结盟可能是维持公司生存的唯一选择。

其三，当某种业务虽然在公司的总体战略中居于边缘地位但公司在该领

---

① Nam-Hoon Kang and Kentaro Sakai [2000]: International Strategic Alliances: Their Role in Industrial Globalisation, *STI Working Paper* 2000/5.

域又处于世界市场的领先地位时，公司参与策略性联盟的主要动机就是保持其市场地位，同时利用公司的领先地位获得最大收益。比如，爱立信公司与通用电气公司在 1989 年就蜂窝式移动电话的发展结成了战略性技术联盟，但是，该业务领域在通用电气公司的总体战略中只是处于边缘地位，但通用电气公司认为通过结盟来继续经营该项业务较之放弃该项业务会给公司带来更大的收益。此外，企业为了进入某一市场，也有可能与当地企业建立起这种策略性技术联盟。

其四，当企业在某一业务领域处于追随者的地位而且该项业务在公司的业务组合中又处于相对边缘地位时，企业参与策略性技术联盟的主要动机就是重组该项业务，通过结盟为公司创造一些优势和价值，从而使母公司最终能够以较合理的价格卖掉该项业务。①

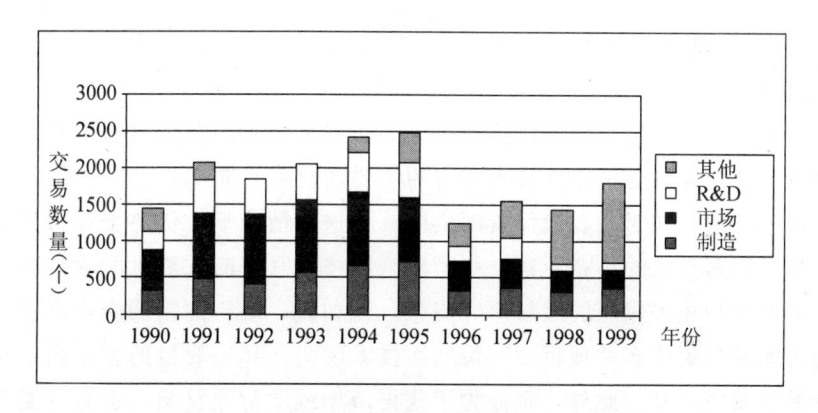

图 4—7　美国国际联盟的目的，1990—1999

资料来源：Nam-Hoon Kang and Kentaro Sakai [2000]：International Strategic Alliances: Their Role in Industrial Globalisation, *STI Working Paper* 2000/5.

另外，联盟的目的也存在着区域差异。比如说，在制造业联盟中，亚洲企业参与的联盟所占比例对于所有区域板块都趋向大幅度增加。这种模式部分地反映了亚洲作为世界制造中心的地位。至于销售和研究开发联盟，北美企业比较活跃，反映出这个区域存在的巨大市场和广阔技术领域以及研究基础。这些联盟也受到市场进入和技术转移动机的驱动。有意思的是，亚洲企

---

① 曾忠禄等：《公司战略联盟组织与运作》，中国发展出版社 1999 年版。

业在各种合作类型中所占份额都在持续下降（占全部制造业联盟的34%，营销联盟的22%和研究开发联盟的17%），而北美企业所占份额呈现出相反的趋势（占制造业联盟的32%，营销联盟的53%和研究开发联盟的62%）。对于欧洲企业来说，制造业联盟所占份额（22%）略高于营销（18%）和研究开发联盟（16%）。[1]

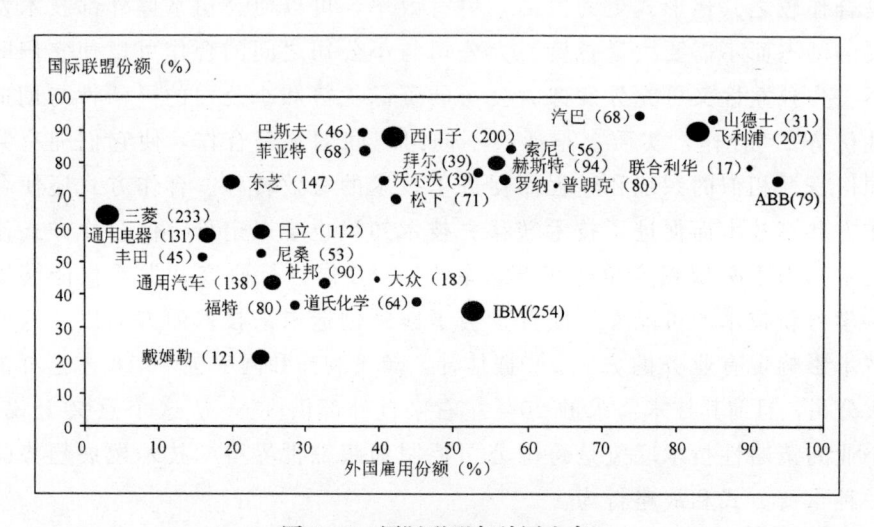

图4—8　国际联盟与外国生产

资料来源：Nam-Hoon Kang and Kentaro Sakai［2000］：International Strategic Alliances：Their Role in Industrial Globalisation，*STI Working Paper* 2000/5.

注：（·）＝每家企业的联盟总数（国内国外之和）

三　企业间策略性技术联盟的国别与部门差异

进入20世纪80年代以来，世界性的跨国公司间策略性技术联盟发展异常迅速，呈现出明显的部门差异与国别差异。

（一）世界范围内策略性技术联盟发展的基本特点

马克·道吉逊（Mark Dodgson）认为，企业之间之所以愿意进行技

---

[1] Nam-Hoon Kang and Kentaro Sakai［2000］：International Strategic Alliances：Their Role in Industrial Globalisation，*STI Working Paper* 2000/5.

术联盟，是因为这种联盟是建立在三个假设之上的：一是合作能够提高整体利益，包括销售规模和机会的增加、成本与风险共享、应付复杂情况的能力的提高等。二是合作有助于解决环境的不确定性，这是科学技术的复杂性所使然，因为科学技术潜在来源的异质性以及需要专家投入和来自其他企业的补充知识，使不确定性成为工业创新的持续特征。三是合作较之其他形式更为灵活，更有效率，可以使公司掌握外部技术发展的动态而不需要大量投资，大公司与小公司之间的合作可以使它们既不丧失独立性又可充分发挥大公司的资源优势和小公司的灵活性与创造性优势。"合作，实质上是通过不同组织间的紧密合作，使它们拥有共同语言、相似的系统和过程而促进了技术的有效转移。合作方式还使合作方共享技术而促进了技术转移。技术知识也难以定价，但合作方式使技术知识不必依赖定价也可相互转移。"合作进行研究开发不仅能够提供学习新技术的可能性，而且也会了解到创造未来技术的方面以及这些技术影响现有业务的方式。[1] 据估计，像飞利浦和阿克佐—诺贝尔这样的大公司，目前其技术需求的 20% 左右来自外部供应。[2] 从这个意义上说，企业间策略性技术联盟是跨国公司控制和跟踪世界科学技术发展趋势的一种重要方式和战略行为。

不仅如此，现在一个跨国公司往往同数家企业建立策略性技术联盟，从而形成一个庞大的企业间策略性技术联盟网络。之所以如此，一个主要原因就在于，世界级企业大多开展多样化经营，而且由于现代科学技术的复杂性，有可能出现重大技术突破的点也很多。在这种情况下，企业为了不至于在关键技术领域被其他企业的重大技术突破甩在后边或者是在市场竞争中处于不利地位，因而往往涉足多个相关技术领域，并且力争拥有较强的技术开发能力，争取与许多公开的或者潜在的竞争对手进行各种各样的研究开发合作。各大跨国公司正是通过这样一张复杂的技术网络将全球技术资源牢牢地控制在自己手中，从而确保自身能够拥有广泛的技术基础，以求在激烈的市场竞争中长期立于不败之地。比如说，通用汽车公司

---

[1] 马克·道奇逊：《技术合作与创新》，参见马克·道奇逊与罗伊·罗斯威尔主编《工业创新手册》，爱德华·埃尔加出版公司 1994 年版。

[2] Rajneesh Narula：Explaining the Growth of Strategic R&D Alliances by European Firms, university of Oslo and STEP, 1 November 1998.

在1985—1989年间拥有29个汽车制造方面的策略性技术联盟,三菱公司拥有27个汽车制造方面的技术联盟,57个化学方面的技术联盟;ABB公司拥有11个化学方面的策略性技术联盟,51个重型电器设备制造方面的策略性技术联盟。以西门子公司在80年代所建立的策略性技术联盟为例,该公司在电信行业中联合的大公司有瑞典的爱立信公司、日本的东芝公司、荷兰的飞利浦公司、美国的英特尔公司,以及施乐公司、英国的KTM公司;在半导体行业中,西门子公司与美国的西部数据公司、荷兰的飞利浦公司、日本富士通公司、英国的通用电气公司、日本的东芝公司、法国的汤姆逊公司、美国的通过电器公司以及英国的飞利浦/普来西公司建立了策略性技术联盟;在机器人制造方面,西门子公司与日本的富士通公司建立了策略性技术联盟;在计算机和软件开发领域,它与飞利浦公司和美国的微软公司、日本的富士通公司、美国的世界逻辑公司、英国的飞利浦/布尔公司等建立了策略性技术联盟;在新材料开发方面,西门子公司又与美国的科宁格莱德公司建立了策略性技术联盟。联合国贸易与发展会议的研究报告明确指出:"对于发达国家的企业来说,企业间技术协议是继续保持灵活性、扩大获得其他工业部门广泛的潜在技术以及在新产品开发过程中及早确立技术标准——从而保证更为迅速的市场渗透——的一种至关重要的手段。"① 有资料表明,IBM拥有100多个战略联盟伙伴,其中有一些是重点技术联盟伙伴（见表4—4）。

　　实际上,如同企业经营的多样化一样,企业的技术开发领域和方向也是多样化的,因为只有保护广泛的技术基础,企业才能在激烈的市场竞争中长期立于不败之地。不同领域的跨国经营企业往往都拥有多个策略性技术联盟。正是在这种情况下,80年代以来的跨国公司纷纷通过结盟形成战略网络,而且新产品和新技术的开发大多来自于这些跨越国界或区域边界的企业联盟或网络,企业的边界变得模糊不清了,竞争与合作成为一个不可分割的整体。

---

① UNCTAD: *World Investment Report* 1998: *Trends and Determinants*, New York, 1998, p. 26.

表 4—4　　　　　　　　　IBM 的重点技术联盟伙伴

重点联合企业	时间	联盟内容
Sear	1988 年 6 月	与 IBM 创建合资公司 Prodigy，以向消费者提供新型计算机服务
东芝	1989 年 11 月	投入 2 亿元与 IBM 共同开发 256M DRAM、闪光记忆存储器等产品
西门子	1990 年 1 月	进行新型芯片的共同开发
	1991 年 7 月	16M DRAM 的共同生产
三菱	1991 年 4 月	联合销售 IBM 主机（OEM 方式）
Rorland	1991 年 5 月	OS/2 用软件工具的联合开发
WANG	1991 年 6 月	联合销售 IBM 的 PC 和 WS
Lotus	1991 年 6 月	联合销售 Lotus 开发的网络软件（现在 Lotus 已经成为 IBM 公司的子公司）
NOVELL	1991 年 6 月	联合销售 NOVELL 的网络软件，共同开发新网络软件
苹果计算机公司	1991 年 7 月	合资成立两家公司：其一是 Taligent 公司，以开发新型 WS 和 OS；其二是 Kaleida 公司，以开发多媒体技术
Intel	1991 年 10 月	以 IBM 和 WSRS/600 为基础共同生产 RICK 型 mpu
	1991 年 11 月	以英特尔的设计为基础共同开发新一代微处理机
太阳微系统公司	1992 年 3 月	通过第一代 MPU 的开发共同完成 RIC 技术

资料来源：奥村皓一：《日、美、欧跨国企业间的战略性联合》，载《世界经济评论》1994 年 12 月号第 15 页；转引自蔡兵《论企业技术联盟的类型与一般发展特征》，载《国际技术经济研究》第 2 卷第 3 期（1999 年 8 月号）。

（二）企业技术联盟的国别差异

企业在结成策略性技术联盟方面存在着什么样的国别差异？外国学者在这方面进行了相当丰富而全面的研究。大体说来，有五种因素在决定国家之间策略性技术联盟偏好差异方面起着重要作用。

其一，国内联盟的数量与国家经济的规模之间呈现出广泛的相关性。弗尔曼（Freeman）等人的研究表明，企业一般愿意与来自能够提供相当大规模市场准入的国家的企业结成国际联盟。比如说，美国和日本，凭借它们重要的国内市场和广阔的研究基础，它们的联盟选择较之荷兰、瑞典以及韩国等国家，就没有那么明显的国际化取向。

其二，一国技术成熟水平在决定该国企业参与战略性技术联盟的偏好方面起着重要的作用，不论是从企业从事研究开发活动的高水平来看还是从高技术部门的参与程度来看都是如此。一国在 OECD 高技术产品出口市场中所占份额和这些国家中商业部门的研究开发支出水平可以作为衡量这两者之间关系的指标。

其三，国内产业部门的结构在决定一国从事策略性技术联盟的能力方面起着重要作用。在意大利这样主要由中小企业居主导地位的国家，企业间策略性技术联盟就比较少，因为大企业从事更多的研究开发活动，因而更可能从事策略性技术联盟活动。一国企业在财福 500 家中所占份额可以作为代表一国部门结构变量的主要参数。

其四，公司规模（按销售额或雇员总数来计算）与从事策略性技术联盟之间存在着重要的相关性，大企业较之小企业从事更多的研究开发联盟。[①]相对而言，研究开发强度和研究开发支出都与策略性技术联盟无关。

其五，一国经济的外向性程度对于企业参与跨国战略联盟的水平也发挥着重要作用。拥有建立在对外贸易基础之上的外向型经济的国家倾向于在其母国以外寻求更多的联盟伙伴。比如，荷兰、意大利、瑞士和韩国在其联盟选择方面更多的是国际化的。

从跨国公司的国别分布来看，80 年代建立的跨国公司间策略性技术联盟主要集中于发达国家，特别是欧洲、美国和日本这"三驾马车"中间。有资料表明，在这些策略性技术联盟中，90％以上是由来自这三个国家或者国家集团的跨国经营企业建立的。其中，大约有 25％ 的企业间策略性技术联盟是美国企业相互之间建立的，将近 20％ 是欧洲企业相互之间建立的，20％ 以上是美国企业与欧洲企业建立的，美国企业与日本企业所建立的策略性技术联盟在全部 4192 个策略性技术联盟中占将近 15％。各国的具体分布情况如下

---

① Rajneesh Narula and John Hagedoorn [1999]: Innovating through Strategic Alliances: Moving towards International Partnerships and Contractual Agreements, see *Technovation*, 1999, Vol. 19.

(见表4—5)。

表4—5　各类不同国家及地区的企业间战略性技术联盟的分布情况　　单位：%

	1980—1984	1985—1989	全部
欧洲内部	17.7	20.1	19.2
欧洲与美国	22.1	22.5	22.4
欧洲与日本	6.5	5.7	6.0
美国本国	22.9	25.3	24.4
美国与日本	17.6	11.7	13.9
日本本国	4.2	6.2	5.4
美欧日与新兴工业化国家和地区	2.2	2.4	2.3
美欧日与最不发达国家	1.3	1.7	1.5
其他国家	5.5	4.4	4.9
合计	100.0	100.0	100.0
联盟数量（个）	1560.0	2632.0	4192.0
不同时代所占%	37.2	62.8	100.0

资料来源：约翰·哈奇道恩：《技术变革与世界经济》，伦敦，埃德华·埃尔加出版公司1995年版，第43页。

从表4—5中可以看出，在80年代建立的跨国公司间策略性技术联盟中，以美国为代表的发达国家占有绝对优势地位。发达国家占全部策略性技术联盟的95%以上。事实上，"其他国家"一栏中也主要是指澳大利亚、加拿大、新西兰、以色列和南非等经济发达国家。如果将它们在世界策略性技术联盟中所占比例加在一起的话，则发达国家在世界策略性技术联盟中的支配地位将更加显著，可以达到97.5%左右。即使在发达国家内部，企业间策略性技术联盟也高度集中于美国、欧盟和日本"三驾马车"国家，它们占1980—1994年发达国家企业间所订立技术协议总数的91.24%。[①] 相比之下，广大发展中国家在分享世界科学技术成果，特别是产业技术成果方面处于极

[①] Rajneesh Narula and Bert M. Sadowski [1998]: "Technological Catch-up and Strategic Technology Partnering in Developing Countries", *International Journal of Technology Management*, Summer 1998.

为不利的位置。

表 4—6　　发展中国家和地区的企业参与的企业间策略性
技术联盟的区域分布 (1980—1994)

区域/国家	占发展中国家参与的策略性技术联盟总数的% (1980—1994)	占发展中国家参与的策略性技术联盟总数的% (1980—1987)	占发展中国家参与的策略性技术联盟总数的% (1987—1994)
东亚新兴工业化国家和地区	58.41	63.95	55.84
其他亚洲和非洲国家	8.84	17.01	5.05
拉丁美洲	4.31	6.12	3.47
东欧	28.45	12.93	35.65

资料来源：Rajneesh Narula and Bert M. Sadowski [1998]: "Technological Catch-up and Strategic Technology Partnering in Developing Countries", see *International Journal of Technology Management*, Summer 1998.

在1990—1998年间，全球创立的策略性技术联盟的总数达到5100个，其中2700个是在各区域内部建立的（即由欧、日和美国各区域的企业组成的），2400个是区域间企业建成的（位于不同地区的企业之间）。在500多家欧洲内部的策略性技术联盟中，有许多企业本身也是跨国公司。在1990—1998年间，美国企业参与了80%的已知策略性技术联盟，其中半数是在两个以上的美国企业之间达成的，另外还有半数是与非美国企业达成的。欧洲公司参与了90年代成立的5100家已知策略性技术联盟中的42%，日本企业参与了15%的已知策略性技术联盟。在1980—1998年间欧洲企业参与的4700家策略性技术联盟中，最活跃的企业是英国企业（1036家）、德国企业（994家）、法国企业（715家）和荷兰企业（680家）。参与100个以上联盟的国家有意大利企业（338家）、瑞士企业（267家）、瑞典企业（278家）和比利时企业（119家）。此外，还有许多参与策略性技术联盟的企业位于这些主要地区之外，比如加拿大企业在这期间参与了198家策略性技术联盟（主要是与美国企业结盟），韩国企业参与了119家策略性技术联盟，俄国企业参与了90家策略性技术联盟，中国企业参与了86家策略性技术联盟，澳大利亚企业参与了63家策略性技术联盟，以色列企业参与了51家策略性技术

联盟，中国台湾企业参与了 48 家策略性技术联盟[①]（具体见表 4—7 和图 4—9）。

表 4—7　　　　按地区和技术领域划分的国际策略性技术联盟分布：1991—2001

所有权分类	所有技术	信息技术	生物技术
	数量		
所有国家的联盟数	5892	2471	1829
美国拥有	2297	1133	699
美国-欧洲拥有	1562	516	609
欧洲拥有	637	154	217
美国-日本拥有	439	259	93
美国-NT 拥有	348	159	90
欧洲-NT 拥有	213	59	60
欧洲日本拥有	192	66	32
日本拥有	96	55	8
NT 拥有	56	20	15
日本-NT 拥有	52	30	6
美国公司的联盟	4646	2067	1491
欧洲公司的联盟	2604	815	918
日本公司的联盟	779	430	139
NT 的联盟	669	266	171
所有权描述	(%)		
所有国家的联盟数	100	100	100
美国拥有	39	46	38
美国-欧洲拥有	27	21	33
欧洲拥有	11	6	12
美国-日本拥有	7	10	5
美国-NT 拥有	6	6	5

[①] Science & Engineering Indicators 2000.

续表

	所有技术	信息技术	生物技术
所有权描述		（%）	
欧洲-NT 拥有	4	2	3
欧洲-日本拥有	3	3	2
日本拥有	2	2	0
NT 拥有	1	1	1
日本-NT 拥有	1	1	0
美国公司的联盟	79	84	82
欧洲公司的联盟	44	33	50
日本公司的联盟	13	17	8
NT 的联盟	11	11	9
技术描述		（%）	
所有国家的联盟数	100	42	31
美国拥有	100	49	30
美国-欧洲拥有	100	33	39
欧洲拥有	100	24	34
美国-日本拥有	100	59	21
美国-NT 拥有	100	46	26
欧洲-NT 拥有	100	28	28
欧洲-日本拥有	100	45	17
日本拥有	100	57	8
NT 拥有	100	36	27
日本 NT 拥有	100	58	12
美国公司的联盟	100	44	32
欧洲公司的联盟	100	31	35
日本公司的联盟	100	56	18
NT 公司的联盟	100	40	26

资料来源：National Science Foundation：*Science and Engineer Indicators* 2004，Volume I，pp. 4—45.

注：NT 指美国、日本、欧洲三方以外的国家或地区。

美国在 20 世纪 90 年代成立的世界战略联盟中约占三分之二。然而，美国

的国际联盟仅占世界国际联盟总量的43%，因为美国联盟较之其他国家更多的是国内取向的。美国联盟的大部分是国内伙伴之间的结盟，其原因包括拥有庞大的国内市场，广阔的技术和研究基础，拥有丰富有形和无形资产的大量各部门领导企业的存在等。至于区域偏好，美国企业与亚洲和欧洲企业的联盟占了全部国际联盟总数的75%左右。美国企业优先选择的合作伙伴是日本、英国、加拿大、德国和中国的公司，它们占了美国企业跨国联盟的60%左右。[1] 据美国科工指标的数据，在1991—2001年间成立的世界技术联盟中，美国公司至少参加了80%以上，较之1980—1990年间占三分之二的比例显然有较大幅度提高；在1991—2001年间美国公司参与的技术联盟中，约有一半完全是美国公司之间结成的战略联盟，34%为美国公司与欧洲公司结成的联盟。与此相反，欧洲公司主要是与美国公司达成技术联盟。在1991—2001年间，欧洲公司参与了2604个国际技术联盟，较之1980—1990年间的1989家也有明显增加，其中大部分是与美国公司达成的技术联盟协议。[2]

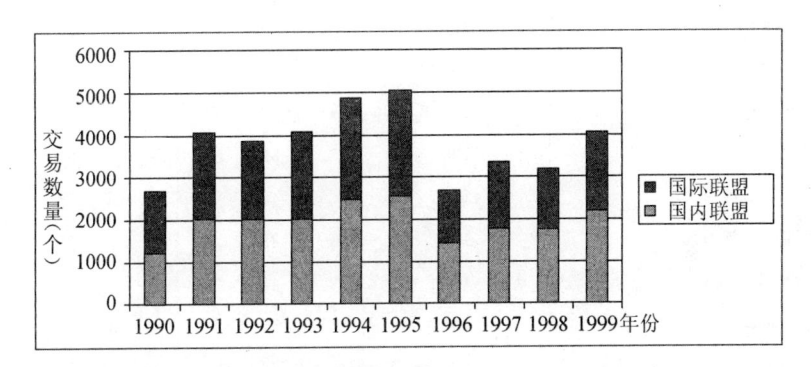

图4—9 美国的战略联盟状况：1990—1999

资料来源：Nam-Hoon Kang and Kentaro Sakai [2000]：International Strategic Alliances：Their Role in Industrial Globalisation，*STI Working Paper* 2000/5.

日本公司在90年代参加国际技术联盟的速度有所下降，从1980—1990年间的1013家下降到1991—2001年间的779家，这显然与日本90年代的

---

[1] Nam-Hoon Kang and Kentaro Sakai [2000]：International Strategic Alliances：Their Role in Industrial Globalisation，*STI Working Paper* 2000/5.

[2] National Science Fundation：*Science and Engineer Indicators* 2004，Volume I，pp. 4—45.

经济增长不景气密切相关。根据日本对外贸易组织（Japan External Trade Organisation，JETRO）的统计，日本企业在1998年达成的2270个国际联盟中，大约有95%为与亚洲、北美和欧洲企业之间的合作协议，其中北美企业所占份额高达41%。对于日本企业来说，美国企业在1998年时是最受欢迎的伙伴（大约有900个联盟），其次为中国企业（300例）、德国、英国和泰国。至于联盟的类型，日本企业与西方企业之间以技术交换协议最为通用，而与亚洲企业则以合资最为流行[1]（见图4—10）。

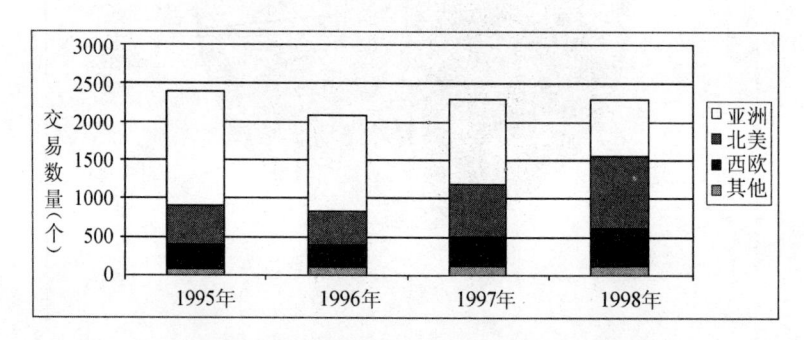

图4—10　日本企业的国际联盟：按区域划分

资料来源：Nam-Hoon Kang and Kentaro Sakai [2000]：International Strategic Alliances：Their Role in Industrial Globalisation, *STI Working Paper* 2000/5.

与北美和欧洲企业的战略联盟以技术交换协议为主，这意味着日本企业与西方公司之间的战略联盟主要是一种互补性合作安排，因为这些西方公司都有自己的尖端技术。一般来说，日本企业与来自美国、加拿大和欧洲的合作伙伴进行了活跃的先进技术与互补性技术的交换活动。联盟主要发生于高技术部门，如半导体、计算机软件以及其他信息与通讯技术领域。相比之下，日本企业与亚洲企业的合作主要是在制造与装配方面的合作，是从事生产的，而且主要集中在较为传统的领域，诸如通用电子、机械与汽车等领域[2]（见图4—11）。

---

[1]　Nam-Hoon Kang and Kentaro Sakai [2000]：International Strategic Alliances：Their Role in Industrial Globalisation, *STI Working Paper* 2000/5.

[2]　Ibid.

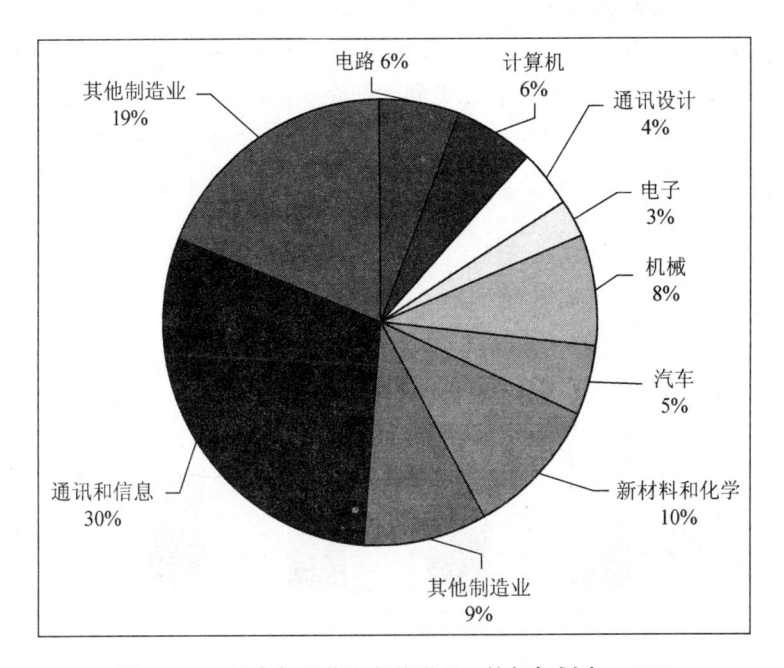

图4—11 日本与北美企业的联盟：按部门划分，1998

资料来源：Nam-Hoon Kang and Kentaro Sakai [2000]：International Strategic Alliances：Their Role in Industrial Globalisation，*STI Working Paper* 2000/5.

（三）企业技术联盟的产业差异

从世界策略性技术联盟的部门分布情况来看，80年代建立的跨国公司间策略性技术联盟主要集中于少数技术变化快、竞争激烈的半导体商用电子产品、汽车、电信、医疗器械、生物技术等产业部门。有资料表明，在80年代世界各国企业达成的策略性技术联盟中，大约有25%集中于化学、航空与国防、汽车、重型电气设备等四个领域，而70%以上是与新兴的核心技术领域相关的，特别是信息技术、生物技术和新材料技术。越是技术复杂程度高的高技术部门，发达国家企业间策略性技术联盟所占比例越高；只有那些技术含量比较低的中低技术部门，发展中国家所占有的比重也才略高一点。在有些部门如医疗技术和仪器生产部门，企业间策略性技术联盟100%是在发达国家企业之间建立的。在生物技术领域，这一比例为99.5%，软件生产领域为99.1%，计算机生产领域为98%。相比之下，发达国家企业间策略性技术联盟在食品和饮料领域中所占份额则相对较小，大约为90.5%，其余的

9.5%为"三驾马车"企业与新兴工业经济体企业之间的策略性技术联盟。在汽车工业和化学工业中,"三驾马车"以外国家和地区的企业间策略性技术联盟也占有相对较大的份额,新兴工业经济体企业参与的企业间策略性技术联盟在汽车工业中占将近10%,最不发达国家参与的策略性技术联盟占5%。在化学工业中,新兴工业经济体与最不发达国家企业间技术联盟所发挥的作用或许更大一些,"三驾马车"企业与发展中国家企业之间的策略性技术联盟占全部技术联盟的7%左右。由此可以看出,技术先进程度越高,发达国家企业间的策略性技术联盟所占比例越高;技术先进程度越低,发达国家企业间策略性技术联盟所占比例越低。发展中国家企业间策略性技术联盟的情况则与发达国家的情况刚好相反。由此可以断定,发达国家企业间订立策略性技术联盟的一个主要目标就是控制相关领域技术发展的方向、规模和速度,跟踪世界科学技术发展的新潮流,并且把握未来世界发展的机会,以免在激烈的市场竞争中落在后边。

进入90年代以后,企业间策略性技术联盟向高技术产业集中的趋势更为显著,信息技术与生物技术两大领域占全部策略性技术联盟的三分之二以上。1990年以来成立的技术联盟中,44%是与诸如计算机软件和硬件、电信、工业自动化和微电子等信息技术相关的。[1] 在1991—2001年间完全由美国公司结成的战略技术联盟中,46%集中在信息技术领域。与此相反,在美国公司和欧洲公司之间结成的国际技术联盟中,生物技术领域占到33%。事实上,生物技术领域的技术联盟数量自2000年起开始超过信息技术,这主要是由该领域美国公司和欧洲公司大举进入生物技术领域造成的。在1995年时,生物技术领域的联盟活动才刚刚开始出现,但在1995—2001年间就已经有46家重要技术联盟主要从事生物技术应用相关的活动,而美国公司参加了其中的37个联盟,其中又有19个技术联盟是与欧洲公司达成的。[2]

在生物制药业中,战略联盟的发展主要是受到不断上涨的成本所驱动。大体说来,每一种新药获得批准,至少需要对1万多种化合物进行检测,把一种新药投入市场至少需要3亿美元,新药的开发与批准需要花费十余年的时间。因此,在产品许可与跨国销售方面建立跨国联盟很久以来就是制药业

---

[1] National Science Foundation: *Science and Engineering Indicators* 2000, Volume I.
[2] National Science Foundation: *Science and Engineer Indicators* 2004, Volume I, pp. 4—45.

的一个特征，其主要动机就是分担研究开发支出：大型制药企业25%的研究开发现在是通过外部伙伴花出的。1997年，制药业达到30亿美元以上，较之1991年增长五倍多。其中，增长最快的联盟类型是生物技术相关企业：在早期阶段研究开发中，大制药公司与小型生物化学企业合伙已经非常流行了。在1998年，生物技术企业通过战略合伙筹集了60亿美元，主要是通过

表4—8　　按技术领域划分的企业间策略性技术联盟：1980—1998

年代	信息技术	生物技术	新材料	航天与国防	汽车	化工（非生物技术）	其他	总数
1980	49	31	9	22	19	40	39	209
1981	60	38	23	8	7	26	38	200
1982	96	54	27	11	9	30	45	272
1983	107	42	35	11	8	29	28	260
1984	157	65	28	30	8	25	32	345
1985	164	113	58	14	20	32	36	437
1986	189	103	87	27	26	19	40	461
1987	177	112	65	25	22	38	49	488
1988	200	100	60	26	45	58	55	544
1989	197	71	47	45	56	84	80	580
1990	219	50	35	54	12	47	17	434
1991	203	40	21	41	3	40	23	371
1992	237	101	38	56	4	39	32	507
1993	220	134	59	37	15	68	23	556
1994	253	165	33	37	26	52	43	609
1995	338	164	46	52	32	60	113	805
1996	298	177	36	45	37	28	83	704
1997	227	172	27	23	44	42	47	582
1998	272	120	37	19	17	53	46	564

资料来源：National Science Fundaton：*Science and Engineering Indicators* 2000，Appendix Table 2—67，Volume 2 A—119.

与大型制药公司的联盟，占到这些生物技术企业筹集资金总量的60％。[①] 其他比较重要的技术领域是先进材料技术和非以生物技术为基础的化学领域。值得注意的是，随着世界经济越来越以服务业为基础，尽管在制造业领域仍然有大量的战略联盟，但越来越多的战略联盟出现于服务领域，战略联盟在服务业的跨国界重构方面发挥着越来越重要的作用。

在企业间策略性技术联盟的产业差异方面，比较突出的是信息技术产业和生物技术产业中联盟发展比较快，而近年来生物技术产业中的联盟发展得尤其迅速。这一方面因为生物技术产业更多的是研究开发密集型的，企业发展对科技人员的依赖程度较高，另一方面也是因为在生物技术领域科学与技术的差别已经消失了，科学研究成果能够迅速而直接地转化为商业性产品，因而出现了一大批专业化的科技型小企业。这样一种特点，使得生物技术产业中的联盟增长速度甚至快于信息技术产业中的联盟增长速度。

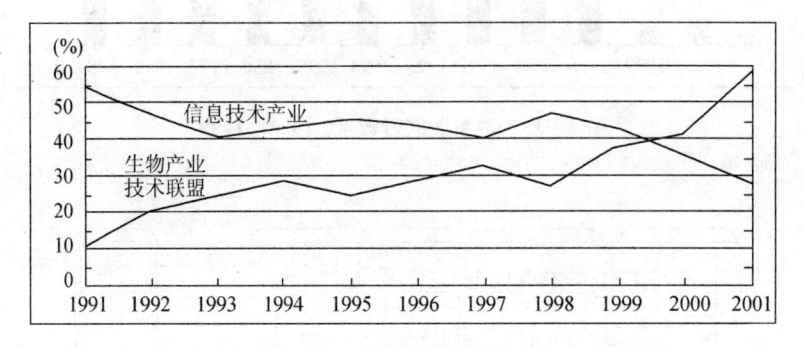

图4—12　1991—2001年国际技术联盟中的生物产业技术联盟和信息技术联盟

资料来源：Peng S. Chan and Dorothy Heide, "Strategic Alliances in Technology: Key Competitive Weapon", *SAM Advanced Management*, 2003.

在汽车产业，战略联盟长期以来一直就是一种常态，汽车生产厂家利用联盟来生产诸如发动机、传送装置等汽车零部件，并取得规模经济。近年来，每年在汽车产业大约有100个新的联盟出现，其中大多数是合资制造企业。作为国际联盟的结果，主要汽车制造商分为多个跨国集团，形成许多长期存在的双

[①] Nam-Hoon Kang and Kentaro Sakai [2000]: International Strategic Alliances: Their Role in Industrial Globalisation, *STI Working Paper* 2000/5.

边或者多边联盟。比如说，福特自 1979 年以来在马自达拥有 25% 的少数股份，1996 年这一持股比例提高到 34%。通用汽车和 ISUZU 在 1971 年组成联盟，而通用汽车—SUZUKI 联盟始于 1981 年。近年来，这些联盟通过增加它们在其他公司的跨国持股加强了它们在一个更大范围内的联系，以努力获得足够的研究开发资源和生产方面的规模经济（见图 4—13、图 4—14）。

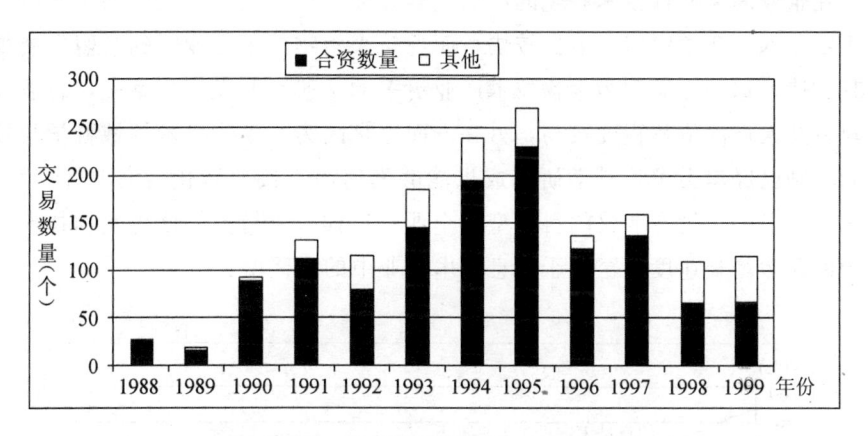

图 4—13　汽车业联盟数量，1988—1999

资料来源：Thomson Financial Securities Data.

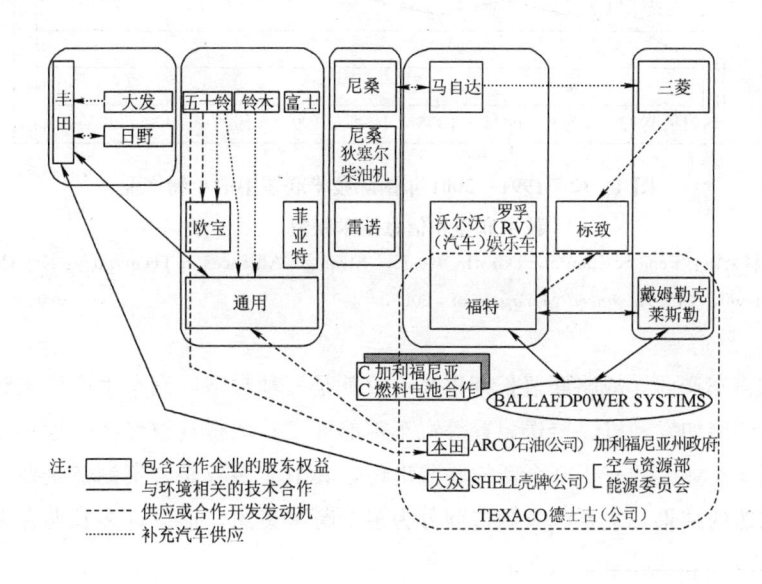

图 4—14　汽车部门的主要联盟

资料来源：每个公司的新闻发布和加利福尼亚州网站（www.drivingthefuture.org）。

总体上说,来自技术后进国家的公司参与的策略性技术联盟大多集中于少数部门,而来自技术先进国家的企业参与的策略性技术联盟大多是均衡分布的。如果我们以 R&D 占 GDP 的比例为 1% 为界将欧共体所有国家分为两类,则希腊、爱尔兰、卢森堡和葡萄牙的此类比例低于 1%,它们参与的国际策略性技术联盟的数量也比较少。在西班牙,电讯、航空国防和微电子三个部门就占了它们参与的全部策略性技术联盟的 75% 以上;在丹麦,生物技术和新材料占 90% 以上。但是,对于大多数先进国家来说,它们所参与的策略性技术联盟基本上均衡地分布于所有部门。唯一的例外是比利时,该国企业参与的技术联盟仅在生物技术、电讯和化学三个部门占 65% 以上。

表 4—9　　　　　　不同技术水平的部门和国家参与
国际策略性技术联盟的模式

	高技术国家		低技术国家	
	高技术部门	其他部门	高技术部门	其他部门
股权性协议	1006	459	106	27
非股权性协议	3100	427	244	41

资料来源:John Hadgedoorn and Rajneesh Narula:"Choosing Modes of Governance for Strategic Technology Partnering: International and Sectoral Differences", FDI-ALL. 4, paper for the EIBA Annual Conference, 11—13 December 1994, Warsaw, Poland.

四　小结

既然企业间策略性技术联盟已经成为跨国公司国际经营战略的一个重要方面,而跨国公司又是国际经济活动和经济竞争的主体,那么,这种企业间策略性技术联盟必然会对世界经济产生重要而深远的影响。从上面的分析中我们可以看出,企业间策略性技术联盟对于世界经济发展具有双重意义。从积极的方面来看,企业间策略性技术联盟对于世界范围的技术进步起着重要的促进作用。

其一,企业间策略性技术联盟所具有的互补效应有助于推动企业的技术进步与技术创新活动的开展。这是因为,由于现代科学的高度复杂性和综合性,经常是一个科研项目牵涉到多学科、多部门,因而是一个复杂的综合性

科学技术研究开发工程，在这个过程中存在着巨大的风险。无论从研究开发力量上来讲，还是从经济效益来考虑，企业独立进行研究开发活动都是不合算的。在这种情况下，企业间通过各种形式的技术联合来进行研究开发活动，既能够有效地分散研究开发和技术创新过程中的风险，又能够集中各种企业之间的智慧联合攻关，从而提高研究开发活动的成功率。从这个意义上来说，企业间策略性技术联合应该是现代科学技术，特别是产业技术发展的一种重要组织形式或者说载体，是一种有效的技术创新风险分担机制。

其二，企业间策略性技术联盟产生的协同效应可以更快地促进科学技术知识的产生和科学技术成果的转化。事实上，80年代初期以来之所以形成一个世界性的技术创新浪潮，一大批战后初期开发出来的科学技术成果之所以在这个时期得到了普遍广泛的应用，除了技术本身的成熟这个条件以外，企业间以策略性技术联盟以及各种技术分享与合作协议，有效地降低了技术创新风险，从而加快了科学技术成果的转化恐怕也是一个非常重要的原因。一个完全孤立于企业间技术联络网的企业不可能及时有效地获得各种所需科学技术信息，因而也不可能在有效地利用现代科学技术成果，特别是产业技术成果方面有所建树，因为独立进行研究开发或者技术创新活动对于任何企业来说都是一个成本非常高昂的活动。经济合作与发展组织对于企业间合作技术活动的重要性进行的评估表明，这种合作可以有效地促进企业的技术创新实绩。在挪威和芬兰，从事合作研究与技术创新的企业中，新产品的销售额占总销售额的比例明显高于一般企业；在德国，研究开发合作与企业技术创新实绩的改良呈正相关关系。对于欧洲联盟的合作研究开发项目的评估也说明，合作研究开发活动对于企业的技术创新能力具有正面影响。[1] 由此可见，企业间建立策略性技术联盟对于促进世界科学技术知识的产生及其广泛应用和传播是有着明显的积极意义的。

其三，企业间策略性技术联盟的竞争效应会更有效地促进技术进步。企业在国际战略联盟之中的合作并不必然意味着没有竞争。尽管国际联盟以及跨国并购在90年代按速度与规模计算已经打破了纪录，并改变了整个产业，但这一点一直没有变化。为了在技术、生产、营销等方面达到规模经济，企业在许多通往全球化的路径之中进行选择，比如对外直接投资、合并与接管，以及战略联盟等。国际化的模式倾向于把复杂与互补的方式结合起来，

---

[1] OECD [1997]：National Innovation System，Paris.

因为企业寻求效率与利润的最大化。结果,在一个联盟内部的合作可能伴之以在其他产品与技术领域中的激烈竞争,在后来的时点上则是与竞争性联盟的激烈竞争。

其四,企业间策略性技术联盟产生的效率效应也会促进技术创造与技术扩散。总起来看,这些联盟可以通过提高效率、创新性和最终的消费者福利来提供私人收益(企业层面的)以及社会收益(整个经济范围的)。战略联盟一般都倾向于把互补性投入集中起来,刺激创新活动以引入新技术和产品(Parkhe,1998)。企业达成联盟的收益包括生产和研究开发活动的成本节约、获得无形资产,如更有效的管理技巧和有关市场与客户的知识等,所有这些都会对企业的短期或长期实绩与盈利能力有所贡献。结盟和合资以提高参与企业赢利与市场价值的能力已被国家层面的研究所证实[莫汗拉姆和南达(Mohanram & Nanda),1998]。通过联盟获取技术的公司和那些参与研究开发合作的公司一般会拥有比较高的利润率[哈格多恩和沙肯拉德(Hagedoorn & Schakenraad),1994]。其他研究表明了重要无形资产存在的地理和跨产业多样化会带来积极的效率效应[默克和杨(Morck & Yeung),1999]。这些结果强调了通过联盟进行学习以改进公司实绩的重要性。企业层面的效率收益可以刺激国际战略联盟产生更大范围的社会与消费者收益,它们可以为联盟企业经营所在国家产生红利。联盟可以帮助重振陷入困境的企业和当地经济,并通过技术转移、规模经济与相关的生产率提升创造工作岗位。学习效应可以帮助提高全球层面的社会福利,因为国际战略联盟有助于使世界知识均等化,因为国际贸易会使要素价格均等化[西姆和尤努斯(Sim & Yunus),1998]。有证据表明,通过以更低的价格在更好、更广范围的产品和服务中选择,消费者可以得到收益。比如说,在制药工业中,旨在加快关键药物和治疗方法开发的战略联盟通过以相对较低的价格提供给客户更多更好的选择而增加了社会福利。

但是,另一方面,我们也必须看到,并不是所有的策略性技术联盟都是一种双赢的企业技术结合。在许多情况下,联盟双方的企业都面临着企业自身的组织调整与适应问题,面临着合作伙伴投机性行为的风险以及在合作过程中技术泄密的风险,伙伴企业之间的技术合作是有限度的。因此,策略性技术联盟在本质上是很不稳定的,其生命周期的中值只有7年左右。有一项调查表明,不能令人满意的策略性联盟占全部联盟的比例高达40%—70%。因此,企业间策略性技术联盟对于技术进步也具有负面作用,这主要表

现在:

其一,企业间策略性技术联盟所产生的反竞争效应不利于技术进步。任何企业间策略性技术联盟总是有这种可能性,它会产生出反竞争效应。比如说,当战略联盟供应包括广泛接受的标准等关键投入时,危险就出现了。通过抬高这种投入的价格,联盟成员可以有效地进行反竞争性提价活动或者对联盟成员收取较之外部企业更低的价格。当战略联盟,特别是那些涉及营销和销售协议的联盟,把现实的和潜在的竞争者密切联系到一起时,这就会对竞争产生更为直接的危险。一份先前的 OECD 对战略联盟的研究发现,驱动联盟的积极动机较之消极动机更多,它们并不会全面地削弱竞争,现有的反托拉斯法也是适用的。然而,最近的关注点是在数字服务与其他信息技术部门中联盟的反竞争效应。竞争当局可以采取措施在国家层面上反对反竞争性战略联盟,并在国际层面上寻求竞争当局之间更为有效的合作。[①]

其二,跨国公司间策略性技术联盟的形成与发展高度集中于发达国家,特别是美、欧、日"三驾马车"诸国,因而使世界科学技术知识的生产和供应具有更高程度的垄断性。在前面的分析中我们已经指出,无论是在研究开发资源的国际分布上,还是在企业间策略性技术联盟的国际分布上,一个重要的特点就是发达国家,特别是美、日、欧"三驾马车"占有决定性的优势地位。这种情况说明,发达国家的企业不仅在直接决定一国国际竞争地位的科学技术知识生产上居于垄断地位,而且实际上已经控制了这些科学技术知识的国际分配,企业间策略性联盟意味着发达国家企业已经瓜分了世界技术市场。它们可以决定科学技术知识未来发展的方向、速度和规模,它们也可以决定向其他国家提供或者是不提供这种科学技术知识,以及决定提供何种科学技术知识。因此,这些企业间策略性技术联盟实际上是以协议的形式将发达国家企业对于产业技术供应的垄断地位固定化了,因而起着进一步加强发达国家企业的国际竞争实力的作用。从这个意义上说,策略性技术联盟实际上是发达国家控制技术发展的一种手段。相比之下,在策略性技术联盟迅速发展的情况下,发展中国家是否能够从发达国家获得必须的技术供应、是哪些技术供应、以何种形式进行技术供应以及进行这种技术供应的代价等,这样一些问题实际上都因为策略性技术联盟对于世界技术市场的瓜分和垄断

---

① Nam-Hoon Kang and Kentaro Sakai [2000]: International Strategic Alliances: Their Role in Industrial Globalisation, *STI Working Paper* 2000/5.

而受到了严重的影响,从而使发展中国家在世界技术经济发展中所处的弱势地位得到了进一步的强化。在这种情况下,跨国经营企业能够更加有效地控制向发展中国家的技术转移,从而加大跨国公司对于发展中国家经济发展的影响;而发展中国家在通过跨国公司引进国外先进技术时将面临更少的选择,因而不得不付出更高的成本;与此同时,由于供应商减少,发达国家政府更容易对跨国公司的技术转移活动,特别是针对发展中国家的技术转移活动进行监督和管理,从而加强发达国家对于发展中国家经济政治事务的影响力。严格地说,策略性技术联盟起了进一步扩大或者说是加强发达国家与发展中国家技术差距的作用,使两者之间的技术差距定型化了。大量发展中国家的企业被排除在企业间策略性技术联盟之外,这种情况本身就说明了策略性技术联盟是发达国家企业控制技术发展的方向、速度与规模的工具或者说是形式。

其三,随着企业间策略性技术联盟的发展,特别是跨国公司间策略性技术联盟的发展,即使在发达国家内部,政府对于技术知识管理的作用也被大大地削弱了。由于信息技术的高度发达以及企业间策略性技术联盟的建立,技术的全球流动越来越集中于少数具有相当技术实力的企业中间。在这种情况下,技术知识的跨国流动很大程度上是企业内部或者是企业之间的事情,政府无力也无法控制这种依据策略性技术联盟所进行的国际技术流动。技术知识的转移实际上也就意味着经济实力的集中,其结果必然是少数巨型的全球企业对于世界政治经济事务的影响力的进一步加强,从而真正成为世界经济中的"章鱼"。因此,随着企业间策略性技术联盟的进一步发展,越来越多的发达国家将面临着巨大的反托拉斯法压力,因为这种企业间策略性技术联盟必然会影响到市场结构,加强联盟企业的垄断地位。美国政府中已经出现了关于加强反托拉斯法的呼声,前总统克林顿也已明确表示将加强实施反托拉斯法的力度,甚至在美国的司法部内部也就是否应该加强反托拉斯力度的问题展开了激烈的讨论。如何既鼓励企业从事适当的技术联合以促进企业技术进步,同时又不对市场结构产生严重影响,这是各国反托拉斯机构面临的共同课题。

由此可见,企业间策略性技术联盟既有主宰世界市场的全球企业通过技术协议巩固自身实力、控制世界技术进步的速度规模和方向,并在此基础上进一步瓜分世界市场的一面,它在客观上对于科学技术的生产及其在世界范围内的扩散起到了促进作用;但是,另一方面,由于建立策略性技术联盟的

企业彼此之间都是潜在的竞争对手，跨国公司间策略性技术联盟迅速发展的直接后果是进一步加强了发达国家和跨国公司对国际科学技术知识资源的控制力，使跨国经营企业能够更加有效地控制向发展中国家的技术转移，从而加大跨国公司对于发展中国家经济发展的影响。与此相适应，发展中国家在通过跨国公司引进国外先进技术时将面临更少的选择，因而不得不付出更高的成本。策略性技术联盟使各大跨国公司围绕着知识资源的瓜分问题结成了不同的集团，纷纷抢占不同的知识资源领域，它在客观上起了进一步扩大或者说是加强发达国家与发展中国家技术差距的作用，使两者之间的技术差距定型化了。大量发展中国家的企业被排除在企业间策略性技术联盟之外，这种情况本身就说明了策略性技术联盟是发达国家企业控制技术发展的方向、速度与规模的工具或者说是形式。而发展中国家在全球企业的策略性技术联盟中的弱小地位又使它不可能对发达国家企业在技术上的垄断地位提出挑战。有学者认为，跨国公司越来越多地与外国企业结成技术联盟以便创造一种新的和改良的产品和工艺。它们非但不是将所有战略性技术的生产内部化，而是与竞争对手、供应商和客户合作创造一种新的战略技术。跨国公司的边界变得更加多元化而且不那么清晰了，所有的大企业都与外国同行结成数十个研究开发合作伙伴。

90年代以来，国际上大的跨国公司纷纷进入我国市场，加快了我国企业加入国际技术联盟网络的步伐，促使中国企业也越来越多地加入到与跨国公司建立策略性技术联盟的大潮之中。但是，从总体上看，中国目前的企业间策略性技术联盟规模比较小（在创新规模、技术复杂程度以及投资数额上），而且技术联盟的领域窄（主要限于计算机和少数家电领域）；参加联盟的企业数量少，没有形成网络化。① 很显然，我国企业之间的技术合作是少见的，与国外的企业之间建立技术联盟关系显然还是一个有待开发的领域，与跨国公司进行合作开发面向中国市场需求的产品和生产、管理技术并进入国际市场，预期有着十分广阔的发展潜力。②

---

① 蔡兵：《论企业技术联盟的类型与一般发展特征》，载《国际技术经济研究》第2卷第3期（1999年8月号）。

② 李新春：《产品联盟与技术联盟——我国中外合资、合作企业的技术学习行为分析》，载《中山大学学报》（社会科学版）1998年第1期。

主要参考文献

1. 蔡兵:《试论企业技术联盟的特点和实质》,载《学术研究》1997 年第 9 期。
2. 蔡兵:《论企业技术联盟的类型与一般发展特征》,载《国际技术经济研究》第 2 卷第 3 期 (1999 年 8 月号)。
3. 曾忠禄等:《公司战略联盟组织与运作》,中国发展出版社 1999 年版。
4. 李新春:《产品联盟与技术联盟——我国中外合资、合作企业的技术学习行为分析》,《中山大学学报》(社会科学版) 1998 年第 1 期。
5. 梁静、余丽伟:《网络效应与技术联盟》,载《科学与科学技术管理》2000 年第 6 期。
6. 林进成、柴忠东:《试析跨国公司技术研究与开发国际化的主要特征、形式及其影响》,载《世界经济研究》1998 年第 5 期。
7. 马克·道奇逊与罗伊·罗斯威尔主编:《工业创新手册》,爱德沃德·埃尔加出版公司 1994 年版。
8. 熊性美、李耀:《创新、策略性联合与竞争优势》,载《世界经济》1993 年第 5 期。
9. 赵曙明:《跨国公司全球化技术开发战略及启示》,载《国际经济合作》2000 年第 1 期。
10. Daniele Archibugi [2000]: The Globalisation of Technology and the European Innovation System, Prepared as part of the project "Innovation Policy in a Knowledge-Based Economy" commissioned by the European Commission Paris, 16—17 September 1999, Revised Version-15 May 2000.
11. Grazia D. Santangelo [2000]: Corporate Strategic Technological Partnerships in the Europeaninformation and Communications Technology Industry, *Research Policy* 29 2000 1015—1031.
12. John Hagedoorn and Bert Sadowski [1996]: Exploring the Potential Transition from Strategic Technology Partnering to Mergers and Acquisitions, Papstpma. MS1, May 1996.
13. John Hadgedoorn and Rajneesh Narula [1994]: "Choosing Modes Of Governance For Strategic Technology Partnering: International And Sectoral Differences", FDI-ALL. 4, paper for the EIBA Annual Conference, 11—13 December 1994, Warsaw, Poland.
14. Karl Morasch [2000]: Strategic Alliances: a Substitute for Strategic Trade Policy? *Journal of International Economics* 52 (2000), 37—67.
15. Nam-Hoon Kang and Kentaro Sakai [2000]: International Strategic Alliances: Their Role in Industrial Globalisation, *STI Working Paper* 2000/5.

16. Nicolai J. Foss [1999]: Capabilities, Confusion, and the Costs of Coordination: On Some Problems in Recent Research On Inter-Firm Relations, Danish Research Unit For Industrial Dynamics, *DRUID Working Paper* No. 99—7.

17. Rajneesh Narula [1998]: Explaining the Growth of Strategic R&D Alliances by European Firms, university of Oslo and STEP, 1 November 1998.

18. Rajneesh Narula and Bert M. Sadowski [1998]: Technological Catch-up and Strategic Technology Partnering in Developing Countries, *International Journal of Technology Management*, Summer 1998.

19. Rajneesh Narula and John Hagedoorn [1999]: Innovating through Strategic Alliance: Moving towards International Partnerships and Contractual Agreements, 1999.

20. Rajneesh Narula [1999]: In-house R&D, Outsourcing or Alliances? Some Strategic and Economic Considerations.

21. R. Narula and J. H. Dunning [2000]: Explaining International R&D Alliances and the Role of Governments, *Science and Engineering Indicators* 2000.

22. UNCTAD: *World Investment Report* 1998: *Trends and Determinants*, New York, 1998, p. 26.

第五章

科技全球化的基本形式之三：
全球科技合作

从世界科技经济发展的角度来看，20世纪90年代以来可以说是一个收获的季节。经过战后数十年的科技革命的洗礼之后，各国普遍将科技发展的重点转向通过技术创新带动经济增长，世界经济处于新旧技术经济范式的交替时期。在此背景之下，国际科技合作空前活跃，其规模和深度均达到了历史最高水平。由于世界经济中的相互依赖日益加深，国际科技合作也越来越广泛和深化，区域科技合作成为当前国际科技合作中最为活跃的一种重要形式。从目前的情况来看，整个世界正在分化成为一个一个以区域科技合作为基础的相对独立的科技圈。由于世界科学技术的发展极不平衡，发达国家仍然在国际科技合作中居于主导地位，但是，发展中国家与发达国家在国际科技合作中的地位已经发生了一些虽不显著但很重要的变化，部分发展中国家在个别领域中已经成为具有世界竞争力的技术提供者。

一 国际科技合作：定义及其基本形式

随着知识经济的深入发展，科学技术的发展已经超越了国家的界限，使世界上不同国家联合起来进行国际科技合作研究的现象越来越普遍。按照联合国教科文组织的定义，国际科技合作就是科技知识的共享，即两个或两个以上国家的公民在彼此接受的协议下，进行知识的交换。依政府机构是否管理和规范这种合作关系，我们将国际科技合作分为两大类，即正式的国际科技合作和非正式的国际科技合作。其中，非正式的国际科技合作是指并不属于政府间或研发机构间正式协议管理和规范的科学技术交流活动，包括培训和访问学者，奖学金以及学术旅行，迁移到国外的科学家与母国的同事继续

保持着学术联系，以及试验资料的交换等。① 正式的国际科技合作是指那些根据国际科学协议而进行的科技合作模式，因为有些科学技术研究是在特定的地理条件或者运用昂贵的科研设施进行的，而这些独特的地理条件或科研设施又是分布于完全不同的国家的。在这里，我们的研究主要集中于正式的国际科技合作活动。

关于国际科技合作研究的原因，学术界大多将其归因于获取政治、经济、科技等多方面的利益，因为国际科技合作往往是经济合作的先导和发展对外贸易的桥梁。但是，由于科学技术越来越成为社会经济发展中的主导力量、当代科学技术的高度复杂性，使得科学技术活动的国际合作具有了前所未有的重要意义，因为任何一个国家都不可能同时在所有科学技术领域都居于世界前列，必须通过国际科技合作来取长补短，以有易无。美国国会技术评估办公室在其1995年的报告中明确指出，有四种原因可以解释国际研究开发合作的发展：一是在世界范围内积累起来的知识和技术资源使许多科学技术领域出现了重大的突破；二是国际科学技术合作加强了一国学习外国技术知识并利用外国先进设施的能力；三是大型科学技术项目对于任何一个国家来说都太大了，因而难以由一国独立承担；四是各种国内和国际的政治考虑往往是在特定科学技术领域进行合作的重要原因。目前，国际科技合作主要包括国际合作研究、国际共同开发、国际科技交流和国际技术转让等形式。②

其一，国际合作研究。指两国或两国以上的技术人员为同一科学技术目标、同一研究项目在统一的计划和组织下，通过共同的工作或分工协作所进行的研究。根据参与国家数量，将两个国家参与的科技合作称为双边合作研究，有两个国家以上参与称为多边合作研究。

---

① Daniele Archibugi, Simona Iammarino: The Policy Implications of the Globalisation of Innovation, *Research Policy* 28 (1999), 317—336.

② 按照 Lipsett M. S. & Holbrook, J. A. D 的分类，国际科技合作主要有：1. 正式手段：包括框架协议（包括双边和多边）、双边协议、多边协议；2. 国家间非正式的协议：包括双边或多边非官方协议、双边或多边交流；3. 企业间或企业内协议：包括跨国公司和中小企业之间的科技合作协议。本章的讨论主要集中在第一种国际科技合作形式上。详见 Lpsett M. S. & Holbrook, J. A. D: Reflections on Indicators of International Cooperation in S&T, Presented at the Second lbero-Amercian Workshop on S&T indicators, Cartagena, Colombia, April 1996, pp. 1—2.

其二，国际共同开发。包括联合调查、合作开发和实物交换三种方式。其中，联合调查指两国或两国以上的科技人员，为了解地形、地貌、大气、海洋、矿藏和其他自然资源或特定目标共同进行的勘察和调查。合作开发指合作的两国或多国以其中一方或各方的科研成果为基础，对具有明确市场目标的产品或工艺共同开发，合作开发对象是具有良好商业前景的高技术产品。实物交换指仪器、设备、种子和样品等实物的交换和赠送。

其三，国际科技交流。包括合作成立研究机构、科技考察、人才交流、科技信息交流、国际学术会议、科技展览会、科技咨询等。

其四，国际技术转让。指以贸易形式进行的技术经济合作，包括技术、技术产品与成套设备，以及技术劳务的引进和输出、专利实施许可、专有技术转让等，是现有技术在不同主体间的转移。

从历史上看，世界上第一个政府间科技合作是18世纪末英国和法国为进行短程线测量而建立的科技合作关系。第一个真正的跨国科学研究合作项目是1824年欧洲天文学家为建设最新全球星图而设立的。[①] 进入20世纪90年代以后，发达国家以及新兴工业化经济体都将国际科技合作视为发展本国科学技术、提高综合国力和参与国际竞争的重要途径，普遍加强了政府对国际科技合作的规划、资助与管理的职能。这样一些重大战略决策，使国际科技合作越来越受到人们的重视，其在科技、经济发展中的作用也逐渐显现。近年来，那些地理位置比较接近或者有着共同研究兴趣的国家，政府资助的国际科技合作势头发展迅速，成为科技全球化不断深化的一种重要形式。

二 迅猛发展的区域科技合作

顾名思义，所谓区域科技合作就是在区域层次上的跨国科技合作，其目的主要是为了促进区域内相关国家之间的科技进步以及经济发展。双边科技合作虽然也是国际层面的，但它涉及的范围以及影响程度主要限于两个相关国家，不会对区域科技进步产生整体性影响。迄今为止，区域科技合作发展较快的主要有两个地区，一是欧盟实施的区域科技合作，二是亚太经济合作组织框架之下推进的区域科技合作。相对来说，欧盟的区域科技合作机制较为成熟，也更为成功一些。

---

① World Science Report, 1998, Foreign Government Document, p. 152.

(一) 欧盟研究开发框架计划 (FP)

在欧共体成立的第一个十年里，区域科技合作主要是围绕煤、钢和核能等基础领域展开的。20世纪70年代以后，由于欧盟公共研究支出远远落后于美国和日本，欧盟R&D经费只占GDP的1.9％，而美国和日本分别为2.7％和2.9％，两者在科技方面的差距日益扩大，产业竞争力不断削弱（见表5—1）。为此，从20世纪80年代中期开始，欧盟（欧共体）开始制定阶段性科技发展规划，即欧盟研究开发框架计划（FP）、"尤里卡"计划等综合性区域科技发展计划和智能制造系统（IMS）、科技研究合作项目（COST）、生命科学和生物社会的社会经济研究、国际能源合作项目（SYNERGY）、通信和信息系统的安全性研究、煤炭和钢铁研究、凝聚力、竞争力和研究发展及创新政策研究等区域性专项科技合作计划，以促进欧盟高技术产业的发展。

表5—1　　　　　　高、中、低技术产业的产业专业化指数比较

OECD=100	日本		美国		欧共体	
	1970	1992	1970	1992	1970	1992
高技术产业	124	144	169	161	86	82
中技术产业	78	114	110	90	103	100
低技术产业	113	46	67	74	103	113

资料来源：Michael Darmer and Laurens Kuyper, *Industry and the European Union—Analysing Policies for Business*, Edwa Elgar Publishing Limited Glensanda House, Cheltenham, UK, 2000, p. 267.

表5—2表明，尽管欧洲的研究基础十分坚实，但在研究开发支出、高技术公司所占比例、专利数量、研究人员数量方面，欧盟与美国和日本均存在较大差距，而且欧盟成员国的国别研究计划中存在过多的重复和交叉，在基础研究领域更是如此。在这种情况下，为了加强欧洲产业的科技基础，帮助欧洲企业提高在世界市场和关键技术领域同美国和日本的竞争力，协调欧盟成员国和欧盟之间的研究政策，克服欧洲在研究成果转化和利用上的弱势，为整个欧洲政策（例如交通、环保、社会政策等）提供技术支持，欧盟

从 80 年代中期开始实施研究开发框架计划，对各成员国的研究项目进行协调。

表 5—2　　　　　　　　　欧、美、日 RTD 比较

内　容	美国	日本	欧盟
人均商业性 RTD 支出（1997 年，欧元）	456	369	175
高技术公司获得的增加值占制造业的比例（%）	16.4	14.7	10
人均高等教育 RTD 支出（1997 年，欧元）	98	86	65
国内每 1 万人申请专利数量（1996 年）	4	7	2.6
每 1000 人中计算机数量（1997 年，台）	450	228	215
劳动力中每 1 万人从事商业性研究工作的人数（1996 年）	59	58	23

资料来源：Michael Darmer and Laurens Kuyper, *Industry and the European Union—Analysing Policies for Business*, Edwa Elgar Publishing Limited Glensanda House, Cheltenham, UK, 2000, p. 267.

欧洲研究开发框架计划的前身，是欧洲 IT 技术研究和发展的战略计划项目（European Strategic Programme for Research and Development in Information Technologies，ESPRIT）和有关通信技术的 RACE 计划，主要目标就是增强欧洲在 IT 和通信技术产业方面的竞争力，填补与其主要竞争者美国和日本之间的技术鸿沟，因而代表了欧盟从战略和任务取向的政策向技术政策的转变。这两个计划的实施，促进了欧洲 IT 技术公司和公共部门研究所合作研究计划的形成。ESPRIT 计划于 1982 年通过，1984 年开始实施。RACE 于 1985 年通过，1987 年作为第二框架计划的一部分开始实施。最终，ESPRIT 和 RACE 计划都被融入第二个欧盟研究开发框架计划。

根据单一欧洲法律和欧盟《阿姆斯特丹条约》，欧盟层次的区域科技合作主要有四种形式，即完成技术研究开发项目、促进国际科技合作、加强研究开发成果的推广和扩散、鼓励研究人员的培训和流动。这四种形式的研究活动都通过研究开发专项来完成。与此同时，为避免欧盟成员国在研究开发项目上的重复工作，条约第 166 条明确规定欧盟成员国在执行上述四种研究方式时可以相互补充，并且在第 165 条中规定欧盟委员会和成员国在不同研究领域进行相互协调，欧盟应主动采取措施来促进这种协调。

表 5—3　　欧盟第一个研究技术开发框架计划的主要项目[①]

主要研究领域	经费预算 （百万欧元）	所占比例 （%）
1. 提高农业的竞争力 　◇提高农业的生产能力，增加产量 　◇农业和渔业	130 115 15	3.5
2. 增加产业的竞争力 　◇消除和减少障碍 　◇传统产业中的新技术和新产品 　◇新技术	1060 30 350 680	28.3
3. 提高原材料的管理能力	80	2.1
4. 提高能源利用的管理能力 　◇发展核裂变能源 　◇可控的核热能聚变 　◇发展可更新能源 　◇能源的合理利用	1770 460 480 310 520	47.2
5. 帮助发展	150	4.0
6. 改善生活和工作质量 　◇增加安全性，保护健康 　◇保护环境	385 190 195	10.3
7. 增加欧共体科学技术潜力的效率	85	2.3
8. 横向作用	90	2.4
总计	3750	100

---

① 本章有关欧盟研究开发框架计划的内容系根据欧盟委员会 R&D 信息服务网站 www.cois.lu 提供的数据整理。

表5—4　　　　　欧盟第二个研究技术开发框架计划主要项目

主要研究领域	经费预算（百万欧元）	所占比例（%）
1. 生活质量	**375**	6.9
◇健康	80	
◇放射性物质的保护	34	
◇环境问题	261	
2. 更大的市场和信息社会	**2275**	42.3
◇IT技术	1600	
◇通信技术	550	
◇新设备	125	
3. 产业现代化	**845**	15.6
◇科学技术对制造业的作用	400	
◇科学技术和新材料	220	
◇原材料和再利用	45	
◇技术标准、评估方法和基准材料	180	
4. 生物资源的开发和最有效的利用	**280**	5.2
◇生物技术	120	
◇农业产业化技术	105	
◇农业的竞争力和农业资源管理	55	
5. 能源	**1173**	21.7
◇核聚变：原子能的安全问题	440	
◇可控的核热能聚变	611	
◇非核能源和能源的合理利用	122	
6. 科学技术和发展	**80**	1.5
7. 海底开发和海洋资源的利用	**80**	1.5
◇海洋科学和技术	50	
◇渔业	30	
8. 提高欧洲的科技合作水平	**288**	5.3
◇激励、加强人力资源的应用	180	
◇主要安置	30	
◇预测和评估及其他的测度方法	23	
◇科学技术成果的传播和应用	55	
总计	**5396**	100.0

表 5—5　　　　　欧盟第三个研究技术开发框架计划主要项目

主要研究领域	经费预算（百万欧元）	所占比例（%）
一、启动技术		
1. 信息通信技术	**2516**	38.1
◇IT 技术	1532	
◇通信技术	554	
◇发展具有全局利益的远程信息处理系统	430	
2. 产业和材料技术	**1007**	15.3
◇产业和材料技术	848	
◇量度和检测	159	
二、自然资源的管理		
3. 环境	**587**	8.9
◇环境	469	
◇海洋科学和技术	118	
4. 生命科学和技术	**840**	12.7
◇生物技术	186	
◇农业产业化技术包括渔业	377	
◇生物制药和健康研究	151	
◇发展中国家的生命科学与技术	126	
5. 能源	**1063**	16.1
◇非核能源	217	
◇核裂变的安全问题	228	
◇可控的核聚变	568	
三、智力资源管理		
6. 人力资本	**587**	8.9
总计	**6600**	100.0

表 5—6　　　　欧盟第四个研究技术开发框架计划主要项目

主要研究领域	经费预算（百万欧元）	所占比例（%）
1. 研究技术开发和示范项目		
◇IT 技术	2035	17.9
◇信息通信的应用	898	6.9
◇先进的通信技术和设备	671	5.1
◇产业和材料技术	1722	13.1
◇标准、量度和检测	184	1.4
◇环境和气候	566.5	4.3
◇海洋科学和技术	243	1.9
◇生物技术	588	4.5
◇生物制药和健康	353	2.7
◇农业和渔业	646.5	4.9
◇非核能源	1030	7.9
◇核裂变安全	170.5	1.3
◇可控核热能聚变	846	6.5
◇交通	256	2.0
◇以社会经济为目标的研究	112	0.9
◇直接测度（JRC）	1094.5	8.4
2. 和第三国和国际组织的合作研究	575	4.4
◇和其他科技计划的合作	49	
◇和中东欧及独立的前苏联国家的合作	247	
◇和欧洲以外的发达国家的合作	32	
◇和发展中国家及地区的合作	247	
3. 研究成果的传播和最优化	312	2.4
4. 研究人员的培训	792	6.0
总计	13100	100

　　欧盟提出框架计划的初衷是提高欧洲科技水平和各产业的竞争力，通过合作提高欧洲各国的凝聚力。但从前几期框架计划的执行情况来看，过于强调技术推动模式，即以技术的先进性为判定目标，以研究者的市场分析为立项依据，以产品提供者的需求为出发点，其结果是鼓励和助长了项目申请者盲目追求技术的高水平，而忽视了项目的实际应用水平和对经济发展的推动

作用。尽管随着框架计划的不断实施,在社会目标和管理方式上也做了多次的尝试,强调了市场的拉动作用和技术的集成化,强调了科技为社会和经济发展服务的作用,但由于从组织结构上并没有真正打破过去的管理体制,在研究领域的设置上仍然采用传统的按学科分类的方法,没有真正把项目的具体目标与计划的整体社会和经济目标相结合。因此,从总体上看,前几期框架计划的研究项目存在着与企业需求相脱离、与市场相脱离的现象,没有从技术和市场相结合的技术创新层面上解决问题。

从第五个研究开发框架计划开始,欧盟开始把解决欧盟所面临的经济、社会问题,回应欧盟面临的挑战作为重点目标,从管理组织结构、研究领域的设置方式以及评价标准等方面都进行了新的调整。在微观层次上制定了详细的项目筛选标准,建立了有跨行业专家和企业参加的项目筛选小组,并从组织管理机构上进行改革,确保项目能够围绕总体目标展开。其主题研究项目确定为生活质量和生活环境、友好利用的信息社会、竞争和可持续发展、能源环境和可持续发展等四个方面,并在纵向研究项目中设立欧盟研究的国际角色确定、鼓励有创新能力的中小企业参与等项目,从而使框架计划的项目与企业和市场的需求逐渐接轨。

表 5—7　　　　欧盟第五个研究技术开发框架计划主要项目

主要研究领域	经费预算 (百万欧元)	所占比例 (%)
一、主题研究项目 1. 生活质量和生活环境管理 A 关键研究 　◇食物、营养和健康 　◇控制传染病 　◇"细胞工厂" 　◇环境和健康 　◇可持续农业、渔业、林业和农村综合发展(包括山区) 　◇老龄人口和残疾人 B 自然起源的研究技术发展(RTD)活动 C 研究的基础支持	2413	16.1

续表

主要研究领域	经费预算（百万欧元）	所占比例（%）
2. 友好利用的信息社会	3600	24.1
A 关键研究		
◇居民系统和服务		
◇工作的新方法和电子商务		
◇多媒体工具		
◇基础和核心技术		
B 自然起源的（RTD）活动：未来出现的技术		
C 研究的基础支持：研究网络		
3. 竞争和可持续发展	2705	18.1
A 关键技术		
◇生产、工艺和组织创新		
◇可持续的技术转移和内部特征		
◇陆地交通和海洋技术		
◇航空技术的前景		
B 自然起源的（RTD）活动：未来出现的技术		
C 研究的基础支持		
4. 能源、环境和可持续发展	2125	14.2
A 环境和可持续发展	1083	7.2
a 关键技术		
◇可持续管理和水质量		
◇全球变化、气候和生物多样性		
◇可持续海洋生态系统		
◇城市的明天和文化遗产		
b 自然起源的（RTD）活动：未来出现的技术		
c 研究的基础支持		
B 能源	1042	
a 关键技术		7.0
◇清洁能源系统（包括可更新能源）		
◇有利于欧洲竞争力的经济和高效能源		
b 自然起源的（RTD）活动：未来出现的技术		
二、纵向研究项目		
5. 欧共体研究的国际角色的确定	475	3.2
6. 鼓励有创新能力的中小企业参与	363	2.4
7. 提高人类研究的潜力和社会经济知识的积累	1280	8.6
三、第五个原子能框架计划	979	6.5
四、联合研究中心（JRC）	1020	6.8
总计	14960	100

在第五个研究开发框架计划的基础上，欧盟在 2002 年又启动实施了第六个研究开发框架计划。正如欧盟委员会科研委员比斯坎先生所特别强调的，第六个框架计划是一项新框架计划，而不是第五个框架计划第二。① 新框架计划强调了在建设欧洲研究区和推动技术创新以服务于欧洲公民和欧洲工业竞争力方面所表现的质的飞跃。内容集中、同各成员国国家计划之间的更好的协调以及研究人员的流动是第六个框架计划的三个主要特点。其项目设置紧紧围绕三个目标来实施：一是综合欧洲研究；二是建立欧洲研究区；三是加强欧洲研究区的基础，其中建立欧洲研究区是第六个研究开发框架计划的中心内容。

针对第一个目标即综合欧洲研究，框架计划预算投入 127.7 亿欧元，占全部预算的 73%，这代表了框架计划的大部分行动，主要内容有两个：一是在欧盟所确定的科研优先主题领域，采取一些强有力的专门措施，包括集中研究人才、集成研究项目以及欧盟有选择地参与到一些国家研究计划中去等，开展研究活动。框架计划确定的 7 个研究优先主题领域是：生命科学、遗传学、生物技术和健康（22.55 亿欧元）、信息技术（36.25 亿欧元）、纳米技术（13 亿欧元）、航空航天技术（10.75 亿欧元）、食品质量和安全（6.85 亿欧元）、可持续发展和全球变化与生态系统（21.20 亿欧元）、欧洲知识社会的公民和政务（2.25 亿欧元）。在每一个优先主题领域，都包含有明确的目标、工作的合理性和欧洲附加值、预期的行动三个具体要求。这些优先领域开展的研究，能够在增强欧洲工业竞争力，或者对解决目前欧洲所面临的一些重大政治和社会问题等方面发挥重大作用。二是在与欧盟预期的科技需要有关的领域开展行动，其初衷在于响应欧盟政策调整产生的科技需要，以及对未曾预料的重大发展和出现于科学前沿——特别是跨主题、跨学科领域以及与优先主题领域有关的科技需要做出快速反应。框架计划为此提出了两项行动，第一项行动被称为"基于共同倡议的行动"，包括两类互补的研究：一类是对规划、实施和强化欧洲一体化和欧盟政策十分必要的研究活动，例如支持共同农业政策、"电子欧洲"等的研究活动；一类是响应来自新的、跨学科和多学科领域，或位于知识前沿的领域，尤其能够帮助欧洲应对突发重大事件的知识领域，以

---

① 刘辉：《欧盟委员会通过欧盟第六个框架计划建议书》，《全球科技经济瞭望》2001 年第 6 期。

及有关优先主题领域需要的研究。框架计划为这两类研究设定了与优先领域的研究活动有所区别的行动原则和机制，并特别强调欧盟对中小企业专项研究活动和国际合作的专项研究活动的支持。第二项行动被称为"联合研究中心行动"，联合研究中心的使命是为欧盟政策提供科技支持，将重点处理与欧盟部门政策的规划和实施有关的优先议题，采取的行动具有很强的地缘特性，目前已经确定了两个专门研究领域：食品、化学物品和健康，环境和可持续性。

第二个目标即建立欧洲研究区，是第六个研究开发框架计划的中心内容，预算投入30.5亿欧元，用于欧洲研究与创新、人力资源和流动性、研究基础设施、科学与社会四个方面，推进研究和创新的一体化，鼓励科研人员流动，减少人才外流，改进欧洲科研领域的结构性缺陷，建立一个属于整个欧洲的统一、高效和开放的科研空间。其一，在促进欧洲研究与创新方面，欧盟认为，欧洲把科研成果和科学技术上的突破转化为工业、经济和商业成就的能力相对薄弱，已成为"欧洲最突出的弱点之一"，因此，这方面的行动其目标是在欧盟及其内部所有区域，鼓励和促进技术创新、科研成果的应用、知识技术的转移以及技术商业化机制的建立，其行动则广泛涉及创新主体和跨区域创新合作、技术创新工具、方法及有关辅助性服务、创新行为评价等。其二，在人力资源和流动性方面，特别强调通过推动以培训为目的的跨国人才流动、专门技能开发以及知识转移，支持欧洲形成丰富的、世界一流的人力资源，并强调在欧盟层面推动这项行动的重大影响，采取的行动包括全面支持大学和研究机构、完善有关人员流动的管理机制、给予支持人才流动的国家和地区以及优秀人才以财政支持和奖励、支持高层次的研究队伍等。其三，在研究基础设施方面，欧盟希望增强目前存在于欧盟各成员国的科研基础设施（例如高容量和高速通信基础设施、电子出版服务等）的可获取性和方便性，促进能够确保全欧洲范围内服务的科研基础设施的建设和发展，以及在欧盟层次根据区域技术发展战略实现最优建设方案。采取的措施包括充分优化对现有设施的使用和推进新的欧洲层面的科研基础设施的建设。其四，在科学与社会方面，欧盟希望通过建立科研人员、企业家、政治领导人和公民之间的新型关系和广泛的对话渠道，在欧洲致力于建立科学与社会的和谐关系，并鼓励创新。重点处理的议题包括密切科学与社会的联系、以负责任的形式确保科学和技术的使用等。

为实现第三个目标即加强欧洲研究区的基础，框架计划预算投入4.5亿欧元，用于支持欧洲研究与创新政策的连续性发展。欧盟认为，实现欧洲研究区最重要的是增进科学研究以及创新行为和政策在国家、区域和欧盟各个层次的协调性和连贯性，而巩固欧洲研究区的目标就在于"推进合作，支持欧洲科研和创新激励政策以及行动的和谐发展"，因此，由欧盟采取行动，打好信息、知识和分析的基础，对于圆满完成框架计划至关重要。欧盟可以通过诸如对科研合作和相互开放的科研计划给予财政支持以推进合作，进行各种统计指标的分析研究，建立和支持从事协商的专门工作组，支持对创新政策评价和比较，支持对欧洲科技优势的分析与查找，完善科研与创新监管环境等途径，最终实现欧洲科研和创新政策的和谐发展。

欧盟第六个研究开发框架计划的具体项目和经费见表5—8和表5—9。

表5—8　　欧盟第六个研究开发框架计划七个主题研究概况

名称	主要目的	主题研究领域	预算（百万欧元）
一、生命科学、遗传学、生物技术和健康	争取在活的生物体基因序列方面有所突破，以提高公众的健康水平和欧洲生物技术产业的竞争力；同时，通过基础知识的普及使欧洲在医药方面有实质性的进步，提高生活质量	1. 高级遗传学及对健康保护的应用 ◇基因表达和蛋白质学 ◇结构遗传学 ◇比较遗传学和人口遗传学 ◇生物信息学 ◇基础生物过程的多学科功能遗传学方法 ◇技术平台 2. 与主要疾病的抗争 ◇主要疾病应用导向的遗传学方法 ◇与癌症的抗争 ◇对抗与贫困有关的主要传染病	2255

续表

名称	主要目的	主题研究领域	预算（百万欧元）
二、信息技术	提高欧洲的硬件和软件技术，并能应用在信息创造的核心部位，以增加欧洲产业的竞争力，让欧洲的居民充分享受到知识社会发展带来的各种利益	1. 应用信息技术定位于主要社会和经济变革 ◇信息安全 ◇电子商务、电子政务、电子系统、电子学习 ◇解决复杂问题 2. 通信、计算机和软件技术 ◇通信和网络技术 ◇软件技术 3. 元器件和微系统 ◇微米、纳米和光电子学 ◇微、纳米技术，微系统，显示器知识和界面技术 4. 信息管理界面技术 ◇数字技术 ◇智能化界面 5. 未来可能出现的信息技术 ◇信息技术相关的新科学和技术领域	3625
三、纳米技术	帮助欧洲发展具有环保效能的临界物质，减少有害物质对环境的危害，掌握以知识为基础的工艺、服务、制造过程等的前沿技术	1. 纳米技术和纳米科学 ◇长期跨学科研究，以了解现象，掌握过程，改进研究工具 ◇纳米生物技术 ◇纳米范围的工程技术 ◇控制设备 ◇应用 2. 多功能物质 ◇发展基础知识 ◇有关生产、转化和过程的技术 ◇物质发展的技术支撑 3. 新的生产过程和设备 ◇新的工艺和灵活的智能生产系统 ◇系统研究和危险控制 ◇乐观的生活圈	1300
四、航空航天技术	通过整合它的研究，来加强欧洲在航空航天产业的科学技术基础研究，增加其在这一方面的国际竞争力，发挥欧洲在这一领域的潜力，以增加安全性和保护环境	1. 航空 ◇减少发展成本、飞机直接操作成本和提高旅客的舒适程度以增加竞争力 ◇发射物和噪声 ◇飞机的安全性 ◇提高空中交通系统的操作能力和安全性 2. 航天 ◇发展伽利略卫星导航系统 ◇全球环境安全监测系统（GMES）	1075

续表

名称	主要目的	主题研究领域	预算（百万欧元）
五、食品质量和安全	帮助建立综合的科技基础来发展更安全和多样的食物，使这种生产和分配链有利于环境；控制与食物有关的危害，利用生物技术工具进行后基因组的研究，控制由于环境变化引起的对健康造成的危害	◇与食物相关的流行病及过敏症 ◇食物对健康的影响 ◇"可追溯的"整个食物生产链 ◇分析方法、检测和控制 ◇更安全、对环境有利的生产方法和技术以及更加健康安全的食物 ◇动物食品对人类健康的影响 ◇环境健康风险	685
六、可持续发展、全球变化和生态系统	加强欧洲的科技能力，以实现可持续发展，并通过利用可再生能源、交通和对欧洲土壤、海域的可持续管理来整合其环境、经济和社会目标	1. 可持续能源系统 ◇短期影响（清洁能源资源等） ◇长期影响（可再生能源技术等） 2. 可持续的水陆交通 ◇有利于环境具有竞争力的交通系统 ◇安全、高效，具有竞争力的铁路、海运系统 3. 全球变化和生态环境 ◇温室气体 ◇水循环 ◇生物多样性 ◇沙漠化、自然灾害 ◇可持续的土地管理 ◇可操作的预测和模型 ◇补充研究	2120
七、欧洲知识社会的公民和政务	为欧洲向知识社会转变的管理提供可靠的科学基础，通过政治、经济、社会科学等来发展一个新型的知识社会，要理解在新的知识社会中，公民之间以及公民和制度之间的联系也都是新型的	1. 知识社会和社会凝聚力 ◇提高知识的产生、传播和利用 ◇发展知识社会的观点和选择 ◇通往知识社会的不同路径 2. 公民、民主和新型政务 ◇欧洲一体化和东扩 ◇新型政务 ◇解决冲突和恢复和平 ◇新型公民身份和文化同一性	225

表 5—9　　　　欧盟第六个研究开发框架计划的其他项目概况

项目名称	主要内容	经费预算（亿欧元）
加强欧洲研究区（ERA）的基础建设	◇合作研究活动 ◇发展研究/创新政策	320
欧洲研究区（ERA）建设	◇研究和创新 ◇人力资源 ◇研究基础 ◇科学和社会	2605
合作研究活动	◇政策支持研究（555）❶ ◇新兴科学和技术（215） ◇中小企业专项研究活动（430） ◇国际合作的专向研究活动（315） ◇JRC 的研究活动❷	2350
原子能利用	◇可控的核热能聚变 ◇放射性废物管理 ◇放射物保护 ◇核技术和安全领域的其他研究活动	940

❶括号中的数字为经费预算数，单位为亿欧元，下同。❷该项中 JRC 的经费系根据其他数据计算而得。

截至 2006 年，欧盟共实施了六个框架计划，第一个框架计划的实施期间是 1984—1987 年，第二个是 1987—1991 年，第三个是 1990—1994 年，第四个是 1994—1998 年，第五个是 1998—2002 年，目前正在实施第六个框架计划，时间从 2002 年到 2006 年。欧盟的六个研究开发框架计划共计投入经费约 613.06 亿欧元，见图 5—1。

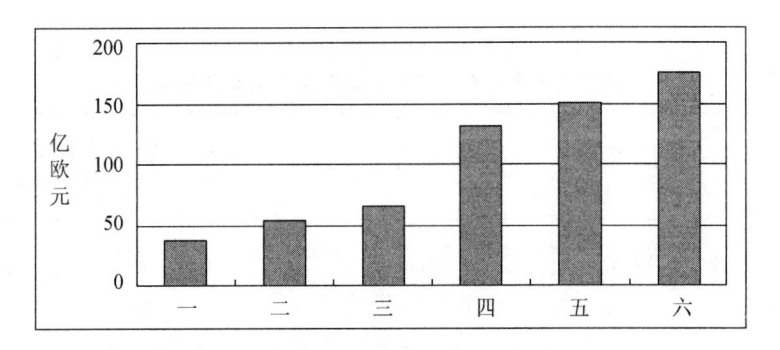

图 5—1 欧盟六个研究开发框架计划经费比较

迄今为止，欧盟研究开发框架计划的进展总体上是比较成功的，也得到了各成员国的广泛好评和积极参与，特别是欧盟企业界的欢迎。欧盟研究开发框架计划的参加者，有 40% 是企业，其中 50% 以上是中小企业。换言之，参与框架计划的中小企业占整个计划的 20% 以上，其余的 60% 为大学和研究机构。[①] 从最近几年的情况来看，欧盟研究开发框架计划也显示出一些重要的变化趋势，而且所存在的问题也逐步显现出来。

1. 欧盟框架计划的变化趋势

其一，研究开发框架计划的学科分布日趋广泛，经费差别缩小。在最初的几个框架计划中，研究领域主要集中在农业、新材料、能源等几个方面。随着研究开发框架计划的逐渐完善，到第四个研究开发框架计划时，则第一次涵盖了欧盟主要的研究领域，研究成果利用和传播的预算经费也有了大幅度的增加，各项目经费所占的比例也日趋平均（见图5—2）。目前，除 IT 项目所占比例稍大以外，其他项目所占比例都比较接近，资助的范围在不断扩大，说明框架计划的学科分布更加广泛，而不是像以前单独突出几个重点。

其二，非欧盟成员国的广泛参与使欧盟研究开发框架计划逐渐成为世界性的合作研究项目。从第四个研究开发框架计划开始，欧盟第一次把与非欧盟的国家进行合作单独作为项目来实施。第四个研究开发框架计划把非欧盟国家分为三个集团，一是中东欧国家和新独立的苏联加盟共和国；二是非欧洲的发达国家；三是发展中国家以及部分国际组织。除可控热能核聚变以

---

① Michael Darmer and Laurens Kuyper, *Industry and the European Union—Analysing Policies for Business*, Edward Elgar Publishing Limited Glensanda House, Cheltenham, UK, 2000, p. 271.

外，所有研究开发项目都向非欧盟国家开放。冰岛、以色列、挪威和瑞士以及列支敦士登等国家可享受欧盟成员国待遇；中东欧国家和前苏联加盟共和国以及发展中国家按规定不能从欧盟获得研究开发框架基金资助。在欧洲以外的发达国家中，澳大利亚、加拿大和南非等国与欧盟签署了科技合作协议。没有同欧盟签订科技合作协议的发达国家，只要欧盟认定有研究兴趣，并且保证互惠互利，也可以参与欧盟研究开发框架计划。国际组织在参与欧盟研究开发框架方面享受非欧盟成员国待遇，总部设在欧洲的国际组织甚至可以获得欧盟基金资助。这些措施的实施，使欧盟研究开发框架计划的影响逐步从欧洲走向了世界。

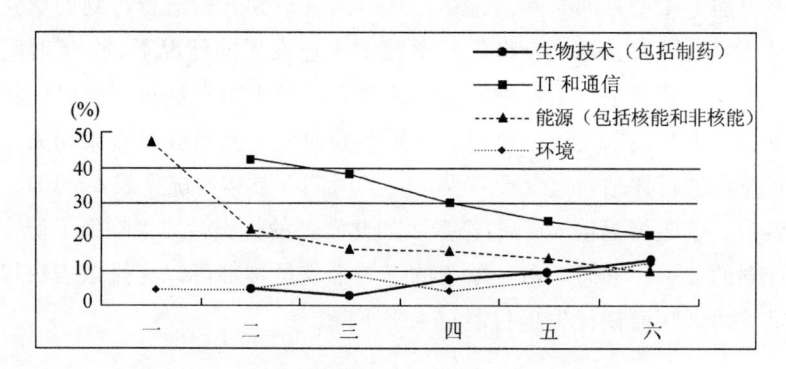

图 5—2　欧盟第一——六个研究开发框架计划主要项目比例变化

资料来源：根据欧盟历届框架计划网站数据整理，http://www.cordis.lu。

其三，研究开发框架计划逐步由基础研究向市场化方向改变。对早期研究开发框架计划进行的研究表明，框架计划在促进知识和技术的传播以及激励国际合作方面起着非常重要的作用。但是，由于框架计划的重点是竞争前研究（pre-competitive research），旨在提高公司和研究机构的竞争能力，研究成果的商业价值非常小。1995 年，《财经时报》记者大卫·费什罗克（David Fishlock）受欧盟产业研究和发展顾问委员会委托，采访了 8 位曾经参与了框架计划的高级企业领导人。这些企业的领导人承认第四个研究开发框架计划具有把欧洲的产业界和大学联系到一起，把供应商、生产者和消费者纵向整合在一起，把整个项目连成一个网络的优点；同时，也指出大多数

框架计划项目以学术研究为主、缺乏明确市场定位的缺陷。[①] 自那时以来，欧盟研究开发框架计划越来越向市场化倾斜，并且在商业应用领域取得了一定成果。根据对芬兰的研究，大约40%的公司表示它们通过框架计划项目获得了商业价值，远远高于以前的预期。[②] 可以说，随着框架计划的不断成熟，市场化将是未来发展的主要方向。

2. 框架计划存在的问题

其一，确定项目的程序复杂，过程漫长，不适应当代科技快速发展的要求。申请欧盟研究开发框架计划项目，从提出正式的研究计划到被委员会和议会真正接受，一般需要20个月的时间。即使这样，到真正开始研究计划还需要再加上4个月的时间。这样，从提出申请到开始进行计划的研究至少要经过2年的时间。在当今世界科学技术飞速发展的情况下，2年时间则显得太长了。从第五个框架计划开始，欧盟要求每个项目经过一段时间就要更新，以适应世界技术发展的挑战。每隔一段时间，委员会就召集相关专业的专家对技术进行评估，这又要花费一定的时间（具体情况见表5—10）。该过程结束后，欧盟再提供40%的经费。如此漫长的过程，大大降低了研究开发框架计划的效率。同时，由于欧盟的每一个成员国都可以有投票表决权，彼此很难妥协，从而使优先项目制定水平下降。

表5—10　　　　　　　　　框架项目评估时间表

日　期	活　动
	开始提交召集提议
+3个月	召集提议截止
+4个月	开始提议评估
+5个月	结束提议评估
+6个月	开始合同谈判
+8个月	委员会选择第一批项目
+9个月	第一批合同签署
+10个月	第一批计划开始

---

① Michael Darmer and Laurens Kuyper: *Industry and the European Union—Analysing Policies for Business*, Edward Elgar Publishing Limited Glensanda House, Cheltenham, UK, 2000, p. 272.

② Terttu Luukkonen: Old and New Strategic Roles for the European Union Framework Programme, Science and Public Policy, Vol. 28, No. 3, June 2001, p. 207.

其二，对欧盟研究开发框架计划评价比较困难。虽然研究开发框架计划确实有一些很成功并且取得一定突破的项目，但总体来讲，对研究开发框架计划的战略性影响进行评估并不很容易。提高竞争力是框架计划的主要目标之一，但目前却无法评估框架计划项目是否达到了这一目的，因为框架计划的经费相对较少，不可能对欧洲公司的竞争力产生决定性的影响，对其实绩进行评价本身也比较困难。与此同时，合作研究框架计划包含的内容越来越广泛，也增加了评估的难度。因此，虽然欧盟委员会每年都组织专家对框架项目写出进展报告，对每次框架计划进行整体评价并提出"五年评估报告"，评估结论也都是肯定的，"尽管研究开发活动对提高竞争力和就业的影响不是直接的和立即见效的，但从长远来看，这些项目所起的至关重要的作用是不可质疑的"[①]，但是，只有进一步简化框架计划目标或成果的评价，才能提高评估效率。

框 1　　　　　　　已完成的 123 个产业技术基金支持的
　　　　　　　　　　　RTD 项目的影响力评价

- 123 个 RTD 项目共有 836 名参与者。
- 836 名参与者来自中小企业（33%），大企业（16%），签合同的研究组织（1%）和非营利性（指公共机构和大学）的研究中心（30%）。
- 75% 的项目达到了预定的目标。
- 40% 的产业合作者和签合同的研究组织创造了就业机会。
- 49% 的产业合作者获得了"环境效益"（指节约能源、节约原料）。
- 56% 的合作者获得了额外的交易额。
- 43% 的参与者实现了节约成本。
- 欧盟委员会每 1 欧元的投入可以产生 12 欧元的经济活动。

其三，欧盟研究开发框架计划对不同国家和行业有着不同的影响，其影响也是有限的。欧盟研究技术开发框架计划占欧盟预算的 4%，大部分的框架计划项目还是由成员国自己出资来完成。从一定程度上看，第一个

[①] Michael Darmer and Laurens Kuyper: *Industry and the European Union—Analysing Policies for Business*, Edward Elgar Publishing Limited Glensanda House, Cheltenham, UK, 2000, p. 271.

到第四个研究开发框架计划基本上是一揽子按国家研究优先顺序排列的单子。框架计划的影响针对不同国家和不同的研究方向而有所不同。如对于一些小的成员国如希腊、爱尔兰、葡萄牙等，其作用就显得非常大。而对于大的成员国如法国、德国等其影响就相对小一些。从行业上讲，框架计划中的IT技术和航天航空技术的影响比汽车制造业的影响要大。这些决定了欧盟各国对研究开发框架计划的态度，同时也会影响到它们的参与程度。

（二）"尤里卡"计划

1985年4月，法国总统密特朗在欧洲七国首脑会议上首次提出实施"尤里卡"计划的建议。1985年7月，西欧17国外长和科技部长在法国巴黎召开会议，正式批准实行"尤里卡"计划，同时也通过了密特朗提出的"面向民间、面向市场、面向欧洲现有重大技术问题"的三面向原则。参加首批"尤里卡"计划的国家有法国、联邦德国、英国、荷兰、比利时、卢森堡、意大利、丹麦、爱尔兰、希腊、西班牙、葡萄牙、挪威、奥地利、瑞典、瑞士和芬兰。1985年11月在德国汉诺威召开了第二次"尤里卡"计划会议，吸收土耳其为第18个成员国，同时通过了"尤里卡计划原则声明"，并确定了第一批10个研究项目，这10个项目和执行国家见表5—11。会议发表的"汉诺威声明"指出，"尤里卡"计划的目的是通过高技术领域公司和研究机构的密切合作，提高整个欧洲产业在世界市场上的生产能力、竞争能力和国家的经济水平，为欧洲长期繁荣和富裕奠定坚实的基础。"尤里卡"计划应使欧洲掌握和利用那些对未来发展具有重要意义的技术，在关键领域建立足够的生产能力。计划还鼓励增加在高技术基础上的产业、技术和科学方面的合作，这些项目直接应用在发展生产、工艺和服务上，使之在世界市场上具有潜力。"尤里卡"计划主要直接以私人和公共市场的民用为主要目标。[①]

"尤里卡"计划的研究重点是高技术领域的生产、工艺和服务，包括信息和通信、机器人、新材料、制造业、生物技术、海洋技术、激光、环境保护和交通技术等。"尤里卡"计划对所有有能力的机构开放，包括具有原始创新能力的中小企业和小型研究机构，鼓励欧洲的企业和研究机构进行高技

---

① 见欧洲"尤里卡"网站：www.eureka.be。

术标准的技术交流。要成为"尤里卡"计划项目,必须满足以下的标准:其一,符合"尤里卡"计划的目标;其二,合作项目的参与者(包括企业和研究机构)必须至少包含两个欧洲国家;其三,某些利益共享也是建立在彼此合作的基础上;其四,利用高技术;其五,保持重大新技术在生产、工艺和服务方面的安全性为目的;其六,参与者在技术和管理上具有一定的能力,参与的企业有足够的资金保证。

表 5—11　　　　　"尤里卡"计划第一批项目及承担国家

项目名称	承担国家
教学用 SPC	法国、英国、意大利
新型计算机元件	法国、德国
高速计算机	法国、挪威
激光裁剪系统	法国、葡萄牙
淡化海水的渗水膜	法国、丹麦
高能激光器	法国、英国、德国、意大利
欧洲大气污染监控和环保体系	德国、奥地利、芬兰、挪威、荷兰、EC
欧洲科研信息交流网	荷兰、瑞典、瑞士
光学电子仪	法国、意大利
流比仪和医疗器械	西班牙、英国

由此可见,实施"尤里卡"计划的主要目的,就是通过建立跨国技术合作发展协调机构,把分散在欧洲各国的技术力量、资金和技术系统组织起来,集中攻关,以推动欧洲经济复兴,在高技术挑战面前与美国和日本较量。为了使"尤里卡"计划更加具体化,由法国政府委托"先进技术与系统研究中心"拟定了一份包括五项研究发展计划和 24 个项目的法国方案,也被称为"攻击计划",大致综合了"尤里卡"计划的重点和关键。具体见表5—12。

表 5—12　　　　　　　　　"尤里卡"计划的法国方案

名　称	内　容	备　注
欧洲信息计划	1. 巨型计算机 　（1）巨型矢量计算机 　（2）平行式巨型机 　（3）同步矢量微处理机 　（4）超大型容量存储器 　（5）建立欧洲软件工程中心 2. 人工智能 　（6）算符微处理机 　（7）专家系统 　（8）多种语言信息系统 　（9）工业流程管理系统 3. 元件 　（10）欧洲微处理机 　（11）64兆随机存储器 　（12）镓砷集成电路 　（13）专用电路	1992 年完成样机 1992 年完成 1992 年完成 1990 年完成 期限为 10 年 期限为 10 年 1990 年完成 1995 年完成 期限为 5 年
欧洲机器人计划	（1）恶劣环境使用的机器人 （2）农业用机器人 （3）自动化柔性生产工厂 （4）CO2HE CO 激光以及自由电子系统	无人驾驶拖拉机
欧洲通信网络计划	（1）计算机化信息网络 （2）欧洲巨型数字通信交换机 （3）宽频数据处理及办公自动化 （4）光纤宽频传输系统	
欧洲生物计划	（1）人造种子 （2）生物技术监控和操作系统	
欧洲材料计划	高效工业透平机	涡轮机

　　1986 年 5 月，在英国伦敦召开了第三次"尤里卡"计划成员国部长会议，会议接纳冰岛为第 19 个会员国，成立秘书处，通过了第二批 62 个研究项目，使计划总数达到 72 个。同年在斯德哥尔摩举行的第四次"尤里卡"会议又批准了 37 项，从而使项目总数达到了 109 个。从图 5—3 中可以看出，1991 年以后，新批准项目一直维持在 100 个以上。1993 年达到了最多的 193 项，1993

年以后，一直维持在 150 个以上，2002 年又批准了新计划 171 个。

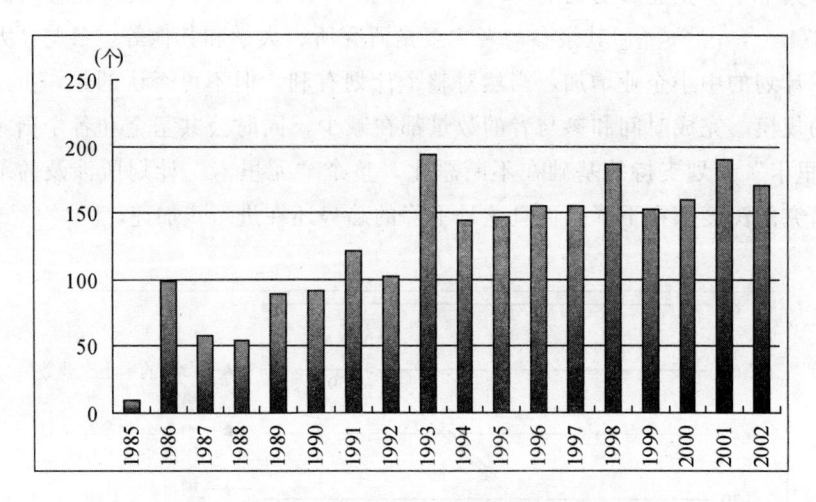

图 5—3　历年"尤里卡"计划新批准的项目数

　　实施"尤里卡"计划使欧洲的产业 R&D 和创新环境有了充分的改善，大部分的项目完成情况也都非常好。但是，不可否认的是，从目前情况看，"尤里卡"计划的重要性正在降低，它的研究重心也开始改变。主要原因在于随着产业的全球化，面对越来越大的竞争压力，许多企业被迫缩小了长期 R&D 投资的范围；不断出现的网络成了创新成功的关键；各国的创新政策所关心的重点也转到了为中小企业的创新提供基础等。随着欧盟研究开发框架计划范围和影响的不断扩大，"尤里卡"计划更是雪上加霜。它唯一的优势只存在于机制方面，尤其是在灵活性、接近市场、多变的联系方式、强烈的知识产权保护和明确遵守竞争法等方面。

　　与此相适应，"尤里卡"计划本身在近些年也发生了一定的变化。[1] 图 5—4 表明，1993 年到 1998 年，"尤里卡"的项目数量变化不大，只增加了 2%，参与者的数量减少了 16%，总投资减少了 32%，最引人注目的是中小企业的参与数量增加了 63%，它们参与的项目比例增加了 59%，而大企业的参与数量则减少了 49%。同时，"尤里卡"计划的项目平均进行的时间也有所减少，目前只有 27 个月。该计划从 1985 年实施以来，超过 1/4 的项目

---

[1]　Strategic Review of EUREKA Building Europe's Innovation Network，March 1999，p. 13.

价值不到 100 万欧元。到 2001 年，正在执行的"尤里卡"各项目共有 3007 个，其中中小企业参与的有 1257 个，占整个项目的 42%，大企业参与的只有 774 个，占 26%，其余参与者主要是研究所、大学和其他等。参与"尤里卡"计划的中小企业增加，当然对整个计划有利，但不可否认的是，由于项目的规模、完成时间和参与者的数量都在减少，同时公共基金和各个国家对"尤里卡"计划支持的基础在不断恶化，整个"尤里卡"计划所涉及的范围和研究的深度都在下降，而且这种下降的趋势还在进一步加速。

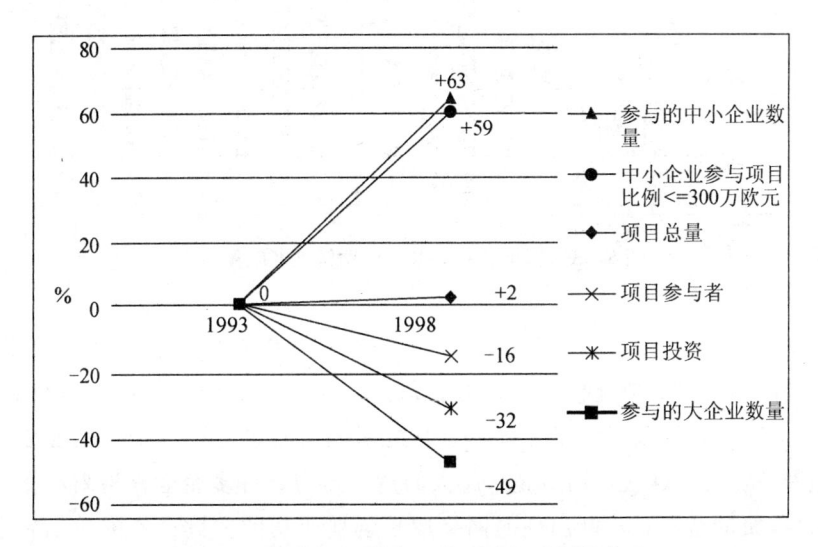

图 5—4　1993—1998 年"尤里卡"计划的变化

资料来源：Strategic Review of EUREKA Building Europe's Innovation Network, March 1999.

目前，中小企业仍然是"尤里卡"计划的核心。欧盟和"尤里卡"计划都承认，帮助中小企业是加强欧洲合作研究力量的两个重要方面之一。欧洲的中小企业在欧洲经济、就业和生产中所占的比例很大，数以千计的中小企业为大企业供应关键部位的零件和服务。如果没有这些小企业的存在，那么新产品的成本会增加，变得很贵，进入市场的步伐也会相应地减缓。"尤里卡"计划灵活的自下而上的结构对于正在发展和在多变的市场中采用新技术的中小高科技企业来讲，是一个绝佳的机会。

需要注意的是，以前对"尤里卡"计划的评价都是针对已经完成的项目进行的，对于中途撤销的项目则关注不够。从 2000 年开始，"尤里卡"统计将中途撤销的项目包括在内，使我们对于"尤里卡"计划有了更加全面的了

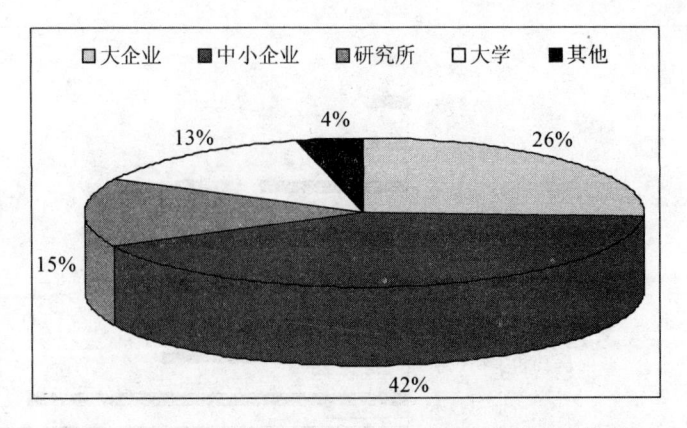

图 5—5 2001 年"尤里卡"计划各种类型的参与者比例

解。表 5—13 表明,从 1985 年到 2002 年,"尤里卡"计划中途撤销的项目数量在不断增加,占整个项目的近 20%,平均规模达到了近 700 万欧元,值得引起人们的注意。"尤里卡"计划评估小组对于引起这种现象的原因分析认为[①]:一是与研究领域有关,在那些缺少特点,需要人数较多的研究领域如通信、环境等项目撤销的概率较大,而由专门研究小组进行的项目撤销的可能性很小。二是与经费有关,那些经费较少的项目容易被撤销,经费投资较大的项目则很少撤销。三是与参与者的合作伙伴数量有关,参与者少的项目比如只有两方参与者容易撤销,因为按照规定,只要有一方退出,该项目就不具备"尤里卡"计划的条件了。四是与主要参与者所属的国家有关。五是项目开始的时间和持续的时间长短不是影响项目撤销的因素。

表 5—13 "尤里卡"计划中途撤销项目的数量和平均规模（1985—2002 年 1 月）

	数量（个）	平均规模（百万欧元）
宣布撤销	371	6.92
正在进行	612	3.11
已经完成	1109	8.98

资料来源:Statistical Report:at the End of Hellenic Chair Year,July 2001/June 2002.

---

① Statistical Report:at the End of Hellenic Chair Year,July 2001/June 2002.

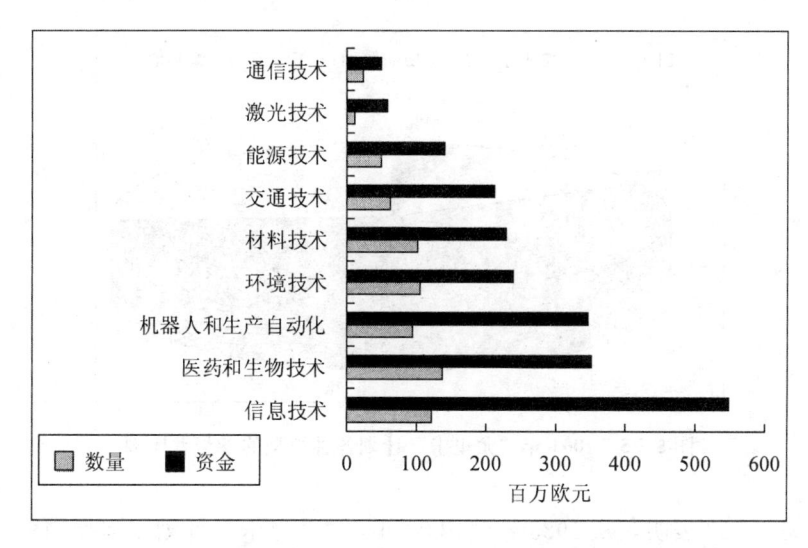

图 5—6　2001 年"尤里卡"计划项目数量、资金概况

由于欧盟研究开发框架计划与"尤里卡"计划是欧盟最重要和最有代表性的两个区域合作计划,两者既有区别又有联系,比较一下这两个计划的异同,对了解欧盟的科技合作会大有裨益。

首先,按照这两个计划的本意,框架计划主要集中在竞争前的基础研究,而"尤里卡"计划则主要直接面向市场的应用研究,二者相互补充,不会产生大的冲突。但随着欧盟研究开发框架计划的不断完善和改进,其研究内容也逐步向市场靠近,这使之与"尤里卡"计划的重叠越来越多。可以说,两者越来越形成一种竞争关系而非互补关系。

其次,欧盟合作研究框架计划属于"官方"计划,而"尤里卡"计划则属于欧洲国家间的"民间"科技合作计划。框架计划的参与者60%以上为大学和科研机构,企业参与的只有20%,而"尤里卡"计划的参与者中企业占67%,其中中小企业占42%。欧盟各成员国在政策上和财政上更倾向于框架计划,而忽略了对"尤里卡"计划的支持。尽管"尤里卡"计划在吸引社会资金方面十分成功,但来自政府的支持仍然是十分重要的。这也是"尤里卡"计划在近年来同框架计划的竞争中逐渐处于劣势的原因之一。

再次,早期的欧盟合作研究框架计划仅仅在欧盟成员国内部进行,非欧盟国家参与要经过很多手续,很多项目甚至没有经费支持。"尤里卡"计划的初衷就是建立整个欧洲国家之间的合作,欧盟在该计划里也仅仅是作为一

个参加者而已。它是第一个向中东欧国家开放的欧洲科技合作计划。1992年以后，先后吸收匈牙利、斯洛文尼亚、捷克、波兰、俄罗斯、罗马尼亚等国加入。但随着近年来欧盟的东扩，使越来越多的中东欧国家成为欧盟的成员国而可以参与到框架计划中来，使"尤里卡"计划的优势相对减少。

基于上述情况，欧盟研究开发框架计划与"尤里卡"计划走向联合越来越成为一种必然的趋势。1994—1996年间，欧盟没有为一个"尤里卡"计划的项目提供资金。1995年比利时担任欧盟轮值主席国以后，大力促使加强"尤里卡"计划同欧盟的联系。1996年英国作为轮值主席国以后，进一步加强了这方面的联系。随着欧盟研究开发框架计划越来越注重市场需求，两者之间的差别越来越小。从目前的情况看，框架计划由于得到政府的支持，似乎发展得更好一些，遇到挑战更多的是"尤里卡"计划。现在，"尤里卡"计划越来越把更多的精力用在寻求欧盟框架计划的资金资助上。最近，"尤里卡"计划参与国的专家经过调研，提出了"尤里卡"计划发展的四个方向，分别以四个季节代表：秋季——维持现状，但如果没有各国政府的大力支持，最终的结果很可能是继续下滑；冬季——终止"尤里卡"计划的执行，但这将损失"尤里卡"的品牌效应；春季——重振"尤里卡"计划，与之以新的活力；夏季——在春季的基础上，给予"尤里卡"计划更大支持和政策协调，使之成为政府和企业界之间的联系网络来共同创建技术创新的良好环境。由于研究开发框架计划和"尤里卡"计划是欧洲科技合作的主要代表，它们今后的发展，对于欧洲和国际上的科技合作有着重要的意义。鉴于二者的重复内容越来越多，它们的合并似乎不可避免，但采取何种方式合并，人们将拭目以待。

（三）欧洲研究区

20世纪末，面对欧洲创新能力的不足以及高技术领域的落后局面，不少欧洲有识之士振臂高呼："我们需要欧洲大市场，我们也需要在研究和发展方面聚合欧洲的力量。"在2000年，欧盟里斯本特别首脑会议确立了21世纪欧盟的科技发展战略目标，即：在新世纪头20年内，彻底改造欧洲经济和社会结构，加速向信息社会和新经济转变，实现"欧洲模式现代化"。欧盟还要求各成员国加速经济和科技一体化进程，力争到2010年把欧洲经济建设成"世界上最有竞争力、最有活力的经济"，赶上甚至超过美国，把欧盟建成最繁荣和最有竞争力的知识社会。为实现这一宏伟战略目标，近年来

欧盟集中人力、财力和精力，通过创建欧洲知识经济体系和完善欧洲创新体系来构建其科技发展战略框架。在此框架内，2000年欧盟委员会制定了建立"欧洲研究区"（ERA）的科技发展战略，发表了《基于知识经济下的创新》的报告。前者是创建欧洲知识经济体系的一个重要举措，后者则是完善欧洲创新体系的一个重要环节，它们共同构成欧洲科技发展战略框架的两个支柱。

建立"欧洲研究区"的设想是由欧盟研究专员费利佩·巴斯奎因提出的，通过创立此机制，在欧洲范围对全部人力、物力资源和基础设施加以优化，集成欧洲优先研究领域，整合欧洲研究结构。欧洲研究区作为发展欧洲知识经济的核心组成部分，旨在促进欧洲的创新、竞争与就业、经济可持续发展和社会凝聚力，为最终形成"欧洲科技共同体"奠定基础。2000年1月，欧盟委员会提出建立欧洲研究区的建议，同年3月得到欧洲理事会的批准。"欧洲研究区"的战略目标有三个：一是创建科学研究的"内部市场"，一个知识、研究者和技术自由流通的区域，促进竞争并实现资源的优化组合。二是重组欧洲研究结构，特别是通过促进各国的研究活动及政策的协调，使欧洲的研究得到最大的贯彻和资助。三是欧洲研究政策的发展不但要重视研究活动的资金，而且要顾及欧盟和成员国其他政策的所有相关内容。欧盟委员会对此强调，"一旦欧洲研究区建成，欧洲研究的概念将同今天单一市场或单一货币的那些概念一样为人所熟知"。

"欧洲研究区"计划的具体内容包括：建立欧洲现有的优秀研究中心网络，创立虚拟中心；在研究基础设施方面确定欧洲行动；更好地开发利用电子网络提供的潜力；更加协调地实施国家和欧盟的研究计划；更好地将各种间接手段用于研究工作；开发用于保护知识产权的有效工具；建立共同的科技参考系统；提高欧洲研究人员的流动性，在今后4年内将有13万名研究人员获得流动；在科学职业中引入欧洲尺度；加强欧盟各地区在欧洲研究活动中的作用；融合东西欧科学界，吸收入盟候选国参加欧盟的研发总体框架计划等。

欧洲研究区的创建，将增加欧洲研究的效率和竞争力，集中使用各国和欧洲的共同资源，促进研究人员在全欧洲的流动，并将吸引全世界更多优秀的研究人员到欧洲来工作，堪称欧盟的一项重大政治战略决策。2003年10月27日，欧洲核研究组织和欧洲空间局等七个欧洲顶级研究组织在布鲁塞尔签署了一项意向声明，与欧盟委员会一道，共同承诺推动"欧洲研究区"

的建立。为达此目标，欧盟各国已同意在2010年将国内生产总值（GDP）的3％用于研究和开发，以推进"欧洲研究区"的共同科学政策。最近，不少欧洲科学家还提出了设立欧洲研究委员会的建议，得到欧洲许多研究组织和欧洲科学基金会的支持，引起欧盟的重视。

如果说，"欧洲研究区"计划是欧盟科技发展战略框架的一个重要支撑点，那么，欧盟第六个框架研究计划可谓落实"欧洲研究区"战略的一个具体行动。欧盟第六个框架研究计划（The 6th RTD Framework Programme, 2002—2006）由欧盟委员会在2001年2月公布，同年11月获得欧洲议会的批准，于2002年11月正式开始实施。它的主要目的是："实现欧洲研究区，通过所有在国家、地区和欧洲层面上的努力来提高欧洲创新能力。"为促进欧洲研究区的建立，欧盟在框架计划中采取三个主要手段，即"卓越中心网络"、"综合项目"和"欧盟的参与"，通过规定的干预方法和拟定的分散管理程序使计划实施方式简单化、合理化。其中，欧盟的参与和干预至关重要，它能够利用资金和政策杠杆来支持欧洲国家研究和创新活动的网络化，有效地促进欧洲国家计划的相互开放，支持各类欧洲科技合作框架下的科技合作，指导开展打造欧洲科技优势的工作。欧盟研究专员巴斯奎因称，这个新的框架计划是欧盟的"21世纪工程"，目的是要力争到2010年把欧盟建成世界上"最繁荣和最有竞争力的知识经济实体"。除第六个研究开发框架计划外，欧盟委员会近年来还陆续制定并实施了其他一些重要的科技发展战略，从中也可看出欧盟在推进欧洲研究区建设方面的技术重点。

一是"电子化欧洲行动计划"——2000年5月由欧盟委员会提出，是落实当年欧盟里斯本峰会战略目标而出台的一项重要战略计划，这是欧盟迎接信息社会的行动纲领。电子欧洲计划提出的政策目标是：使每个公民、家庭、学校、公司企业和政府部门进入数字时代和上网；建立一个有数字知识的欧洲，一个有创新观念和投资欲望的、企业文化的欧洲；促进社会协调发展、消费者信任和社会凝聚力。为实现这些目标，该计划又制定了三项具体目标：更廉价、快速、安全的互联网；向人员培养和能力培育投资；促进互联网的应用。

二是"欧洲海洋运输发展战略"——2001年9月，欧盟发表了《欧洲运输政策》白皮书，阐述了欧洲海洋运输的10年发展战略，旨在到2010年建立一个现代化的、具有国际竞争力的欧洲海洋运输体系。该发展战略主要包括以下内容：集中欧洲优势，捍卫欧洲海洋运输的国际竞争力；严格执行国

际海洋运输安全与环保法规和标准，努力改善海运安全与环保条件；开发欧洲短途海运潜力，建立海洋运输"高速公路"通道；强化海运技术研发力度，通过2001年12月启动的《马可·波罗计划》，对欧洲多元化运输系统中有关的技术问题进行攻关，加强关键性技术研发与创新，认真执行欧盟有关运输领域的研发项目；强化就业与海员培训，增强海运职业地位，增强海运信息透明度，确保旅客的权利。

三是"欧盟铁路发展战略"——欧盟在《欧洲运输政策》白皮书中制定了欧洲铁路发展的重大战略，主要内容有：协调政策，加大投入，强化铁路基础设施建设；实施重大科研项目，促进铁路运输现代化；加快高速铁路建设，计划至2020年使欧洲高速铁路总长度达1.5万公里；确保铁路建设与环境保护协调发展，为此欧盟制定了绿色、节能及低噪声的铁路技术研发战略，实施铁路新能源开发计划等；建立欧洲铁路运输市场统一竞争体系，实施铁路货运竞争协定。

四是"欧洲空间政策绿皮书"——2003年5月，欧盟委员会与欧洲空间局（ESA）联合出台，这是欧盟在航天领域落实2000年欧盟里斯本峰会提高欧洲国际竞争力决定的一个重大举措。这份文件的核心政策内容是：以欧洲空间局航天技术研发计划、欧盟框架研发计划和伽利略计划为依托，发挥欧洲航天科研机构的优势，增强欧洲航天工业发展的科学技术基础，提高欧盟的国际竞争力；进一步更新欧洲航天技术与产品，活跃商业发射活动，主动参与国际航天市场的竞争，建立欧洲自己的卫星导航与定位系统，占据欧洲及部分国际市场，争夺载人飞船商业发射市场，提高欧洲航天市场的国际竞争力；增加航天技术研发经费，调动欧洲2000多家航天企业的科研投入积极性，鼓励其参加航天技术研发计划，不断提高欧洲航天技术研发水平；协调欧盟、欧洲空间局和欧盟成员国三者的关系，在欧盟航天发展战略指导下，发挥欧洲空间局及其成员国科研机构与企业的作用，保证欧洲航天技术研发及其工业水平的先进性，欧盟负责制定欧洲航天发展战略，其重大航天计划则由欧盟与欧洲空间局共同制定，而航天技术的研发工作由后者全权负责；把伽利略计划及载人飞船等大型项目作为开展国际合作的重点，视美国为欧洲优先合作伙伴，加强与俄罗斯的航天合作，不断扩大与中国等世界其他航天强国的合作范围，制定航天国际合作条例，全方位加强国际合作，推动欧洲航天工业走向世界。

五是"欧盟信息社会技术发展战略"——2002年3月举行的欧盟巴塞罗

那峰会再次确定了 IST（信息社会技术）研发的战略地位，明确制定了 IST 发展战略目标：为了应对个人、企业及政府面临新的严峻挑战，以欧洲信息社会建设为核心，强化 IST 的研发与应用，增强欧洲国际竞争力，为欧洲人民创建一个经济振兴、生活质量提高、知识更新的知识环境。

六是"关于使研发经费占其 GDP3％的行动计划"——2003 年 4 月由欧盟正式出台，旨在吸引企业对研究和创新投入，提高欧洲整体研发的国际水平和竞争力。根据该计划，到 2010 年，欧盟的研发总投入将从目前占 GDP 比值的 1.9％提高到 3％，强调实现 3％的目标是振兴欧洲经济、增加就业的必由之路。其核心内容有四点：共同进步；改善政府研发和创新支持条件；重新定位政府研发和创新投入战略；优化私人研发投资的总体环境。

（四）亚太地区的区域科技合作

亚太地区的区域科技合作始于 90 年代。早在 1994 年，东盟各国开始实施一项以科技合作为主要目标的超国家大科学计划，由联合国开发计划署协助制定，全称为"东盟科技发展中期计划（1996—2000 年）"。根据"经费分担，利润共享"的原则进行国家间科技攻关项目合作，具体项目由各个专业委员会制定。其优先发展的研究领域主要包括：食品科学与技术、气象学与地球物理学、微电子与信息技术、材料科学、生物技术、非常规能源研究、海洋科学以及科学技术基础设施和资源开发领域等。此外，东盟中期计划还制定了由东盟科技委员会或者东盟秘书处直接协调组织的项目活动，如组织促进私营部门参与研究开发的研讨会，发展东盟自由贸易区标准化的科学技术以及建立技术转让机制并制定鼓励技术转让和技术商品化的政策等。APEC 成立以后，对该地区的区域科技合作发挥了巨大的促进作用。

贸易投资自由化和经济技术合作是 APEC 的两个轮子。APEC 自成立以来，就一直关注本区域的经济技术合作。1994 的《茂物宣言》和 1995 年大阪会议发表的《大阪行动议程》，进一步对经济技术合作的具体范围、内容作了全面的规范和论述。根据"大阪行动议程"，APEC 各成员经济体将以缩小本区域内的地区差别、消除经济发展进程中的"瓶颈"现象为目标，在 13 个领域达成政策共识，通过政策对话与行动协调，开展经济技术合作。这 13 个领域分别是：

（1）人力资源开发。谋求扩大教育与培训的机会，努力开拓并实施包括优质基础教育在内的适当、可行的教育及培训，举办各种类型的培训班和研

讨会等，以提高各级企业家、经营管理人员及工人的素质。

（2）产业技术。确定优先合作项目，不断改善并提高各成员经济体的科学技术水平和产业技术能力，其中包括加强产业技术人才的开发，加强技术及其信息的交流，扩大共同研究项目范围。

（3）中小企业。努力改善经济环境，充分保持和发挥中小企业的活力、创造力、灵活性，协助中小企业确定优先发展领域。为此，应保证信息的可获性和透明性。为中小企业举办各种培训项目，包括APEC中小企业论坛等。

（4）基础设施。加快基础设施建设速度，为基础设施部门的投资提供便利，吸引企业界踊跃向基础设施部门投资，逐步改善基础设施滞后的局面，从而保证亚太地区的经济增长。

（5）能源。确定共同的政策原则，加紧合作，成立APEC可持续性能源共同体，以促进经济、能源、环境的共同进步。

（6）交通运输。为运输政策、法规、程序、标准的统一、协调及高透明度提供便利，促进投资及时合理地流向交通运输基础设施部门，提高交通运输系统处理人员、货物流动的能力与效率，使劳动生产率达到最大化，为贸易投资自由化提供便利。

（7）电讯信息。大力发展并改善电讯和信息基础设施，积极鼓励民间工商部门参与投资和经营，共同确定一个开放的、灵活的法律框架，保证所用信息提供者及用户均能平等地、相对自由地使用公共电信网络。

（8）旅游。逐步消除影响游客流动和旅游投资的障碍，实现与旅游相关的服务贸易的自由化，加强与旅游业相关的信息服务领域的合作，实行信息分享，充分发挥并扩大民间工商部门的作用，促进旅游业的合作与发展，为实现环境与社会的可持续发展作出贡献。

（9）贸易和投资数据。努力开发贸易和投资数据库，采用国际标准编纂服务贸易及国际投资数据，使APEC各成员经济体能充分利用贸易和投资的数据资料，更好地了解亚太地区的贸易和投资活动，为精确分析市场动态及决策提供依据。

（10）贸易促进。定期举办APEC交易会，为工商部门和各类贸易促进机构提供进出口活动方面的便利措施及相关信息，交换贸易融资方面的信息，就与贸易相关的各类程序问题提供咨询服务，进一步推动区内贸易发展。

（11）海洋资源保护。在开展渔业贸易、水产养殖品贸易、其他海洋产

品贸易及旅游贸易的同时，高度重视海洋环境的保护工作。严格保护海洋环境、海洋资源以及保持海洋生态质量，提高社会经济的生存能力，获取源源不断的社会经济效益。

（12）渔业。充分利用并开发渔业资源的可持续性，最大限度地、合理地保护渔业资源。为此，须加强渔业资源的共同管理，加强对水产品疾病的控制，保证食品安全，提高鱼类及渔业产品的质量，促进本部门内与贸易投资自由化、便利化有关的具体工作，创造出最佳经济效益。

（13）农业技术。充分认识到农业部门所出现的飞速变化，适当考虑农业部门的多样性，加强农业技术合作（ATC），同时重视其他国际机构所开展的活动，充分利用和保护农业资源，保持农业的均衡发展，努力提高农业及相关产业的生产能力，以促进经济增长和社会繁荣。

大阪会议之后，APEC内的经济技术合作活动得到较大发展，至1996年马尼拉会议召开时，与大阪行动议程有关的经济技术活动就开展了320项，另有120项活动与此相关联。其中，开展得最多的是人力资源开发、能源、产业技术以及农业技术（见表5—14）。

表5—14　　　13个经济技术合作领域和项目数（1996年）

领　域	项目总数（个）	占项目总数的%
贸易与投资数据	5	1.56
贸易促进	13	4.06
产业科学与技术	41	12.60
人力资源开发	86	26.88
能源	43	13.44
海洋资源保护	7	2.19
渔业	12	3.75
电信	26	8.13
交通	13	4.06
旅游	10	3.13
中小企业	20	6.25
经济基础设施	9	2.81
农业技术	35	10.94
总计	320	100

资料来源：曹宏苓：《APEC经济技术合作现状与中国的对策》，《国际观察》2001年第6期，第24—28页。

APEC 马尼拉会议发表的《加强经济合作和发展框架宣言》则集中提出经济技术合作的六个优先领域：发展人力资本；发展稳定的、安全的和有效的资本市场；加强基础设施建设；协调及统一未来技术；通过保护环境和健康的经济增长保证生活质量；增强中小企业的活力。1997年的温哥华会议期间，在高官会议下增设经济技术委员会以协助高官会议管理、评价项目。1998年的吉隆坡会议，通过了亚太经合组织科学技术产业合作21世纪议程和技能开发行动计划，并要求各成员的部长们采取必要措施，实施这项议程。1999年的奥克兰会议确定了经济技术合作项目申请 APEC 中央基金的评估标准，使 APEC 高官会议对项目评估以及预算和管理委员会对项目的资金支持有章可循。2001年的上海会议，建议制定经济技术合作行动计划，并将人力资源能力建设作为经济技术合作的优先课题。据统计，自1996年以来，APEC 每年设立的经济技术合作项目达到 200—300 个。

《APEC 科学技术产业合作 21 世纪议程》特别强调，APEC 的主要任务就是加强成员国之间的合作，鼓励商品、服务、资本和技术的流动，减少差别，促进地区和世界经济的发展。APEC 对未来技术的掌握能力和发展人力资源创新是未来经济可持续发展的重要保证。鉴于科学、工程、技术在促进经济发展中的重要作用和它们与贸易投资的密切联系，APEC 将加强经济与技术的合作，科学技术的成功开发、应用和产业化，主要依赖于各成员国创造出一个公开的、强大的创新体系及合作研究氛围，来激发建立一个强大的可持续发展的地区性科学技术网络的能力。

APEC 科技产业合作的原则：

一是公开参与原则，即根据各成员国不同的能力，在平等自愿的基础上，所有成员国都有机会参加地区性多国科技合作项目；合作研究包括了从基础研究到产业竞争前研究等所有内容，有利于技术的应用及产业化；有效的合作应该以良好的合作关系和互惠为基础，建立在尊重、信任、透明和公平的基础上；一方面是技术的交流和产业的发展，另一方面是贸易和投资，二者要相互支持。

二是利益均衡原则，即合作研究和对话应该符合 APEC 共同繁荣的目的，缩小不同发展阶段差异；合作的贡献和利益是相对应的，根据每个参与者不同的贡献来考虑；合作项目应该与产业结合起来，对经济的可持续发展有利，使之有利于 APEC 的所有人民，包括妇女和儿童；起始项目应该在新

技术和传统产业之间有一定的比例，使长期目标和实际需要紧密结合。

三是私人部门参与原则，即合作项目鼓励公共部门和私人部门投资和技术的扩散，建立国际合作体系和网络，促进经济发展；合作研究应该保证私人公司的参与，尤其是中小企业和其他研究部门的参与，以保证合作研究项目能紧跟技术的发展方向和商业利益的需求；合作成员国创立一种有利于国际私人技术合作及国际技术合作研究的环境，加速适用技术的交流以促进经济合作和产业发展；在科技合作中，公司应该在同大学、非政府组织和公共研究部门的合作中，在确定目标、计划的合作项目的结构等处于主导地位。

四是支持管理框架原则，即采用统一和透明的标准，以利于技术的传播；各成员国采用的标准应该是国际标准，市场公开，不限制创新；参与者应该遵守相关知识产权保护公约，公平地享受合作项目的贡献和以此带来的商业利润、信息的传播和合作成果的应用。

APEC 认为信息交流、人力资源发展和提供适宜的商业发展环境是未来建立地区创新能力和掌握技术发展动向的关键。基于此种判断，APEC 确定的主要技术合作领域集中在生物技术、环境和清洁生产技术、通信技术、IT 和电子技术、新材料技术、交通、资源管理技术、能源、可持续农业、突发灾害和气候的预测技术、探索自然资源等方面。

从上面的分析中可以看出，尽管亚太经济合作组织框架下的区域科技合作发展越来越快，但从总体上看，这一地区的科技合作还处于形成过程之中，资金来源并不稳定，合作机制尚在探索之中，而且区域合作的范围、影响以及深度都还有待进一步深化。要达到欧盟水平的区域科技合作，还需要相关国家做出更大、更为艰苦的努力。

三　大科学项目与全球科技合作

大科学 (Big Science, Mega science, Large Science) 是国际科技界近年来提出的新概念，目前尚无统一的定义。与传统的研究相比较，其特点主要表现在投资强度大、多学科交叉、需要昂贵且复杂的实验设备、研究目标宏大等。有学者根据大型装置和项目目标将大科学研究分为两类，一类是需要巨额投资建造、运行和维护大型研究设施的具有工程特点的大科学研究，可以称为"大科学工程"，包括预研、设计、建设、运行、维护等一系列研究开发活动。这类大科学项目主要有国际空间站计划、欧洲核子研究中心的大

型强子对撞机计划（LHC）、Cassini 卫星探测计划、Gemini 望远镜计划等。大科学工程是科学技术高度发展的综合体现，是各国科技实力的重要标志。另一类是需要跨学科合作的大规模、大尺度的前沿性科学研究项目，通常是围绕一个总体研究目标，由众多科学家有组织、有分工、有协作、相对分散地开展研究，这类的大科学项目主要有人类基因组研究、全球变化研究等。

从运行模式来看，大科学研究国际合作主要分为三个层次：科学家个人之间的合作、科研机构或大学之间的对等合作（一般有协议书）、政府间的合作（有国家级协议，如国际热核聚变实验研究 ITER、欧洲核子研究中心的强子对撞机 LHC 等）。其中，各国政府组织间的大科学研究国际合作占主导地位。合作方式主要有：人员互访、专题研讨会、代培研究生、学术进修、合作研究、技术转移、设备维护与运行等。其中合作研究与专题研讨是主要的合作形式。[1]

E. K. 希克斯和 W. 范·罗萨姆（E. K. Hicks & W. Van. Rossum）从政策的角度分析了大科学的作用，认为在分析政策发展和大科学的关系时，如果要确切定义大科学的概念，有两个条件是必需的：一是花费较大的资金支持和有组织地针对某一特殊问题进行研究；二是针对大科学的目标政策的描述。但是，目前大科学和小科学的概念也越来越模糊。[2] 布鲁斯·海夫里（Bruce Hevly）认为[3]，大科学不仅仅是所需资金数量大，而且还超越了狭窄的学科之间的界限，科学仪器变得越来越大，操作的人员也在不断增多。数据收集、分析和评估也越来越精确，由此产生了新型的机构、政治和社会组织。这些大科学内部或外部的变化都可以对科学研究产生巨大影响，而庞大的经费投资预算和大型设备仪器只是大科学的一部分。从外部来看，大科学由于规模和影响范围较大，也引起了公众的争论，很多有关大科学项目的问题一再被人们提出来。相比之下，人们更加关心一些大科学项目比如超导超级对撞机（SSC）、可控核聚变、星球大战计划等大科学项目对社会的

---

[1] 刘云等：《我国大科学研究国际合作的现状分析与政策建议》，《中国软科学》2000 年第 9 期，第 63—67 页。

[2] E. K. Hicks and W. Van. Rossum：Policy Development and Big Science, Science Policy, Amsterdam, New York, North-Holland, 1991, pp. 1—2.

[3] Peter Galison and Bruce Hevly：*Big science: the Growth of Large-scale Research*, Stanford, Calif.：Stanford University Press, 1992, p. 356.

影响。

从事大科学研究的科学家则认为[1]，大科学研究改变了科学的本来面目，比如在离子加速器的研究中团队和分级等形式的作用越来越大，这些特点在高能物理领域的研究工作中尤其明显，已经改变了研究的特点。5—6个人的研究团队被10个人的研究团队代替，而10个人的研究团队现在已经超过了100人。比如SSC项目，一个实验小组就有500个博士。大科学项目其实就是范围广泛的学术联系，这种联系不仅仅是科学家以前所理解的单一学科之间的联系，而且是所有学科之间的广泛联系，只有把这种联系整合在一起，才能理解大科学的真正意义。

（一）大科学项目的形成及发展

目前的研究大都认为，大科学项目是第二次世界大战以后出现的新现象。第二次世界大战结束初期，从事基础研究的科学家面临着前所未有的资金需求问题。第二次世界大战后，由于各国纷纷成立的科学委员会的努力，政府逐渐意识到基础研究的重要性，并大量投资于基础研究领域，在大多数情况下，这些资金直接由政府拨给科学家，而不经过研究委员会这一环节。随着基础科学的研究范围越来越广，需要不断增加后续资金，政府只得继续担负起资金供给的任务。与此同时，政府也开始通过研究委员会鼓励和资助大型基础研究活动。在这种情况下，无论是基础科学研究的范围还是政府在其中的作用都发生了根本性改变。[2]

谈到大科学，人们首先想到的是指天文学和量子物理学，其特点是需要大量的资金运作，如美国的SSC项目所需资金高达60亿美元；其次是海洋科学项目。确实，最先出现的大科学项目是在高能物理领域，随着大科学范围的不断扩大，某个国家单独进行这些领域的研究越来越觉得力不从心。只有在更大范围内进行资金和组织上的协调，才能更好地进行大科学项目研究，尽管这并不意味着参与国家之间的竞争会有所削弱，因为各国科学家大都是作为国家研究委员会的代表参与到大科学项目研究之中的。由于这些大

---

[1] Peter Galison and Bruce Hevly: *Big science: the Growth of Large-scale Research*, Stanford, Calif.: Stanford University Press, 1992, pp. 1—2.

[2] E. K. Hicks and W. Van. Rossum: Policy Development and Big Science, Science Policy, Amsterdam, New York, North-Holland, 1991, p. 1.

科学项目的经费是各个国家共同出资的,所以大科学项目需要在各个国家之间进行协调。因此,从一开始,大科学项目就同时受到政治因素和科学因素的双重影响,而并不仅仅以科学因素作为唯一标准。

大科学项目多种多样,既有全球范围的大科学项目,也有两国或多国之间的合作项目,也可能是优先以某个核心组织或重点基金为基础的小范围项目合作。这些项目可以是本国具有优先用益权的合作,也可以是国外具有优先用益权的协议和大财团之间的协议。由于大科学项目的资金来源多种多样,不可能确切评价这些资金的效率。值得注意的是,随着越来越复杂的仪器的出现,大科学项目的支出也随之增加,大大超出了第二次世界大战刚刚结束时的水平。

20世纪90年代以后,大科学国际合作进入一个新的时期。在1992年举行的OECD组织部长级会议上,提出了设立大科学论坛(Megascience Forum)的建议,被会议所采纳。所有参与建立这一新机制的政府对于大科学项目的合作研究达成了如下的共识:一是需要通过国际合作来克服大科学项目的困难;二是各国必须共享资源,包括智力资源,而不仅仅是共享资金;三是要避免大科学项目不必要的重复。大科学论坛作为OECD组织内的政府间实体,使政府高级官员、基金组织代表和政府部门代表有机会共同讨论资助大科学项目问题,并对一些科学领域的研究进行评论;使不同国家的科学家一起交流、讨论科学领域的发展,也使不同国家的政府一起讨论每个领域的发展机会和挑战,交流和了解各自的现状和想法,从而更好地制定实施促进国际科技合作的政策。由于大科学在科学发展中发挥着关键的作用,与国家的长远利益、综合国力、国际地位和外交实力密切相关,可以肯定的是,世界各国的大科学国际合作将会进一步加强。

(二) 主要大科学项目

20世纪90年代以来,各国政府和国际性组织在各科学领域组织实施的具有代表性的大科学国际合作研究计划大约有51项,主要集中在全球变化、生态、环境、生物和地学领域,参与者大多以发达国家为主。其中最有影响的是人类基因组计划、国际空间站计划、全球气候变化研究等。

1. 人类基因组计划

人类基因组计划是美国科学家、诺贝尔奖获得者杜伯克于1985年率先提出的。他在1986年3月7日出版的《科学》杂志上发表的《肿瘤研究的

一个转折点：人类基因组的全序列分析》论文，被后人称为"人类基因组计划"的"标书"。杜伯克认为，既然大家都承认基因的重要性，就应该从整体上来搞清楚人类的整个基因组，集中力量先认识人类的所有基因，而不是采用"个体作业"的办法"零敲碎打"，自行研究自己认为重要的基因。他的这一想法为人类基因组计划的国际合作奠定了良好的基础。该计划于1990年正式启动，旨在阐明人类基因组30亿个碱基对的序列，发现所有人类基因并搞清其在染色体上的位置，破译人类全部遗传信息，使人类第一次在分子水平上全面地认识自我。2000年6月26日，国际协作组宣布人类基因组"工作框架图"绘制完成，也就是"生命的天书"中90%以上的"字母"排列顺序已经清楚。2001年2月15日，《人类基因组初步测序和分析》论文的发表是国际协作组继"工作框架图"之后取得的又一重大进展。虽然许多国家都开展了人类基因组研究，但全球性的国际人类基因组计划主要由美国、德国、日本、英国、法国和中国6个国家的科学家来负责完成。这一计划与"曼哈顿原子弹研制计划"、"阿波罗登月计划"并称为人类科学史上的"三大计划"。

2. 国际空间站计划[①]

国际空间站是人类在太空领域的最大规模的科技合作项目，是美国航空航天局在20世纪80年代初期提出的。国际空间站由美国、俄罗斯、日本、欧洲航天局、加拿大等共同建造，计划耗资超过630亿美元。国际空间站80%的建设资金由美国负担，工作语言为英语，并由美国航空航天局牵头，负责从总体上领导和协调计划的实施以及在空间站运行期间发生紧急情况时进行具体指挥。空间站计划分三个阶段完成，总工期为10年。但由于资金短缺，计划一再推迟实施。国际空间站利用地面无法提供的空间零重力状态的有利条件，可以使科学家们长期进行一系列科学试验。国际空间站的建成，意味着一个共同探索和开发宇宙空间时代的到来。

3. 全球变化研究计划（Global Change Research Program，GCRP）

全球变化研究计划始于1989年。1990年组成全球变化研究行动小组，是迄今规模最大、范围最广的国际合作研究计划之一，涉及地球科学、生物科学、环境科学、数学和物理学、天体科学和遥感技术、极地科学、社会科

---

① 以下大科学项目根据国家科技部基础科技司中国基础科学研究网站的材料及相关材料整理，网址：http://www.br.gov.cn/。

学、数据库与网络化技术应用等众多的学科领域。该项目主要研究大气物理、生物学和社会经济学以及三者之间的相互关系，研究的焦点之一就是地球系统的变化过程和变化规律。目前，全球变化研究计划由四个相对独立又相辅相成的分计划组成，即：全球气候研究计划（WCRP）、国际地圈—生物圈计划（IGBP）、全球环境变化的人文因素计划（IHDP）和生物多样性计划（DIVERSITAS），目前的研究主要集中在大气组成、生态系统变化、全球碳循环、全球人文、气候多样性和变化、全球水循环等领域。

4. 大洋钻探计划（Ocean Drilling Program，ODP）

大洋钻探计划（Ocean Drilling Program）是由美国国家科学基金会主持，全球研究地球结构和深化过程的科学家和研究机构共同参与的国际研究计划。该计划主要通过研究海底岩石和沉淀物所包含的大量地质和环境信息，获得地球的演化过程和变化趋势。目前，该计划每年投资约 4500 万美元，资金由 8 个国家或国际组织提供，以地球深层采样联合海洋机构（JOIDES）的名义开展活动。其中，美国承担 60%，其他正式成员每年承担 300 万美元，准会员每年承担 50 万美元，该计划活动主要在一艘钻探船上进行。2003 年，该计划定名为"综合大洋钻探计划"。计划的基础设施主要包括拥有 20 多条船的美国科学考察船队，数架研究飞机，样本存放设施，以及格陵兰和秘鲁的太空观测站。

5. 国际大陆科学钻探计划（International Continental Scientific Drilling Program，ICSDP）

20 世纪 90 年代初，由德国牵头，在国际地学界的支持下，由 28 个国家的 250 位专家出席并制定了国际大陆科学钻探计划（ICSDP）。1996 年 2 月 26 日，中、德、美三国正式签署备忘录，成为首批成员国，正式启动 ICDP。德国自然科学基金会、联合国教科文组织地学部、大洋科学钻探计划作为联系成员，墨西哥、希腊、俄罗斯、法国、英国、加拿大、日本、欧洲科学基金会成为成员国，计划每年投资 70 万美元。

6. 全球地震监测网（Global Seismic Network，GSN）

全球地震监测网是由美国国家科学基金会（NSF）发起，法国、日本、英国、墨西哥、加拿大、意大利共同参与建立、提供和接收地震数据，同时，支持基于地理信息系统及其相关活动进行的数据和信息交流的国际网络系统，该计划由国际地震合作研究组织进行管理。GSN 的主要目的是在全球建立 128 个永久性相同的地震记录观测站，共同提供和分享地震数据，以

及基于地理信息系统及其相关活动进行的数据和信息交流的国际网络系统。由地震联合机构（Iris）的会员机构组成的委员会对其进行管理。目前地震联合机构主要资助虹膜/USGS 网络控制中心和虹膜/IDA 网络控制中心。到 2001 年为止全球已超过 120 个观测站。

7. 国际南极科学探险计划（International Trans-Antarctic Scientific Expedition，ITSE）

国际南极科学探险计划由美国国家科学基金会发起，15 个国家的科学家参加。国际南极科学探险计划以保持南极和平应用为目的，研究极地冰盖和南极天气。在南极冰中获得的全球气候变化数据与全球其他地区取得的数据相比具有重大价值。科学家通过冰核取得过去 200 年里南极地区降雪、气温和大气循环等线索，通过这些信息将取得南极的天气变化情况。另外，通过研究海洋冰和海洋生命等也可以取得南极的气候变化数据。

8. 人类和生物圈计划（Man and Bioshpere Program，MBP）

人类和生物圈计划由联合国教科文组织发起，旨在对生物圈及其不同区域的结构和功能进行系统研究，并预测人类活动引起的生物圈及其资源的变化，以及这种变化对人类本身的影响。人类和生物圈计划是为了可持续发展、保护生物多样性和改善人类生存的全球环境进行的自然和社会科学基础研究，鼓励研究自然界规律、解释自然现象和训练自然资源管理人员。在过去的十年中，人类和生物圈计划主要是通过生物资源保护和多样性的应用来促进可持续发展研究。通过国际教科文组织成员之间的教育、科学、文化和通信交流，人类和生物圈计划在科学研究和信息收集方面取得了一定进展。

9. 人类前沿科学计划（Human Frontier Science Program，HFSP）

日本前首相中曾根康弘 1987 年在威尼斯经济首脑会议上提出，旨在研究探索生物体复杂组织，研究内容包括从大脑功能到肌肉层面的生物功能，涉及脑研究和分子生物学的多个学科，特别强调物理、数学、化学、计算机等方面的科学家以及工程技术人员与生物学家一起开创复杂生物系统的新兴学科。该计划在 1989 年启动以后，1990—1994 年的年度预算在 2600 万到 3600 万埃居之间不等，其中 80% 来自日本的捐助，加拿大和美国提供大约 10%，欧洲国家捐助 10% 左右，其他参加者也增加了捐助金额。合作形式包括：实验室——主要是为那些来自不同国家的对不能仅靠本人的实验室获得成功的科学家提供合作机会和场所；长期成员——主要是为那些来自其他国家的博士后提供为期三年的工作机会；短期成员——为其他国家科学家提供

为期3个月的学术访问。该计划每年投资4700万美元，有160多人参与了该计划的研究，主要合作成员来自日本、美国和法国等4个国家5位诺贝尔奖获得者参与了该计划研究，大部分研究都是由多个国家的多个实验室完成。

10. 高能物理与核物理

由于高能物理一般不涉及短期的商业回报和研究成果更具国际性，是全球科学合作的最佳选择领域之一，再加之其建设投资和运行费用巨大，往往任何一国难以全面部署，因此，在高能物理领域加强各国间的合作或共同建设国际性的大型粒子加速器设施是未来的发展趋势。目前，国际上最大的高能物理合作项目是欧洲原子核研究委员会于1994年决定在欧洲核子研究中心（CERN）建立的大型强子对撞机（LHC），总投资约23亿美元。除欧洲原子核研究委员会19个成员国之外，日本和美国已决定参加。该设施费用的三分之一来自欧洲原子核研究委员会，三分之一由其成员国额外提供，另外三分之一可望从日本和美国获得。设备的主要部分是建造超导磁体和研究制冷技术。全部工程的第一阶段于2004年结束，第二阶段将于2008年完成。整个机器的能量可达14×10^{12}ev。大型强子对撞机的建成将使欧洲核子研究中心在今后20年内保持其在粒子物理设备方面的世界领先地位。在CERN大型强子对撞机建造之后，将有可能研究下一代直线加速器（NLC）。目前参加该设备早期概念设计的人员来自20多个国家，但核心工作人员来自美国、日本和俄国。一些科学家认为，该加速器应像CERN那样以国际组织的形式成立和运行，但最终的东道主和成员组织尚未确定。

11. 国际热核实验反应堆计划（ITER）

该计划是目前全球核聚变方面最大的国际合作项目，由美国、俄罗斯、欧盟以及日本于1992年共同决定实施的。它包括两个阶段，第一阶段为热核聚变堆的科学研究和工程设计阶段，目标是对具有能够首次达到自动维持热核聚变反应能力的托卡马克样机进行研究，确定第一台样机的主要特性、技术选择等，于1998年完成，经费投入为12亿美元；第二阶段为实验堆的工程建设阶段，预计投资100亿美元，建设期为10年，然后是为期20年的试运行期。目前，ITER项目合作各方正在酝酿定址问题，主建国须承担47.5%—70.0%的建设费用。现在，只有意大利代表欧盟表示愿意承建。日本政府尚未正式提出承担，但日本有关方面对此呼声颇高，预计日本最有可能成为ITER的东道国。

(三) 大科学项目合作的基本趋势及其面临的挑战

科学技术是人类共同的财富,许多科学问题的范围、规模、成本和复杂性远远超出一个国家的能力,组织或参与国际大科学研究计划成为进入国际科学前沿和提高本国基础研究实力和水平的重要途径。可以说,多个国家参与,共同进行大科学项目的研究,是未来科技发展的重要趋势。

首先,必须承认,大科学研究是基础研究本身的客观要求。这是因为,大科学的研究主要集中在基础研究领域,是在人类对现有自然现象规律性认识的基础上寻求新知识,其成果将成为人类公共知识储备的重要组成部分。基础研究必须是在世界水平上有所创新有所提高。要达到这一目的,必须充分了解和掌握人类现有知识储备及其进展,保持与最有活力最有创造力的同行之间的接触和联系,与同行和跨学科科学家之间开展广泛的合作与交流,科学研究的最终成果也要在国际公认的学术期刊上发表,获得国际科学共同体的评价和认可。因而,基础研究本质上都是超越国界的,其科学目标都要求通过国际合作与交流才能达到。

其次,大科学研究是当代科学发展的必然趋势。随着知识经济的深入发展,跨国界、区域性和全球范围的科学合作将会影响各有关国家科学的发展方向和进程,各国政府和科学界将不得不面对由此而来的科学投资、立项评审、项目协调等机制的国际化所带来的挑战。无论是从科学问题的深度和广度来看,还是从科学的组织和规模来看,科学技术发展正进入一个只有通过国际合作才能获得全面发展的新时代。大科学的发展更离不开资金、技术、人力等科学资源上的国际合作,即便具有独立建造大型科学装置的美国也感到力不从心,不得不将大型超级超导对撞机下马,而寻求国际合作。随着人类活动规模的扩大,在能源、生态、环境、气候、海洋、自然灾害等领域的研究往往都超越国家的界限,必须由不同国家的科学家以区域的和全球的视角进行联合的或互补的研究。科学家必须站在区域和全球的角度思考和研究问题。

最后,大科学项目研究是一个系统工程,来自科学之外因素的影响会越来越大。大科学项目的研究,不仅是一个国家科技水平的体现,而且也是包括政治、经济因素在内的综合国力的具体体现。就一般的小科学项目来讲,成功首先取决于科学家,其次是创建人、发明者和同行,而大科学项目成功的因素首先取决于管理者,其次是评论家、资助者和研究同行。大科学的项

目的决定权在于管理者、董事和各方代表，小科学项目的决定权在科学家、创建者和发明家；大科学项目由科学家、工程师、会计、管理者等组成，需要他们的协调分工，而小科学项目主要由杰出的科学家构成；小科学项目多属于私人研究性质，其研究是不透明的，而大科学项目都是公开的，透明的。从大科学研究的这些特点也可以看出，非科学的因素在大科学项目的研究中占有很重要的位置，作用会越来越大。

四 结论及其对中国的含义

从上面的分析可以看出，国际科技合作是科技发展的必然趋势，开展国际科技合作与交流的根本目的是为了本国的利益，是为了增强本国的综合国力和竞争能力。发达国家间的合作如欧盟的 FP 计划、"尤里卡"计划及美国与发达国家间的合作更是如此。总起来看，我们从上面的分析中可以得出以下几个结论：

其一，区域科技合作与一个国家的经济、科技实力紧密相连，这也决定了发达国家在区域科技合作的主导地位。它们同发达国家之间的合作，更多的是体现出一种竞争，而同发展中国家的合作则更多的是基于商业利益。发达国家按照自己的愿望控制着国际科技合作的内容和形式，无论是欧盟的研究开发框架计划、"尤里卡"计划，还是美国参与的国际科技合作或者大科学研究项目，都体现了这一目标。

其二，国际科技合作是与激烈的竞争相伴随的。合作是有条件的、互利的；发达国家更多的是为了获得对发展中国家科学乃至经济发展的某种"控制权"；而发展中国家则在追求经济利益的同时，更注重平等的环境。

其三，一般来说，大科学项目研究的政治含义更加突出，主要是为了获得更多的发言权和控制权，而其最终的目的归根到底还是经济利益的驱动。

其四，在高科技领域主要发达国家之间的合作，且多为多边合作；在利用资源环境和自然条件方面则以发达国家同发展中国家合作较多，以双边合作为主。

其五，为保证国际科技合作的顺利进行，必须遵循一定的规则。"平等互利，优势互补，共同投资，共享成果"成为国际科技合作的重要规则，政府的管制对国际科技合作的作用越来越大。

那么，这样一些结论，对于作为发展中国家的中国来说，意味着什么

呢？对于中国来讲，目前参与国际科技合作主要存在经费不足、政府在部门间协调国际合作的机制不健全、以中国为主的国际大科学研究计划和项目不多、对国际性研究机构和合建实验室的支持不足、中国科学家在国际组织和重大国际科技活动中没有发言权、中国在国际合作中知识产权意识有待加强等若干问题急需解决。大体说来，那就是：在充分认识到国际科技合作对发展中国家的严峻挑战的同时，也应该看到，这种区域科技合作在客观上为发展中国家提供了难得的机遇。一些经济发展水平相对较高、科学技术基础设备比较完善的发展中国家有可能通过积极参与国际科学技术交流与合作，充分发挥后发性优势，从而进一步缩小与经济发达国家之间的科技差距，并最终完成经济技术的赶超大业。这就意味着，必须着力克服国际科技合作经费不足、政府在部门间协调国际合作的机制不健全、以中国为主的国际大科学研究计划和项目不多、对国际性研究机构和合建实验室的支持不足、中国科学家在国际组织和重大国际科技活动中没有发言权、知识产权意识有待加强等问题，加快推进参与国际科技合作的步伐。

其一，中国应该积极参与不同层次的跨国科技合作。中国是一个发展中国家，国家对基础研究的投入还不能充分满足社会经济发展的需要，在信息网络、基础设施上的投入也还落后于发达国家。资金投入的不足，在一定程度上限制了某些领域研究的规模和深度，尤其是一些需要依靠先进技术手段和大型科学仪器设备才能完成的工作。研究手段的落后也使科技人员难以及时地从更高、更深层次上把握和研究问题。在这种情况下，通过更广泛、更深入、更实质性的国际合作而使国内的基础研究从选题到完成都置身于世界科学技术发展的前沿，有效地调动国内与国际科学资源的结合，加快中国基础研究赶超世界先进水平的步伐，并通过国际合作，充分利用国外先进的实验研究手段，分享快捷的信息，引进资金弥补国内研究经费、研究手段、设备和信息等方面的不足。动员大量高水平科学研究人员并提供相应的科研经费，同时遵守国际科研合作规则，强化知识产权保护，强化信息与通信技术、基础设施建设，为科研工作者创造良好的工作环境。对关键性的科学研究领域进行战略性部署。争取通过这些措施的实施，使中国作为一个平等的、有实力的合作伙伴参与国际科技合作。

其二，进一步壮大自身的经济和科技实力，才能真正融入国际科技合作的大潮中。国际科技合作实际上是各个国家经济、科技等综合实力的体现。

从近年来中国参与国际科技合作的数据统计可以看出，1995年到2000年，中国参与国际科技合作的项目数量变化不大，甚至还有些减少，由1995年的27785项减少到2000年的22737项。其中出国项目占整个科技合作的77.7%，来华项目只有22.3%。无论是出国的项目还是国外来华的项目，短期性质的出国访问和国际会议占了中国国际科技合作的绝大多数的比例，二者合计占整个国际科技合作项目的近70%。而国际科技合作最主要的形式——合作研究所占的比例很少，只有不到16%。说明中国在国际科技合作方面，仍然没有摆脱发展中国家的地位，在国际科技合作中仍然处于相对落后的状态。通过国际合作与交流，使中国有更多的高水平人才和研究项目有机会登上世界科学舞台，中国科学家特别是优秀青年科学家的聪明才智得以被更多的国家所了解。仅中科院系统，就有150多名外籍科学家担任60多个研究所的荣誉、客座职务，已选举24名外国科学家成为中科院外籍院士，使世界科学界更多地了解中国。

其三，通过参加国际科技合作逐步提高中国的科技能力。实践证明，积极参与国际合作可以提高中国基础研究的研究水平，并为中国的科学研究逼近世界科学前沿发挥积极作用。比如中美高能物理合作、中日淮河能量水循环研究、中德和中法的青藏高原及冰川研究等都直接带动了相关领域研究水平的提高。为此，首先要进一步加大国家对国际合作经费的投入强度和规模，国际科技合作的经费应占国家科技支出的10%以上，稳定地保证政府间双边和多边科技合作协议项目的执行。其次要发挥政府在大型国际合作中的组织协调作用，比如建立重大国际合作联席会议制度，设立常设办公室以加强对重大国际合作和大科学国际合作的宏观指导和管理，制定国际科技合作中知识产权保护、国家资源和国家机密保护的相关政策和法规，以维护国家利益和国家安全，保护中国科学家在国际合作中的正当权益和知识产权。

其四，要进一步强化对国际科技合作的监督管理。开展国际科技合作，不仅是要增加数量，更要注重质量。作为一个发展中国家，我们不可能像发达国家那样以大量的资金和人力投入来促进国际科技合作的发展，因此，只能本着"有所为，有所不为"的原则，重点参与对中国的发展有重要意义的项目，而不仅仅以数量来衡量中国参与国际科技合作的水平。可以适时引入国际化的评审和评估机制，在减少投资风险和充分利用国际科学界的知识和经验的同时，避免合作项目的重复，从而提高国际科技合

作的效率。

主要参考文献

1. 曹宏苓:《APEC 经济技术合作现状与中国的对策》,《国际观察》2001 年第 6 期。
2. 董新宇、苏竣:《科技全球治理下的政府行为研究》,《中国科技论坛》2003 年第 6 期。
3. 封展旗等:《第四次浪潮:生物技术》,经济管理出版社 2002 年版。
4. 梁战平:《环太地区经济科技合作景观》,科学技术文献出版社 1993 年版。
5. 凌国平:《国际科技合作与交流案例分析》,上海大学出版社 2001 年版。
6. 刘辉:《欧盟委员会通过欧盟第六个框架计划建议书》,《全球科技经济瞭望》2001 年第 6 期。
7. 刘云等:《我国大科学研究国际合作的现状分析与政策建议》,《中国软科学》2000 年第 9 期。
8. 刘云、董建龙:《我国政府投入国际合作经费的现状及发展对策》,《科学学研究》2000 年第 1 期。
9. 王超:《韩国科技计划强调国际合作》,《全球科技经济瞭望》2003 年第 1 期。
10. 王凯:《法国在国际科技合作中的知识产权保护》,《全球科技经济瞭望》2002 年第 12 期。
11. 杨平:《尤里卡计划何去何从》,《全球科技经济瞭望》2000 年第 1 期。
12. 周寄中:《国际科技与经济合作》,科学出版社 1993 年版。
13. Caroline S. Wagner and Nurith Berstein, *U. S. Government Funding of Cooperation Research and Development in North America*, published by RAND.
14. Caroline S. Wagner, Irene Brahmakulam, Brain Jachson, Anny Wong, Tatsuro Yoda, *Science and Technology Collaboration: Building Capacity in Developing Countries*? R-1357. 0-WB, March 2001, prepared for the World Bank.
15. Caroline Wagner, Allison Yezril, Scott Hassell: *International Cooperation in Research and Development: An Update to an Inventory of U. S. Government Spending*, MR-1248-OSTP, 2000.
16. Daniele Archibugi, Simona Iammarino: The Policy Implications of the Globalisation of Innovation, Research Policy 28 (1999), 317—336.
17. E. K. Hicks and W. Van. Rossum: *Policy Development and Big Science*, Science Policy, Amsterdam, New York, North-Holland, 1991.
18. John Peterson and Margaret Sharp, *Techonology Policy in The European Union*, First published 1998 by Macmillan Press Ltd.
19. Lavakare, P. J.: Scientific Cooperation for Development Search for New Direc-

tions, New Delhi Vikas Pub. House Pvt. Ltd, 1967.

20. LipsettM. S. & Holbrook, J. A. D.: *Reflections on Indicators of International Cooperation in S&T*, Presented at the Second lbero-Amercian Workshop on S&T indicators, Cartagena, Colombia, April 1996.

21. Michael Darmer and Laurens Kuyper, *Industry and the European Union—Analysing Policies for Business*, Edward Elgar Publishing Limited Glesanda House, Cheltenham, UK, 2000.

22. Peter Galison and Bruce Hevly: *Big science: the Growth of Large-scale Research*, Stanford, Calif, Stanford University Press, 1991.

23. Statistical report: at the End of Hellenic Chair Year, July 2001/June 2002.

24. Strategic Review of EUREKA Building Europe's Innovation Network March 1999.

25. Terttu Luukkonen: Old and New Strategic Roles for the European Union Framework Programme, *Science and Public Policy*, Vol. 28, No. 3, June 2001.

26. World Science Report, 1998.

27. www. cordis. lu.

28. www. eureka. be.

29. Strategic Review of EUREKA Building Europe's Innovation Network, March 1999.

第六章

科技全球化背景下的知识产权保护

近几年来，随着 WTO 的加入以及中国国际经济交流的日益增多，知识产权保护问题越来越引起人们的关注。2002 年 1 月 9 日，深圳普迪实业发展有限公司运往英国费利克斯托港口的 3864 台 DVD 被飞利浦公司通过当地海关扣押以及惠州德赛视听科技有限公司出口到德国的 5850 台 DVD 播放机于 2 月 21 日被当地海关扣押就是这方面的典型事例。[①] 根据飞利浦公司的解释，它是依据欧洲议会第 241/1999 号法案（修订后为第 3295/94 号）向欧盟成员国海关请求对未经授权的 DVD 播放机、DVD 光碟机及 DVD 光碟片进行边境扣货程序，因为这些产品涉嫌侵犯专利。事件发生后，中国 DVD 企业委托中国电子音响协会与 6C 联盟进行谈判。根据中外双方于 4 月 19 日签订的有关协议，初步拟定中国企业缴纳专利费标准在 4% 左右，即一台售价千元的国产机成本上涨 40 元左右。继 6C 联盟之后，由飞利浦、索尼、先锋组成的 3C 联盟，另一家自称 1C 的法国汤姆逊公司以及杜比公司、DTS 公司和 MPEG-LA 公司等 DVD 专利拥有者都已向音响协会提出收费要求，其总额达每台 21.3 美元。[②] 结果，中国出口 DVD 价格每台已经上涨 10 美元左右，从而使中国 DVD 产品在国际市场上的价格优势遭到了严重削弱。此外，微软对亚都的专利侵权起诉以及日本本田汽车公司对中国公司盗用本田公司"小型摩托车"专利的起诉，都显示中国外专利之争出现持续蔓延和发酵的趋势。[③] 有的研究甚至认为，跨国公司针对中国的专利战略早在 1999 年

---

① 李新丽：《飞利浦发难 DVD　引曝中国核心技术匮乏》，载《北京青年报》2002 年 3 月 11 日。

② 《DVD 专利收费者压境　每台专利费用升至 200 元》，载《北京晨报》2002 年 7 月 31 日。

③ 修宇：《中日摩托专利纠纷波澜又起　本田告中国一公司》，载《北京晨报》2002 年 8 月 5 日。

即已开始布局，全面性的布局可能在 2002 年年底完成，无线通信、光电、IT 等高科技产业已经成为这些外国公司的首选打击目标，预计这场专利战将全面展开。换言之，中国的所有高技术产品即将面临全面的知识产权之战。①

由此可见，DVD 事件绝对不是一个孤立的事件，它预示着在加入 WTO 以后，中国企业与外国企业围绕着知识产权保护所产生的斗争正式展开，而 DVD 事件只是这样一场斗争的序幕。那么，这样一种知识产权斗争形势意味着什么呢？它有着什么样的政策含义？从目前的分析来看，大体有三种不同的理解。

其一，最为普遍的看法是，这种围绕着知识产权保护而展开的斗争说明我国的自主知识产权还远远不够，企业没有掌握核心技术，因而在这个问题上受制于人。由此而来的一个主要政策选择就是要加强研究开发投入，进而拥有更多的自主知识产权，所谓三流企业卖产品、二流企业卖技术、一流企业卖品牌、超一流企业卖标准就是对此而言。② 在这里，一个基本的假定就是：知识产权是保护发明者的，拥有了自主知识产权也就意味着拥有了核心技术，因而是技术创新的必要前提。

其二，也有学者认为知识产权保护制度应该本地化，考虑到中国的实际情况来建立和完善中国的知识产权保护体制。国务院发展研究中心信息中心主任程秀生认为："知识产权如果不加制约地被滥用，势必侵害社会消费者的利益，对此必须给予高度的关注。""知识产权保护要兼顾知识的公有性和专用性，一方面，知识创造者的权利和利益必须得到保护，另一方面，这种保护不能过度，否则可能影响知识的传播和扩散，阻碍社会发展和进步。"③

其三，还有学者认为，知识产权保护方面的斗争实际上是跨国公司把知识产权作为压制中国企业国际竞争力的一种手段，从某种意义上说这是以 6C 为代表的跨国公司对中国 DVD 产业的一种欺诈行为，它们所收取的专利费是一种垄断暴利。信息产业发展研究院孔德周博士也认为，从某种意义上

---

① 许晖：《知识产权：学会"横着摇秋千"》，《中国经济时报》；《应对专利权利金追索，企业知识产权竞争战略高级研讨会将在青岛召开》，http://www.ctiin.com.cn 2002.08.12。
② 巫伟：《缺乏核心技术　专利卡住中国 DVD 厂商咽喉》，载《南方日报》2002 年 6 月 2 日。
③ 程秀生：《知识产权制度建设要本土化》，载《中国经济时报》2002 年 4 月 15 日。

看，国际商战已经成为知识产权策略战，是美国影响我国内外政策，打开我国市场的最重要的手段之一。[①]

表 6—1 欧洲专利局成果信息

	2000 年	2001 年
成果数量		
欧洲－直接＋欧洲 PCT 国际阶段总计	145187	158161
欧洲－直接＋欧洲 PCT 地区阶段总计	100709	110025
搜寻结果		
欧洲搜寻（Euro＋Euro－PCT 增补）	53807	51220
PCT 搜寻	54183	56307
以国家办公室的名义搜寻	15341	15386
其他搜寻	4692	4523
成果搜寻总计	128023	127436
检查：最后反应的执行		
欧洲检查	45881	55284
PCT 第二章	35519	41020
反对（最后反应）	2351	2091
最后反应检查/反对总计 mination/opposition	83751	98395
申请解决		
技术申请	1139	1170
PCT 拒绝	17	24
其他申请	51	58
决定申请总计	1207	1252

资料来源：Trilateral Statistical Report 2001, p. 6.

---

① 郭旭、安迪：《中国软件产业面对的知识产权问题》，载《软件世界》2002 年 7 月 16 日。

表 6—2　　　　　　　　　　　日本专利局成果信息

成果数量	2000 年	2001 年
申请文件		
国内	387364	386767
国外	49501	52408
总计	436865	439175
批准		
国内	112269	109375
国外	13611	12367
总计	125880	121742
申请请求	16948	19962

资料来源：Trilateral Statistical Report 2001，p. 11.

表 6—3　　　　　　　　　　　美国专利商标局成果信息

成果数量	2000 年		2001 年	
申请数量❶	295926		326508	
初步反应	238438		249649	
批准				
美国居民	85072	54.0%	87607	52.8%
国外	72425	46.0%	78432	47.2%
日本	31296	19.9%	33223	20.0%
欧洲专利协定国家	26324	16.7%	28459	17.1%
其他	14805	9.4%	16750	10.1%
总计	157497	100.0%	166039	100.0%
PCT 第二章	15443		18179	
申请的诉请和干预过程	诉请	干预	诉请	干预
论争	2860	137	3762	126
处置	5134	189	4978	180
专利案件诉讼				
案例数量	60		49	
案例处置	49		62	
未决案例（截止到日历年）	49		40	

资料来源：Trilateral Statistical Report 2001，p. 14.

❶仅指应用专利。

应该说，从这些方面来理解这次 DVD 专利事件所引发的知识产权保护之争是有一定道理的，但也都有其似是而非之处。从学理上看，它们主要混淆了以下几方面的关系：一是知识创造与知识应用之间的关系，即知识产权的目的主要是保护发明者还是为了平衡技术知识的发明者与应用者之间的关系而确立的一种制度安排？二是知识产权与技术创新之间的关系，即技术创新是否必须以自主知识产权为基础？三是知识产权保护与经济发展水平之间的关系，即知识产权保护水平是由经济发展水平决定的吗？四是知识产权保护与国际技术转移的关系，即在一种全球化的背景下，应该秉持一种技术全球主义还是技术民族主义的态度？在这些问题上，我们必须正确认识知识产权问题的实质，并从中得出正确的政策含义。

一 国家创新体系中的知识产权制度

知识产权是一个通用名词，是指对人类科学技术活动的产品所拥有的权利，包括科学发现、工业设计以及文学和艺术作品等。在 1967 年 7 月 14 日于斯德哥尔摩签署的《关于建立世界知识产权组织的公约》（*Convention Establishing the World Intellectual Property Organization*）第二条中，知识产权被定义为包括下列相关的权利：

文学、艺术和科学作品；

表演艺术家的表演、表音符号和广播；

所有人类活动领域中的发明；

科学发现；

工业设计；

商标、服务标志、商业名称与称号；

针对不公平竞争的保护；

以及工业、科学与文学艺术领域中所有其他来自知识产权活动的权利。[①]

应该说，知识产权首先是一种资产权，是一种私有产权。知识产权制度的主要目的并不仅仅是保护发明者的权益，而是平衡科学技术知识的创造者

---

① OECD: Patents and Innovation in The International Context Organisation for Economic Co-Operation and Development, Unclassified Ocde/Gd（97）210, Paris, 60492.

与应用者之间的关系。这是因为,在科学技术发展的现阶段,技术知识已经由个别天才科学家的偶尔发现转变为企业(和政府)经由投入资本而获得的经济货物,通过研究开发产生的部分知识可能会形成具有商业价值的产品和工艺,即产权性知识。在这种情况下,知识产权制度确认了企业对其投资所获得的科学技术成果拥有产权,并通过保证发明者为其发明活动获得一定数量的回报来刺激发明研究。在具体做法上,知识产权制度则是通过排除非发明人未经发明者许可而无偿使用该项发明的权利来保护发明者的,是通过确认发明者对其发明的独一无二的垄断权来保证发明者的经济权益的。事实上,专利制度最初就是为保护独立发明家而发展起来的,其本意就是防止其他人模仿发明者的发明,或者允许发明者向其他想利用该专利的人发放许可,以使发明者可以从其发明中获得一定的经济收益。

但是,知识产权又与一般意义上的私有产权有所区别,它的获得必须经过一定的程序由政府批准并授予,而不是通过市场自动获得的。这是因为,技术知识具有许多普通商品所不具有的特性,即非竞争性(即一个企业使用它并不意味着其他企业不能使用同一知识)和非排他性(即发明者没有办法排除其他人使用它所发明的知识),而这两种特性又意味着在这个领域中存在着明显的市场失败,因而必须通过政府干预来校正这种市场失败。举例言之。如果一家企业投资开发出一种新的芯片,它的竞争者就可能通过购买一个新产品并进行反向工程来复制隐含在其中的集成电路知识。在这种情况下,如果政府不对隐含在芯片中的集成电路知识提供保护的话,那么,企业也就不会再投资进行相关技术的研究开发活动或者至少减少这方面的投资,我们所需要的许多技术知识也就不可能继续经由市场途径获得供给。因此,知识产权制度又是政府为校正知识创造方面存在的市场失效现象而实施的一种制度安排:政府确认产权性技术知识的使用者应该为特定技术知识付费,同时又将决定这种技术知识的公平价格的权力留给了市场。从这个意义上说,"专利是解决市场失败问题的一种独特方式,而这方面的市场失败又在一定程度上是由技术知识是所谓公共产品这一特点引起的"。[①]

由此可见,知识产权制度不仅仅是保护知识产权持有者的一种机制,而

---

① Bart Verspagen: The Economic Importance of Patents, Paper for the WIPO Arab Regional Symposium on the Economic Importance of Intellectual Property Rights, Muscat, Sultanate of Oman, February 22—24, 1999.

且也是限制非知识产权持有人行为的一种机制，因而实际上是通过使技术知识资产化的方式来平衡知识创造与知识应用之间的关系的。大体说来，知识产权制度的功能主要有三：其一，在法律上确认并保护发明者对其所创造的产权性技术知识的垄断地位，使其免受模仿之累。这就意味着授予知识产权持有人在一定时间内排他性的垄断权力，从而为发明者提供了一种垄断地位，而这种垄断地位又会创造利润，并且为从事研究活动提供了刺激。专利持有人就能够通过研究活动谋利，这同时也就刺激了许多企业投资于技术知识的生产。至于这种发明有多少会被其他人所利用，以及发明者能够独占多少，这取决于专利的涵盖宽度。其二，奖励发明者，以此刺激知识创造。著名美籍奥地利经济学家熊彼特即认为："企业家利润中包含或可能包含一分真正的垄断赢利成分在内，这是资本主义社会颁发给成功的革新者的奖金，这是对的。但是这个成分的量的重要性，这个转瞬即逝的性质，以及它在由以出现的过程中的功能，使这个成分本身成为一个新的范畴。对一个企业而言，由专利权或垄断战略保障的独家卖主的地位的主要价值，与其说在于它暂时具有按垄断者的图式行事的机会，不如说在于它所提供的防止市场的暂时的解体的保障和它为长期计划赢得的空间。"[1] 其三，刺激技术信息的扩散，从而使之可以用于进一步的发明活动，最终提高整个社会的发明率。虽然其他发明家非经专利持有人许可不得为了经济目的而使用其专利性知识，但专利申请中所披露的技术知识对于在同一个领域中从事科学技术活动的其他发明家有着重要的启示作用，比如说专利中描述的知识往往增加了某一领域中的通用知识储备，使其他发明家获得有关发明的新观点，等等。从这个意义上来说，即使专利排除了对一项发明的单纯模仿，它也不能排除与此相关的外部性。"专利也对未来的发明率有影响，因为它们所创造的所谓溢出就是发明过程的副产品。典型的溢出就是一种发明会为另一种发明提供新思路。这样一种溢出效应从经济观点来看是特别有价值的，因为它们是经济增长的一个重要刺激因素。"[2]

但是，知识产权制度也有其固有的缺陷。其一，知识产权制度所能够保

---

[1] ［美］熊彼特：《资本主义、社会主义与民主》，商务印书馆1979年版，第129页。

[2] Bart Verspagen: The Economic Importance of Patents, Paper for the WIPO Arab Regional Symposium on the Economic Importance of Intellectual Property Rights, Muscat, Sultanate of Oman, February 22—24, 1999.

护的只是一些可以申请知识产权的科学技术知识，而对于大多数非产权性知识则无法提供有效的保护，因而也无法提供有效的知识创造刺激，在共性知识创造方面仍然存在着明显的投资不足的问题。因此，它只是在一定程度上缓解了知识创造方面的市场失灵，但并不能从根本上解决这个问题。其二，即使在对产权性技术的保护方面，知识产权制度也存在着明显的部门差异，在对许多科学技术成果的保护方面也是无能为力的。美国经济学家纳尔逊与温特所进行的研究也显示出使用专利作为一种有效的创新收益保护手段的工业部门是相当有限的，仅有很少的企业才把专利评为最有效的手段，这类企业主要是生产化工产品的企业和生产比较简易的机械或电动设备的企业。而在半导体和计算机等企业，先行一步及其比较优势被认为是厂商占有收益的最有效的手段。① 其三，从社会的观点来看，发明者所拥有的垄断权利容易导致垄断暴利。在发明主体与创新主体不统一的情况下，这往往意味着创新动力的减弱，进而延缓发明—创新时滞。英国著名科学学专家贝尔纳早在20世纪40年代就已经指出，专利法是一个严重干扰科学成果的应用过程的一个因素。由于大型垄断企业的兴起，现在大部分专利都是由大公司所持有的，因为只有它们才有力量开展研究开发活动；与此同时，也只有它们才有足够的资金保护自己的专利权不被侵犯。因此，专利法既无法奖赏发明家又严重损害公众利益。②

由此可见，知识产权制度作为一种私有产权制度并不是完美无缺的，它的优点与它的缺陷同样显著。因此，破除在知识产权问题上的种种神话，是极为必要的。知识产权并不神圣，拥有自主知识产权并不意味着同时也就拥有了核心技术，因为除了产权性技术知识以外，还有大量非产权性技术知识，在实践中往往以企业的技术秘密等形式表现出来。一般来说，这类非产权性技术知识虽然是不可编码的，但在技术创新过程中同样起着举足轻重的作用。它们与产权性技术知识共同构成了核心技术。从技术创新的角度来看，以行业秘密（know-how）或者以在市场上先行一步的方式进行保护的非产权性技术知识或许更为重要。

---

① 理查德·R. 纳尔逊：《美国支持技术进步的制度》，载 G. 多西等主编《技术进步与经济理论》，经济科学出版社 1992 年版。Richard R. Nelson：Understanding Technical Change as an Evolutionary Process，Elsevier Science Publishers B. V. 1987，p. 57.

② J. D. 贝尔纳：《科学的社会功能》，商务印书馆 1986 年版，第 219—222 页。

二 知识产权与技术创新的关系

那么,知识产权与技术创新之间是一种什么关系?知识产权能够促进技术创新吗?对此,大多数学者持一种肯定的态度。保罗·赫比格认为:"毫无疑问,一个社会要想促进发明和创新,就必须让潜在的发明家和创新家觉得这样做是值得的。专利方法通过为发明家提供保护并给它以垄断其发明的权力而刺激了创新。"[1] 美国药品研究和生产者协会(RHRMA)在 2002 年 3 月 27 日至 4 月 17 日对 400 名医生进行的调查显示:75%的医生认为专利保护对于新药开发是非常重要的,23%的医生认为比较重要;67%的医生认为弱化专利保护会导致更少的对稀有病症的药物的研究。这表明,强有力的药品专利保护体制对于新药的开发至关重要。但是,曼斯菲尔德在 1985 年选取 12 个产业 100 家企业进行的研究则表明:知识产权制度对技术创新的影响是极为复杂的:在医药工业中,如果没有专利制度,则 65%的发明不会被利用,60%的发明活动不会进行;在化学工业中,这两个比例分别为 30%和 38%;在石油工业中为 18%和 25%;在机械工业中为 15%和 17%;在金属制成品工业中为 12%和 12%;在初级金属工业部门中为 8%和 1%;在电机设备领域中分别为 4%和 11%;在仪器领域中为 1%和 1%。除此之外,办公设备、汽车、橡胶、纺织品等领域,这两个比例均为零。[2] 换句话来说,在大多数行业中,知识产权对技术创新的刺激作用并不如人们想象的那样大。

为什么会出现如此截然相反的结论?除了产业差异以外,一个重要原因就是人们混淆了发明、创新和创新的扩散之间的关系,而将这三者区别开来恰恰是熊彼特在技术创新研究方面的突出贡献。一般来说,发明是创造新知识或新事物的过程,而技术创新则是科技成果的第一次商业化应用,技术创新的扩散则是一个模仿的过程,并且在这个过程中又会出现一些渐进性的技术创新或者说二次创新。前者是科学家的职能,而通过发明创造所形成的知识产权则是科学家履行其职能的产物;技术创新和创新的扩散则是企业家的职能,其产物就是出现在市场上的各种创新产品,包括新的工艺和服务等。

---

[1] Paul Herbig: Innovation Japanese Style, Quorum Books, 1995, p. 56.
[2] 柳卸林:《技术创新经济学》,中国经济出版社 1993 年版,第 221 页。

科学家的职能只是解决科学技术方面的不确定性,而企业家的职能则是进行技术创新及其扩散,并在这个过程中解决市场、制度以及收益分配等方面的不确定性。企业家的技术创新活动是以科学家的发明创造为依据的,而科学家的发明创造又是通过企业家的创新活动造福人类的,而以专利为主体的知识产权就是将两者联系在一起的一种制度安排。在这样一个链条中,以专利为核心的知识产权制度对于促进知识创造或者说知识供应的刺激作用无疑是直接而明显的:由于知识产权制度将研究开发活动的知识成果资产化了和产权化了,因而使科学技术活动有了直接而明确的商业内涵,成为企业的商业行为。在这种情况下,企业或者个人在投资于研究开发活动方面无疑有了更大的积极性,整个社会的研究开发投资也会相应地增加,其直接结果就是社会的知识存量随着研究开发投资的增长而增加。

相比之下,知识产权制度对于技术创新的作用则是不确定的。从积极的方面看,知识产权制度可以为独立发明家或者从事研究开发活动的企业提供一定的利益保障,并通过保护发明家和创新企业的发明收益而刺激技术创新所必需的科学技术成果供应的数量与质量,进而刺激研究开发资源的最优配置,增加科学技术知识的供应,从而有助于减少技术创新过程中技术方面的不确定性。随着整个社会科学技术知识存量的增加,进行技术创新的潜在可能性也相应地增加了,两者之间是一种正相关的关系:更多的科学技术知识供应必然导致更多的技术创新行为,因为产权性知识的逐利本能决定了它必然要从潜在的生产力转化为现实的生产力。从这个意义上说,知识产权制度无疑是有利于技术创新活动的。但是,从消极的方面来看,由于进行技术创新的企业必须为产权性知识的潜在商业价值支付一定的知识产权费用,在发明主体与创新主体相互分离的情况下,这无形之中势必会提高企业的技术创新成本,因而对技术创新产生一种遏制作用。这是因为,尽管购买知识产权可以节省研究开发费用,但是,任何专利都不可能是十全十美的,创新企业都必须对它做进一步的完善和改进,而这又需要一定的额外研制费用。因此,从总体上看,知识产权制度既提高了技术创新的潜在可能性,但它同时又因为提高了技术创新成本而对技术创新起一种遏制或者说阻碍作用。

知识产权制度对于技术创新扩散的影响同样也是极为复杂的。一方面,不论是企业还是公共研究机构开发出来的新技术,都可以通过申请专利的方式获得其使用的垄断权,从而将其变成所谓的产权性技术。任何其他人要使用这种新技术,都必须首先获得发明者或者说是技术的产权所有人的同意并

获得专利许可。从这个意义上来说，技术是纯粹的私人产品，不具有公共产品的特征。由于专利制度规定发明者具有在一定时期内独家使用该发明的排他性权利，这又会在很大程度上限制可供交易的科学技术成果供应量，从而减少科学技术成果从潜在生产力变为现实生产力的可能性，延缓发明—创新。即使在技术创新主体与知识产权主体相统一的情况下，由于雇主对于其雇员所开发的任何专利都拥有所有权，它们也可能不利于创新技术的溢出。曼斯菲尔德在1981年进行的一项研究表明，企业的模仿成本因为专利的存在而平均提高了11%以上。但是，另一方面，获得了私人产权的技术知识不会永远是私有的，它们迟早会走向公有，从而最终变成公共产品。由于知识产权制度将科学技术知识产权化了，使之具有了一定的资产价值，并且知识产权的价值是通过技术创新实现的，这就意味着应用这种知识产权的企业越多，则知识产权所实现的价值也就越高。在这种情况下，知识产权有着促进技术扩散的内在动力，而且它也为这种技术扩散提供了一种可行的机制，即通过技术资产化来确定一个适当的市场价格。这是因为，根据专利法，对于发明创造的引诱和奖赏是控制发明使用的暂时而有限的法律权力。作为交换，发明人要披露其发明的基本信息及其工作机制，并且同意在一定年限以后放弃其产权控制，任何人都可以无偿地利用这些信息并在此基础上进行更为深入的研究，而成文专利本身就提供了一些如何这样做的线索。在这种情况下，知识产权制度既建立起了阻止其他企业或个人模仿或者无偿使用这些技术知识的技术之墙，又为人们提供了渗透这堵高墙的钥匙。

由此可见，专利制度在激励知识创造与促进技术创新及其扩散方面确实存在着内在的矛盾：它既有减少技术方面的不确定性从而促进技术创新过程的一面，也有过分强调保护发明家的发明收益而不能为技术创新过程中所产生的技术创新收益提供充分保护而延缓技术创新进程的一面，而这反过来又会影响到企业研究开发资源的配置。在知识创造主体与技术创新主体相统一的情况下，由于所有的知识创造与技术创新活动都是在同一个企业内部进行的，知识产权确实会导致更多的技术创新活动，但在这种情况下的技术创新溢出过程也会相应地减慢，因为所有与技术创新相关隐含经验类知识都被内部化于同一个主体之内，而且企业也未必一定会采用专利方式来保护其技术资产。但是，在知识创造主体与技术创新主体彼此分离的情况下，因为涉及寻求适当的用户以及知识产权的合理定价问题，知识产权制度对技术创新的负面作用就会大一些，而且技术创新溢出的速度也会相应地加快。因此，笼统地说保护知识产权就是促

进技术创新是不正确的,至少是不妥当的。知识产权与技术创新并不是一回事,而是由不同职业行为者履行其职能的不同产物。

从上面的分析可以看出,技术创新与知识创造的主体并不一致,两者的联系则是通过知识产权安排来实现的,知识产权与技术创新之间并不存在着必然的联系。因此,企业的技术创新活动并不必然以拥有自主知识产权为前提。但是,当这种知识产权由科学家转移到企业家的手中时,由于取得了知识产权保护的科学技术知识已经成为一种产权性知识,因而企业家必须支付一定的许可费用。格罗斯曼和哈普曼(Grossman & Helpman)[1991]认为:技术发明的使用不应该仅仅限于其发明者,而且也应该为经济中的其他企业所使用。在他们看来,没有技术创新的溢出,一国的长期经济增长就会停滞。[1] "当发明是公共商品时,国内纳税人就为国外受益者创造了无法获得补偿的好处;从政治上说,这种主张很难获得公众支持。相反,如果研究开发得到知识产权而不是公共赞助的支持,则外国受益者必须通过支付知识产权价格来至少偿还一部分成本。从国外获得利润的前景给实施更强有力的知识产权保护一种自然刺激。"[2] 从这个意义上来说,专利使用者向专利持有者支付一定数额的专利使用费显然是天经地义的,而问题的关键则在于专利使用费的具体数额,即是否存在垄断暴利。

那么,这种知识产权的使用费用以多少为宜呢?或者说垄断暴利的标准是多少呢?一般来说,专利持有人往往根据技术的性质、接近人类试验的程度以及专利的涵盖范围来确定满意的许可费率(尖端技术就有较高的许可费率),而购买技术许可的企业往往考虑技术开发所需要的投资以及专利的涵盖范围来确定可以支付的许可费率。以医药领域中专利技术的许可费率为例。假定企业为开发这种新技术的投资总额为1亿美元和1.5亿美元两种情况,则其研发和商业化的情况如表6—4[3]所示:

---

[1] Bart Verspagen: The Economic Importance of Patents, Paper for the WIPO Arab Regional Symposium on the Economic Importance of Intellectual Property Rights, Muscat, Sultanate of Oman, February 22—24, 1999.

[2] Suzanne Scotchmer: The Political Economy of Intellectual Property Treaties, NBER, August 22, 2001.

[3] Elli Malki: The Economic Sense Of Royalty Rates, see *Economics Working Paper Archive at WUSTL*, 1997-09-25.

表6—4　　　　　　　　　不同投资额情况下的研发成本

阶　段	总投资为1亿美元		总投资为1.5亿美元	
	期限（年）	投资（百万美元）	期限（年）	投资（百万美元）
临床前研究	2	3	2	5
毒物学与IND检验	1	2	1	3
阶段Ⅰ	1	5	1	10
阶段Ⅱ	2	21	2	27
阶段Ⅲ	3	54	3	80
NDA批准与准备销售	1	15	1	25
合计	10	100	10	150

假定企业在获得营销许可后，销售额逐渐上升并且在3年后达到最大规模。生产、营销和销售成本为总销售额的80%；购买专利的企业平均有12年受到专利保护的销售期；公司税率假定为35%。则在内部收益率为15%、20%和25%的情况下，专利持有者可获得的最高许可费率如表6—5所示：

表6—5　　　　　　　　　　　最大许可费率　　　　　　　　　　单位：百万美元

销售额	投资总额1亿美元			销售额	投资总额1.5亿美元		
	IRR=15%	IRR=20%	IRR=25%		IRR=15%	IRR=20%	IRR=25%
300	3%	—	—	300	—	—	—
400	7%	1%	—	400	—	—	—
500	9%	5%	—	500	4%	—	—
600	11%	7%	2%	600	7%	1%	—
700	12%	9%	4%	700	9%	4%	—
800	13%	10%	6%	800	10%	6%	—
900	14%	11%	8%	900	11%	7%	2%
1000	14.5%	12%	9%	1000	12%	8%	4%

从表6—5中可以看出，单项专利的最高许可费率随销售额的增加而增加，而许可费率增幅则随销售额的增加而呈边际递减趋势。假定为开发一种新医疗技术的总投资为1亿美元，而公司所要求的利润率为20%，则当预期销售额为4亿美元时1%的许可费率就是经济合理的；然而，如果销售额翻

了一番达到 8 亿美元的话，合理的许可费率将提高到 10%。如果这种投资为 1.5 亿美元而且所要求的利润率仍然是 20% 的话，以预期销售额为 6 亿美元计，则 1% 的许可费率就是合适的。然而，如果预期销售额达到 8 亿美元，则合理的许可费率可以为 6%。但是，在投资总额为 1 亿美元而且预期利润率为 20% 的情况下，如果销售额从 4 亿美元增加到 5 亿美元，合适的许可费率从 1% 提高到 5%；而当销售额从 7 亿美元增加到 8 亿美元时，合适的许可费率则从 9% 增加到 10%。在这种情况下，其他影响预期销售额的因素如潜在市场、竞争程度、预期产品价格以及专利的地理涵盖范围等也应该纳入许可费率的考虑范围之内。

三 经济发展水平与知识产权保护水平

那么，知识产权保护水平是由什么因素决定的呢？我们知道，知识产权的保护水平主要体现在三个方面：其一，知识产权的涵盖范围即宽和窄的问题；其二，知识产权的保护期即长和短的问题；其三，知识产权的实施力度即松和紧的问题。知识产权保护水平高低或者说严厉与否，很大程度上是通过这三个指标来衡量的。一般来说，较严厉的知识产权保护意味着知识产权的涵盖范围较宽、保护期较长而且实施力度比较大，而相对宽松的知识产权保护则意味着较窄的知识产权涵盖范围、较短的保护期以及相对较弱的知识产权法规实施力度。由于这后面隐藏着深刻的利害关系，发达国家与发展中国家之间在这些问题上有着迥然不同的立场和观点。发达国家认为实施严厉的知识产权保护是促进科学技术国际转移的一个重要前提，而发展中国家则认为由于其经济发展水平较低而难以实施严厉的知识产权保护，因而要求发达国家采取措施鼓励向发展中国家的技术转移。学者迪尔多尔（Deardor）[1992] 认为：在发展中国家提供知识产权保护对于发展中国家或者整个世界都不是最优的，因为发展中国家所蒙受的巨大损失可能会超过整个世界因为拥有更多的发明所获得的收益。[1] 我国也有学者认为："应当从维护国家主权和经济安全，维护和发展社会制度的战略高度来看待我国知识产权保护水平问题。应当清醒地认识知识产权领域国际斗争的实质，即发达国家企图凭

---

[1] Suzanne Scotchmer：The Political Economy of Intellectual Property Treaties，NBER，August 22，2001.

借其经济优势和强权,垄断知识产权并不断扩大其经济利益,使发展中国家永远处于弱势地位。"① 很显然,这些学者的共同特点就是强调知识产权保护水平应该与经济发展水平相适应,发展中国家可以而且应该采用较低的知识产权保护水平。

那么,发展中国家确实应该实施较为宽松的知识产权保护措施吗?在决定是实施较严厉的还是较宽松的知识产权保护措施时经济发展水平是一个关键因素吗?在这个问题上,我们可以从以下几方面的关系来考察经济发展水平与知识产权保护水平之间的关系。

其一,是注重长期收益还是短期收益?如果从短期来看,放宽知识产权保护政策无疑对于一个国家的短期经济发展是有利的,因为它可以使技术模仿成本降低到最低的水平,并且在短期内从国外获取大量的免费技术供应,从而加快国际技术扩散并促进国内技术扩散;但是,从长期来看,这种搭便车的做法无疑会严重削弱对知识创造的刺激,从而压抑了知识创造的积极性,减少知识供应,并且严重遏制科学技术知识从国外向国内的扩散,因而不利于技术的获得与应用,并会使一国在很长时期内处于严峻的国际压力之下。从这个角度来看,在决定实施较为严厉的知识产权保护措施还是较为宽松的知识产权保护措施时,必须在平衡长期收益与短期收益之间关系的问题上做出适当的安排。

其二,是鼓励技术扩散还是技术创造?知识产权制度之所以存在,一个重要的考虑就是通过专利法这样一种知识产权制度安排使技术知识资产化,进而促进知识的创造;从技术扩散的角度来看,知识产权制度的存在又因为提供了模仿成本而抑制了技术扩散的速度,因而不利于科学技术的迅速应用。专利内含的技术信息的披露并不足以弥补知识产权制度的这一缺陷。因此,知识产权保护制度必须在这两者之间求得某种平衡,在知识产权保护的期限、涵盖范围等方面做出明确规模,以使知识产权制度对技术扩散的影响程度降低到最小,同时又不会削弱其对知识创造的刺激作用。模仿者所获得的利润很大程度上是从创新者那里分享的,是对创新者收益的一种侵犯。允许模仿者获得暴利,无疑会削弱整个社会对技术创新的刺激,从而削弱技术创新投资。从这个意义上说,创新者获得超额利润是正常的,而模仿者获得

---

① 参见互联网实验室:《关于合理保护软件知识产权的呼吁书》;方兴东、王俊秀:《论中国软件知识产权保护的十大关系》。

超额利润则是不正常的。只有在发明者与创新者为一体的情况下,由于知识产权所带来的超额利润才能既促进知识创造,又促进技术创新。

其三,是社会收益优先还是私人收益优先?知识无疑有着公共产品的属性,具有非竞争性、非排他性等基本特点,其社会收益是显而易见的;但是,进入近代以来,科学技术知识在很大程度上又是企业有意识投资进行研究开发活动的产物,而企业的投资又有着明确的逐利性,因而必须强调和保护其私人收益。事实上,技术知识的资产化本身就是承认并保护私人研究开发活动的,由此而产生的知识就成为产权性知识。在这里,必须平衡这种知识本身的资产属性与公共产品属性之间的关系,平衡社会收益与私人收益之间的关系。

其四,是促进国内的技术扩散还是国外的技术输入?当代世界是由许多民族国家构成的,与此相适应,科学技术知识也就有一个跨国界流动的问题。知识产权保护必须在促进科学技术知识从国外向国内的扩散与在本国的扩散之间求得平衡。如果主要目标是促进国内的技术扩散,那相对宽松的知识产权保护也未尝不可;但是,在全球化的情况下,这种政策取向势必要抑制国外技术向国内的扩散,从而使一国处于相对的技术孤立状态。在科学技术革命时期,这种政策取向所付出的代价尤其巨大。

由此可见,在知识产权保护问题上,各国政府实际上面临着两难的选择:一方面,从促进一国经济迅速发展的角度来看,产权性技术扩散得越快、涵盖面越广越好;但从另一方面来看,产权性知识又是一种技术资产,拥有这种知识资产的个人或者企业又要求国家对这种资产提供最大程度的保护。因此,一国的知识产权保护水平并不是经济发展水平的简单函数,而是综合考虑上述诸方面关系的产物,是政府选择的产物。我个人认为,在知识产权保护水平方面,一国所采取的经济发展战略往往起着决定性的影响。

其一,如果是一个实施出口导向型经济发展战略的国家,以对外贸易带动经济增长是其整个经济发展战略的核心。在这种情况下,必须实施相对严格的知识产权保护措施,以鼓励国外技术向国内的溢入,而那些不能为输入的技术提供知识产权保护的发展中国家则可能会遭到贸易制裁。近年来,美国政府在利用贸易措施保护美国企业的知识产权方式非常活跃,"301条款"和"超级301条款"事实上就是美国在知识产权保护问题上采取强硬立场的产物。

其二,在技术供应上,如果一国经济发展战略旨在鼓励和促进国外科学技术知识的流入,则必须实施相对严格的知识产权保护战略。这是因为,较

强的专利保护可以诱导发达国家的企业从事可能会导致技术转移的经济交易，包括外国直接投资（FDI）、向发展中国家出口隐含技术知识的资本货物、发展中国家和发达国家的企业兴办合资企业等。与此同时，在发展中国家实施强有力的专利保护将增加发展中国家自身的发明活动，因而提高这些国家的增长率。

其三，如果是一个实施进口替代型经济发展战略的国家，那么，由于对外经济联系在其经济发展战略中不起重要作用，因而可以实施相对宽松的知识产权保护战略。有学者认为："没有必要使用专利制度以使发明的所有溢出都内部化于一个企业（比如说发明企业）。这种做法基本上等同于排除了发明对于整个经济的大部分潜在收益，因为没有一个企业能够大到足以充分穷尽关键技术领域中重要发明的可能性。专利的目的应该是为企业提供一种获取公平利润的可能性，以便弥补其研究开发成本。因此，将大部分溢出留给其他企业进而提高整个经济的总体收益是合理的。……现代增长理论认为，如果没有这种溢出的话长期经济增长将会趋近于零。"[①] 但是，在这种情况下，实施宽松知识产权保护战略的发展中国家必然面临着这样的代价，即：不论是国外向国内的技术扩散，还是本国企业的发明创造力都会受到极大的遏制。

其四，如果一国的科技发展战略旨在促进科技知识在国内的扩散，则可以实施相对宽松的知识产权保护战略。在这种情况下，现有技术在国内企业间的扩散速度将大大加快，从而导致产业技术平均水平的迅速提高，但它同时也会遏制产业技术水平的进一步提高或者说升级换代，因为较宽的专利降低了对其他企业而不是发明者的溢出。马佐莱尼和纳尔逊（Mazzoleni & Nelson）[1998] 认为："当技术溢出比较强大时，涵盖范围较宽的专利保护对于未来的发明率有潜在危害。在某些领域中，新技术，比如基因，专利涵盖范围过宽的危险看来是非常现实的。"[②]

---

① Bart Verspagen: The Economic Importance of Patents, Paper for the WIPO Arab Regional Symposium on the Economic Importance of Intellectual Property Rights, Muscat, Sultanate of Oman, February 22—24, 1999.

② Bart Verspagen: The Economic Importance of Patents, Paper for the WIPO Arab Regional Symposium on the Economic Importance of Intellectual Property Rights, Muscat, Sultanate of Oman, February 22—24, 1999.

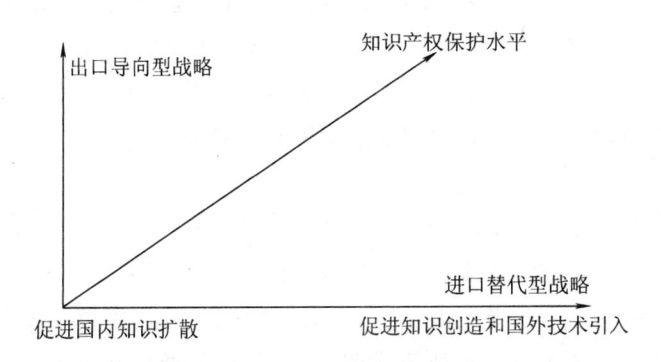

```
出口导向型战略          知识产权保护水平
                              ↗
                            ↗
                          ↗
                        ↗
                      ↗
                    ↗
                  ↗
                ↗
                              进口替代型战略
促进国内知识扩散      促进知识创造和国外技术引入
```

那么，经济发展水平是否对知识产权保护的宽严程度有影响呢？应该说，经济发展水平确实会对知识产权保护水平产生影响，但是，这种影响并不是必然的和决定性的。一般说来，经济发展水平在两个方面会影响到知识产权的保护水平：第一，一国的经济发展水平较低，从而影响到该国政府知识产权保护的工具选择或者实施强度。这主要是从知识产权保护的可能性方面来考虑问题的：经济发展水平低的国家无法实施严厉的知识产权保护措施，因为立法和实施监督的成本太高。从这个意义上说，严厉的知识产权保护措施实际上是没有意义的，而且这种经济发展水平对知识产权保护水平的影响是直接的。第二，一国的经济发展水平较低，因而不必实施严厉的知识产权保护措施，以便于科学技术知识的扩散和应用，因为它本身的技术基础也使它们没有能力吸收这些知识产权中所蕴涵的科技知识。这主要是从知识产权的必要性方面来考虑问题的。

但是，这并不意味着发展中国家可以实施较为宽松的知识产权保护政策。学术界有研究已经表明，以发展中国家产业结构层次较低为借口放低知识产权保护的要求实际上是一个误区，认为"鉴于发展中国家在技术上的落后状态，知识产权保护宜松不宜紧"的观点是不恰当的。[①] 这是因为，较为严格的知识产权保护政策主要会产生两方面的作用：第一，为知识创造提供强有力的经济刺激，从而使相关的研究开发资源配置向知识创造方面倾斜，进而为技术创新提供更大的空间；第二，鼓励科学技术知识从发达国家向发展中国家的转移，包括外国直接投资、隐含技术知识的资本货物以及技术许可等。从这个角度来看，实施较为宽松的知识产权保护措施缺乏经济上的合

---

① 邹薇：《知识产权保护的经济学分析》，载《世界经济》2001年第12期。

理性；经济发展水平低本身并不成其为实施宽松知识产权保护措施的正当理由。一个经济大国在知识产权保护方面有可能享有较大的自主权，但往往又会因其市场规模而受到专利持有人的格外"关照"和压力；一个实行内向型经济发展战略的国家可以实施较为宽松的知识产权保护，因为它的知识供应和产品市场主要来源于并且面向本国；而一个外向型的国家则必须实施严格的知识产权保护，因为它的技术供应来源于国外，而且其产品市场也主要在国外。

从实践上来看，宽松的知识产权保护环境对于一国产业技术发展所造成的危害也是显而易见的。以"中国硅谷"著称于世的北京市中关村为例。据海淀工商分局的不完全统计，中关村地区每年的盗版光盘交易额大约在3亿元人民币左右。北京江民新技术有限责任公司1996年推出了计算机信息安全产品——杀毒软件KV300，当月就占全国杀毒软件销售排行榜的第一名。可3个月后盗版产品就大量涌现，销售额只是正常时的20%。著名的中文文字处理软件WPS的发明人求伯君教授对盗版更有切肤之痛。WPS软件系统是前几年中国几乎所有计算机都要使用的软件，当时我国约有400万台计算机，而设计这一软件的金山公司却只卖出了20万套WPS软件。市场上盗版软件占了90%以上，仅这一项，就使金山公司损失达360亿元人民币。[①] 事实上，谈到中国软件业的发展问题时，许多业内人士都把盗版视为最主要的阻碍因素之一。

四 科技全球化背景下的知识产权保护

既然知识产权保护水平与经济发展水平之间并不存在必然的联系，那么，为什么发达国家与发展中国家在知识产权问题上屡屡发生争端呢？事实上，最早将知识产权制度与经济发展水平联系起来的是发展中国家。[②] 早在20世纪60年代，发展中国家政府与学者就力主由国际组织采取得力措施促进由发达国家向发展中国家的技术转移，并且坚决反对在本国实施强有力的专利制度。它们认为，尽管制定了本国的知识产权制度，但是，由于发展中

[①] 《中关村一年盗版三个亿》，载《生活时报》1999年9月25日。

[②] Jeroen Van Wijk and Gerd Junne: Intellectual Property Protection of Advanced Technology, *UNU/INTECH Working Paper* No. 10, October 1993.

国家企业的技术创新能力太低，因而无法引进最新的先进技术，而且在实施了知识产权保护制度之后预期的技术转移也没有出现。在这种情况下，没有旨在提高发展中国家内生研究能力的政策措施，很难指望专利制度成为一种在贫困国家刺激创新的一种有效手段。因此，"发展中国家不否认工业产权制度可以促进工业化，但认为在发展中国家，由于脆弱的经济与技术结构，这种制度不会带来令人满意的收益。在发展中国家，工业产权制度所产生的特权在本国无法刺激发明，也不能促进引进技术的迅速转移、恰当的改进或普遍的扩散"[1]。70年代和80年代以后，在有关专利活动在发展中国家作用的讨论的基础上，发展中国家和发达国家之间的讨论转化为一场政治争论。联合国贸易与发展会议发表的一项研究（UNCTAD，1975）表明，发展中国家在世界全部专利授权中只占不足1%，而且即使是发展中国家所拥有的专利也有80%以上是被外国企业（来自发达国家的企业）所持有的，只有5%—10%是由发展中国家本国的研究开发机构创造出来的。欧洲联盟的一份研究报告也承认，企业从事研究开发以及由此而产生的专利主要是一个发达国家的问题，而且主要是五个左右最大国家的问题。因此，从科技进步与技术创新的角度来看，这个世界大体上可以分为两类国家：一类国家是北方国家，它们拥有创新能力，能够发明并生产出新产品；一类国家是南方国家，它们基本上没有创新能力或者说创新能力很弱。北方国家的发明家受到其国内知识产权法律的保护，并通过技术溢出效应为南方国家也带来了经济收益。如果南方国家提供相应的知识产权保护的话，它们就会因为北方发明家拥有更多的全球知识产权保护而获得更多的新产品，但它们必须按知识产权价格支付（这是一种得到政府认可的垄断价格）。但是，如果北方国家的发明在南方国家得不到知识保护的话，则南方国家就会以竞争价格（这是一种市场价格，因为相关技术是无偿使用的，因而会有多个新产品供应厂商）获得新产品的供给。[2]

由此可见，由于发展中国家与发达国家在技术知识创造中的地位不同，

---

[1] Bart Verspagen: The Economic Importance of Patents, Paper for the WIPO Arab Regional Symposium on the Economic Importance of Intellectual Property Rights, Muscat, Sultanate of Oman, February 22—24, 1999.

[2] Suzanne Scotchmer: The Political Economy of Intellectual Property Treaties, NBER, August 22, 2001.

因而在知识产权问题上的立场也迥然不同，而且这主要表现为少数发达国家与大多数发展中国家之间的对立。[①] 一般来说，发展中国家倾向于实施较为宽松的知识产权保护水平，以加快技术创新的国内扩散进程，并利用自身的政治压力促进国际技术扩散；而发达国家则主张实施较为严厉的知识产权保护措施，以鼓励知识创造并保护自己的商业利益，并把较高水平的知识产权保护措施视为国际技术扩散的前提。事实上，发展中国家和发达国家在知识产权保护问题上的这种激烈争论，在政策取向上往往表现为技术的全球主义与民族主义之争。所谓技术的全球主义是建立在以科学技术知识是公共产品的假定的基础之上的一种经济技术政策取向，对于科学技术知识的跨国界流动采取一种支持和鼓励态度。一般来说，这样一种政策取向不是单向的，而是双向的，即不仅鼓励科学技术知识的流入，而且也鼓励或者至少不限制科学技术知识的流出，从而努力将一国经济发展的技术基础扩展到全球范围之内，在科学技术知识跨国界流动的动态基础之上实现经济的持续增长。技术的民族主义则是建立在科学技术知识是私人产权性产品的假定的基础之上的一种经济技术政策取向，它对于科学技术知识的跨国界流动虽然大体上也采取支持和鼓励态度，但这种支持和鼓励是有条件的，有限制的。也就是说，它更多地鼓励科学技术知识从国外向国内的流动，而对于科学技术知识从国内向国外的流动则持一种限制或者是反对的立场。[②] 出于自身利益的考虑，发展中国家大多秉持着技术全球主义的立场，主张科技成果的全球共享，而发达国家则往往持技术民族主义的立场，力主知识产权作为一种私有产权应该获得合理的收益。

在 20 世纪 60 年代和 70 年代，迫于当时的世界经济政治形势，发展中国家在知识产权和技术转移问题上明显占有上风，并通过自身的政治压力迫使许多国际组织采取了一系列措施以鼓励发达国家向发展中国家的技术转移。但是，从 80 年代中期起，在知识产权问题上的这样一种格局被完全打

---

① Jeroen Van Wijk and Ge Junne 对这个问题进行了非常详细的分析，特别是有关发达国家与发展中国家在保护高技术问题上的分歧与争端进展的描述尤为详尽。参见 Jeroen Van Wijk and Ge Junne: Intellectual Property Protection of Advanced Technology, *UNU/INTECH Working Paper* No. 10, October 1993。

② Alan Tonelson: The Perils of Techno-Globalism, Issues in Science and Technology, Summer, 1995.

破了。进入 80 年代以后，以美国为首的发达国家越来越重视知识产权在综合国力竞争中的重要作用，并且努力将知识产权保护问题与贸易问题挂起钩来，动辄以贸易制裁来威胁那些不肯在知识产权问题上进行合作的发展中国家。在其 1988 年的综合贸易法案中，美国政府加进了"特别 301 条款"，允许美国对侵犯知识产权的国家进行贸易制裁，而在随后不到五年的时间里美国贸易代表将 40 多个国家列入了重点观察名单。与此同时，其他发达国家也开始同意将知识产权问题从世界知识产权组织（WIPO）的辩论中摆脱出来，试图将知识产权问题与自由贸易问题结合起来，进而在实践上将有关知识产权问题的协商纳入乌拉圭回合之中，从而使自由贸易问题的协商与知识产权问题结合起来。最后，在乌拉圭回合的贸易谈判与世界贸易组织条约中，发达国家成功地签署了《与贸易相关的知识产权协议》（TRIPs），从而正式将贸易与知识产权联系了起来，形成了在世界范围内统一的知识产权保护体系，尽管"经济理论没有对统一知识产权保护体制优于具有多样化保护水平的体制提供明确的答案"[①]。

《与贸易相关的知识产权协议》（TRIPs）与传统知识产权组织的最大区别就在于，它是由世界贸易组织管理的，并且获得了可以采取具有杀伤力的特别强制措施的授权，因而被普遍认为是有史以来最强有力的知识产权协调条约。《巴黎公约》和《伯尔尼公约》没有强制条款，世界知识产权组织（WIPO）也只有非常微弱的强制权力，而《与贸易相关的知识产权协议》（TRIPs）则含有明确的强制条款，并规定了强制性的第三方仲裁和其他附加程序。它不仅为所有类型的知识产权都确立了最低的保护水平，包括对生物制品微生物、药品、计算机软件、数据库等提供最低水平保护的特别条款，规定了最低的保护期，而且也要求签字国采取一定的基本法律措施来防止侵权。根据 TRIPs，那些不遵守最低知识产权保护水平的国家将遭到贸易限制的报复措施。在许多发展中国家的经济发展战略从进口替代转向出口导向的情况下，这是一种特别有效的措施。显然，由于出口导向战略特别依赖于世界市场，因而由 TRIPs 对于遵守知识产权保护协定的压力就非常大了。应该说，从 80 年代开始，发达国家在知识产权保护问题上开始占据主动，

---

① Bart Verspagen: The Economic Importance of Patents, Paper for the WIPO Arab Regional Symposium on the Economic Importance of Intellectual Property Rights, Muscat, Sultanate of Oman, February 22—24, 1999.

而发展中国家往往处于被动和从属的地位。美国学者认为,"根据 NAFTA 和 TRIPs 在国外强化知识产权保护,这符合美国的商业利益"[①]。

由此可见,尽管知识产权制度并不是一种完美的制度安排,而且知识产权与技术创新之间并不存在必然的联系,但是,由于发达国家在理论上将经济发展与对外开放挂起钩来,而在实践上又将知识产权问题与贸易问题挂起钩来,因而使知识产权保护在当代世界经济中已经成为一个通行的国际规则。在这种情况下,知识产权保护并不完全是一项纯粹意义上的国家主权,而是一项受到多方面约束的国家主权。一系列的国际条约实际上已经意味着在知识产权保护方面的国家主权在很大程度上已经让渡给了国际组织,其实施受到主要专利持有国的严格监督,就像目前美国所做的那样。有学者认为:"知识产权条约有两个重要规定:一是对外国发明家的国民待遇,另一个是统一化或者说全球化。"[②] 一般来说,国民待遇意味着在各国内部的国内发明家和国外的发明家都享受同样的待遇,而统一化则是指签字国同意采取共同的知识产权保护措施。从这个意义上来说,近年来飞速发展的科技全球化趋势首先表现为科技成果保护的全球化。无论是科技资源的全球配置,还是科技活动的全球管理,抑或是科技成果的全球共享,它们都是以科技成果的全球管理和全球保护为基础的。你要参与全球经济技术的博弈,你就必须遵守这种规则,否则就会面临着两种选择:要么随发达国家严厉的贸易制裁,要么放弃外向型或者说出口导向型经济发展战略,而这两者都意味着发展中国家必须付出它们所无法承受的巨大代价。

五 结论及其对中国的含义

从上面的分析中,我们可以得出以下结论:

其一,知识产权制度对于科学技术知识的跨国流动有着重要的影响。现代社会中的知识创造是企业或国家有意识投资的产物,因而是一种产权性知识。它有其自身的价值,可以通过市场进行交换。在这种情况下,知识产权制度的主要功能就是平衡知识创造与知识应用两者之间的关系。但是,拥有

[①] Suzanne Scotchmer: The Political Economy of Intellectual Property Treaties, NBER, August 22, 2001.

[②] Ibid.

自主知识产权并不意味着同时也就拥有了核心技术,因为除了产权性技术知识以外,还有大量非产权性技术知识,它们与产权性技术知识共同构成了核心技术。从这个意义上来说,知识产权并不神圣,发达国家将知识产权神秘化,主要目的就是从中获得尽可能大的垄断收益。

其二,知识产权与技术创新之间的关系是极为复杂的,两者之间并无必然的联系,技术创新也并不以自主知识产权为前提。知识产权制度既有促进技术创新乃至技术创新扩散的一面,也有阻碍技术创新扩散的一面,而这种阻碍作用在技术创新主体与知识产权主体不相统一的情况下尤为显著。因此,技术创新虽然并不必然以自主知识产权为前提,但知识产权制度却是沟通知识产权主体与技术创新主体的必要桥梁。从这个意义上来说,知识产权使用方向持有方支付一定的专利费用是合理的,不属于商业欺诈行为。但是,同样需要注意的是,考虑到知识产权收益的可独占性在不同情况下有所变化[①],跨国公司在考虑采取从事的研发活动的组织形式(例如转包型研发、独资子公司、合资企业、技术联盟、与大学合作等)时,必然会从技术本身的性质和法律的角度最大限度地维护自己的利益。跨国公司的研发活动倾向于采取独资的形式,这很可能是为了尽可能地占有技术和知识产生的收益。[②]

其三,知识产权保护水平受到多方面因素的影响,其中一国的经济发展战略起着决定性的作用。虽然经济发展水平也会对一国的知识产权保护水平产生一定的影响,但这种影响并不是决定性的,两者之间并不存在必然的联系。相对而言,是经济发展水平决定了一国的经济发展战略选择,经济发展战略又影响了一国的知识产权保护水平的选择,而不是相反。外向型的经济发展战略意味着国际技术扩散优于国内技术扩散,这就迫使实行出口导向型发展战略的发展中国家较之实行进口替代型发展战略的发展中国家更加重视知识产权保护。

其四,贸易问题与知识产权问题的挂钩,使知识产权保护成为一项全球

[①] 当知识产权保护比较宽松且技术本身很容易被复制时,可占有性是很弱的;相反,另一种极端的情形是,在严格的知识产权保护制度下,技术本身的不易复制形成了很强的可占有性。在另外两种情况下,可占有性则介于上述两种极端之间。

[②] 范黎波、宋志红:《跨国公司研发活动全球化的成因、策略与组织形式选择分析》,载《国际贸易问题》2004年第5期。

规则。虽然知识产权背后潜藏着巨大的商业利益，发展中国家和发达国家在知识产权问题上的立场迥然不同，但是，由于发展中国家的经济发展战略在80年代由进口替代型转向出口导向型，而发达国家又力主将知识产权问题与贸易问题挂起钩来，动辄以贸易制裁来威胁发展中国家采取严厉的知识产权保护措施，知识产权已经成为一项全球规则，而世界贸易组织的《与贸易相关的知识产权协议》（TRIPs）又使知识产权保护出现了全球统一的趋势。在这种情况下，没有哪个国家能够承受放宽知识产权保护所带来的巨大风险。

中国是一个发展中国家，目前在知识产权问题上存在着两种迥然不同的倾向：其一是过分强调知识产权，特别是自主知识产权，认为有了自主知识产权也就有了自己的核心技术；其二是强调知识产权保护水平应该与目前中国的经济发展水平相适应，对知识产权应该是适度保护而不是严格保护。前者意味着自主知识产权与核心技术是统一的，强调自主知识产权的一个必然内涵就是要承认并强化知识产权保护措施，但我们在前面的分析中已经说明自主知识产权与核心技术并不一致；后者意味着我们应该实施相对宽松的知识产权保护措施，但这又与目前知识产权已经成为一项国际规则的现实相对立。很显然，这是两种非常矛盾的政策主张，说明大家在知识产权问题上还存在着许多模糊的认识，因而需要进一步理清。

从上面的分析中我们可以看出，无论是中国经济发展战略的调整还是世界经济形势的变化都要求我们强化而不是弱化知识产权保护措施。在科技全球化的背景之下，由于国际技术转移的速度和规模都达到了前所未有的水平，而中国的对外开放步伐又因为加入世界贸易组织而进一步加快，再加上中国的产业技术基本上是外源型的，因而客观上要求我们将重点放在促进国外先进技术向国内的流动上。据此判断，相对严格的知识产权保护措施对现阶段的中国经济发展来说是必要的，因为它有助于促进科学技术知识从国外向国内的流动和转移。我们应该尊重知识产权，保护知识产权，反对以经济发展水平较低为理由放宽知识产权保护水平，但确实不必过分强调自主知识产权，因为两者之间并不存在必然的联系。从这个角度上来看，我们不应该把加入WTO以后中国就有关知识产权法规进行的修改视为适应中国经济发展水平要求的举措，而应将其视为适应对外开放新形势的必然产物。事实上，中国近来修改后的知识产权立法在某些方面甚至比TRIPs协议的规定更严格就是一个明证，历史终将证明中国政府在知识产权问题上的这一立场是

一个非常明智的战略选择。

主要参考文献

1. [美] 熊彼特:《资本主义、社会主义与民主》,商务印书馆 1979 年版。
2. 理查德·R. 纳尔逊:《美国支持技术进步的制度》,载 G. 多西等主编《技术进步与经济理论》,经济科学出版社 1992 年版。
3. J. D. 贝尔纳:《科学的社会功能》,商务印书馆 1986 年版。
4. 王春法:《技术创新政策:理论基础与工具选择——美国和日本的比较研究》,经济科学出版社 1998 年版。
5. 柳卸林:《技术创新经济学》,中国经济出版社 1993 年版。
6. 邹薇:《知识产权保护的经济学分析》,载《世界经济》2001 年第 12 期。
7. Richard R. Nelson: Understanding Technical Change as an Evolutionary Process, Elsevier Science Publishers B. V. 1987.
8. Paul Herbig: Innovation Japanese Style, Quorum Books, 1995.
9. Grossman, G. M. and E. Helpman (1991). *Innovation and Growth in the Global Economy*. Cambridge MA, MIT Press.
10. Jeroen Van Wijk and Gerd Junne: Intellectual Property Protection of Advanced Technology, *UNU/INTECH Working Paper* No. 10, October 1993.
11. UNCTAD (1975). The Role of the Patent System in the Transfer of Technology to Developing Countries. New York, United Nations.
12. OECD: Patents and Innovation in The International Context Organisation for Economic Co-Operation and Development, Unclassified Ocde/Gd (97) 210, Paris, 60492.
13. Bart Verspagen: The Economic Importance of Patents, Paper for the WIPO Arab Regional Symposium on the Economic Importance of Intellectual Property Rights, Muscat, Sultanate of Oman, February 22—24, 1999.
14. Suzanne Scotchmer: The Political Economy of Intellectual Property Treaties, NBER, August 22, 2001.
15. Elli Malki: The Economic Sense of Royalty Rates, see *Economics Working Paper Archive at WUSTL*, 1997-09-25.
16. Alan Tonelson: The Perils of Techno-Globalism, Issues in Science and Technology, Summer, 1995.

第七章

FDI 与内生技术能力培育

随着经济全球化的深入发展,外国直接投资(FDI)越来越成为科学技术知识跨国流动的一个重要载体。根据经济合作与发展组织的定义,所谓外国直接投资就是"一个经济体中的常住实体(直接投资者)以在投资者母国之外建立企业形式的永久性利益为目标的国际投资活动。永久性利益意味着在直接投资者与企业之间存在着一种长期关系,而且直接投资者对于直接投资企业的管理有着很大程度的影响"[1]。而开放中国市场、吸引外国直接投资(FDI)自20世纪70年代末期以来一直是中国对外开放的主要内容。有资料表明,从1979年到2001年,中国总共引进了390025个外资项目,合同外资金额7452.91亿美元,实际利用外资3952.23亿美元。2002年全国新批设立外商投资企业34171家,合同外资金额827.7亿美元,实际使用外资金额527.4亿美元,2003年实际使用外资金额更超过了540亿美元。

由于中国引进的外资大多数是绿地投资,而且主要是出口导向的,因此,外资的进入不仅增加了中国资本形成的数量,而且极大地提高了中国经济的贸易依存度。1998年,中国的对外贸易总额达到3239亿美元,其中出口额达1837亿美元;2002年则突破了6000亿美元大关,达到6208亿美元,2003年更进一步增加到8000亿美元以上。从外资经济比重看,2002年外商投资企业工业增加值占全国工业增加值的比重从1992年的7%提高到25%左右,同期涉外税收占全国税收总额的比重从4%增加到约20%左右,外资企业进出口贸易额占全国外贸总额的比重从26%提高到53%,实际使用外资占全社会固定资产投资的比重也从7%提高到10%。从某种意义上可以说,所谓中国经济奇迹,很大程度上是成功利用外国直接投资的奇迹。

---

[1] OECD Benchmark Definition of Foreign Direct Investment, Third Edition.

但是，另一方面，关于外国直接投资对中国产业技术进步，特别是内生技术能力[①]提升的影响，却一直存在着争议。改革开放以来，中国政府奉行的一条基本经济技术发展战略就是"以市场换技术"。从经济技术开发区的设立到加入 WTO 以融入世界经济之中，我们一直引以为自豪的就是中国是拥有世界上最大的尚未开发的市场，并以此作为吸引外国投资的一个重要筹码。结果，中国虽然在短短 24 年的时间里发展成为世界上最重要的高技术产品生产和出口国之一，信息技术产品规模甚至位居世界前列，但是，一个同样不容忽视的问题是，随着中国经济技术实力的增强，中国在沿着既定技术轨道上向上攀升的速度越来越慢，阻力也越来越大，中国高技术产业"没芯没肺"的问题也越来越严重，中国企业在走向世界市场的过程中所遇到的技术约束也越来越明显。[②] 不仅如此，由于跨国公司所享有的技术优势，可能迫使我国企业放弃已有一定基础的技术开发能力，转而依靠跨国公司提供的技术，形成对跨国公司的技术依赖。从这个角度来看，现实经济的发展客观上要求我们认真反思通过 FDI 提高内生技术能力的发展战略，重新探索培育内生技术创新能力、进而增强中国企业国际竞争力的新途径。

一 关于 FDI 与内生技术能力培育的文献回顾

经济学文献中关于溢出的讨论最早可以追溯到 20 世纪 60 年代的经验研究，而关于产业内溢出的统计分析则出现于 70 年代，主要有凯夫斯（Caves）对澳大利亚的研究、格鲁伯曼（Globerman）关于加拿大的研究、布罗姆斯特罗姆和佩尔森（Blomstrom & Persson）关于墨西哥的研究等。这些早期文献注意到跨国公司不仅可以通过进入具有高进入壁垒的产业来改进配置效率并降低垄断性扭曲，引致更高的技术效率，而且可以提高技术扩散和转移的速度。此后，G. 费德（G. Feder）[1983]、保罗·罗默（Paul Ro-

---

[①] 在这里，我们把内生技术能力定义为由东道国本地企业所掌握的、不会因为跨国公司撤资或资本转移而流失并且具有持续稳定提升机制的技术能力。

[②] 一个典型事件就是 6C 联盟与中国 DVD 企业之间的争端，结果以中国企业同意支付专利使用费而告终。此外，中日企业之间围绕数码相机展开的专利之争、摩托车专利之争等，都充分展现了跨国公司以专利压制中国企业技术能力提升的企图。有一种说法甚至认为跨国公司已经完成了对华专利战的布局，中国企业将陷入跨国公司的专利战中而难以自拔。

mer）[1986]、阿里·科科（Ari Kokko）[1994] 以及纳格什·库马尔（Nigesh Kumar）[1996] 等都在这方面做了大量的研究工作。[①] 大体说来，学术界关于 FDI 与技术进步关系的研究大体上可以分为两个流派。

其一，着重研究 FDI 与生产率溢出。在这方面，国外学者主要通过研究 FDI 与劳动生产率之间的相关关系来验证技术溢出的存在与否，在方法上大都采用多元回归以计算技术引进对非引进企业生产率的影响，也有一些则试图分析外资企业研究开发和技术引进的知识溢出。它们将 FDI 与本地内生技术创新能力之间的关系视为一个黑匣子，进而集中研究 FDI 增加与生产率提高之间的相关关系。从研究结论来看，它们大都认为在总量水平上溢出是非常重要的，尽管无法说明溢出是怎样发生的。但是，也有一些研究认为外国企业存在的影响并不总是对本地企业有利。比如说，阿里·科科（Ari Kokko）[1994] 研究了墨西哥的数据，没有发现在外国子公司具有较高生产率和较大市场份额的产业部门中有生产率溢出。[②] 斯蒂芬·汤姆森（Stephen Thomsen）[1999] 测算了"亚洲四小"（ASEAN4）通过 FDI 流入获得技术转移的状况之后认为，这种转移一般是有限的。在印尼，技术转移主要是通过在岗培训而发生的，而且主要限于基本技术能力。在泰国，来自 FDI 的技术转移是中等的。布罗姆斯特罗姆和舍霍尔姆（Blomstrom & Sjoholm）[1999] 的研究表明，以鼓励合资企业来扩大外国技术向本地用户溢出的措施在增加向印度尼西亚制造业部门的技术流入方面并不成功，因为合资企业的外国伙伴选择较之全资外国子公司更少地输入技术，因为有些技术的控制权会流入本地企业手中。Thee [2001] 对 12 家印尼企业的案例研究表明，在大多数合资企业中，跨国公司向本地雇员的技术转移主要限于工业化初期所需要的基本技术能力——即有效经营工厂所需要的技能与知识。

[①] G. 费德（G. Feder）通过将一国经济分为对外经济和国内经济两个部门，进一步深入分析了外国直接投资对一国经济的溢出作用；保罗·罗默（Paul Romer）认为对外开放带来的 FDI 大量进入可以产生一种外溢效应，加速先进科学技术、知识和人力资本在世界范围内的传递，从而使发展中国家可以学习和吸收发达国家的先进技术，培育并养成自己的内生技术创新能力；阿里·科科（Ari Kokko）[1994] 则系统归纳了技术溢出的四种现象，并对其进行了具体分析。

[②] Magus Blomstrom and Ari Kokko [2001]: Foreign Direct Investment and Spillovers of Technology, in *International Journal of Technology Management*, Vo. 22, Nos. 5/6, 2001.

表7—1　关于生产率溢出的经验研究论文一览表：1974—2001

	作　者	国别及地区	年代	数据	层次	结果
	发展中国家及地区					
1	布罗姆斯特罗姆和佩尔松 (Blomstrom & Persson, 1983)	墨西哥	1970	抽样	产业	+
2	布罗姆斯特罗姆 (Blomstrom, 1986)	墨西哥	1970/1975	抽样	产业	+
3	布罗姆斯特罗姆和沃尔夫 (Blomstrom & Wolff, 1994)	墨西哥	1970/1975	抽样	产业	+
4	阿里·科科 (Ari Kokko, 1994)	墨西哥	1970	抽样	产业	+
5	科科（Kokko, 1996)	墨西哥	1970	抽样	产业	+
6	阿达和哈里森 (Haddad & Harrison, 1993)	摩洛哥	1985—1989	典型调查	企业/产业	?
7	科科等（Kokko et. al., 1996)	乌拉圭	1990	抽样	企业	?
8	布罗姆斯特罗姆和舍霍尔姆 (Blomstrom & Sjoholm, 1999)	印度尼西亚	1991	抽样	企业	+
9	舍霍尔姆（Sjoholm, 1999a)	印度尼西亚	1980—1991	抽样	企业	+
10	舍霍尔姆（Sjoholm, 1999b)	印度尼西亚	1980—1991	抽样	企业	+
11	庄和林（Chuang & Lin, 1999)	中国台湾	1991	抽样	企业	+
12	艾特金和哈里森 (Aitkin & Harrison, 1999)	委内瑞拉	1976—1989	典型调查	企业	—
13	卡苏里亚（Kathuria, 2000)	印度	1976—1989	典型调查	企业	?
14	科科等（Kokko et. al., 2001)	乌拉圭	1988	抽样	企业	?
15	库格勒（Kugler, 2001)	哥伦比亚	1974—1988	典型调查	产业	?
	发达国家					
16	卡夫（Caves, 1974)	奥地利	1966	抽样	产业	+
17	格洛伯曼（Globerman, 1979)	加拿大	1972	抽样	产业	+
18	刘等（Liu et. al., 2000)	英国	1991—1995	典型调查	产业	+
19	德里费尔德（Driffield, 2001)	英国	1989—1992	抽样	产业	+
20	吉尔玛（Girma et. al., 2001)	英国	1991—1996	典型调查	企业	?

续表

	作　者	国别及地区	年代	数据	层次	结果
		发达国家				
21	吉尔马和瓦特克林 (Girma & Watkelin, 2001a)	英国	1988—1996	典型调查	企业	?
22	吉尔马和瓦特克林 (Girma & Watkelin, 2001b)	英国	1980—1992	典型调查	企业	?
23	哈里森和鲁宾逊 (Harrison & Robinson, 2001)	英国	1974—1995	典型调查	企业	?
24	巴里等（Barry et. al., 2001）	爱尔兰	1990—1998	典型调查	企业	—
25	巴里奥斯和斯特罗布尔 (Barrios & Strobl, 2001)	西班牙	1990—1994	典型调查	企业	?
26	迪麦里斯和罗瑞 (Dimelis & Louri, 2001)	希腊	1997	抽样	企业	+
		转轨国家				
27	詹科夫和霍克曼 (Djankov & Hockman, 2000)	捷克	1993—1996	典型调查	企业	—
28	木下（Kinoshita, 2001）	捷克	1995—1998	典型调查	企业	?
29	博斯科（Bosco, 2001）	匈牙利	1993—1997	典型调查	企业	?
30	科宁斯（Konings, 2001）	保加利亚 波兰 罗马尼亚	1993—1997 1994—1997 1993—1997	典型调查	企业	? ? —
31	达米扬等（Damijan et. al., 2001）	❶	1994—1998	典型调查	企业	❷

资料来源：H. Gorg and D. Greenaway [2001]: Foreign Direct Investment and Intra-Industry Spillovers: A Review of the Literature, Leverhulme Center for Research on Globalisation and Economic Policy, *Research Paper* 2001/37.

注：❶ Bulgaria, Czech Republic, Estonia, Hungary, Poland, Romania, Slovakia, Slovenia.
❷ 均为？或—，只有罗马尼亚为＋。

其二，着重分析 FDI 与本地研究开发相互作用的界面，即 FDI 对本地研究开发活动的影响，包括挤出效应、激励效应和补充效应等。比如，布卢门塔尔（Blumenthal）[1979] 认为，一国的技术水平是其内生研究开发活动、技术进口以及两者之间关系的函数，一国内生研究开发活动和技术引进活动的关系既取决于研究开发的性质、私营企业规避风险的程度、政府在高风险项目中扮演的角色，也取决于基础研究和应用研究方面的相对支出、外国技术的易得性以及政府相关政策、技术适应的制度框架以及产业结构等。根据

他的经验研究,奥地利、日本以及法国引进技术与本地研究开发之间的关系是互补性的,而在西德、意大利和瑞典这两者之间没有明确的相关关系。印度学者库马尔(Kumar)[1986;1996]认为,引进技术与本地研究开发之间的关系除其他因素外还会受到技术引进模式的影响,比如说,以FDI方式引进技术未必会进行研究开发投资,因为这些活动一般会由跨国公司的中央研究机构承担。另一方面,如果是以技术许可方式进行的,则这种引进方式必然会促成本地企业的研究开发投资,因为这些企业既不能利用跨国公司的中央实验室,也急于吸收这些新技术。因此,通过FDI引进技术并不必然继之以本地的研究开发活动,而技术许可引进则会辅之以进一步的技术努力。从这个角度来看,FDI很可能会以替代本地内生的研究开发活动为特点,而技术许可引进则很可能会以补充本地内生的研究开发活动为特点。因此,"印度将技术政策与外国直接投资和技术许可紧密联系起来对于促进内生研究开发产生了预期的影响,而内生研究开发是技术自立的一贯措施"。布拉加和威尔默尔(Braga & Willmore)[1991]对4342家巴西企业进行了研究,结果发现引进技术的企业较之其他企业更多地从事本地研究开发活动,说明引进技术对本地研究开发活动有刺激作用。菲克尔特(Fikkert)[1993]进行的经验研究表明,技术引进和研究开发之间具有重要的负相关关系;外国股权参与对于研究开发的影响并不直接,但它们倾向于更多地依赖国外技术采购,而这又转过来趋向于减少研究开发活动;贸易限制会导致适应性研究开发活动。

国内学者对于外国直接投资与自主创新能力培育的研究有着截然不同的观点。沈坤荣、耿强[2000]认为,对于像中国这样与发达国家有较大技术水平差距的发展中国家来说,通过直接引进发达国家的先进技术,要比自己进行研发便宜很多,可以使技术升级成本远远低于发达国家的技术升级成本。沈坤荣[1999]利用各省的外国直接投资总量与各省的全要素生产率作横截面的相关分析,得出FDI占国内生产总值的比重每增加一个单位,可以带来0.37个单位的综合要素生产率增长的结论。萧政、沈艳[2002]运用时间序列资料分析了外国直接投资与中国经济增长之间的关系,结论是FDI与GDP之间存在着互动关系。FDI每增加一个百分点会使GDP在当年增加0.0485个百分点,但从长期来看最终将导致GDP增长5.4479个百分点;反过来,GDP每增加一个百分点会使FDI短期增加2.117个百分点,10年后将使FDI增长34.4497个百分点。江小涓、李蕊[2002]的研究认为,绝大

多数跨国公司提供了母公司先进的和比较先进的技术（以外方母公司技术水平为参照系），相当一部分跨国公司提供了国内空白的技术（以国内企业技术水平为参照系）。杜德斌［2001］认为，跨国公司所开发出的技术，会以各种形式迅速向外传播，作为技术创新的源地，中国企业处在近水楼台，当然会成为新技术的首先受益者。王德禄等［2002］认为，国外研究开发机构是架在中国科技和世界科技之间的一道重要桥梁。跨国公司在京的R&D机构完成一个课题，一般要与中国本土的大学、科研机构密切合作，或将课题的一部分甚至全部外包给国内的大学、科研机构。这将扩大国内课题的来源、提高课题的质量、获得大量的经费，在合作过程中由于技术的外溢效应，将极大地提高国内同行的研发水平。

但是，也有一部分国内学者对于FDI的技术溢出持怀疑态度。谢富纪、沈荣芳［2002］则认为，中国虽然在利用FDI的同时，引进了国外相对先进的技术和管理经验，使中国整体技术水平得以提高，在一定程度和一定范围内起到了推进企业技术进步的作用，但作用效果并不明显，FDI的技术战略与通过FDI引进所需要的先进技术、管理经验的预期明显不一致。周解波［1998］甚至认为，从我国吸引外资的一个重要目标——通过对跨国公司的技术引进和技术扩散推动国内相关企业与产业技术水平的提高从而带动产业升级来看，在现阶段并没有取得预期的效果。造成这种局面的一个重要原因就是跨国公司极力控制技术扩散。美国学者罗伊·F. 克劳（Roy. F. Crow）对150家向中国企业转让技术的美国公司和日本公司的调查表明，50%的美日企业都认为它们所转让的技术在水平上与我国现有技术水平相当，只有32%的日本企业和20%的美国企业认为其转让的技术水平较高，还有21%的美国企业认为其技术本身就是低水平的。熊小奇［2002］更认为东道国若要获得跨国公司的核心技术，借助跨国公司提升自身技术水平是非常困难的。

从上面的分析中可以看出：

第一，FDI的技术溢出是存在的。跨国公司的对外直接投资对于东道国肯定会产生这样或那样的影响，而且这种影响既受到跨国公司的全球战略及其母国的政府政策的影响，也受到东道国的经济发展水平、企业技能、产业结构以及政府政策等因素的影响。跨国公司拥有企业专有优势，这种优势可能与它们使用的生产方法、组织其活动的方式以及销售其产品和服务的方式等相关。一旦它们在国外建立了自己的分支机构，它们就无法阻挡这种优势

的某些好处会通过模仿、劳动力流动、竞争或者本地企业学会如何出口而溢出给本地企业。从这个意义上来说，这种溢出是肯定存在的。至于东道国及其企业是否能够抓住或者说利用这种溢出，这在很大程度上取决于东道国的结构特点。特别是，东道国企业的吸收能力可能是最重要的。一个开放的社会本身并不必然是一个具有吸收能力的社会，要具有吸收能力，它首先必须具有学习能力，而许多东道国恰恰不具有这种学习能力。

第二，学术界对于FDI技术溢出的测算，实际上是对东道国获得技术溢出的能力或者说状况的测算，它所回答的并不是技术溢出存在与否的问题，而是东道国从FDI中获得了多少技术溢出。因此，在这里，问题的关键不是FDI是否有溢出，而是东道国及其企业是否吸收了这种溢出。如果FDI的技术溢出为负，则说明这种溢出被浪费了。而在这个方面，迄今为止的研究结论是杂乱无章的。H. 格尔克和D. 格里纳韦（H. Gorg & D. Greenaway）[2001] 在总结了几十年的经验研究结果之后得出结论说，"总之，只有有限的证据支持所报告的正溢出。大多数总和层次上的研究没有发现正溢出，有一些甚至报告负溢出。关于工资溢出和出口溢出的报告也是杂乱无章的。对数据进行分解后发现，有一些证据支持对那些具有一定水平'吸收能力'的企业有溢出。还需要做进一步的工作以确定国内企业建立这种吸收能力的决定因素，比如说，通过获得投资融资、人力资本以及管理经验等"。"事实上，支持正溢出的证据是非常有限的。"应该说，这一结论客观上反映了东道国对FDI这种技术溢出的吸收状况，而其潜台词则是东道国的技术吸收能力对于技术溢出的吸收有着决定性的影响。

第三，在研究方法上，国内外学者尽管注意到FDI技术溢出的渠道，比如竞争效应、示范效应等等，但它们普遍忽略了对FDI技术溢出的内在机制研究，从某种意义上来说，技术溢出的内在机制仍然是一个没有打开的黑箱。以FDI支持本地技术进步而言，大多数学者的研究采用了多部门生产函数方法，将FDI与生产率增长人为地联系起来，并试图在这两者之间建立起某种必然联系，即FDI增加必然伴之以生产率的提高。问题在于，这两者之间是否具有某种必然联系？如果有的话，那么，这种生产率的提高是不是FDI增加的结果？虽然也有一部分学者将其视角延伸到了FDI与本地研究开发活动的界面，但是，它们的研究大多建立在直观观察和简单推论的基础之上，缺乏规范系统的方法论支持和严谨缜密的内在逻辑联系。一般说来，这些学者在方法论上往往偏好采用案例分析方法，它们的视角往往集中于企业

层次上,至多上升到产业层次上;它们在政策主张上往往具有民族主义倾向,主张政府采取措施保护民族工业,适当地限制外资进入。很显然,在经济全球化飞速发展的今天,这种观点在政策上的市场空间是很小的。

二 关于FDI与内生技术能力培育的三个视角

文献调研的结论告诉我们,FDI的技术溢出绝不是一个自然进程,而是有条件的,而且这种条件既来自跨国公司及其子公司的技术转移意愿,也来自东道国政府及其企业的溢出吸收能力。根据国外学者的研究,FDI技术溢出主要是通过模仿、竞争、人力资本流动以及出口而发生的(见表7—2)。外资企业的进入打破了原先企业的市场均衡,迫使当地厂商为保护自己的市场份额采取措施,因此增加了该行业的竞争压力,当地厂商或者被迫更有效地利用现有的技术和资源,或者寻找更新、更有效的技术,这就是竞争导致的技术外溢,而外资企业的存在本身就起到了技术示范的作用。而在这个过程中,东道国的经济发展水平、市场环境以及技术水平等都会对技术溢出产生重要而直接的影响。H. 格尔克和D. 格里纳韦(H. Gorg & D. Greenaway)[2001]认为,溢出主要集中于中等收入的发展中国家,而没有发现在最贫穷的国家发生这种溢出的证据。如果跨国公司迅速建立起了上下游企业网络,技术转移就会比较快。

表7—2　　　　　　　　技术溢出的渠道

驱动力量	生产率提高的来源
模仿	• 采用新的生产方法 • 采用新的管理诀窍
竞争	• 降低X无效率 • 更快地采用新技术
人力资本	• 提高补充型劳动力的生产率 • 隐含经验类知识
出口	• 规模经济 • 接触到技术前沿

资料来源:H. Gorg and D. Greenaway [2001]。

应该说,表7—2中所列四种驱动力量以及八种生产率提高的来源更多

地展示了 FDI 促成技术溢出的渠道，而非其内在的溢出机制。比如说，在 FDI 进入东道国之后，模仿和竞争行为无疑是大量存在的，但是，这种模仿行为又是如何发生的？竞争又是如何促进了本地内生技术能力的提升？外资企业与本地企业之间关系的链条是怎样一种状况？对于这样一些问题，目前的研究并没有给出一个完整的答案。在这里，根据国家创新体系理论及其新发展，我们提出了三个新的分析视角。

表 7—3　　　OECD 在分析国家创新体系时所采用的分析指标

影响因素	具体指标
国家创新体系的国际化及其边界	——外国子公司的研究开发机构在一国国家创新体系中的重要性； ——外国直接投资（内向的和外向的）中的研究开发内容； ——一国企业参与跨国技术联盟情况（类型和重要性）； ——熟练工人的国际流动； ——不同机构之间的国际合作申请专利与合作发生情况（企业间、大学间，以及政府研究实验室之间）
国家创新体系内不同主体的知识基础	——不同机构（企业、大学和政府研究实验室）间的合作申请专利与合作发表； ——专利和出版物的引用率（按 IPC 和科学领域划分）； ——不同创新主体之间的人员流动（按教育类型、科学领域划分）
公共资助的研究基础设施与企业部门之间的相互作用	——工业部门委托公共资助的研究机构（PFRI）进行研究的合同总量； ——PFRI 得自专利和技术许可的收入； ——工业部门和学术界的不同专利模式（数量、技术领域等等）； ——企业利用 PFRI 进行研究开发的设备和仪器情况； ——企业之间的研究合资情况； ——技术政策针对特定部门的资助（占全部研究开发支出的比例）
创新企业及其内部特点和网络	——按企业规模划分的技能密集度和研究开发密集度； ——企业内部研究和外包研究开发项目所占比例（以及外包对象）； ——技术咨询的使用情况； ——客户、供应商和竞争者之间的相互作用类型； ——参与策略性技术联盟的动机与成功情况； ——合作参与公共资助的研究开发项目的情况（以及效果）

资料来源：OECD [1997]：National Innovation System.

其一,知识流动视角。这主要是从跨国公司的母公司与子公司之间的关系而言的。FDI 无疑会促进国家之间的知识流动,但这种知识流动主要是通过国家创新体系的相互作用从而构成一个超国家的区域创新体系而实现的。在这里,所谓国家创新体系就是一种有关科学技术长入经济增长过程之中的制度安排,其核心内容就是科技知识的生产者、传播者、使用者以及政府机构之间的相互作用,并在此基础上形成科学技术知识在整个社会范围内循环流转和应用的良性机制。在实际生活中,国家创新体系具体表现为一国境内不同企业、大学和政府机构之间围绕着科学技术发展形成一种相互作用的网络机制,而且各不同行为主体在这种相互作用网络机制之下为发展、保护、支持和调控那些新技术进行着各种各样技术的、商业的、法律的、社会的和财政的活动。由此可见,国家创新体系的核心功能就是创造、扩散和应用技术,其中最重要的关系类型之一是科学技术知识的跨国界流动,这些活动有些是通过市场进行的,有些则是通过非市场的相互作用进行的。诚如有学者所说,国家创新体系方法的分析重点在于学习和创新,以及促成学习和创新的制度安排。其中,促成学习与创新的制度安排意味着在任何经济的复杂系统中,在 A 地方出现的问题可能是由 C 或 D 地方的原因造成的。国家创新体系方法认为学习和创新是长期经济增长的推动力量,而且学习和创新是在一定的制度框架内进行的。

随着经济全球化的深入发展和各国经济技术交流的日益频繁,科学技术知识跨国流动的规模也会越来越大。在这种情况下,传统的、仅仅着眼于一国之间科学技术知识流动的国家创新体系理论就有些过时了,而以全球范围内的知识流动为研究对象的全球创新体系则应运而生。它意味着,科学技术知识创造和应用作为两种专业化活动的空间分野已经从一国之内扩大到了全球范围,一国创造的科学技术知识很可能会在另一个国家开花结果,而应用这种科学技术知识的产品可能又会在第三国得到销售和应用。皮尔·卡罗·帕多安(Pier Carlo Padoan)[1997] 的研究表明,虽然区域贸易协议并不必然导致文献所说的那样大的区域知识溢出,但它可能会通过贸易以外的知识扩散载体形成区域模式。而且,对于东道国来说,重要的不仅仅在于是否向东道国转移了较为先进的技术,而且更重要的是是否以及在多大程度上这种转移导致了本地技术能力的发展,即有效地掌握这些转移的或者说进口的技术。因此,在科学技术知识的创造、应用以及收益享受高度全球化的情况下,如何促进科学技术知识的跨国界流动是一国科学技术发展战略必须考虑

的重要因素。

其二,生产网络视角。这主要是从不同国家之间、FDI企业之间的联系而言的。国际生产网络这一概念最早是由美国加州大学伯克利分校国际经济圆桌的学者们在研究东亚经济发展的过程中提出来的,主要是指跨国公司通过对外直接投资所形成的一种公司内国际分工结构,它主要反映了跨国公司子公司的空间布局、结构以及相互关系。戴特·恩斯特(Diet Ernst)[1997,1999,2002]认为,全球生产网络(GPN)主要强调三个特点:(1)范围。GPN包括价值链的所有环节,而不仅仅是生产;(2)不对称。带头企业控制着网络资源和决策;(3)知识扩散。知识分享是保持这些网络成长的必要黏合剂。这种全球生产网络之所以能够建立起来,一个关键因素就是跨国公司的对外直接投资。根据有关资料,2001年全球共有6.5万家跨国公司母公司,它们总共拥有约85万家国外分支机构,FDI存量6.6万亿美元,全球销售额约为19万亿美元,是同期全球出口额的两倍多。这些跨国公司外国分支机构的雇员大约有5400万人。目前,跨国公司的外国分支机构分别占全球GDP的十分之一和全球出口的二分之一。如果考虑跨国公司在全球范围内非股权联系(例如,国际分包、技术许可和合约制造商)活动的价值,跨国公司在全球总量中所占的份额更高。这样一个庞大的国际生产网络,既是跨国公司生产国际化的具体体现,同时又是跨国公司的技术进步监测网,更是科学技术知识的全球扩散之网。通过这样一些网络,发达国家的先进技术会源源不断地扩散到发展中国家。

就其结构而言,一个典型的国际生产网络会将一个主导企业、它的分支企业、子公司以及合资企业、它的供应商与分包商、它的分销渠道与增值型再销商,以及它的研究开发联盟和各种各样的标准联盟(standards consortia)等结合在一起。主导公司位于网络的核心,它提供战略上和组织上的领导,它的战略直接影响到网络参与企业的竞争地位。主导公司从其对关键资源与能力的控制中以及其协调不同网络节点的交易中获得其实力。它的关键能力之一就是知识产权与有关确立、维持和不断提高市场标准的知识。这要求它在产品特点、功能、性能、成本与质量方面进行全面的改进。正是这种补充性资产导致企业越来越多地进行外部采购。一般来说,一个全球生产网络既包括企业内部和企业之间的交易,也包括协调的形式:它将主导企业自己的子公司、分支企业以及合资企业与它的分包商、供应商、服务提供商以及战略联盟中的伙伴联系在一起,其主要目的就是为主导企业迅速低成本地

提供资源、能力以及知识，以补充它的核心能力。戴特·恩斯特（Diet Ernst）[1999]认为，系统集成意味着任意两个国家A与B之间的联系不再是次要的，不是相对于其国内联系而言的次优选择。相反，两国现有的集群是相互补充的，而且是相互渗透的。系统集成意味着国际联系对于本地化集群持续成长是至关重要的。

其三，技术联系视角。这主要是从FDI企业与本地企业的技术联系而言的。如果说，跨国公司母公司及其位于东道国的子公司之间构成的垂直联系意味着国外先进科学技术知识向国内流动、跨国公司位于各东道国的子公司之间构成的网络联系意味着跨国公司内部知识的横向流动的话，那么，跨国公司位于东道国的子公司与东道国企业之间，则构成了一种独特的技术联系，意味着跨国公司的科学技术知识从企业内部向企业之外的流动，这种流动不仅跨越了国家边界，而且跨越了企业边界。这种技术联系，很大程度上是通过跨国公司子公司提高企业的本地采购率和销售率、在本地的研究开发活动以及人员流动等而实现的，而所有这些活动，都会促成或者说养成某种技术联系，从而使跨国公司的技术知识转变为东道国的内生技术能力（见图7—1）。

由此可见，所谓技术联系（linkages）主要是指企业之间产品与服务的购买与销售所形成的产品关系，包括前向联系和后向联系等，它在本质上是企业之间技术联系的市场反映。具体到FDI方面而言，后向联系（backward linkage）主要是指外国企业从本地供应商那里采购货物和服务的现象。根据学术界的观点，跨国公司的进入所促成的联系主要包括两个方面。第一，跨国公司子公司与本地企业的前向联系和后向联系。一般来说，外国企业创造的企业间垂直联系对于东道国经济具有重要的正外部性，而且也是知识扩散的一个源泉。通过前向联系，跨国公司会为下游企业提供更高质量的产品，从而推动相关产业的技术升级；通过后向联系，迫使本地企业在部件供应和原材料方面现代化，手段就是迫使它们在质量、供货计划以及价格等方面达到起码的标准，因为外国子公司后向垂直联系是由关于原材料和半成品供应来源方面采用进口或本地采购以及制造或购买两种决策所决定的。因此，FDI所导致的技术进步不仅发生于跨国公司所在的产业部门，而且也发生于其他相关的产业部门。第二，跨国公司子公司的存在强化了东道国与世界先进技术来源地之间的国际联系渠道，从而使得跨越国界的示范成为可能。一般来说，外国子公司较之本地公司更希望进口较高比例它们自己的原材料和

其他投入品，因为它们熟悉外国供应商并且认为本地生产商不能适应自己的产品标准。约瑟夫·巴塔特、以赛亚·弗兰克和沈晓芳（Joseph Battat, Isaiah Frank & Xiaofang Shen）[1996]认为，狭义的后向联系是指企业之间的一种关系，其中一个公司定期从生产链上的其他一家或多家公司购买货物或服务作为生产投入，公共采购、分包、当地采购、设备供应商、用户—生产者之间联系、顾问咨询、战略联盟等都是后向联系的不同形式。①

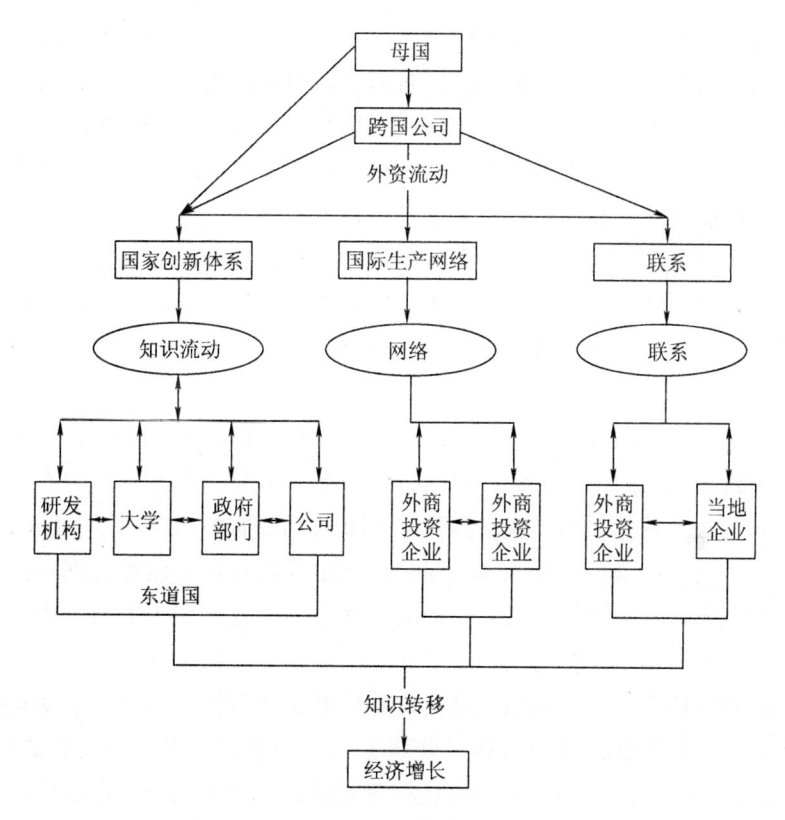

图 7—1　FDI 与国际技术联系图

---

① 一般认为，后向联系一词系辛格尔（H. W. Singer）在 1950 年首次使用，罗斯托在 1956 年的一篇文章《从起飞进入自我持续的增长》（*The Take-off into Self-sustained Growth*）中进一步丰富了这一概念。1958 年，Albert D. Hirschman 在其 *The Strategy of Economic Development*（Yale University Press, New Heaven, 1958, Chapter 6）中对此做了明确定义，并且对前向联系和后向联系做了比较，更加强调后向联系的重要性。

正因为技术联系对于促成一国内生技术能力的成长如此重要,联合国贸易与发展会议发表的《世界投资报告2001》甚至直接以"促进联系"为副标题,并且认为,东道国可以从外国直接投资获取利益的一个关键因素是外国子公司所缔造的与国内公司之间的联系,从外国子公司传播技能、知识和技术的最强大的渠道是它们所缔造的与本地公司和机构的联系,而这种联系能够促进形成一个生气勃勃的国内企业部门。从这个角度来看,对于发展中国家来说,建立与外国子公司的逆向联系就具有特别的重要性。在这里,建立联系的过程不仅受到东道国总的政策环境、经济框架和体制框架、人力资源的易得性、基础设施以及政治和宏观经济的稳定程度的影响,而且更受到东道国是否存在国内供方及其费用和质量的影响。事实上,国内公司的技术能力和管理能力不仅是建立有效技术联系的关键因素,而且在很大程度上决定着东道国吸收和得益于这种技术联系可转让知识的能力范围。

从上面的分析中可以看出,跨国公司的FDI对东道国的技术溢出,实际上主要是通过三种效应实现的。在某些方面,技术联系效应可能比较具有说服力,而在另一些方面,生产网络效应比较有说服力,而在其他方面,知识流动效应可能会给人以更多的启示。比如说,技术联系效应更多地强调了跨国公司子公司与本地企业之间的相互关系,其着眼点是跨国公司与本地企业之间的关系;而生产网络效应更多地关注跨国公司子公司所形成的国际分工结构及其配置,着眼点是跨国公司子公司之间的相互关系;而知识流动效应更多地强调科学技术知识在区域内的流动和应用,着眼点是跨国公司母公司与国外分支机构之间的联系,并且将传统研究所未曾纳入视野的一些行为主体如科研机构、大学等也纳入了自己的研究范围之中。因此,在研究FDI、技术联系与经济增长时,必须将这三者结合起来,既要考虑跨国公司子公司与本地企业之间的关系,也要考虑跨国公司子公司之间的关系,更要考虑企业与非企业组织机构之间的关系,以便全面分析和把握科技全球化背景下的FDI与一国内生技术能力培育问题。

三 FDI与内生技术能力培育:问卷分析

根据上述基于国家创新体系理论提出的三种理论视角,以王春法博士为首的课题组设计了详细的调查问卷,并于2003年1—4月间在北京、上海、东莞和苏州等四个城市进行了一次关于利用外资提高自主创新能力的问卷调

查。问卷的发放与回收是在接受调查城市的相关政府部门及有关人员的协助下完成的。由于问卷设计的规模比较大，原计划向各市外资企业发放100份问卷，总计400份。但是考虑到反馈率、样本的代表性等问题，各部门有关同志经协商共发出问卷约1500份，回收问卷382份，回收率为25.5%。样本企业的选择是随机性的，但主要面向制造业企业，其中66.32%为外商独资企业，24.21%为中外合资企业，9.47%为中外合作经营企业。反馈问卷的执笔者一般为企业技术部门的负责人或相关工作人员。通过对问卷数据进行分析，我们得出了以下结论。

其一，外国直接投资企业，不论独资的还是合资的，其机器设备均主要来自外国直接投资企业的母公司。其中，32%的样本企业全部为国外成套设备，55%的样本企业大部分为国外成套设备（见图7—2）。而且，这些机器设备的先进程度都非常高，有40.43%的企业认为公司机器设备先进程度为"世界领先水平"，35.04%的回答为"90年代世界先进水平"，20.49%的回

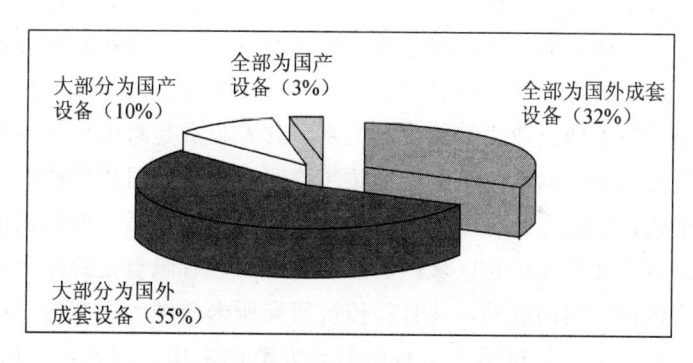

图7—2 样本公司主要机器设备来源

答为"国内先进水平"，回答"一般水平"的企业仅占有效样本量的5.66%（见图7—3）。如果我们简单地把外商投资企业的机器设备理解为外资企业对华转移的技术的话，那么，这种机器设备的先进程度似乎可以替代外资企业对华技术转移的先进程度。但是，这里面有一个问题需要讨论：外国先进设备等同于外国技术吗？常识告诉我们，机器装备并不等同于技术，会操作和使用这些机器装备并不等于我们掌握了这种技术，使用这些机器设备生产出高技术产品只意味着我们具有了相应的生产能力，但绝不意味着我们同时也就自动拥有了较强的技术能力。在这里，问题的关键是要把机器设备与科学

技术、生产能力与技术能力区别开来。只要我们还不能制造出类似的机器设备，我们就不能说我们已经拥有了这种技术，充其量只能说我们拥有了操作这些机器设备的基本技能。从这个意义上说，外资企业对于母公司有着强烈的技术依附关系。

一般水平 5.66
国内先进水平 20.49
90 年代世界先进水平 35.04
世界领先水平 40.43

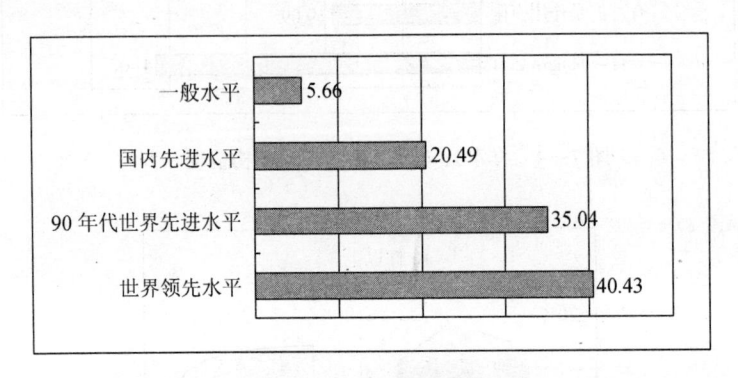

图 7—3　有效样本企业主要机器设备先进水平（%）

其二，在华外资企业的研究开发活动并不活跃，它们更多的是跨国公司母公司技术的接受者和应用者，而不是新技术的创造者。从我们的调查研究来看，虽然许多跨国公司的子公司都在中国设立了研究开发部门，但是，它们在很大程度上是有名无实的，无论是研究课题、经费投入、人员构成以及使命等方面，都与真正意义上跨国公司的研究开发部门之间存在着巨大的差距。"设立研发机构，正常运行"的样本企业占有效样本总量的 41.67%，"设立研发机构，但是作用有限"的企业百分比为 19.09%，回答"没有设立，但是准备设立"的企业百分比为 13.98%，回答"没有设立，也不打算设立"的企业数量占有效样本量的 11.29%，另有 14.25% 的企业回答"未来视情况而定"。而且，即使是成立了研究开发机构，其运行质量和研究开发活动的产出也并不那么尽如人意。从样本企业专利申请量、授权量以及新产品产值等指标可以清楚地看出，跨国公司在华投资企业的技术活动是相对比较微弱的。调查问卷表明，FDI 企业的国际国内专利申请数和授权数都非常低，74% 的企业从未获得国内专利授权，90% 的企业从未获得国际专利授权。这与我们所观察到的跨国公司只是把中国作为一个产品组装基地的印象是比较吻合的（见图 7—4、图 7—5、图 7—6）。

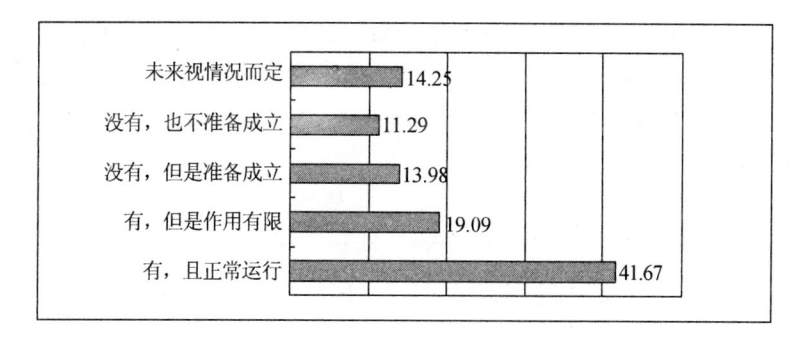

图 7—4 样本公司设立独立研发机构情况（%）

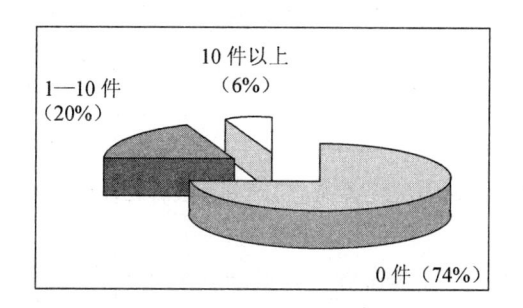

- 有，且正常运行：41.67
- 有，但是作用有限：19.09
- 没有，但是准备成立：13.98
- 没有，也不准备成立：11.29
- 未来视情况而定：14.25

图 7—5 公司历年获得中国专利授权总数的分布

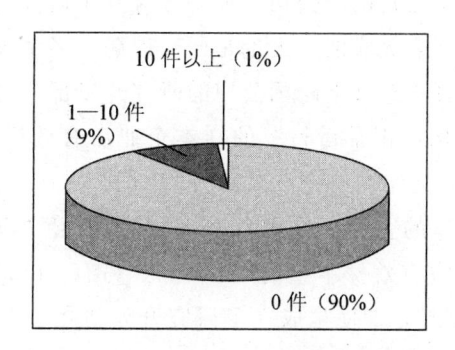

- 0 件（74%）
- 1—10 件（20%）
- 10 件以上（6%）

图 7—6 公司历年获得国际专利授权总数的分布

- 0 件（90%）
- 1—10 件（9%）
- 10 件以上（1%）

其三，外国直接投资企业对华技术扩散极为微弱。一般认为，外国直接投资企业对当地技术扩散的一个主要途径就是技术联系，而在我们的调查研究中可以发现，外国直接投资企业与本地企业、政府研究机构、大学以及其他组织之间的技术联系非常微弱。根据我们的调查，仅有44%左右的样本企业与政府研究机构进行过合作，其中22%为技术咨询，13%为人员交流；有

将近50%的企业与大学有过不同形式的合作,其中30%进行过人员交流,23%进行过技术咨询,3%有过合作发表,2%有过合作申请专利;在与其他企业的关系方面,四分之三以上的企业没有与其他当地企业建立技术联盟,三分之二以上的企业没有也不准备向当地企业提供技术支持,而且在提供技术支持的企业中,也主要以技术咨询和人员培训为主。与此相适应,外资企业几乎从来不参与当地的技术市场活动,既不在那里购入技术产品,也不在那里出售技术。但是,由于外资企业普遍对员工进行技术培训和岗位培训,从而增加了中国的人力资本储备,尽管这种人员培训在很大程度上是操作层面的,不属于核心技术或者技术秘密。应该说,这样一些人力资源的高流动性是跨国公司对华技术扩散的最重要途径(见图7—7、图7—8、图7—9)。

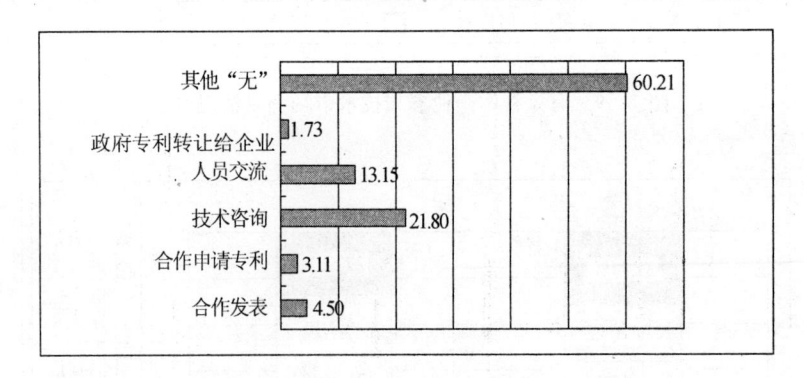

类别	百分比
其他"无"	60.21
政府专利转让给企业	1.73
人员交流	13.15
技术咨询	21.80
合作申请专利	3.11
合作发表	4.50

图7—7 有效样本公司与政府研究机构的合作情况(%)

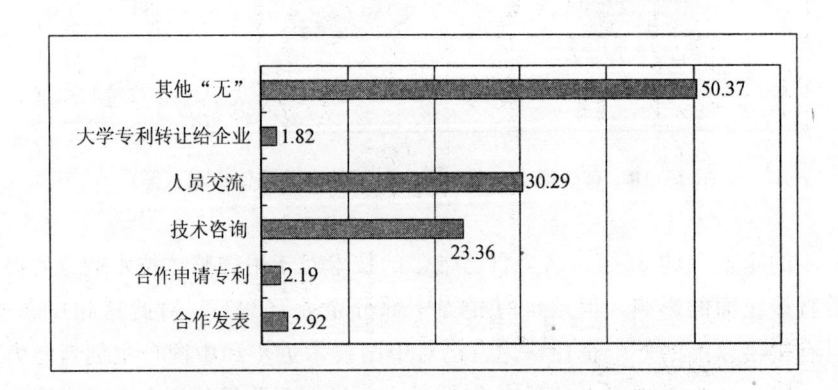

类别	百分比
其他"无"	50.37
大学专利转让给企业	1.82
人员交流	30.29
技术咨询	23.36
合作申请专利	2.19
合作发表	2.92

图7—8 有效样本公司大学的合作情况(%)

其四,在华外资企业对自身技术能力的认同存在着巨大的差异。虽然超

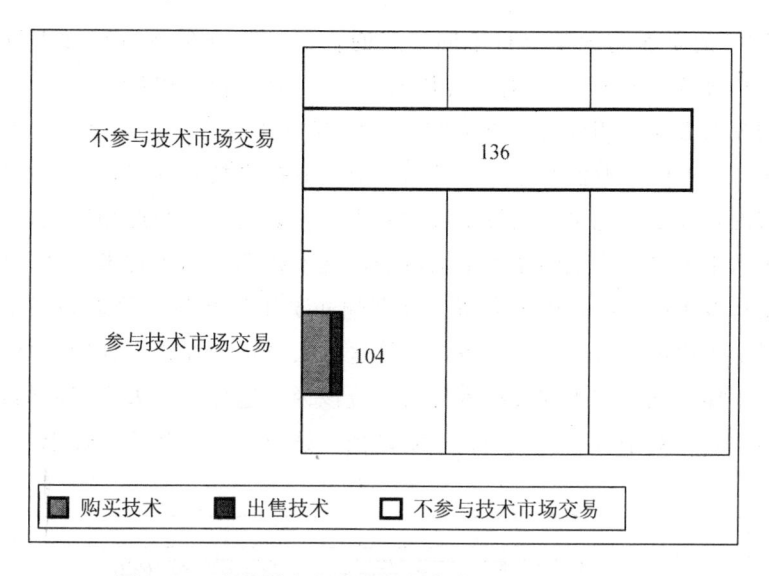

图 7—9 有效样本企业参与技术市场交易情况（个）

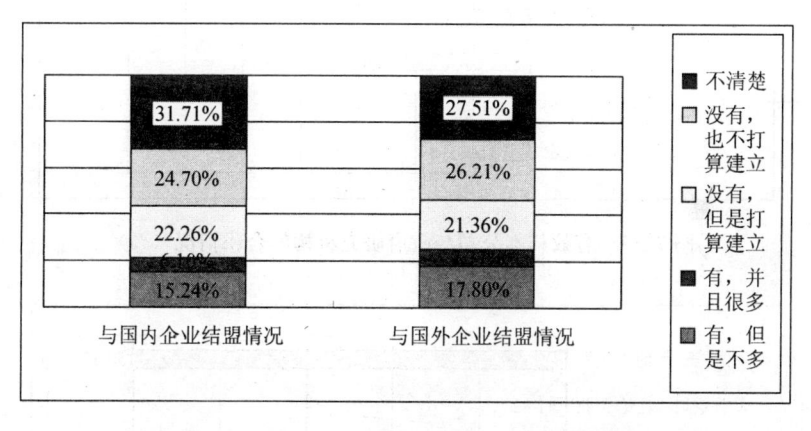

图 7—10 有效样本企业与国内、国外企业结盟情况（%）

过一半的企业（约 56%）认为自己带来的技术对于中国整体技术能力的提高有着直接正面的影响，但是也有相当一部分企业（29%）对此持相反态度，而且有一半以上的外资企业认为自己对中国技术进步和中国自主创新能力的贡献一般，认为贡献很大的只有 20% 左右，说明现阶段外资企业对中国技术进步的带动作用还远没有发挥出来（见图 7—12、图 7—13）。究其原因，主要在于中国本地企业的技术能力一般，无法与外资企业进行平等的技术交流

与合作。在接受调查的外资企业看来,中国企业与国际企业相比具有较大的差距,但具有较强的技术吸收能力,能够有效地吸收全球技术知识储备。与此相适应,大部分外资企业认为用市场换技术是一条基本上成功的技术发展战略。这就意味着,大部分外资企业认为技术供应的外源性仍然是中国未来经济发展的一个突出特点。

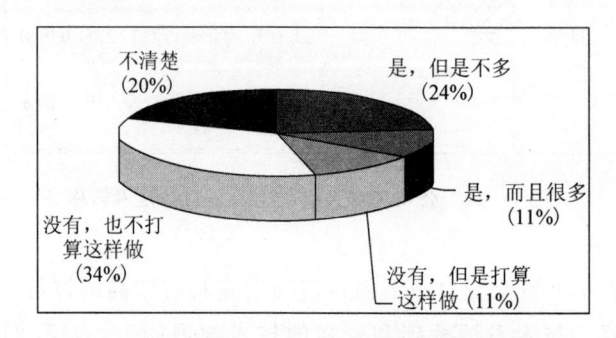

图7—11 有效样本企业是否向国内企业提供技术

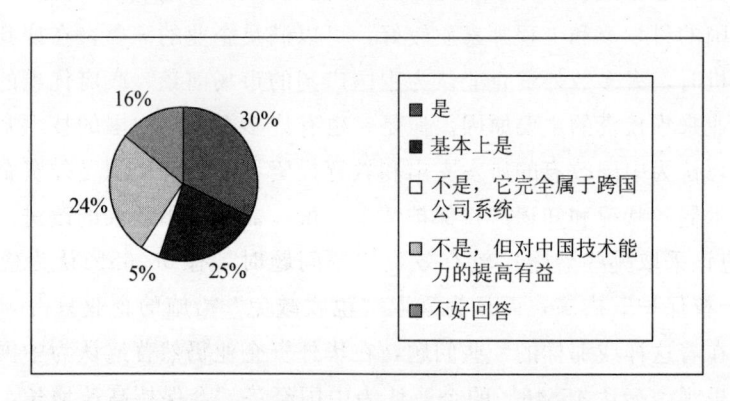

图7—12 公司带来的技术是否构成中国技术能力的一部分

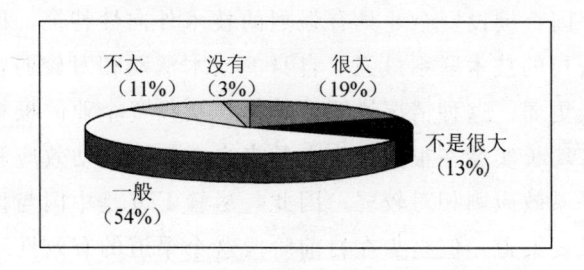

图7—13 公司对中国自主创新能力的贡献

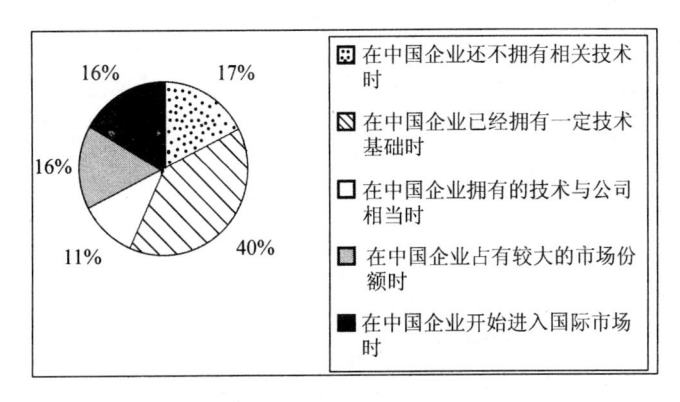

图7—14 公司在什么情况下对华进行技术转移

饼图数据：
- 17% 在中国企业还不拥有相关技术时
- 40% 在中国企业已经拥有一定技术基础时
- 11% 在中国企业拥有的技术与公司相当时
- 16% 在中国企业占有较大的市场份额时
- 16% 在中国企业开始进入国际市场时

其五，在华外资企业对中国创新基础设施具有较高的评价，说明中国已经具有了良好的技术发展基础和较强的技术学习能力。在我们的调查问卷中，外资企业普遍认为中国社会的学习能力较强，中国的产业技术水平较好，中国的科学家和工程师素质较好，可以满足企业的需要；在谈到来华投资的动机时，大多数外资企业认为中国广阔的市场前景、政府优惠的政策是外国企业来华投资的主要原因。但是，也有许多企业对中国的技术基础提出了质疑，认为中国政府的研发支出和教育投资不能很好地满足外资企业的要求，技术储备状况和知识产权保护情况一般，需要做出较大的改进。在谈到"政府应该采取哪些措施比较有效"这一问题时，有58.65%认为应该强化"知识产权保护"措施，而认为采取"税收减免"措施的企业只占45.83%。尽管存在着这样或那样的一些问题，在华外资企业仍然普遍认为中国经济前景比较乐观，高达45.48%的企业认为中国经济"会保持高速增长，比如说20年，前景乐观"。中国经济的巨大潜力与发展前景由此可见一斑。

其六，外国直接投资企业具有强烈的技术外向性特征，即外资企业与跨国公司母公司的技术联系最强，自身的技术活动相对较弱，而与本地的技术扩散功能更弱。这种情况说明，外国直接投资企业的根植性是比较差的，中国经济增长实绩在很大程度上是来自于知识流动效应和生产网络效应，而技术联系效应则相对较弱。因此，尽管FDI是中国与世界保持技术联系的一个重要渠道，但至少在目前阶段这个渠道的有效性还有巨大的潜力可以发掘，其效率还有待于进一步提高。特别是，通过这个渠道传入中

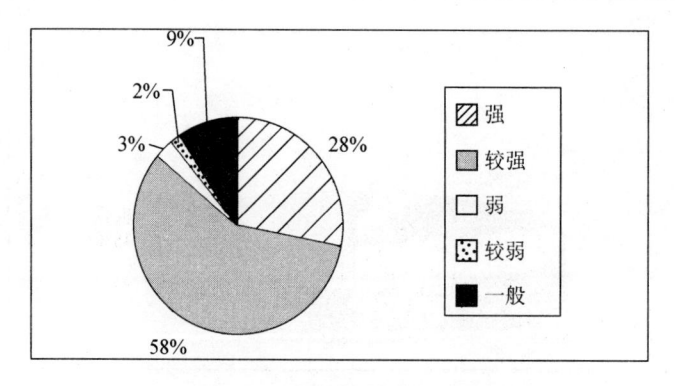

图 7—15　中国社会的学习能力

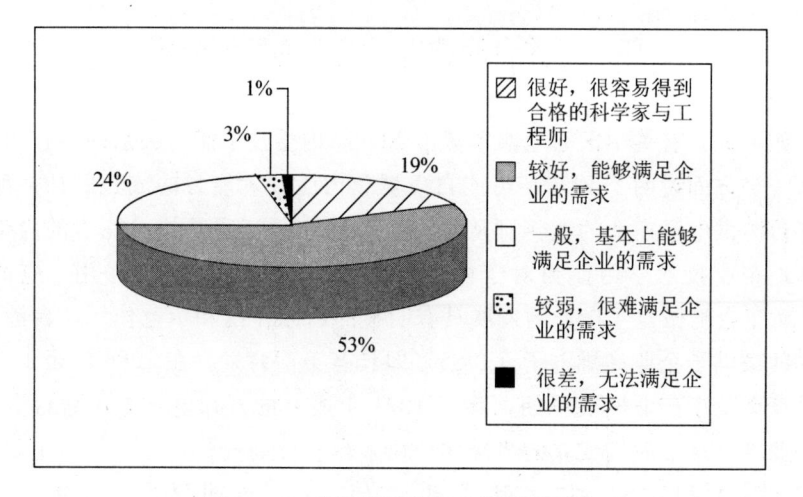

图 7—16　中国科学家和工程师的素质

国的一些有形机器装备中所隐含的先进技术能否为中国本地企业所吸收，从而转化为内生的（自主的）技术能力，还需要我们在进一步促进外资企业与本地企业之间的联系（linkages），包括产品联系、技术联系以及人员联系，促进跨国公司子公司与本地企业，大学与研究机构之间的技术联系等方面多下工夫，以提高跨国公司子公司的根植性，促进外资企业技术能力由外生向内生的转化，进而提高中国本土企业的自主创新能力。就目前阶段的中国来说，通过强化外资企业与本地企业的技术联系来促进技术扩散应该是一个重要的政策方向。

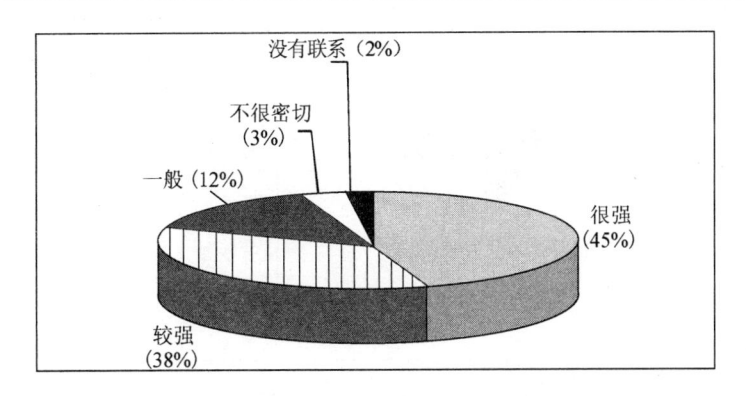

图 7—17　样本公司与母公司技术联系强度情况

四　中国台湾微电子产业的案例分析

如果说，有关中国内地四个城市 FDI 与内生技术能力关系的调查问卷分析从一个方面说明了 FDI 不可能自发诱致内生技术能力的成长的话，那么，中国台湾微电子产业的案例则从另一个方面充分证明了技术能力的内生性，即本地企业技术学习能力对于内生技术能力培育的决定性作用。应该说，FDI 对于台湾微电子产业的发展具有明显的启蒙作用和示范作用，台湾最早成立的微电子企业高雄电子（1966）即具有美商背景。在 1966 年至 1974 年的台湾微电子产业发展早期，除了 1971 年成立的万邦电子等少数台资自己的企业外，这一时期成立的半导体公司多具有外商投资背景，投资主要来自美国、日本和欧洲，如飞利浦建元（1966）、德州仪器（1968）、RCA（1971）和菱生精密（1973）等等。这些跨国公司早期的设厂给台湾带来了半导体的封装和测试技术，并逐渐在几个加工出口内形成了相当的产业集群规模。70 年代中期以后，随着台湾对产业引进优惠政策的调整以及台湾自身技术层次的提高，进入台湾的半导体产业外资开始向前端技术转移。特别是在 1980 年从工研院电子所衍生出联电后，台湾本土大量的企业进入集成电路（IC）制造和设计领域，来自外商的投资除了摩托罗拉等少数跨国公司外，大多与台湾本土力量合作成立合资公司，如国善、茂矽、华智、台积（TSMC）、力晶、德碁等。同时，随着中国台湾半导体代工体系的成形，美、日跨国公司开始更多地采用委托加工的形式与中国台湾企业合作。时至今日，外商投资半导体企业如台湾德州仪器、台湾飞利浦、台湾摩托罗拉等仍把中国台湾作为一个重要的制造和运营基地，但也不再如早期那样成为台

湾产业发展的主导力量，而是与台湾微电子企业共同合作参与全球市场的竞争。对台湾微电子产业自身技术能力的增长，我们大致可以将其分成三个阶段。

——1964 年至 1974 年为第一个阶段即萌芽期，以 1964 年交大设立半导体实验室为标志，台湾开始把半导体作为研究重点，并在交大内开设博士班，为台湾培育出第一批本土的半导体专业人才。

——1974 年至 1979 年为第二个阶段即技术引进期，以成立电子工业研究中心（即工研院电子所前身）为起点，到 1979 年"设置积体电路示范工厂计划"（1975 年 7 月至 1979 年 6 月）结束。电子工业研究中心成立后即接受"经济部"委托，以引进集成电路制造技术并转移至民间为目标，执行"设置积体电路示范工厂计划"，并且先后与美国 RCA 公司合作引进 7.0 微米 CMOS 制造技术，与 IMR 公司合作引进掩膜制版技术，从而开启了台湾 IC 自主技术研发的序幕。

——1980 年以后为第三个阶段即技术自立及扩散期。电子工业研究中心（后改组为电子所）在"设置积体电路示范工厂计划"之后，继续执行"电子工业研究发展第二期计划"（1980—1983）和超大型 IC 计划（1983—1988），通过提供基础技术的消化、吸收与积累，将台湾的半导体技术推向了超大规模集成电路的舞台。与此同时，以电子所联华电子公司的衍生为起点，台湾企业开始把引进的技术向民间扩散，并逐渐形成了以联电、台积、华邦、世界先进等为代表的台湾 IC 业族谱，成为台湾微电子产业自主研发和创新的中坚力量。

由上可见，台湾微电子产业从 20 世纪 70 年代开始培育自主技术力量，到 90 年代在半导体制程技术领域取得突破与领先，其产业技术能力形成的真正主角是研究所（工研院电子所）[李仁芳, 1998]。电子所通过执行"电子工业研究发展"第一、二期计划，完成台湾首次 IC 技术引进、消化吸收后，成为台湾半导体技术开发的主导力量，取得了从 64K 到 16M DRAM 的一系列技术突破。同时，电子所非常明确地把技术向民间转移，不仅衍生出了台湾多家 IC 公司，同时也成为了台湾半导体技术的重要技术来源和支持单位。特别是，电子所起到了台湾微电子产业界高级技术人才"桥接者"（Linking Pin）的作用，在中国台湾与美国所谓"两湾"的人才技术交流中，成为留美技术人才回流的"中途之家"，即留美专业技术人才在回到台湾后首先是到工研院，再流向产业界，如张忠谋是从电子所到台积电、曹兴诚是

从电子所到联电、杨丁元和章青驹是从电子所到华邦，等等，他们对业界技术的提升起到了非常大的帮助。在台湾IC业族谱中，电子所的人脉极为突出，这种工研院"电子所"的色彩一直到1989年后大批海外留学人员返台后才有所冲淡。

另一方面，台湾当局所实施的一个计划（"电子工业研究发展"第一、二期计划）以及所培育的一支队伍也起到了非常核心的作用，它们与工研院电子所共同构成了台湾自主创新能力形成的关键因素，成为台湾微电子产业自主技术知识积累的主要来源。在这里，当局部门的策略和措施得当，主要在于前后连续的研究发展计划和明确的向民间产业转移的服务定位。林嘉骠[2002]从五个方面对其进行了总结：（1）确立电子工业当局支援体制：通过对交大的融资支援以大学为主体的研究，通过对工研院的出资支援以工研院电子所为主体的研究。（2）设立研究开发基金，以贷款、补助等方式引导工业界与研究、学术机构集中关键性项目开展联合研究。（3）以公立电子所为主导进行研究开发和人才培养，向工业界转移技术同时输送人才。（4）设立投资与技术合作审议专责机构，评估引进项目，并追踪考核执行结果。（5）针对不同时期产业发展需要，制定战略性中长期计划。

那么，FDI在这个过程中发挥了什么样的作用呢？大体说来，FDI的贡献主要体现在跨国公司在台投资企业的人才溢出，如台湾德州仪器离职的主管约有70％在台湾半导体产业就职并担任企业的高阶主管，飞利浦半导体事业部在台湾设有实验室，由一批由工研院转入飞利浦的人和高雄建元厂的人到欧洲受训后组成，并已经具有研发的主导权［邱雅萍，2002］。由于进入台湾的FDI企业与台湾本土企业的技术梯度不明显，同时基于台湾微电子企业与国际半导体大厂形成的特殊代工体系，台湾本土企业尽管比较多地与国际半导体大厂保持着比较紧密的技术联系和合作，比如台湾IC业者的主要国际合作对象，力晶为三菱，南亚为冲电气，台积为飞利浦、AMD、ISS，德碁为德州仪器，茂矽为冲电气和富士通，华邦为东芝、HP，联电集团为Alliance、S3、OAK，旺宏为NKK、三洋和MIPS等，但是，从总体上看，这种合作大多表现为与国际半导体大厂之间的垂直技术流动，而不是与已经在台的FDI建立技术联盟、合作开发。台积电董事长张忠谋曾经明确提出，"台湾芯片代工业本质上是半导体的服务业。由于代工厂商与客户有直接的共同利益关系（加工速度、质量），经过长期的发展就形成一个利益共生体，因而容易从海外获得先进的技术供应"。

由上可见，FDI 进入台湾大多是基于台湾在制造和物流上的成本优势，与跨国公司进入大多数其他发展中国家和地区一样，主要偏重于生产能力的转移，而为了继续保有本身的竞争优势，通常不倾向于人才和技术的外溢。所以，尽管 FDI 对于台湾早期制造业（特别是电子设备制造）技术能力的提升产生了相当大的推动力，但在大范围的问卷调查中，来自支持 FDI 对台湾技术能力增长做出很大贡献的证据并不充分。台湾本土半导体企业核心技术能力的形成在很大程度上来自于自身的研发，其与跨国公司之间的知识交流更多地表现为与跨国公司总部的跨国界垂直知识流动，而不是在台 FDI 与本地企业之间的技术联系。事实上，真正对台湾半导体产业技术能力做出突出贡献的是来自于台湾当局的适度引导和工研院电子所的强大技术支撑，后者对台湾从国际吸纳半导体技术和人才起到了举足轻重的作用。

五 结论及其政策含义

在前面的分析中，我们分别从文献调研、理论研究、问卷调查、案例分析四个方面对科技全球化背景下外国直接投资与内生技术能力的关系进行了深入分析。在这些研究中，我们大体上可以得出以下结论。

第一，外国直接投资对于一国（地区）内生技术能力的贡献是非常复杂的。文献调研表明，无论是在外国直接投资对一国（地区）研究开发活动的影响方面，还是在外国直接投资对一国（地区）生产率提高的影响方面，迄今为止的学术研究都还没有得出一个明确一致的结论。就前者而言，究竟外资进入对一国（地区）研究开发活动是产生了替代效应、激励效应还是补充效应？是刺激了东道国的技术自立还是强化了东道国对跨国公司的技术依赖？对于这样一些问题，迄今为止的研究还无法给出明确的答案；就后者而言，我们所了解到的 31 项研究中，有 14 项研究得出了跨国公司技术溢出为正的结论，13 项得出了技术溢出为不确定的结论，4 项得出了技术溢出为负的结论。但是，一个奇怪的现象是，在中国学者的研究中，如果是从生产率提升的角度来研究外国直接投资与中国生产率增长之间的关系，则几乎所有研究无一例外地认为外资对中国生产率增长的贡献为正；但是，如果是从机制角度来研究外国直接投资与中国技术进步之间的关系，则大多数研究的结论是否定的。由此可见，对于 FDI 与一国（地区）内生技术能力之间的关系，不应该轻易地画上等号。

第二，从FDI与一国（地区）内生技术能力培育的角度来看，除了传统文献所确认的示范效应、竞争效应和人才流动效应以外，知识流动效应、生产网络效应和技术联系效应是培育一国（地区）内生技术能力的关键途径，而它们都是以FDI为载体的。其中，技术联系效应又是至关重要的。跨国公司母公司及其位于东道国的子公司之间，构成了一种垂直联系；跨国公司位于各东道国的子公司之间，构成了一种网络联系；而跨国公司位于东道国的子公司与东道国企业之间，则构成了一种独特的技术联系。这种技术联系，在很大程度上是通过跨国公司子公司提高企业的本地采购率和销售率、在本地的研究开发活动以及人员流动等实现的，而所有这些活动，都会促成或者说养成某种技术联系，从而使跨国公司的技术知识转变为东道国的内生技术能力。罗伯特·米勒，杰克·格伦，福雷德·贾斯帕森和杨尼斯克·阿莫科里亚斯（Robert Miller, Jack Glen, Fred Jaspersen, & Yannisk Armokolias）[1997] 受国际金融公司委托研究了6个国家的75家合资企业，发现在合资协商过程中有两个问题是非常重要的。第一个是股权结构（五分之四的受访者提到了这个问题），第二个问题是确定技术转移的条件，准确界定协议中应该涵盖何种技术（很可能包括双方都未开发出来的技术）以及合资企业在何种条件下可以利用这些技术。由此可见，如何促进确立技术联系以及确立什么样的技术联系，这是利用外资过程中的一个核心问题。

第三，至少就现阶段而言，外资企业对中国内生技术能力培育的贡献相对来说是比较弱小的。根据我们的研究，进入中国的外国直接投资体现出明显的两头在外、根植性差的特点。换言之，外国直接投资企业，不论是独资的，还是合资的，其机器设备以及零部件均主要来自外国直接投资企业的母公司，其产品也主要是销往国外。从这个意义上说，外资企业对于母公司有着强烈的技术依附关系。不仅如此，在华外资企业的研究开发活动也不很活跃，它们更多的是跨国公司母公司技术的接受者和应用者，而不是新技术的创造者，跨国公司研究开发活动的产出也并不那么尽如人意。在对华技术扩散方面，外国直接投资企业几乎从来不参与当地的技术市场活动，既不在那里购入技术产品，也不在那里出售技术，与本地企业、政府研究机构、大学以及其他组织之间的技术联系也非常微弱。因此，虽然有超过一半的企业（约56%）认为自己带来的技术对于中国整体技术能力的提高有着直接正面的影响，但是也有相当一部分企业（29%）对此持相反态度，而且有一半以上的外资企业认为自己对中国技术进步和中国自主创新能力的贡献一般，认

为贡献很大的只有 20% 左右。这进一步证明了这样一个判断，即外国直接投资企业具有强烈的技术外向性特征，与跨国公司母公司保持着强烈的技术联系，本身的技术活动相对较弱，而与本地的技术扩散更弱，而这种根植性恰恰是外来技术知识转化为内生技术能力的关键所在。

第四，案例研究表明，外国直接投资对一国（地区）内生技术能力培育的促进作用主要取决于东道国企业的学习能力。中国台湾的情况表明，尽管 FDI 对于台湾早期制造业（特别是电子设备制造）技术能力的提升产生了相当大的推动力，但在大范围的问卷调查中，支持 FDI 对台湾技术能力增长做出很大贡献的证据并不充分。在台湾最具有技术竞争优势的微电子产业，FDI 在其中所表现出来的作用并不明显，台湾本土半导体企业核心技术能力的形成在很大程度上来自于自身的研发，其与跨国公司之间的知识交流更多地表现为与跨国公司总部的垂直流动，而不是在台湾的 FDI 企业。真正对台湾半导体产业技术能力做出突出贡献的是来自于台湾当局的适度引导和工研院电子所的强大技术支撑，后者对台湾从国际吸纳半导体技术和人才起到了举足轻重的作用。因此，内生能力的形成是来源于自身，而非外国直接投资。

由此可见，FDI 虽然是中国与世界保持技术联系的一个重要渠道，但至少就目前而言，这个渠道的效率还是有限的，其有效性还有待于进一步提高。这主要反映了三个方面的问题：一是外国直接投资企业是否愿意向中国转移先进技术，并为此采取了积极的措施？二是中国当地企业是否有能力并且采取措施来接受并消化外国直接投资企业所带来的先进技术？三是在双方均有意愿的情况下，在外国直接投资企业与中国本地机构之间的联系通道是否顺畅以及通畅程度也会对这种渠道的有效性产生直接的影响。结合我们的研究结论，我们认为，在未来相当长的一段时间内，中国政府通过外资提升自主创新能力的政策方向、政策措施以及政策工具需要有一个大的转型。

其一，在指导思想上，坚持技术的全球主义，推动国家创新体系向全球创新体系的演进。所谓技术的全球主义是建立在科学技术知识是公共产品这样一种假定的基础之上的一种经济技术政策取向，它不仅鼓励科学技术知识的流入，而且也鼓励或者至少不限制科学技术知识的流出。在经济全球化的背景之下，由于国家创新体系面临着内有张力外有压力的困境，因而不可避免地会冲破民族国家（地区）疆界的约束，走向全球创新体系。跨国公司的全球投资和全球生产，在某种意义上就是冲破民族国家（地区）疆界约束的

重要力量。在这种情况下,客观上要求一国(地区)疆界内外的企业保持更紧密的技术联系,进行更为密切的技术交流。

其二,在政策方向上,应该从推动外国直接投资企业向中国转移技术转向推动中国企业积极主动地学习吸收外资企业所带来的先进技术,即政策作用点从外资企业转向内资企业。如果说,在加入WTO以前,我们还可以利用一些当地成分要求和外汇平衡要求等政策措施强制外资企业向中国转移先进技术的话,那么,加入WTO以后,由于这样的一些措施被取消,外商投资企业将更多地从国外进口机器设备和零部件,外资对中国民族高技术产业发展的溢出效应和产业关联效应也将相应地减弱。在这种情况下,必须把政策的着眼点从外商投资企业转移到内资企业上来,推动和鼓励内资企业积极主动地学习吸收外资企业所带来的先进生产技术和经营管理经验,把这种外生技术能力转变为中国经济增长的内生技术能力。

其三,在针对外资企业的政策措施上,应该把加强根植性,让外商投资企业真正在中国市场上扎根、开花、结果提高到战略高度来认识。从大的方面来说,一国(地区)经济发展所需要的先进技术无非有三个来源,一是自主研究开发,比如美国和日本以及欧洲的发达国家;二是购买,即由企业按照商业条件从国际市场上采购;三是模仿,即通过技术学习来获得隐含在各种产品中的先进技术。就中国目前的情况来看,自主研究开发当然是重要的,但绝不是中国技术供应的主要来源。购买国外先进技术,不仅成本极高,而且有些核心技术无论出多高的价格也是买不来的。因此,模仿学习应该是目前中国获得技术供应的最主要来源,而外商投资企业的资本货物中所隐含的先进技术就是中国企业模仿的主要对象。在这种情况下,我们既要高度重视外国直接投资的规模,更要重视外商投资企业的技术质量,重视外国直接投资作为促进国外先进技术向国内流动的载体作用。只有在具有较强的根植性之后,外商才会逐步将先进的技术转移到中国,并且使之具有自主进行技术升级的能力。也唯有如此,通过这个渠道传入中国的一些有形机器装备中所隐含的先进技术才能够逐步为中国本地企业所吸收,从而转化为内生的(自主的)技术能力。因此,强化外商企业的根植性对于推动跨国公司向中国的技术转移以及不断提高技术转移水平来说是至关重要的。

其四,在政策环节的选择上,应该鼓励外商投资企业与中国当地企业之间的联系,特别是经由产品联系而发展起来的技术联系。所谓联系(linkages)主要是指企业之间产品与服务的购买与销售所形成的产品关系,包括

前向联系和后向联系等，它在本质上是企业之间技术联系的市场反映。FDI 所促成的联系主要包括两个方面。一是跨国公司子公司与本地企业之间的前向联锁和后向联锁。通过前向联锁，外资企业会为下游企业提供更高质量的产品，从而推动相关产业的技术升级；通过后向联锁，外资企业会通过迫使本地企业在质量、供货计划以及价格等方面达到较高标准而促成其技术水平的提高。在这里，FDI 所导致的技术进步不仅发生于跨国公司所在的产业部门，而且也发生于其他相关的产业部门。二是跨国公司子公司的存在强化了东道国与世界先进技术来源地之间的国际联系渠道，从而使得跨越国界的技术示范成为可能。就目前的中国来说，通过强化外资企业与本地企业的技术联系来促进 FDI 技术溢出应该是一个重要的政策方向。

其五，在政策目标的选择上，应该把努力提高本地企业的技术学习水平、使之有能力鉴别和吸收国外的先进技术作为未来政策目标的重点。技术扩散的前提是被扩散的技术具有一定的通用性，而只有在扩散接受方具备一定技术实力的基础上，这种通用性才会得以体现。在我们的研究中，许多外资企业认为虽然中国企业与国际企业相比具有较大的差距，但具有较强的技术吸收能力，能够有效地吸收全球技术知识储备。在问到在何种情况下是外资企业向中国扩散技术的有利时机时，321 家有效样本企业有 18.38% 的企业认为"中国市场竞争空前激烈时"是外资技术扩散到中国经济的有利时机，44.24% 的企业认为"中国企业具备一定的技术能力时"是技术有效扩散的条件，25.23% 的企业认为扩散发生的前提是"中国企业拥有有效的管理体制"，只有 3.12% 的企业认为"在中国政府提出明确要求时"技术的有效扩散才会发生。由此可见，中国企业若想进一步引进外国先进技术并促使技术在本地有效扩散，就必须不断提高自身技术水平以期与国际水平接轨。

其六，在政策重点上，应该像重视外资企业的技术先进程度那样高度重视外资企业组织能力的转移。技术能力与组织能力是相辅相成的，技术能力的转移必然伴之以组织能力的转移，而组织能力的转移又势必会带动和促进技术转移。相反，FDI 通过"榜样"的作用为中国企业提供了学习和借鉴的机会，合资企业和其他本土企业都可以比照外资企业找寻技术发展的方向。无论是以哪种方式从跨国公司引进技术，合资企业或其他本地企业都必须逐步建立相匹配的组织能力，消化吸收技术并转化为商业上的成功。发展中国家和地区的企业在进行技术学习和引进的过程中必须同时强调组织学习、企业家精神和技术创新，通过学习，迅速建立包括技术能力在内的动态组织能

力。外资大量进入中国,带来了相关的技术信息和一定范围内的技术转移,为国内企业提供了良好的学习环境,同时随着国内企业的兴起,国内、外企业激烈竞争形成的压力,有助于企业组织能力的演进。

其七,在政策机制上,应该采取措施鼓励或者至少不妨碍外资企业的人员流动,特别是由外资企业向内资企业的流动,或者是外资企业高层管理人员与技术人员的自主创业活动。外商投资企业一般会对企业员工,特别是高级技术人员和管理人员提供比较系统全面的培训,因而是国外先进技术流向国内、跨国公司先进技术向中国溢出的一个重要渠道。在这种情况下,如果外商投资企业的高级技术人员和管理人员的流动率保持在一定比例的话,那对于外商投资企业的技术溢出会产生非常巨大的作用。在我们的案例研究中,外商投资企业的人员流动一般都保持在比较高的水平上,而且流动的人绝大多数都进入其他企业工作,其中约有20%的流动人员是被其他企业高薪挖走的,约有14%以上是自主创业的,两者合计占三分之一以上。实际上,爱尔兰软件产业发展的经验也证明,有过外资企业经历的本国科技人员独立创办企业是爱尔兰软件产业发展的一个重要因素,也是国外软件技术向爱尔兰转移的一条重要途径。

其八,在未来的发展方向上,中国企业要努力参与国际生产网络和全球生产网络,以从中获得相应的市场信息与技术供应,加快提高中国企业自主创新能力的步伐。国际生产网络或全球生产网络实际上就是指跨国公司通过对外直接投资所形成的一种公司内国际分工结构,它主要反映了跨国公司子公司的空间布局、结构以及相互关系。跨国公司的对外直接投资很大程度上是一种价值链分割行为,即在一个地方生产中间品而将它们运到另一个地方,在那里再增加一部分价值,最终装配起来的产品大多被运往这个地区以外的国家或地区。通过对外直接投资,生产的各个环节根据各个地区的不同特点被配置到不同的国家或地区。这种生产网络促成了地区经济融合以及出口导向型经济增长,因为所有国家或地区都可以从这种基于比较优势的劳动分工中获益。从各国的发展经验来看,那些能够成为全球生产网络的一个组成部分的国家或地区就是那些工业化速度最快的国家或地区;而那些能够参与到国际生产网络或者全球生产网络之中的企业,也就是发展速度最快、市场竞争力最强、发展潜力最大的企业。

其九,在技术选择上,要高度重视产业技术群的发展。我们知道,当代科学技术发展的一个重要特点是科学的技术化、技术的科学化以及科学与技

术的一体化。在这种情况下,当代技术的发展,特别是产业技术的发展,绝不是单项技术的突破,而是体现为技术群的突破。在这种情况下,任何高技术产品都不是建立在单一技术的基础之上的,而是多项技术综合集成的产物。我们可以买来单项技术,但不可能买来整个技术群。这就要求我们在产业技术的发展上,突出强调技术群的概念,在技术选择上注意引导企业重视主导技术和关联技术以及它们之间的相互联系与相互促进,以核心技术为突破点,带动相应的技术群发展。单项技术的引进,并不足以从根本上改变中国产业技术的落后状况,但一个技术群的发展却有可能使中国在某一产业领域真正实现技术跨越。

其十,在制度建设上,应该进一步完善市场机制,为外资企业和本地企业创造平等的竞争环境,以促进外资企业向本地企业的技术转移。充分竞争的市场环境是促进跨国公司对华转移技术的一个重要因素。这是因为,完全的、充分竞争的市场条件是推动企业技术进步的最佳环境,只有在这种情况下,外资企业才会源源不断地将母公司的先进技术应用于自己的产品生产之中,从而提高在华投资企业的技术水平。跨国公司之所以能够到国外投资,一个重要原因是它们拥有企业专有优势,而这种优势可能与它们使用的生产方法、组织其活动的方式以及销售其产品和服务的方式等相关。一旦它们在国外建立了自己的分支机构,它们就无法阻挡这种优势的某些好处会通过模仿、劳动力流动、竞争或者本地企业学会如何出口而溢出给本地企业。如果东道国或地区的市场是一个充分竞争的市场,则外商投资企业的生产方法、组织方式以及销售与服务方式等就会更快地为东道国或地区企业所学习和吸收。从这个意义上说,好的市场竞争环境对于促进外商技术转移是至关重要的。

主要参考文献

1. 杜德斌:《跨国公司 R&D 全球化的区位模式研究》,复旦大学出版社 2001 年版。
2. 江小涓:《中国的外资经济:对增长、结构升级和竞争力的贡献》,中国人民大学出版社 2002 年版。
3. 李仁芳:《台湾产业创新阶段的演化:回顾与前瞻》,1998 年。
4. 刘孟俊等:《研发国际化趋势下吸引外商在台湾设立研发中心策略》,中华经济研究院,2002 年。
5. 王春法:《国家创新体系与东亚经济增长前景》,中国社会科学出版社 2002 年版。

6. 王德禄等：《R&D拥抱中国：跨国公司在华R&D的研究》，广西人民出版社2001年版。

7. 吴林海、吴松毅：《跨国公司对华技术转移论》，经济管理出版社2002年版。

8. 何洁：《外国直接投资对中国工业部门外溢效应的进一步精确量化》，载《世界经济》2000年第12期。

9. 江小涓：《利用外资与经济增长方式的转变》，《管理世界》1999年第2期。

10. 江小涓、李蕊：《FDI对中国工业增长和技术进步的贡献》，《中国工业经济》2002年第7期。

11. 冷民：《国际技术转移与中国企业的技术开发：一个政策选择的困境》，《中国国家国际科技合作战略研讨会会议文集》，2000年。

12. 林嘉骁：《台湾高科技发展及对策研究》，中国网（www.china.com.cn）2002年。

13. 邱雅萍：《多国企业在台子公司知识来源型态影响因素之研究》，台湾政治大学企业管理学系博士论文，2002年。

14. 沈坤荣、耿强：《外国直接投资的外溢效应分析》，载《金融研究》2000年第3期。

15. 沈坤荣：《外国直接投资与中国经济增长》，载《管理世界》1999年第5期。

16. 王春法：《海外技术跨越案例研究：韩国、台湾、印度和爱尔兰》，《中国科技发展研究报告：中国技术跨越战略研究》，中共中央党校出版社2002年版。

17. 王子君：《外国直接投资、技术许可与技术创新》，载《经济研究》2002年第3期。

18. 萧政、沈艳：《外国直接投资与经济增长的关系及影响》，载《经济理论与经济管理》2002年第1期。

19. 谢富纪、沈荣芳：《影响FDI推进中国企业技术进步的因素分析》，载《科技与管理》2002年第1期。

20. 熊小奇：《跨国公司对核心技术的控制》，《中国外资》2002年第9期。

21. 周解波：《制约我国技术引进和技术扩散的因素分析及对策研究》，载《财贸经济》1998年第3期。

22. Ari Kokko [1994]：Technology, Market Characteristics and Spillovers, *Journal of Development Economics*, Vol. 43, pp. 279—293.

23. Bent-Ake Lundvall：National System of Innovation：Towards a Theory of Innovation and Interactive Learning, Pinter.

24. Brian Fikkert [1993]：An Open or Closed Technology Policy? The Effects of Technology Licensing, Foreign Direct Investment, and Technology Spillovers on R&D in Indian Industrial Sector Firms, unpublished PhD dissertation, New haven, CT.

25. C. Freeman [1987]: Technology Policy and Economic Performance: Lessons from Japan, London, Pinter press.

26. Cristiane M. d'Avila Garcez [2000]: Multinational Enterprises and Local of Innovation: The Case of the Automotive Industry in Brazil, The DRUID Winter Conference, Copenhagen, Denmark, January 2001.

27. Dieter Ernst [1997]: Partners for the China Circle? The Asian Production Networks of Japanese Electronics Firms, *DRUID Working Paper*.

28. Dieter Ernst & Paolo Guerrieri [1997]: International Production Networks and Changing Trade Pattern In East Asia: The Case of The Electronics Industry, *DRUID Working Paper*.

29. Dieter Ernst [1999]: How Globalization Reshapes The Geography of Innovation Systems. Reflections on Global Production Networks in Information Industries (First draft) Prepared for DRUID 1999 Summer Conference on Innovation Systems, June 9—12, 1999.

30. Dieter Ernst [2002]: Global Production Networks in East Asia's Electronics Industry and Upgrading Perspective in Malaysina, East-West Center Working Papers, Economics series, No. 44.

31. Feder, G. [1983]: "On Exports and Economic Growth", Journal of Development Economics, 12: 59—73.

32. Helson Braga and Larry Wilmore [1991]: Technological Imports and Technological Effort: an Analysis of their Determinants in Brazilian Firms, *The Journal of Industrial Economics*, Vol. 39, pp. 421—432.

33. H. Gorg and D. Greenaway [2001]: Foreign Direct Investment and Intra-Industry Spillovers: A Review of the Literature, Leverhulme Center for Research on Globalization and Economic Policy, *Research Paper* 2001/37.

34. Jaeyong Song [2001]: Sequential Foreign Investments, Regional Technology Platforms and the Evolution of Japanese Multinationals in East Asia, Adb Institute Working Paper 22, July 2001.

35. John Hadgedoorn and Rajneesh Narula [1994]: "Choosing Modes Of Governance for Straegic Technology Partnering: International And Sectoral Differences", FDI-ALL. 4, paper for the EIBA Annual Conference, 11—13 December 1994, Warsaw, Poland.

36. Joseph Battat, Isaiah Frank and Xiaofang Shen [1996]: Suppliers to Multinationals, Foreign Investment Advisory Service, Occasional Paper 6.

37. Kian Wie Thee [2001]: The Role of Foreign Direct Investment in Indonesia's Industrial Technology Development, *International Journal of Technology Management*, Vol. 22, Nos. 5/6, 2001.

38. Kyoji Fukao, Hikari Ishido and Keiko Ito [2003]: Vertical Intraindustry Trade and Foreign Direct Investment in East Asia, January 2003.

39. Limsu Kim [1998 in Chinese]: From imitation to innovation—driving forces of Korean technology learning, Xinhua Publishing House.

40. Magnus Blomstrom, and Fredrik Sjoholm [1999]: "Technology transfer and spillovers: local participation with multinationals matter?" *European Economic Review*, 43: 915—923.

41. Magus Blomstrom and Ari Kokko [2001]: Foreign Direct Investment and Spillovers of Technology, in *International Journal of Technology Management*, Vol. 22, Nos. 5/6, 2001.

42. Michael Hobday [1995]: Innovation in East Asia : The Challenge to Japan, Edwa Elgar, 1995.

43. Michael Walton [1997]: The Maturation of the East Asian Miracle, in *Finance & Development*, September 1997.

44. Nagesh Kumar [1986]: Technology Imports and Local Research and Development in Indian manufacture, *The Developing Economies*, Vol, 25, pp. 220—233.

45. Nagesh Kumar [1996]: Foreign Direct Investments and Technology Transfers in Development: A Perspective on Recent Literature, INTECH, Discussion Paper Series, 9606.

46. OECD [1997]: National Innovation System, Paris.

47. Paul Romer [1986]: Increasing returns and long-run growth, Journal of Political Economy, Vol. 94, 1002—1037.

48. Pier Carlo Padoan [1997]: Technology Accumulation and Diffusion, Policy Research Working Paper 1781, World Bank, June, 1997.

49. Rajneesh Narula [1998]: Explaining the growth of strategic R&D alliances by European firms, University of Oslo and STEP, 1 November 1998.

50. Richa R. Nelson [1993]: National Innovation Systems: A Comparative Analysis, Oxford University Press.

51. Robert Miller, Jack Glen, Fred Jaspersen, and Yannisk Armokolias [1997]: International joint Ventures in Developing Countries, in *Finance & Development*, March 1997.

52. Stephen Thomsen [1999]: Southeast Asia: The Role of Foreign Direct Investment Policies in Development, OECD, Directorate for Financial, Fiscal And Enterprise Affairs, Working Papers On International Investment.

53. Steven Radelet, Jeffrey Sachs and Jong-Wha Lee [1997]: Economic Growth in A-

sia, Asian Development Bank, July 1997.

54. Tuvia Blumenthal [1979]: "A Note on the Relationship between Domestic Research and Development and Imports of Technology", *Economic Development and Cultural Change*, Vol. 27, pp. 303—306.

55. UNCTAD [1996]: Fostering Technological Dynamism: Evolution of Thought on Technological Development Processes and Competitiveness: A Review of the Literature, United Nations, 1996.

56. UNCTAD [2001]: World Investment Report—promoting linkages, UN New York and Geneva.

第八章

科技人力资源的全球流动

随着科技全球化的深入发展,使储备和发展人力资源,特别是科技人力资源对于一国综合实力的提升乃至全球科技水平的进步有了更加重要的意义。与具备一定技术含量的设备和专利等载体相比,人作为科学技术知识的载体具有更多的创新性和灵活性,在国际流动的过程中产生知识外溢的可能性更高一些,对于当地技术进步的贡献度也比较大。科技人力资源越是集中,其科技水平也就越高。欧盟统计局相关资料显示,2000年,25—34岁之间的人口中每千人具有科学工程类博士学位的百分比,美国为0.41%,欧盟15国为0.42%,日本为0.25%[1];每万人劳动力中从事研发活动的科学家工程师,美国90人(1999年),日本96.7人(2002年),德国66.7人(2002年),法国65.8人(2001年),而中国仅为11.3人(2003年)。[2]

科学技术知识在当代经济发展和综合国力提升中的决定性作用,使各国日益认识到科技人力资源的重要性,科技人才也相应地成为各国激烈争夺的焦点,而科技人才的跨国流动又进一步加剧了科技人力资源全球分布的不平衡。科学技术人才越来越多地流向OECD国家,特别是美国、加拿大、澳大利亚等国家在最近的20年里始终保持着吸引科技人力资源大量涌入的态势,甚至欧洲各国也开始经历不同程度的科技人才缺失、科技人力资源老龄化等问题,而亚洲、大洋洲、非洲等地则面临着严重的人才流失现象。[3] 越来越具有选择性和技术倾向性的移民政策,使跨国科技人力资源的流动速度越来越快,规模越来越大,迫使科技人力资源净流失国想方设法阻止人才外流、

---

[1] 科学技术部网站资料。

[2] Third European Report on Science & Technology Indicators 2003: Towards a Knowledge-based Economy, p. 188.

[3] OECD:《OECD科学技术与工业概览》,科学技术文献出版社2002年版,第229页。

促进人才回流。在这种情况下,科技人力资源的全球流动本身就成为科技全球化的一个重要组成部分。

一 关于科技人力资源

经济合作与发展组织和欧盟统计局于 1995 年出版的《科技人力资源手册——堪培拉手册》[①] 中,详细界定了科技人力资源的范围,是迄今为止比较权威的著作之一。根据该手册条款,科技人力资源具有如下含义:即指实际从事或有潜力从事系统性科学和技术知识的产生、发展、传播和应用活动的人力资源,既包含实际从事科技活动的劳动力,也包含可能从事科技活动的劳动力。手册指出,鉴别科技人力资源主要依据两种方式:一是按"职业"统计,反映科技人力资源的实际投入水平和社会经济发展对科技人力资源的现实需求。二是按"资格"即受教育程度统计,反映科技人力储备水平和供给能力。一国科技人力资源总量是按"资格"和"职业"两者统计的综合值,即任何一个人只要满足"职业"和"资格"中的一个条件即属于科技人力资源的组成部分。图 8—1 展示了手册中所定义的致力于科学和技术的三大类科技人力资源。

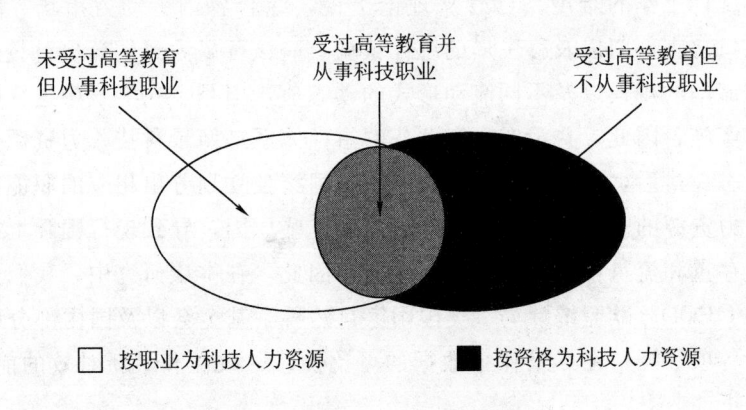

图 8—1 科技人力资源主要类别

未受过高等教育但从事科技职业
受过高等教育并从事科技职业
受过高等教育但不从事科技职业
□ 按职业为科技人力资源　■ 按资格为科技人力资源

[①] 经济合作与发展组织、欧盟统计局著,见科学技术部发展计划司、中国科学技术指标研究会主编:《弗拉斯卡蒂丛书·科技人力资源手册》,新华出版社出版。

按照这个定义，一个人一旦完成了高等教育，不管其职业如何，都属于科技人力资源的范畴。对那些并不具备正规资格而按当前职业列为科技人力资源的人来说，情况则有所不同。一旦他们改为从事科技以外的职业、退休、被解雇或不工作，他们作为科技人力资源的身份就立即结束。如果他们随后又开始另一项科技相关工作，则他们将再次成为科技人力资源的组成部分。因此，科技人力资源数量可能随着经济周期或其他经济情况的变化而增减。

值得注意的是[1]，堪培拉手册所定义的科技人力资源范围主要来源于以下几类统计数据，即劳动力调查、国际教育统计资料以及人口普查数据，但是，这些数据无一例外地缺少一列清晰的细分条目。事实上，诸如信息技术行业专家、企业家、研究型科学家等职业也应该明确地纳入进来，因为在真实的劳动力市场上，当个人改变其现有职业时，处于这些职位上的人员很有可能在第一时间补充进入到科技人力资源的队伍中。

由于科技人力资源概念界定本身即存在一定的模糊性，各国政府和理论界对于科技人力资源全球流动的统计是比较杂乱的。首先，是"职业"和"资格"指标的重合与排斥（如图8—1），给统计学家和政府职能部门的工作增加了很大的不确定性。其次，科技人力资源跨国流动形式的多样化进一步增加了统计工作的难度。尽管从理论上说，综合各国劳动力市场、教育机构、人口普查部门以及移民局的统计数据，应该可以大致估算出科技人力资源全球流动的规模以及不同流动形式的动态值，但是，在实践中这样的操作却难以实施，因此，并没有一套公认的指标体系来衡量科技人力资源全球流动的状态。最后，迄为今止，仍没有哪个国家独立划分出相应的职能部门对科技人力资源的流动状况进行统计。这样一些原因，导致现行国际上衡量科技移民存量和流量可比数据的长期缺乏。因此，在本项研究中，我们只能综合运用OECD、欧盟统计局、美国国家自然科学基金会以及国内部分科技网站等的各项数据，在尽量保证数据的可比性、一致性和最新时效的前提下，进行分析。

---

[1] D. Guellec and M. Cervantes, "International Mobility of Highly Skilled Workers: From Statistical Analysis to Policy Formulation", paper collected in *International Mobility of the Highly Skilled*, OECD 2002.

二 科技人力资源全球流动的规模、特点与原因

从根本上说，与低技能劳动力的状况不同，科技人力资源是高度流动性的，而驱动科技人力资源全球流动的因素既有经济方面的，也有政治方面的，而其全球流动的规模与结构则取决于推力和拉力两方面的因素，并且与全球化的发展趋势密切相关。从这个意义上来看，深入分析科技人力资源全球流动的规模、趋势及其结构特征，必须与经济全球化的深入发展结合起来，进行综合考察。

（一）科技人力资源的全球分布及其流动的总体规模

根据联合国教科文组织的统计，目前世界各国的研究开发人员总数约在550万人左右，但在国家之间、区域之间的分布极不平衡。大致说来，2002年发达国家约拥有391万余名研究开发人员，约占世界总量的将近71%；发

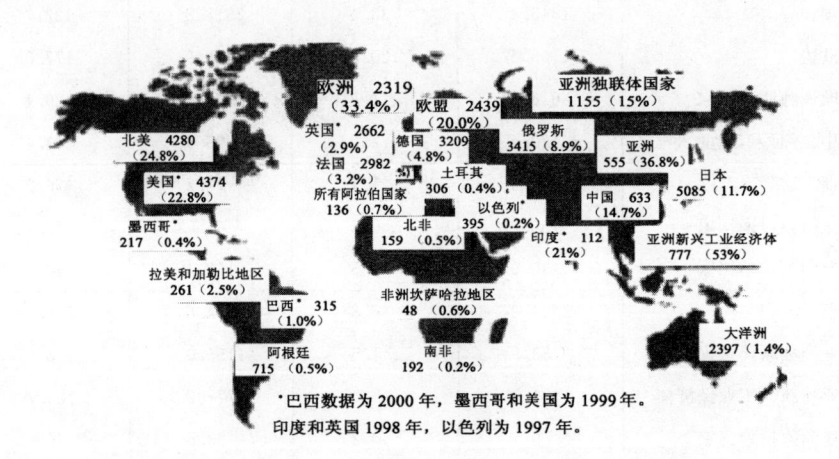

图8—2　2002年每百万居民拥有的研究人员数及占世界百分比

资料来源：*A World Science*, Vol.4, No.2, April-June 2006.

展中国家约有160余万名研究开发人员，约占世界总量的29%。其中，北美洲拥有大约27%的研究开发人员，欧洲拥有33%左右的研究开发人员，亚洲拥有近37%的研究开发人员。若按国家计算，则美国以将近23%居世界首位，中国以将近15%居世界第二位，日本以将近12%居第三位。但是，

如果按每百万人口所拥有的研究开发人员来看，则日本以 5085 人居世界第一位，北美以 4280 人居第一位，其中美国为 4374 人。俄罗斯联盟以 3415 人居第三位，欧盟平均只有 2439 位，其中最高者德国也仅为 3209 人。[1]

表 8—1　　　　　　　　研究人员的世界分布

	研究人员（千人）	占世界研究人员（%）	每百万人研究人员数量（人）	研究人员均 GERD（千美元）
世界	5521.4	100.0	894.0	150.3
发达国家	3911.1	70.8	3272.7	165.1
发展中国家	1607.2	29.1	374.3	114.3
欠发达国家	3.1	0.1	4.5	153.7
美洲	1506.9	27.3	1773.4	218.2
北美	1368.5	24.8	4279.5	224.5
拉美和加勒比	138.4	2.5	261.2	156.5
欧洲	1843.4	33.4	2318.8	122.7
欧盟	1106.5	20.0	2438.9	177.0
欧洲独联体国家	616.6	11.2	2979.1	29.1
中、东欧和其他欧洲国家	120.4	2.2	895.9	103.4
非洲	60.9	1.1	73.2	76.2
撒哈拉以南国家	30.9	0.6	48.0	113.9
非洲阿拉伯国家	30.0	0.5	159.4	40.9
亚洲	2034.0	36.8	554.6	128.5
亚洲独联体国家	83.9	1.5	1155.0	8.9
亚洲新兴工业经济体	291.1	5.3	777.2	183.7
亚洲阿拉伯国家	9.7	0.2	93.5	66.6
其他亚洲国家	65.5	1.2	100.2	20.9
大洋洲	76.2	1.4	2396.5	114.4
其他组织				
所有阿拉伯国家	39.7	0.7	136.0	47.2
所有独联体国家	700.5	12.7	2505.3	26.7

[1] UNESCO Institute for Statistics Estimations，December 2004.

续表

	研究人员（千人）	占世界研究人员（%）	每百万人研究人员数量（人）	研究人员均GERD（千美元）
OECD	3414.3	61.8	2984.4	191.9
部分国家				
阿根廷	26.1	0.5	715.0	61.5
巴西*	54.9	1.0	314.9	238.0
中国	810.5	14.7	633.0	88.8
法国	177.4	3.2	2981.8	198.4
德国	264.7	4.8	3208.5	211.4
印度*	117.5	2.1	112.1	176.8
以色列*	9.2	0.2	1395.2	661.1
日本	646.5	11.7	5084.9	164.5
墨西哥*	21.9	0.4	217.0	159.7
俄罗斯	491.9	8.9	3414.6	30.0
南非	8.7	0.2	192.0	357.6
英国*	157.7	2.9	2661.9	184.2
美国*	1261.2	22.8	4373.7	230.0

资料来源：UNESCO Institute for Statistics Estimations, December 2004.

* 以色列为1997年，印度、英国为1998年，美国、墨西哥为1999年，巴西为2000年。

尽管国际上关于科技人力资源跨国流动的数据比较缺乏，同时，各个国家划分移民类别方式也有所不同，权威机构还是提供了部分技术人才总体流动趋势的替代指标。OECD最新"国际移民趋势"报告中数据显示，近年来，移民涌向主要OECD国家（这些国家包括澳大利亚、加拿大、美国以及德国、荷兰等）的势态逐渐趋于稳定。[①] 表8—2数据表明，1997年至2001年间，涌入澳大利亚、加拿大、美国的移民数量持续上升，直至2003年，流向这些国家的移民净流入量才有所下降，呈现出稳定的态势。受欧盟扩大影响，欧洲地区外籍人员的净流入量超过美国，达到530万人次，增长率高达51.4%。

---

① http://www.oecd.org/document/28/0, 2340, en_2649_33931_34606364_1_1_1_1, 00.html.

表8—2　　　　　　　　　　OECD国家移民流动概览

	年均量		
	1997—2001年	2002年	2003年
外籍人员流入量（千人）			
欧洲经济区、瑞士	1896	2616	2478
美国			
永久性移民	803	1064	706
暂时移民	1146	1283	1233
澳大利亚			
永久性移民	89	88	94
暂时移民	197	NA	245
日本	304	344	374
加拿大			
永久性移民	212	229	221
暂时移民	77	77	67
外籍人员净流入量（千人）			
澳大利亚、新西兰	4.4	6.5	7
加拿大	5.7	6.3	6
欧洲经济区、瑞士	2.5	3.5	5.3
美国	3.5	4.5	4.4
日本	0.4	−0.4	0.5

资料来源：OECD网站，"International Migration 2005"。

事实上，国际学生的流动是科技人力资源全球流动的核心部分。数据表明[1]，超过30%的留学生在美国学习，而70%以上的留学生在法国（13.9%）、德国（11.9%）、英国（10.4%）和美国（37.1%）等四个主要国家。以欧盟15国为例，那是亚洲、大洋洲、其他欧洲国家以及非洲和拉丁美洲等地区学生移民的净流入地；相对于美国和加拿大来说，欧盟15国又是学生移民的净流出地。1999年，从亚洲和大洋洲涌入欧盟15国的学生

---

[1] OECD：《科技人才的国际流动性》，参见中国科技信息研究所内参第38期（总674期）。

移民数量高达 18 万人，非洲流向这一地区的学生移民为 12 万人，其他欧洲国家则为 11 万左右。同年，欧盟地区向美国和加拿大共输出大约 5 万名学生移民，其他欧洲国家大约有 2.4 万名学生移民进入美国和加拿大两国就读。从全球范围来看，最大的学生移民流由"亚洲向美国"以及"欧洲国家内部之间的流动"构成，前者的数量大约在 30 万人次左右，后者约为 25 万人次（见图 8—3）。

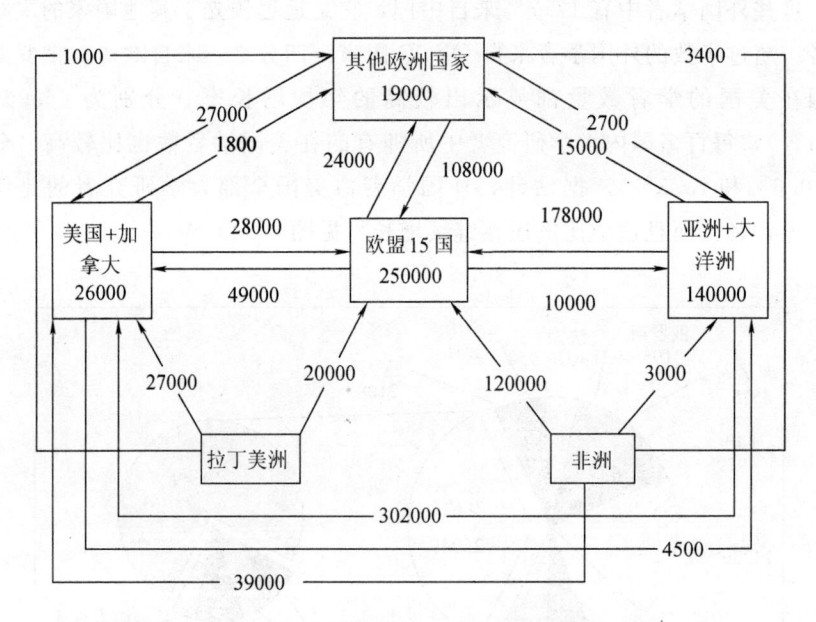

图 8—3　1999 年受高等教育以上等级教育的学生全球流动

资料来源：Third European Report on S&T Indicators，2003.

注：方框内的数字表示框内地区间学生流动的人数；框内所指地区仅包括 OECD 成员国，如"亚洲＋大洋洲"代指日本、韩国、澳大利亚和新西兰；"其他欧洲国家"代指匈牙利、葡萄牙、捷克、挪威、瑞士、冰岛、土耳其；非洲无 OECD 成员国；拉丁美洲则包括墨西哥。

美国在吸引全球科技人力资源方面居于突出的地位。1966 年时，美国科学与工程领域的博士学位获得者中 78% 为美国出生的，2000 年这一比例下降到 61%，而 39% 为非美国出生者。在 2003 年美国授予的科学与工程领域博士学位中，有 38% 为国际学生获得，其中工程领域授予的博士学位中 58.9% 为国际学生获得。在科学与工程领域中的博士后学者中，临时居民所占比例从 1982 年的 37% 上涨到 2002 年的 59%。而且，三分之一以上的美

国诺贝尔奖获得者出生于外国；国立卫生研究院将近半数的博士水平工作人员和58%的博士后、研究人员和医务人员出生于外国。在科学与工程领域中，2000年的美国人口统计表明38%的博士水平雇员出生于外国，而这一比例在1990年时还只有24%。[①] 根据有关资料，2001—2002年间，美国大学接受了86015名外国学者（非移民、非学生的学术人士），而在1993—1994年间只有59981名。这意味着平均每年增长4.6%。在1999—2000年间，这些外国学者中有17.7%来自中国，它是远远领先于其他国家的主要贡献者。超过半数的外国学者来自OECD国家，四分之一来自欧盟。俄罗斯和韩国在美国的学者数量都显示出较高的年均增长率（分别为15.9%和10.1%），每百名国内大学研究者中所拥有的在美国学者数也比较高（分别为10.6%和13.3%）。据估计，外国学者占美国全部大学研究者的比例在30%—40%，而且这个比例还在继续增长（见图8—4）。[②]

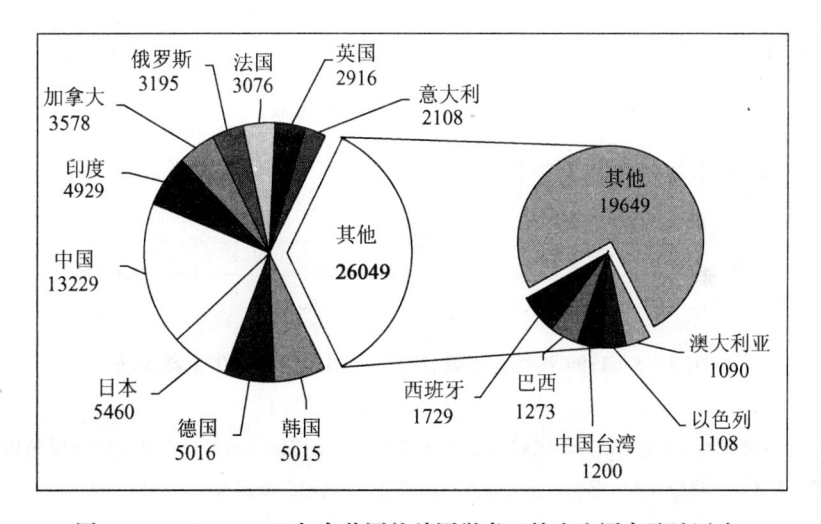

图8—4　1999—2000年在美国的外国学者（按出生国家及地区分）

资料来源：OECD [2004]：Science and Technology Statistical Compendium 2004, p.31.

[①] Commitee on Policy Implications of International Graduate Students and Postdoctoral Scholars in the United States, Board on Higher Education and Workforce, National Research Council [2005]: Policy Implications of International Graduate Students and Postdoctoral Scholars in the United States, http://www.nap.edu/catalog/11289.htm.

[②] OECD [2004]：Science and Technology Statistical Compendium 2004.

科技领域的就业人员数据从另一个角度描述了科技人力资源的全球流动状况。仍以欧盟15国为例，2000年，大约23万人次的科技领域从业人员在成员国内部发生流动，从其他欧洲国家移入欧盟成员国地区的科技职业人员流入量约为9.3万人次，亚洲和大洋洲地区、美洲（包括拉丁美洲、美国、加拿大）、非洲等地的科技从业人员流入欧盟地区的数量分别为6万、4.1万和3.3万人次；同期，相对于美国、加拿大、澳大利亚三国来说，欧盟地区仍为科技从业人员的净输出地，移民至这三个国家的流出量分别为8.57万、2万和1万人次（见图8—5）。

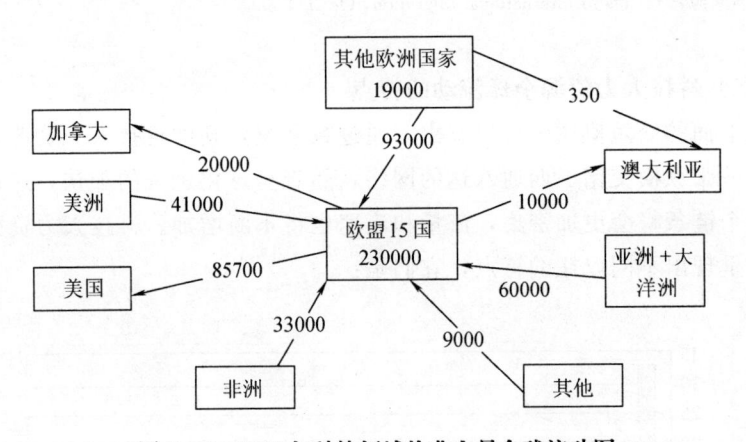

图8—5 2000年科技领域从业人员全球流动图

资料来源：*A World Science*, Vol. 4, No. 2, April-June 2006.

各国在实施不同具有针对性移民政策的过程中，澳大利亚、加拿大、爱尔兰、英国等国政府尤其重视吸引外国受过高等教育的人力资源，这些国家接受的移民受过高等教育的比例非常高，大约在30%—42%之间。OECD就业、劳动与社会保障理事会的移民流动数据表明，2000年前后，国外的或在外国出生的技术人才在澳大利亚、加拿大和美国的高技术岗位中占了相当大的比例[1]；在欧洲，与大国接壤的小国如卢森堡、奥地利和比利时，高技能职位中非本国人员占据了相对重要的份额，部分原因也在于它们鼓励高级人才的跨国流动（见图8—6、图8—7）。

---

[1] OECD：《OECD科学技术与工业概览》，科学技术文献出版社2002年版，第230页。

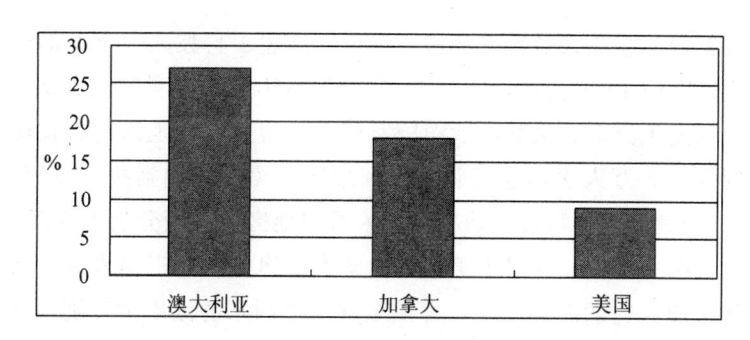

图 8—6 高技术岗位中外国出生的人所占百分比

资料来源：Trends in International Migration，OECD 2002.

(二) 科技人力资源全球流动的特点

从上面的简短概述中可以看出，通过数字流勾勒的科技人力资源全球流动图是一张纵横交错、四通八达的网络，随着全球化进程的加快，这张网络上的各个链条将会更加密集，流量和流速也将不断增加。科技人力资源的全球流动呈现出不同以往的特点，它们是：

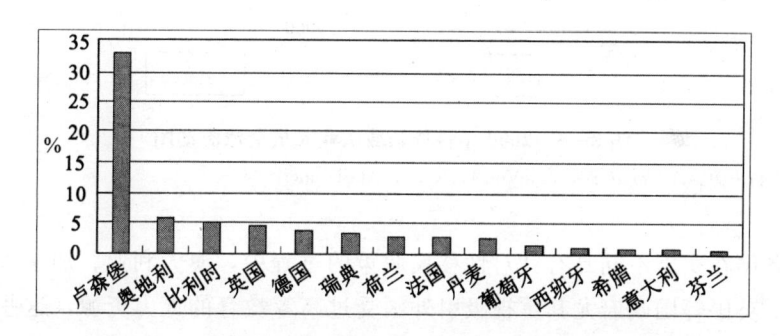

图 8—7 欧洲国家高技术岗位中的非本国人所占百分比

资料来源：Science, Technology and Industry Scoreboard，OECD 2001.

第一，科技人力资源全球流动的形式越来越多样化。按照移民的不同形式分类，传统的技术移民主要包括永久性移民和暂时性移民两种形式。从传统技术移民移居的原因来看，也基本可以归纳为到国外接受教育、工作需要、结婚或探亲以及寻求（政治、经济方面的）庇护等。但是，自20世纪90年代以来，科技人力资源全球流动的形式逐渐呈现出多样化的趋势，这在期限灵活的临时性技术移民群体中尤其突出。此外，科学家和工程师出国进

修、国际会议、学术人员的跨国合作、多国科技项目等活动也频频发生于不同国家之间。与此相适应，这些类型的国际技术移民数量大幅度增加。对正在日本从事与高技术有关的 12 个职业的临时技术移民进行研究后发现，1992—1999 年间，持有临时签证的外国工人在数量上增长了 75%。美国针对具有特殊才能的人员发放的 H-1B 签证数据是反映这一领域状况的又一指标。根据美国法律规定，持有这种签证的人员可以在美国工作三年，并可续签一次。2000 年，美国全年共签发 19.5 万份 H-1B 签证，以允许持有此签证的人员在 2001—2003 年期间在美工作。[1]

第二，科技人力资源全球流动不均衡局面依然明显。从科技人力资源全球流动的空间结构来看，可以粗略地把不同国家分为科技人力资源全球流动的受益国、流失国和均衡国三组。当一个国家相对于另一个国家在一定时期内的科技人才输入量高于输出量时，即为科技人力资源全球流动的受益国；反之，为流失国；不高不低，则为均衡国。从上面的分析中可以看出，参照国不同时，同一个国家或地区有可能既为科技人力资源全球流动的受益国，同时也是科技人力资源流失国，比如欧盟 15 国，相对于澳大利亚、美国、加拿大等国来说，即为流失国；而相对于亚洲、大洋洲等国家来说，则为受益国。但是，总体来看，发达国家在全球科技人力资源流动中是主要的受益国，部分 OECD 国家虽然也存在着不同程度的技术人才流失，但是基本上都可以通过来自于发展中国家的大量科技人力资源的流入而得到弥补。

第三，跨国公司在促成科技人力资源的全球流动中起着越来越大的作用。跨国公司进入发展中国家后，常常从当地招聘和选择有发展前途的年轻人才送到国外进行培训和实习，并根据公司人力资源配置的需要派往世界其他分公司。《服务业贸易总协定》简化了许多准入手续以促进各个部门专业人才的临时流动，公司内部人员的频繁调动对于科技人力资源的全球流动起着越来越大的促进作用（见表 8—3）。[2]

---

[1] OECD：《OECD科学技术与工业概览》，科学技术文献出版社 2002 年版，第 231、233 页。
[2] 宋卫国、杜谦、高昌林：《科技人才的国际竞争与我们的对策》，载《求是》2003 年第 24 期。

表 8—3　　　　　　　部分 OECD 国家公司内部人员调动

(1995—1999 年)　　　　　　　　　单位：千人

	1995	1996	1997	1998	1999
加拿大	N.A.	N.A.	2.1	2.8	2.9
法国	0.8	0.8	1.0	1.1	1.8
日本	3.1	2.8	3.4	3.5	3.8
荷兰	N.A.	1.6	2.3	2.7	2.5
英国	14.0	13.0	18.0	22.0	15.0
美国	112.1	140.5	N.A.	203.3	N.A.

资料来源：OECD：《OECD 科学技术与工业概览》，科学技术文献出版社 2002 年版，第 233 页。

第四，针对科技人力资源的移民和教育制度在科技人才国际流动中的作用举足轻重。自第二次世界大战以来，技术移民在国际移民中的比重不断增加。现在几乎所有发达国家都设立了技术移民制度，标志着发达国家吸引外来科技人才已经进入制度化阶段。美国是通过移民政策吸收他国科技人才最多的国家。据美国学者统计，1995 年美国科学与工程领域 1200 万科技劳动力中，72％来自发展中国家。1999 年美国总数 62.67 万人的博士级科学家工程师中，临时居民身份的占了 23％。其他发达国家的年轻人才也大量流入美国。在美国完成硕士学业的欧洲人中有 50％长期居留在美国。值得注意的是，一些非移民国家如德国和日本等现在也高度重视引进人才。比如说，日本加大吸引外国科学家的力度，计划使科研人员中外籍人士的比例达到 30％。而许多发展中国家在技术移民制度建设方面几乎还是空白。

先进的高等教育和充足的研究经费是发达国家吸引发展中国家的优秀年轻人才到西方国家学习的一个重要因素。以美国为例，自 20 世纪 80 年代以来，随着大学教育与研究经费的增长，美国大学扩大了外国研究生招生人数，用外国研究生担任大学理工科领域研究与教学助手。1999 年，在理工科研究生中，外国留学生比例高达 26.7％，博士毕业生中外国（非美国国籍和非常住人口）留学生占 32.8％；同样，英国理工科研究生中，外国留学生的

比例高达 31.5%（1999 年），法国理工科研究生中，外国留学生的比例高达 26.3%（1998 年）。相反，在发展中国家高校中学习的外国研究生却微乎其微，且大多以学习语言文化为主。

第五，科技人员回流现象使得科技人力资源循环成为新的人才跨国流动模式。[①] 临时性技术移民成为国际技术移民的一个重要形式意味着，可能回国工作的科技人员越来越多，因此，在当前的技术人力资源跨国流动中人力资源循环的流动模式越来越明显。事实上，部分 OECD 成员国科技人力资源流失的现象被过分高估了。有调查表明，1999 年在国外攻读博士学位的法国籍博士生，多数已经计划毕业后回国，只有 7% 的人打算继续在国外工作。而发展中国家也于近年来愈发重视科技人力资源的流失问题，从而开展一系列政策措施加以改善治理，这对于本国外流科技人力的回流具有重要的促进作用。

（三）科技人力资源全球流动的原因分析

在封闭经济条件或非市场经济条件下，任何类型人力资源的跨国流动都较难实现，这是因为计划经济体制下的科技人员跨国流动存在三个难题：一是科技人员的独立决策地位没有确立，科技人员本身无权决定自己的流动，很难在全社会流动或进行跨国流动；二是由于缺乏市场信息，科技人员本身对自己的劳动力价格缺乏认识或无从衡量，导致科技人员无法评估流动的成本和收益；三是个人很难获得目标工作状态的信息，因而缺乏促使其进行跨国流动的外在"诱惑"。在这三个难题下，科技人员个人很难做出跨国流动的决策，在流动的初始动机上也往往呈现出单一性的特征，非经济因素经常会占据主导地位，比如基于政治考虑的科技人力资源跨国流动。相反，在市场经济或开放经济条件下，由于人力资源市场的相对开放性以及人力资源价值的可衡量性，个人才更易于做出跨国流动的理性选择。所以，人才跨国流动，首先要求的是经济体制的开放性和市场化，而经济全球化，无疑加速了人力资源跨国流动的可行性和实际的数量。

1. 经济科技全球化为科技人力资源的跨国流动提供了重要的舞台

---

① 曹光章：《全球化背景下的人才跨国流动》，载《中国人才发展报告》（人才蓝皮书），社会科学文献出版社 2004 年版。

从事全球化问题研究的专家们认为，人口迁移是一种最为普遍的全球化形式，甚至将全球化过程概括为"人口在区域和陆地之间的移动，如劳动力迁移、散居国外或征服和殖民过程等"[1]。无论是经济全球化，还是科技全球化，其重要特征之一都是生产要素在全球范围内的自由流动，而人员始终是这种要素流动的重要内容之一。现代经济的发展、科技的进步，为科技人员的跨国流动提供了更方便的硬软环境支持。

第一，经济科技全球化为拥有较高科学文化水平的人力资源跨国流动提供了坚实的制度保证和环境支持。由数以万计科技人才中介机构构成的世界人才市场，日益成为国际贸易的一个重要领域[2]，据统计，1999年世界人才中介机构营业额达250亿美元，而且正在以每年10%的速度增加。知识经济时代，科技人力资源的价值在全球范围内获得深刻的认同，某些领域对相关专业人力资源的需求大大超过了国内供给数量，为科技人力资源的跨国流动提供了重要契机。为吸引国外科技人员的不断流入，各国政府纷纷出台政策措施，放宽对技术移民迁入的限制，企业也从各方面提高外籍科技人员在本公司的待遇，吸引世界一流的科技人才。正是由于经济、科技全球化进程的加速、加深，科技人力资源全球信息网络更加流畅，科技人才的重要性在全球范围内获得前所未有的一致认同，政府、企业对吸引科技人力资源问题重视程度的不断提高，这使得科技人力资源可以在一个日益完善的软环境中实现跨国流动。

第二，支持经济、科技全球化进程得以实现的基础——信息与通信技术，为科技人力资源得以进行全球流动提供了有力的硬件支持。这不仅是因为"技术的进步降低了运输成本，从而使人口和商品在更大领域内的流动越来越便宜和快捷"[3]，更重要的是，信息与通信技术产业的迅速发展使得相关科技人员在一些国家出现严重短缺。法国一家雇主组织（MEDEF）调研发现，当地教育体系培养一个毕业生的速度慢于本国经济中创造出一个新职位

---

[1] 戴维·赫尔德等：《全球大变革：全球化时代的政治、经济与文化》，杨雪冬等译，社会科学文献出版社2001年版，第392、393页。

[2] 曹光章：《全球化背景下的人才跨国流动》，载《中国人才发展报告》（人才蓝皮书），社会科学文献出版社2004年版。

[3] A.G. 肯伍德、A.L. 洛赫德：《国际经济的成长：1820—1990》，王春法译，经济科学出版社1997年版，第8页。

的速度，在通信技术行业尤其如此。OECD 国家很多类似机构也发表了类似预测。以德国为例，2000 年至 2005 年间，需要至少 25 万名雇员从事信息与通信技术行业的相关工作，而以当时的人力资源供给能力来看，大约有 7.5 万个工作岗位无法找到合适的雇员。[1] 在这种情况下，这些国家只能把目光转向国外，通过吸收大量的外来科技人员来补充这些工作岗位的缺失。可见，随着以信息与通信技术为基础的经济、科技全球化的不断深入，科技人力资源的全球流动有了更多的刺激和动力。

2. 科技人力资源全球流动中的推力

科技人力资源流动的推力主要针对作为全球科技人力资源最大输出地的发展中国家而言，包括制度设计（如政府、企业对于科技人力资源的重视程度等，体现在政府体制、相关政策颁布、企业薪金制度等方面）、科研环境（如科研设施齐备程度、研发人员水平等）、教育水平（如学科设置、专业知识教育是否完善）以及整个社会环境对从事科技领域工作者的认可程度、科技人力资源信息在全社会的流通是否顺畅等各方面因素。事实上，任何一个因素的不完善或缺失，都有可能形成科技人力资源获得回报低、从事科技事业风险高的局面，从而"推动"科技人力资源流向其他国家或地区。

第一，制度缺陷是导致科技人力资源流出的直接原因。在许多发展中国家，政府部门通过各种渠道，不恰当地过多干预了科技人力资源市场的形成及其运作，从而激发了科技人员摆脱这种制度约束的强烈动机。比如说，当地企业对于本土科技人员的不够重视，在薪金、奖金待遇等方面与外籍科技人员差别过大，是导致本土科技人力资源流失的最基本原因。与此相适应，繁琐的签证审批程序、移民管理部门较低的工作效率，以及缺乏一整套保障外国科技人员在本国居住环境、税收要求、薪金规定等基本权益的规章等等，都是对外国科技人力资源缺乏吸引力的重要因素。在这种情况下，发展中国家在全球科技人力资源流动中往往会成为净流失国。

第二，缺乏激励创新的科研氛围是导致科研人员流失的重要诱因。科研环境对于研发人员的工作热情和效率有着不可忽视的影响，其中包括硬环境

---

[1] Macro Doudeijns and Jean-Christophe Dumont, "Immigration and Labor Shortages: Evaluation of Needs and Limits of Selection Policies in the Recruitment of Foreign Labour, OECD", http://www.oecd.org/dataoecd/13/59/15474016.pdf.

和软环境两方面条件。以科研资金、实验设备、实验室规模等指标为主的硬环境是营造良好科研氛围的首要条件,而这却往往成为桎梏科技人力资源流入的瓶颈。事实上,很多留学人员本意是愿意回到自己国家的,但最终由于本国科研条件(资金不足、设备落后等现实问题的存在)与其所在国科研水平无法匹配而不得不放弃,否则需要持续进行的科研工作将前功尽弃。科研工作的软环境则主要是指同部门科研人员的受教育水平、知识背景相似程度、知识资源储备流通度等情况,而这通常也正是发展中国家或欠发达地区/国家的科研机构所欠缺的。

第三,教育体制的落后和学科、专业知识的储备不足导致潜在科技人力资源量严重不足。部分欠发达国家的不健全教育体制直接导致了这些地区的大学在学科设置、专业知识讲授等方面存在严重缺陷。这种先天性不足不能保证本国学生获取前沿知识而成为合格科技人力资源,这反过来又推动了潜在科技人才大量向国外涌出,寻求获得更完善高等教育的机会。

第四,社会对从事科技领域工作者的认可程度,科技人力资源信息在全社会的流通是否顺畅等环境因素也可能构成推动科技人力资源外流的力量。部分国家和地区由于社会体制原因①,科技人力资源流动与就业环境的匹配不尽适合。绝大多数大学和科研院所的信息资源不向社会或同行公开,造成了资源重复开发的浪费现象。

3. 科技人力资源全球流动中的拉力

经济发达国家对于科技人力资源的强大吸引力是显而易见的,而相关国家政府对吸引科技人力资源的重视以及为此所确立的相应措施则在这个过程中扮演着关键角色。事实上,这些国家和地区正是依赖来自国外的科技人力资源来满足不同领域提升竞争力的需要,弥补本地大学科技人力资源供给不足的缺陷。总起来看,发达国家采取的下列"拉动"因素对于吸引外国科技领域学者、学生和雇员来本国就业具有比较重要的积极作用。

(1)科技人力资源进入的管理制度和审批手续相对简便;

(2)宽松的制度可以便捷地解决科技人员的基本生活需求,为科研人员之间的交流建立了畅通的渠道;

(3)政府部门和企业提供的优厚待遇对于科技人力资源的流入有进一步的拉动作用;

---

① 长城企业战略研究所:《我国科技人力资源政策研究报告》2003年7月,第7页。

(4) 高信息利用率是吸引科技人力资源留驻的重要因素；

(5) 完善的教育体制，著名的大学，设备齐全、闻名世界的科研中心对于吸引外国科技人力资源的进入具有不可替代的重要作用。

总体而言，对于科技人力资源具有较大"拉力"的往往是那些发达国家或新兴工业化程度比较高的国家，这些国家往往对某些科技领域的人力资源具有非常迫切的需求，从而更增加了对于外国科技人力资源的"拉动"影响。图8—8显示，美国、加拿大、澳大利亚等国是OECD国家中对外国高技术移民具有最大"拉动"引力的国家；而墨西哥、波兰、韩国、爱尔兰、芬兰、匈牙利、斯洛伐克等OECD国家则存在着"拉力"不足、"推力"稍大的问题；其他如中国、印度、南非等发展中国家及欠发达国家则存在着"推力"过强而导致科技人力资源流失的问题。

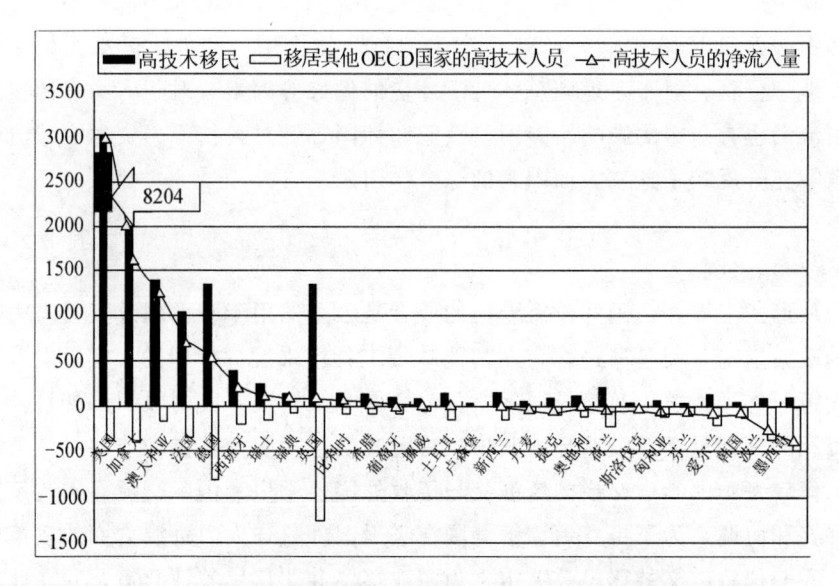

图8—8　OECD国家高技术人员的流入、流出、净流量对比（千人）

资料来源：J. C. Dumont and G. Lemaitre "Counting Immigrates and Expatriates in OECD Countries: A New Perspective", OECD 2000, Social, Employment and Migration Working Papers.

除了上述的"推力"和"拉力"以外，其他诸如文化及语言因素、地理位置、个人对于东道国生活环境偏好等因素对于科技人力资源跨国流动也有一定的影响。例如，如果一个国家的语言国际化程度比较低，对于外国科技人力资源的流入则会产生外推力量；反之，东道国语言在全球范围内应用较

多，则非常有利于吸引外国科技人力资源直接进入本国劳动力市场就业。再比如，地理位置接近、交通航线便利的国家地区间，科技人力资源交流的可能性也必然更高一些。可以说，正是在各种主客观因素的综合作用下，科技人力资源的跨国流动才会不断往复、生生不止，在经济科技全球化背景下勾勒出一幅生动的画面。

三 典型国家吸引科技人力资源的政策措施比较

从上面的分析中可以看出，科技人才的跨国流动主要是基于两种工作状态而做出的主观判断，是否进行跨国流动主要取决于哪种工作状态效用更高。当所在国的效用低即人力资源流出国的人力资本的回报较低而风险较高时，就会产生"推"的作用；相反，当人力资源输入国的效用高，即人力资本回报较高而风险较低时，就会产生"拉"的作用。此外，诸如婚姻、探亲、地理位置、对于东道国总体生活环境的偏好等因素，对于人力资源实现跨国流动也有一定的影响。美国、欧盟和韩国等针对科技人力资源全球流动的政策充分反映了这三方面因素的综合作用。

（一）美国

从形式上看，美国并没有专门的或者是独立的用于吸引国外科技人力资源的政策措施，而是通过融合在其他政策工具中来发挥作用的。实际上，移民政策、外国留学生政策及国际交流与合作政策构成了美国吸引国外科技人力资源的三种重要政策选择。其中，移民政策包括职业移民和非移民签证政策，而后者中的学生交换类签证又与招收外国留学生和国际交流合作政策互为补充和协调。为了更好地理解美国在吸引国外科技人力资源方面的政策体系，我们拟将广义的移民政策定义为职业移民和非移民签证政策，并在此框架下分别讨论两者的具体特性，且在学生与交换类签证政策分析中分别引入美国的国际学生和国际交流与合作政策，以此凸现美国在吸引国外科技人力资源政策方面的整体结构联系。图8—9向我们展示了美国用于吸引国外科技人力资源的各种政策工具选择。

1. 美国的职业移民政策

职业移民主要指的是外国居民通过应聘在美国工作的方式而进行的移民。与科技人力资源相联系的职业移民主要指的是具有某种特殊才能和技术

第八章 科技人力资源的全球流动　391

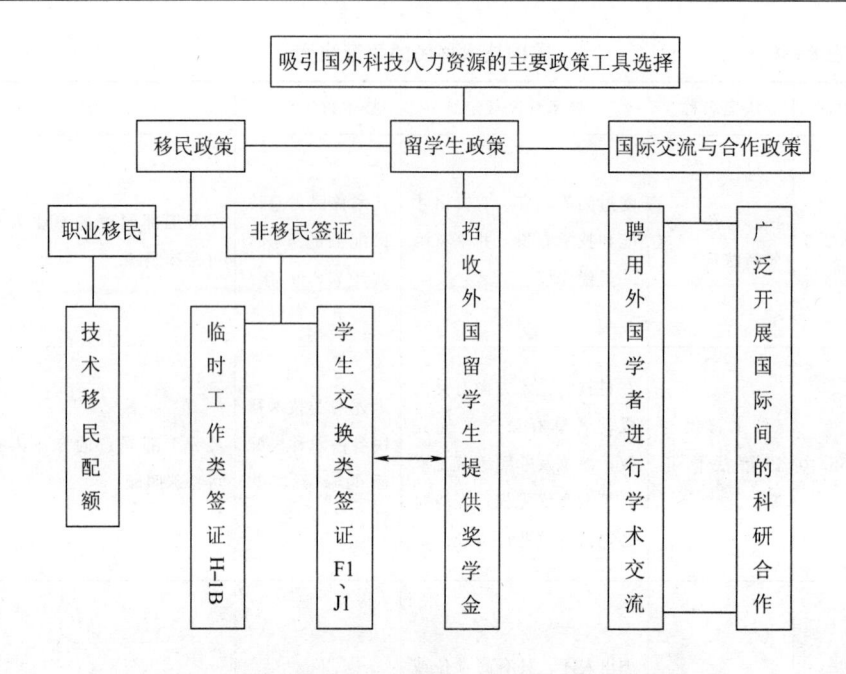

图 8—9　美国吸引国外科技人力资源政策工具选择

专长的技术类移民。对于技术移民的条件，美国一般都要进行严格的限制和挑选，并实施配额限制，这是美国政府长期奉行的吸引国外科技人才的基本政策之一。[①] 在第二次世界大战后的不同历史时期里，美国政府的技术移民政策进行了多次修改和调整，具体情况见表 8—4。

从表 8—4 中可以清楚地看出，在技术移民政策方面，美国一方面不断增加技术移民的配额限制，增加技术移民的比例，显示出对于技术移民的渴求；另一方面，美国政府对于技术移民的规定又在不断细化，限制性条件也在不断增加，这突出地反映在美国政府不断提高对技术移民的素质要求上。因此，从某种程度上说，美国的技术移民政策整体上表现出强烈而鲜明的选择性特点。图 8—10 显示了最近十年来美国的职业移民中技术移民的情况。

---

① 这一政策始于 1924 年的《移民配额法》，法案规定优先吸收精于农业耕作技术的移民，这标志着美国吸引外来人才的原则被纳入政府法律的开始。

表 8—4　　　　　　　　　美国技术移民的政策演变

时间	法案名称	技术移民规定	技术移民配额	备　注
1952.6	《麦卡伦—沃尔特法案》	受过高等教育、有突出才能和技术专长，并享有第一类优先权	技术移民占总移民配额的50%，共计7.8万/年	经劳工部同意的专业人员可特殊照顾
1965.10	《外来移民与国籍法修正案》	在科技、艺术方面有突出成就者享有第三类优先权；熟练及非熟练劳工享有第六类优先权；入境时必须持有就业许可证	上述两类技术移民各占总移民配额的10%，共计5.8万/年	经劳工部同意的专业人员可特殊照顾
1990.11	《新移民法案》	杰出人才、具有高学位或特殊能力的专业人士、技术劳工专业人员及美国境内缺乏的劳工①，分别享有一、二、三类职业移民优先权	上述三类职业技术移民每年的配额各为4万，共计12万	每年的技术移民配额数还可以加上上一年度亲属移民未用尽的配额数，并且上一级优先权没有用完的配额可供下一级优先权的使用

资料来源：戴超武：《美国1952年移民法对亚洲移民和亚裔集团的影响》，载《东北师范大学学报》1997年第2期；戴超武：《美国1965年移民法对亚洲和亚裔集团的影响》，载《美国研究》1997年第1期；翁里：《美国的新移民法》，载《法学评论》1994年第6期；梁茂信：《美国吸引外来人才政策的演变与效用》，载《东北师范大学学报》1997年第1期。

---

① 在1990年的《新移民法案》中，对杰出人才、具有高学位或特殊能力的专业人士、技术劳工专业人员及美国境内缺乏的劳工进行了相当明确的规定，其中对于"有非凡才能的"优秀教授、研究人员和跨国公司管理人员列为第一优先，这些人只要申请职业移民就会立即批准，不必等候。第二优先是具有研究生以上学历的专业人才，这种人也不必雇用者出示国内雇用的证明。参见翁里《美国的新移民法》，载《法学评论》1994年第6期。

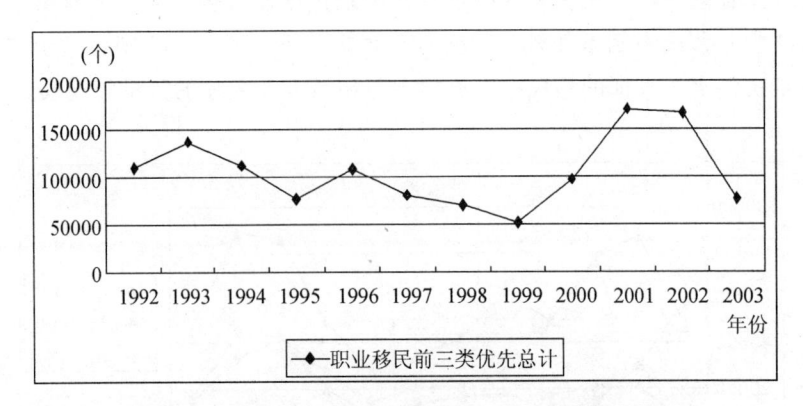

图 8—10 职业移民前三类优先总计：1992—2003 财政年度

资料来源：美国司法部移民归化局：《移民归化服务统计年鉴》（1996—2001 财政年度）；美国国土安全局移民统计部：《移民归化局统计年鉴》（2002—2003 财政年度）。

从图 8—10 中可以看出，在职业移民中，拥有前三类优先权的移民数（又称技术移民）表现出一定的不规则性。从 1992 财政年度到 2003 财政年度，技术移民总数有增有减，平均每年 10.5 万人，并没有达到 12 万人的配额限制，甚至在某些年份技术移民数竟然还没达到配额数的一半，反映出美国政府对于技术移民的条件要求较为严格；而进一步的统计计算表明，技术移民数占当年职业移民和总移民数的比例却呈现出较为平稳的发展态势，从 1992 年到 2003 财政年度，平均占职业移民数的 92.6%，占总移民数的 12.2%，说明技术移民占总移民的比例并不是很高。

图 8—11 进一步显示了职业移民中拥有第一、二、三类优先权的职业移民数，从中可以看出这三类优先职业移民都呈现出较不规则的变化趋势，并且拥有第三类优先权的移民数量最多，其次为第一优先权移民，而且前两类优先权的职业移民数基本上都没有达到 4 万人的配额限制。其中，拥有第一、二类优先权的职业移民数在 1992—2003 财政年度年均分别为 2.2 万和 2.5 万人，而拥有第三类优先权的职业移民数则为 5.8 万人[①]，远远高出 4 万人的年度配额，表明杰出人才和具有高学历或特殊能力的专业人士移民数与技术劳工、专业人员及美国境内缺乏的劳工相比在数量上略显不足，这与

---

① 以上所有的数据分析均来自美国司法部移民归化局：《移民归化局统计年鉴》（1996—2001 财政年度）；美国国土安全局移民统计部：《移民归化统计年鉴》（2002—2003 财政年度）。

美国对拥有第一、二类优先权的技术移民条件限制较多,而对拥有第三类优先权的职业移民限制条件较为宽松有着直接关系。图8—12则进一步描绘了在每年获得永久签证的移民中,科学工程领域专业人才的数量和规模。

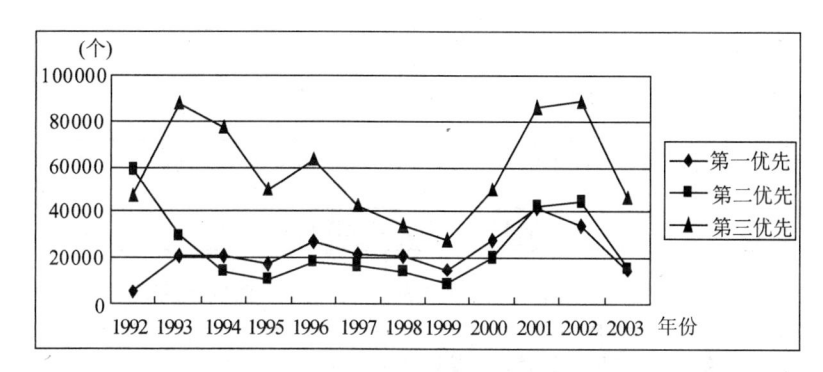

图8—11　职业移民的前三类优先移民数:
1992—2003财政年度

资料来源:美国司法部移民归化局:《移民归化服务统计年鉴》(1996—2001财政年度);美国国土安全局移民统计部:《移民归化局统计年鉴》(2002—2003财政年度)。

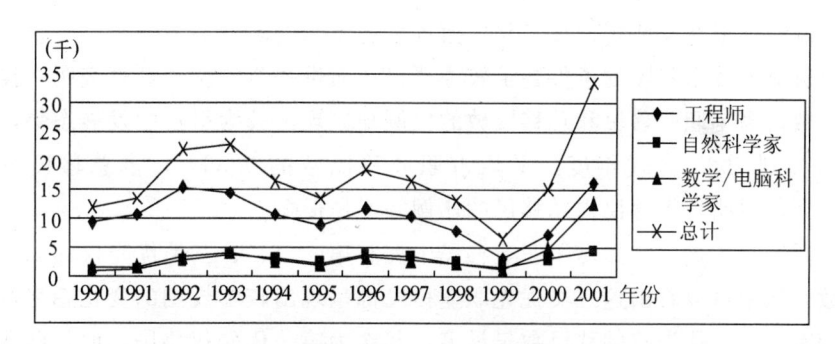

图8—12　在科技领域工作的永久签证移民:1992—2001年

资料来源:美国国土安全局:《公民与移民服务部管理记录》(1990—2001年)。

在图8—12中,我们主要展示了在科技领域工作的工程师、自然科学家、数学/电脑科学家等高技术移民的基本情况。从中可以看出,在高技术移民中工程师人数最多,平均每年1.1万人;自然科学家以及数学/电脑科学家的人数相差不多,平均每年各为2833人和3583人。如果将上述三项相加,则平均每年达到1.7万人,在这些领域工作的科技人员直接构成美国科技人力资源的重要组成部分。根据有关资料,从1990年到2001

年的 12 年间，美国通过职业移民共计获得了大约 20.3 万国外优秀科技人才。值得注意的是，从 1999 年起，美国获得的各种移民数量均呈现出迅速增长的态势，并且在 2001 年各项移民统计数字均出现了近 10 年的最大值，表明美国政府在吸引外国科技人才移民方面所采取的强化和引导措施取得了一定的成效。

2. 美国的非移民签证政策

美国目前的非移民签证有 18 种[①]，其中涉及科技、工程和教育人才流动的签证主要有 6 种，分别是工作类签证：H-1B、L1、O1、TN 以及学生和交换类签证 F1、J1。在这些签证持有者中蕴涵的庞大科技人力资源，是美国获取外来科技人才的重要基础，尽管这些签证持有者只能暂时居住在美国，但这却是外国人日后获得在美国的永久居住权及美国公民身份的重要跳板。许多外国人就是通过获取非移民签证然后才拿到美国绿卡的，从而使得这些由暂时性科技人力资源构成的科技人才库成为美国取之不竭的研究开发人员供应基地。因此，讨论美国的非移民签证政策对于理解美国如何吸引外国科技人力资源有着重要的意义。

其一，工作类签证。工作类签证是美国为了缓解国内某些领域的人才供给不足，吸引外国专业人才来美工作的一类签证，其重要特点就是允许具有一定特殊专业技能的外国人进入美国工作。工作类签证主要包括 H-1B、L1、O1、TN 四种类型，其中的 H-1B 签证又以每年申请人数最多、签证条件比较宽松而受到学术界、政界的重要关注。

一是 H-1B 工作签证。这种签证主要发给具有特殊专业技能的在美国临时工作的外国人。美国 H-1B 工作签证政策始于 1990 年美国《移民法案》的修改，后来为了适应国内社会、经济发展要求，在 1998 年、2000 年分别进行了两次较大幅度的补充修改，最终形成目前的法规体系（见表 8—5）。最近几年来，H-1B 签证政策的修改主要是围绕增加 H-1B 年度配额和改进配额计算方法进行的，旨在放宽每年对 H-1B 签证数量的限制，以便为美国引入最为需要的专业人才。实施 H-1B 工作签证政策 14 年来，每年都有大约数以十万计的专业技术人才进入美国工作。根据 1998 年的《美国竞争力和劳动力提升法案》，美国移民与归化局每年要递交上一年度有关 H-1B 签证的报告（包括国籍、教育程度、薪金、雇用行业等），以便为美国制定移民政策

---

① 齐默：《美国各类签证介绍》，载《神州学人》1998 年第 7 期。

服务。首次向国会提交的有关 H-1B 签证报告是在 2000 财政年度。[①] 这些报告为我们具体考察美国工作签证政策的特点奠定了基础。

表 8—5　　　　　H-1B 工作签证政策的形成：1990—2000 年

通过时间	法案名称	签证配额	签证配额计算	备注
1990.11.29	移民法案	每个财政年度[②]均为 6.5 万个	在过去六年申请过 H-1B 名额的申请人，在申请新的 H-1B 工作时，将不占用配额	重新定义修改 H-1B 类别，并开始颁发 H-1B 工作签证
1998.10.21	美国竞争力和劳动力提升法案	1999、2000、2001 财政年度分别为 11.5 万个、11.5 万个、10.75 万个，2002 财政年度为 6.5 万个	申请人提出一个以上的申请时，该申请人只占用一个配额	雇主所提供的薪水不能低于美国当地同类薪水的 5%
2000.10.6	美国在 21 世纪竞争力法案	2001、2002、2003 财政年度均为 19.5 万个，2004、2005 财政年度均为 6.5 万个	高等院校、政府机关申请人，研究机构及非营利机构雇用的 H-1B 工作人员不占用配额。而在这些机构工作的 H-1B 工作人员在改换工作到其他单位工作时，将需要新的 H-1B 名额	

资料来源：美国司法部移民归化局：《1998 财政年度移民归化局统计年鉴》2000 年 11 月；马强：《"S-2045 法案"：移民福音》，载《华人时刊》2001 年第 2 期。

表 8—6 展示了最近几年来获得 H-1B 签证申请数量的总体情况。从表中

[①] 美国移民与归化局：《特殊雇佣工作者（H-1B）的特征：1998 年 3 月到 1999 年 7 月》2000 年 2 月。

[②] 美国的财政年度是指从前一年的 10 月 1 日开始到当年的 9 月 30 日结束。

我们可以看出，H-1B 签证申请的颁发数量从 1993 年的 9.3 万个增至 2003 年的 36 万个，11 年来年均增长 26.2%，2001 年更达到 38 万个的历史最大值。在这 11 年中，从 1996 年到 2001 年间增长速度最快，年均增速为 37.8%。2001 年后，由于受"9·11"事件的影响，美国加强了签证安全检查，同时美国经济也出现衰退迹象，签证数量出现小幅度回落，2003 年比 2001 年的签证数降低了 6.2%，充分反映了签证审批数量对美国经济和国家安全战略的依赖程度。在最近 4 年里，H-1B 签证申请的结构分布一直未发生大的变化，初次雇用申请与继续雇用申请的比率均维持在 1∶1 左右，只是在 2001 年初次雇用占到 61%，平均每年新颁发的 H-1B 签证数量为 13.67 万个。[①] 目前，很多大型公司不断要求美国政府放宽对外国人在美国工作的签证限制，把高素质人才留在美国，充分反映了签证配额对雇用外国人才的制约作用。另外，需要注意的是，在初次雇用申请中，来自美国国内的申请比例逐渐上升，从 2000 年的 45% 增加到 2003 年的 60.42%，超过了国外的申请量，说明 H-1B 签证已成为美国国内其他非移民签证转换身份的重要途径。[②]

表 8—6　　　　H-1B 签证颁发数量：1985—2003 财政年度　　　　单位：个

年份	1985	1990	1993	1994	1995	1996
H-1B 数量	47322	100446	92795	105899	117574	144458
年份	1998	1999	2000	2001	2002	2003
H-1B 数量	240947	302326	355605	384191	370490	360498

资料来源：美国司法部移民归化局：《移民归化局统计年鉴》（1996—2001 财政年度）；美国国土安全局移民统计部：《移民归化统计年鉴》（2002—2003 财政年度）。

注：在 1991 年 10 月 1 日前（1992 财政年度之前），H-1B 签证被认为是原有统计指标的"杰出人才与价值"的内容。1997 财政年度统计资料缺失。

---

① 刘敬辉：《美国 H-1B 工作签证有变化》，载《21 世纪》2004 年第 4 期；马强：《H-1B：名额用罄后怎么办》，载《华人时刊》2004 年第 6 期。

② 美国移民与归化局：《特殊雇佣工作者（H-1B）的特征：1998 年 3 月到 1999 年 7 月》2000 年 2 月。

H-1B签证要求申请人至少具有学士学位,但并没有提供更多的有关申请人教育背景的信息,表8—7则清晰地显示了H-1B签证申请对教育程度要求不断提高的趋势,从而为我们提供了考察申请人教育背景的工具。尽管学士学位获得者依然是这种签证申请的主要部分,占到总人数的53.45%,平均每年13.2万人,但在2002—2003年度学士学位获得者的比例却减少了7个百分点以上;而博士学位获得者所占比例却不断上升,从7.2%增至12.2%,平均每年2.3万人。表8—7中还反映了硕士学位比例基本保持不变以及专业学位比例上升的趋势(平均增长3个百分点)。

表8—7　　　　获得批准的H-1B签证申请者教育程度分布：
2000—2003财政年度

单位：个

教育水平	2000		2001		2002		2003	
	数量	%	数量	%	数量	%	数量	%
能获知教育水平	235749	100	330808	100	197249	100	217157	100
学士学位以下	4969	2.0	5608	1.7	3975	1.9	3512	1.6
学士学位	134126	56.9	187735	56.8	99436	50.4	107944	49.7
硕士学位	73220	31.1	102996	31.1	60022	30.4	66672	30.7
博士学位	16960	7.2	24610	7.4	23323	11.8	26565	12.2
专业学位	6474	2.7	9859	3.0	10493	5.3	12464	5.7

资料来源：美国司法部移民归化局：《移民归化局统计年鉴》(1996—2001财政年度)；美国国土安全局移民统计部：《移民归化统计年鉴》(2002—2003财政年度)。

表8—8主要列出了H-1B签证申请的涉及科技、工程及教育类的职业分布情况,这些职业是科技人力资源发挥作用的主战场。从总体上看,这些职业大概占此类移民总数的81%,平均每年20.4万人,说明了H-1B签证的申请人主要从事科技、工程及教育类职业的工作,并已构成美国科技人力资源的重要来源。其中,与电脑相关的职业移民绝对人数最多,平均每年12.5万人(平均占48.23%,并一度达到58.1%的水平);其次为建筑、工程及测绘职业,平均每年为3.1万人(平均占12.5%)。在2002—2003年间,受"9·11"的影响,与电脑有关的职业移民绝对数量与相对比率大幅下降,平均下降大约20个百分点。与教育相关的职业则迅速增长,几乎翻了一倍。

其他职业比如医疗保健、生命科学、数学与物理学也都有不同程度的增长。总体上看，美国 H-1B 签证申请平均每年吸引了 16.8 万个电脑、建筑、工程及测绘、生命科学及数学和物理学等领域的科技专业人才。

表 8—8　　　　被批准的 H-1B 签证申请的主要工作职业分布：
2000—2003 财政年度　　　　　　　　　　　　　单位：人

职业分布	2000 数量	%	2001 数量	%	2002 数量	%	2003 数量	%
能获知工作行业	255556	100	332866	100	196160	100	215955	100
与电脑相关的	148426	58.1	191397	58.0	75114	38.3	83114	38.5
建筑、工程及测绘	31384	12.3	40388	12.2	25197	12.8	26843	12.4
教育	12648	4.9	17431	5.3	20613	10.5	23980	11.1
药品与医疗保健	10065	3.9	11334	3.4	12920	6.6	15623	7.2
生命科学	5010	2.0	6492	2.0	6910	3.5	8111	3.8
数学与物理学	4276	1.7	5772	1.7	5443	2.8	5679	2.6
复合型技术与管理	4748	1.9	5662	1.7	4940	2.5	4879	2.3
总计	216711	84.8	280606	84.3	151043	77.0	168229	77.9

资料来源：美国司法部移民归化局：《移民归化局统计年鉴》(1996—2001 财政年度)；美国国土安全局移民统计部：《移民归化统计年鉴》(2002—2003 财政年度)。

二是 L1 签证。这是美国政府向外国企业在美国分公司、子公司经理人员颁发的一类签证，也称为跨国公司经理签证。申请 L1 签证者必须是经理主管或高级专家以上职务，最长有效期为七年。O1 签证是在 1990 年 11 月的新移民法中为了吸引在科技、艺术、教育、商业及体育等各专业领域中出类拔萃的外籍人才而新增设的签证，申请条件比较严格，主要是那些在某个领域中具有非常的研究能力、突出贡献或者具有全国知名甚至国际知名度的人才。O1 签证美国雇主申请，没有有效期限制，但须每年申请延期一次。TN 签证是在北大西洋公约组织框架下于 1994 年 1 月专门为成员国专业技术人员来美工作而提供的签证。这三种签证都不同程度地涉及来美工作专业科

技人才，事实上已经成为美国吸引国外科技人才政策的重要渠道。图8—13展示了最近10年的有关L1、O1与TN签证申请的总体规模情况。从中可以看出，L1签证的总数量最多，并保持较快的增长，从1992年的7.5万人增至2003年的29.8万人，年均增长26.9%，并且2001年达到32.8万人的最大规模，充分反映了国外跨国公司在美国的发展及对高级人才的迫切需求；O1与TN签证申请的总体规模就显得小得多，增长速度也比较缓和，这与它们所适用的范围与严格的限定条件有关，其中O1签证从1993年的3105个增至2003年的2.55万个，TN签证从1994年的1.98万个增至2001年的9.55万个，2003年受"9·11"影响又回落到5.94万个。

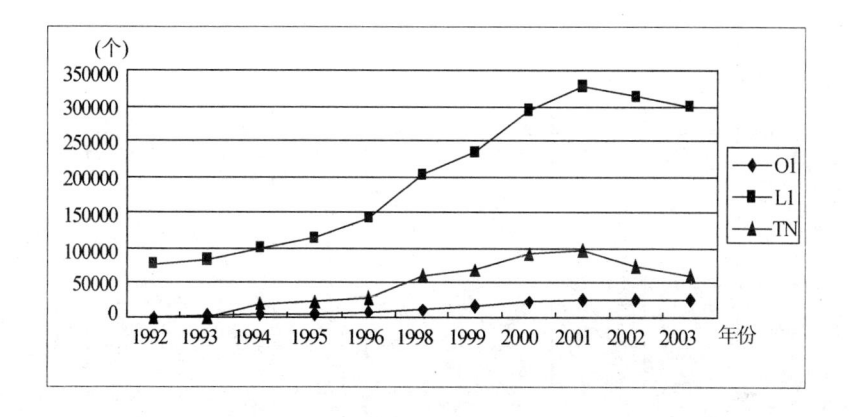

图8—13　O1、L1、TN签证申请数量：1992—2003财政年度[①]

资料来源：美国司法部移民归化服务：《移民归化服务统计年鉴》（1996—2001财政年度）；美国国土安全局移民统计部：《移民归化服务统计年鉴》（2002—2003财政年度）。

由于缺乏详细的统计资料，这里仅从2002财政年度关于这三类签证的职业分析数据入手，进行一些初步分析。2002财政年度适逢"9·11"事件发生不久，美国出于安全目的加强了各种签证的安全检查，签证总体规模出现不同程度的下滑。在这种条件下对移民数据进行估算，其结果可能会偏低，但这样做的好处是可以保证我们的判断不至于过于夸大，确保可信度。

---

① O1签证在1992年3月才开始统计，TN签证在1994年1月1日北美自由贸易协定生效后开始统计。

表 8—9　　　　　TN、O1、L1 签证申请的职业类别分布：
2002 财政年度　　　　　　　　　　　　　单位：个

职业分布 \ 签证类型 数量和比例	L1 签证 数量	%	O1 签证 数量	%	TN 签证 数量	%
能够获知职业信息的	199933	100	14008	100	55740	100
一、专业人才	52694	26.4	9993	71.3	35587	63.8
1 建筑师和测绘师	497	0.3	77	0.6	1293	2.3
2 工程师	32180	16.1	259	1.9	9493	17.0
3 电脑、数学、作业研究科学家	2710	1.4	42	0.3	7966	14.3
4 自然科学家	2196	1.1	311	2.2	2671	4.8
5 学院、大学教师	154	0.1	607	4.3	1219	2.2
6 非学院、大学教师	207	0.1	177	1.3	420	0.8
7 职业教育顾问	50	—	1	—	402	0.7
8 医学诊断及治疗	528	0.3	961	6.9	1015	1.8
9 健康评估或治疗	269	0.1	29	0.2	7293	13.1
小计	38791	19.4	2464	17.6	31772	57.0
二、技术专家、技师	4261	2.1	163	1.2	5898	10.6
总计：小计＋2	43052	21.5	2627	18.8	37670	67.6

资料来源：美国国土安全局移民统计部。

表 8—9 体现了在 2002 财政年度上述三种签证在科技、教育等领域的职业分布情况。从中我们可以看出，上述三种签证共计引进了 8.3 万科技、教育等外籍人才，但在引入外籍人才的作用方面存在着不同程度的差异。其中，TN 签证的引进比率最高（67.6%），其次为 L1、O1 签证（分别为 21.5%、18.8%）。考虑到 O1 签证要求的特殊性，其引进科技人才的质量可能是最高的。如果我们仅计算理工科背景的科技人力资源，即计算表中第 1—4 项及第 2 大项的人数比率，那么，TN、O1、L1 签证申请的科技人才数量及比例分别为：27321 人，占 49.0%；852 人，占 6.1%；41844 人，占 21.0%。也就是说，仅在 2002 财政年度，通过上述三种签证至少带来了 7 万能够立即发挥作用的高质量外籍科技人才，如果考虑到上述数据只是在能够获知职业信息的范围内得到的（这样的数据缺失比率分别为 36.3%、

44.0%、24.4%),那么真正引入的外籍科技人才远远不止 7 万人。值得注意的是,这些科技人才集中在工程师、电脑、数学、作业研究等领域,总数达到 5.3 万人,占引入科技人力资源总数的四分之三以上。

其二,学生与交换签证。美国政府招收外国留学生的历史已经很久,每年都有大量的来自世界各个国家和地区的外国留学生,通过学生与交换类签证来到美国学习,其中相当大比例的留学生学成后留在美国工作,从而构成了美国未来潜在的人力资源。学生与交换类签证主要包括 F1 和 J1 两种类型,该类签证的重要特点是签证持有人到美国主要从事学习、研究等与教学、科研、学术交流密切相关的活动,相当大一部分申请者在完成学习、培训后留在美国工作,是美国教育、科学研究活动的重要组成部分。[1] 需要注意的是,这种潜在科技人力资源的形成不仅与美国的学生、交换类签证政策有关,而且反映了美国政府在招收外国留学生和国际学术交流方面的政策取向。

F1 签证是签发给在美国政府认可的全日制学校就读的外国留学生的一种签证。这些外国留学生进行较长时间的正式学习,目的是完成学校规定的学业,取得学位、毕业证书或学历证明。F1 签证的特点是有效期长,居留期最长达到 8 年,并且不用延期;持有 F1 签证的留学生在美国还能够从事有限的工作及向移民局申请工作许可。如果获得大学毕业以上学位,在一定条件下,外国留学生可以转换身份[2]或者通过职业移民申请绿卡。对于 F1 签证申请的条件主要有:学生身份、较高英语水平、足够的经济实力和没有移民倾向。但是这些申请条件的审查非常灵活,比如对于是否有移民倾向、英语水平高低的判断很难有客观的标准,因此,签证审查结果往往要依美国使馆签证官的主观判断而定,这样就给 F1 签证政策带来极大的灵活性。比如,在"9·11"后,美国加强了对留学生签证的安全审查力度,导致拒签率大幅上升,并通过实施《联邦安全法案》[3],启动学生和交换访问学者信息系统(SEVIS)[4],加强对留学生和访问学者的有效跟踪和监控。

---

[1] 兰泳:《美国的人才战略》,载《全球科技经济瞭望》2003 年第 7 期。
[2] 美国移民与归化局:《特殊雇佣工作者(H-1B)的特征:1998 年 3 月到 1999 年 7 月》2000 年 2 月。
[3] 李宏伟:《2003 年美国科技发展综述》,载《全球科技经济瞭望》2004 年第 3 期。
[4] 注意:SEVIS 要求所有的外国留学生和交换学者按照要求进行登记,以便获得签证。

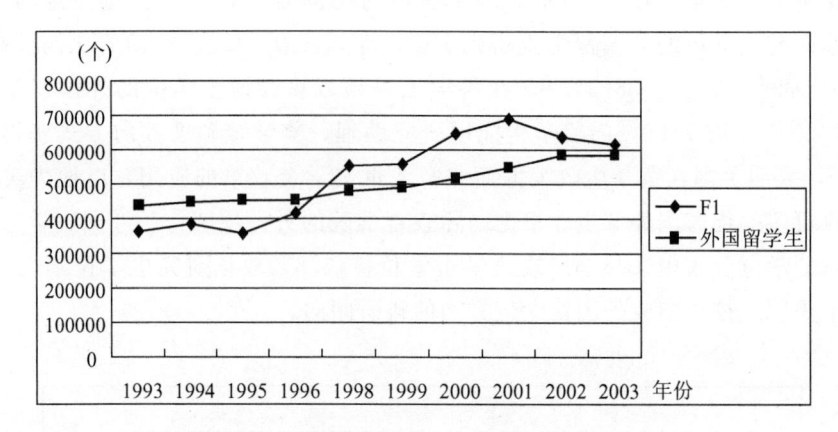

图 8—14 F1 签证申请与美国的外国留学生[①]：
1993—2003 财政年度

资料来源：美国司法部移民归化局：《移民归化局统计年鉴》1996—2001 各年；美国国土安全局移民统计部：《移民归化服务统计年鉴》(2002—2003 财政年度)；国际教育学院：《门户开放：2004 国际交换教育报告》2004 年。

图 8—14 表现了最近十年间有关 F1 签证申请和外国留学生的数量变化。总体上看，两者在最近十年均有不同程度的增加，其中 F1 签证数量从 1993 年的 36 万人增至 2003 年的 61.8 万人 (2001 年达到最高的 63.8 万人)，平均每年 52.3 万人，年均增长 7.0%；而外国留学生的数量从 1992—1993 学年的 43.9 万人增至 2003—2004 学年的 57.3 万人 (2001—2002 学年达到最高的 58.3 万人)，平均每年 50.2 万人，年均增长 2.8%。这些外国留学生占美国高校全体学生总数的比例从 1992—1993 学年的 3.0%，平稳增至 2003—2004 学年的 4.3% (2002—2003 学年达到 4.6% 的历史最高)。[②] 国际教育学院的统计数据进一步表明，在过去的 5 年间 (1999—2000 学年到 2003—2004 学年)，没有外来资助的外国留学生平均占外国留学生总数的 67.0%，2003—2004 学年该比例为 67.3%；而得到美国大学、学院及美国政府资助的外国留学生

[①] 注意：外国留学生的数目指的是来美国进行高等教育学习的所有外国留学人数，计算口径为学年，本图的起止时间为 1992—1993 学年至 2002—2003 学年；这与 F1 签证的计算口径不同；并且 F1 签证缺少 1997 财政年度的数据。

[②] 国际教育学院：《门户开放：2004 国际交换教育报告》2004 年 11 月。

的比例平均为 21.6%，2003—2004 学年的比例为 25.2%。值得注意的是，攻读研究生学位的外国留学生得到大学、学院及美国政府资助的比例较高，2001—2002 学年占 38.8%[1]；在科学工程领域攻读博士学位的外国留学生中，2001 年有 78.9% 的留学生能以研究助理、奖学金和助教的方式获得资助[2]，表明美国在留学生政策方面非常注重奖学金政策的应用，以便为美国招收更多的优秀国外学生。根据国际教育学院的另一项统计，外国留学生所攻读的学位分布中，48.5% 攻读学士学位，43.8% 攻读研究生学位[3]，这反映了美国院校在招收外国留学生方面的科研倾向。

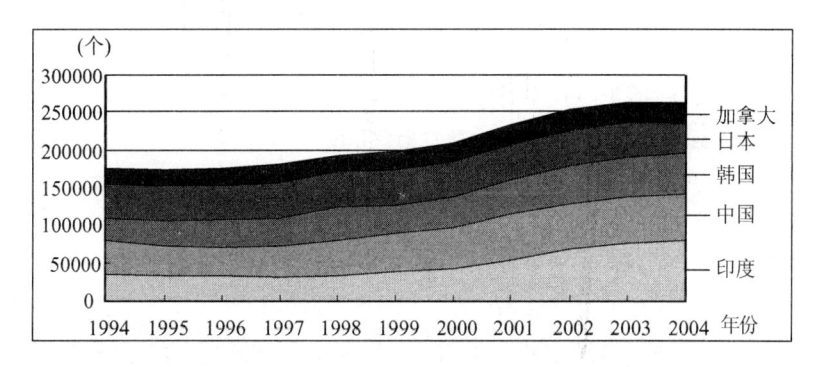

图 8—15 美国外国留学生的国籍分布（最多的前 5 个国家）：1994—2004 学年

资料来源：国际教育学院：《门户开放：国际交换教育报告》2000—2004 各年。

图 8—15 与表 8—10 反映了从 1993—1994 学年到 2003—2004 学年美国招收留学生最多的 5 个国家的变化情况和 2002—2004 学年在美留学生的国籍分布情况。从中可以看出，在 2002—2004 学年间，来自印度、中国大陆、韩国的留学生最多。据国际教育学院的统计资料[4]，从 1993—1994 学年到 2003—2004 学年，美国招收外国留学生最多的 4 个国家为：中国大陆年均 5.2 万人，占当年外国留学生总数的 10.2%；印度年均为 4.7 万人，占 9.1%；日本年均 4.6 万人，占 9.0%；韩国年均 4.2 万人，占 8.2%。从地

---

[1] 国际教育学院：《门户开放：国际交换教育报告》2000—2004 各年。
[2] 美国国家科学基金会：《科学和工程指标：2004》2005 年。
[3] 国际教育学院：《门户开放：2000 国际交换教育报告》2000 年 11 月。
[4] 国际教育学院：《门户开放：国际交换教育报告》2000—2004 各年。

区分布来看，10年间在外国留学生人数最多的前20个国家和地区中，亚洲地区占74.5%，欧洲平均占13.2%。值得注意的是，来自发展中国家和地区的留学生中，访问学者所占比例要大得多，在赴美留学人数最多的10个国家和地区中平均达到60.6%，反映了美国院校对于亚洲及发展中国家和地区学生的吸引力。

表8—10　　　　在美国的留学生国家及地区分布：2002—2004学年　　　　单位：个

学年	印度	中国大陆	韩国	日本	加拿大	中国台湾	墨西哥	土耳其	泰国	印尼
2002—2003	74603	64757	51519	45960	26513	28017	12801	11601	9982	10432
	12.7%	11.0%	8.8%	7.8%	4.5%	4.8%	2.2%	2.0%	1.7%	1.8%
2003—2004	79736	61765	52484	40835	27017	26178	13329	11398	8937	8880
	13.9%	10.8%	9.2%	7.1%	4.7%	4.6%	2.3%	2.0%	1.6%	1.6%

资料来源：国际教育学院：《门户开放：国际交换教育报告》2000—2004各年。

表8—11　　　在美外国留学生的专业分布：1999—2004学年　　　单位：%

专业	1999—2000	2000—2001	2001—2002	2002—2003	2003—2004
工商管理	20.1	19.4	19.7	19.6	19.1
工程	14.9	15.2	15.1	16.5	16.6
数学、计算机	11.1	12.4	13.2	12.3	11.8
社会科学	8.1	7.7	7.7	7.8	9.4
物理、生命科学	7.3	7.0	7.1	7.4	7.8
艺术	6.3	6.2	5.8	5.3	5.6
医护	4.2	4.1	4.1	4.8	4.5
人文	3.2	2.9	3.2	3.3	2.9
教育	2.5	2.6	2.7	2.7	2.8
英语	4.1	4.2	3.6	3.0	2.6
农业	1.5	1.3	1.4	1.2	1.3
其他	16.7	17.0	16.4	16.1	15.6
总计	514723	547867	582996	586323	572509

资料来源：国际教育学院：《门户开放：国际交换教育报告》2000—2004各年。

表 8—11 说明了外国留学生的专业分布情况。总体上看，绝大多数外国留学生到美国并不是为了学习人文科学及纯科学学科，而是为了接受工商管理、工程学、数学及计算机等方面的训练，从 1999—2000 学年到 2003—2004 学年这些领域接受的外国留学生平均占到 47.4%，其中工商管理高达 19.6%，显示出巨大的吸引力。相比之下，英语、农业、艺术等专业领域的留学生比例一直在减少，从 1999—2000 学年的 7.2% 降至 2003—2004 学年的 6.8%，而学习工程学、数学及计算机、物理和生命科学等专业领域的留学生比例却从 1999—2000 学年的 33.3% 增至 2003—2004 学年的 36.2%，体现了这些专业领域的成长性。其中，工程学、数学及计算机、物理和生命科学和农业领域在这 5 年间所占比率平均高达 36.5%，凸显了美国先进的科学技术水平对外国留学生的吸引力，考虑到每年来美的外国留学生平均为 50.2 万人，可以认为美国吸收的外国科技人力资源储备每年至少要增加 18.3 万人。这些外国留学生构成了美国未来科技人力资源储备的重要组成部分，是驱动未来美国经济发展的一支重要力量。

J1 签证即访问学者签证，系美国移民局发给外国人赴美进修、从事合作研究的一类签证。持 J1 签证者是由双方的政府或单位提供资助的学生、学者或研究人员，包括国家公派、单位公派及根据两国政府的相应协议或双方校际交流协议互换赴美学者和学生。J1 签证在美国的停留期限一般不超过 3 年，而且其中一部分签证持有者在期满后须返回派出国履行回国服务 2 年的义务。[①] 美国实行国际学术交流合作政策已经多年，大量的访问学者通过 J1 签证赴美进行深造、研究，直接为美国的科技进步作出了重要贡献。美国政府对访问学者的签证审查一直保持较为稳定的政策，只是在"9·11"事件后，加强了对高科技前沿领域和敏感技术领域外国专家赴美签证审查力度，导致访美成行难度加大，在很大程度上影响了正常的学术交流与科技合作。[②]

图 8—16 显示了最近十年间有关 J1 签证申请和赴美外国学者的数量变化。总体上看，两者在最近十年均有不同程度的增加，其中 J1 签证数量从 1993 年的 19.7 万个增至 2003 年的 32.2 万个（2001 年达到最高的 34.0 万个），平均每年 25.6 万个，年均增长 6.3%；而赴美外国学者的数量从 1993—1994 学年的 6.0 万人增至 2003—2004 学年的 8.3 万人（2001—2002

---

① 马强：《J1 签证：一个有意思的签证》，载《华人时刊》1999 年第 19 期。
② 李宏伟：《2003 年美国科技发展综述》，载《全球科技经济瞭望》2004 年第 3 期。

学年达到最高的 8.6 万人），平均每年 7.1 万人，年均增长 3.8%。表 8—12 展示了外国学者是通过何种签证途径来到美国的。

表 8—12　　　赴美外国学者的签证身份分布：2000—2004 学年　　　单位：%

签证身份	1999—2000	2000—2001	2001—2002	2002—2003	2003—2004
J1	69.0	68.5	64.0	56.7	53.6
J1 其他	2.6	2.3	2.7	3.7	2.5
H-1B	20.5	22.0	24.6	31.0	34.7
TN	1.5	1.6	1.6	1.3	2.3
O1	0.8	1.1	1.2	1.1	0.9
其他	5.5	4.4	5.9	6.2	6.0

资料来源：国际教育学院：《门户开放：2004 国际交换教育报告》2004 年。

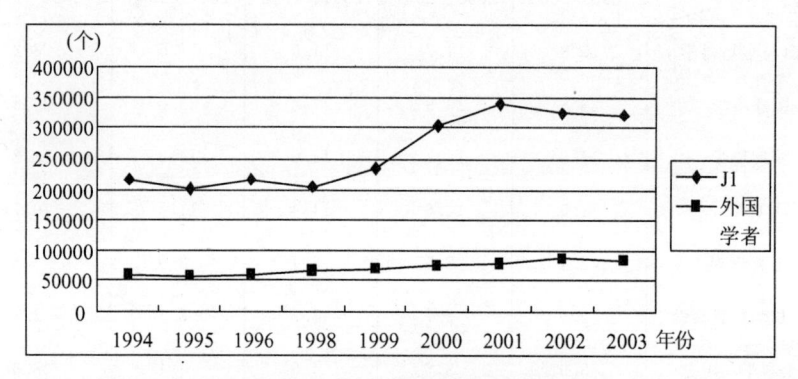

图 8—16　J1 签证申请与赴美外国学者：
1994—2003 财政年度

资料来源：美国司法部移民归化局：《移民归化局统计年鉴》（1996—2001 财政年度）；美国国土安全局移民统计部：《移民归化服务统计年鉴》（2002—2003 财政年度）；国际教育学院：《门户开放：2004 国际交换教育报告》2004 年。

注：赴美外国学者的计算口径为学年人数，本图外国学者的统计时期为 1993—1994 学年到 2002—2003 学年；并且 J1 签证申请数量缺乏 1997 财政年度统计数据。

总体上看，外国学者主要是通过 J1、J1 其他、H-1B、TN 及 O1 五种签证途径来到美国的，从 1999—2000 学年到 2003—2004 学年间，94.4% 的外

国学者是通过这五种签证进入美国的,这在一定程度上反映了美国在非移民签证政策上各种签证之间的互补性和协调性。其中,J1 和 H-1B 签证申请的作用更为明显。在过去 5 年间,通过 J1 签证进入美国的外国学者平均每年占 62.4%,而 H-1B 签证则为 26.6%,由此可以看出美国的 J1 签证政策对赴美外国学者的重要影响。但是,值得注意的是,最近 5 年来,通过 J1 签证申请进入美国的外国学者所占比重在逐渐降低,从 1999—2000 学年的 69.0%降至 2003—2004 学年的 53.6%,而通过 H-1B 签证进入美国的外国学者所占比例却在逐年增加,从 20.5%增至 34.7%。之所以出现这种变化,很可能是因为 2001—2003 财政年度美国政府增加了 H-1B 的签证配额,这同时也说明 H-1B 签证在引进外国学者方面的作用是不容忽视的。

表 8—13　　　　　　　　赴美外国学者的主要专业领域分布

(2000—2004 学年)　　　　　　　　单位:%

专业＼学年	1999—2000	2000—2001	2001—2002	2002—2003	2003—2004
生命与生物科学	16.8	14.7	14.6	17.5	23.2
医疗科学	23.8	26.9	27.4	25.0	20.8
物理科学	14.8	14.7	14.0	14.3	13.2
工程	11.9	12.6	11.4	11.8	10.7
工商管理	2.4	2.5	3.1	2.9	3.8
计算机与信息科学	2.9	2.7	3.3	3.2	3.7
社会科学与历史	3.9	3.6	4.5	4.1	3.3
农业	3.6	3.9	3.4	3.9	3.1
数学	2.6	2.5	2.6	2.7	2.4
其他	17.3	15.9	15.7	14.6	15.8
总计(人)	74571	79651	86015	84281	82905

资料来源:国际教育学院:《门户开放:2004 国际交换教育报告》2004 年。

表 8—13 说明了外国学者在各专业领域方面的分布情况。总体上看,绝大多数外国学者到美国主要从事自然科学方面的学术交流与研究活动,特别

是在生命与生物科学、医疗科学、物理科学、工程四个专业领域，反映出在这些领域美国的国际交流活动比较活跃。而且，最近5年中外国学者在生命与生物科学、工商管理、计算机与信息科学专业领域的数量比例呈现逐渐增长的趋势，特别是在生命与生物科学领域，从1999—2000学年的16.8％增至2003—2004学年的23.2％，表明最近一个时期美国加强了该领域的国际交流和合作，同时也说明引进外国学者的政策是服从于美国的总体科技发展战略的。根据国际教育学院统计，在这5年里，引进的外国学者从事研究活动者平均达到76.6％，从事教学活动者占11.7％，两者兼任者占6.1％[①]，说明引入的外国学者具有较高的研究取向，通过自己的研究工作直接促进了美国科学技术的发展。

（二）欧盟

为实现2000年3月里斯本会议确立的"2010年将欧盟发展成为世界上最具竞争力和活力的知识经济社会"的发展目标，欧洲面临着高技术人力资源供应严重不足的问题，对科技人力资源的需求也极为迫切，在信息与通信技术领域尤其如此。[②] 正因为如此，欧洲各国在制定实施移民政策时对于科技人力资源具有更为明显的倾向性，通过实施较为宽松的移民政策来引进高水平的科技人力资源。

1. 欧盟地区科技人力资源的跨国流动

欧盟15国既是除美国、加拿大、澳大利亚三国外科技人力资源净流入量较高的地区，同时又存在着科技人力资源向美国、加拿大、澳大利亚等地流失的突出问题。究其原因，主要有以下几个方面[③]：一是美国是当之无愧的全球首位科技大国，对于任何想从事世界水平研究工作的科技人员来说都有着强大的吸引力；二是美国对科研的投入非常庞大，具有较好的科研条件，国际人才流动的马太效应促使越来越多的顶尖科技人员流向美国；三是对欧洲科技人力资源来说，美国、加拿大、澳大利亚等地的文化氛围、语言环境比较容易融入，文化差异的影响不明显。

首先，来看欧盟科技人力资源向美、加、澳三国的流动（见表8—14、

[①] 国际教育学院：《门户开放：2004 国际交换教育报告》2004 年。
[②] Third European Report on Science & Technology Indicators 2003, p. 230.
[③] Ibid., p. 222.

表8—15、表8—16、图8—17）。根据1999年具有科技领域学位的在美外籍人口数量排列，德国和英国分别位居第三（次于印度和中国）和第五位（居菲律宾之后）；而具有博士学位的德籍居美人数仅排第六位，落后于中国、印度、英国、中国台湾、加拿大。美国国家科学基金以大量在美获得博士学位的外籍人员为样本，分析了外国留美学生毕业以后的工作去向。其中，针对欧籍在美博士毕业生的部分问题包括：毕业后是否继续留在美国工作或从事相关领域的研究？毕业后是否回到欧洲本国还是到第三国家继续工作？在全球知识密集型劳动力市场中，未来10年的工作或科研计划如何？等等。调查结果表明，在1991年至1995年间，在7568名欧盟在美获得博士学位的样本中，69%（5216∶7568）的人在毕业后选择留在美国，其中获得科学工程类博士学位决定毕业后留美工作的比例稍低，为64%（2393∶3742）。在这些获得科学工程类博士学位的留美欧盟籍人员中，大约50%的人表示会进入美国公司就业；在已经就业的703名博士学位获得者中，三分之二从事科研工作，六分之一进入教育行业。相比之下，选择毕业后离开美国的人员比例为31%（2352∶7568），其中获得科学工程类博士学位的人毕业后离开美国的比例稍高，为36%（1349∶3742），在这1349名人员中，决定进入别国公司就业的人员大约占61%（829∶1349）；已经就业的397名欧盟籍在美获得科学工程类博士学位且选择离开美国的样本中，57%从事科研工作，14%从事教育工作。1996年至2000年间，7590名欧盟籍在美获得博士学位的样本中，选择毕业后留在美国的人数比例升至74%（5614∶7590），样本中获得科学工程类博士学位的人留美比例升至72%（2645∶3673）；这些获得科学工程类博士学位的留美欧盟籍人员中，大约四分之三（1941∶2645）的人表示会进入美国的公司内择业；已经就业的人员中（839名），60%从事科研工作，16%进入教育行业；在后五年间，7590名样本中，科学工程类博士学位获得者选择毕业后离开美国的人员比例降至1028人，其中，60%（613∶1028）的人计划进入别国公司择业；已经在别国就业的299名样本人员中，大约一半从事科研工作，13%进入教育行业就业。当然，这项调查并不能明确地描绘出这些欧盟籍在美获得博士学位的人员选择离开美国就业的具体去向，但是毫无疑义的是，在1991年至2000年间，确实有很高比例的欧盟籍科技人员留在美国就业，这对欧盟地区完成"构建知识经济社会"的目标无疑会造成很大影响。

表 8—14　　　美国本土具有科技领域学位以及博士学位的
外籍人口数量排列（1999 年）　　　　　　　单位：人

外籍人口出生地	获得科技领域学位	获得科技领域博士学位
印度	164600	30100
中国	135300	37900
德国	69800	7200
菲律宾	67000	3400
英国	65400	13100
中国台湾	64800	10900
加拿大	59400	8400
韩国	46700	4500
越南	44300	—
伊朗	39900	4800
苏联	38000	4600
墨西哥	31700	
日本	30700	2800
波兰	—	3200
阿根廷	—	2700
其他	431800	58400

资料来源：NSF，2002。

加拿大同样是欧盟科技人力资源国际流动的重要目的地。一项针对加拿大劳动力市场的调查显示，留加欧盟籍学士学位获得者在 1986 年至 1996 年间增长了 12％，同期留加欧盟籍硕士学位获得者数量增长了 23％，博士学位获得者增长了 12％。1996 年，在加拿大就业的欧盟籍学士学位获得者数量约为 8.9 万人次，其中 19％从事社会科学领域的职业，14％进入教育行业，13％从事工程/应用类科学；留加欧盟籍博士学位获得者的数量从 1986 年的 1.1 万人次增至 1996 年的 1.23 万人次。1986 年，在加拿大执业的欧盟籍人员 28％持有数学/物理科学领域的博士学位，到 1996 年这一比例仍然保持在 25％左右，说明近年来欧盟作为加拿大重要科技人力资源供应基地的地位仍未改变。

表 8—15　　　　欧盟籍在美获得博士学位者调查样本分析　　　　单位：人

	1996—2000 年		1991—1995 年	
	所有领域	科学工程领域	所有领域	科学工程领域
总样本量	7590	3673	7568	3742
留驻美国				
总量	5614	2645	5216	2393
计划进入公司就业人员量	3942	1941	3524	1690
已就业人员总量	2590	839	2289	703
从事研发	868	506	820	461
执教	1098	134	849	119
其他	503	153	323	59
未知	121	46	297	64
离开美国				
总量	1976	1028	2352	1349
计划进入公司就业人员量	1241	613	1432	829
已就业人员总量	820	299	895	397
从事研发	359	150	395	225
执教	231	40	247	54
其他	175	83	126	56
未知	55	26	127	62

资料来源：DG Research/NSF；NSF/SRS：Survey of Earned Doctorates. Third European Report on S&T Indicators，2003.

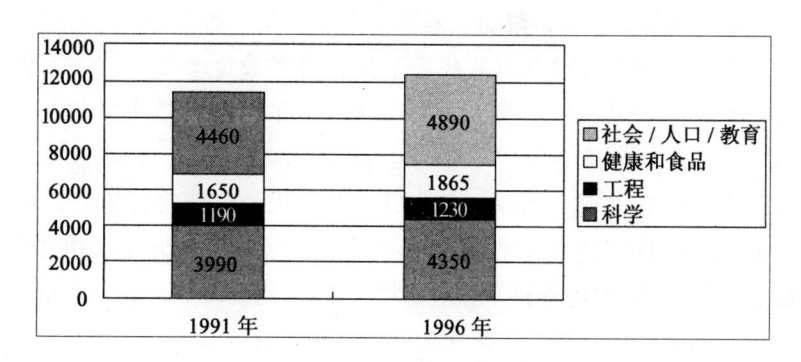

图 8—17　欧盟博士学位获得者驻加拿大移民

资料来源：DG Research；Statistics Canada. Third European Repost on S&T Indicators，2003.

表 8—16　澳大利亚：科技领域部分职业的永久/长期性居民流入/
　　　　　流出统计（1997—1998 年至 1999—2000 年间）　　　　单位：人次

原住地	永久/长期性流入 居民身份 常住居民流入	永久/长期性流入 居民身份 访问人员流入	永久/长期性流入 移民流入	永久/长期性流出 居民身份 常住居民流出	永久/长期性流出 居民身份 访问人员流出	净流入量 居民	净流入量 访问人员	净流入量 总净流入量（不包括移民）	总净流入量（包括移民）
英国	3083	3385	1411	5241	1319	−2158	2066	−92	1319
爱尔兰	96	544	162	192	236	−96	308	212	374
德国	169	423	156	236	140	−67	283	216	372
荷兰	78	235	105	161	63	−83	172	89	194
法国	95	285	55	170	113	−75	166	97	152
意大利	54	67	17	67	21	−13	46	33	50
奥地利	29	47	21	31	17	−2	30	28	49
比利时	61	62	19	64	33	−3	29	26	45
丹麦	12	56	17	30	29	−18	27	9	26
芬兰	25	55	5	53	10	−28	45	17	22
希腊	39	11	10	48	8	−9	3	−6	4
西班牙	29	25	4	45	11	−16	14	−2	2
葡萄牙	11	11	0	22	2	−11	9	−2	−2
瑞典	648	502	487	1023	230	−375	272	−103	−37
欧盟总量	4429	5708	2469	7383	2232	−2954	3470	522	2570
欧盟地区百分比	51.9%	44.3%	21.6%	50.1%	43.1%	—	—	—	—
总量	8539	12872	11453	14729	5180	−6190	7692	1502	12955

资料来源：Birrell, B., Dobson, I. R., Rapson, V. and Smith, T. F. (2001), Skilled Labour: Gains and Losses, Centre for Population and Urban Research Monash University, Canberraa. Third European Report on S&T Indicators, 2003.

澳大利亚相关机构的统计数据对欧盟籍科技人员在本国的移民状况进行了大致的描述，表 8—16 显示了欧盟籍科技人员在 1997 年至 1998 年和 1999 年至 2000 年两个时间段在澳大利亚的出入境情况。从中可以看出，欧盟籍科技人员在 1997 年至 1998 年间到达澳大利亚的人数为 4429 人次，在 1999

年至2000年间离开澳大利亚的人数为7383人次；同期欧盟籍科技人员流入澳大利亚的数量为5708人次，流出量仅为2232人次，即这类人员从欧盟流向澳大利亚的净流量为3470人次；而这段时期内欧盟籍科技人员涌入澳大利亚的移民人数为2469人。从中可以看出，澳大利亚在1997年到2000年间吸收欧盟籍科技人员流入量占世界各国向本国流入总量的52%，流出量占总量的50%；来自欧盟地区的科技人员占世界各国流入澳大利亚科技人员总数的44%；原欧盟籍科技人员留驻澳大利亚的人数占到当地移民总数的22%。可见，欧盟籍科技人员是澳大利亚科技人力资源供应的重要储备力量。

其次，我们再看外国科技人力资源向欧盟地区的流动情况。尽管有人认为因为学生并非知识的创造者或传播者，学生的跨国流动对于流出国无所谓损失，对于流入国亦无所谓收益，外国学生对于当地科技活动的促进作用还有待证明，但是，从总体上看，外国科技人力资源向欧盟地区的涌入对于欧盟地区科技进步的贡献是毋庸置疑的。这是因为，知识的创造在很大程度上是依赖作为不同类型知识和经验技能的载体——科技人员——的交换而实现的，在这个过程中，科技知识的转移和吸收至关重要。尽管学生并不一定具备成熟的知识和经验技能，但是，大量外国学生进入无疑会加强东道国对于外国知识的吸收和理解能力。对于流出国来说，生源流失的作用也不可低估，因为求学在外的学生们往往会选择毕业后留在求学国就业。事实上，这些学生在求学的过程中已经克服了在当地的就业障碍，甚至已经建立了一定的领域圈子，科技专业的学生尤其如此。

在欧盟地区，接受高等教育的学生中，外籍学生占大约6.6%，其中，2.4%来自于欧盟成员国内部，1.7%来自于亚太地区，1.1%来自于非洲地区，1%来自于其他欧洲国家，另有少量来自于美洲等地（见图8—18）。外籍学生在欧盟国家间分布的差异十分明显，除卢森堡（尽管卢森堡境内外籍学生份额十分高，达到21%，但是这主要是该国人口较少所致）以外，英国是接受外籍学生注册最多的国家（15%），其次是比利时（11%），意大利外籍学生注册的份额最低，仅为1.4%。除欧盟成员国之外，英国和德国境内来自亚太地区的外籍学生数量最为集中；比利时境内的非洲籍学生也较为可观；法国、荷兰以及欧洲其他地区的学生比较倾向于到瑞典、丹麦、芬兰等国求学；在爱尔兰，多数外籍学生来自美国和加拿大；而在西班牙，多数则

来自拉丁美洲。[1]

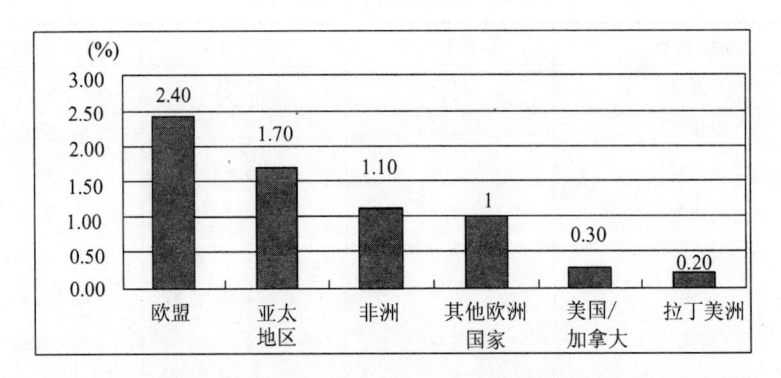

图 8—18 欧盟地区境内外籍学生来源地份额

资料来源：DG Research；OECD Database. Third European Report on S&T Indicators, 2003.

欧盟的一份劳动力调查报告提供了欧盟外籍科技人员的数量及其分布情况。表 8—17 显示，外籍科技人员数量占本国全部科技人员数量份额最高的国家是爱尔兰，其次是比利时、奥地利和德国；高科技人员中外籍人数占全部人数比由高至低依次是奥地利、比利时和德国。调查报告还显示，2000年，大约 130 万东欧国家的公民和 100 万其他欧洲国家的公民在欧盟地区工作；大约 60 万意大利人在其他欧盟国家就业，超过 50 万以上的北非公民、40 万以上的南亚和东南亚地区公民以及 40 万左右的非洲公民在欧盟地区工作。同年，在欧盟地区就业的外籍公民数量达到 1.6 亿人。在欧盟地区的科技人员中，大约有 3.8% 为外籍人员，其中来自欧盟地区本地的占 1.7%，来自其他欧洲国家的占 0.7%，来自亚太地区、非洲地区、美洲地区的分别占 0.5%、0.4% 和 0.4%（见图 8—19）。

从中可以看出，欧盟地区内部由于相近的文化、语言、制度等种种因素，科技人力资源的流动还是比较频繁的。同时，由于欧盟地区的科研体制、科技执业人员的工作条件都相对完善、优厚，对于其他地区的科技人力资源也具有比较强的吸引作用。

---

[1] Third European Report on Science & Technology Indicators, 2003, pp. 232—233.

表 8—17　　　外籍人员在欧盟科技、高技能职业和总就业
人口中所占比例（2000 年）　　　　　单位：%

国家/地区	总就业人口	高技能职业	科技领域职业
卢森堡	41.3	45.1	33.5
爱尔兰	3.6	—	7.6
比利时	7.6	5.9	6.6
奥地利	9.4	8.7	6.1
德国	8.2	4.7	5.7
英国	4	4.2	5.4
瑞典	4.3	4.7	4.4
欧盟地区平均	4.6	3.7	4.1
荷兰	3.9	3.4	4
法国	5.3	3.4	3.4
丹麦	2.6	2	2.3
葡萄牙	2	2.5	1.7
芬兰	1	0.8	1.3
希腊	3.7	3.3	1.1
西班牙	1.3	1.3	0.7
意大利	1	1	0.6

资料来源：DG Research；Eurostat. Newcronos, CLFS；Third European Report on S&T Indicators, 2003.

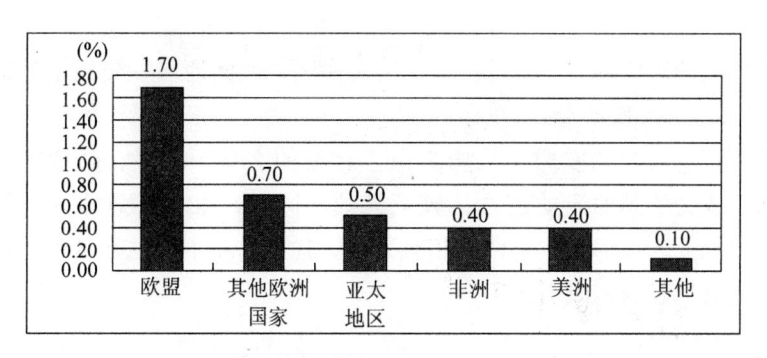

图 8—19　欧盟地区外籍科技领域执业人员来源地份额

资料来源：DG Research；Eurostat. Newcronos, CLFS；Third European Report on S&T Indicators, 2003.

2. 欧盟科技人力资源政策分析

在20世纪90年代以前，欧盟的科技人力资源政策更多的是顺其自然，没有专设部门对科技人力资源及其国际流动进行管理，欧盟及成员国各移民职能部门也没有针对科技人力资源发布实施明确的差别对待措施。欧盟地区对于全球科技人力资源的吸引力主要是凭借其自身的体制环境、科研水平等有利因素。然而，在科技全球化飞速发展的今天，本已在这场"科技进步战"中失去先机的欧盟，面临着各种阻碍科技进步的困难，而科技人力资源供给不足正是诸多困难的症结所在。事实上，宽松的移民政策在一定程度上导致了这样一种局面的出现，即欧盟最为缺乏的是专业技术人员和熟练劳动力，而大量涌入欧洲的却是那些非技术移民。[①] 因此，近年来，欧盟的移民政策增加了针对科技移民的吸引条款和优惠政策，欧盟部长会议为欧盟研究人才战略设定了三个重要目标：一是吸引更多的年轻人从事科学研究，并以此为职业；二是改进培训，促进人员流动，增加职业发展的财政投入；三是促进欧盟对世界各国研究人员的吸引力。[②] 具体来说，欧盟在吸引全球科技人力资源的政策措施方面，主要体现出以下特点。

一是把对科技人力资源的高度重视具体化于详尽的制度设计之中。比如说，欧盟委员会于2004年3月16日提出制定一部行政法令和两份建议以引进"科技签证"，为非欧盟研究人员进入欧洲提供便利，同时进一步规范欧盟内部的人力资源管理以形成欧盟内部研究人才市场。在德国，为了弥补高等学校教授职务终身制造成的弊端，政府启动了"青年教授讲席"制度，面向国内外公开招聘3000名青年学者，每个教授席位可以获得10万—15万马克的资助。[③] 在英国，政府明确规定英联邦国家的技术人员不需要办理工作签证就可以在英国工作两年，同时调整外来移民的工作许可证制度，放宽对外国技术移民的法律限制，许多英国著名的跨国公司、科研机构据此获得了更多的工作许可证签发权。只要符合公司雇用标准的海外人员，英国一般都

[①] 王春光：《欧盟移民政策与中国移民的前景》，http://www.usc.cuhk.edu.hk/wk_wzdetails.asp?id=3297。

[②] 王文俊：《欧盟启动研究人才战略》，载《全球科技经济瞭望》2005年第1期。

[③] 长城企业战略研究所：《我国科技人力资源政策研究报告》之"海外科技人力资源政策研究"，2003年7月，第164页。

将其视为科技人才而发给签证,不再看其是否具有硕士学位。① 意大利政府为填补国内至少 5 万个高技术职位的空缺,于 2000 年采取新的简化措施从印度吸引了大约 1000 名软件领域执业人员,政府同时宣布在 1998 年 3 月以前进入意大利、现在仍有工作和住所的移民,可以申请永久居住权。② 瑞典政府于 2001 年颁布法律,宣布减免外籍专家和技术人员在瑞典头三年的个人所得税,同时逐步调整本国政策以与其他欧洲国家(如丹麦、荷兰和比利时等国)相协调,为吸引专门技能人员来瑞典就业、鼓励外商投资创造良好条件。③

二是不断加大吸引科技人力资源的投入。原欧盟 15 国的研究开发支出占 GDP 的比例平均在 2% 以上,欧盟东扩后新参加欧盟的国家则在 1% 到 1.5% 之间。根据欧洲研究区计划,欧盟拟在 2020 年使研究开发支出占 GDP 的比例达到 3% 以上。④ 事实上,目前欧洲已经成为世界上最大的"智力工厂",欧盟 15 国每年培养的科技专业毕业生以及理工类博士的数量均大于美国和日本,居于世界前列。尽管如此,欧盟领导者仍然认为,由于日趋激烈的全球竞争和人口老龄化的影响不断扩大,欧盟科技人力资源优势遭到严重削弱,已经呈现出逐渐短缺之势。有鉴于此,欧盟委员会已决定将科技人力资源开发列为最优先领域之一,给予大力支持。⑤ 欧盟第六个研发框架专门提出了"玛丽居里人力资源流动计划",目的就是为了促进欧盟地区科技人力资源的培训、交流与就业发展;欧盟第六个研发框架中用于这一专项基金中有 50%(约 15.8 亿欧元)完全用于促进科技人力资源在欧盟地区的流动。⑥ 为吸引外国人才和资金,英国政府与威尔考姆基金会于 2002—2004 年联合投资 10 亿英镑,主要用于建设新实验室和培养博士研究生,其中 6.75

---

① Third European Repost on Science & Technology Indicators, 2003, p. 230.
② Ibid.
③ Anne-Marie Gailla "The Mobility of Human Resources in Science and Technology in Sweden", OECD International Mobility of the Highly Skilled.
④ 路甬祥:《世界科技的发展趋势及其影响》,http://www.fjirsm.ac.cn/kjc/lt_1_5.html。
⑤ 林捷:《欧盟发布"第三个欧洲科技指标报告"》,载《全球科技经济瞭望》2003 年第 7 期。
⑥ 欧盟统计局网站 http://europa.eu.int/comm/research/fp6/mariecurie-actions/researchers/objectives_en.html。

亿英镑重点资助英国大学。① 德国政府对于教育的投资历来较高,从1991年以来每年在公共预算中大约有950亿马克用于义务教育费用,德国企业每年大约花费260亿马克用于职工的职业培训,相当于工资总额的4%。发达的学校教育和职业培训制度,使德国3600多万职工中95%以上受过职业教育,其中45%左右受过高等教育。②

三是为外籍科研人员提供更多科技专业培训和教育机会,吸引科技人员来欧盟地区求学、就业。欧盟为达到里斯本会议确立的"成为知识型社会"目标,需要进一步加快欧盟地区教育体制转型的步伐,在成员国之间以及全球各国之间建立起更为广泛的教育科技联系。为此,欧盟出台了一系列计划来促进学生、教师和研究人员的流动,鼓励信息和新经验的交流。其中,2004年启动的伊拉兹马斯计划是诸多措施中比较著名的计划之一,主要目的是促进欧盟成员国之间的人员流动。该计划要求在至少三所欧盟大学中开设系列硕士课程,同时为外籍学生、访问学者提供资助。③ 为了将以前流向美国的科技人力资源吸引回来,德国联邦教研部设立了沃尔夫冈·保罗奖,并为该奖提供5000万马克的奖金,个人奖金高达450万马克,为德国研究领域之最。结果,迄今为止的14个获奖者中有8人来自美国(其中有4个德国人),3人在俄罗斯从事科研工作;另外3人分别来自英国、匈牙利和意大利。④

四是多方加强欧洲与世界其他地区科技人员之间的交流与流通。为了吸引在其他国家就业的本国科技人员与国内加强联系,欧盟在其官方网站上设立了多个界面介绍欧盟内部的研究动态,如"欧盟研究区连接"(ERA Link),就是一个为方便在美欧盟籍科技人员及时了解国内研究信息、两地间联系情况而建立的网络工具⑤。该工具方便迅速,外国研究人员只要在网上注册即可以获得相关方面的众多信息,还可以直接与相关人员取得联系,

---

① 长城企业战略研究所:《我国科技人力资源政策研究报告》之"海外科技人力资源政策研究",2003年7月,第160页。

② 同上书,第165页。

③ 欧盟统计局网站 http://www.eurunion.org/legislat/ste/euredpol.htm.

④ 长城企业战略研究所:《我国科技人力资源政策研究报告》之"海外科技人力资源政策研究",2003年7月,第167—168页。

⑤ http://www.eurunion.org/legislat/ste/eralink.htm.

甚至可以获得一定的资助亲自到达欧盟地区进行交流,建立至今,已成为外国科技人员接触欧盟科研领域的一个重要窗口。

五是进一步加大对女性科技人力资源的开发力度。欧盟地区为满足本地对于科技人力资源的迫切需求,近年来开始着手促进和鼓励女性参与科技教育、培训和相关职业的比率。例如,欧盟框架计划中专门设置了"女性与科学"的研究项目,在欧盟国家中开展调查研究。[①] 同时,为了消除科技领域在接受教育、就业等方面的性别差异,欧盟还专门对女性的参与情况进行专项调查,其《第三个欧盟科技指标报告》中辟有专章对此进行分析阐述,要求采取措施解决女性参与科技领域活动中遇到的问题和障碍。由于具体的政策措施还在萌芽过程之中,其效果也有待进一步证实。

3. 小结

由上可见,欧盟的科技人力资源流动政策基本隐含在移民政策和研究创新政策之内,主要实施工具包括资金投入、制度建设、增进教育和培训以及扩大联系网络等四个方面的内容。随着"建立知识型社会"进程的加快,欧盟相关研究机构对于科技人力资源的重视也达到了前所未有的高度。然而,在吸引全球科技人力资源方面,欧盟以及各国政府采取的较有力政策措施大多是在90年代中期以后开始实施的,其效果目前还不十分明显。可以肯定的是,欧盟在这些政策目标和实施措施的推动下,未来对于科技人力资源的吸引力将保持一个比较稳定的势态,而在扩大后的欧盟地区内部,科技人员的流动无疑将会更为频繁。

(三)韩国

韩国人才流失问题在20世纪60年代中期以前并没有受到足够的重视,一方面是由于国内经济发展的状况决定了当时对科技人才的需求并不突出,另一方面50年代朝鲜战争后国内的混乱局面使得政府关注的重点是社会稳定和国家独立,而不仅仅是经济发展。60年代初期以后,随着朴正熙政府开始实施一系列工业化计划,并且从1962年开始制定雄心勃勃的"五年发展计划",科学技术发展以及科技人才需求等问题才逐步纳入政策决策者的视野,成为政府关注的一个核心问题。这些计划的重要意义不仅仅在于缔造了

[①] 王艳、武夷山、赵立新:《中国妇女在科学技术发展中的地位和作用有待于进一步改善》,中国科技信息所,2005年6月。

韩国经济的奇迹，同时也为韩国科学技术体系的建立提供了强大的动力，并且为韩国吸引海外人才回流政策提供了一个大的框架。从60年代中期至今，韩国政府一直没有停止过其吸引海外人才回流的政策，但是在经济和科技发展的不同阶段，这种政策的目标以及侧重点都各不相同。

1. 20世纪60—70年代吸引海外人才回流的政策

韩国经济起飞对于科学技术和科技人才的迫切需求与当时韩国严重的人才流失问题相冲击，使得如何吸引海外人才回国成为推动科学技术发展所面临的严重问题。这也是韩国政府最为关注人才回归问题的时期。当时回国政策的主要目标是吸引海外高素质人才，提高本国的科研水平，同时为海外的韩国人才提供在本国就业和研究的机会，改善韩国落后的技术面貌，实现产业结构升级，提高生产率。

20世纪60年代，韩国政府在科学技术落后、科技发展体系尚未建立的情况下，国内科技体系的建立、科学技术的发展必然与吸引海外科技人才回国同步展开，并且相辅相成，互相促进。一方面，韩国国内科技体系的建立和发展，改善了韩国的科研环境，加大了对海外科技人才归国的吸引力。另一方面，海外科技人才的回归也促进了韩国科技体系的建立和科学技术的发展，成为六七十年代韩国科技起步的一个重大推动力量。因此，从政策的角度来看，很多内容是相互交叉的，相互影响的。

一是成立战略性研究机构，建设科学研究基地。1966年，韩国建立了韩国科学技术研究所（Korea Institute of Science and Technology，KIST），这是韩国第一个多学科的综合科技研究中心，目的在于促进和支持产业技术学习。同时，政府开始建立官办和公立研发机构以及一些技术性大学，如1975年建立了研究取向的应用科学和工程大学——韩国高级科学院（Korea Advanced Institute of Science，KAIS）。[①]这些机构都是非营利性的，并且属于任务导向型，研究领域也多是韩国政府选择的一些具有战略性意义的领域，如电子技术、化学以及计算机等。为了加强科学基础设施建设，韩国政府还于1966年以及1978年分别建立了汉城科技园和大德科学技术城。政府的科研机构一般都集中于这两个地区，它们获得了90%以上的政府投放在技术领域的研发资金，并且拥有全国最优秀的人才。90年代初，大德科学城内共有

---

① 国家中长期科学技术规划办公室战略组：《科学技术：韩国产业竞争力的重要源泉》，2004年10月，第10页。

48家研究机构，工作人员14328名，其中大部分为研究人员，仅博士就有2651名，这些博士中大多数是从国外归国的人员。[①] 这些研究机构和科学研究基地的建立其意义不仅仅在于促进科学技术的研发，更为关键的是在这一时期，"R&D"作为一种观念深入人心，被企业界、政治界以及公众所广泛接受。

二是实行研究机构自治，给予归国研究人员较高的社会地位。60年代初期，韩国的研究开发活动基本都是政府行为。1963年，隶属于韩国政府的R&D组织占总数的70%，研究人员占总数的83%，并且耗费了全国91%的研发经费。研究机构的预算、人员管理等都受政府控制，这种官僚体制直接导致了科学技术领域的"缺乏活力"、"能力不足"等问题。为吸引海外人才的回归，韩国政府决定改革原有的科学技术体制，打破研究机构与政府的隶属关系，其中最重要的一项内容就是允许研究机构自治和独立。1967年，韩国通过了《韩国科学技术研究院援助法案》的特殊立法，将政府的一些权力下放给了KIST，包括财务、运作、建设等权限。这种自治必然触动了一些既得利益者，因此在立法过程中，国会与KIST的科学家们产生了严重的冲突。在总统朴正熙的支持下，这一问题迅速解决。在朴正熙的任期内，KIST以及其他研究机构的科学家获得了很大的研究自由。在韩国家长制的官僚政治体制下，KIST的实力尤为突出。KIST的自治使得它游离于整个官僚体制之外，大幅度提高了KIST科学家的话语权。在此之前，技术人员在韩国并没有很高的社会地位和权利，而朴正熙政府的有力干预使得科学家们成为社会地位很高，并且很受尊重的一个群体。这些特权和待遇，充分调动了科学家研究的热情和主动性。除了被给予充分的研究自由以外，在KIST内部，这些回国的科学家被视为精英，还被赋予"研究负责人"的头衔。为了保证回国科学家的社会地位和威望，KIST还确立了"研究人员第一"的原则，进一步加强了回国科学家的社会地位。在KIST组织内共有三种人员：研究人员、技术人员和管理人员。无论是从薪酬待遇还是从地位上来看，研究人员最高，其次是技术人员，最低的则是管理人员。管理人员的职权被限定为研究人员和技术人员"提供服务"。这一点在韩国传统的官僚权威体制下十分突出。

三是给予归国研究人员以优厚的物质待遇。毋庸置疑，物质待遇对于归

---

① 刘昌明：《韩国是怎样吸引海外人才回国服务的》，载《国际人才交流》2004年第7期。

国研究人员选择回国与否是一个重要的考虑因素。60年代韩国普通工资水平相当低，与美国和欧洲等发达国家有很大的差距。为了吸引海外科技人才的回国，使能归国的科学家和工程师致力于研究工作，没有后顾之忧，韩国政府给予归国人员以优厚的物质待遇。

其一，提供优厚的工资待遇。韩国科技研究院在政府的支持下，大胆采用新的工资标准，归国科技人员每月可以得到250—400美元的工资。这一工资水平虽然与他们在国外的收入无法比拟，但在当时韩国人均工资只有50美元的情况下，这个数字极其可观，甚至高于某些国会议员和政府部长的工资收入，比大学教授的平均工资高出2—3倍。在KIST内部，研究人员的工资高于技术人员，管理人员的工资水平则是最低的。同时，除作为兼职讲师以弥补大学师资力量的不足外，KIST不允许归国研究人员兼职，但最多一学期一门课，且收入归KIST所有。[①] KIST的这种工资模式对后来韩国科技界的影响很大。到70年代，在韩国本地学术团体中任职的大学教授工资增长速度开始高于公共研究机构的研究人员，同时对归国人员给予高薪水的模式也为私人部门所接受，并且比公共研究机构和高校等学术机构的发展还要迅速。

其二，名目繁多的各种补贴。除了较高的工资水平外，60年代末KIST在吸引第一批海外人才回国的过程中还为归国人员提供一系列补贴，包括安家费、免费住房、国际旅行费、子女教育经费以及国内交通费等。随后，这种补贴模式成为吸引高素质海外韩裔科技人才回国的普遍参照标准，在韩国产生了广泛的影响。较之公共研究机构，私人部门提供的物质刺激更多，包括给归国人员提供长期无息贷款作为购买住房的补贴。政府也通过以给科学城等地低价出售土地等方式进行补贴。除此以外，回国人员还能够获得特殊的"回国津贴"，被称为"博士津贴"或"硕士津贴"。随着经济和科技的不断发展，国内获得博士学位的人员与在国外获得博士学位的人员的工资差异正在不断消失，但是后者获得的各种补贴要高于前者，1990年在韩国的一个大企业中，外国博士学位的获得者比国内同类人才的报酬每个月平均高出280美元。[②]

[①] 刘昌明：《韩国是怎样吸引海外人才回国服务的》，载《国际人才交流》2004年第7期。

[②] Bang-Soon Yoon: "Reverse Brain Drain in South Korea: State-led Model", Studies in Comparative International Development, Vol. 27, No. 1, 1992, p. 6.

其三，其他物质待遇。除了给予高额的工资和补贴外，KIST还引进了针对海外归国人员的年休制度。主要研究人员每三年可以获得一年的休假（虽然实际上实施得很少），同时还引进许多针对归国人员的海外培训项目，为他们提供参加国际会议和课题的机会。在60—70年代的韩国，签证制度还很严格，出国对于一般国民还是一种奢侈品，这无疑是给予归国科技人员的一项重要特权。

当然这种激励，并不能简单地从物质的角度来考虑。事实上，物质刺激也并不是归国人员选择回国的最重要因素，而主要是反映了政府的一种姿态，表明政府和国家将科学知识作为最有价值的资源来尊重。这种物质上的补偿和工资待遇，使得韩国的海外归国科技人员迅速成为了韩国社会中一个新兴的群体。

四是提供法律支持。韩国为了创造吸引人才回归的社会环境，制定了各种政策法律，以保护科学家的地位和利益，促进科学技术的发展。1967年韩国制定了《科学技术促进法》，明确规定政府要对科学技术发展提供支持。1972年韩国又通过了《技术发展促进法》，并于1989年进行修订，以鼓励产业部门以及公共研究机构的R&D活动。在这些法律中，韩国政府给与产业界以各种税收优惠和财政支持，以鼓励韩国产业界的研发活动以及引进海外技术的行为。1973年韩国通过了《工程服务促进法》，以保护本国的工程服务业，促进其发展。[①] 这些法律保护，虽然并不是专门针对归国科技人员，但是它在客观上健全了韩国国内科学技术的发展规则，完善了科技发展的环境，因此对于归国人员回国起到了一定的促进作用。

五是实施各种回国项目，根据"少而精"的原则吸收归国科技人员。长期以来，韩国政府共资助了三种回国项目：长期回国计划、临时回国计划以及外国访问学者计划。政府管辖的各种公共研究机构也纷纷制定了各种吸引海外人才回国的计划和项目。这些回国计划对于科学家和工程师的选择十分严格，坚持"少而精"的原则。KSEF对吸引人才的标准作出了明确规定：具有韩国血统的科学技术人员；在取得博士学位后至少有两年的工作经验；

[①] 国家中长期科学技术规划办公室战略组：《科学技术：韩国产业竞争力的重要源泉》，2004年10月，第16页。

在过去 5 年内至少在产业杂志上发表过 5 篇研究论文。[1] 由此可见，韩国对于海外人才的选择中，更强调实际科研能力，强调在国外知名研究机构的工作经验，而不仅仅是学位的获取。以 KIST 为例，在一次项目申请中，申请人数超过了 500，但是只有 69 个在美国和欧洲知名研究机构中工作过的研究人员才有机会面试，最后被选中的只有 18 人。

2. 20 世纪 80 年代以后吸引海外人才回流政策的新走向

进入 80 年代以后，韩国科技体系基本完整地建立起来了，并且科学技术取得了很大的发展。在这一时期，吸引海外科技人才回国的政策仍然存在，但政策重点转向"尽快实现高新技术的转移和吸收"，以改变国内 R&D 能力薄弱状况，加速科学技术发展。

一是归国人才市场转变为买方市场，政府支持以短期回国项目为主。进入 80 年代以后，随着韩国经济和科技的发展，韩国国内的经济及科研条件吸引力增加，出现了大批自愿回国人员，尤其在国外取得博士学位的年轻研究人员更愿意回国发展，韩国许多科研领域都从卖方市场变成了买方市场，韩国科学技术部（MOST）不得不取消早期实行的部分吸引海外人才回归的优惠政策。从 1989 年开始，MOST 又逐步取消了对长期回国科技人员实行优惠的政府项目，更多地选择实施临时归国项目。从 1991 年开始，长期回国项目全部取消，取而代之的是一系列新的项目如"高新技术领域的科学家/工程师项目"以及"智力储备政策"（The Brain-pool Policy）。

二是私人部门吸收海外回国人员的数量增加，高新技术领域需求旺盛。80 年代初期，在政府基金项目下，私人部门吸收海外回国人员数量显著增加。80 年代中期以后，企业资助的回国人员数量迅速增加：1987 年和 1988 年共有 347 名海外人员回国就职于韩国国内企业。韩国大企业 LG 公司在 1989 年拥有 200 名博士员工，其中 1988—1990 年间新雇用了 90 名博士学位获得者，其中绝大多数来自于海外。近年来中小企业中也出现了类似现象。[2] 最近，私人部门吸收海外科技人才回国的趋势不断扩展，

---

[1] Bang-Soon Yoon：" Reverse Brain Drain in South Korea：State-led Model"，Studies in Comparative International Development，Vol. 27，No. 1，1992，p. 11.

[2] Devesh Kapur：" Diasporas and Technology Transfer"，*J. of Human Development*，Vol. 2 (2)，2001，p. 29.

尤其是在高新科技领域。在一些韩国政府迫切希望掌握最先进技术的领域中，海外人才回国现象更为活跃。由于先进技术扩散往往受到产权和专利保护等各种限制，而吸引海外人才回国在经济上非常划算，吸引海外科技人才加盟企业具有突出的重要性。同时，由于高技术的发展往往需要大量研发资金的投入，而且创新本身与生俱来的一些问题如生命周期短、风险高且不确定性大等，促使许多大企业非常偏爱吸引海外科技人才这样一条捷径。

三是研究机构自治逐渐减弱，公共研究部门吸引力降低。60—70年代，虽然韩国科研机构在朴正熙总统的庇护下，享有很多的特权和自由，但是科学家作为新型技术力量在韩国政治体系中并没有广泛的利益基础，因此，研究机构的自治地位只是在政府的支持下才能够稳定。朴正熙政府之后，政府对KIST的庇护很快就烟消云散了。1981年，KIST被迫并入了韩国高级科学院（KAIS）。80年代，韩国政府不断将公共研发机构纳入政府管辖之下，研究和管理的自治也就逐步化为乌有。在这种情况下，研发机构已有的回国人员不断流向国内的大学，公共研究机构研究人员的社会地位也远远低于大学教授以及私人部门的研究人员。朴正熙政府时期，公共研究机构自治是吸引科技人员归国的一个重要因素，而当这种自治消失后，科技人员对其他方面的要求比如物质利益更加看重了，而在这一点上似乎学术团体更具优势。80年代以后，回国人员的优先顺序选择发生了逆转，优先顺序依次变为大学、产业界以及公共研发机构，政府不再是吸引海外人才归国的核心。如果没有朴正熙政府的干预，通过设立战略性机构创造需求来吸引海外科技人才回国，那么，韩裔科技人员的归国潮可能会等到私人部门和高校对海外人才的需求进一步扩大以后才会出现[1]，那在时间上就会推迟许多，其影响也要大打折扣。

3. 促进国际合作和交流

80年代以后，为顺应韩国经济发展过程产生的新需要和出现的新问题，韩国政府在促进科技人才流动的政策方面，除了继续采取手段吸引海外留学人员回国外，还运用各种方式加强国际间的科技人力资源交流，并

---

[1] Bang-Soon Yoon：" Reverse Brain Drain in South Korea：State-led Model"，Studies in Comparative International Development，Vol. 27, No. 1, 1992, p. 17.

为此制定了"HAN（Highly Advanced Plan）计划"以更好地指导相关的各种活动。这些交流活动最重要的目标就是通过技术转移和交流，提升某些较欠缺领域的技术，使之达到先进国家的技术水平。为更有效地实现上述目标，韩国综合运用了多种手段开展国际科技人力资源交流活动，这些活动主要包括：开展国外技术培训、设立海外研发中心、开展国际科技合作、举办国际科技会议等。这些交流活动的一部分是由政府或其下属机构出面组织安排的，而另一些则是以大企业为主开展，但政府在背后对相关活动予以支持。

其一，政府主导的各种国际科技人力资源交流活动。总体而言，由韩国政府主导的各种国际科技人力资源交流活动并非此类活动中最常见和最普遍的方式，但却起到重要的桥梁和纽带的作用。一方面能为企业开展此类活动奠定良好基础，另一方面也发挥着弥补企业活动不足的作用。在这方面，主要形式包括：举办国际研讨会和设立相关基金；设立杰出人才中心，吸引国外一流科学家来韩交流；开展学术交流，直接派遣学生和研究人员出国学习和研究。

一是国际研讨和基金。韩国政府举办科技研讨会的目的，主要是为韩国商业性科研机构与美国高技术企业之间架起一座沟通的桥梁，以推动和促进从美国向韩国的技术转移。这些研讨会和基金的活动重点在于，为特定领域美国科技人员与韩国相关部门人员的接触创造条件，从而起到弥补韩国某些工业部门中核心技术的欠缺。比如说，1994年5月在华盛顿召开的第二次韩美科学技术论坛主要有三个目标：通过合作提高国家的研发计划；加强基础科学领域以及商业化成果的合作研究以及实现美国和韩国在先进工业技术领域的合作。次年11月在华盛顿召开的第三次韩美科学技术论坛则确定了四个目标：促进科学技术的互动；开发有合作需求的领域和方式；帮助科学家和工程师建立合作网络；加深对于机构、实践以及政策环境之间的相互理解。1994年，韩国产业联盟（Federation of Korean Industries）设立了产业和技术合作的韩国—美国基金（KUFIT），主要任务是促进韩国与其他国家的技术和工业合作，进一步提高韩国企业的技术竞争力。KUFIT寻找与美国公司的合资项目，加速技术的转移，合作领域包括半导体、计算机、航空技术、通信技术以及环保技术等。到1997年为止，KUFIT投入3500万美元用于改善中小企业的生产率，支持技术进口、

合资以及战略联盟。①

二是杰出人才中心（Centers of Excellence）。CE 的设立旨在吸引世界一流的科学家来韩交流访问，以及共同开展研究工作，由此向韩国研究人员提供与国际上顶级的外国研究机构的科学家共同工作的机会。例如，MOST 鼓励亚太理论物理学中心（Asia-Pacific Theoretical Physics Center）以及法国巴斯特研究中心（France's Pasteur Research Institute）共同在韩国建立研究中心，帮助韩国人在科学技术领域追赶上先进国家。

三是学术交流。韩国政府积极支持开展对外学术交流活动，这主要以派遣学生及研究人员去国外学习学位或开展特定领域的研究活动为主。主要活动包括：以政府公派的形式鼓励研究人员出国交流学习。例如，MOST 将韩国政府公派留学获得博士学位的人员数量从 1994 年的 182 人，增加至 1995 年的 250 人。韩国研究基金会（Korea Research Foundation）每年派出大约 100 名学者到海外学习，资助优秀的大学毕业生到国外攻读学位。从 1977 年开始，韩国政府每年选拔 70 个成绩优异的大学毕业生到国外攻读硕士或博士学位，并且每年提供 1.8 万—3.8 万美元的奖学金，并要求这些奖学金的受益者回国后必须在他们的专业领域内工作一段时间以为国家的发展做贡献。该项奖学金的目的是为了发展国内的学术并且培育高素质的人才。②

其二，企业主导的国际科技人力资源交流活动。应该说，这种形式的国际交流是韩国开展国际科技人力资源交流活动中最主要的部分。无论是交流的形式、内容、频率、范围，还是所涉及的人数，都比政府主导的活动更丰富。但对其中的每一种形式的活动，韩国政府在其顺利进行的过程中都发挥着重要作用，主要包括进行战略合作、建立海外研发中心、雇用外籍员工、开展合作研究、进行国外技术培训等。

一是开展海外技术培训。开展海外技术培训能够起到两方面的好处：一是韩国的技术人员更能接近外国公司的技术、运作和实践；二是能让外国企业更了解韩国的商业运作及文化。例如，韩国的航空产业与美国建立了合作关系，韩国企业经常派遣研究人员和技术人员到美国的飞机制造企业学习最

---

① Dr Graham R Mitchell：''Korea's Strategy for Leadership in Research and Development''，US Department of Commerce Office of Technology Policy，June 1997，p. 21.

② Ibid.，p. 23.

先进的航空技术。韩国航空公司（Korea Air）曾派出 6 名员工参与波音公司 777 飞机项目以积累制造设计的经验。三星航空派出 60 名员工去美国参与技术培训，石油产业中的国外培训也很普遍，Yukong 是韩国最大的炼油企业，1996 年派遣了 80 多名员工去世界各地参与长期的培训。[①]

　　二是设立海外研究中心。通常在海外设立研究中心的动机有以下几点：追踪外国技术的发展；获得和开发最先进的技术；最大化地利用东道国的人才以及支持母公司在外国产品开发的需求。研发中心一般可分为两种类型，一种是海外公司在当地附属的研发机构，另一种是本国研究机构在海外的分支。韩国在海外设立的分支机构主要设在技术发达的国家，目的是为了获得当地的技术信息和科研人才，从而获取先进的技术支持本国公司向海外市场的出口。也有一些机构设立在欠发达的国家，例如俄罗斯，为的是帮助母公司迅速把握当地市场的动向，获取当地高素质的人才。对韩国而言，上述两种类型的机构目前仍处于起步阶段，但在获取当地知识以及人力资源方面已经取得了一定成绩。第一种类型的研发中心的发展，是从 80 年代起，韩国企业尤其是大的跨国企业开始在海外投资，为了获取先进技术而逐步在当地设立的。到 1995 年大约有 45 个这种类型的海外研发中心，主要分布在技术先进国家以及韩国的主要贸易伙伴国，其中美国有 28 个，日本 8 个，俄罗斯 3 个。这些研发中心主要从事电子、通信等高科技领域的研究。平均投资额为 25 万美金，大部分的员工数量在 10 人以下，有些会超过 20 人，主要是当地人。至于第二种类型的研发中心，截至 1996 年年底，韩国研究机构在海外的分支达到 17 个。这些机构也是在 80 年代后才开始逐步建立的，其中大多数成立于 90 年代。主要涉及的领域也是电子产业。从分布国家来看：美国 6 个，日本 4 个，德国 2 个，英国 2 个，俄罗斯 1 个，印度 1 个。总的来说，韩国的海外研发分支机构特点十分明显，表现在：韩国的研究机构都是最近才设立的，且在美国、欧洲和日本之间的分布比较均匀，人员数量也较少。[②]

　　三是与外国公司开展战略合作。韩国公司常常在多个领域与外国企业合

[①] Dr Graham R Mitchell: "Korea's Strategy for Leadership in Research and Development", US Department of Commerce Office of Technology Policy, June 1997, p. 27.

[②] OECD, Facilitating International Technology Co-operation: Proceeding of the Seoul Conference, 1997, p. 67.

作，一般情况下，韩国公司在合作中提供资金、生产经验以及市场，外国企业带来所需的技术。与其他国家企业的战略技术联盟使得韩国公司能够更快进入新市场以及更早接触到最新技术。战略合作首先是要确定自身技术不足的领域，找到先进技术，然后与拥有该技术的东道国展开合作，实现技术转移。为了实现这种合作，韩国为技术转移提供了各种激励措施，包括商业资金、提供设备以及其他技术，或者提供本地市场。例如，俄罗斯和中国公司能够给韩国企业提供很强的基础研究，韩国公司则能够帮助俄罗斯或中国企业将基础知识实现商业化。

在这些合作中，韩国政府发挥着重要作用，尤其在本国科研基础不足，寻找能够合作的外国企业等问题上给予相应支持。例如，MOTIE 的"加强与技术先进国家的合作计划"详细地指出了在合作体系中需要哪些技术。而中小企业促进会（Small and Medium Business Promotion Corporation）帮助韩国电子和计算机产业的公司寻找与美国硅谷的合作伙伴，该公司每个月都会收到一些美国相关机构发来的寻找合作机会的申请。

四是进行国际 R&D 合作。韩国科学技术咨询委员会一直提倡加强国际合资研发活动，认为政府应该以多种形式来促进韩国产业界、学术界以及研究机构在国际高技术研究中的参与。MOST 的科学技术政策机构（STEPI）到 2004 年年底建立了 10 多家合作研究机构，使得韩国能够建立一个全球的研发数据体系以及科学技术的人才交流网络，从长期来看这些机构也会参与一些特定领域的国际研发项目、扩展国际教育和培训项目。另外一个例子是MOST 在 1995 年提供 810 万美元支持与外国公司的技术合作以及合资研究。电子通信研究中心（ETRI）与 SRI 国际以及意大利锡拉库扎大学签订合资研究协议，在高速数据通信网络领域的相关技术方面开展合作。韩国政府的工程研究体系（SERI）以及韩国计算机公司与 Tandem 公司签署了合作协议。

五是与外国大学建立技术联系。韩国公司也注重增进与外国大学的联系，从而能快速提高产业能力。例如，LG 电子投资 1000 万美元与国外 32 所大学开展合作，包括 MIT、斯坦福大学和耶鲁大学等。三星电子实施了与斯坦福、得克萨斯大学以及亚利桑那大学的合作研发项目。在与外国的学术研究机构合作中可以获得很多好处，电子通信研究中心（ETRI）与斯坦福大学联合建立了韩国本土的多媒体工作站，与斯坦福大学的合作开始于 1991 年，包括针对 ETRI 人员的一些专业技术培训和培训技能测试。这

个项目完成后，ETRI将相关技术授予三星、LG、大宇以及现代公司用于商业化。

六是大量雇用外国员工。韩国把雇用外国专家作为实现技术转移的一种有效方式，受到韩国政府专家、半官方组织以及广大产业界推崇。韩国政府为了鼓励企业界吸收和雇用外国专家还设立了相应的资金支持。该项资金用于付给合格的外国人员高出国际平均水平的工资激励，KIST表示应该利用外国专家提高韩国研究机构的研究水平，该资金要用于在特定领域内雇用外国研究人员来发展韩国科技。在韩国的航空领域中，许多杰出的人才都是在美国航空业工作过的，在美国工作的技术人员要经过韩国企业的严格挑选，韩国三星公司雇用了140名外国航空业专家，其中40名来自美国，其他的来自俄罗斯和乌克兰。1993年三星访问美国的主要任务就是要招收16个设计经理，9个团队领袖，5个高级技术人员。韩国公司定期在硅谷报纸中刊登广告招收工程师，吸收杰出人才。[①] 2003年上半年，MOST招收海外科学家和工程师的项目分为4部分：招收和有效利用海外著名科学家（中期）；利用海外科学家和工程师（长期）；吸引优秀的海外学生以及研究人员来韩培训；利用海外研究人员及其设备，同时为他们提供各种补贴。MOST试图利用该项目"解决国内技术瓶颈问题，吸收外国先进知识"，2003年在该项目上大约花费116亿韩币（约960万美元），包括63亿韩币用来雇用高水平的外国科学家，8000万韩元用于吸收本国在海外的研究人员及其家属。同时KFSTS（Korea Federation of Science and Technology Societies，韩国科学技术协会联合会）实施年度项目"吸收海外科学家"，根据该项目较早来韩的获得外国博士学位的科学家薪酬将会提高25%。"利用本国大学和研究实验室"计划是一个新计划，旨在吸引250名海外科学家来韩工作。[②] 2002年，KFSTS还召开了"2002年国际韩国科学家和工程师大会"，将国内以及海外的韩国科学家聚集到汉城，交流最新的科技信息，来自12个国家的291名韩国科学家参加了会议，其中170名来自美国。

其三，其他促进国际科技交流的政策措施。除了上述这些主要的方面外，韩国政府还有一些其他促进国际科技交流的措施。其中比较有特色的

[①] Dr Graham R Mitchell："Korea's Strategy for Leadership in Research and Development"，US Department of Commerce Office of Technology Policy，June 1997，p. 29.

[②] Office of the National Counterintelligence Executive：March 2003 Archive.

包括：

一是建立海外人才网络。60年代的海外人才回流，不仅给韩国带来了丰富的科技人才，同时还给韩国提供了海外人才的信息。70年代早期，韩国着手将韩国在美国和欧洲的科学家和工程师组织起来，80年代，这一组织继续涵盖了在日本和加拿大的韩国科学家。1989年和1991年这一组织扩展到了中国和苏联。这种海外人才组织不仅为韩国未来的人才回流提供了重要的人才储备，同时成为韩国接近国外科技人才以及国外最先进的技术信息的桥梁。韩国政府对于这一国际技术和人才网路的建立提供各种各样的资助（见表8—18）。韩国政府每年召集国内科学技术专家和海外研究机构研究人员参加国际研讨，不定期地举办一些小型的科技会议。1990年韩国开始实施一个新的国际网络项目，将全球的科技人才信息纳入数据库，以满足国内科研机构、大学以及企业界的需要。

表8—18　　　　　海外韩国科学家和工程师组织（1990年）　　　单位：人

组织机构	建立时间	人数
美国韩裔科学家和工程师协会	1971	6300
欧洲韩裔科学家和工程师协会	1973	1500
日本韩裔科学家和工程师协会	1983	815
加拿大韩裔科学家和工程师协会	1986	812
总计		9427

资料来源：KOSEF, Daeduk, 1990.

二是设立科学参赞。1973年以后，韩国开始发展"科学参赞"（Science Attache）体系。1987年，韩国分别在美国、日本、澳大利亚以及欧盟四个国家及地区的使馆中设立了四个科学参赞，负责与当地的科技组织和研究机构的交流。[①]

[①] Bang-Soon Yoon: "Reverse Brain Drain in South Korea: State-led Model", Studies in Comparative International Development, Vol. 27, No. 1, 1992, pp. 20—21.

4. 小结

在思考为什么要制定促进科技人才跨国流动的政策，以及如何制定更有效的政策方面，韩国的做法为我们提供了一个良好的范例。简而言之，我们能从韩国科技人才跨国流动政策史中看出这样一条清晰的主线：在20世纪五六十年代，相关政策的背景是人才外流严重，而国内人才匮乏，但国内的政治、经济环境，生活和科研条件等又存在诸多问题，缺乏对外流人才的吸引力，因而政策重点在于吸引外流人才回国，政策手段上更加强调行政力量的作用。随着上述政策背景所涉及的问题性质和程度的变化，相应的政策也在不断进行调整。一方面，由于人才匮乏的问题逐步得到缓解，从普遍性的短缺演变成对特定领域技术以及人才的需求，另一方面也由于国内各种条件的改善，能够依靠市场本身解决外流人才回归的问题，因此相关政策的重点就变成利用各种综合方法，包括吸引人才回归，加强国际交流来提升特定领域的技术水平，从政策手段上更加强调利用市场的力量解决人才流动问题，因而也更重视企业在这个过程中所能发挥的作用。

从总体上看，韩国吸引海外科技人才回归的政策措施效果也是比较明显的。由于坚持"少而精"的原则，到了1975年，KIST资助的长期回国人员为68人，临时回国人员69人。1982—1989年间，又有104名长期回国人员以及57名临时回国人员，分别约为MOST资助回国人员的14.7%和15.7%。到1989年，MOST资助的回国人员总数达到1707人（1008个长期回国人员以及699个临时回国人员），其中53%去了公共R&D机构，32%去了高校（长期回国人员中这两个比例分别为49.6%和46.3%）。在这1707人中，1982—1989年间回国的人员中86%来自美国，98.3%拥有博士学位。从年龄和工作经验来看，长期回国人员多数比较年轻，84%处于30多岁的年龄阶段，并且工作经验也相对较少，86%在取得博士学位后的工作年限少于5年，并且这些人中51%的工作经验低于2年。临时回国人员的年龄较长，48%的人处于四五十岁的年龄段，并且工作经验也较长，85%的人在取得博士学位后工作经验长于5年。在1981—1986年间，与此同时，在政府的公共研究机构的资助下，还有1002名科学家和工程师回国。政府的战略性研发机构同样也有类似的计划（见表8—19）。

表 8—19　　　　　　　　　回国人员数目的变化　　　　　　　　单位：人

	1968—1980	1981—1983	1984—1986	1987—1989	总　数
长期回国人员					
公共 R&D 机构	130	60	150	160	500
大学	139	58	133	137	467
产业界	3	10	14	3	30
其他	4	1	3	3	11
小计	278	129	300	303	1008
临时回国人员					
公共 R&D 机构	182	105	50	71	408
大学	21	11	19	35	86
产业界	13	21	4		38
其他	61	18	4	84	167
小计	277	155	77	190	699
合计	553	284	377	493	1707

资料来源：MOST：《科学技术年鉴》1989 年。

　　据不完全统计，1982—1989 年间，政府共花费了 323 亿韩币用于吸引科学家和工程师回国，其中长期回国人员投入的资金增加了 36.7 倍，临时回国人员的资金在这七年间也增长 7.2 倍。MOST 最近的政策越来越向临时回国项目倾斜，用于这些项目的资金也会稳定增长，MOST 将会继续资助海外人才回国项目，KOSEF 也计划在 1992—2001 年间，吸引 810 名科学家回国[①]（见表 8—20）。

---

① Bang-Soon Yoon："Reverse Brain Drain in South Korea：State-led Model"，Studies in Comparative International Development，Vol. 27，No. 1，1992，pp. 11—12.

表 8—20　　　　　　　支持海外人才回流项目的资金　　　　　　单位：千韩元

年份	长期回国项目	临时回国项目	总　计
1982	76896	57724	134620
1983	127496	60830	188326
1984	163700	26224	189924
1985	532694	27251	559945
1986	317504	33127	350631
1987	333185	52449	385634
1988	161260	36809	198069
1989	163982	121438	285420

资料来源：KOSET，Daeduk，1990.

四　几点结论

从上面的分析中，我们可以得出以下几点结论：

其一，科技人力资源的全球流动作为科技全球化的一个重要组成部分，在世界经济中起着越来越重要的作用，客观上要求我们必须超越国家边界，从全球高度上来审视科技人才的培养和使用问题，并且把流动问题纳入本国科技人才储备与培养政策之中。

其二，全球科技人力资源流动的主体是留学生，而且主要方向可以分为三个层次，即一是美国作为世界科技人力资源流动的塔尖，吸引了世界最尖端的大量科学家；二是欧盟、日本等既是科技人力资源的流入国，同时就美国而言又是一个净流失国；三是亚太发展中国家，构成世界科技人力资源流动中的净流失国。此外，加拿大、澳大利亚等国作为净流入国也分享了世界科技人力资源流动的一部分。认清形势，把握趋势，是我们制定正确的科技人力资源政策的前提。

其三，正是由于科技人力资源跨国流动对输出国、接收国乃至全球经济具有广泛而深刻的影响，各国政府才积极采取各种措施来争夺科技人力资源。这些对于科技人力资源跨国流动有直接影响的主观动因，加上特定领域的需要、现有科研实力、教育水平等客观、偶然因素，共同构成了两股驱动科技人力资源在全球范围内流动的"推力"、"拉力"。这些影响可以由表8—21清楚地显示出来。

表 8—21　　　　　　科技人力资源跨国流动的经济影响

科技人力资源输出国：可能收益	科技人力资源接收国：可能收益
科技方面 • 促进知识的流动与合作，使本国公民更有可能在外国接受高等教育，加强与外国科研机构的合作； • 获得更多的技术出口机会； • 从全球移民网络中获得更多的资金和风险资本； • 从海外知名企业家处获得更多宝贵的管理经验，有更多机会进入全球经营网络	**科技方面** • 利用外国科技人力资源促进本地研发活动； • 在经济高速增长地区普及企业家精神； • 增加与科技人力资源派出国的知识互动； • 外国移民可以促进本地多样化和创造能力的提升； • 增加技术出口机会
人力资源方面 • 刺激本国公民寻求高技术； • 个人教育投资的预期收益可以减少出口技术的潜在风险； • 可能提高国内技术的经济收益	**高等教育体系方面** • 增加研究生教育的入学率/保证小型科研项目的生气； • 弥补大学教授和科研人员老龄化带来的损失 **劳动力市场方面** • 使那些劳动力短缺的高增长部门工薪适度； • 为本地的外籍企业家提供更多的就业机会； • 本土移民可以不断吸引外国移民的进入
科技人力资源输出国：可能损失	科技人力资源接收国：可能损失
人力资源方面 • 智囊流失和劳动力缺失（至少一段时期内）导致高技术雇员和高学历生源匮乏； • 直接导致高等教育公共投资的低收益率	**高等教育体系方面** • 降低本土公民在某些领域增强技术实力的热情，减少本国学生进入优秀大学的机会 **科技方面** • 对外国竞争者或潜在敌对国家进行技术转移

全球范围的影响
• 促进知识在全球范围内的流动，形成国际研究/技术群集；
• 促成全球范围的就业最佳匹配，包括：为雇员提供更好的就业机会，研究人员可以根据自身的能力寻求他们感兴趣的工作，雇主可以组建独特的技能体系；
• 稀缺人力资源的国际竞争可以刺激个人人力资本投资的净收益增长

资料来源：D. Guellec and M. Cervantes, "International Mobility of Highly Skilled Workers: From Statistical Analysis to Policy Formulation", paper collected in *International Mobility of the Highly Skilled*, OECD 2002.

其四，在促成科技人力资源全球流动的政策中，发达国家普遍根据本国的国情，实施了高度人性化的政策措施，吸引国外科技人力资源流入。相对而言，大学在吸引科技人力资源方面仍然起着主体作用，但跨国公司在促成科技人力资源的全球流动方面所起的作用越来越大，这种需求既通过就业市场对大学的专业设置产生影响，同时又会通过大学专业设置将吸引的信号传递给跨国流动的科技人员，特别是留学生。与此同时，跨国公司还通过直接在全球范围内搜索和雇用具有较高水平的科技人员而促进本国研究开发基础的全球化，同时将越来越多的高科技人员纳入企业内部的循环之中，并为我所用。

其五，中国既是人口大国，同时也是科技人力资源储备最为丰富的国家，其总体规模已经达到4000余万人。在这种情况下，我们既要积极参与到全球科技人力资源的流动之中，在当今世界科技发展的主要方向与世界科技发展的主要地区以及研究机构建立起全面而深刻的人员联系，同时也要有选择、有针对性地推动这种人员联系的双向交流，建立起动态互动的双向交流机制。在这方面，韩国的政策对我们或许更具有启示意义。一是促进科技人才流动的政策一定要与本国现实条件以及经济和社会发展需求一致，并要根据政策条件的变化及时调整政策。二是在能够依靠市场力量解决问题的地方，政策的目标就应该是促进市场机制更好地发挥作用，尽可能不要用政府力量扭曲市场机制的基础作用。三是在吸引海外人才回流的政策上，物资刺激是必要的，但是不能解决全部问题。尤其对于发展中国家而言，不可能在资金以及经济上与发达国家抗衡，那么其他的一些制度环境便显得尤为重要。韩国政府在六七十年代给予科研机构以充分的研究自由和自主权，同时通过各种手段赋予研究人员以很高的社会地位及荣誉，这些因素成为韩国成功吸引海外人才的一个重要的原因。四是对于海外科技人才的吸收要有选择地进行，首先是对于海外科技人才的素质要有所要求，KIFT对于所资助的归国科技人才的基本条件有着严格的要求，不仅仅有学位上的要求，更重要的是相关工作经验以及研究能力。其次是要根据国内经济和科技发展的需要，选择一些领域重点吸收，韩国在六七十年代重点选择满足化学以及重工业领域对于海外人才的需要，而到了80年代则将重点放在了技术密集型的行业，90年代以后则是在一些新兴的高科技领域重点吸收海外科技人员。这种有选择的吸收保证了科技人才的整体素质，提高了资金的利用效率，充分

地满足了国内产业发展的需要。

主要参考文献

1. A. G. 肯伍德、A. L. 洛赫德:《国际经济的成长: 1820—1990》,王春法译,经济科学出版社 1997 年版。
2. OECD:《OECD 科学技术与工业概览》,科学技术文献出版社 2002 年版。
3. OECD:《科技人才的国际流动性》,参见《中国科技信息研究所内参》第 38 期(总 674 期)。
4. 曹光章:《全球化背景下的人才跨国流动》,载《中国人才发展报告》,社会科学文献出版社 2004 年版。
5. 长城企业战略研究所:《我国科技人力资源政策研究报告》之"海外科技人力资源政策研究",2003 年 7 月。
6. 戴维·赫尔德等:《全球大变革:全球化时代的政治、经济与文化》,杨雪冬等译,社会科学文献出版社 2001 年版,第 392、393 页。
7. 国际教育学院:《门户开放:国际交换教育报告》,2000—2004 各年。
8. 国家中长期科学技术规划办公室战略组:《科学技术:韩国产业竞争力的重要源泉》,2004 年 10 月,第 10 页。
9. 兰泳:《美国的人才战略》,载《全球科技经济瞭望》2003 年第 7 期。
10. 李宏伟:《2003 年美国科技发展综述》,载《全球科技经济瞭望》2004 年第 3 期。
11. 刘昌明:《韩国是怎样吸引海外人才回国服务的》,载《国际人才交流》2004 年第 7 期。
12. 刘敬辉:《美国 H-1B 工作签证有变化》,载《21 世纪》2004 年第 4 期。
13. 马强:《J1 签证:一个有意思的签证》,载《华人时刊》1999 年第 19 期。
14. 马强:《H-1B:名额用罄后怎么办》,载《华人时刊》2004 年第 6 期。
15. 美国国家科学基金会:《科学和工程指标:2004 年》。
16. 宋卫国、杜谦、高昌林:《科技人才的国际竞争与我们的对策》,载《求是》2003 年第 24 期。
17. 齐默:《美国各类签证介绍》,载《神州学人》1998 年第 7 期。
18. 王文俊:《欧盟启动研究人才战略》,载《全球科技经济瞭望》2005 年第 1 期。
19. Anne-Marie Gailla "The Mobility of Human Resources in Science and Technology in Sweden", OECD International Mobility of the Highly Skilled.
20. Bang-Soon Yoon: "Reverse Brain Drain in South Korea: State-led Model", Studies in Comparative International Development, Vol. 27, No. 1, 1992.
21. Devesh Kapur: "Diasporas and Technology Transfer", *J. of Human Development*, Vol. 2 (2), 2001, p. 29.

22. Dr Graham R Mitchell: "Korea's Strategy for Leadership in Research and Development", US Department of Commerce Office of Technology Policy, June 1997.

23. D. Guellec and M. Cervantes, "International Mobility of Highly Skilled Workers: From Statistical Analysis to Policy Formulation", paper collected in *International Mobility of the Highly Skilled*, OECD 2002.

24. OECD [1997], Facilitating International Technology Co-operation: Proceeding of the Seoul Conference.

25. OECD [2004]: Science and technology statistical compendium 2004.

26. Third European Report on Science & Technology Indicators 2003: Towards a Knowledge-based Economy.

第九章

科技全球化与科学
技术的全球治理

　　科技经济全球化进程的加快，科技创新资源和人才信息的全球化快速流动，使得发展中国家在国际分工体系中的被动地位进一步强化，经济安全、文化安全和军事安全问题日趋严峻。由于各国经济发展对科学技术的支撑有着强劲的需求，世界各国、特别是发达国家正在采取得力措施来满足其科技需求，因此，各国围绕着科学技术知识而展开的全球争夺对发展中国家的政策选择提出了严峻的挑战。一方面，从全球化的发展趋势来看，研究开发资源的全球配置势必要削弱母国的科技资源基础；另一方面，各国政府又努力寻找并鼓励外国企业在本国进行研究开发投资。80年代以后，由于西方国家越来越强调经济安全的重要性，认为国家安全并不仅仅限于军事方面，而是由经济、技术、文化等诸多方面所构成的一个安全体系，其中科学技术知识起着一种核心的作用。在这样一种思想的指导下，西方各国政府越来越多地从商业利益出发对国际技术转移活动进行限制，从而激发出明显的技术民族主义倾向。不仅科学家是有国界的，而且科学技术自身也越来越变得有国界了，传统上由科学界和企业自行决定的科学技术的国际交流等问题现在被政府以国家利益的名义加以严格控制了。无论是在美国轰动一时的李文和案件，还是使中美关系受到严重影响的考克斯报告，实际上都反映了美国国内技术民族主义情绪的高涨。从某种意义上说，技术民族主义的扩散以及以此为基础的科学技术政策的实施是影响到未来20年世界科技格局的一个关键因素。本章拟将全球创新体系理论与全球治理理论结合起来，深入探讨全球化背景下科技治理的含义、基本状况与特点以及科技全球化给发达国家和发展中国家的科技发展所带来的影响和挑战，以技术全球主义和技术民族主义为框架对国家层面上技术政策的两难境地进行梳理和分析，提出建立国际科

技新秩序和全球创新体系的目标、原则和框架以及中国应采取的原则和主张。

一　全球化背景下的科技治理

"治理"概念最初出现于市政学中，主要用以指如何更好地解决城市和地方上的各种问题，后来又被应用于（国家）中央政府这个层面。长期以来，"治理"一词专用于与国家公务相关的宪法或法律的执行问题，或指在特定范围内行使权威。自从世界银行 1989 年在讨论非洲发展时首次提出"治理危机"（crisis in governance）以来，西方政治家和学者从各自的价值判断和政策需要出发，赋予"治理"以新的含义，并将其引入国际政治领域，"治理"又很快成为一个全球政治概念，在学术界得到广泛使用[1]，"全球治理"概念由此而生。

（一）全球治理的理论内涵

从理论上说，治理不是简单地取代传统的政治、统制与管制，而是把传统的政治与统制改造成新政治与管理。联合国全球治理委员会认为："治理是公私机构管理其共同事务的诸多方式的总和。它是使相互冲突的或不同的利益得以调和并且采取联合行动的持续过程。它既包括有权迫使人们服从的正式制度和规则，也包括人们和机构同意的或以为符合其利益的各种非正式的制度安排。"这个定义改变了人们对传统上以政府为中心的政治的理解：政府不再是政治的唯一主体，治理是政府与非政府、国家与社会之间的协调，而非单纯的政府控制。治理不仅是政府（公）的事情，更重要的是民间（私）的事情。治理不仅看重正式的法律，也重视非正式的规则和规范。美国学者罗斯瑙在其代表作《没有政府的治理》（1995 年）和《21 世纪的治理》（1995 年）中，将治理定义为一系列活动领域里的管理机制。所谓"治理"核心在"治"，不同于以往的"政治"、"统制"或者"管制"，后者的核心只是"制"，"治"是从"制"（government）演变而来的。良好的治理被称作良治（good governance），它比良政（good government）更胜一筹。

---

[1] The World Bank, *Subsaharan Africa: from Crisis to Sustainable Growth*. Washington. DC: The World Bank, 1989.

20世纪中期以来,由于全球化的深入发展,人类似乎在一夜之间突然发现自己正面临着史无前例的众多危机:人口危机、环境危机、粮食危机、能源危机、恐怖危机、疫病危机等等,全球几乎没有哪个地方能够独善其身。就其影响范围讲,这些问题具有全球性和全人类性;就其严重程度讲,具有严重威胁人类社会生存与发展的紧迫性;就其解决方式而言,具有全球协调一致性与合作性。而且,往往是旧的危机尚未消除,新的危机又接踵而至,它们是如此的难以克服,试图单独解决其中任何一个问题的各种尝试都只能取得暂时的效果,并且往往顾此失彼。全球问题在全球范围内对国际制度产生了广泛而深远的影响,催促和推动着国际制度的建构、变迁与创新。从大的方面来说,解决全球问题的制度安排有市场机制、国家机制与国际机制等。市场机制与国家机制能够在一定程度上缓解一些全球问题,但是,同样确凿无疑的是,市场机制与国家机制的局限与失灵现象又是普遍存在的。与此相适应,各种各样的国际机制、国际制度及其法律制度与载体——国际组织发展出来了,用以规范、协调人类、国家及其行为者的活动,通过全球合作解决全球问题,进行全球治理。正是在这样的背景之下,政府间组织日益成为治理冲突的重要工具,联合国作为由主权国家组成的全球性政治组织,发挥着核心作用。所谓全球治理理论,就是在这样的大背景之下应运而生的。

全球治理是对全球层次上的各种问题、冲突、危机进行管理的措施、机制和行为的总和。全球治理理论包含治理的目标、治理的主体(即谁来治理)、治理方式(即如何治理)、治理的行为规范四个方面的要素。具体来讲,全球治理的目标是在全球化进程加速的背景下,对人类所面临的各种共同问题加以治理,维持人类社会的正常秩序。全球治理的主体既涉及公共部门,也涉及私人部门,既强调国家在治理中的作用,更强调了包括非政府组织和跨国公司等非国家行为体在治理中的作用。全球治理的治理方式包括正式和非正式的机构、机制和安排等诸多方式,公、私机构通过参与、谈判、协调、合作、确立认同和共识等方式实施对涉及的从地区到全球等各个层次的公共事务的管理。全球治理的行为规范除了包括传统政府统治的规范、机制外,更强调行为主体活动的自发性和自组织性。[①]

第一,全球治理是全球政治的一种形式,是一种没有政府的治理,因而它不以暴力为后盾。全球治理是一个由共同理念和共同事业来指导的管理体

---

① 王杰、张海滨、张志洲主编:《全球治理中的国际非政府组织》,北京大学出版社2004年版。

系。它通过共识树立权威，不一定需要以强制为手段，靠的是相互理解的主动意识和合作精神。全球治理的大方向是公正、公平和安全等普世的价值观。

第二，全球治理是在没有世界政府的情况下在国际上做政府在国内做的事，努力解决人类面临的共同问题。全球治理事实上就是各种国际组织或私人机构管理共同事务的诸多方式的总和。它是使相互冲突的或不同的利益得以调和并且采取联合行动的持续的过程。这既包括有权迫使人们服从的正式制度和规则，也包括各种人群同意或以为符合其利益的非正式的制度安排。

第三，全球治理的主要机制包括参与、谈判与协调。全球治理主要通过对话、协商、合作、伙伴关系、目标认同等实施对全球事务的管理，通过制定、维持和完善全球秩序的规则与规范，在特定的某个或某些问题上确立全球权威，以确保全球目标的实现。它强调行为者的多样化与多元化，把合法性与能力均不相同的行为者都编织进全球网络之中，通过跨国网络来设计和管理全球公共事务的灵活机制与技术，并在此基础上提出全球问题，寻求解决途径，从国际政策视角出发来解决问题。因此，全球治理主要体现为国家与非国家行为者之间互动的过程。这是全球治理与单纯国家间活动的本质性区别。

第四，全球治理有多种形式。一是正式的全球制度和全球组织，二是缔结国际条约，并不断地举行国际会议，做出重要决议，付诸实施。随着全球化世界的形成，越来越多的多边、多国政治形式开始建立起来，不仅政府间活动日益全球化，而且集中表现为全球性非政府组织的爆炸性增长，几乎涉及全球社会活动的每一个领域。新型国际行为主体和组织数量的快速增长，既是全球化快速扩张的必然结果，也反映大多数国家和非国家行为者寻求全球治理以便应付急迫的全球问题的强烈愿望，尤其反映了非政府组织持续增长的强大压力。

由上可见，全球治理几乎渗透到人类活动的所有领域，其最终结果是建构一个由全球社会各层面的权威结构组成的新体系。这样一种新体系既内在于国家之中，又超越国家之外；既通过国家，又不限于国界，因而是一种与多元国际行为者推动的跨国发展进程相适应的新体制，主要体现了全球共同体意识的形成，以及以全球参与、所有国家共同治理为主体的全球合作模式体系。

(二) 科学技术的全球治理

关于科学技术的全球治理，迄今并无权威定义。有学者认为，科学技术的全球治理"就是将科技活动纳入全球治理的范围之内，用全球治理的理论工具来研究和解释目前的科技全球化，并应用全球治理的手段来指导国内的科技活动以及进行国内的科技政策制定和选择"[①]。这个定义虽然恰当地指出了全球治理的本质是从全球治理的角度来看待国内科技活动，但是，它忽略了国际科技关系和国际科技合作的维度，因而是不完善的。我们认为，所谓科学技术的全球治理，就是一般意义上的全球治理在科技领域的体现，科学技术的全球治理是应对和解决科技全球化趋势下科技活动及其相关领域出现的全球性问题。

当今世界，全球化已经成为一个无法阻挡的大趋势，其影响已经深深渗透进政治、经济、文化、科技等诸多领域。企业和市场的迅速全球化无可避免地导致商业规则的全球化。许多关于国际贸易、环境或安全的全球规则都与技术相关。在经济社会发展的过程中，科学技术扮演着非常重要的角色，科学技术活动已经突破了国家的界限，完全暴露在全球化的背景之下。在环境领域，从《21世纪议程》到《京都议定书》及其他一系列协议的签署，无不昭示着由倡导到约束的变化，表明科学问题的全球化要求全球的共同参与。生物技术开发与生物安全的全球合作、协议、争执也已经成为一个非常迫切的问题，背后则是发达国家将技术风险向发展中国家转移的潜在利益之争。在国际技术转移中，各国政府的控制与保护行为并没有随着全球化的加快而减少，政府仍然需要干预技术创新活动，同时，在全球化浪潮中，技术创新的世界观已经发生变化，由国家创新体系向"国际创新体系"或"全球创新体系"转变。

在上述现象的背后，是全球化对科技领域的猛烈冲击以及各国政府和企业所产生的深刻影响，主权国家的科学技术活动越来越受到多种国际组织和国际制度的约束，出现了崭新的国际科学技术事务的游戏规则，即全球治理。从科学技术的角度来看，首先，科技革命和工业革命造成了人类生存环境的破坏，也带来了全球性的贫困和环境污染问题。此类全球问题的解决大大超越了国家管辖权和现存的全球政治经济联盟，需要各国的合作，进行全

---

① 董新宇、苏竣：《科技全球治理下的政府行为研究》，《中国科技论坛》2003年第6期。

球治理。其次，大量的科技活动本身，也已经超越了国家的范围，某一个国家的科技活动无法避开全球化这一大趋势，如何在全球化背景下，进行国家的一系列科技活动，包括研发、转移、生产等，也必须进行全球治理。从这个意义上来说，科技活动的全球治理将对政府、企业、各种组织以及个人的行为产生重要影响，进而引起国家公共科技政策的重大调整。法国国家健康和医学研究院生物学家雅克·泰斯塔在"治理与民主面对科学技术演进的挑战"的演讲中谈到：正因为科学不再以认识世界（了解世界，创造概念）为目的，而是以征服世界（有效率地行动，发明和管理工具）为目的，所以社会有义务对科学技术活动进行监督。[1] 科学技术的迅速发展，信息化水平的迅速提高，又为这种监督提供了可能。

表 9—1　　　　　　　　　世界范围内的信息化进程

	1999 年（百万）	2002 年（百万）	1999—2002 年增长（百万）	（百分比）
人口	5962	6192	229	4
家庭	1484	1552	68	5
因特网用户	276	605	329	119
个人计算机	394	550	157	40
固定电话用户	906	1098	192	21
蜂窝电话用户	493	1155	662	134
电视	1573	1775	202	13
有线电视用户	288	359	71	25
家用卫星天线	78	97	19	24

资料来源：Global Information Technology Report 2004.

在全球化背景下，由于全球问题的性质或其影响范围发生了很大的变化，参与科技活动的公共部门之间的相互关系以及相互影响也相应地发生了重大变化。从全球化的表现形式上看，对创新体系的影响主要还是国际要素与国家或区域要素之间的相互作用。资金的跨国流动，国际贸易的日益增加

---

[1] 李津：《会聚在"治理"革命的前夜——"科技进步与社会协同治理的国际思考"论坛综述》，载《科技中国》2005 年第 7 期。

对国家创新体系的影响是显而易见的,但更重要的是在全球化层面信息、知识、人才的跨国界流动。科技全球治理的核心就是,通过参与、谈判与协调等手段,调和各方在科学技术知识的创造、应用以及扩散方面的利益分配,促进全球问题的解决。科学技术的全球治理将国家创新体系放在一个更广泛的背景下,并对其运行与演进产生了广泛而深远的影响。同时,在全球化背景下,国家创新体系也自然而然地纳入了全球治理必须研究的范围之内。从这个意义上说,科学技术的全球治理是通过建立新的科技秩序,使各国创新体系创新活动的产出得到合理保护,同时使发展中国家也能享受到科技创新给全人类带来的福祉的重要途径和手段。

到目前为止,科学技术全球治理的规则体系已经初步形成,它们既是不同国家利益和政府意志之间相互冲突与协调的具体体现,又是相互妥协与让步的产物。这些规则按照功能或目标取向可以划分为四种类型:一是经济性治理,如《世界知识产权保护公约》、《保护工业产权巴黎公约》、国际技术贸易中的许可证协议等;二是政治性治理,如国际技术转移中的控制和保护、核不扩散条约、禁止核试验等;三是围绕全球环境、资源等问题的治理,如《全球21世纪议程》、《京都议定书》、WTO中关于产品标准的技术壁垒协议(TBT)、《蒙特利尔议定书》等;四是文化、伦理性治理,如对克隆技术的伦理讨论与全球管制、中医药技术难以向国际推广的文化壁垒等。科学技术的全球治理,对一国的科技发展产生着重要影响,如在全球二百多个多边环境协定中,有二十几个含有贸易措施,其中的技术贸易壁垒协议直接关系到国际技术转移中对技术内容的协商;与贸易相关的知识产权保护协定(TRIPs)直接关系到国际范围内环境技术、遗传材料、生命技术等的知识产权问题;通信技术标准的制定,对信息技术的发展起着重要的约束作用等。

对于科技活动而言,全球治理的对象主要包括以下几种:一是涉及全球事务的科技问题,比如资源、能源、环境、生物、大科学工程等问题;二是影响国家安全的尖端技术;三是关系国计民生的核心技术。其中,第一类问题基本上是密切相关的,这是因为,随着科学、技术的迅猛发展和经济全球化的不断深入,原来属于本国国内范畴的问题逐渐成为全球性问题,比如生态保护和环境问题已越出国界,把世界各国(无论是发达国家还是发展中国家)都紧密地联系在一起了。第二类问题有其明显的特殊性,因此,政府必须发挥主要作用,首先充分认识到核心技术全球化的局限性,在引进国外先

进技术的同时，坚持自主开发的原则；其次充分发挥政府在安全领域国际技术转移中的主体地位，努力在全球技术研发和转移以及国际规则制定中为本国企业争取到最大利益，或者创造出最为有利的国际环境。第三类技术对于国家的经济发展、社会稳定以及核心竞争力具有重大影响，因而一直是科技政策研究的重点，这里不作过多阐述。

  科技全球化给科技活动及相关领域的国际关系带来深刻的影响，旧有的秩序受到冲击，新的秩序迫切需要建立。当前全球化的状况以及研究情况表明，科技全球化的推动力主要来自发达国家，而且主要收益者也是发达国家。在这一过程中，发展中国家普遍处于被动地位，各国政府之间的政策制定以及科技合作过程是一个典型的博弈过程，各方都希望获取最大的利益，但是，鉴于各个国家科技实力的差别，使得它们之间的博弈从一开始就是不平等的。比如说，发达国家由于在经济和科技上占优势，尤其是作为科技合作的主要出资方，在规则的制定中具有很大的优势。许多科技合作项目的研究方向是按照发达国家的意愿进行的，发展中国家则没有多少发言权，在国际科技合作中处于比较被动的地位。因为一般来讲，合作研究的题目是按照由出资方即发达国家的兴趣决定的。发展中国家的科学家在选择研究项目时也不是根据国家的需要，而是为了迎合国际上的合作者的要求。他们参与国际科技合作的动机也是为了提高自己的社会地位和在国内科学和政策制定方面的影响力。在这个过程中，科学技术全球治理的必要性日益凸显，但其现实可能性还没有完全具备。如何认识和看待这一问题，各国能否有效利用本国的科学技术成果和国际科技资源，在寻求科技发展时是以科学技术发展自身规律还是国家需要为出发点，能否在这两者间找到一个平衡点，通过有效途径促进科学技术的全球治理的实现，是一个重要的理论和现实问题。

  在国际科技合作的科学和技术治理中，政府的作用非常重要。为了更好地进行国际科技合作，各国对科技合作目的及任务都有相应的规定。特别是20世纪90年代以来，国际科技合作的管理有所加强，政府从国家的整体利益出发，制定专项国际科技合作规划、计划，投入专项经费，建立专门管理与协调机制，以推动服务于国家目标的战略性领域国际合作的有效实施，保障本国在国际科技合作中获得最大的利益。从各国政府对国际科技合作经费的配置方式来看，普遍设立双边和多边专项科技合作经费，主要的资助方式是对多边科技组织或机构提供稳定的会费和项目经费支持、共同投资建设大型科学工程和科研中心、共同投资组织国际重大科技合作计划项目等。为

此，各国根据本国的经济实力和科技基础，采用不同的机制来加强对国际科技合作的治理。

(三) 科学技术全球治理中的国际科技组织

科学技术的全球治理并不是由国际科技组织来承担的，但在这个过程中，国际科技组织确实是一个非常重要的参与者，扮演着极为重要的角色。这些国际科技组织分为两类，一类是政府间组织，是由民族国家的代表组成的。一个或者说一组民族国家在全球技术治理中扮演着最为重要的角色，其中最活跃的就是重要的净技术出口国的政府，特别是美国。第二类是非政府组织，即完全由民间力量组成的各种各样的跨国科技社团，它们在很大程度上引导着对于科学技术的全球态度，并在全球科技治理中发挥着越来越重要的作用。尽管如此，总体上看，国际社会采纳的许多最重要决策还是由政府间组织采纳的，促进国际发展也是许多政府间组织的主要任务之一。比如说，国际社会在为促进发展中国家的农业研究开发方面做了大量工作，比如国际农业研究咨询组织（Consultative Group for International Agricultural Research，CGIAR）及其国际农业研究中心网络（International Agricultural Research Centers，IARCs）和广泛分布在发展中国家的国家农业研究系统（National Agricultural Research Systems，NARs）就是如此。[①] 然而，由于对与技术开发相关的复杂问题理解不同，这样一些国际组织所采用的方法并不总是成功的。从这个意义上来说，目前的全球治理体系还不能适应指导技术变迁过程的要求，因而要求政府间组织在科学技术的全球治理中发挥更加积极、更加公正的作用。具体说来，政府间组织在科学技术全球治理中的作用主要表现为：

一是指导和倡导。发挥政策指导作用是许多国际组织的核心功能。这种指导作用或者通过诸如联合国大会等全球性机构来提供，或者由各方参加的会议针对不同国际协议达成的决定来提供，其有效性在很大程度上取决于相关内容转化为政府以及非政府计划的程度。比如说，在贸易体制方面，GATT 成员国认为知识产权是促进技术生产的重要工具，需要在世界范围内加以保护，并通过 TRIPs 协议做到了这一点，由 WTO 加以实施。在这个过

---

① Calestous Juma and Jayashree Watal [2000]: *Global Governance and Technology*, Paper Prepared for the United Nations Development Program, New York.

程中，虽然有些发展中国家积极参与了这个协议的谈判过程，并与其他国家组成联盟以影响就最终产品消费达成的最终协议，在强制许可或对等贸易等方面取得了相应的优惠，但是，在1993年签署WTO协议时，对于发达国家应该承担何种责任以确保恰当应对热带疾病或热带农业问题等并没有进行深入的讨论，也没有就环境友好型产品和技术问题进行任何协商。出现这种现象的一个重要原因就是，没有像今天那么多的非政府组织（NGOs）参与到有关发展中国家问题的讨论上来，无法发挥指导和倡导的功能。

二是规则制定。治理的核心是决策过程以及这种决策的实质。善治有四条基本原则，即政治问责制，公众参与，规则公正无偏以及透明性。然而，值得注意的是，那些对发展中国家的政策制定具有最大控制权和重要影响的政府间组织，比如说布雷顿森林机构和WTO，决策过程是最不负责的，是公众参与最少的，最有偏向的，或者说是最不透明的。事实上，这些机构根据正式或非正式达成的共识进行决策，决策程序是不透明的，而且对集团中的权势者有利。这是因为，共识并不意味着完全一致，它只是意味着没有分歧。这种没有分歧可以通过排除有异议的人来实现，也可以通过非透明性的程序来实现。在这种情况下，非政府组织的广泛参与对于确保实现治理的四条基本原则有着极为重要的意义。

三是提供科学技术咨询。一方面，联合国及其所属的和平与安全机构如秘书长办公室以及安理会等越来越多地遇到了这样一些新兴问题，比如恰当应对传染病、生态退化、电子犯罪、生物技术与生物武器等，而解决这些问题客观上要求它们更多地求助于科技咨询。另一方面，科学技术共同体也被要求更多地参与联合国处理这些问题的外交努力。尽管职业外交官在国际外交中仍然发挥着重要的作用，但其影响和效率取决于他们在工作中动员科学技术专家的广度和深度。真正的挑战并不在于培育内部科学能力，而在于利用科技咨询服务以确认、动员和利用优秀专家。尽管许多联合国机构和项目主要是依靠科技专家来完成工作，但它们并没有将系统的科学咨询作为外交活动的关键基础，联合国的技术性机构如世界卫生组织、粮农组织、世界知识产权组织、国际电信联盟、世界气象组织（World Meteorological Organization，WMO）、联合国教科文组织、国际劳工组织、国际民用航空组织等也没有很好地与秘书长办公室进行互动。

四是提供研究开发与技术援助。许多国际组织从事与发展中国家相关的生物技术研究。这些机构分为两大类。一类包括集中从事生物技术研究但相对较

小的机构，比如国际基因工程与生物技术中心（ICGEB）。第二类包括从事诸如农业发展等广泛问题研究但已经缓慢采用生物技术的机构，代表性机构是国际农业研究咨询小组（CGIAR）。以联合国大学的拉美与加勒比生物技术计划为例。该计划于1988年7月在委内瑞拉的加拉加斯（Caracas）成立，主要目的是促进生物技术在拉美和加勒比地区的发展，领域包括农业生物技术、工业微生物技术、医疗生物技术、工业关系、基因学等。该计划维持着一个结核病（Tuberculosis）研究网络，由来自阿根廷、玻利维亚、巴西、智利、加拿大、哥伦比亚、古巴、多米尼加共和国、洪都拉斯、墨西哥、荷兰、尼加拉瓜、秘鲁、西班牙和委内瑞拉等国的研究人员组成，主要目的是利用生物技术开发更好的医学诊断方法和有效的疫苗，以应对热带国家面临的健康和农业问题的挑战。

　　五是监控科学技术发展并提供报告。这是联合国机构的一个重要职能，许多此类机构都有精心设计的机制来从事这项工作，包括设立国别办公室等。世界气象组织（World Meteorological Organization，WMO）收集气候变化的相关数据，并在为有关全球变化问题的国际决策提供信息方面发挥关键作用。其他机构包括国际标准化组织（ISO）、国际民航组织（ICAO）、国际电讯联盟（ITU）以及世界知识产权组织（WIPO）等也负有监控技术发展的重要职责，并负有设定实绩和安全标准的功能。在环境管理领域，监控技术发展的功能仅限于少数从事特定技术问题研究的机构，比如开发替代臭氧消耗物质的机构，并具有为停止生产臭氧消耗物质的国家提供金融援助的机制。

　　六是运营功能。国际组织的运营功能涵盖了从执行特定项目、技术援助到提供金融援助等各种形式。这是联合国及其姊妹机构最具竞争性的功能之一。在市场机制之下，许多此类功能实际上也可以由私营部门承担。[①]

　　从上面的分析中可以看出，国际组织在科学技术的全球治理中扮演的重要功能就是描绘出相关科技领域的知识边界，推动知识流动和共享，并对这种科技知识流动与共享的成本与收益做出调整。从这个意义上来说，国际科技组织在科学技术的全球治理中发挥着关键的作用。它设定游戏规则，促进科技沟通，并为未来的科技发展指明方向，避免科学技术滥用导致的危害。因此，没有国际科技组织的全球科技治理是不可能进行下去的。但是，在现

---

　　① Calestous Juma and Jayashree Watal [2000]：*Global Governance and Technology*，Paper Prepared for the United Nations Development Program，New York.

实生活中，由于对科学技术在经济发展过程中作用的理解有限，国际科技组织在实际上发挥的作用是有倾向性的，并不是那么公正无偏的，在许多情况下甚至会成为跨国企业获取超额垄断利润的工具。对此，我们必须有一个正确的认识。

二 科技发展与产业规制——以转基因技术为例

所谓规制，就是有关部门通过法律授权，采用特殊的行政手段或准立法、准司法手段，对企业、消费者的行为实施直接控制的活动。根据性质的不同，规制可以分为经济性规制和社会性规制。其中，经济性规制是指对企业的产品定价、进入与退出、投资决策等进行的规制，而社会性规制以保护劳动者和消费者的安全、健康、卫生、环境保护、防止灾害为目的，对物品和服务质量相应的各种活动制定标准，并禁止、限制特定行为的规制。生物技术代表了一种具有潜在巨大影响的技术变革和创新，其潜在风险主要在于可能产生的外部性问题，包括：（1）对环境及生物多样性可能造成的影响，比如诱发害虫、野草的抗性，产生"超级杂草"等；可能诱发基因转移跨越物种屏障和自然生物种群的改变、可能诱发食物链的破坏等。（2）对人类健康的影响：一是转基因作物中的毒素可引起人类急、慢性中毒或产生致癌、致畸、致突变作用；二是作物中的免疫或致敏物质可使人类机体产生变态或过敏反应；三是转基因产品中的主要营养成分、微量营养成分及抗营养因子的变化，会降低食品的营养价值，使其营养结构失衡。（3）对伦理道德的影响。比如在欧洲，人们认为转基因作物违反了自然规则，担心互不相干物种的基因结构间相互转移会引起相关的道德问题，因而不承认基因技术是自然传统的育种方式的逻辑的延伸。正因为如此，丹尼尔·F.史普博在《管制与市场》一书中提出，为了控制生物技术发明的应用，不可避免地要建立新的规制，而某些规制制度的产生，甚至是单单因为对新技术的恐惧……当技术和科学的进步将我们带入到一个充满无法想象的危险的未知世界时，日益加强的政府规制即肩负起保卫社会安全的责任。[①]

[①] 丹尼尔·F.史普博：《管制与市场》，于晖等译，上海三联书店、上海人民出版社1999年版，第19页。

在转基因作物商品化以前，规制主要针对实验室的安全操作和管理。如1976年美国颁布的《重组 DNA 分子研究准则》，这是该国第一个生物技术安全管理的法规；1978年，英国对实验室范围内进行的基因修饰进行规制；1987年，日本首次颁布了《重组 DNA 实验指导方针》等。1996年以后，转基因作物开始商品化大面积生产，世界各国又相继开始制定各种针对转基因产品的规制，规制的内容更加全面，涉及从实验室到最终产品的各个方面。

（一）美国

美国对转基因生物技术的规制是在实验室研究完成后，首次田间试验以前。美国农业部动植物健康检验局（USDA-APHIS）负责管理转基因植物的开发和田间试验。在进行田间试验前，必须事先经 USDA-APHIS 审批获得许可证或通知书。试验必须在 USDA-APHIS 或州农业部门的监督之下进行，以确认试验过程是安全的。试验后要对试验田跟踪一年，确保无其他植物的存活。USDA-APHIS 要求转基因植物在田间试验过程中，处于封闭状态，植物本身和后代不能流入到其他环境中。如果抗虫转基因植物的播种面积超过10英亩，还必须获得环境保护局（EPA）的许可，需要进行公众通知和评价。

环境释放需要申请 USDA-APHIS 发放"非管制许可"，如果确认该新植物对其他植物不构成危害，而且与传统品种一样安全，USDA-APHIS 将发放许可证，同时 USDA-APHIS 将评估意见公开发布，供公众评论。对于抗病虫害的转基因植物和物质（如蛋白），环境保护局（EPA）审查其环境安全性，并通过出版的《联邦注册》邀请公众参与评价。这一过程大约在18个月以上。

食品与药品管理局（FDA）负责转基因食品和饲料的安全性评估。在通过对审查数据的核实和科学家认可的基础上，FDA 确认其安全性。2001年1月17日后，FDA 对转基因食品管理过程由自愿转为强制性，并要求开发商必须在该食品上市前120天，向 FDA 提交食品安全性审批材料。经 FDA 审查后，FDA 将向开发商发出书面通知，表明 FDA 的意见。对于已经上市的转基因食品，一旦发现存在安全性问题，三个规制部门都有权力立即禁止该产品的销售。美国的标签制度是自愿性的，开发商可根据情况自己选定是否对转基因食品贴标签。

表 9—2　　　　　　　　美国对生物技术及产品的规制

规制执行部门	规制内容	相关法律
农业部	植物、植物害虫（包括微生物）、动物疫苗	植物保护法、肉类检查法、禽类产品检查法、蛋类产品检查法、病毒血清毒素检查法
环境保护局	微生物或植物杀虫剂、其他有毒物质、微生物、动物制造的有毒物质	联邦杀虫剂和杀菌剂以及杀鼠剂法、有毒物质控制法
食品和药品管理局	食品、动物饲料、食品添加剂、人和动物药品、人类疫苗、医疗设备、转基因动物、化妆品	公共健康服务法，饮食健康和教育法，食品、药品和化妆品法❶，国家环境保护法❷

资料来源：根据 Randy Vines, The Regulation of Biotechnology, Biotechnology Information, Publication 443—006. Virginia Cooperation Extension, 2002 整理。

注：❶和环境保护局共同执行；❷和环境保护局、农业部共同执行。

（二）欧盟

欧盟在转基因产品问题上遵循所谓预防原则（Precautionary Principle）。根据该原则，如果潜在风险的科学数据不充分、非结论性或不确定时，有关管理当局对新的生物技术产品可不予批准。预防原则被人们视为在科学尚不能提供确定的基础时的行动依据。欧盟的规制机关是欧盟委员会和理事会及成员国相关的政府机构。

欧盟对转基因产品的规制可追溯到 1991 年的欧共体第 90/220/EEC 号指令。该指令主要涉及转基因食品、动物饲料、种子和环境安全。此后，欧盟还分别就转基因食品的安全和标签问题、"新型食品管理规章"生效前批准的转基因玉米和大豆问题、含有转基因成分的添加剂和调味料标签问题以及非转基因食品中出现非有意的转基因污染时的标签问题等做了规定。2001年，欧盟颁布了第 2001/18/EC 号新指令，取代了原来的第 90/220/EEC 号指令。新指令对转基因产品的环境释放风险评估、上市后强制性监测和风险管理等问题提出了更加详细的要求，加强了以前立法中的有关规定。该指令已于 2002 年 10 月 17 日生效。

2003 年 11 月 7 日，欧盟基因修饰食品和饲料规制（欧盟议会和理事会 1829/2003 规制）和基因修饰生物体（GMO）的追溯和标签以及从基因修饰生物体（GMO）制作的食品和饲料追溯（欧盟议会和欧盟委员会 1830/2003 规制）的规则正式生效，并于 2004 年 4 月 15 日和 18 日以后正式实施。与

修改前相比，新的标准更加严格。如原来不需贴标签的从转基因植物或种子中获得的植物油、动物饲料和添加剂在新规制下都必须贴标签。但没有要求作为非食品成分的产品贴标签，对于那些通过含有转基因成分的饲料喂养或使用含有转基因药物的动物生产的肉、蛋、奶，也还没有要求贴标签。

欧盟通过这些新的规制建立了一套对 GMO 的追踪系统，引入了对转基因饲料的标签制度，加强了对现有的转基因食品的标签管理。在新的可追溯性规则下，经销商必须转送和保存含有 GMO 成分或由 GMO 制成的产品在市场上任何阶段的信息。GMO 食品和饲料的转基因成分不能超过 0.9%，超过这一水平，所有的产品必须贴标签。即使加工后的产品不再含有可测出的 GMO 成分，也必须贴标签。同时还建立了一个权威性的对于 GMO 食品和饲料环境释放的程序。这两个新规制都有一个两年的评价条款，要求委员会报告这期间它们的执行情况，如果遇到上市后发生变异时应及时提出建议，该建议也必须通过欧洲议会和委员会的批准。

（三）日本

日本的科学技术厅、通商产业省、农林水产省和健康福利省四个部门分别针对在有限制的实验室中使用重组 DNA 技术、GMO 和重组 DNA 技术在产业中的应用、GMO 环境释放和转基因食品的安全评估进行管理。其中，科学技术厅只负责对公共、私人和大学有关基因修饰试验阶段的工作进行管理；农林水产省的职责是保证动物饲料和饲料添加剂的安全性，在指定地点试验和进行商业化生产的转基因作物的环境安全性；通商产业省负责生物技术和 GMO 在产业中的应用；健康福利省负责食品及其成分含有 GMO 或利用重组 DNA 技术生产的产品安全。

日本要求基因修饰试验开始前研究就需要做安全评估，在安全评估的基础上确定自然的或生物上可容许的范围。所有从事商业运作的转基因植物在提交环境安全评估以前要进行"模仿模型环境"（即隔离的田间试验）的评估，其结果也应归入环境评估之中，来综合评价商业化释放对日本农业和生态的潜在影响。从国外进口的转基因作物种子即使在国外已经进行了田间试验评估并获得了批准，也要在日本再进行一次这样的评估。日本对转基因食品的安全性评估建立在"实质等同性"的基础上，检验标准和目前国际上应用的标准相一致。最后的结果要公布于众，但该项检验不必在批准前通知公众，在检验时也无须征求或考虑公众的意见。

尽管由于对转基因生物技术的理解不同，各国的规制安排也不尽相同，比如说美国、加拿大和阿根廷是以最终产品为规制对象，而欧盟则规定只要采用转基因生物技术都要接受规制。美国和加拿大实行自愿贴标签制度，欧盟各国则规定转基因成分超过 0.9% 就必须贴标签，澳大利亚和新西兰是 1%，日本是 5%，韩国是 3%。但是，从总体上看，由于转基因生物技术具有很好的农业、经济、环境和社会效益，为人类的发展做出了不可替代的贡献，其发展势头是不可阻挡的，而且各国的规制具有明显的趋同现象。从各国制定的转基因生物技术规制来看，人们关注的焦点主要集中在法律制定（包括现有法律）、规制的触发机制、规制制定的透明度、风险评估的内容和方法、规制的制定过程和上市以后的监督等几个方面。其中有多方面是相同或近似的。比如大部分国家都是多个部门进行合作；原有的法律体系和转基因生物技术规制相结合，共同完成对转基因生物技术的规制；大都制定了涉及转基因生物技术研究安全性的法规；在批准环境释放前，大都有一个通报制度和强制性的风险评估；各国在进行环境安全和食品安全评估时采用的指标或标准也大致相同，都是把对环境的影响降低到最小程度等。

不仅如此，经济全球化的深入发展，又使转基因产品的国别规制逐步走向全球规制。比如说，贴标签是国际上对转基因生物技术产品规制的普遍做法，但标准各异，能否协调形成一个相对统一的标签制度标准，对于转基因生物技术的发展至关重要。根据 OECD 最新的 AGLINK 模型估计，目前"第一代"转基因作物进入市场将导致世界含油种子和粗粮的价格下降 2%，小麦的价格下降 1%，全世界粮食和粮食产品的消费者每年将受益约 550 亿美元。如果转基因和非转基因的粮食都贴标签，则转基因粮食生产国出口的粮食将增加 10% 的成本，这将大大超过转基因作物增加的农业经济利益，使世界粮食价格提高 2%—3% 以上。如果不贴标签，则世界粮食价格将下降 2%—2.5%。加拿大的研究认为，贴标签的成本会占转基因生物技术产品零售价格的 9%—10% 以上，生产价格的 35%—41%，每年对加拿大的影响达到 7 亿—9.5 亿美元；澳大利亚和新西兰的研究表明，贴标签会使转基因产品增加 3%—6% 的成本。成本问题和公众接受程度已经成为转基因农产品国际贸易中的一个突出问题。

在这种情况下，各国采用的一个普遍做法是就有关措施向 WTO 成员进行通报，以求进一步增加透明度。据统计，从 1995 年 1 月到 2001 年 3 月，共有 16 个世界贸易组织（WTO）成员国就转基因农产品和食品所采取的措

施向WTO各成员进行了通报。在16个通报的国家中，发达国家10个，占通报成员国数量的63%，其中新西兰最多，为14条，美国和日本次之，均为10条，列第三的是澳大利亚，为7条。在这16个WTO成员国就转基因农产品和食品进行的71条通报中，涉及TBT领域的28条，涉及SPS领域的43条，且有连年上升的趋势：1995年为4项，到1999年达到16项，2000年又几乎翻了一番，达到31项。可以预见，各国将会对转基因产品越来越重视，并通过制定相应的法规和标准对其进行控制和管理。

除此之外，目前在国际层面上实际上还有4个主要国际性的规制对转基因农产品的研究、贸易和利用进行管理：WTO协议，主要针对国际贸易中的壁垒，包括两个与转基因农产品有关的规定，即针对WTO成员国公共健康和福利标准的《卫生检疫协议》(SPS)和针对自由贸易谈判的《技术贸易壁垒协议》(TBT)；Codex，主要是针对食品安全的一系列行动、指导方针和建议，是WTO法律判决的主要依据；《卡塔纳赫生物安全性议定书》，是一个多国性的关于活的修饰有机体（LMO）在国家间转移的协议；联合国粮食组织管理下的《食品和农业中应用的植物基因资源国际条约》则是一个主要针对与任何转基因植物有关的具有食品和农业价值的多国性协议，尚未正式实施。

实际上，除了转基因产品以外，关于外来物种入侵导致的全球治理也越来越成为一个严重的社会问题。有资料表明，目前入侵我国的外来物种有400多种，其中危害较大的有100余种。在世界自然保护联盟公布的全球100种最具威胁的外来物种中，我国就有50余种，而且呈现出传入数量增多、传入频率加快、蔓延范围扩大、发生危害加剧、经济损失加重的趋势。国家环保总局2000年的调查结果就显示，外来入侵物种当年给中国造成的经济损失高达1198.76亿元，占中国国内生产总值的1.36%，其中对国民经济有关行业造成直接经济损失共计198.59亿元，而对中国生态系统、物种及遗传资源造成的间接经济损失则高达1000.17亿元。[①] 由此可见，生物技术的自身特点，使人们在应对相关领域技术创新的不确定时，面临着更加严峻的挑战，如何通过规制来约束和规范生物技术的探索，同时又为生物技术产业的发展预留下较大的空间，这是各国在生物产业规制方面面临的一个普

---

① 赵俊臣：《云南省外来生物入侵及其防治报告》，引自"学说连线"http://www.xslx.com，2006年10月3日。

遍问题，也是值得学术界认真研究的问题。

三 标准之争与科学技术的全球治理

科学技术的全球治理，其核心是对科学技术知识这种战略资源的争夺以及由此而来的利益分配格局的调整，而其表现形式主要是围绕着知识产权保护、标准确定等西方国家已经确立起来的一整套国际规则而展开的。事实上，标准就是规制的基本依据。没有标准则无从实施规制，而没有规制的约束，标准也就失去了意义。由于知识产权越来越多地以专利池的形式发挥作用，而专利池的直接表现形态就是各种各样的技术标准，因此，标准之争在当今国际经济技术竞争中的地位最为重要，争夺也最为激烈。

(一) 全美亚洲研究所的报告

2004年5月，美国全美亚洲研究所苏迈德、姚向葵发表了题为《中国入世后的技术政策：标准、软件及技术民族主义实质之变化》的长篇研究报告，[1] 认为近年来，中国政府通过行政行为、司法革新以及增加对研发的支持，一直在积极制定以推行自主技术标准为基础的新技术政策。对此，应该从"新技术民族主义"的角度来理解。所谓"新技术民族主义"就是利用全球化所提供的机遇，追求有利于国家经济和安全利益的技术发展，在国际竞争中为国家利益服务。报告的主要观点如下：

其一，中国在许多方面的技术能力正在显著增强，这给予了中国制定引起国际关注的技术标准的能力。经过将近30年的改革开放，中国已经在全球经济领域扮演了举足轻重的角色，并在全球化的大潮中收益甚丰（按绝对价值衡量），但是，中国近几十年来所采取的技术政策并未能使其成为重要的技术创新中心。中国参与的国际生产网络是跨国公司建立的——它们制定及推广技术标准和技术体系，并利用它们对标准和知识产权的控制获取经济利益——中国在这种国际生产网络中的角色和地位是脆弱的，处于边缘或者说较为低级的地位。因此，虽然中国在全球化中获得的绝对收益比较高，但是与国际技术领先者相比，相对收益并不令人满意——中国总是发现它落入

---

[1] 苏迈德（Richard P. Suttmeier）、姚向葵（Yao Xiangkui）：《中国入世后的技术政策：标准、软件及技术民族主义实质之变化》，全美亚洲研究所特别报告，2004年5月总第7期。

"专利陷阱"，需要将其生产销售所得利润中相当大的一部分用来支付专利费。

其二，加入世贸组织后，中国一方面面临着更加严峻的技术挑战，另一方面被迫放弃传统的经济保护的措施，并对国家标准体制进行重大重组以使其现代化，将制定自主标准作为优先目标纳入到国家研发项目中。由此形成的标准体制越来越紧密地与强烈商业导向性的研发体系结合在一起，涌现出许多与政府科研机构及大专院校联系密切的新兴高科技企业，而且产业研发费用显著增加。国际社会非常担忧新标准体系的实施与世贸组织原则的精神不相符，在某些情况下还直接违背了世贸组织原则条文本身。在中国2003年5月宣布的用于无线设备加密技术的"WAPI标准"中，这种情况尤为明显。

其三，随着中国对标准化的兴趣日益增强，国际商界代表和外国政府官员也越来越关注标准事宜，认为中国政府使用政策手段不公正地提高中国企业竞争力的做法，即使在字面上没有违反世贸组织协议的有关条款，至少也有悖于其精神。许多国外企业认为中国在标准制定过程中并未履行世贸组织的透明度原则和国民待遇原则，抱怨它们没有提前接到关于制定新标准计划的通知，而且标准起草的过程通常是"不透明"的。即使有国外企业参与标准起草，它们的角色通常也只是旁观者，而且中国方面尤其不愿意邀请外国参加高科技领域标准的起草工作。在这种情况下，技术标准正在成为影响与中国贸易和投资关系的主要问题，许多外国观察家认为这是复杂的中国技术民族主义的最新表现形式。所谓中国技术民族主义，就是用政治手段来确保国防技术进步和中国产业的经济优势。

其四，虽然人们很容易将中国的标准战略归结于狭隘的技术民族主义，但也需要了解该战略背后隐藏的复杂动机，并意识到中国作为一个标准制定者所具有的能力和局限。中国的巨大市场及其实力日益壮大的技术界为其提供了独一无二的优势，使其有能力挑战国际经济领域中现有的体系结构标准，同时分析也表明：中国不可能独自完成这种挑战，在支持标准战略技术的发展过程中，外国的参与举足轻重。中国的标准战略与旧式的技术民族主义不同，它必然要求中国关注现有的国际准则，寻求与外国机构的合作，并且需要以新的方式来协调公共部门和私营企业之间的关系。在这种新技术民族主义中，不仅包括国家增加对技术开发的投入（与技术民族主义的理论保持一致），还包括更为积极地与私营企业合作、在国家科技项目上对外国更加开放，并且更重视国际规则的制定和政策协

调。事实上，在中国运用标准作为产业政策工具的过程中，技术民族主义和技术全球主义相互交叉渗透。

其五，在中国的对外开放过程中，许多以前的技术民族主义政策方针已经销声匿迹，至少一些中国领导人似乎对调和技术民族主义和技术全球主义之间的矛盾非常感兴趣。中国加入WTO后的科技政策可以用这样一句话来概括："简而言之，成功总是垂青那些能够在迅速变化的广阔竞争领域中制定并控制自主体系标准的公司……体系标准的控制者是指那些控制一种或多种决定整套信息产品标准的公司。"鉴于中国强烈的动机和日益显现的技术实力及其参与国际分工的复杂方式，中国的标准战略值得美国继续予以关注。

(二) 互联网实验室的反驳

针对全美亚洲研究所研究报告对中国标准问题的指责，互联网研究室的一批学者发表了一份题为《新全球主义——中国高技术标准战略研究报告》的研究报告，对美国学者的观点进行了激烈的反驳。[1] 报告主要观点如下：

其一，标准[2]是一种产业和经济的秩序，往往也是产业存在的技术方案，包含知识产权，是公共利益和私人利益的融合物。作为企业和国家的核心竞争力的新来源，标准一方面可以成为控制产业链、遏制竞争对手的工具，使得先发企业的竞争优势更加明显，后发企业的成长空间更加狭小，成长过程更加艰难。同时，标准也可以成为以利益分配的工具，它使得产业利益分配朝先行的跨国公司倾斜，使用跨国企业知识产权的成本越

---

[1] 互联网实验室系列宏观战略研究报告：《新全球主义——中国高技术标准战略研究报告》2004年7月。

[2] 依据国际化标准（ISO）的定义，标准是指"一种或一系列具有强制性要求或指导性功能，内容含有细节性技术要求和有关技术方案的文件，其目的是让相关的产品或者服务达到一定的安全标准或者进入市场的要求"。国际标准化组织与国际电工委员会（IEC）在1991年联合发布的第二号指南（ISO/IEC Guide 2 1991）之《标准化和有关领域的通用术语及其定义》的规定是指："标准是为了所有有关方面的利益，特别是为了促进最佳的经济，并适当考虑产品的使用条件与安全要求，在所有有关方面的协作下，进行有秩序的活动所制定并实施标准的过程。"实际上，上述对标准的定义体现了标准包含的公共利益，但忽略了公共利益背后的私人利益。实际上，标准尤其是技术标准，可能包含大量私人专利。参见互联网实验室系列宏观战略研究报告：《新全球主义——中国高技术标准战略研究报告》2004年7月。

来越高昂，后发国家和后发企业的低成本制造优势慢慢消失。从某种意义上来说，标准的利益分配，涉及标准的拥有者、管理者和使用者，涉及企业利益、产业利益和国家利益。随着标准时代的到来，发达国家纷纷从技术战略发展到标准战略，技术专利化—专利标准化—标准许可化是标准运作的基本模式。

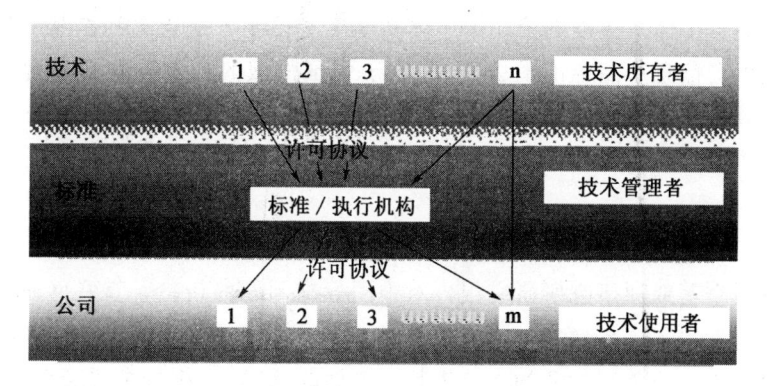

图9—1 标准、技术与产权

其二，发达国家和垄断企业通过国家标准战略、企业标准战略、国际标准组织和规则，将知识产权和标准体系糅合在一起，占据了高科技各个产业的发言权，制定有利于自己的标准体系，维护有利于自己的标准秩序。发达国家和垄断企业希望和迫使后发国家及其企业遵从自己建立的标准体系和标准秩序，标准制定的单边主义是标准秩序的旧全球主义的表现。近几年来，发达国家和垄断企业不断强化这种倾向性。一是发达国家的标准政策越来越与知识产权政策糅合在一起，标准中包含的私有知识产权带来的私人利益越来越多，公有利益背后的私人利益越来越明显。二是跨国垄断企业通过私有协议公共推广、交叉许可寡头垄断、多层标准层层推进、强化法律打击创新、政策游说全球施压等手段，越来越从知识产权走向知识霸权，强化自己对产业链的控制，攫取产业的绝大部分利润。

其三，旧全球主义是一种不合理的标准秩序和经济秩序。在这一秩序之下，发达国家和跨国垄断企业通过国家标准战略、企业标准战略、国际标准组织，将知识产权和标准体系糅合在一起，占据了高科技产业各个领域的发言权，制定有利于自己的标准秩序，要求后发国家及其企业遵从自己的标

准。在旧全球主义的国际标准秩序中，垄断排斥了竞争，私人利益压倒公共利益，从而损害了标准秩序。但是，随着产业技术发展进一步复杂化，市场、政府、制造、设计和人才等多个因素在标准制定中发挥作用，后发国家越来越认识到标准规则的重要性、积极参与标准制定，在这种情况下，发达国家和垄断企业控制标准和产业的能力有所下降，世界将从简单标准时代向复杂标准时代过渡，逐步形成更加复杂和更加均衡的标准秩序。要使全球经济能够健康均衡地发展，必须反对旧全球主义。

其四，新全球主义是一种新的标准秩序，也是一种新的经济秩序。它强调标准应该在垄断和竞争之间保持均衡发展，鼓励多种标准竞争，从而使得私人利益和公共利益能够保持均衡发展。新全球主义的关键在于后发国家及其企业参与标准制定，也能有自己的标准参与国际标准秩序，在标准秩序中占有应有的地位，通过均衡发达国家和跨国垄断企业的权力，消除标准秩序中的垄断，促进国际标准秩序保持均衡，改善全球化中存在的低效率。无论从提高产业地位、获取竞争优势的角度，还是从产业利益的角度，后发国家的企业都应该参与标准制定。后发国家可以通过一系列的战略和务实的行动，在政府和企业之间建立密切协调和配合的关系，解决时机选择、组合战略、市场导向和技术联盟等后发企业制定标准的核心问题，推动自主知识产权标准的制定与推广。

其五，中国应该采取明确的标准战略。尽管目前中国的标准政策还存在重大缺陷，阻碍中国标准化和产业的发展，但从总体上看，中国已经有能力，也需要以我为主，实施明确的标准战略。由于政府、企业界、科学界的共同努力，中国在高技术领域已经出现了 RFID、EVD、IPV6、龙芯、AVS、闪联、WAPI 等标准，有些已经被纳为国际标准，围绕这些标准将会形成一个个新兴的产业，带来中国高科技企业群、产业群和国家经济实力的全面提升，实现从信息大国到信息强国转变，实现国家科技创新体制、国家知识产权和标准化的制度全面创新，从而实现真正的和平崛起[①]（见表9—3）。

---

① 互联网实验室系列宏观战略研究报告：《新全球主义——中国高技术标准战略研究报告》2004年7月。

表 9—3　　　　　　　　　　中国标准的崛起

名称	RFID	EVD	IPV6	AVS	闪联	WAPI
简介	条形码的无线版，一种非接触式的自动识别技术	DVD的升级产品，新一代高密度数字激光视盘系统	新一代互联网IP协议，用于扩展目前紧缺的国内互联网地址	数字音视频系统的基础编码标准	实现多个信息设备间的网络连接、资源共享和相互操作	无线网络连接协议
应用范围	生产、仓储、物流、零售等领域	音频、视频播放	互联网，IP电话，网络设备，移动通信	数字广播、激光数字存储媒体、无线宽带、互联网	PC、家电、手机等现有信息设备的互联和增值	无线网络的信息安全互联
标准发起人	复旦大学等研究机构和公司	国家经贸委和信息产业部主持，北京阜国数字技术有限公司研发，已成立产业联盟	包括信息产业部、科技部、国家发改委和中国工程院在内的8个部委发起	中科院计算机所、清华大学、哈尔滨工业大学、北京工业大学、香港科技大学等	联想等5家国内信息产业巨头	西电捷通公司等
标准发展情况	2004年6月提交国家标准；863专项；我国科技发展的长期发展纲要	已经开发22项专利，5个软件，大量产品已经上市	国外IPV6标准已经发展了十几年，但还没有完成。国内正在参与IPV6标准的完善工作	2004年第一季度申请成为国家标准。会员达到95家，包括中外大学、研究院和著名企业	2004年3月提交国家标准；已经研发200多项专利	国家标准已于2004年1月建立，原计划在2004年6月强制实施
标准建立的紧迫性	RFID技术市场将在未来五年内达到数百亿美元的市场空间，它很有可能在几年中取代条形码扫描技术	国外的6C、3C等厂家目前每年向国内DVD厂家收取近10亿元专利费用	中国现有网民6000多万，却只有3000多万个IP地址；2005年IPV4地址将用尽	国外组织对国内正在大量使用的MPEG-2标准收费为每台2.5美元	3C设备的应用和融合是国际公认的发展趋势，在这一领域，国际大公司已开始制定标准	国内的无限网络标准不统一，并且都没有完善的信息安全机制

第九章　科技全球化与科学技术的全球治理　463

续表

名称	RFID	EVD	IPV6	AVS	闪联	WAPI
标准应用成果	已经生产出国内 RFID 标准的设备，开始投入使用	EVD 的研发直接打破了国外 DVD 的技术垄断，大大减少了我国家电厂商的生产制造成本	2004 年 3 月，采用 IPV6 的 CE-RNET2 试验网在京开通，绵延 6000 公里的网络，速度达 2.5G-10G 比特/秒	我国 AVS 标准的制定已经在国际上产生积极影响，MPEG 标准联盟宣布最终的 MPEG-4AVC 标准收费政策为每台编解码产品设备许可费用最高 0.2 美元，比 MPEG-2 每台 2.5 美元降低了一个数量级	闪联标准组成立不到一年，成员已经扩大到 20 余家，大量支持闪联协议的产品已经开发出来	标准制定中充分考虑了信息安全因素，有少量产品上市
相对应的国外标准	日本 UID 编码体系和美国的 EPC 编码标准	DVD 标准	IPV4，发展中的 IPV6	MPEG-4 MPEG-2	UPNPDH-WG	802.11b 802.11g 蓝牙
面临的困难	标准统一问题、应用系统的开发、安全、隐私保护	相对制造成本较高，片源不足	设备厂商的研发和制造能力需要进一步提高	标准应用设备有限	国际相关标准正在制定中，需要及时推出更多的产品	国外巨头的压力和美国政府的干涉，此标准应用时间被无限期推迟
未来的发展	未来将建立完善的国家标准，并加入世界标准，建立自己的知识产权标准	加大推广力度，增加片源，减少制造成本	2005 年可能会有一定规模的商用，2008 年奥运会，各种新的技术和新的应用将得到大规模的发展	完善标准，生产更多应用此标准的设备	完善标准，扩充成员，完善产品线	

资料来源：互联网实验室系列宏观战略研究报告：《新全球主义——中国高技术标准战略研究报告》2004 年 7 月。

(三) 争论的实质是什么

应该说，上面两篇报告触及了科学技术全球治理的核心问题，即全球化收益在不同国家之间的分配机制，标准只是一种外在的表现形式或者说是利益分配机制的具体化，因为它反映科技全球治理的本质更为直接，也更为清楚直白，同时它又披着全球统一均等的外衣。

其一，从形式上看，标准秩序、标准规则对所有人是一视同仁的，任何国家都应该认同这一秩序和规则。但是，一个不争的事实是，具体的标准和规则对不同国家、不同企业意味着完全不同的损益。英国国际发展大臣克莱尔·肖特（Clare Short）发起建立的知识产权委员会在2002年发布的《整合知识产权与发展政策》报告指出，在WTO/TRIPs协议之下，世界知识产权体系的收益和成本在不同国家分配是不均衡的。世界银行发布的《2002年全球经济前景和发展中国家》研究报告也认为：多数发达国家是TRIPs协议的受益者，其中美国受益估计为每年190亿美元，而发展中国家和少数发达国家将是受损者。[1] 这种情况说明，国际科技秩序特别是标准秩序首先是一种全球化收益的国际分配机制，而且这种机制并不像它表面上看起的那样公正无偏。比如说，在信息技术标准的全球规制方面，起主要作用的是西方发达国家主导的标准组织，尽管它们也强调在国际标准制定过程中要确保制定过程的透明度（文件公开）、开放性（参加自由）、公平性和意见一致（尊重多种意见）；要确保国际标准的市场适应性，但是，在实际执行过程中，信息技术标准国际化的浪潮往往会以两种形式表现出来，即地区性标准的输出与国际标准。前者是各国纷纷以龙头跨国公司为依托，把本地区的企业组织起来，采用地区组织的形式制定和输出标准，并促成该标准向国际标准转化；后者则是国际标准化组织在各国之间做大量的协调工作，使已制定的国际标准在越来越多的国家推行。在这方面，发展中国家在这方面几乎无发言权可言。

其二，科技全球化收益分配机制存在的巨大差异，根本原因在于不同国家面临的问题不同，在科学技术领域面临的优先事项也各不相同。比如说，发展中国家和发达国家在药品研究开发方面就存在着巨大差异。一般来说，

---

[1] 互联网实验室系列宏观战略研究报告：《新全球主义——中国高技术标准战略研究报告》2004年7月。

发达国家的私营研究型制药工业很少投资于热带病的研究开发，因为这种病主要发生在发展中国家，相关的医药消费也主要在发展中国家，在这种情况下，由于利润较低，发达国家的制药工业没有开发这种药物的激励。相比之下，发达国家的研究开发型制药公司主要集中于心血管、癌症等疾病，而这显然不是发展中国家医药研究开发的优先事项。[①] 近年来，从发达国家开始，农业研究开发支出出现了从公共机构向私营部门转移的趋势。然而，甚至在农业领域，也存在着对新技术生产与扩散的重大关注。正如其他部门一样，在农业领域，新技术也越来越多地仅由少数发达国家开发出来，并且掌握在少数巨大的研究型跨国公司手中。最近在生命科学领域中的合并兼并已经引起了对市场权力的担心，因为种子掌握在少数公司手中。然而，现有农业技术的知识较为广泛流传于发展中国家，在那些国家里，国家资助的研究也占有优先地位。这导致了针对热带农业的恰当研究较之针对热带疾病的研究以更为乐观的情绪。

表9—4　　　　　　　　　世界主要信息技术标准组织及任务

国际电信联盟（ITU）	联合国系统内的国际组织，主要工作为协调全球电信网络和服务，制定电信标准。ITU-T 是 ITU 下专门负责制定技术标准的工作机构，现有近 2800 项标准，并且继续以平均每天一项标准的速度前进着
信息技术联合委员会（ISO/IEC JTC1）	1987 年成立，为 ISO 和 IEC 联合成立的负责制定信息技术领域中国际标准的工作机构，秘书处由美国标准学会（ANSI）担任，它是 ISO、IEC 最大的技术委员会，其工作量几乎是 ISO、IEC 的 1/3，发布的国际标准也是 1/3，且更新很快。目前 JTC1 已吸纳了 103 个不同类型的成员国，制定的现行有效的国际标准已达 1000 多项
互联网工程任务组（IETF）	全球互联网界最具权威的技术研究和标准制定组织，属于跨国民间组织，成立于 1985 年年底，很多互联网技术规范通过在 IETF 讨论成为了公认标准。IETF 制定的各类标准协议已达 4000 余个，每一项协议都代表了互联网各领域研究的最高成果

---

① Calestous Juma and Jayashree Watal [2000]: *Global Governance and Technology*, Paper Prepared for the United Nations Development Program, New York.

表 9—5　　　　1999 年时 99% 以上的全球负担落在中低收入国家身上的疾病

疾病名称	能力表失调整生存年 DALYs（千人，1998 年）	每年死亡人数（千人，1998 年）
恰加斯氏病**	588	17
登革热**	558	15
钩虫病和板口线虫病	Na	na
烈性乙型脑炎*	502	3
淋巴丝虫病**	4698	0
疟疾**	39267	1110
血吸虫病**	1696	7
破伤风*	12950	409
颗粒性结膜炎*	1255	0
鞭虫病	1287	5
锥虫病**	1219	40
利时曼病**	1707	42
麻疹*	30067	882
骨髓灰质炎*	213	2
梅毒*	4957	159
白喉*	181	5
麻风病**	393	2
百日咳*	13047	342
关节病*	72742	2212

资料来源：Lanjouw [2000]；who cites："Global burden from World Health Organization (1996), Figures from WHO (1999). DALYs are estimates of years of life lost or lived with a disability, adjusted for its severity."

*＝这些疾病是可治的。

**＝WHO 为发明治疗这些疾病的疫苗和药物捐赠了 5 万美元。

表 9—6　　　　某些疾病类型在富国所占市场份额
　　　　　　　　　以及在穷国的重要性　　　　　　　　　　　　单位：%

疾病名称	富国的支出占全球 DALYs 损失的加权份额	此类疾病占穷国 DALYs 损失的份额
心血管病	91	10
癌症	94	5
糖尿病	96	1
传染病	38	21
艾滋病	49	6
疟疾	0	4

资料来源：死亡统计来自 The World Health Report 1999，WHO；花费统计来自 IDMA (1994)。

其三，在现有的科技全球化收益分配机制之下，由于科学技术产生越来越局限于少数发达国家而且正在变得越来越资本密集化，越来越多的研究开发资源来自私营企业，使得发展中国家更加难以赶上发达国家。一般来说，新技术创造出来以后，主要是对发达国家市场的，但是，由于新技术对于成功地解决穷人的重要人文发展需求是有益的或者说有潜力，国际社会也应该尽力在发展中国家广泛扩散这种技术及其产品。比如说，如果国际社会认为气候变化或臭氧层消失是一个全球优先事项，发展中国家认为必须以公平合理的价格来广泛扩散替代产品或技术，以便以最低的成本获取最大的全球环境收益。然而，由于种种原因，国际社会对在发展中国家扩散技术缺乏兴趣，致使新技术的扩散进程严重受阻，速度也大大放慢。在这里，最重要的知识产权就是专利和商业秘密，以此为基础的知识产权确实能够激励企业更多地投资于研究开发活动，是跨国公司独占研究开发收益的最重要手段，在诸如制药、专业化工、生物技术和信息通讯技术等领域广泛使用。但是，它对于科学技术知识的扩散，特别是从发达国家向发展中国家的扩散，确实起着某种延缓甚至是阻碍的作用。对于大多数发展中国家来说，特别是那些非洲国家来说，诸如公共卫生、食品与营养、能源和环境保护问题已经成为严重的公共政策问题，但是，迄今为止，科学技术的全球治理结构还没有进行相应的调整，以反映科学技术的生产和应用方面广泛存在的这一现实。

由上可见，双方争论的实质在于：对于同样一个进程，站在经济发展水

平差异巨大的不同国家的立场上，究竟应该怎样来看待它？很显然，发达国家的立场是清楚的，其强势地位是显而易见的。那么，对于发展中国家来说，是不是只能作为待宰的羔羊，任人宰割？在科学技术越来越走向全球化、科学技术知识越来越成为一种战略资源的情况下，发展中国家应该采取什么样的应对之策？这显然是一个值得深思并深入研究的问题。

四 科学技术的全球治理：平衡技术全球主义与技术民族主义

科学技术成果的全球分布不均衡必然导致科技知识的全球流动，而由此引发的科技全球化收益非均衡分配是科学技术全球治理的主要原因。有资料表明，在全球每年8299亿美元的研究开发支出中，发达国家要占到77.8%，发展中国家只有22.1%。其中，北美要占到37%，欧盟占到32.6%，亚洲国家占到31.5%。[①] 与此相适应，科学论文的分布方面，欧洲以46.1%高居世界首位，北美以36.2%居第二位，亚洲以22.5%居第三位。[②]

图9—2 研究开发支出的全球分布：1997年和2002年

资料来源：*A World Science*, Vol. 4, No. 2, April-June 2006；括号内为1997年数据，来自 *A World Science*, January 2004.

---

① UNESCO Institute for Statistics Estimations, December 2004.
② *A World Science*, Vol. 4, No. 2, April-June 2006.

图 9—3 世界科学论文分布：1991—2001

资料来源：*A World Science*，Vol. 4，No. 2，April-June 2006；括号内为 1991 年数字。

在关于科学技术知识的全球生产与流动方面，技术全球主义与技术民族主义是当前影响科技全球治理的两种主要思潮和政策取向。尽管目前还存在着不同的认识和理解，但归纳起来可以认为，技术全球主义和技术民族主义既是一个宏观政策概念，也是一种意识形态，它们所说明的是一个国家及地区在国际事务中对于科学技术知识跨国界流动所持的基本立场或基本态度。技术全球主义与技术民族主义反映了不同国家对科技发展问题的不同评判角度，因此也常常成为指责与自己利益期望相悖的科技活动规则的工具。[①] 所谓的科学技术全球治理，就是在技术全球主义与技术民族主义之间寻求平衡的过程。

（一）技术全球主义

在全球化时代，各国都在争取技术上的优势，保持竞争力，以期获得更多的市场份额和利益。但是，由于现代科学技术体系之庞大，科学技术知识更新之迅速，使得没有任何一个国家的技术供应能够完全依赖自身，而必须通过人才、知识的流动，从国外获得技术供应。这就是"技术全球主义"（techno globalism）的观点。技术全球主义并不是一种全新的现象，但它之

[①] 王春法：《21 世纪前十年的全球科技争夺与政策调整》，世界经济与政治研究所工作论文系列 No. 09-2001，中国社会科学院世界经济与政治研究所。

所以在20世纪80年代凸显出来，主要是与经济全球化的背景分不开的。科学技术的变革为经济全球化提供了手段和工具，反过来经济全球化又使科学技术呈现出新的趋势。

关于技术全球主义的确切内涵，国内外学者并无一致看法。达尼埃莱·阿尔基布吉和乔纳森·米奇（Deniele Archibugi & Jonathan Michie）[1]认为技术全球主义一般用于描述发明和创新领域所经历的全球化现象，是技术的产生、传播和扩散日益国际化的缩语。尽管这个概念源于媒体，但学术界很快地采用了它。20世纪90年代，学术界召开了许多国际会议，努力致力于探讨技术全球主义的本质内涵，欧盟也启动了相关研究项目。在这种背景之下，跨国公司利用新机会发展其"全球研究战略"和"网络"，并承接其母公司的创新项目。各国政府也着力促成跨边界的研究开发合作。在它们看来，技术全球主义包括了技术的全球利用、全球科技合作以及技术的全球生产，并且努力在这样一种框架之下分析民族—国家作用的变化。

加拿大学者奥斯特里和美国学者纳尔逊在1995年出版了《技术民族主义和技术全球主义：冲突与合作》，从研究20世纪80年代美国在世界的主导地位遭到挑战开始，用了大量案例与数据，并使用制度摩擦概念对国际贸易冲突进行了考察和分析。奥斯特里和纳尔逊分析论述了科学技术全球化的最新趋势，指出愈来愈多的跨国公司在全球利用其技术，全球通过研发的世界范围扩散和合作获得新技术。[2]

坎迪斯·蒂文斯（Candice Stevens）认为，技术全球主义是一个贸易政策概念，因为产业活动随着技术的需要而越来越国际化了，贸易、外国投资、跨国许可、跨界联盟成为全球公司的普遍战略，主要目的是为了增加研发投入的回报，分担研发费用或获得技术互补。相比之下，技术民族主义则常见于由保护贸易论者为保持国内技术竞争力而提出的政策主张。[3]

日本学者山田笃志认为技术全球主义指这样一种理念，即在日益一体化的世界上，技术全球化对所有国家、公司、公民都是不可回避和所希望的。

---

[1] Archibugi and Michi, *Technology, Globalisation and Economic Performance*, Cambridge University Press, 1997, pp. 172—197.

[2] Ostry, Sylvia and Nelson, Richard R. [1995]: *Techno-nationalism and Techno-Globalism: Conflict and Cooperation*, The Brookings Institution, 1995.

[3] 李三虎：《技术全球化和技术本土化：冲突中的合作》，载《探求》2004年第3期。

技术发展不是一种零和博弈,而是一种各个民族能够也应合作开发关键技术以维持经济增长的加和博弈。高技术公司愈来愈全球化,公司和技术的民族性日渐式微,按照这种观点,那种仅支持"国内"企业的技术政策已过时。技术创新被认为受全球市场力量的推动,而不受政治和民族界限的干扰。[①] 随后,日本一桥大学的山田敦在前两者的基础上提出了"新技术民族主义"的概念,并与技术民族主义、技术全球主义进行了比较[②](见表9—7)。

表9—7　　　　　　　　　新旧全球主义的比较

	旧全球主义	新全球主义
政策目标:促进谁的利益?如何促进?	利用全球化、促进垄断利益	促进自己的利益的同时促进市场的均衡发展和全球规则的公平
谁领导技术创新?	垄断企业保持自己的先发优势,打击其他创新	技术创新应该来源于不同层次、不同地区和不同国家的企业
对联盟外开放还是关闭?	在最大化垄断利益的前提下选择开放或者关闭;常常首先开放,然后关闭	提倡在开放和关闭之间寻找合理的平衡
冲突、合作的前景	以冲突为主,合作为辅	以合作为主,不排除冲突

资料来源:互联网实验室系列宏观战略研究报告:《新全球主义——中国高技术标准战略研究报告》2004年7月。

王春法认为,所谓技术的全球主义是建立在以科学技术知识是公共产品这一假定基础之上的一种经济技术政策取向,对于科学技术知识的跨国界流动采取一种支持和鼓励态度。一般来说,这样一种政策取向不是单向的,而是双向的,即不仅鼓励科学技术知识的流入,而且也鼓励或者至少不限制科学技术知识的流出,从而努力把一国经济的技术基础扩展到全球范围之内,

---

[①] 李三虎:《技术全球化和技术本土化:冲突中的合作》,载《探求》2004年第3期。

[②] 全美亚洲研究所特别报告:《中国入世后的技术政策:标准、软件及技术民族主义实质之变化》2004年5月,第12页。

在科学技术知识跨国界流动的动态基础上实现经济的持续增长。"科学是无国界的"就是这种政策取向的真实写照。[①] 英国学者克里斯托夫·弗里曼指出了技术全球主义的发展趋势的定义，强调技术全球化还远没有成为现实。[②]

从上面的简要分析中可以看出，技术全球主义者的政策主张主要包括：

其一，在技术的全球利用方面，倡导没有国界的企业和技术的全球化流动，批评技术民族主义作为一种政府力量限制着技术全球主义的拓展，指责政府试图在战略性贸易政策的庇护下限制国内技术向其他民族国家企业转移。

其二，在技术的全球生产方面，高技术公司愈来愈全球化，公司和技术的民族性日渐式微，技术发展不是一种零和博弈，而是一种各个民族能够也应合作开发关键技术以维持经济增长的加和博弈。按照这种观点，那种仅支持"国内"企业的技术政策已过时。技术创新被认为受全球市场力量的推动，不受政治和民族界限的干扰。

其三，在技术全球合作方面，即在技术的全球治理方面，技术全球主义者希望消除经济技术全球流动的一切障碍，取消国家和政府的一切限制，主张一种建立在技术上不断完善的基础设施之上的"自由主义"全球经济体系。

从表面上来看，技术全球主义是一种有益于各种不同发展阶段的国家的认识取向，但对于在技术和经济上具有强势，特别是已经在主流技术，或基础设施类技术上取得了市场优势的国家和企业，这只是一种表面上的洒脱和宽容，是建立在已经取得了技术垄断优势后的一种自信和姿态。因为，从对当代技术发展的特点分析中可以看出，当一种新技术发展成为一种人类生产生活难以脱离的，具有较强支持作用的基础设施的时候，技术的发展就已形成了一个难以改变的定式，所能改变的往往只是在现有主体技术的标准下，对相关配套产品与技术的完善。所以，其用意只是在于：利用其相对优势，尽力在经济全球化过程中占领更多的国际市场份额，继续保持其在国际经济领域中的主动权，以实现国家利益极大化的目标。正因为如此，在美国，技

---

① 王春法：《21世纪前十年的全球科技争夺与政策调整》，世界经济与政治研究所工作论文系列 No.09—2001，中国社会科学院世界经济与政治研究所。

② [英] 克里斯托夫·弗里曼（Chris Freeman）、[英] 罗克·苏特（Luc Soete）：《工业创新经济学》，华宏勋、华宏慈等译，北京大学出版社2004年版，第371页。

术的全球主义者包括那些鼓吹自由放任经济学说的经济学家，认为技术将迅速改变我们生活的各个方面的科学技术政策研究专家，以及认为经济技术全球化已经改变了国家繁荣与公司发展之间关系的政府官员等。在他们看来，世界技术知识储备的任何增加都有利于美国，因而要求在世界范围内消除经济技术流动的国际壁垒，而美国应该在这方面率先做出表率，即不仅允许本国科技知识的自由流出，而且也应该允许外国企业与科学技术人员参与美国的科学技术研究项目。

对于发展中国家来说，利用技术全球主义的影响，根据本国的发展需要，在有选择地引进和利用有利于本国长远发展的技术和产品的同时，不断提高自己的技术发展水平和能力，也应该是一种较为明智的选择。如果只是盲目地拿来和跟随，往往很容易在毫无觉察之中使本国的经济和技术的发展迈入了"陷阱"之中。这是因为，一个国家的技术创新成就主要取决于民族国家的一些基本因素，包括教育和培训，研究开发实力，产业结构，消化、吸收其他国家科技发明的内在能力，等等。可以说，它们是一国科技能力的综合反映，谁具备了这些要素，谁就有可能在科技发展方面居于领先的地位。世界科技中心的转移，美国科技领导地位的崛起，日本的迅速赶超，东亚国家的高速发展，都与它们致力于发展技术创新的国家体系紧密联系在一起。从这个意义上来说，谁重视技术创新国民体系，致力于发展综合技术创新能力，谁就能有效地吸收和消化其他国家的先进技术，最终在科技竞争中取得优势。

由此可见，技术的全球主义不是要消灭国家，消除企业的民族特性，而是要借助技术全球化的东风，进一步强化或者说突出国家权力和企业的民族特征。这是因为，在一个越来越全球化的经济体系中，如果不能加强技术创新国民体系的建设，不努力提升自己国家的综合科技实力，一个国家就难以在激烈的经济科技竞争中立足，更难以取得竞争优势。第二次世界大战后的四分之一个世纪里，资本主义世界所以出现一个经济高速增长的"黄金时代"，一个重要原因就是各国竞相发展科技，而且形成了一个有利于科技扩散的国际环境。但是，这种情况在70年代中期以后发生了变化，一些国家打着技术自由主义的幌子，以保护知识产权为名，行技术民族主义之实。从这个意义上来说，保护好科技创造与扩散的国际环境，必须高度重视和充分发挥民族国家在科技发展中的作用。

(二) 技术民族主义

同技术全球主义相对应，促进技术发展的本土化趋势或者民族主义，便形成了所谓技术民族主义。一般说来，"技术民族主义"（technonationalism）认为，由于技术具有举足轻重的作用，是与能源等同的战略资源，国家之间在经济和国防方面的竞争，在技术上的较量主要取决于是否拥有技术优势。因此，科学技术是大国兴衰的决定因素，甚至是不能与其他国家，尤其是潜在的竞争对手共享的稀有商品和秘密武器，必须尽可能将技术保留在本国之内，延长扩散的时滞。这种观点，既是一种区域性的观点，也是一种民族的观念，在技术民族主义者看来，各国企业之间的竞争已经被各国政府之间的竞争所取代，因而主张将科学技术知识作为具有商业价值和战略意义的重要资产保护起来，并且将其使用限制在国内进行，推动这些科学技术知识流出国外会削弱国家的竞争和安全地位。由此可见，技术民族主义是传统比较优势理论的反映，与全球竞争的现代动力相冲突。

技术民族主义由来已久，有许多不同的定义，并且不同的历史阶段还有所变化，有其深远的历史背景。美国学者理查德·萨缪尔斯（Richard J. Samuels）指出，日本从明治维新达致富国强兵的目标，就是实施技术民族主义的结果。20世纪80年代，在里根政府时期，整个美国担心日本正在同美国的技术决赛，当时经济学家罗伯特·莱克在《大西洋月刊》上发表过一篇题为《技术民族主义的兴起》的著名文章，深入分析了技术全球主义遇到的严峻挑战，认为技术民族主义目标就是"保护未来的美国技术突破不在外人手中被利用，尤其是日本"[1]。纳尔逊［1993］把强调国家创新能力的观念理解成为"技术民族主义"精神，这是因为，把一个国家的企业技术创新能力看做是竞争力的主要来源，这种能力是体现在国家意义上的，也是可以通过国家行为来建设和发展的。

李三虎认为技术民族主义一般是指这样一种政府公共政策，即瞄准战略性产业（通常是指高技术产业），给予多种政府支持：政府所得、进口限制、出口补贴、研究开发补贴、研究开发税收信用、外国对内直接投资控制、知识产权保护、政府资助研究开发计划，等等。所有这些支持都仅仅是针对国

---

[1] 互联网实验室提出的新技术民族主义一词，或许就有与此相对应的意味。

内企业（即国家公民拥有的企业），目标是加强国内在世界市场上对抗国外对手的产业竞争力。[①]

值得注意的是，对国家创新体系重要性的强调也使政府进一步走向所谓"技术民族主义"。例如，尽管外国在研究和技术方面的投资在复兴美国关键商业领域方面起到了重要作用，美国仍在采取措施，尤其限制外国公司参与美国的技术项目，与之相联系的立法有国防授权法、国家关键技术法、先进制造技术法、美国技术卓越法。虽然这些立法的基本理由是要保护国内技术资产，但它也限制了本土公司与外国公司的合作，也不利于开发迫切需要的国外技术资源的潜力。

大体说来，技术民族主义的主要内涵包括以下内容：

其一，限制在国家之间转移技术，尤其是那些有可能转化成军事优势的技术。按照技术民族主义的观点，科学技术是一种商业资产或者说战略性资产，当它们流出一国国境时，就会削弱流出国的国家竞争力，并且可能对国家安全造成损害。以美国为例，尽管美国在很大程度上是技术全球主义的受益者和鼓吹者，但是，在涉及关系未来产业竞争、国家安全等具有战略意义的技术领域时，美国政府也是站在技术民族主义的立场上的。比如说，尽管外国企业的研究开发投资在复兴美国关键商业领域方面起到了重要作用，美国仍然通过国防授权法、国家关键技术法、先进制造技术法、美国技术卓越法等重要法律，采取措施限制外国公司参与美国的技术项目。这些立法名义上是为了保护国内技术资产，但它同时也限制了本土公司与外国公司的合作，不利于开发利用美国迫切需要的国外技术资源。对于国防尖端技术领域，美国更是具有强烈的技术民族主义。1999年5月25日出笼的《考克斯报告》[②]，用大量篇幅对中国航天事业进行攻击和歪曲，无端指责"中华人民共和国利用各类人员、组织机构和手段获取美国的敏感技术，中国的科学家、学生、商人和官员以及职业情报人员对美国国家安全构成威胁"，由此引发美国国内妖魔化中国的浪潮及美国对出口中国的高科技产品及技术的严格限制，因而大大恶化了中国利用全球科技资源及培育自身科技原创能力的国际环境。再比如，1999年3月，联邦调查局以涉嫌向中国或中国台湾泄露

[①] 李三虎：《技术全球化和技术本土化：冲突中的合作》，载《探求》2004年第3期。

[②] 这份700多页的报告是由美国众议员、共和党人考克斯牵头炮制的，因而称做《考克斯报告》。

核机密而对美籍华裔物理学家李文和博士展开调查，新墨西哥州洛斯阿拉莫斯国家实验室将其解雇。1999年12月，联邦政府对李文和提出59项控罪，指控李文和故意不当处理机密文件、意图为害美国、为他国谋利等，并在没有判决的情况下将他隔离拘押了9个月。这两个事例说明，对于发达国家来说，技术的开放和保护完全依所涉及技术的不同应用背景而定。

其二，采取措施对贸易活动进行干预，以控制技术流动的方向和速度。由于政府变得更加关注与其他国家之间的技术差距，一方面，它们越来越多地制定政策以增加研究开发投入，促进尖端技术部门的发展，推动特定领域的技术革新以降低生产成本，同时它们又通过调节技术的流入和流出以寻求保护或增加竞争优势。高筑非关税壁垒、限制海外投资、检查跨国并购、控制参与国家技术联合体（联盟）、强化国家标准、政府采购政策、对高技术产品出口进行管制等政府行为的背后都有着浓厚的技术民族主义考虑，结果就是管理贸易和战略贸易的兴起，即政府采取预防性措施或增加特定产业部门技术上的优惠。在这种情况下，政府间竞争取代了企业间的竞争，这与现代全球竞争趋势显然是背道而驰的。

其三，政府是筛选优胜者并领导创新方向的领头羊。政府对技术创新活动的支持仅限于"国内"企业和机构，并对在本国的外国高技术企业获利是否会损害本国的技术基础表现出异乎寻常的关注。当然，这种关注也会因产业和企业而异。比如说，有些产业部门会通过政府资助的科学研究和技术发展活动而从中受益，同时另外一些产业部门又会因为政府限制竞争性进口而获利。一个产业部门可能会从许多类型的技术民族主义政策中受益，也可能只会从一种技术民族主义政策中受益。与此相似，一些国家在某个领域可能实行的是技术民族主义政策，但在其他领域可能又在大力推行技术全球主义政策。从这个角度来说，技术民族主义政策并不是统一的、铁板一块的。在讨论技术民族主义这个问题时，我们必须对其背后所隐含的复杂性有一个充分的考虑和认识。

（三）科学技术的全球治理：在技术全球主义与技术民族主义之间寻求平衡

从上面的分析中可以看出，随着科技全球化的深入发展，一方面，科学技术的全球治理问题越来越突出，而其核心则是平衡发达国家与发展中国家、技术全球主义与技术民族主义之间的利益冲突。从这个意义上来说，科

学技术的全球治理问题主要包括以下几个方面的内容。

其一，对科学技术的全球生产进行治理。随着知识经济的深入发展，一方面，科学技术知识越来越成为各国竞相争夺的重要战略资源，各国科技投入的规模越来越大。但另一方面，科学技术探索越是接近前沿，由此所带来的不确定性越大。在这种情况下，应该如何管理和规范整个人类社会的科学技术研究活动？或者说，如何对科学技术知识的全球生产进行治理？这确实是一个紧迫而现实的问题。从全球治理的角度来看，对科学技术的全球生产进行治理无非是涉及两个方面的问题：一是哪些科学技术活动需要在全球层次上进行治理？二是谁来对这样一些活动进行治理？就前者而言，这个问题与科技全球化的内在需要在某种意义上是相同的：各国经济技术发展的相互依赖性越来越强，科学技术发展对相互沟通和交流的需求，各国经济社会发展中面临的问题越来越具有综合性和国际性等，都导致了某些科技活动由国内向国际范围的延伸，最终成为全球层次上的科技活动。比如说，环境问题的产生及其解决，大规模杀伤性武器问题，甚至某些潜在影响难以确定的科学技术活动如人类克隆等，都需要在全球层次上对其研究活动进行规制，并按国际共识对其发展方向进行引导。就后者而言，最重要的治理者应该是各种各样的科技社团。在我们看来，科技社团在科学技术活动的全球治理方面主要发挥着三方面的功能：一是交流的功能，包括科学共同体内部的交流，如面对面的会议交流和通过出版物的交流，科学技术系统与经济社会文化系统之间的交流，以及科学共同体与公众之间的交流，促进公众理解科学、了解技术，提高公众科学文化素质，促进人的全面发展。二是科技评价的功能，包括对人员的资历、资格的评价和对科技成果的评价，评价的结果是各种形式的科学奖励和荣誉体系，包括学衔、职称等。一个科学家要想获得社会对其研究能力和科学水平的承认，首先必须获得科学共同体的认同。科技领域的荣誉系统和奖励体系是对科学家研究成果和科学能力进行社会承认的外在表现形式，对科学家的研究行为具有一定的导向和激励作用，客观上会起到促进科学技术知识产生和传播的作用。现在，同行评议作为一种行之有效的学术制度已经深深地植根于国际学术和科学研究活动中，不遵守这项制度被看做是一种严重的违规行为。三是规范的功能，通过自律机制来为科学技术的发展创造良好的外在环境，推进有利于创新的文化发展。这是因为，对于科学共同体内部的一些纠纷和争端，社会普通公众没有能力准确地评论科学共同体内部的一些问题，比如是否作假，是否遵循了科学的规范，研究

课题的立项是否合乎科学原理，等等，因而难以对科学家的行为进行有效的监督，大众媒体的监督在这个领域也失去了效力，唯一可能的选择就是科学共同体的自律机制和自我纠错机制充分发挥作用，以便及时发现科学技术发展中存在的错误，揭露和批判科学技术工作者队伍中的一些不端行为，清除一些败类，将科学引向正确的发展方向。揭露抄袭剽窃、伪造篡改、随意侵占科学技术成果，重复发表论文，质量放任和育人敷衍，评审和申报项目中的人情主义和利益主义，以及过分的追名求利，助长浮躁之风的突出问题。从这个意义上说，科技团体的规范功能对于引导科学技术发展的作用或许更为突出。

其二，对科学技术的全球扩散进行治理。随着科学技术的积累以及科技全球化的深入发展，科学技术已经越来越多地成为人类的公共知识储备。在这种情况下，应该如何促进科学技术知识在世界范围内的流转和应用？这是科学技术全球治理中的一个核心问题，而其主要内容就是发达国家以技术法规、技术标准、认证制度、检验制度为技术壁垒，千方百计地限制技术出口。据统计，目前全世界86％的研发投入、90％以上的发明专利都掌握在发达国家手里。凭借科技优势和建立在科技优势基础上的国际规则，发达国家及其跨国公司形成了对世界市场特别是高技术市场的垄断，从中牟取超额利润。在由发达国家主导的国际贸易规则下，后发国家的生存与发展空间将受到越来越多的挤压，知识产权已经成为影响发展中国家工业化进程的最大的不确定因素。近年来，中美双边贸易不平衡成为一个很敏感的问题，造成中美贸易不平衡的一个重要原因就是美国政府对华采取"遏制"政策，进行歧视性技术出口管制。早在冷战盛行的年代，以美国为首的西方17个国家通过"巴黎统筹委员会"，限制向社会主义国家出口战略物资和高技术，列入禁止清单的有军事武器装备、尖端技术产品和稀有物资等三大类上万种产品。1979年中美建交以后，包括美国在内的原巴黎统筹委员会成员国，开始逐步放宽对我国的出口管制，并于1985年9月形成简化对我国出口审批程序的决议，先后将我国划入"P"组和"V"组，同时提出对出口到我国所谓"受控商品"不能改变用户和用途的要求。但是，在美国的政策规定和执行过程中，仍保留有许多歧视性规定，使我国未能真正享受到"V"组国家的待遇。1994年巴黎统筹委员会解散，美国出口管制政策不能不做某些调整，但其对我国歧视性的出口管制政策基本没有改变。1996年，33个国家的代表在荷兰瓦森纳开会并签署《瓦森纳协定》（"瓦协"），开出了新的控制

清单。近年来,针对我国连续发生的美国劳拉公司和休斯公司火箭发射事件、以色列预警机和"哈比"无人侦察机事件、欧盟对华军售解禁问题等,都反映出一些西方国家已经把对华技术控制作为扼制中国和平发展的一个重要手段。1999年的《国防授权法》要求加强对航天卫星技术的出口管制;2001年10月,美国又以所谓宗教自由为借口,禁止对中国出口控制犯罪用的设备。日本不仅是《瓦森纳协定》的成员国,同时也加入了所有的国际出口管理体系,包括核供应国集团、澳大利亚集团、导弹技术控制制度,对相关国际条约所规定的货物实施审查、许可等出口管理措施。日本以《外汇及外国贸易法》、《进出口交易法》和《出口贸易管理令》为主体的出口管理法律体系,对出口限制、技术提供限制和出口的事前审批、事后审查做了明确具体的规定。研究表明,美国政府采取歧视性的对华出口管制政策,不仅限制美国对华出口,也使美国企业失去了进入我国市场的许多机会。据有关方面的分析,由于美国歧视性的出口管制,每年美国要丧失对我国出口几十亿美元的贸易机会。美国一方面强调对我国贸易逆差问题,另一方面又不放宽对我国的技术出口管制,这是自相矛盾的。对科学技术全球扩散的不当治理,已经成为全球共享科学技术进步收益的一个重要障碍。

其三,对科学技术的全球使用进行治理。科学技术的生产和扩散是在一定的制度框架之下进行的,那么,针对科学技术的全球应用,我们需要建立一种什么样的全球治理结构?它与传统的治理结构有何不同?如何防止科学技术成果的不当利用?科学技术的全球治理结构与国际科技新秩序有何异同?事实上,这里涉及两个问题,一是科学技术知识的不当使用,在这方面,有关大规模杀伤性武器扩散和使用的若干国际协议已经对此做出了明确而具体的规定;二是知识产权滥用问题,在这方面,在20世纪90年代以前最主要的规制条例是保护工业产权的《巴黎公约》和保护版权的《伯尔尼公约》,此后最重要的是既涉及工业产权又涉及版权领域并将一些新的知识产权保护对象涵盖在内的《与贸易有关的知识产权协定》(TRIPs)。TRIPs在版权和邻接权、专利权、工业品外观设计计权、商标权、地理标志权、集成电路布图设计、未经披露的信息(即商业秘密)七个方面做了比较详细的规定,几乎涉及了知识产权保护对象所有的领域,在各方面都超过了过去已有的国际公约的保护水平。强化了协议的执行措施和争端解决机制,把履行协议、保护知识产权与贸易制裁紧密结合在一起。TRIPs具体规定了有关知识产权执法的行政和民事程序及救济措施(包括禁令、损害赔偿、对被告的适

当赔偿、其他救济措施等)、临时措施(包括对"即发侵权"的制止等)、边境措施、刑事措施及惩罚等,加强知识产权的执法保护,这在有关知识产权的国际公约中尚属首次,完成了自 1883 年巴黎公约问世以来专利国际保护的最高标准。近年来,以美国、欧盟和日本为主的发达国家又开始积极倡导建立一种全新的专利制度——世界专利制度,即由一个专利局(世界专利局)根据一部专利法(世界专利法)授予专利(世界专利)并且在世界各参与国中普遍有效的专利制度,其主要包括:(1) 统一的世界专利法,对授予专利的实质性标准、发明内容的公布、充分公开的标准、专利保护的期限和司法审查制度等基本问题做出统一规定,参与国通过签订协议承认该专利法的效力。(2) 统一的世界专利局,承担现在由各国专利局承担的大部分程序性和实体性事务。(3) 统一的申请程序,由专利申请人依照世界专利法向世界专利局提出专利申请,包括申请、检索、审查、授权在内的所有程序均可在一次申请中完成。(4) 统一的世界专利权,由世界专利局按照世界专利法所确定的标准授予的专利,各参与国均须给予承认并加以保护。[①] 值得注意的是,在世界各国普遍强化知识产权保护的大背景下,现在在国际经济技术交流中也出现了滥用知识产权的严重趋势。所谓知识产权滥用,是指知识产权的权利人在行使其权利时超出了法律所允许的范围或者正当的界限,不公平、不合理地行使知识产权的行为,导致对该权利的不正当利用,损害他人利益和社会公共利益的情形。美、日等发达国家的知识产权拥有者(主要是跨国公司),往往利用他们在知识产权领域的比较优势,强化其市场垄断地位,损害消费者权益。跨国公司滥用知识产权的形式很多,但主要有以下几种:一是利用专利垄断不当获利。典型事例是微软公司的歧视性超高定价行为。有资料表明,微软中文版 Windows98 在我国的售价是 1998 元,在美国仅为 109 美元,Office97 中文专业版在我国的售价是 8760 元,在美国仅为 300 美元。微软给电脑厂商 OEM 预装软件中,给 IBM 的价格不到 10 美元,给中国企业的价格是 690 元。二是通过订立不平等的协议条款限制竞争。比如说,在知识产权许可合同中附加限制竞争的条款来维持既有优势地位或谋求进一步的垄断地位,构成超出知识产权"专有性"的滥用行为,其实质是用合法形式达到限制竞争的非法目的。三是利用专利与技术标准等形成专利

[①] 国际技术经济研究所:《发达国家知识产权国际保护战略运作》,国家知识产权局软件科学研究项目,2006 年 3 月。

池，布设知识产权保护的"雷区"和"陷阱"，对触雷企业进行侵权指控，索取巨额赔偿，进而迫使东道国企业花费巨资购买专利使用权，削弱其市场竞争实力。[①]

从上面的分析中可以看出，在科学技术越来越全球化的情况下，在全球范围内对科学技术的生产、应用与扩散进行规划与管理有着现实的客观需要，但如何进行规划管理，不同国家有着不同的理解，也有着不同的考虑。在这方面，传统的理念已经过时，而新的理念正在形成之中。从这个意义上来说，全美亚洲研究所的特别报告与互联网实验室的报告强调是同一个事物的不同方面：前者从美国政客关心的角度，系统提出中国"新技术民族主义"概念，认为主导中国技术强国路线走向的，将是介于完全封闭的技术民族主义与完全开放的技术全球主义之间，利用全球化促进民族利益的"新技术民族主义"；后者则认为，新技术全球主义是中国科学技术发展的一个必然选择，中国应该毫不避讳地承认这一点，并明确自己的科技强国战略。正是基于此种考虑，姜奇平认为，既是居于二者之中，把"新技术民族主义"叫成"新技术全球主义"亦无不可，而且这种潮流的兴起是必然的，它将成为"以技术换市场"的替代和终结者。未来中国强国的路径选择，一定是在开放与自主之间找到一种平衡。这就是新技术民族主义（或新技术全球主义）会成为今后潮流的原因。[②] 对于中国来说，选择是明确的，那就是新技术民族主义或者说新技术全球主义；而对于美国来说，选择则是唯一的，那就是适应它，而不是扭转它或者说改变它。

五　几点结论

对科学技术的全球治理，核心就是要建立一种有利于科学技术知识的生产、流动和应用的全球体制。但是，科学技术知识产权化导致的一个必然结果就是，它能够有效地促进知识的生产，但是，它却会或多或少地限制科学技术知识的扩散和应用。在这种情况下，科学技术的全球治理，归根到底是要建立一种新的能够反映世界发展现实的国际科技新秩序，而其理论基础就

[①] 蔡伟：《滥用知识产权也能形成垄断》，《中国外资》2005年第1期。

[②] 姜奇平：《技术强国路线图分析 新技术民族主义将兴起》，http://www.sina.com.cn，2004年6月23日15：58，互联网周刊。

是全球创新体系的建立与发展。在这个过程中,最根本的是要正确处理几对关系:

表 9—8　　　　　　　　　　发达国家的标准组织

组织	DVB	ETSI	HAVI	3GPP/3GPP2	ATSC
机构	全球最大的数字电视标准协会	欧洲地区型标准化组织	非营利机构	移动通信标准协作平台	美国标准化机构
发展	1991 年,1993 年更名为 DVB	创建于 1988 年	1999 年 12 月组建标准体系	1998 年 2 月	
标准	DVB-T 和 DVB-S 等一系列技术标准族	欧洲电信标准和国际通信标准	数字电器设备同家用电器间能够实现接口匹配的软、硬件标准	国际移动通信标准	电子信息与通信领域标准
工作	通过一定的程序,能够使标准体系从外界获得技术的许可;也能够平等地对外实施技术许可	贯彻欧洲邮电管理委员会(CEPT)和欧共体委员会(CEC)确定电信政策、管制和标准制定工作	由日立、飞利浦、夏普、索尼、东芝、松下、Grunding AG、Thomson Multimedia 建立。是标准管理者和标准知识产权权利的全权所有者。主要工作管理向外许可其技术标准	目的是提供一个开放的系统,对 3G 技术标准的专利技术进行评估,以尽可能低的费用获得专利许可	促进美国相关标准的推广工作
我国参与情况				大唐、华为已经加入该组织	

资料来源:互联网实验室系列宏观战略研究报告:《新全球主义——中国高技术标准战略研究报告》2004 年 7 月。

一要正确处理科学技术的全球治理与其他方面全球治理的关系,要高度重视并充分发挥全球科技组织的作用。在全球化过程中,各国政府不可避免

地要参加各种区域性和国际性组织,而这些组织的正常运转和有效工作要求它们与国家分享部分权力。以标准领域为例,全球性机构包括世贸组织及国际标准化组织(ISO)、国际电工委员会(IEC)、国际电信联盟(ITU)等,它们通过建立标准,将专利技术纳入标准体系内部,利用产权效应和捆绑效应从中渔利。① 适应这种现实,发达国家除了将自己的产业研发政策、知识产权政策和标准政策协调来维护旧的全球主义秩序之外,更通过国际标准秩序体系来固化并实现自己的意志。有资料表明,目前 ISO/IEC/JTCI 所属的 17 个技术委员会秘书处 1/3 由美国主导,其他发达国家占 2/3。中国作为一个后发国家,要参与国际竞争,实现自身利益的最大化,必须参与到标准之后,在引导和改进国际标准秩序之中发挥重要作用,并在此过程中逐步体现自己的意志,实现自己的意志,并推动实现自身利益。从这个意义上说,我们不是秩序的破坏者,而是秩序的推进者和改善者,利用和促进这一秩序同样也是我们的利益所在。

二要正确处理科学技术的全球治理过程中发达国家与发展中国家的关系。随着全球化的深入发展,其影响所及已经从经济领域延伸到了科技领域,国家在发展和应用科学技术方面的主权正在受到严峻挑战。这种挑战来自两个方面。一是有关国家功能的变化,比如说,在全球化时代国家的功能将如何定义?国家利益如何得到保障?② 二是全球管理体制对国家主权的影响。全球化进程的加快和范围的扩大,不可避免地会构成对国家主权的蚕食,国家主权与全球治理之间的关系、全球化对国家公共管理能力的挑战等问题会日益复杂。如何在全球化进程中,既能有效地维护民族国家主权,保证本国人民的利益,同时又能够参与全球管理机制,保证人类共同利益和各国利益的协调发展,这是在全球化背景下讨论科学技术的全球治理的核心问题。在科技全球化趋势下,发达国家和发展中国家的矛盾与冲突在国家层面上无法得到有效的解决,必须制定并确立新的国际规则,这同时也就凸显了实施科技全球治理建立国际科技新秩序的必要性。科技全球治理所面临的问题也是治理的目的是如何在竞争与合作、开放与保护、发展与安全之间寻求

---

① 互联网实验室系列宏观战略研究报告:《新全球主义——中国高技术标准战略研究报告》2004 年 7 月。

② 中国科技发展研究报告研究组:《中国科技发展研究报告 2000》,社会科学文献出版社 2000 年版,第 188—189 页。

平衡的问题。处于不同发展阶段的国家,对于科技全球治理的出发点和立场是明显不同的。对于发展中国家来说,是如何在全球化的过程中,通过科技的发展和应用,保持国家主权和经济发展的独立。而对于发达国家,则是希望通过各种手段,保持科技和经济的领先和强大的优势。只有世界不同发展水平的国家能够实现了共同平衡的协调发展,才能获得世界的长久和平和人类的进步。科技的作用不应只是有利于经济的强大,更在于促进人类社会文明的发展。斯坦福法学院教授、知识产权委员会主席约翰·巴顿直言不讳地指出:"如果我们杜绝发展中国家的模仿战略,那么我们将彻底缩小它们实现经济起飞的选择权。"[①]

三要正确处理科学技术全球治理中技术全球主义与技术民族主义的关系。建立国际科技新秩序的目标应该是协调科技经济强国的利益最大化的追求与发展中国家的生存发展需求之间的平衡关系,建立互利的国际科技合作秩序,努力促进共同、协调的发展,实现共赢。从上面的分析中可以看出,完全的或者是纯粹的技术全球主义和民族主义仅仅是一种理想,而且也是不现实的。当代国际政治经济的发展实践,必然要求在技术全球主义和技术民族主义之间做出选择,或者说是寻找一种妥协和平衡,以便使广大的发达国家和发展中国家取得最大和最佳的国家利益。随着世界产业结构调整的加快,科技、经济越来越趋于全球化。任何国家都不可能只靠自己的力量,在封闭的状态下加速科技进步,实现现代化。同时,为了解决人类共同面临的人口、环境、资源、灾害等全球性问题,也必须加强国际间科技合作与交流。只有尊重和保护知识产权,才能促进技术创新,才能使科学技术获得更广泛的应用,使更多的国家受益,造福全人类。保护权利人利益与保护公共利益相结合,保护与鼓励创新并举。

四要正确处理科学技术知识的创造与科学技术知识的扩散之间的关系。科学技术知识的创造过程事实上就是研究开发的过程,其成果主要表现为两种形式:一种是公开发表的各种学术论文和研究著作;一种是各种各样的技术发明以及与此相关的专利技术产品。从其使用来看,前者一旦发表,就会成为公共产品,进入人类知识储备之中,可以供各国企业和个人免费使用;后者则由于知识产权制度而使知识产权所有人获得了专有使用权,其他企业

[①] 国际技术经济研究所:《发达国家知识产权国际保护战略运作》,国家知识产权局软科学研究项目,2006 年 3 月。

或个人使用必须付出一定的成本。在这种情况下，知识创造和知识使用之间就会出现一种相互矛盾的格局：一方面，知识产权制度激励着更多的企业和国家投资于研究开发活动，生产出更多的科学技术知识；另一方面，知识产权制度又对科学技术活动中产生的某些具有潜在商业价值的成果赋予了专有使用权，将没有获得专利许可的大部分企业和个人排除在新技术发明使用者的行列之外，从而限制了科学技术知识的扩散。在科技全球化的背景之下，随着全球范围内知识产权制度的强化，这样一种矛盾会更加尖锐，进而激化发达国家和发展中国家在这个问题上的立场对立。从这个意义上来说，科学技术的全球治理，核心问题之一就是要在全球范围之内平衡科学技术知识创造与科学技术知识应用之间的矛盾，两者平衡的程序直接反映了科学技术全球治理水平的好坏或高低。

总之，科技全球化作为一种客观进程，是不可阻挡的。中国应当充分利用科技全球化中的多极化趋势，通过参与各种国际组织和论坛，积极参与到规则制定过程中去，进而影响这些规则的内涵及其导向，以增强中国在科技全球化进程中的主动性，为中国及发展中国家争取有利地位。与此同时，中国也要通过主动选择恰当的合作伙伴、合作形式和合作时机，积极发展与世界各国的科技合作关系，尊重和保护知识产权，促进技术的广泛应用和转移，主动地、有选择地在中国有一定优势的领域内引导国际科技活动的发展。我们相信，中国以及其他发展中国家的积极参与，一定能够在很大程度上改变目前的全球化游戏规则，有利于引导科技全球化朝着更加公平与合理的方向发展，推动建立更加公正合理的全球科技新秩序。

主要参考文献

1. 丹尼尔·F. 史普博：《管制与市场》，于晖等译，上海三联书店、上海人民出版社1999年版。
2. 王春法：《技术创新政策：理论基础与工具选择——美国和日本的比较研究》，经济科学出版社1998年版。
3. 詹姆斯·D. 盖斯福德等：《生物技术经济学》，黄祖辉等译，上海三联书店、上海人民出版社2003年版。
4. 植草益：《微观规制经济学》，朱绍文等译，中国发展出版社1992年版。
5. 董新宇、苏竣：《科技全球治理下的政府行为研究》，《中国科技论坛》2003年第6期。
6. 江小涓等：《全球化中的科技资源重组与中国产业技术竞争力提升》，中国社会科

学出版社 2004 年版。

7. 李志军:《当代国际技术转移与对策》,中国财政经济出版社 1997 年版。

8. 王春法:《21 世纪前十年的全球科技争夺与政策调整》,世界经济与政治研究所工作论文系列 No.09-2001,中国社会科学院世界经济与政治研究所。

9. 王杰、张海滨、张志洲主编:《全球治理中的国际非政府组织》,北京大学出版社 2004 年版。

10. 王列等编译:《全球化与世界》,中央编译出版社 1998 年版。

11. 吴林海等:《跨国公司对华技术转移论》,经济管理出版社 2002 年版。

12. 杨雪冬:《全球化:西方理论前沿》,社会科学文献出版社 2002 年版。

13. 中国科技发展研究报告研究组:《中国科技发展报告 2000》,社会科学文献出版社 2000 年版。

14. 乔治·洛奇:《全球化的管理——相互依存时代的全球化趋势》,上海译文出版社 1998 年版。

15. 英瓦尔·卡尔松等主编:《天涯成比邻:全球治理委员会的报告》,中国对外翻译出版公司 1995 年版。

16. 西蒙·库兹涅茨:《现代经济增长》,北京经济学院出版社 1991 年版。

17. Anthony Pagden, The Genesis of "Governance" and Enlightenment Conceptions of the Cosmopolitan World Order, *International Social Science Journal*, Vol. 155, March 1998.

18. E.-O. Czempiel, "Governance and Democratization," in J. N. Rosenau and E.-O. Czempiel (eds), *Governance without Government: Order and Change in World Politics*, Cambridge: Cambridge University Press, 1992.

19. Hamburg, Lowell, B. L. (2001), "Some Developmental Effects of the International Migration of the Highly Skilled", Paper for the International Labour Organization, Geneve.

20. Jan Aart Scholte, "The Globalization of World Politics", in John Baylis and Steve Smith, eds., *The Globalization of World Politics: An Introduction to International Relations*. Oxford: Oxford University Press, 1999.

21. N. Rosenau, "Governance, Order, and Change in World politics," in J. N. Rosenau and E.-O. Czempiel, *Governance without Government: Order and Change in World Politics*.

22. OECD [1997], International Movements of the Highly Skilled. Occasional Papers No. 3, by John Salt. 1997.

23. Pierre de Senarclens, "Governance and the Crisis in the International Mechanisms of Regulation." *International Social Science Journal*, Vol. 155, March 1998.

24. Straubhaar, T. [2000], "International Mobility of the Highly Skilled: Brain Gain, Brain Drain or Brain Exchange", HWWA Discussion Paper No. 88.

25. Tackling the Brain Drain From India's Information and Communication Technology Sector, "The Need for a New Industrial, and Science and Technology Strategy", Parthasarathi, A., *Science and Public Policy*, 29 (2), Apr. 2002.

26. The World Bank, *Subsaharan Africa: from Crisis to Sustainable Growth*. Washington. DC: The World Bank, 1989.

第十章

科技全球化背景下的中国科技发展战略选择

从上面的分析中可以看出，当代科学技术发展的本质特点，使它具有了冲破国界走向全球的内在动力。科研开发项目的规模越来越大，需要的资金和人力投入越来越多，使现代科学技术活动已经从科学家的个体行为转变为政府和企业的有组织行为，国际科技合作不断加强。全球气候变化、人类基因组测序、欧洲核聚变实验堆、太空空间站、欧洲大型正负电子对撞机等大科学装置及相应的科学研究都是通过多个国家共同投资、国际合作研究方式进行的，欧盟六个研究开发框架计划更成为区域科技合作的成功样板。

科技全球化既是当代世界经济发展中的一个突出现象，也对当代科学技术发展的格局产生着重要的影响。应该说，始于20世纪80年代初期并且在进入90年代以后呈现出加速发展势头的科技全球化浪潮主要是由R&D资源的全球配置启动的，而这一浪潮又进一步引起了国际科学技术结构的巨大变化。科技全球化对于发展中国家的影响，主要就是通过这种国际科学技术结构的变化来展示和传递的。无论它带来的是机遇，还是挑战，作为一个具有全球影响的发展中国家和世界经济大国的中国，都无法回避科技全球化的巨大影响。

一 科技全球化对中国意味着什么

中国是一个发展中国家，但更是一个特殊的发展中国家。从科学技术的角度来看，所谓发展中家就是那些既缺乏科学技术知识的创造能力，又缺乏对现代科学技术知识的有效需求的国家，是那些科学技术知识的供应

和利用严重不足的国家。根据联合国教科文组织发表的《1998年世界科学报告》，从整个世界范围来看，经济合作与发展组织成员国的R&D支出占世界科学和技术总支出的比重将近85%，而发展中国家投入的R&D支出占世界总额的比重还不足15%。根据对SCI数据库覆盖的2500种最常引用科学杂志所发表科研论文的统计分析，以美国为首的北美国家占世界发表论文总数的38%以上，西欧国家占35%以上，两家合计占世界主要科学刊物所发表科研论文总数的近四分之三，而它们的R&D支出只占世界R&D支出总量的三分之二。如果再加上日本和新兴工业化国家以及大洋洲，则发达国家占世界科技成果总数比例的85%以上，而发展中国家在世界科研论文总数中所占的比重还不足10%。根据联合国大学有关专家的统计，在20世纪90年代初期，仅仅美国、日本和德国等10个国家即占世界跨国界技术转让费和许可费收入的91%以上，其他国家和地区所占的比重合计只有9%。在现代科学技术知识生产和应用的国际分工体系中，它们还不能构成独立的一环，因而严重依赖于经济发达国家以获得科学技术知识供给并满足本国经济发展的需求。从这个意义上来说，发展中国家在世界科学技术舞台上的作用显然是微不足道的，相对于经济发达国家而言完全处于依附地位。

但是，中国又是一个特殊的发展中国家。这种特殊性主要表现在三个方面：

其一，中国是一个具有世界影响的发展中大国。无论是严肃的学术分析，还是带有意识形态色彩的宣传材料，一个不容否定的事实是：中国是一个具有世界影响的发展中国家，是世界上最大的发展中国家。这种大国地位的确立不是自封的，而是中国人民在经历了长期的艰难奋斗以后争取来的。其标志包括：中国是世界上人口最多的国家，拥有五分之一左右的世界人口；中国是拥有否决权的安理会五常任理事国之一；中国还是世界上第五个掌握了原子弹爆炸技术的国家，是世界核俱乐部的成员国之一，在地区事务乃至全球事务中具有举足轻重的地位……这样一些事实无可辩驳地说明，中国是当今世界政治经济事务中具有举足轻重作用的世界性大国，而不仅仅是一个区域性大国。

其二，中国是一个世界经济大国。中国经济总量的快速增长是20世纪80年代以来世界经济领域中发生的最为神奇的事情之一。尽管许多西方学者对中国的国民经济统计数字有怀疑，但是，谁也不能否认，经过改

革开放20多年的快速增长,中国已经成为世界四大经济强国之一。每年2.6万多亿美元的国内生产总值,1.5万多亿美元的国际贸易额,1.3万多亿美元的国家外汇储备,再加上年均8%左右的经济增长速度……只要不戴有色眼镜看问题,有谁能否认在短短25年左右的时间里,在一个13亿人口的发展中国家所发生的这一切不是人类历史上最伟大的奇迹之一呢?

其三,中国是一个世界科技大国。按科技人力资源计算,中国目前拥有大约3200万名科学技术活动人员,折合年时全职研究开发人员105万人,在世界上仅次于美国,居第二位。在科技成果方面,2001年三系统收集的中国科学家发表论文数为64526篇,在世界上居第六位。2001年国家知识产权局的发明专利授权量为16296件,其中国内539件,国外10901件;此外,中国又是一个科技消费大国,2001年高新技术产品出口额464.5亿美元,进口额641.1亿美元。尽管对中国的科技活动效率和科研水平有着这样或那样的诟病,但无论怎样计算,中国的科研水平居于发展中国家前列并且处于中等发达国家水平却是毋庸置疑的。

从上面的分析中可以看出,中国作为一个发展中国家的独特性质决定了在参与科技全球化的进程中,中国虽然会面临着发展中国家所共有的一些风险,但它拥有更大的经济技术能力来规避风险,获取尽可能大的科技全球化收益。由此推论,中国在科技全球化进程中所应该采取的态度更应该是积极的,而不是消极的;是一种主动参与,而不是被卷入。

(一)中国有可能得自科技全球化的收益

我国经过改革开放20多年来的持续高速增长,已经具备了一定的经济技术基础,因而有可能通过积极参与国际科学技术交流与合作,加快缩小与经济发达国家之间的科技差距。从这个意义上来说,科技全球化对于中国的科技发展,特别是长远发展是有利的。

其一,科技全球化意味着科技知识的全球流动越来越频繁,规模也越来越大。这主要是研究开发资源的全球配置所带动的。有资料表明,从20世纪90年代以来,外国子公司的研究开发支出在许多OECD国家——包括加拿大、法国、爱尔兰、日本、瑞典、英国以及美国——都增加了,不论按实际价格计算还是按其占企业界研究开发的份额计算都如此。1998年,外国跨国公司在美国的研究开发支出大约为197亿美元,而美国在国外的研究开发支出也达到220亿美元以上,两者均占美国产业部门研究开发支出的15%

以上。事实上，跨国公司现在普遍将其研究开发支出的15％左右投放到国外，其中西欧国家的这一比例可以高达三分之一左右。据此推算，则跨国公司的国外研究开发支出每年应该接近1000亿美元，占世界每年研究开发支出总额的五分之一以上。

与研究开发资源的全球配置相适应，研究开发人员的国际流动规模也越来越大。根据美国国家科学基金会报告，1995—1996学年在美国高等教育机构中注册的外国学生有450万人。从1988年到1995年在美国获得博士学位的中国人共有13598人，印度有6585人，韩国有7872人，中国台湾有8778人。在可预见的将来，人力资源领域高端人才的国际流动，无论是其规模还是其水平都将得到进一步的提高。不仅如此，国际科技合作的迅速发展还反映在国际科技合作规模的迅速发展和扩大上。20世纪90年代以来，各国政府和国际性组织在各科学领域组织实施的具有代表性的大科学国际合作研究计划大约有51项，其中中国作为合作成员参加了21项，主要集中在全球变化、生态、环境、生物和地学领域。在这样一些大科学项目中，中国参与的人类基因组测序项目尤其具有重要意义。

其二，科技全球化导致的技术溢出将使中国获得可观的经济收益。如果说，创新时期的收益分配主要倾向于发明者的话，那么，创新扩散期的收益分配会向模仿者或者说追随者转移。因此，在未来的15—20年里，全球技术革命的收益将开始逐步由发达国家向发展中国家溢出，而且这种创新收益溢出的速度将因为信息技术的发展和应用而进一步加快。从这个意义上来说，发展中国家，特别是发展中国家中那些具有一定经济技术实力的国家会在这种技术创新的全球收益中获得较大的份额，国家之间的差距会进一步缩小。这种技术创新的扩散主要是通过FDI、技术贸易和商品贸易等渠道实现的。全球产业结构调整以及世界制造业向东亚地区的转移，很大程度上就是技术创新扩散的过程。美国国民经济研究局（NBER）进行的一项研究表明，1971—1990年间，美国R&D资本储备每增加100美元，将使中国的国内生产总值增加4美元，巴西国内生产总值增加0.77美元，而津巴布韦的国内生产总值仅增长4美分；日本可使中国的国内生产总值增加7美元，巴西国内生产总值增加0.23美元，津巴布韦的国内生产总值增加3美分。如果把77个发展中国家视为一个整体，则美国国内研究开发资本储备每增加100美元，77个发展中国家的国内生产总值

将增加22美元；而日本的国内研究开发资本储备每增加100美元可使77个发展中国家的国内生产总值增加24美元。如果把经济发达国家作为一个整体的话，则1990年发达国家的研究开发溢出收益使发展中国家的国内生产总值增加了210亿美元，而当年的官方发展援助总额也才只有500亿美元。[1]

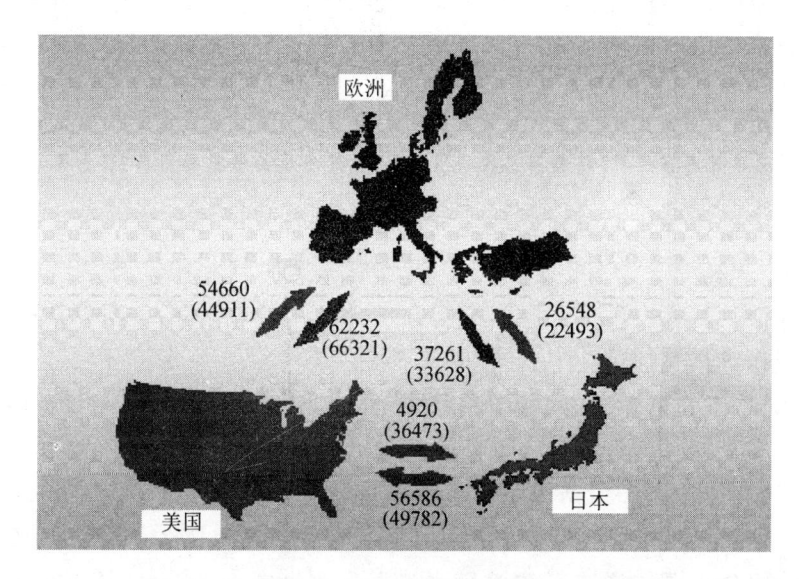

图10—1 欧美日三方专利申请流动情况：2000年

资料来源：European Patent Office (EPO), the Japan Patent Office (JPO) and the United States Patent and Trademark Office (USPTO)：Trilateral Statistical Report 2001.

其三，科技全球化导致科研模式发生了重大变化，为中国参与全球科技合作提供了便捷的途径，从而使中国有可能利用全球知识储备来构建自身的技术能力。从科学技术研究的组织形式来看，许多当代项目既需要分散的资源（数据和设备）的有效联合，又需要分散的、跨学科的专门知识的有效联合，而网络基础设施是实现这一切的关键。ICT技术的发展和普遍采用使科学技术知识的生产和应用成为一种更为集体性的活动，将工业界、学术界和政府的活动联系到了一起，而机构之间的正式和非正式合作对于获取科学技

---

[1] David T. Coe and Elhanan Helpman and Alexander W. Hoffmaister：*North-South R&D Spillovers*, NBER working paper No. 5048, March 1995.

术进步的收益和促成新技术创新的产生至关重要。目前，网络化的科研组织大多使用协同实验室、联合实验室、网格群或网络、虚拟科学机构和 E-科学机构等名字，比如美国国家卫生研究院的生物医学信息学研究网络、能源部的国家协同实验室计划、英国的 E-科学计划和日本的地球模拟器等。这些网络的普遍特点是利用网络基础设施建设更普遍更全面的数字环境，使研究界在人员、数据、信息、工具和仪器等方面实现互动，完善职能，以空前水平的计算、存储和数据转移容量进行运作，而互联网、万维网和超级计算为这种科学研究的新组织形式提供了重要的基础工具。1930 年从纽约往伦敦打一分钟电话的费用按今天的标准来算是 300 美元，而今天只要几个美分；1970 年 1 兆赫处理能力的成本是 7600 美元，1999 年是 17 美分；1970 年传输 1 万亿字节的成本是 15 万美元，今天已经下降到 12 美分；美国国会图书馆的全部内容仅用 40 美元就可以全部跨国传输完毕，并储藏在一块计算机芯片上。在此基础上，生产、贸易、金融、科技出现了快速全球化的趋势，全球研究村的形成与发展非常迅速，24 小时全球不间断合作研究已经从梦想成为现实。

制造业的全球转移势必导致研究开发机构的全球布局。制造业的全球转移既是跨国公司全球战略调整的产物，也是资源配置全球化的直接反映。据估计，到 2005 年，美国将有 60 万个工作岗位转移到低工资国家，到 2015 年这一数字将增加到 300 万个。日本制造业的转移甚至在日本国内引出了"产业空心化"的恐惧。有资料表明，松下电器在华投资的企业已经达到 51 家，总投资超过 10 亿美元，而中国员工达到 4 万余人。到 2005 年，松下在中国的生产量将大约占其海外生产总量的 1/3，中国市场销售额达到 75.7 亿美元。一般来说随着制造业的全球转移，跨国公司的研究开发全球布局也将进行相应的调整，一部分研究开发活动因而将会逐步转移到发展中国家。从目前的情况来看，跨国公司在中国建立的研究开发机构已经达到 82 家，在印度设立的研究开发机构也有将近 80 家，其他如巴西等发展中国家在吸引跨国公司的研究开发机构方面也有不俗的表现。

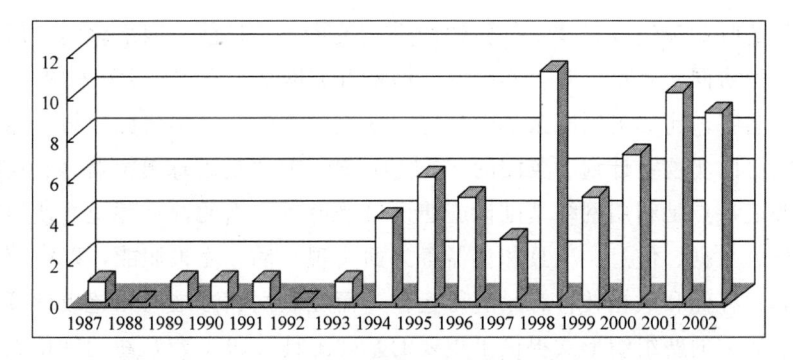

图 10—2　1987—2002 年跨国公司在华成立 R&D 机构的情况

资料来源：中国科技统计网：《跨国公司在华设立 R&D 机构的特点与趋势》。

表 10—1　东亚部分国家及地区的外国直接投资流入（百万美元）

	1997 年	1998 年	1999 年	2000 年	2001 年
中国	44237.0	43751.0	40319.0	40772.0	46846.0
中国香港	11368.2	14770.2	24595.6	61937.9	22834.3
中国台湾	2248.0	222.0	2926.0	4928.0	4109.0
印度尼西亚	4677.0	−356.0	−2745.0	4550.0	−3277.0
马来西亚	6324.0	2714.0	3895.3	3787.6	553.9
菲律宾	1249.0	1752.0	578.0	1241.0	1792.0
泰国	3626.0	5143.0	3561.0	2813.0	3759.0
韩国	2844.2	5412.3	9333.4	9283.4	3198.0
新加坡	10746.0	6389.0	11803.2	5406.6	8608.8
发展中国家及地区总额		187610.6	225140.0	237894.4	204801.3
发达国家		484239.0	837760.7	1227476.0	503144.0
世界总额		694457.3	1088263.0	1491934.0	735145.7

资料来源：UNCTAD World Investment Report 2002.

其四，科技全球化导致各国更加重视科学技术知识的应用，高技术产业发展迅速，同时也为中国接受世界制造业转移和中国的产业结构升级提供了难得的机会。随着科学技术革命的深入发展，世界各国更加强调科学技术知识的应用而不是知识创造。以英国为例。这个以世界 1％的人口资助了世界 4.5％的科学活动、生产了世界 8％的科研论文而且其科研论文的引用量占世

界 9% 的国家，目前也非常强调科学技术知识的应用。英国政府制定的 21 世纪科技发展战略目标和行动计划明确提出其主要战略目标为：打造世界一流的科研力量；鼓励企业参与创新，加速科技成果转化；营造创新环境，培养和吸引创新人才；通过提高竞争力和科学水平使现代经济保持可持续增长和高水平的生产力。日本综合科技会议于 2001 年 3 月 30 日出台了第二期五年科学技术基本计划，明确提出日本要以科技创新立国为目标，发展成为"依靠知识创造和技术的灵活运用为世界做出贡献的国家"、"具备国际竞争力的可持续发展的国家"和"人民安居乐业，且生活质量高的国家"。

强调科学技术知识应用的直接结果就是高新技术产业不仅产值大幅增长，就业也呈上升趋势，在整个国民经济中所占的比重不断上升。根据《OECD 2002 年科学技术与工业展望》的资料，四个高技术产业部门在 1980 年仅占全球制造业生产的 7.6%，但到 1998 年上升到 12.7%。1980 年，高技术制造业占日本全部生产的 8% 左右，1998 年为 16.0%；同期美国从 9.6% 上升到 16.6%；英国从 9% 上升到 14.9%；中国台湾从 12% 上升到 15.6%；韩国同年也为 15%。按增长速度计算，1980—1998 年间，全球高技术产业年增长率剔除通货膨胀因素以后将近 6%，而其他制造业部门仅为 2.7%。[①] 在就业方面，欧盟 15 国 1999 年高技术和知识密集型部门占全部就业的 7.6%，中技术部门占全部就业的 4.8%，低技术部门为 5.5%。与此相对照，服务业占到 72.3%，其中知识密集型服务业所占比重为 15.4%。

高技术服务业的飞速发展导致了世界产业结构的明显软化，服务业领域的研究开发在 R&D 资源配置方面占有越来越重要的地位。欧盟在 1998 年进行的一项研究表明，服务业现在已经占到发达国家工业活动的 50%—70% 左右，在美国和瑞士这样的国家，服务业产值甚至达到制造业的 3.5 倍以上。在美国 GDP 中，制造业仅占 16% 多一点，而服务业高达 78% 以上。不仅如此，发达国家的制造企业也处于不断软化的过程之中，增值服务所占比重逐步增加，企业并不是简单地出售产品，而是提供一揽子解决方案；在消费偏好方面，人们更看重环境、售后服务以及技术含量等软指标。在这种情况下，高技术服务业迅速发展起来。根据《OECD 2002 年科学技术与工业展望》，在 OECD 国家，通信服务、金融服务、商业服务（包括计算机软件开发）、教育服务和保健服务等五个知识密集型工业部门 1980 年的销售额合计

---

① Science & Engineering Indicators 2002 U.S. Technology in the Marketplace.

仅为4.8万亿美元，1990年为6.8万亿美元，1997年达到8.4万亿美元，占到世界GDP的四分之一以上。

世界制成品的出口状况更加清楚地反映出了世界产业结构的高科技化和分散化的趋势。以世界高技术产品出口而言，1985年世界出口总额为1793.80亿美元，最大25个经济体占99%；1998年为9526.85亿美元，最大25个经济体占97%。其中，美国作为世界上最大的高技术产品出口国，1998年出口额为1705.13亿美元，日本为1096.27亿美元。在中技术产品出口领域，1985年世界出口总额为4379.90亿美元，最大25个经济体占99%；1998年为14449.87亿美元，最大25个经济体占96%。其中，世界上最大的中技术产品出口国为德国，高达2324.29亿美元，日本以1907.35亿美元居第二位，美国以1892.15亿美元居第三位。在低技术产品出口领域，1985年世界出口总额为1973.76亿美元，最大25个经济体占95%；1998年为6941.38亿美元，最大25个经济体占89%。其中，中国是世界上最大的低技术产品出口国，1998年高达764.63亿美元，意大利以702.08亿美元居第二位，德国以667.56亿美元居第三位。从目前的趋势来看，世界高技术产品出口增长速度远快于中技术和低技术产品，因此，虽然目前中技术产品在世界商品出口市场上仍居主导地位，但高技术产品将很快取代中技术产品的这种主导地位，而这种转换将在今后的15—20年内完成。中国作为世界上最大的新兴市场经济体，作为世界制造业转移的最重要目标国，在接受世界高技术产业转移方面有着巨大的潜力和独特的优势。

其五，科技全球化意味着国际科技合作，特别是区域科技合作将有更为深入的发展，中国作为APEC的重要成员国，在推动区域科技合作并享受区域科技合作收益方面有着巨大的优势。1999年，与外国作者合作发表的科学出版物在OECD国家已经达到31.3%，而在1986年还只有14.3%。同期，与外国发明家合作申请的美国专利所占份额也从2.6%增加到7%。不仅如此，以欧盟研究开发框架计划为代表的区域科技合作也达到了相当高的水平。根据有关资料，1984年至今欧盟总共实施了六个研究开发框架计划，投入经费约613.06亿欧元。欧盟委员会在2001年2月公布的第六个框架计划，时间跨度从2002年到2006年，目标是建立欧洲研究区和欧洲创新区。该计划同欧盟第五个框架研究计划相比，将预算投入增长了16.7%，达162.7亿欧元。它的主要目的是："实现欧洲研究区，通过所有在国家、地区和欧洲层面上的努力来提高欧洲创新能力。"欧盟第六个框架研究计划紧紧

围绕三个目标来实施：（1）与欧洲研究相结合；（2）建立欧洲研究区；（3）加强欧洲研究区的基础。目前欧盟的区域科技合作已经形成了一种制度化的机制，如果没有大的变化，这样一种机制将会继续维持下去，其规模和影响会越来越大。在其他地区，区域科技合作发展的热点地区将出现在APEC地区。中国国家主席胡锦涛明确提出，推动科技进步和创新，对实现经济的持续发展至关重要。为推动各成员在这一领域开展合作，中国提出科技创新倡议，希望就促进亚太地区科技创新制定指导原则。

总起来看，从科技发展的角度来分析，科技全球化意味着在未来相当长的一段时间内，科学技术的全球主义相对于科学技术的民族主义将居于上风。在这里，所谓技术的全球主义是建立在以科学技术知识是公共产品的假定的基础之上的一种经济技术政策取向，对于科学技术知识的跨国界流动采取一种支持和鼓励态度。技术的民族主义则是建立在科学技术知识是私人产权性产品的假定的基础之上的一种经济技术政策取向，它对于科学技术知识的跨国界流动虽然大体上也采取支持和鼓励态度，但这种支持和鼓励是有条件的，有限制的。很显然，科技全球化意味着科学技术知识的全球流动与扩散将成为世界经济中的一个主流趋势。

（二）中国科技发展面临的挑战

但是，科学技术上的全球主义绝对不意味着未来的国际科技发展环境会是春风拂面的艳阳天。事实上，由于各国经济发展对科学技术的支撑有着强劲的需求，而世界各国，特别是发达国家势必要采取得力措施来努力满足这种科技需求，因此，科学技术在经济增长中的突出地位以及各国围绕着科学技术知识而展开的全球争夺对各国政府的政策选择提出了严峻的挑战。一方面，从全球化的发展趋势来看，研究开发资源的全球配置势必要削弱母国的科技资源基础；但另一方面，各国政府又努力寻找并鼓励外国企业在本国进行研究开发投资。随着科技全球化的深入发展，科学技术的全球治理也将面临更为严峻的挑战，研究领域的选择与限制、国际技术转移的定价标准、转移领域的管理、知识产权保护体系、研究活动的规范等，都需要我们倾注更大的努力。

不仅如此，20世纪90年代以后，由于西方国家越来越强调经济安全的重要性，认为国家安全并不仅仅限于军事方面，而是由经济、技术、文化等诸多方面所构成的一个安全体系，其中科学技术知识起着一种核心的作用。

在这样一种思想的指导下，西方各国政府越来越多地从商业利益出发对国际技术转移活动进行限制，从而激发出明显的技术民族主义倾向。不仅科学家是有国界的，而且科学技术自身也越来越变得有国界了，传统上由科学界和企业自行决定的科学技术的国际交流等问题现在被政府以国家利益的名义加以严格控制了。无论是在美国轰动一时的李文和案件，还是使中美关系受到严重影响的《考克斯报告》，实际上都反映了美国国内技术民族主义情绪的高涨。这就意味着，中国作为一个发展中国家因而面临着多方面的约束。大体说来，这种约束在科技领域主要体现在以下几个方面。

其一，世界科技发展格局的不平衡导致发展中国家进一步分裂，而部分国家将会被进一步边缘化，中国也面临着边缘化的危险。联合国教科文组织的数字表明，尽管不发达国家占世界人口的79％，但它们只拥有世界研究人员的27％。以对研究开发的支出计算，不发达国家支出了世界研究开发支出的19％，而它们拥有世界 GDP 的39％；按平均数计算，则各国平均将其 GDP 的1.8％投放到研究开发支出上，其中，不发达国家的研究开发支出占 GDP 的比例只有0.9％，而较为发达的国家一般为2.4％；在较为发达的国家，每百万居民拥有的研究人员10倍于不发达国家。在发达国家中，每千居民中有3名研究人员；而在不发达国家中，每万人中只有3名研究人员。从研究开发活动的产出来看，根据对 SCI 数据库覆盖的2500种科学杂志所发表之科研论文的统计分析，以美国为首的北美国家占世界发表论文总数的38％以上，包括欧盟、欧洲自由贸易联盟在内的西欧国家占35％以上，两家合计占世界主要科学刊物所发表科研论文总数的近四分之三，而它们的研究开发支出只占世界研究开发支出总量的三分之二。如果再加上日本和新兴工业化国家以及大洋洲，则以经济合作与发展组织成员国为主体的经济发达国家占世界科技成果总数比例的85％以上，而发展中国家在所发表的世界科研论文总数中所占的比重还不足10％。这种情况说明，发展中国家在从事具有原创性的科学研究和探索方面的力量尤其薄弱。

专利的世界分布情况同样也反映了发展中国家在科学技术创造方面的弱势地位。按美国的专利登记数计算，美国占世界专利总数的48.7％，欧盟和日本分别占18.6％和25％，三者合计占美国登记专利总数的92％以上，而其他经济发达国家与发展中国家合计还占不到美国登记专利总数的8％。欧洲登记的专利数与美国虽有不同，但所授予专利高度集中于西欧、美国和日本的大趋势并无任何不同，三者合计占欧洲登记专利数的98％左右，发展中

国家所占比重尚不足 2%。这种情况表明,在创造直接构成国民经济的技术基础的专利方面,发展中国家与发达国家的差距更大。

专利分布的情况直接决定着技术出口收入的国际分布,因为专利贸易和技术许可是国际技术贸易的主要组成部分。根据联合国大学有关专家的统计,在 20 世纪 90 年代初期,仅仅美国、日本和德国等 10 个国家即占有世界跨国界技术转让费和许可费收入的 91% 以上,其他国家和地区所占的比重合计只有 9%,发展中家所占的比例甚至更少。而且,即使在发展中国家内部,技术出口的收入分布也是极端不平衡的,韩国和中国台湾等亚洲新兴工业化国家和地区占了发展中国家技术出口收入的绝大部分。根据有关资料,从 1987 年到 1993 年,韩国和中国台湾总共输出技术 426 件,获得技术收入 51.58 亿美元。其中,韩国输出 409 件技术,获得收入 2.6 亿美元;中国台湾输出技术 17 件,获得技术转让收入 48.68 亿美元。尽管我们还缺乏其他国家的有关资料,但从这些数据资料中我们已经可以看出,"除了亚洲新兴工业经济体以外,发展中国家在全球创新活动中只扮演着可以忽略不计的角色,而且看来已经大大落后了"[①]。

其二,跨国公司的科学技术知识垄断和知识产权约束。跨国公司是当代世界经济中的强势群体,对于世界范围内科学技术知识流动的方向、强度以及规模有着巨大的影响。根据世界银行统计,美国、欧盟、日本等工业发达国家以全球 86% 的 R&D 投入,把持着世界 95% 左右的生物工程和药物专利以及 98% 的技术转让与许可收入。根据《2002 年世界投资报告》,目前世界 6.5 万家跨国公司的 85 万家国外子公司拥有世界 GDP 的十分之一以上,占世界出口额的三分之一以上。2002 年,包括对外贸易和对外直接投资在内的跨国经济占世界 GDP 的比例高达 40% 以上。跨国公司对全球科学技术知识的垄断和控制主要是通过企业间策略性技术联盟以及知识产权战略来实现的。根据 OECD 的一项研究,在北美地区,企业联盟中约有 23% 为研究开发联盟,在西欧这一比例为 14%,在亚洲这一比例为 12%;而且,北美地区是唯一的研究开发联盟多于制造业联盟的地区。根据美国安达信咨询公司 2000 年的估计,在今后的五年之内,建立策略性联盟的企业总价值将达到 25 万亿—40 万亿美元。因此,对于大多数公司来说,竞争的基础已经转变

[①] Nagesh Kumar [1997]: Technology Generation and Technology Transfers in the World Economy, UNU/INTCH, Discussion Paper Series.

为公司集团与公司集团之间的竞争。很显然，不加入策略性技术联盟之中，企业在进行国际竞争中将会处于极为不利的地位，而这恰恰是中国企业的软肋。

表 10—2　　世界 GDP、人口、研究开发支出分布情况：2002 年

	GDP（十亿）	占世界GDP%	人口（百万）	占世界人口%	GERD（十亿）	占世界GERD%	GERD占GDP%	人均GERD
世界	47599.4	100.0	6176.2	100.0	829.9	100.0	1.7	134.4
发达国家	28256.5	59.4	1195.1	19.3	645.8	77.8	2.3	540.4
发展中国家	18606.5	39.1	4294.2	69.5	183.6	22.1	1.0	42.8
欠发达国家	736.4	1.5	686.9	11.1	0.5	0.1	0.1	0.7
美洲	14949.2	31.4	849.7	13.8	328.8	39.6	2.2	387.0
北美	11321.6	23.8	319.8	5.2	307.2	37.0	2.7	960.5
拉美和加勒比	3627.5	7.6	530.0	8.6	21.7	2.6	0.6	40.9
欧洲	13285.8	27.9	795.0	12.9	226.2	27.3	1.7	284.6
欧盟	10706.4	22.5	453.7	7.3	195.9	23.6	1.8	431.8
欧洲的独联体国家	1460.0	3.1	207.0	3.4	17.9	2.2	1.2	86.6
中、东及其他欧洲国家	1119.4	2.4	134.4	2.2	12.4	1.5	1.1	92.6
非洲	1760.0	3.7	832.2	13.4	4.6	0.6	0.3	5.6
撒哈拉以南国家	1096.9	2.3	644.0	10.4	3.5	0.4	0.4	5.5
非洲阿拉伯国家	663.1	1.4	188.2	3.0	1.2	0.1	0.2	6.5
亚洲	16964.9	35.6	3667.5	59.4	261.5	31.5	1.5	71.3
亚洲独联体国家	207.9	0.4	72.6	1.2	0.7	0.1	0.4	10.3
亚洲新兴工业经济体	2305.5	4.8	374.6	6.1	53.5	6.4	2.3	142.8
亚洲阿拉伯国家	556.0	1.2	103.9	1.7	0.6	0.1	0.1	6.2
其他亚洲国家	1720.0	3.6	653.7	10.6	1.4	0.2	0.1	2.1
大洋洲	639.5	1.3	31.8	0.5	8.7	1.1	1.4	274.2
其他组织								
所有阿拉伯国家	1219.1	2.6	292.0	4.7	1.9	0.2	0.2	6.4

续表

	GDP（十亿）	占世界GDP%	人口（百万）	占世界人口%	GERD（十亿）	占世界GERD%	GERD占GDP%	人均GERD
所有独联体国家	1667.9	3.5	279.6	4.5	18.7	2.2	1.1	66.8
OECD	28540.0	60.0	1144.1	18.5	655.1	78.9	2.3	572.6
部分国家								
阿根廷	386.6	0.8	36.5	0.6	1.6	0.2	0.4	44.0
巴西	1300.3	2.7	174.5	2.8	13.1	1.6	1.0	75.0
中国	5791.7	12.2	1280.4	20.7	72.0	8.7	1.2	56.2
埃及	252.9	0.5	66.4	1.1	0.4	0.1	0.2	6.6
法国	1608.8	3.4	59.5	1.0	35.2	4.2	2.2	591.5
德国	2226.1	4.7	82.5	1.3	56.0	6.7	2.5	678.3
印度	2777.8	5.8	1048.6	17.0	20.8	2.5	0.7	19.8
以色列	124.8	0.3	6.6	0.1	6.1	0.7	4.9	922.4
日本	3481.3	7.3	127.2	2.1	106.4	12.8	3.1	836.6
墨西哥	887.1	1.9	100.8	1.6	3.1	0.4	0.4	34.7
俄罗斯	1164.7	2.4	144.1	2.3	14.7	1.8	1.3	102.3
南非	444.8	0.9	45.3	0.7	3.1	0.4	0.7	68.7
英国	1574.5	3.3	59.2	1.0	29.0	3.5	1.8	490.4
美国	10414.3	21.9	288.4	4.7	290.1	35.0	2.8	1005.9

资料来源：UNESCO Institute for Statistics estimations，December 2004.

知识产权成为跨国公司全球化战略中的重要手段是通过贸易与知识产权挂钩而实现的，这使得知识产权保护具有了强制性。与传统的知识产权条约不同的是，巴黎公约和伯尔尼公约没有强制条款，世界知识产权组织（WIPO）也只有非常微弱的强制权力，而与贸易相关的知识产权条约（TRIPs）则含有明确的强制条款，并规定了强制性的第三方仲裁和其他附加程序。TRIPs为所有类型的知识产权都确立了最低的保护水平。它也要求签字国采取一定的基本法律措施来防止侵权。该条约由世界贸易组织管理，获得授权可以采取普遍认为具有杀伤力的特别强制措施，因而是有史以来最强有力的协调条约。根据TRIPs，那些不遵守最低知识产权保护水平的国家现在可能会遭受贸易限制的报复措施。在许多发展中国家从进口替代政策转向出口导向政策的情况下，这是一种特别有效的措施。显然，出口导向特别依赖于世

界市场，因而由 TRIPs 施加的对于遵守知识产权保护的压力变得非常大。由于中国在当代世界科技格局中是一个技术的净输入国而不是输出国，所以，严格的知识产权保护，特别是贸易与知识产权保护挂钩意味着中国面临着日益严峻的国际技术转移环境，特别是在发达国家政府以国家安全为由强化知识产权控制的情况下尤其如此。

其三，日趋昂贵的技术转移成本。严格的知识产权控制与跨国公司的技术垄断，使中国等发展中国家通过合法的国际技术转移获得国外先进技术的成本日益高昂。1952—1985 年，中国引进了 14816 个工业项目，成本为 282 亿美元，项均 345.6 万美元，其中软件大约占 5%。1986—1995 年中国技术引进合同数达到 7754 项，合同总额达到 485.09 亿美元，超过前 35 年的总额，项均 626 万美元。1996—1999 年中国技术引进合同数 24990 项，耗资 647.1743 亿美元，项均 259 万美元。相比之下，国内技术供应的平均成本要低许多。2001 年国内技术交易合同数 229702 件，合同金额 782.75 亿元人民币，项均 34 万元人民币；2002 年国内技术交易合同数 237093 件，合同金额 884.17 亿元人民币，项均 37 万元人民币。近些年，我国每年形成固定资产的上万亿元设备投资中，60% 以上用于进口。有数据表明，中国光纤制造装备的 100%、集成电路芯片制造装备和石油化工装备的 80% 以上、轿车制造、数控机床、纺织机械等的 70% 被国外产品占领。[①] 汽车、家电产业的核心技术主要依赖进口解决。近 20 年合资还没有设计新车的能力，这种技术依赖又进一步强化了技术转移成本的上升趋势。

由上可见，由于科技全球化的直接动因是以跨国公司生产和经营国际化为主要推动力的经济全球化浪潮，它直接服务于跨国公司的全球经营战略，服务于跨国公司的全球利益。因此，科技全球化主要是由西方发达国家及其跨国公司所主导和操纵的，由科技全球化所引起的国际科技结构变化也主要有利于西方发达国家而不利于发展中国家。毫无疑问，科技全球化迫使我们对以下几个问题进行深入的思考。

其一，科学技术研究由人们的好奇心驱动的活动转变为政府和企业有意识地 R&D 投资的产物，在这种情况下，我们应该如何理解这些科技成果的

---

① 薛澜、胡钰：《我国科技发展的国际比较及政策建议》，载《科技部简报》第 19 期，2003 年 7 月 4 日。

知识产权属性？如何管理它们的转移和应用？如何防止企业或个人滥用它们对于某一类科学技术知识的垄断权力？

其二，R&D 国际化固然有助于科技资源的全球配置，但跨国企业在东道国从事 R&D 所获得的研究成果究竟属于谁？东道国企业是否享有优先使用权？跨国经营企业通过 R&D 国际化和建立企业间策略性技术联盟而形成了一个覆盖全球的技术网络，它对于其他中小企业和发展中国家的企业意味着什么？

其三，在科学技术的全球管理方面，世界知识产权组织和 WTO 的 TRIPs 是规范和管理全球科学技术流动的最佳制度安排吗？在发达国家拥有 90％以上的全球科技专利和 85％以上的 R&D 投资的情况下，这种安排对于发展中国家是公平的吗？发展中国家对于知识产权保护应该持何种态度？

其四，科学技术知识已经从上帝的赐予变成了一种关键生产要素和战略性资源，从而使国际竞争的形式发生了巨大的变化。那么，这种变化对于发展中国家，特别是中国来说意味着什么？我们是否需要在科技方面建立一种新的国际秩序？是否需要一种新的科学技术全球治理结构？这种科学技术全球治理结构的基本框架如何？应该按何种原则建立起来？

其五，由于目前阶段的科技全球化主要是由西方发达国家及其跨国公司所控制的，科技全球化因而又是发达国家控制科学技术知识的产生及其应用范围的主要方式。从这个意义上说，发展中国家似乎应对科技全球化持否定态度。但是，另一方面，科技全球化毕竟有利于科学技术知识的生产及其全球流动，因而为发展中国家获得和利用来自发达国家的先进技术提供了更多的机会。从这个角度来看，发展中国家似乎又应该对科技全球化持一种肯定或支持的态度。那么，发展中国家究竟应该如何应对科技全球化问题？

二 科技全球化背景下的中国科技发展战略选择

从前面的分析中可以看出，进入 21 世纪以来，国际政治、经济和科技发展的新特点和新趋势，科技全球化浪潮与经济全球化浪潮一样，既为我国提供了重大的战略机遇，也为我国带来了严峻的挑战和压力。另一方面，改革开放二十多年来，中国科技经济的发展也取得了巨大的成绩，虽然没有从根本上改变总体上落后的局面，但我们已经成功地大幅度缩小了与发达国家

之间的经济技术差距，中国正处于崛起状态中。作为一个发展中大国，我们必须准确把握未来国际环境的变化趋势和当代科学技术的发展规律，在此基础上形成符合国家长远和根本利益的科学技术发展总体战略，为实现国家富强和民族振兴奠定坚实的科学技术基础。

（一）中国和平崛起的科技含义

对一个国家的国际地位做出判断，无疑是制定正确的战略措施的必要前提。而要对中国的国际地位做出判断，首先就要对中国的发展阶段做出判断。这是一个非常困难的问题和非常艰巨的任务。从工业化进程来看，如果我们把迄今为止的工业化进程分为三代工业体系更迭的话，那么，目前经济发达国家的技术—经济范式正处于从第二代工业体系向第三代工业体系的过渡时期。中国目前技术—经济范式的主要特征是：第一代工业体系已经成熟并且处于产业生命周期的下降期；第二代工业体系已经或者正在确立它的主体地位，长期高速的经济发展使中国庞大的国内市场处于吸纳这些产品的鼎盛时期，目前中国经济的高速增长就是建立在这些工业部门迅速发展的基础之上的；第三代工业体系在中国虽然也有所发展，而且个别部门和个别领域也已经取得了举世公认的成就，但就整体而言，无论在规模上还是在技术水平上都与发达国家有较大差距，因而尚不具备建立第三代工业体系的能力和条件。诺贝尔经济学奖获得者、美国经济学家罗伯特·弗格尔（Robert·W. Fogel）也认为，就实际人均收入而言，目前中国正处在美国 1897 年的水平；按农业劳动力所占的份额计算，则中国目前处于美国 1880 年的水平；按城镇人员所占比例测算，则中国处于美国 1890 年的水平；按小学在校学生与相关年龄组的比例计算，则中国处于美国 20 世纪 50 年代中期的水平，中国的中学教育则达到美国 1970 年的水平。

尽管如此，二十余年的改革开放，已经使中国更加有信心和能力来应付全球化，包括科技全球化的严峻挑战。事实表明，中国作为一个具有世界影响的大国，正处于和平崛起之中，而且中央领导同志已经把和平崛起作为我们新的国际发展战略。[①] 从科学技术的角度来看，中国作为一个大国的和平崛起至少具有以下几层含义：

---

① 这个概念是中央党校副校长李俊如最先提出来的，温家宝总理访问美国的讲话、胡锦涛总书记在亚太经合组织会议上的讲话，都采用了这个概念。

其一，从边缘走向中心。根据学术界的观点，一个国家要成为世界科技中心，一个重要标志就是该国的科技论文产出占到世界总量的四分之一以上。以此判断，当今世界上只有美国可以达到这一标准，因而是当之无愧的世界科技中心。2001年，中国在三系统收录的147.2万篇论文中，只以6.5万篇占4.38％，居世界第六位。其中，SCI收录论文占世界总量的3.6％，居世界第八位；EI收录论文占世界总数的7.7％，为仅次于美国和日本的第三位；国际会议论文索引（ISTP）收录论文占世界的4.5％，居世界第六位。[1] 2005年，我国国际论文总数为153374篇，占世界论文总数的6.9％，首次超过德国，次于美、英、日居世界第四。不仅如此，衡量论文质量的重要标准——论文被引用数量也从2004年的32536篇增加到51223篇，被引用次数由75234次增加到133417次。[2] 由此可见，尽管中国的科技水平与发达国家还存在着较大的差距，但是，中国毫无疑问是一个处于崛起之中的科技大国，科技发展水平总体上处于发展中国家前列并向中等发达国家靠近。[3] 董光璧认为，在世界坐标系中考察"世界之中国"，结论是在近百年来人类之旅的征途中，中华民族是落伍者。经过100多年的努力，中国人民赶上了一段路程，但是仍然处于人类之旅的后队，在科学技术领域处于世界科学中心的周边。[4] 这是一个很中肯的评价

其二，从依附走向自立。中国长期严重依赖国外技术供应。1981—1998年期间我国进口的国外先进技术和设备累计达1012亿美元。据机械工业部门对53种机械产品的技术来源分析，四分之三是来源于国外，而重大技术装备中主导产品的技术几乎全靠引进。国家机械工业局认为，目前中国机械工业的产品结构和技术水平达到世界先进水平的不足5％，40％的机械设备依赖进口。据联合国有关部门分析，中国的国民生产总值虽然排在世界第四位，但其工业技术的科技发展水平却只能排在世界第20位以后。在国内学者中间，即使是最乐观的观点也认为中国产业技术水平与世界先进水平的差距为5—15年，平均为10年。但是，中国的科技发展也取得了巨大的成就。

---

[1] 科学技术部：《中国科学技术指标2002》，科学技术文献出版社2003年版，第87页。

[2] 王大鹏：《我国国际论文数量超过德国升至世界第四》，http://www.sina.com.cn 2006年10月28日02：56，《北京晨报》。

[3] 《中国技术前瞻报告2003》，科学技术文献出版社2004年版，第35页。

[4] 董光璧：《中国科学现代化的难点和前瞻》，载《科技导报》1998年第9期。

到 1999 年，全国专门从事科技活动的研究机构超过 3 万家，其中企业科研机构达到 2.4 万家。建成了国家级重点实验室 217 个，国家工程中心 188 个，认定国家级企业技术中心 294 个，近 90 个可持续发展试验区，450 个生产力促进中心，基本上能全方位地支持社会和国民经济的发展。有资料表明，1991 年，大中型工业企业研究开发经费只有 58.6 亿美元，而技术引进费用却高达 90.2 亿美元，两者之比为 1：1.54。此后大中型工业企业用于引进国外技术的经费以高于研究开发经费的增长速度逐年增长，到 1995 年达到峰值 1：2.55。但在 90 年代中期以后，中国大中型企业的研究开发经费迅速增加，而技术引进费用则有所下降，技术引进经费与企业研究开发经费支出的比值一直保持下降的趋势。1999 年，大中型工业企业的研究开发经费第一次超过了技术引进经费，两者之比为 1：0.83，2001 年进一步下降到 1：0.65。这种情况充分表明，中国企业的自主创新能力和技术水平正在逐步增强，对国外的技术依赖逐年下降。① 此外，贸易方式的变化也反映了中国正处于从依附走向自立的进程之中。

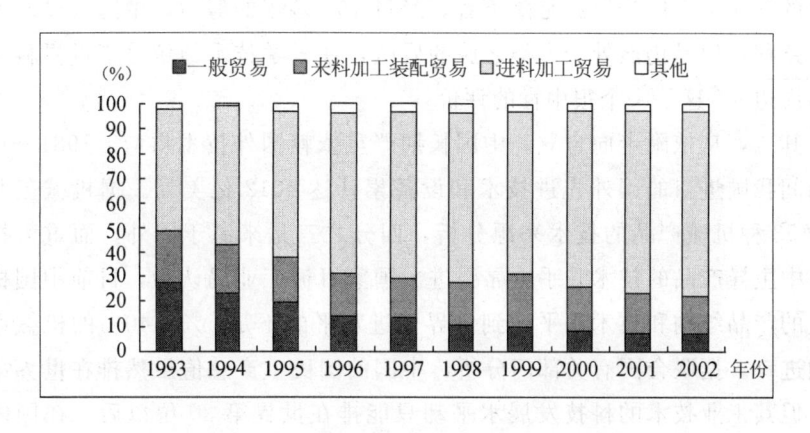

图 10—3　中国对外贸易分类：1993—2002 年

其三，从跟踪走向跨越。长期以来，中国科技发展的一个主要模式就是跟踪国外的科技发展，但是，经过几十年的发展之后，中国出现了一些优势的科技领域：正负电子对撞机、同步辐射加速器、重离子加速器、强激光光源、卫星遥感地面站、生态观测站和生态网络系统等，并且在数理统计方

---

① 《中国科学技术指标 2002》，科学技术文献出版社 2003 年版，第 83 页。

法、运筹学、自动控制理论、数论、高能物理、高温超导、古生物学、纳米材料、杂交水稻、汉字软件平台以及汉字识别上，在一些特定的领域接近或者达到了世界科技的前沿。产业领域，如彩电、冰箱、洗衣机等，形成一批具有世界影响的大企业集团，如海尔等。20 世纪 80 年代以来，国家相继实施了一系列重大科技计划，特别是高技术研究计划，使我国在高技术领域缩小了与世界领先国家的差距。经过十几年的跟踪研究，中国在生物技术、航天技术、信息技术、激光技术、自动化技术、能源技术等六个领域的前沿已经形成了自己的研究基础，并建立了一批与国际研究水平接近的高技术研究与应用开发基地，继"两弹一星"之后，又先后取得了杂交水稻、人类基因组测序、巨型计算机、6000 米水下机器人、三代移动通信、转基因技术、数字程控交换机、神舟飞船等一系列具有世界水平的重大科研成果，培育了一批高技术产业生长点。根据有关研究，我国目前在纳米基础研究、基因技术等一些前沿技术领域我国与领先国家基本上处于同一水平，在通信设备制造业、第三代移动通讯、光网络、核心交换路由器、下一代网络等研发方面开始紧跟国际前沿。我国的农业生物技术整体水平在发展中国家居于领先地位，某些技术已经进入国际先进行列。特别值得自豪的是，中国的移动通信产业在几乎一片空白的基础上，经过十余年的艰苦奋斗，已经成为全球第一大网，移动通信手机产量占全球的 30%，总体技术水平与国际同步。[1]

其四，从模仿走向创新。中国高等教育规模居世界前列，科学技术人力资源仅次于美国。据统计，2000 年中国的高等教育毛入学率已经达到 11%，科学家与工程师总量高达 1050 万人，其中从事科技活动的科学家与工程师数量为 205 万人，折合全时为 69.5 万人/年，仅次于美国。[2] 2001 年，全国科技活动人员 314.1 万人，平均每万人中有科学家和工程师 16 人。全国 R&D 人折合标准时间总数居世界第 1 位，为 95.65 万人/年。2001 年年末国有企事业单位共有各类专业技术人员 2887 万人，研究与发展活动人员 93 万人/年，其中科学家和工程师 70 万人/年。尤其值得注意的是，改革开放以来，我国先后有 46 万人出国留学进修，分布在世界 100 多个国家或地区，专业几乎覆盖全部学科门类。到目前为止，已经有三分之一学成回国，其中许多人成为国家科研发展的骨干。庞大的人力资源基础，使中国在许多重要

---

[1] 《中国技术前瞻报告 2003》，科学技术文献出版社 2004 年版，第 36—37、43 页。
[2] 《中国科学技术指标 2002》，科学技术文献出版社 2003 年版，第 26 页。

科技领域拥有了相当坚实的基础和能力，因而有可能做出世界一流的科研成果。据统计资料表明，中国的海外留学生中，有近60%从事生物医学研究。在世界著名的《生物化学》、《细胞》以及《科学》等生物医药杂志中，中国人为作者之一和作为主要作者的论文数占到总数的57%。与此相适应，在生物技术领域国家重点实验室的数量占到全部国家重点实验室的三分之一以上，由此促使我国的生物技术水平与发达国家基本同步，有的甚至处于领先水平。目前世界销售额前十位的基因工程药物我国能够生产8种，有100多种生物药物处于临床研究阶段，以转基因抗虫棉大面积推广为代表的重要农作物现代育种技术已经取得突破。[1] 根据科学技术部对来自高校、研发机构、企业以及政府等社会各界600多名专家的调查，我国目前在信息通信、生物科学和生物技术以及新材料三个领域的研发水平总体上落后于领先国家5年左右。在未来十年我国最有可能取得科学突破和技术突破的技术项目包括：信息通信领域的下一代移动通信技术、中国下一代网络体系、纳米级芯片技术和中文信息处理技术；生命科学与生物技术领域中的人类功能基因组学研究、医药生物技术、生物信息学、蛋白质组学研究、农作物新品种培育技术；新材料领域的纳米材料与纳米技术。其中，中文信息处理技术居世界领先水平，突破的可能性最大。[2]

总起来看，目前的中国科技是一个典型的崛起中大国的科技状况。局部优势领域与总体落后局面并存、庞大的研究人员规模与弱小的研究开发投入并存、大规模技术引进与国内技术的供应不足并存等三个"并存"充分体现了中国作为一个发展中国家的科技特点。

（二）科技全球化背景下的科技发展战略目标

由上可见，科技全球化既给中国带来了难得的学习机会，同时也给中国带来了严峻的挑战，如果处理不好的话，很有可能使中国陷入边缘化的进程之中。因此，能否抓住科技全球化所提供的这种技术赶超机会，很大程度上取决于发展中国家自身能否建立起良好的技术应用平台，包括科学技术基础设施、人力资源以及良好的制度基础等。从这个角度来看，科技全球化的迅速发展对中国的科技发展战略有着重要的含义。它表明，科学技术决策已经

---

[1] 《中国生物技术产业发展报告2003》，化学工业出版社2004年版，第6页。
[2] 《中国技术前瞻报告2003》，科学技术文献出版社2004年版，第42页。

不是一国之内的事情了，我们必须从全球高度上来看待和处理中国的科技发展战略问题，并将由此引发的种种变化纳入决策变量之中。唯其如此，我们才能够制定出更加符合中国国情的科技发展政策来。

考虑到科技全球化浪潮的深入发展、中国目前所处的国际地位以及中国科技界在中华民族的伟大复兴进程中所面临的历史使命，我们可以把纳入科技全球化背景的中国科技发展战略目标界定为：通过进一步深化科技体制改革，完善各种相关的制度安排，努力形成一个适合科技全球化背景和社会主义市场经济要求，具有强大的知识创造能力和科技吸收能力的国家创新体系，积极学习和消化吸收人类一切优秀的科技成果，以我为主，综合集成，使中国的科技应用水平和知识创造水平进入世界前列，推动产业技术和社会发展水平不断提高，为全面建设小康社会以实现中国的和平崛起，为实现中华民族的伟大复兴，为保障国家主权和领土安全，提供坚实的科技支撑，并在此前提和基础之上，为人类的科学技术宝库贡献力量。

（三）中国科技发展的路径选择

如果我们把一国的科技发展战略理解为由此及彼的总体谋划的话，那么，路径选择显然是至关重要的因素。譬如我们要渡过一条河，是建桥渡河呢，还是造船渡河，抑或是绕道而行？如果是建桥的话，是建一座浮桥还是建一座永久性桥梁？如果是用船渡河的话，那么，是买船还是租船？如果是绕道而行的话，那么，是翻山越岭还是绕过平原？在重大战略问题上围绕着这样一些选择做出的决策，就是战略路径的选择。以此类推，我们在考虑未来中国科技发展战略时，必须首先厘清以下几个问题。

第一，要坚持技术的全球主义，反对技术的民族主义。一般来说，前者是建立在以科学技术知识是公共产品的假定的基础之上的一种经济技术政策取向，对于科学技术知识的跨国界流动采取一种支持态度，既鼓励科学技术知识的流入，也鼓励或者至少不限制科学技术知识的流出；后者是建立在科学技术知识是私人产权性产品的假定的基础之上的一种经济技术政策取向，它对于科学技术知识的跨国界流动虽然大体上也采取支持和鼓励态度，但这种支持和鼓励是有条件的，有限制的。由于目前阶段的科技全球化主要是由西方发达国家及其跨国公司所控制的，科技全球化因而又是发达国家控制科学技术知识的产生及其应用范围的主要方式。从这个意义上说，我们似乎应对科技全球化持否定态度。但是，另一方面，科技全球化毕竟有利于科学技

术知识的生产及其全球流动，因而为发展中国家获得和利用来自发达国家的先进技术提供了更多的机会。从这个角度来看，我们毫无疑问应该对科技全球化持一种肯定或支持的态度，坚持技术的全球主义，反对技术的民族主义。

由于我们现在处于一个经济全球化的时代，人类科学技术的发展已经积累了大量的知识财富，而且这些财富现在已经转化为公共知识，经济全球化的迅速发展为这些科学技术知识的全球流动创造了非常有利的条件，因而使发展中国家可以充分地利用这样一些知识财富。对于中国这样一个发展中国家来说，现阶段的主要任务就是充分利用整个人类的全球知识储备，以为我用。在科学技术知识越来越成为政府或企业有意识地投资的产物的情况下，知识资产越来越成为一种战略资产，其中相当大部分仍然是一种可贸易或者说可交换的资产。是商品就可以交易，有交易就有价格，有价格就可以通过市场获得。在条件允许的情况下，或许通过市场途径获得国外技术供应是一国发展科学技术的最为便捷的渠道。

第二，以知识应用而不是知识创造为中心。以科技知识的创造为中心，还是以科技知识的应用为中心？这代表着中国科技发展的两种不同的战略选择。如果以前者为主，则其结果就是增加人类的知识储备，而与此相适应的一个政策选择就是大幅度提高基础研究在全部研究开发支出中所占的比重；如果以后者为主，则是将满足中国社会经济发展的需要置于优先地位，与此相联系的政策选择就是保持基础研究在全部研究开发支出中所占的比例，而大幅度提高应用研究以及开发研究在全部研究开发支出中所占的比例。根据中国科技在现阶段所面临的国内外形势和历史使命，我们必须把知识应用置于极其重要的地位，鼓励和促进科学技术知识的应用，而不是在科学前沿与发达国家一争高下，或者多出几个诺贝尔奖获得者。对于现阶段的中国来说，重要的是充分利用可得的科学技术知识，为全面建设小康社会和保障国家安全提供强有力的科技支持。从技术创新的角度来看，获得诺贝尔奖当然是重要的，但它提供的是公共知识而不是产权性知识。这除了具有振奋民心的意义之外，并不是特别重要的一件事情。

如果以知识创造为核心，这在科技发展战略上就意味着我们的研究开发资源应该主要配置到科学技术知识的创造方面，以获得和创造新的科学技术知识为目标，其表现形式就是追求做出具有世界意义重大科学发现和发明，寻求自主知识产权，其极端形式和终极目标就是追求获得诺贝尔奖。如

果是以科学技术知识的应用为中心,这种战略就意味着应该把主要的科学技术资源配置到学习和应用目前已有的科学技术知识上,推动科学技术知识的扩散和应用,提高中国的技术学习与吸收能力。

激烈的国际竞争和经济社会发展需求的强力牵引,长期知识积累和先进科研设施的有力推动以及各国政府与企业迅速增加的科技投入,为科学技术的快速发展奠定了坚实基础。信息技术革命使科技发展模式和组织方式以及发展方向发生了深刻的变化,推动着当代科学技术沿着宏观和微观两个维度向着最复杂、最基本的方向发展,宇宙科学、基本物质科学、地球科学、生命科学和非线性科学成为新的科学前沿。生命科学、信息科学和材料科学的交叉融合,以及环境科学、能源科学、材料科学、空间科学、海洋科学等传统学科的整合,势必带来科学技术的飞跃性发展。在未来30—50年里,全球范围的新一轮科技革命将更多地表现为群体突破,表现为新的技术群及相应产业群的竞相崛起。日新月异的科学技术发展,展现出了更多的科学发现和技术发明前景,创造出了多样性的技术替代机会,为具有一定科学技术基础和潜力的后发国家留下了巨大的发展空间。

第三,必须高度重视自主研发。我们知道,当代科学技术的发展,特别是产业技术的发展,绝不是单项技术的突破,而是体现为技术群的突破。熊彼特所说的技术创新群集,实际上就是指的这样一种技术创新在时间上的蜂聚期,而这种蜂聚是以技术的群体性突破和应用为基础的。与此相适应,以核心技术为突破点,带动相应的技术群发展,是后发国家实现技术跨越的一条重要途径。技术群的提出表明,无论如何,先进技术是买不来的。我们可以买来单项技术,但不可能买来整个技术群。这就要求我们在产业技术的发展上,突出强调技术群的概念,在技术选择上注意引导企业重视主导技术和关联技术以及它们之间的相互联系与相互促进。单项技术的引进,并不足以从根本上改变中国产业技术的落后状况,但一个技术群的发展却有可能使中国在某一产业领域真正实现技术跨越。

需要说明的是,在这里,自主研发主要是指以我为主,为我所用,而不是指技术自主或者说科学技术领域的自力更生。虽然我们的研究开发支出占GDP的比例已经达到1.2%以上,但是,全国每年的研究开发支出总额折合成美元只有100多亿美元。如果我们一定要以如此微不足道的研究开发支出来解决自己的技术供应问题,那肯定是无济于事的。即使是像英国这样的经济发达国家,其企业的技术需求也有95%以上来自国外。从这个意义上来

说，一味简单地强调自主创新既无可能，也无必要，实际上是一种变相的技术民族主义。即使完全从经济角度来考虑，在我们能够以相对较小的代价从国外获得技术供应的情况下，为什么一定要强调技术上的自力更生呢？强调自主研发的重要性，绝不意味着鼓励科学技术领域的民族主义倾向。

第四，在高度重视政府整体统筹作用的前提之下，充分发挥企业作为技术创新主体的功能。应该承认，当代科学技术的发展出现了一些新的特征，政府在研究开发活动中的统筹作用日益增强。比如说，相当一部分研究开发选题是由政府根据公共利益而提出并确定的，科技人员只能根据这些选题所确定的方向以投标或合同方式进行研究；很大一部分研究开发经费是由政府提供的，或者是政府与企业联合提供的；研究开发活动的公共性受到高度强调，政府以公共利益的名义直接插手对研究开发活动及其产业化过程的干预，从而使科技活动由经济系统的内生变量进一步上升为整个社会经济发展的核心因素，等等。但是，这并不能从根本上改变企业是技术创新的主体这样一个核心命题。[①] 事实上，只要我们承认技术创新在本质上就是科学技术成果的第一次商业化应用，那么，无论这种商业化应用是成功还是失败，其唯一的承担者必然是企业。政府或者其他社会组织可能会投资于研究开发活动，但技术创新的逐利本性决定了它们从来不是，也不可能成为技术创新的承担者。根据熊彼特的观点，技术创新是企业家的天职，而企业家的技术创新行为是借助于企业来实现的。从这个意义上来说，任何技术创新，在本质上都是由企业完成的。有些技术创新行为虽然是由科学技术人员本身直接实现的，但那也首先是在科学家转变为企业家之后才得以实现的。

第五，在充分注意大企业的产业核心作用的同时，高度重视科技型中小企业在科技产业化进程中的重要作用。在产业技术的发展过程中，究竟是以大企业为主还是以小企业为主，学术界有着完全不同的声音。熊彼特认为：由于大企业在资金保障、风险承受能力等方面具有优势，因而最适合于创新。美国新制度学派经济学家加尔布雷思也认为："说技术进步是小人物受

[①] 这个问题可以从四个方面进行分析：其一，企业是研究开发投入的主体，从而使科学技术从企业发展的外生变量成为内生变量；其二，企业是产业技术知识的主要生产者，企业所获得的专利数远远超过研究机构或独立发明家；其三，企业是技术创新行为的直接承担者，严格意义上的技术创新都是由企业承担的；其四，企业是技术创新活动的直接受益者。参见《中国科技发展战略研究报告 2003》，经济管理出版社 2004 年版。

竞争的压力、应用它们世罕其匹的聪明才智，为过得比邻居好而努力的产物，无疑只是一个愉快的虚构……由于发展是高成本的，这必然导致只有有资源、且有相当规模的企业才能胜任。"与此相反，美国经济学家曼斯菲尔德则通过对多个产业部门的实证考察提出了一个截然相反的见解："在大多数产业，最大公司给定规模的 R&D 项目的生产率不如一些小企业高。"[1] 事实上，包括新企业在内的小企业部门不仅是技术创新的一个重要来源，而且接近高水平的技术创新常常是由中小公司完成的。这种公司大多以高度的灵活性为特征，正是这种灵活性使它们能够迅速以较低的成本利用新技术机会，并且生产出可以在市场上销售的创新产品。有学者认为："中小企业一般更多的是市场导向的而较少是研究驱动的，更快地对新机会做出反应，而且更多地从事小的渐进性创新。它们对于研究开发或者广义创新的贡献，以及对于高技术就业的贡献是非常重要的。1991 年，美国小企业提供了 55% 的创新，提供了 25% 的高技术工业领域的就业机会。"[2]

在中国，科技型中小企业有着特别重要的意义。由于科技型中小企业的创办者大多是来自大企业或者科研机构或者大学的高级技术人员，并且大都是以自己所拥有的技术成果为基础，在风险资本的帮助下开始创业的，因此，大多数企业家将其产品，甚至公司建立在自身技术技能之上，其注意力的焦点自然是在其产品和生产的技术细节上，因而更加具有创新性，更加重视工艺创新和市场导向，而这正是中小型科技企业的实力所在。另一方面，由于技术创新过程具有高度的不确定性，一种良好的风险分担机制对于技术创新来说是至关重要的，在科研机构和大型企业都无意投资的技术创新项目中，中小企业因为承担了与这些不确定性相关的种种风险而实际上充当了技术创新中试基地的角色，充当了新兴产业的探路者的角色，而且也充当了企业家的培训基地，许多企业家就是通过创办科技型中小企业成长起来的。因此，在目前的中国，保护企业家的创业精神，高度重视科技型中小企业的作用，其意义无论怎样强调也不过分。

第六，确立以科技发展为中心的新型经济增长方式，而不仅仅是科技为经济发展服务。如果仅仅说科技为经济发展服务，这意味着科技还是经济发

---

[1] 柳卸林：《技术创新经济学》，中国经济出版社 1993 年版，第 41—44 页。

[2] *Small Businesses, Job Creation and Growth: Facts, Obstacles and Best Practices*, OECD, 1997, p. 27.

展的外生变量,是上帝赐予的礼物;如果建立以科技发展为中心的新型经济增长方式,则意味着科技已经成为经济增长的内生变量,是有意识的研究开发投资的产物。在这种情况下,研究开发投资必须体现投资者的意志,把获得投资回报纳入科技决策变量体系之中。长期以来,我国科技体制改革的一个重要方向就是解决科技与经济的"两张皮"问题,解决科技与经济的结合问题。较之在传统的科研模式之下,科学技术研究主要是由人们的好奇心驱动的活动,科学技术知识还属于公共商品,是经济活动的外生变量,这无疑是一个正确的改革方向。而且,经过将近20年的科技体制改革,我们在这方面已经取得了巨大的成就。但是,从总体上看,科技与经济"两张皮"的现象虽有好转,但是仍未从根本上得到解决,但是科技与经济结合的规模和集约化程度还很不够,没有形成科技与经济发展相互促进的良性循环;企业对先进技术的引进、消化、吸收、创新的能力依次下降,企业还是主要依赖于引进先进技术,而且在引进之后,并不注重对技术的消化吸收;研究、开发、商品化的资金投入比例,发达国家一般为1:10:100,而我国大约只有1:0.5:100,开发环节过于薄弱。尽管外资对中国的经济增长和现代化起了重大作用,但在华投资的外企只从事了很低水平的研发活动,它们在创新过程中的作用似乎更加有限。只有1%的外企有研发部,其中一半的资金不稳定,三分之一不能正常地从事研究开发活动,40%缺少必要的实验和试验设备。而且,当国外企业获得合资企业的控股权时,它们往往关掉了中国伙伴公司的研发设施。虽然中国着意利用技术贸易来提高其技术地位,但这种做法迄今只对中国科技与创新能力的提高起了有限的作用。[①] 在当代科学技术活动已经演变为政府和企业有意识地R&D投资的产物的情况下,科学技术成果还是经济系统的外生变量吗?显然,科学技术知识已经从上帝的赐予变成了一种关键生产要素和战略性资源,科技是社会发展中的科技,两者是无法分离的。因此,我们必须坚持社会发展中的科技,而不仅仅是科技与经济的结合。

(四) 中国科技发展的战略措施

从前面的分析中可以看出,未来中国的科技发展需要坚持科学技术的全球主义,坚持以知识的应用为中心,坚持自主研发的核心作用,坚持企业的

[①] OECD:《2002年科学技术与工业展望》,科学出版社2003年版。

主体地位，坚持重视科技型中小企业的核心作用，坚持社会发展中的科技这一基本理念。在战略措施上，这样一些选择同时也就意味着我们要实行战略转型，采取一些新的战略措施。

其一，全球化战略。全球化不同于国际化。国际化仅限于国家之间关系的层次上，而全球化则是用全球视角来处理科技发展的战略选择。由于人类历经数百年发展所创造的科学技术知识大多已经成为公共知识，科技全球化不仅促进了科学技术知识在全球范围内的流动和共享，加强了科学技术知识的国际扩散和技术创新收益溢出的国际趋势，而且推动了科学技术的跨国合作和研究开发国际化进程的加速，从而使我国有可能充分利用人类文明进步的共同成果和世界各国的创新资源，实现科学技术的跨越发展。要做到这一点，除继续鼓励外资企业来华设立研究开发机构以及加强中外科技工作者之间的人员交流以外，还要求我们采取措施促进尖端领域的国际合作，与亚洲邻国建立研究伙伴关系，加强国际交流与合作的研究平台。在具体措施上，要对合作研究的必要性、成本分担与竞争等问题进行战略评估，建立国际科技合作基金，以适当的机制和制度保证不会延误就大型研究开发项目做出决策，创造国际研究网络并促进尖端研究的国际合作，积极参与国际组织提出的合作研究倡议，支持研究机构培养能够在世界科技舞台上活动并操作世界水平研究设施的人员，与日本、韩国和印度等亚洲邻国建立密切的研究伙伴关系以推动亚洲成为可以与美国和欧洲比肩的世界级研究中心，鼓励宣传中国的研究开发活动等。与此同时，调整政府科技管理部门和政府研发机构的使命与职能，使科技活动由学科导向型变成问题导向型和使命导向型。

其二，集成化战略。集成创新意味着，在科技知识的供应上，我们要充分借鉴和吸收人类一切文明的优秀成果，强调通过与发达国家的经济技术交流来获得必要的技术供应，并在此基础上逐步培育和提高中国的技术创新能力，其实质是综合集成，以为我用。科技全球化的迅猛发展使科学技术知识的国际流动骤然加快，使各国更容易获取和利用全球科技知识储备和先进科研设施，有可能通过集成优势实现技术跨越。这种局面决定了没有任何一个国家能够在所有科学技术领域保持绝对领先或支配的地位，因而为具有相当科学积累的后发国家留下了巨大发展空间。在这种情况下，具有决定性意义的未必是研发能力，而是集成并利用全球科学技术资源和知识的能力；集成能力较之研发能力更具有决定性。在具体措施上，要高度重视和强化科技信息的收集与处理、扩散工作，加强技术预见与市场分析工作，加强科技中介

机构的建设，把科学技术知识的搜索能力、学习能力、设计能力与生产能力结合起来，大幅度地提高技术集成能力。要促进国内科技知识在不同行为主体之间的有序流动，以加快科学技术知识的扩散和应用，缩短其从潜在生产力转化为现实生产力的时滞。

其三，一体化战略。当代科学技术的快速发展，使传统的"生产—技术—科学"模式出现明显逆转，"科学—技术—生产"成为科学技术发展的常态。科学和技术的结合和相互作用、相互转化更加迅速，逐步形成了统一的科学技术体系，科技对经济社会发展的引领作用日益突出。国民经济的知识化和知识活动的产业化作为知识经济的两个本质特征有了特别重要的意义，科技知识的生产、流动与应用成为当代经济活动的核心。从某种意义上说，国家创新体系的实质和核心就是通过完善有关科学技术知识生产、流动与应用的制度安排，来促进科学技术成果的产业化进程，从而使一国经济真正建立在科技进步的基础之上。从这个意义上讲，一体化战略的实施同时也就意味着经济增长方式的根本转变。在具体措施上，这就需要我们进一步加强产学研的结合，一方面，要在体制和机制上促进企业真正将其发展建立在技术创新的基础之上，实施以技术创新为核心的发展战略；另一方面，要采取得力措施消除政府研究机构和大学的研究成果进入企业的文化、制度以及政策方面的障碍，比如说，企业家与科学家之间的互信问题，风险投资的发展以及二板市场的建立等。

其四，网络化战略。如前所述，当代世界科技发展的一个重要趋势就是网络化，这种网络实际上具有两重含义：一是跨国公司通过企业间策略性技术联盟形成了一个全球技术监控网络，严格控制着科学技术发展的方向、速度以及向发展中国家转移的规模与价格。与贸易相关的知识产权条约（TRIPs）更以赋予知识产权保护以强制力的方式进一步加强了发达国家的知识产权优势，使像中国这样的后发国家难以继续利用反向工程等传统方法获得国外先进技术。二是跨国公司通过外国直接投资所形成的国际生产网络，它既是跨国公司的生产国际化的具体体现，同时又是跨国公司的技术进步监测网，更是科学技术知识的全球扩散之网。通过这样一些网络，发达国家的先进技术会源源不断地扩散到发展中国家。在这种情况下，要打破跨国公司的垄断之网，必须加入跨国公司的国际生产网络之中，以国际生产网络应对跨国公司的技术垄断网络。这就意味着我们必须鼓励中国企业之间的结盟，中国企业与跨国公司企业之间的结盟，以庞大的中国市场和世界水平的

制造能力来换取加入跨国公司的科学技术网络，以提升中国企业的技术能力。与此同时，加强民营企业的技术学习能力，大力发展科技型中小企业，促进内生技术能力的培育和发展。要把 FDI 技术水平升级提高到战略高度来认识，在不回避相当长时期以来技术供应外源性仍然是中国产业技术发展的根本特点的前提之下，强化 FDI 的技术扩散功能，催生本地技术企业的发展。

三　关于培育自主创新能力的几点思考

2006 年 1 月，中共中央、国务院召开了全国科学技术大会，正式提出增强自主创新能力、建设创新型国家的宏伟战略目标，理论界也围绕着这一时代主题展开了大量的讨论，对于推动唱响自主创新的主旋律发挥了重要作用。但是，在这个过程中，也出现了两种值得注意的倾向：一种是将自主创新泛化，似乎我们现在的自主创新能力已经很强了；另一种是将自主创新虚化，否定自主创新的现实意义。这样两种倾向，使自主创新研究成为目前学术界引人注目的理论焦点。那么，究竟应该如何理解自主创新问题呢？

（一）技术创新本质上是科技知识与市场需求相结合的过程

要正确理解自主创新，首先需要对何谓创新有一个准确的理解。什么是创新？创新经济学的创始者熊彼特称创新为生产函数的移动，并列举出了创新的五种基本形式。在他看来，发明、创新与创新的扩散是完全不同的事情：发明是科学家的事情，创新是企业家的天职，创新的扩散则是创新收益社会化的过程。英国著名创新经济学家克利斯托夫·弗里曼称创新为科技成果的第一次商业化应用，这显然将熊彼特的理解向前推进了一大步，突出了市场需求在创新过程中的决定性作用。

然而，在我们国家，长期以来在关于创新问题的讨论中一直存在着两种极端化的倾向：一方面，相当一部分人，包括学者和决策者，普遍把创新仅仅理解为是科技界的事情，从而将一个具有丰富理论内涵的经济学概念变成了狭义的科技政策概念，经济学意义上的创新也被简化为科技管理意义上的科技创新，所谓科技创新实际上又具有了创新性研究的含义，甚至进一步被赋予了知识创造的含义。由于科学家是不考虑市场的，因此，这种理解显然不符合熊彼特式创新的本意。另一方面，由于政府对创新问题越来越重视，

创新这个概念在短期内很快从一个学术概念上升为政策概念,甚至进一步上升为政治概念,从而具有了强大的社会影响力。许多人,甚至非专业的学者也都从不同角度对创新问题进行阐释,赋予了创新以种种似是而非的含义,甚至将创新仅仅理解为推陈出新或者是标新立异,从而使得严肃认真的学术讨论难以展开。很显然,对于政策研究来说,我们既不能拘泥于创新的学术本意,更不能泛政治化,而应该着重在政策层面对创新的内涵进行研究。

那么,在政策层面上,我们应该如何理解创新呢?我们认为,首先,必须强调指出,创新不是一个事件,不是某一件科技发明,而是一个过程,是科学技术知识与市场需求的结合,并在此基础上创造出具有市场价值的新型产品和服务的复杂过程。任何把创新理解为重大科技突破的企图都是错误的,因为它很容易把创新与创新性研究混为一谈。其次,作为一个复杂的经济过程,技术创新渗透于现代社会经济发展的各个环节和各个方面,而且随着科学技术的深入发展,这种科技知识与市场需求相结合以创造财富的过程越来越成为现代经济增长的核心。再次,创新不仅仅是一个复杂的经济过程,更是一个复杂的社会过程,许多非经济因素也渗透到技术创新过程中来,比如制度因素、文化因素、社会因素等等。西方学者提出国家创新体系的理论,事实上就是把创新理解为一种复杂的社会过程的必然产物。

(二) 自主创新重在自主

既然创新是一个复杂的社会过程,那么,自主创新显然既有着创新的一般含义,又有着超越于一般技术创新的独特含义,而这种独特含义主要来自"自主"二字——谁来自主?如何自主?如何确定自主的程度?自主是技术创新的目标还是技术创新的方式或者说是手段?

如果说,我们所称的自主创新是针对企业而言的,那么,熊彼特意义上的技术创新的主体自然而然的是企业,而企业的技术创新活动也都自然而然的是由企业做主的——自主决策、自主投资、自主承担、自主获利。企业既是技术创新的决策主体,也是技术创新的投资主体和技术创新活动的主体,更是技术创新受益的主体。因此,对于企业来说,强调技术创新的自主性是没有意义的。

如果说,我们所称的自主创新是就国家层面而言的,那么,国家层面上的自主创新显然是相对于从国外获取技术供应而言的,这自然就会产生两个重大问题:其一,自主创新是指一国的技术供应应该主要以自有技术为主,

而不应该过分依赖国外的技术供应。应该承认，这种说法无疑是正确的，愿望也是良好的，但是，这种人为地将技术划分为本国技术和外国技术的做法合理吗？其二，一国的技术创新在多大程度上就是自主的？国家在创新上实现自主的标志是什么？如果把自主创新等同于技术自立的话，那么，如何将自主创新与技术上的自力更生区别开？极而言之，还可能会有人赋予这种自主创新以技术民族主义的内涵——追求技术上的自力更生，否认在国家之间技术专业化的存在，进而否定国家之间在技术上的相互依赖。很显然，这种倾向是必须注意尽力避免的。

事实上，由于我们对自主创新的含义缺乏一个准确恰当的理解，在实践中确实已经出现了一些问题。比如说，许多人认为专利，特别是发明专利是反映一个国家技术创新能力的重要指标，把自主创新理解为一定要拥有自己的专利，进而把拥有自己的专利又等同于拥有自主知识产权，认为只有自主研究开发获得的知识产权才能称为自主知识产权，从而把自主创新、自主知识产权与自主研发混为一谈了。结果，在一些高技术产业，特别是生物技术产业中，一些企业在加强自主创新的旗帜下，不切实际地展开从科学概念到最终产品的一条龙式研究开发与生产，把大量的宝贵资源耗费在远市场的纯基础研究上。结果，许多项目在进入中试阶段以前就夭折了。实际上，自主创新、自主知识产权与自主研究开发三者之间有着完全不同的含义。

那么，究竟应该如何理解自主创新的内涵呢？我们认为，有三个关键点需要着重把握：一是自主创新重在自主；二是这种自主所寻求的主要是技术自主，而不是技术自立，应该严格把技术自主与技术上的自力更生区别开来；三是自主创新只是一个手段而非目标，不是主体的概念，而是方式的概念。从这个意义上来看，所谓自主创新就是能够独立控制和把握创新目标、创新方式与创新进程的技术创新，其核心内容主要有二：一是以我为主，二是综合集成。

所谓以我为主，就是要根据自身社会经济发展的客观需要，自主确立技术创新的方向和目标，自主选择技术创新的方式和方法，自主监控技术创新的进程和进度，以求获得的技术创新成果能够最大程度地满足自己的需要，而不是使自己在确定技术创新的目标和进程方面受制于外部因素和力量的影响。

所谓综合集成，即由于现代科学技术发展的自身特点以及模块化技术的迅速发展，满足自身需求的技术供应来源不应该是单一的，不应仅仅局限在

自己的研究开发活动上,而应该采取多种可能的方式,从多个不同的来源,将不同的技术集成起来,博采众长,以为我用,最终形成能够满足自身需求的科技产品。

如何进行集成呢?我们知道,现代科学技术知识作为政府和企业有意识投资的产物,它在很大程度上是一种私人产权性商品,可以从不同角度对其进行分类:其一,从技术属性来看,我们可以将其分为商业性技术和战略性技术;其二,从可交易性上可以将其分为可交易技术和不可交易技术。对此两者进行交叉分类,我们可以看出在市场上实际上存在着以下几种情况:

(1) 可交易的商业技术;
(2) 不可交易的商业技术;
(3) 可交易的战略技术;
(4) 不可交易的战略技术。

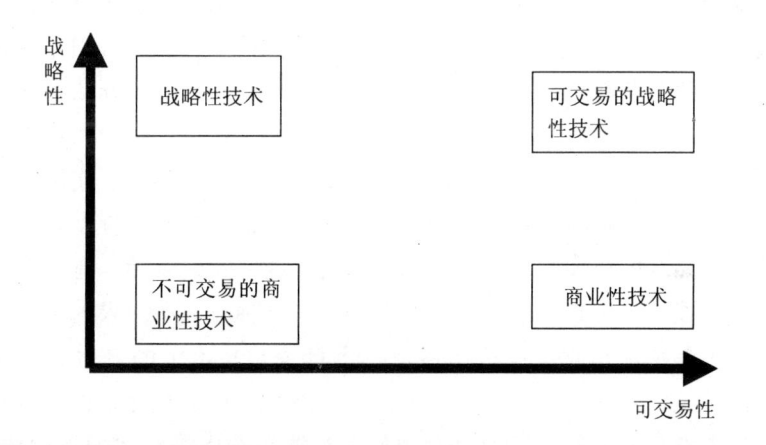

很显然,可交易的技术我们可以通过技术引进的方式从国外购买;不可交易的技术需要我们自主研发。其中,当务之急是不可交易的战略技术,其次是不可交易的商业技术。

(三) 自主创新能力主要是一种制度能力

那么,什么是自主创新能力呢?很显然,首先,自主创新能力不等于技术能力。相对而言,技术能力是指准确把握技术方向并求得技术突破的能力,主要表现为对特定技术难题的解决;而自主创新能力则是把科学技术知识转变为商业化产品和服务进而创造财富的能力,主要表现为市场上的综合

竞争实力。有的西方学者认为国家技术能力是由各种知识和创新资源组成的[①]，实际上是一个静态的概念而不是动态的概念，因而是不全面的。

其次，自主创新能力也不等于知识创造能力。将自主创新能力理解为原始创新能力、消化吸收能力和集成能力三类，实际上是对自主创新能力的进一步分类，因而是不全面的。事实上，自主创新能力，不是研究能力与模仿能力的简单加总，也不能将自主创新能力与自主发明画上等号。发明和创新是不同的，熊彼特早就说明了这一点。

再次，自主创新能力不等于综合国力或企业核心竞争力本身。自主创新能力确实是综合国力或企业核心竞争力的重要组成部分，但两者有着明显的区别。以企业而言，一个企业可能会通过更好的市场营销、售后服务培育起强大的核心部分能力，而不一定主要是通过技术开发达成这一目标，比较典型的事例就是美国的惠普公司以及中国的海尔公司。一个国家也可能通过技术开发而拥有强大的综合国力，但这种技术能力并没有转化成为创新能力，苏联就是如此。

我们认为，既然我们把自主创新理解为以我为主、综合集成，那么，对于企业来说，自主创新能力就是自主集成和应用各种技术知识并由此获得竞争优势的能力，包括技术搜索能力、学习能力、研究开发能力等。对于国家来说，所谓自主创新能力，就是根据社会经济发展的客观要求，有意识地促进科学技术知识的生产、流动和应用并在此过程中创造财富从而实现价值增值的能力。从这个角度来看，自主创新能力主要是一种制度能力，而不完全是一种技术能力。具体来说，自主创新能力由以下五方面的能力组成。

其一，界定自身技术需求的能力，即根据自身社会经济发展的客观实际，明确定义所需要的产品和服务状况，阐明什么样的科学技术知识能够满足这种需要，并在此基础上辨认出未来技术创新的基本方向，这就需要有建立在完善的社会经济发展监控网络基础之上的强大预测能力，而发达的社会科学研究对于培育这方面的能力有着重要的意义。

其二，选择能力，即对市场、产品或技术以及组织结构做出创新性选择以从事企业活动的能力；以及选择关键人员并获得关键资源的能力。这种能力的重要组成部分就是技术受方搜索和监控相关技术经济信息、确认技术和

---

① Daniele Archibugi and Alberto Coco：A New Indicator of Technological Capabilities for Developed and Developing Countries，January 2004，SPRU Paper No. 111.

市场机会以及获得利用这种技术所必要的知识、信息和技能的能力。在这里，关键的问题是：我们是否选择了正确的技术方向并且做出了适当的反应？

其三，获取相关科学技术知识的能力。在明确了自己的科学技术知识需求以及未来的创新方向之后，很重要的就是如何获得相应的科学技术知识，主要有三条路，一是自行研究开发，二是与其他企业或研究机构合作研究开发，三是从国外引进相关的科学技术成果，包括引进专利、获得相关的技术许可、引进科技人才、进口隐含有先进技术的资本货物等。这就要求系统内部的各行为主体有效地履行各种功能以获得相关科学技术，并且在市场上有效地利用这些技术，包括信息搜索能力、基础研究能力、应用研究能力、产品开发能力、人才培养能力、技术吸收能力，以及生产、销售、工程、研究开发以及产品特型化等方面的能力等。

其四，组织能力（集成或协调能力），即组织和协调一个组织内部的资源和经济活动以满足总体目标，也就是动员资源将相关科学技术知识付诸应用并实现价值创造的能力，包括通过对现有知识和技能的新组合来创造和改进技术的能力等。研发或引进的科学技术成果只是具有潜在商业价值的战略资源，而开发这种战略资源并实现价值创造则需要强大的组织能力，包括筹集资本、组织投资、知识集成、生产制造、产品营销等方面的能力。

其五，学习能力，即有效地改变系统的文化氛围从而使之能根据环境的变化而进行连续变化的能力，包括从成功和失败中学习以确认和校正错误、学习和解释市场信号并采取恰当的行为、在整个系统中扩散技术的能力。这种能力对于生存是至关重要的。一个曾经非常有活力有效率的企业如果不能适应环境的不断变化（特别是技术的不断变化），它最终就会变得既无活力又无效率。

由此可见，自主创新能力主要是一种制度性能力，而不仅仅是技术能力或者研究开发能力的简单加总。一个国家有无自主创新能力，虽然在很大程度上取决于它的科学技术基础设施、人力资源的规模与结构以及科学技术研究水平，但同时也更多地取决于企业的发展阶段、市场发育程度以及相关的制度安排。这是因为，任何真正意义上的企业都是专业化厂商，是在技术和市场的双重约束下追求利润最大化的经济组织。市场发育程度决定着市场竞争态势，而这种市场竞争状况以及相关的制度安排又会影响到企业的经营战略：是通过技术的开发和应用来获得更高的盈利水平，还是通过不完善的制

度安排来寻求尽可能多的经济租金？竞争性的市场条件有利于技术进步以及技术创新的进展，但如果没有完善的制度安排，这种竞争性的市场条件未必一定会导致更多的技术创新，可能却会导致一系列的败德行为以及畸形的垄断状态。国内许多企业更多地通过偷税漏税或者假冒伪劣而不是投资于研究开发活动来获得更高的利润，这既是市场发育水平不高的反映，更是相关制度安排不够完善的直接结果。从这个意义上来说，在自主创新能力的培育方面，制度能力较之技术能力更为重要！

（四）小结

根据前面对于自主创新能力本质内涵的分析，我们可以得出以下几点基本看法：

其一，自主创新一定要在"自主"两字上下工夫，做文章。这种"自主"，是一种方法，是一种方式，而不是一个目标，它的基本含义是独立自主地进行技术创新活动——不论是对企业还是对国家，都应如此。但是，这绝不意味着只有自己研究开发出来的才是自主的，绝不意味着我们应该寻求在技术供应上的独立自主或者自力更生。相反，它只是表明，在寻求何种科技知识供应、从哪里获得技术供应、以何种方式获得技术供应、如何应用这种科学技术知识、应用的进程及进度如何等一系列与技术创新相关的决策方面，国家或者企业都是独立自主的，不受他人指导或者支配的。从这个意义上来说，所谓自主创新中的"自主"，实际上指的是自主决策，而不管这种科技知识是自己研发出来的，还是通过市场购买的，亦或是通过技术许可从国外获得的。只要我们能够自主决定、支配这种技术成果的应用与否，由此而展开的创新就是自主创新！

其二，要高度重视集成创新在当代技术进步中的重要作用。当代技术发展的模块化趋势，客观上要求我们坚持以我为主、综合集成的发展道路，努力成为一个战略性技术集成者，根据自身的客观需要，综合国内外的现有技术成果，进行集成创新，推出在世界市场上具有国际竞争力的产品，实现关键技术的突破。组装生产不能自动引导竞争能力升级，因为模块化技术的作用，企业所能够展示的只是界面技术，许多设计技术是隐藏在模块内部的。特别是对于中国这样一个发展中国家来说，现阶段的主要任务就是充分利用整个人类的全球知识储备，以为我用，而不是片面地强调所谓自行研发。国内外的事实一再证明，在存在大量可交易技术供应的情况下，通过市场途径

获得国外技术供应是一国产业技术发展的最便捷通道。

其三，综合集成必须建立在强大的技术研发和学习能力的基础之上。当代科学技术的发展，特别是产业技术的发展，绝不是单项技术的突破，而是体现为技术群的突破。熊彼特所说的技术创新群集，实际上就是指的这样一种技术创新在时间上的蜂聚期，而这种蜂聚是以技术的群体性突破和应用为基础的。与此相适应，以核心技术为突破点，带动相应的技术群发展，是后发国家实现技术跨越的一条重要途径。技术群的提出表明，无论如何，先进技术是买不来的。我们可以买来单项技术，但不可能买来整个技术群。这就要求我们在产业技术的发展上，突出强调技术群的概念，在技术选择上注意引导企业重视主导技术和关联技术以及它们之间的相互联系与相互促进。单项技术的引进，并不足以从根本上改变中国产业技术的落后状况，但一个技术群的发展却有可能使中国在某一产业领域真正实现技术跨越，而技术群的发展本身就需要有强大的技术研发与学习能力。而且，长期依赖引进技术也极有可能使一国陷入技术追赶的陷阱之中而难以自拔。另外，关键的核心技术、重要的国防技术、战略性高技术以及一些带有民族特色的传统技术，我们无法通过商业渠道从国外获得。在这种情况下，确实应该下定决心，加大投入，解决这样一些国民经济和国际建设的瓶颈问题。

其四，自主创新能力的培育核心是体制问题。事实上，自主创新能力不足是所有后发国家所面临的共同问题，问题的关键不是要不要加强，而是如何加强。在这方面，必须把体制问题放在全部自主创新进程的核心。我们这么多年来一直将各种各样的问题归因于体制，并进行了长达二十余年的体制改革，直到今天，我们还是要将许多问题归因于体制。那么，我们这么多年来改革的究竟是什么？我个人认为主要是在政策层面上进行调整，而没有涉及体制问题。必须从国民经济发展的战略高度，建立一个系统的学习和消化国外先进技术的体制基础。从这个意义上来说，国家创新体系是一个好的制度框架。

四　结论及其政策含义

通过前面的分析，我们可以得出以下结论：

其一，在当今世界经济中，综合国力的竞争空前激烈，而科学技术知识的核心作用由于竞争战线的前移而更加突出了。科技对经济社会发展的引领

作用，使基础研究的地位日益突出并且越来越重要，研究开发越来越深入到社会的各个领域和各个方面，呈现出明显的产业化趋势。错误的研究开发方向一定不会导致成功的市场开发，但正确的研究开发方向则一定是成功的市场开发的必要前提。由于基础研究有着更大的不确定性，可能会出现重大科学突破的点很多，这就意味着没有任何一个国家能够在所有领域保持绝对领先或支配地位，从而为中国这样的具有一定基础的后发国家开拓出了更大的科技发展空间。

其二，以研究开发资源的全球配置、科技活动的全球管理以及科技成果的全球共享为主要内容的科技全球化，实质上就是国家创新体系对于经济全球化所作的一种应激反应。经济全球化的深入发展对国家创新体系的加强与完善产生了巨大的影响：一方面，经济全球化使国家边界的意义逐步弱化；另一方面，国家创新体系的发展和完善又使国家边界的意义得到强化，因为我们所采取的各种促进创新的措施实施上就是在强化这种制度空间或政策空间的功能。这种矛盾冲突的结果就是国家创新体系的建设和完善不得不接受经济全球化深入发展这样一种历史大背景，从而导致了科技全球化的深入发展。

其三，科技全球化对于中国这样的发展中国家来说，既提供了难得的历史机遇，更使中国面临着严峻的挑战。大体说来，这种机遇意味着科技知识的全球流动越来越频繁，规模也越来越大；科技全球化导致的技术溢出将使中国获得可观的经济收益；科技全球化导致科研模式发生了重大变化，为中国参与全球科技合作提供了便捷的途径，从而使中国有可能利用全球知识储备来构建自身的技术能力；科技全球化导致各国更加重视科学技术知识的应用，高技术产业发展迅速，同时也为中国接受世界制造业转移和中国的产业结构升级提供了难得的机会。科技全球化意味着国际科技合作，特别是区域科技合作将有更为深入的发展，中国作为 APEC 的重要成员国，在推动区域科技合作并享受区域科技合作收益方面有着巨大的优势。另一方面，中国也面临着严峻的挑战，具体表现为：世界科技发展格局的不平衡导致发展中国家进一步分裂，而部分国家将会被进一步边缘化，中国也面临着边缘化的危险；跨国公司的科学技术知识垄断和知识产权约束使中国的技术转移成本高昂，使中国的技术引进环境越来越严峻。尽管如此，科技全球化给中国带来的机遇仍然远远大过给它所带来的挑战。

其四，中国作为一个正在和平崛起之中的发展中大国，必须从全球高度

上来看待和处理中国的科技发展战略问题,并将由此引发的种种变化纳入决策变量之中。这就意味着我们必须坚持技术的全球主义,反对技术的民族主义;坚持以科学技术知识的应用而不是以创造为中心;高度重视自主研发的重要作用;高度重视以企业为主体的创新体系建设;在强调大企业的核心作用的前提之下,把科技型中小企业的发展提高到重要的战略高度来认识;确立以科技发展为中心的经济增长方式,而不仅仅是科技为经济服务。据此,我们应该采取国际化战略、集成化战略、一体化战略以及网络化战略,并且把知识产权保护置于重要的地位来考虑。惟其如此,我们才能够更好地享受科技全球化所带来的经济收益以及科技收益。

总体来看,目前我国科学技术的国际地位较低,是制约中国国际地位进一步提高的最大瓶颈。而没有一定的技术基础,我们就不具有与发达国家及其跨国公司进行平等对话的资格。事实证明,认为通过国外直接投资就会自动获得跨国公司先进技术的想法既幼稚也不现实。我国作为一个发展中大国,要成功地走一条和平崛起的新型发展之路,就必须紧紧把握当代经济、科技大变革的机遇,根据我国未来经济社会发展、国家安全和可持续发展的战略需求,要统筹部署,合理安排未来科学技术发展的主要方向和重要领域,充分调动我国科学技术的巨大潜力,充分利用全球范围内的科学技术储备和资源,加速提升自主创新能力,为实现全面、协调、可持续的发展提供有力的科技支撑。

主要参考文献

1. 科学技术部:《中国科学技术指标2002》,科学技术文献出版社2003年版。
2. 技术预测与国家关键技术选择研究组:《中国技术前瞻报告2003》,科学技术文献出版社2004年版。
3. 国家发改委高技术产业司等:《中国生物技术产业发展报告2003》,化学工业出版社2004年版。
4. OECD:《2002年科学技术与工业展望》,科学出版社2003年版。
5. 柳卸林:《技术创新经济学》,中国经济出版社1993年版。
6. 王春法:《技术创新政策:理论基础与工具选择》,经济科学出版社1998年版。
7. 王春法:《经济全球化背景下的科技竞争之路》,经济科学出版社2000年版。
8. 王春法:《新经济:一种新的技术—经济范式?》,载《世界经济与政治》2001年第3期。
9. 董光璧:《中国科学现代化的难点和前瞻》,载《科技导报》1998年第9期。

10. 薛澜、胡钰：《我国科技发展的国际比较及政策建议》，载《科技部简报》第 19 期，2003 年 7 月 4 日。

11. Alan Tonelson, "The Perils of Techno-Globalism," *Issues in Science and Technology*, Summer, 1995.

12. B. Bowonder, S. Yadav and B. Sunil Kumar, " R&D Spending Patterns of Global Firms, " in *Research & Technology Management*, Vol. 43. No. 5, (2000).

13. Bart Verspagen, The Economic Importance of Patents, Paper for the WIPO Arab Regional Symposium on the Economic Importance of Intellectual Property Rights, Muscat, Sultanate of Oman, February 22—24, 1999.

14. David T. Coe and Elhanan Helpman and Alexander W. Hoffmaister, North-South R&D Spillovers, NBER Working Paper, No. 5048, March 1995.

15. European Commision, Toward a European Research Area: Science, Technology and Innovatino Key Figures, 2000.

16. NSF: Science & Engineering Indicators 2002-4-5.

17. Nagesh Kumar (1997), Technology Generation and Technology Transfers in the World Economy, UNU/INTCH, Discussion Paper Series.

18. Suzanne Scotchmer, The Political Economy of Intellectual Property Treaties, NBER, August 22, 2001.

跋

当我刚刚进入技术创新研究领域时，我曾计划写三本书：一本是关于创新全球化问题研究的，一本是关于国别技术创新政策研究的，一本是关于技术创新管理的，并由此构建起我自己关于创新问题研究的理论架构。迄今为止，虽然我已经出版了数本与此相关的学术著作，但似乎都是在从不同角度探讨创新全球化问题：《技术创新政策：理论基础与工具选择——美国和日本的比较研究》是从理论层面和国别视角来探讨促进科学技术的发展问题；《经济全球化背景下的科技竞争之路》探讨的是在全球化背景之下各国如何通过科技竞争来获取经济技术优势；《国家创新体系与东亚经济增长前景》则是运用国家创新体系理论来分析区域经济增长问题的；《主要发达国家国家创新体系的历史演变与发展趋势》则是探讨不同国家创新体系的演进路径与未来方向的。本项研究应该是我最近几年关于创新全球化问题研究的一个综合与集成，这其中既有以前著作的影子，又有我最新的思考与探索，某种程度上或许能够代表我在这个问题上的认识水平。

尽管如此，我还是要说，在创新全球化问题上，无论是研究的广度还是分析的深度都还有待进一步拓展。从研究的广度来说，这主要是指科学技术的全球治理、国际科技新秩序、科技发展与外交、区域科技合作、大科学研究等等；从研究的深度来说，这主要是指研究开发服务外包、企业间策略性技术联盟、三方专利与知识产权全球化、科技评价标准的趋同等。这些问题都是当前我国经济社会发展中遇到的紧迫问题，也是国内外学术界研究的前沿问题，而且国内的相关研究也不是很多，其理论意义和现实意义都是非常显著的。遗憾的是，由于工作性质和工作单位的变化，我本人关于这个问题的研究不得不告一段落了。

在十几年的研究工作中，许多前辈先贤和学界朋友以这样或那样的方式给我以帮助和支持。借此机会，我要对他（她）们表示衷心的感谢：樊亢研

究员，在我刚进入中国社会科学院工作时能够担任她的研究助手并且无数次亲聆教诲，实属三生有幸；谷源洋研究员，在我攻读博士研究生的三年里，他的耳提面命令我至今难以忘怀；冯之浚教授，他的引导和扶持对我进入科技政策研究领域并能小有所成起着决定性的作用；方新研究员，她的鼓励和支持使我得以将历史眼光、全球视野与专业视角有机结合起来，并形成了自己独特的研究风格；周成奎研究员，他引我进入了一个新领域并从新的视角来观察和思考中国的现实问题……特别值得提出的是，在长期的合作研究过程中，我们在中国科学学与科技政策研究会的旗帜之下，已经形成了一个紧密的学术网络，胡志坚博士、柳卸林博士、薛澜博士、高世楫博士、王昌林研究员、李廉水教授、游光荣研究员、苏竣教授……以及许许多多的同事和朋友，我们既是伙伴，又是诤友，相互切磋，如琢如磨，其友谊之真诚，思考之深刻，研讨之激烈，启迪之深邃，又岂是三言两语所能尽述者！此时此刻，感谢二字是何等的空泛苍白！

当然，在这个名单之中，也不应该忽略我的家人对我工作的支持和鼓励。在这里，我首先要感谢父母给了我健康的体魄，更要感谢我的妻子陈锡花高级工程师和女儿王文津给我的理解和支持。在那些紧张而困难的岁月里，他（她）们的理解、支持和鼓励是我能够坚持研究工作的重要支撑，也是最重要的动力来源。

王春法
2006 年 10 月 18 日于北京

● 本书获中国社会科学院出版基金资助